기초 회로 이론

4판

선형회로해석의 쉬운 이해

JN442386

한빛아카데미
Hanbit Academy, Inc.

지은이 **최윤식** yschoe@yonsei.ac.kr

현재 연세대학교 전기전자공학부 명예교수와 대학특임교수(University Distinguished Professor)로 재직 중이다. 1990년 미국 퍼듀대학교 전기 및 컴퓨터공학과에서 영상신호처리 분야로 박사학위를 취득하였다. 1993년까지 현대전자에서 HDTV 개발팀장으로 국책 과제를 주도하였고, 1993년 세계 최초로 디지털 HDTV 송수신기를 개발하여 대전 EXPO에 전시하는 것을 마지막으로, 연세대학교로 옮겨 현재까지 후학을 지도하고 있다. 영상통신 관련 연구 분야에서는 전 산업자원부 신성장동력 과제 '디지털TV/방송분야'의 기획단장 및 관련 국책 과제의 운영위원장을 역임하였고, 2002년에는 LG연암 해외연구교수로 선정되어 미국 일리노이주립대학교 전기 및 컴퓨터공학과의 교환교수로 재직하였다. 2010년부터 2015년까지 미래창조과학부 지정 ITRC '차세대 DTV방송기술 연구센터'의 센터장을 역임하였다.

대학 내에서는 1999년, 2013년에 최우수강의 교수상을 받았고, 2008년, 2009년, 2014년, 2015년, 2016년에는 우수 연구업적 교수상을 받았다. 2016년 특허발명에 대한 공적으로 제51회 발명의 날에 대한민국 근정포장을 수훈하였다. 역서로는『전기회로』(희중당, 1996),『회로이론』(사이텍미디어, 2002),『멀티미디어공학』(ITC, 2004),『전기전자 컴퓨터공학을 위한 확률과 랜덤과정(2판)』(학산미디어, 2020) 등이 있다.

기초 회로이론 : 선형회로해석의 쉬운 이해 **4판**

초판발행 2024년 7월 26일
2쇄발행 2026년 1월 26일

지은이 최윤식 / **펴낸이** 전태호
펴낸곳 한빛아카데미(주) / **주소** 서울시 서대문구 연희로2길 62 한빛아카데미(주) 2층
전화 02-336-7112 / **팩스** 02-336-7199
등록 2013년 1월 14일 제 2017-000063호 / **ISBN** 979-11-5664-038-7 93560

총괄 박현진 / **책임편집** 김평화 / **기획 · 편집** 임여울 / **교정** 이정현 / **진행** 임여울
디자인 박정우 / **전산편집** 임희남 / **제작** 박성우, 김정우
영업 김성삼, 이정훈, 임현기, 이성훈, 김주성, 심지연

이 책에 대한 의견이나 오탈자 및 잘못된 내용은 출판사 홈페이지나 아래 이메일로 알려주십시오.
파본은 구매처에서 교환하실 수 있습니다. 책값은 뒤표지에 표시되어 있습니다.

홈페이지 www.hanbit.co.kr / 이메일 question@hanbit.co.kr

Published by HANBIT Academy, Inc. Printed in Korea

회로이론을 처음 접하는 독자에게

회로이론은 전기·전자공학을 전공하는 학생들이 처음으로 접하는 전공과목이다. 따라서 회로이론을 가르치는 필자 입장에서는 더 큰 책임감을 가질 수밖에 없다. 필자가 어떻게 가르치느냐에 따라 학생들이 일생 동안 전기·전자공학을 재미있게 전공할 수도 있고, 아예 흥미를 잃어버릴 수도 있기 때문이다. 다행히 지난 25년간의 강의 경험을 통해서 어떻게 가르쳐야 학생들이 잘 이해하고 이 분야에 관심을 기울이는지 알게 되었으며, 그 덕분에 최우수 강의교수로 선정되는 영예를 얻기도 했다.

그동안 회로이론을 가르치면서 많은 교재를 사용해보았고, 동료들과 원서를 번역해보기도 했다. 그러나 대부분의 교재는 한 학기 동안 가르치기에 내용이 너무 많거나, 예제가 국내 실정에 맞지 않는 등의 문제가 있었다. 그래서 여러 교재의 장점을 추려서 강의록을 만들어 가르쳐오던 중, 이를 조금 더 다듬어 교재를 만들어보고 싶다는 욕심이 생겼다. 그리고 교재를 만들어야겠다고 생각한 데에는 또 다른 이유도 있다. 지난 십 수 년간 필자의 강의를 들으려는 고학년 혹은 타 학과 학생들이 생긴 것이다. 이들은 대부분 행정고시 기술직에 응시하거나 변리사 공부를 하는 학생들로, 회로이론 과목을 선택하여 준비하는 학생들이다. 결국 회로이론 강의에도 적합하고, 고시 준비를 하려는 학생들에게도 도움이 되는 교재가 필요하다는 생각이 들었다.

이 교재의 목적은 회로이론을 처음 접하는 사람들도 개념을 쉽게 이해하고 흥미를 느낄 수 있게 하는 데에 있다. 또한 한 학기용 교재로 개발되었기 때문에 장황한 설명보다는 요점 중심의 설명, 많은 그림과 예제들, 주위에서 쉽게 볼 수 있는 실례를 들어 기술했다. 새로운 장이 시작될 때는 그 장에서 다루는 주제가 전체 과목에서 어떠한 의미가 있는지를 소개했고, 장의 끝 부분에는 앞서 배운 핵심 내용을 요약하여 이론을 정리하는 데 도움을 주었다. 더불어 혼자 편입학 시험이나 각종 고시 공부를 하는 사람을 위해서, 내용 이해에 필요한 기초 수학 지식이나 재미있는 읽을거리도 적절히 삽입했다. 무엇보다 이전 판에서 독자들이 지적했던 부족한 예제 및 연습문제의 양을 보완했고, 최근까지 출제된 각종 자격시험(변리사, 전기산업기사/기능사, 국가공무원 7/9급)의 회로이론 관련 문제들을 모두 발췌하여 풀이와 함께 기출문제로 제공함으로써 충실한 복습과 실제 시험에 대한 대비가 될 수 있도록 구성했다.

4판에서 달라진 점

특히 이번 4판의 연습문제는 본문의 소주제별로 정리하여 해당 주제를 공부하면서 함께 해당 문제를 풀 수 있도록 정리했다. 또한 기출문제는 최근 5년간 출제된 문제를 중심으로 모두 업데이트했으며, 쉬운 문제부터 어려운 문제 순으로 정리하여 제공함으로써 최신 출제 경향을 살필 수 있도록 했다. 본문에서는 10장 '정현파의 정상상태응답 해석' 내용과 관련해 최근 많은 자격시험에 출제되고 있는 공진회로에 대한 내용을 추가하여, 공진회로의 임피던스 분석에 따른 Q−factor(양호도)의 개념을 소개했다.

감사의 글

끝으로 이 책으로 공부하는 모든 학생들이 조금이라도 전기·전자공학 분야에 관심과 흥미를 가질 수 있게 되기를 바라며, 전기·전자공학 분야에 여러 모습으로 공헌하는 계기가 되기를 기원한다. 마지막으로 이 교재를 만드는 데 공감해주시고, 지원을 아끼지 않으신 한빛아카데미㈜ 관계자들께 깊은 감사의 마음을 드린다.

지은이 **최윤식**

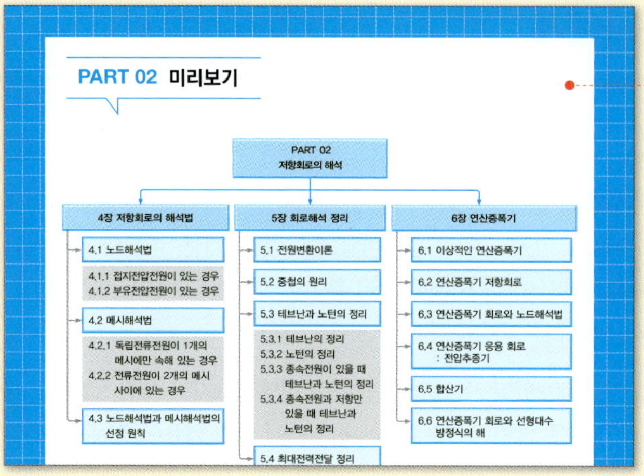

| 미리보기 |

해당 파트에서 학습해야 할 내용의 흐름을 한눈에 보여줍니다.

| 정의 |

주요 개념에 대한 정의를 정리하여 보여줍니다.

정의 5-4 최대전력전달 정리

임의의 회로에서 발생된 전력을 이 회로에 연결된 부하회로에 최대로 전달하려면 부하저항 값 R_L이 테브난 등가회로의 R_{th}의 값과 같아야 한다.

| 예제/풀이 |

본문에서 다룬 개념을 적용한 문제와 상세한 풀이를 제공합니다.

예제 5-9 최대전력전달 정리

[그림 5-40]에서 최대전력이 부하에 전달되기 위한 부하 R_L의 값을 구하라. 또 이때 부하에 전달되는 최대전력 P_{max}를 구하라.

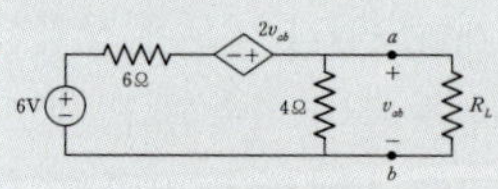

[그림 5-40] 최대전력전달 정리를 적용한 회로

풀이

먼저 단자 a, b의 왼쪽 회로를 테브난 등가회로로 바꾸기 위해 단자 a, b를 개방하면 [그림 5-41]과 같다. 여기에서 이 회로의 v_{oc}와 R_{th}를 구한다.

| 강조박스 |

본문 중 주요 개념과 법칙을 강조해서 설명합니다.

KCL에 의한 회로해석법

- **1단계** : 회로의 전체 노드 중 하나를 선정하여 참조전압(0[V])으로 정하고, 그 이외의 노드에 접지전압변수를 배정한다. 또한 모든 소자에 흐르는 전류 방향을 임의로 결정한다.
- **2단계** : 노드에 대하여 KCL을 적용하여 수식을 만들고, 필요하면 저항소자에 흐르는 전류 값 대신에 옴의 법칙을 적용하여 접지전압변수만의 방정식으로 만든다.
- **3단계** : (노드의 개수−1)개의 방정식을 산출하고 이 연립방정식으로 접지전압변수의 값을 계산한다.

| 참고 |

본문을 이해하는 데 도움이 되는 참고 내용과 심화 내용을 소개합니다.

참고 3-1 KCL에 의한 회로해석

KCL에 의한 회로해석이란 각 노드에 KCL을 적용하여 수식을 유도하고, 이 연립방정식에서 접지전압변수의 값을 계산하는 것이다. 이때 연립방정식의 차수는 참조전압 0[V]로 간주한 노드를 제외하고 실제 접지전압변수를 할당한 노드의 개수, 즉 (노드의 개수−1)과 같고, 이 연립방정식에서 계산해야 할 변수 값은 접지전압변수 값이다.

연립방정식의 차수 = 노드의 개수 − 1

변수 = 접지전압변수 값

쉬어가기 오디오 앰프와 스피커의 연결

집에서 사용하는 오디오 앰프의 뒷면을 보면 스피커 선을 연결하는 곳에 8[Ω]이라고 표시되어 있는 것을 볼 수 있는데, 오디오 앰프의 테브난 등가회로의 R_{th} 값을 표시한 것이다. 즉 최대전력전달 정리에 의해 연결하는 스피커의 부하저항 값이 8[Ω]이 되어야 앰프의 최대전력이 전달된다는 것을 뜻한다.

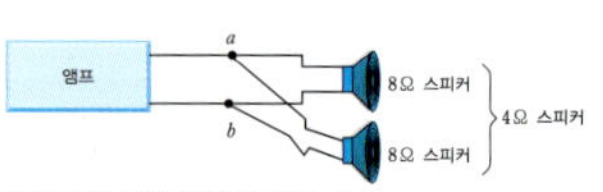

[그림 5-44] 오디오 스피커 시스템의 병렬연결

| 쉬어가기 |

본문에서 다룬 주제가 실생활에서 어떻게 응용되는지에 대한 읽을거리를 제공합니다.

| 핵심요약 |

해당 장이 끝날 때마다
본문에서 다룬 주요 내용을
다시 한번 정리합니다.

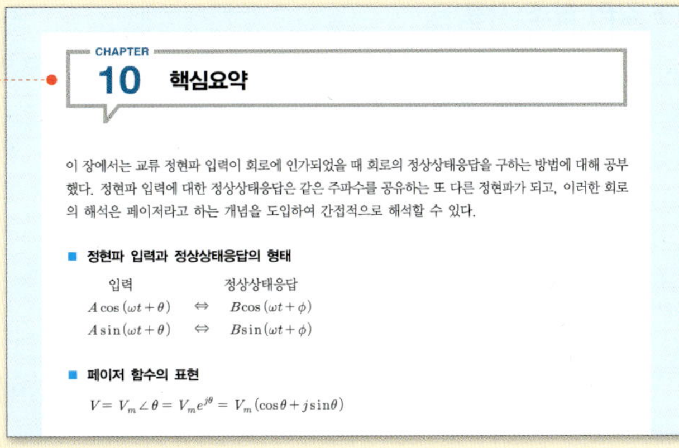

CHAPTER 10 핵심요약

이 장에서는 교류 정현파 입력이 회로에 인가되었을 때 회로의 정상상태응답을 구하는 방법에 대해 공부했다. 정현파 입력에 대한 정상상태응답은 같은 주파수를 공유하는 또 다른 정현파가 되고, 이러한 회로의 해석은 페이저라고 하는 개념을 도입하여 간접적으로 해석할 수 있다.

■ 정현파 입력과 정상상태응답의 형태

입력		정상상태응답
$A\cos(\omega t+\theta)$	⇔	$B\cos(\omega t+\phi)$
$A\sin(\omega t+\theta)$	⇔	$B\sin(\omega t+\phi)$

■ 페이저 함수의 표현

$V = V_m\angle\theta = V_m e^{j\theta} = V_m(\cos\theta + j\sin\theta)$

| 연습문제 |

해당 장에서 학습한 내용을
확인할 수 있는 여러 가지
문제를 제시합니다.

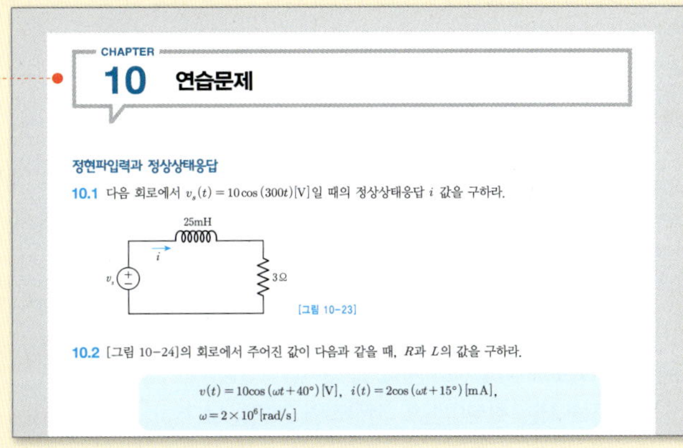

CHAPTER 10 연습문제

정현파입력과 정상상태응답

10.1 다음 회로에서 $v_s(t) = 10\cos(300t)$[V]일 때의 정상상태응답 i 값을 구하라.

[그림 10-23]

10.2 [그림 10-24]의 회로에서 주어진 값이 다음과 같을 때, R과 L의 값을 구하라.

$v(t) = 10\cos(\omega t + 40°)$[V], $i(t) = 2\cos(\omega t + 15°)$[mA],
$\omega = 2\times10^6$[rad/s]

| 컴퓨터 프로젝트 |

해당 장의 주제와 관련하여
개인 또는 팀 단위로
직접 진행해볼 수 있는
컴퓨터 프로젝트를 제시합니다.
(5장, 8장, 10장, 12장)

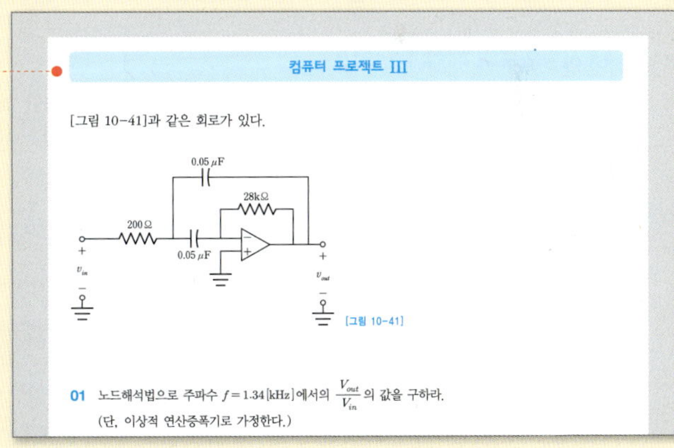

컴퓨터 프로젝트 III

[그림 10-41]과 같은 회로가 있다.

[그림 10-41]

01 노드해석법으로 주파수 $f = 1.34$[kHz]에서의 $\frac{V_{out}}{V_{in}}$의 값을 구하라.
(단, 이상적 연산증폭기로 가정한다.)

| 기출문제 |

변리사, 전기산업기사/기능사,
국가공무원 7/9급 등의
각종 자격시험을 대비하기 위해
출제 빈도수가 높은 기출문제를
제시합니다.

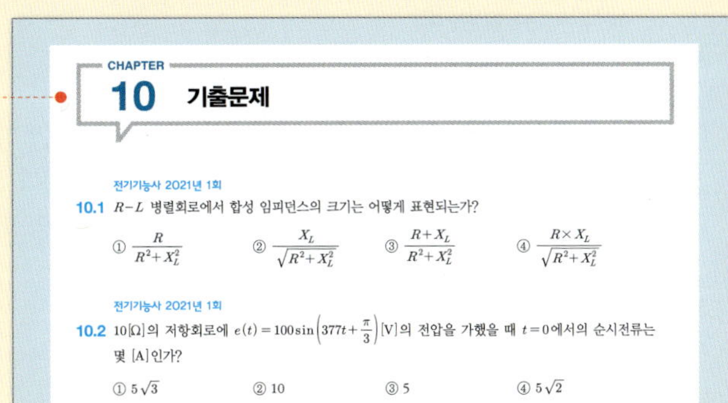

CHAPTER 10 기출문제

전기기능사 2021년 1회

10.1 $R-L$ 병렬회로에서 합성 임피던스의 크기는 어떻게 표현되는가?

① $\frac{R}{R^2+X_L^2}$ ② $\frac{X_L}{\sqrt{R^2+X_L^2}}$ ③ $\frac{R+X_L}{R^2+X_L^2}$ ④ $\frac{R\times X_L}{\sqrt{R^2+X_L^2}}$

전기기능사 2021년 1회

10.2 10[Ω]의 저항회로에 $e(t) = 100\sin\left(377t+\frac{\pi}{3}\right)$[V]의 전압을 가했을 때 $t=0$에서의 순시전류는 몇 [A]인가?

① $5\sqrt{3}$ ② 10 ③ 5 ④ $5\sqrt{2}$

강의 보조 자료

한빛아카데미 홈페이지에서 '교수회원'으로 가입하신 분은 인증 후 교수용 강의 보조 자료를 제공받을 수 있습니다. 한빛아카데미 홈페이지 상단의 〈교수전용공간〉 메뉴를 클릭하세요.

http://www.hanbit.co.kr/academy

연습문제 해답 안내

이 책은 대학 강의용 교재로 개발되었으므로 연습문제 해답을 제공하지 않습니다.
단, 기출문제의 답안은 다음 경로에서 다운로드할 수 있습니다.

한빛아카데미 홈페이지 접속 → [도서명] 검색 → 도서 상세 페이지의 [부록/예제소스]

이 책의 구성

이 책은 크게 5부로 구성되어 있으며, 회로해석의 기초 개념 및 원리부터, 저항회로와 에너지 저장소자 회로의 해석, 교류전원회로 및 3상 회로의 해석, 2-포트 회로망 해석까지 회로이론과 관련된 모든 영역을 골고루 다룹니다.

❶ 회로해석의 기초 개념 및 원리(1~3장)
1장에서는 회로이론의 전반적인 개념을 소개하고, 2장에서는 회로해석에 필요한 소자를 설명한다. 3장에서는 회로해석의 기본이 되는 키르히호프의 법칙과 옴의 법칙을 저항회로를 통해 설명한다.

❷ 저항회로의 해석(4~6장)
4장에서는 저항회로에서의 노드해석법과 메시해석법에 대해 알아보고, 5장에서는 회로를 단순화할 수 있는 여러 가지 회로해석법을 설명한다. 6장에서는 이상적인 연산증폭기와 저항으로 이루어진 회로의 해석을 다룬다.

❸ 에너지 저장소자 회로의 해석(7~9장)
7장에서는 에너지 저장소자인 인덕터와 커패시터에 대해 알아보고, 8장에서는 RL/RC 회로의 완전응답을 구하는 방법을 설명한다. 9장에서는 RLC 회로의 완전응답을 구하는 방법을 설명한다.

❹ 교류전원회로 및 3상 회로의 해석(10~12장)
10장과 11장에서는 교류회로의 정상상태응답과 전력 해석을 설명하고, 12장에서는 3상 교류회로의 해석기법을 설명한다.

❺ 라플라스 변환 회로 및 2-포트 회로망 해석(13~14장)
13장에서는 회로를 주파수 영역과 라플라스 변환 복소수 영역에서 해석하는 방법을 다룬다. 임의의 주기함수에 대한 라플라스 변환에 대해서도 자세히 설명한다. 또한 14장에서는 회로가 입력단자와 출력단자가 있는 2-포트 회로망으로 표현될 때, 이들 회로망의 변수행렬 해석 방법을 다룬다.

Contents

PART 02 저항회로의 해석

PART 03 에너지 저장소자 회로의 해석

Contents

Contents

PART 05 라플라스 변환 회로 및 2-포트 회로망 해석

PART

01

회로해석의 기초 개념 및 원리

CONTENTS

PART 01 미리보기

PART 01
회로해석의 기초 개념 및 원리

- **1장 서론**
  - 1.1 평면회로와 비평면회로
  - 1.2 선형회로와 비선형회로
  - 1.3 회로해석과 회로설계
  - 1.4 각 장의 구성 및 연관 관계
- **2장 전기회로소자 및 계수**
  - 2.1 전류
    - 2.1.1 전류란?
    - 2.1.2 전류의 종류
    - 2.1.3 직류 값과 교류 값
  - 2.2 전압
    - 2.2.1 전압이란?
    - 2.2.2 수동소자와 능동소자
  - 2.3 전력과 에너지
    - 2.3.1 전력과 에너지란?
    - 2.3.2 전력소비소자와 전력공급소자
  - 2.4 독립전원과 종속전원
    - 2.4.1 전원의 분류
    - 2.4.2 이상적 전원의 직병렬연결
  - 2.5 저항소자
  - 2.6 전압계와 전류계
    - 2.6.1 전압계와 전류계 사용법
    - 2.6.2 부유전압과 접지전압
- **3장 저항회로**
  - 3.1 회로해석을 위한 기본단위
  - 3.2 키르히호프의 법칙

CHAPTER 01

서론

Introduction

학습목표

- 이 책에서 다루는 기본단위의 회로 형태인 평면회로의 의미를 이해한다.
- 선형회로소자와 비선형 회로소자의 차이점을 이해하고, 이 책에서 다루는 내용의 범위를 이해한다.
- 회로해석의 지식을 어떠한 학문에 적용할 수 있는가를 이해한다.
- 선형회로해석의 개념을 이해한다.
- 이 책에 나온 각 장의 연관 관계를 이해한다.

SECTION 1.1 평면회로와 비평면회로

전기회로electric circuit란 전기소자electric element가 2개 이상 연결되어 폐루프closed loop를 형성하는 것을 말한다. 폐루프는 여러 개의 소자가 연결되어 하나의 닫힌 고리를 만드는 것이다. 예를 들어 [그림 1-1]과 같이 다른 소자 2개가 서로 연결되어 있으면 회로가 생겼다고 한다.

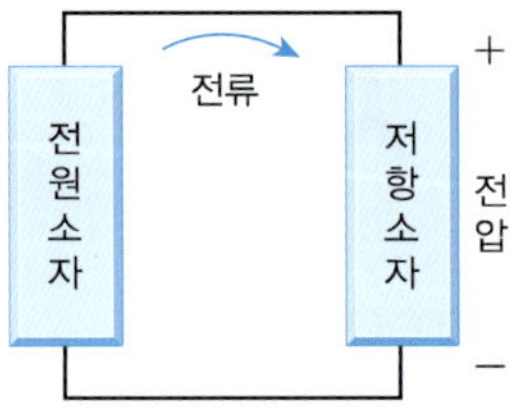

[그림 1-1] 전기회로의 예

이렇게 하나의 회로가 생기면 그 회로소자에는 반드시 전류가 흐르고 전압이 걸리는데, 이러한 전류와 전압에 대해 다루는 학문을 회로이론이라고 한다. 전압과 전류, 전기소자에 관한 자세한 이야기는 다음 절에서 하기로 하고, 여기서는 평면회로planar circuit와 비평면회로non-planar circuit에 대해 먼저 이야기해본다.

평면회로는 말 그대로 2차원 평면 위에 정의될 수 있는 회로를 말한다. 즉 [그림 1-2]와 같이 모든 소자와 연결되는 선이 완벽하게 평면 위에 표시될 수 있는 회로를 말하며, 평면회로에는 메시mesh가 존재한다. 메시란 루프 안에 또 다른 폐루프가 없는 가장 작은 단위의 폐루프를 말하는 것으로, [그림 1-2]에는 메시가 2개 존재한다.

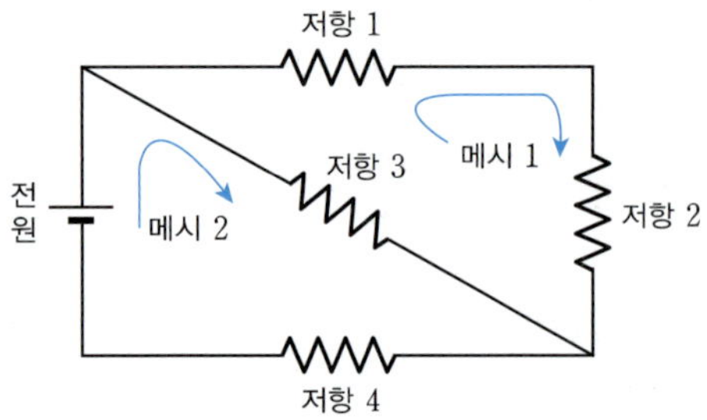

[그림 1-2] 평면회로의 예와 메시

비평면회로는 어떻게 변형해도 회로를 2차원 평면에 표시할 수 없고 3차원적으로만 표현할 수 있는 회로를 말한다. 따라서 비평면회로에서는 메시를 정의하기가 어렵다.

그렇다면 [그림 1-3(a)]의 회로는 평면회로일까, 아니면 비평면회로일까? 언뜻 보기에는 3차원 비평면회로같이 보이지만, 가운데 소자를 잡아당겨서 [그림 1-3(b)]와 같이 만들면 평면회로가 되기 때문에 이 회로는 평면회로다. 이 경우 메시의 개수는 모두 3개다. 완벽한 비평면회로의 예는 [그림 1-4]와 같다.

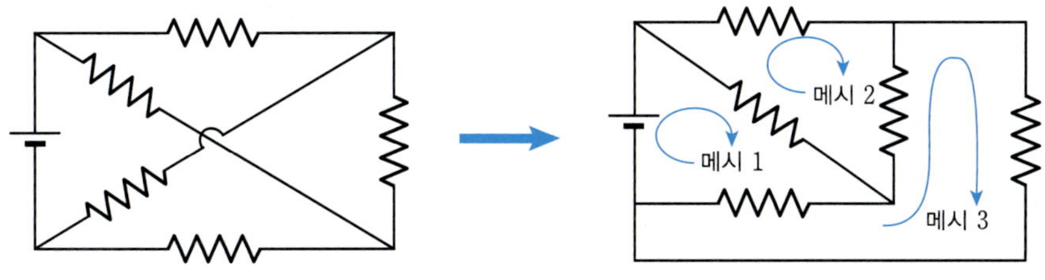

(a) 비평면회로 같은 평면회로

(b) 변형된 평면회로와 메시

[그림 1-3] 평면회로의 예

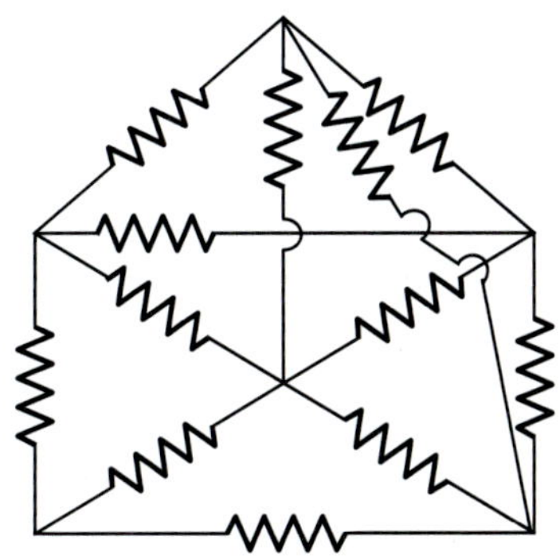

[그림 1-4] 비평면회로의 예

이 책에서 다루는 회로는 평면회로다. 비평면회로의 해석도 평면회로의 해석과 크게 다르지는 않지만, 이 책에서는 회로해석에 **메시해석법**mesh analysis[1]을 사용하기 때문에 메시가 정의될 수 있는 평면회로만을 해석하고자 한다.

1 3장에서 다루게 될 키르히호프의 전압법칙을 적용한 메시 기반의 회로해석법을 의미한다.

SECTION 1.2 선형회로와 비선형회로

선형회로linear circuit는 선형회로소자linear circuit element로 이루어진 회로다. 선형회로소자로 이루어진 회로는 선형시스템linear system을 이루기 때문에 선형시스템 기반의 회로해석을 할 수 있다.

선형회로소자에는 저항(R), 인덕터(L), 커패시터(C)가 있다. 먼저 저항의 경우, 저항에 흐르는 전류(I)와 전압(V)의 관계를 그래프($I-V$ 곡선)로 그려보면 [그림 1-5]와 같다. 이 관계 그래프를 보면 전류와 전압이 직선이므로 선형 관계라는 것을 알 수 있다. 이 직선의 기울기는 흐르는 전류와 전압 값에 상관없이 일정하며, 그 값은 옴의 법칙$\left(R = \dfrac{V}{I}\right)$에 의해 저항 값 R의 역수에 해당한다. 즉 이 그래프를 통해 저항이라는 전기소자는 선형성을 가지는 선형회로소자라는 것을 알 수 있다.

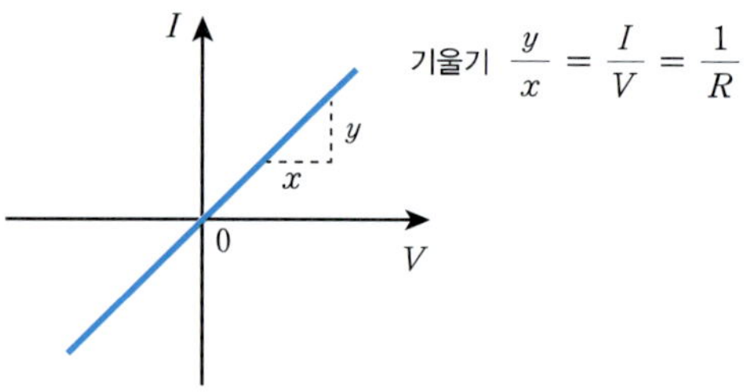

[그림 1-5] 저항의 $I-V$ 곡선 그래프

그렇다면 인덕터와 커패시터의 경우는 어떨까? 이 소자들도 $I-V$ 곡선 그래프에 직선으로 표시할 수 있을까? 물론 그렇다. 하지만 이 소자들은 저항처럼 전류와 전압의 관계를 직접적으로 비교할 수 있는 것은 아니다. 나중에 배우겠지만, 인덕터와 커패시터에 흐르는 전류와 전압은 서로 미분과 적분의 관계다. 따라서 일반적인 단순 저항 값으로는 표현할 수 없고, 복소수 영역에서 저항 값과 개념을 공유하는 임피던스(Z)라는 개념으로 설명할 수 있다. 즉 [그림 1-6]과 같이 복소수 영역에서 이 소자들을 선형함수로 표현할 수 있기 때문에 선형회로소자가 된다.

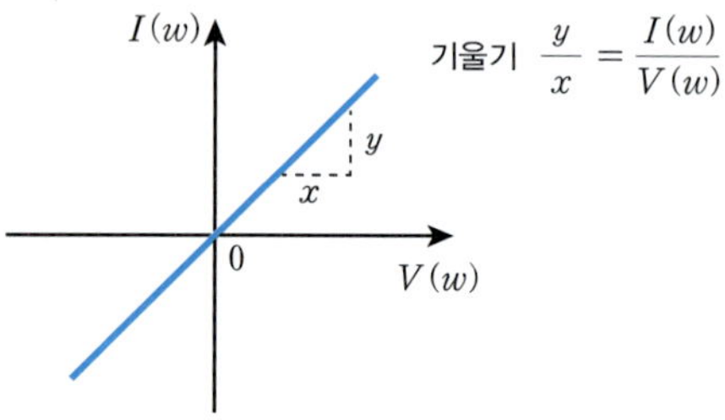

[그림 1-6] 인덕터와 커패시터의 복소수 영역 $I-V$ 곡선 그래프

그렇다면 선형회로는 회로해석에서 어떠한 이점이 있을까? 가장 중요한 선형회로, 즉 선형시스템의 특징은 중첩의 원리superposition theorem다. 이 중첩의 원리를 설명하기 위해 먼저 일반적인 선형시스템에서 선형성linearity의 정의를 살펴보자.

정의 1-1 선형성

임의의 시스템 f의 입력(x)과 출력($y=f(x)$)의 관계가 식 (1.1)과 같으면, 이 시스템은 선형성을 가진다. 즉 입력 x_1에 의해 출력 $y_1=f(x_1)$이 나오고 입력 x_2에 의해 출력 $y_2=f(x_2)$가 나올 때, 식 (1.1)과 같은 관계가 성립하면 이 시스템 f는 선형성을 가진다.

$$f(ax_1+bx_2)=af(x_1)+bf(x_2) \text{ (중첩의 원리)} \tag{1.1}$$

선형성을 가지는 회로에는 식 (1.1)과 같은 '중첩의 원리'가 적용된다. 즉 2개 이상의 전원으로 형성된 회로는 각 전원에 의해 형성된 회로해석에서 얻은 모든 출력 값을 단순히 합함으로써 그 결과를 얻을 수 있다. 이 원리는 앞으로 배울 복잡한 회로해석을 간단하게 할 수 있는 중요한 원리 중 하나가 될 것이다. 중첩의 원리에서 회로적 의미는 5장에서 자세히 알아볼 예정이다. 결론적으로 이 책에서는 선형회로소자인 저항, 인덕터, 커패시터로 이루어진 선형회로를 다루고 이러한 선형회로의 해석을 간단히 하기 위한 각종 해석법을 배운다.

그렇다면 비선형 회로소자에는 어떤 것이 있으며, 이러한 비선형 회로소자로 이루어진 회로를 해석하는 것이 가능한지에 대해 알아보자.

대표적인 비선형 회로소자에는 전기·전자 분야에서 가장 많이 사용하는 반도체소자인 다이오드diode와 트랜지스터transistor가 있다. 예를 들어 반도체인 실리콘(Si)으로 만든 다이오드의 $I-V$ 특성 곡선 그래프는 [그림 1-7]과 같다.

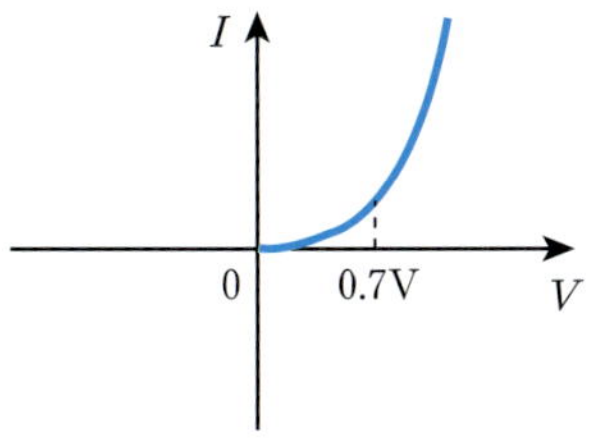

[그림 1-7] 실리콘 다이오드의 $I-V$ 특성 곡선 그래프

이 그래프를 보면 저항 값의 역수에 해당하는 그래프의 기울기가 전류(I)와 전압(V)의 크기에 따라 모두 다른 값을 가지고 있으므로 비선형함수임을 알 수 있다. 이것은 반도체소자의 특성상 일정한 전압 값(실리콘 다이오드의 경우 0.7[V] 정도)이 소자에 걸릴 때 전류가 흐른다는 것을 의미한다. 즉 일정한 전압이 소자에 인가되기 전에는 전류가 흐르지 않는 절연체와 같이 작용하다가 일정 전압 값 이상이 되면 도체와 같이 전류가 흐르는 반도체의 성질을 나타낸다.

그러면 이러한 비선형 회로소자에서 회로해석이 가능한가? 당연히 가능하다. 하지만 이러한 해석이 가능하려면 비선형회로를 특정 전류와 전압 값의 선형회로로 바꾸어야 한다. 이렇게 특정 전류·전압 값의 선형회로(등가회로라고 함)를 해석하는 방법은 '전자회로' 과목에서 다룬다. 그 외에 반도체소자(다이오드, 트랜지스터 등)로 이뤄진 비선형회로를 선형회로로 바꿔서 해석하는 방법은 '회로이론' 과목에서 다룬다.

전자회로 해석에 관해 좀 더 살펴보자. 트랜지스터도 다이오드와 마찬가지로 두 극성 사이의 $I-V$ 곡선 그래프를 그리면 [그림 1-8]과 같다. 이 $I-V$ 곡선 그래프는 전압의 크기에 따라 세 영역으로 나눌 수 있다. 이 중 영역 Ⅰ은 소자에 전류가 흐르지 않는, 즉 스위치 off로 작동하는 영역을 뜻하고, 영역 Ⅲ는 소자에 전류가 도체처럼 흐르는 스위치 on 상태를 뜻한다. 따라서 저항 값에서 살펴보면 영역 Ⅰ은 저항 값이 무한대에 가까운 셈이고, 영역 Ⅲ에서는 소자의 저항 값이 0에 가까운 셈이다. 트랜지스터는 이렇게 스위치 on-off로 사용하기도 하지만 보통은 입력전압이나 전류를 증폭하는 용도로 많이 사용하는데, 이때의 전압 영역은 영역 Ⅱ에 해당한다. 결국 트랜지스터를 증폭기로 사용하려면 소자에 걸리는 전압의 크기가 영역 Ⅱ 안에 들어가야 한다. 임의의 전압 값에서 $I-V$ 곡선의 기울기는 바로 선형등가회로의 소자 저항 값의 역수에 해당하는 값이다.

일단 외부 전압 값이 결정되어 그 동작점Q-point의 기울기 값에 해당하는 선형회로소자로 등가회로를 만들면, 선형회로해석법으로 해석할 수 있다. 이때 외부에서 인가하는 입력전압을 바이어스bias 전압이라고 하고, 이때의 동작점을 영역 Ⅱ 안에 포함하도록 해석하는 것을 대신호해석large signal analysis, 결정된 동작점 상에서 선형등가회로 해석을 하는 것을 소신호해석small signal analysis이라고 한다. '소신호'는 동작점 부근에서 비선형인 곡선을 기울기 값인 선형으로 간주할 수 있는 영역이 매우 작기 때문에 붙여진 이름이다.

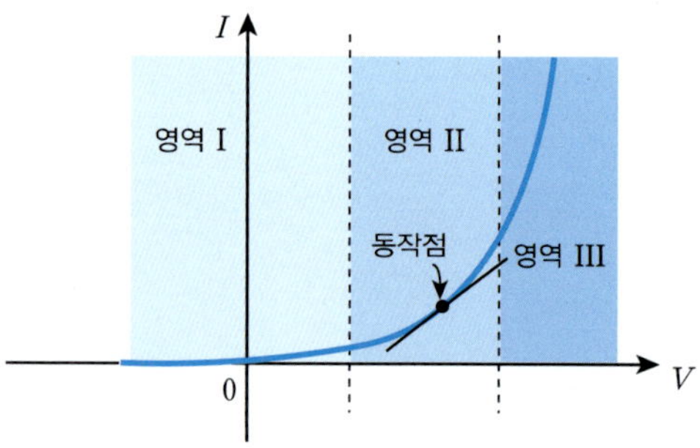

[그림 1-8] 트랜지스터의 동작점과 소신호해석

'전자회로' 역시 선형회로해석의 기반 위에서 이해할 수 있는 과목이다. 따라서 이 책에서 다루고 있는 선형회로해석 방법을 숙지하는 것은 향후 공부하게 될 전기·전자공학의 여러 중요 과목의 기초가 된다는 것을 명심하기 바란다.

SECTION 1.3 회로해석과 회로설계

회로해석이란 주어진 전기회로를 해석하여 각 회로소자의 전류와 전압 값을 찾는 것이다. 즉 회로와 그 회로의 소자 값(저항, 인덕턴스, 커패시턴스)이 주어졌을 때, 모든 소자에 흐르는 전류와 걸리는 전압 값을 찾아내는 것이다.

한편 경우에 따라서 임의의 소자에 걸리는 전압이나 전류 값을 정해놓고 이러한 출력을 내기 위한 각 회로소자의 값을 결정해야 하는 경우가 있는데, 이것을 회로설계circuit design 혹은 회로합성circuit synthesis 이라고 한다.

예를 들어 [그림 1-9]의 저항회로에서 '3[V]의 전압이 출력되도록 하려면 회로의 저항소자 값을 얼마로 해야 하는가'와 같은 문제나 [그림 1-10]에서 '원하는 시스템 함수 값을 얻으려면 어떠한 구조의 회로를 사용해야 하는가'와 같은 문제다. 이 책에서는 이러한 회로설계 문제는 다루지 않는다. 물론 회로해석을 이해하기 위해 단편적으로 회로설계 문제를 몇 개 다룰 수는 있으나 궁극적으로 이 책을 공부하는 목적은 회로해석에 있다. 회로설계는 회로망 이론network theory이나 회로합성이라는 과목에서 다룬다.

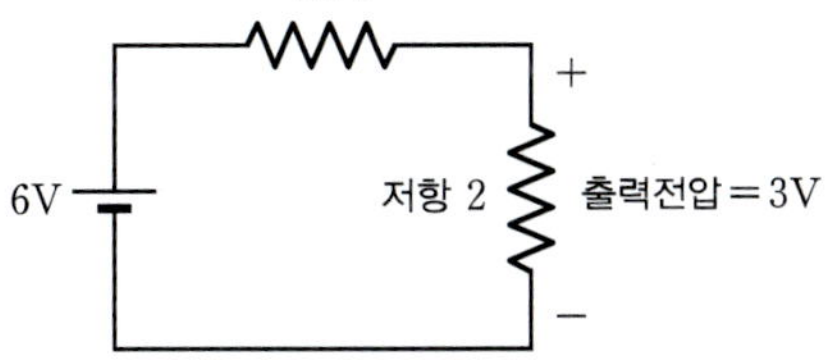

[그림 1-9] 회로설계의 예 (1)

$$H(w)=\frac{V(w)}{I(w)}=3+j4w$$

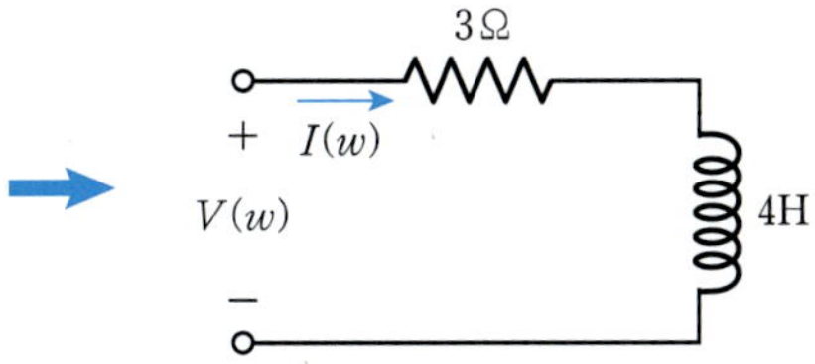

[그림 1-10] 회로설계의 예 (2)

SECTION 1.4

각 장의 구성 및 연관 관계

이제 전기회로소자의 회로해석 방법에 대해 장별로 체계적으로 학습할 것이다. 그 전에 각 장의 구성과 연관 관계를 설명하면 다음과 같다.

PART 01 회로해석의 기초 개념 및 원리(1~3장)

1장에서는 회로이론의 전반적인 개념을 소개했다. 이어서 2~3장에서는 전기회로소자와 저항회로에 대한 개요를 공부한다.

PART 02 저항회로의 해석(4~6장)

4장에서는 저항만으로 이루어진 회로해석법을 학습한다. 회로해석이란 주어진 소자의 값에서 그 소자의 전류와 전압 값을 계산하는 것이므로, 저항만으로 이루어진 회로는 각 저항소자에 흐르는 전류와 전압 값을 계산할 수 있으면 된다. 이때 이 값은 회로의 복잡도에 따라 단순 고차 연립방정식의 해에서 얻을 수 있다. 하지만 회로에 인덕터나 커패시터가 포함되면 소자에 흐르는 전류와 전압은 저항회로와 같이 단순 비례의 관계가 아닌 미분·적분의 관계에 놓이게 된다. 그러므로 이 소자를 포함한 회로의 해석은 회로의 복잡도에 따라 고차 연립미분방정식의 해를 구해야 얻을 수 있다. 즉 단순 저항-인덕터 회로(RL 회로) 혹은 저항-커패시터 회로(RC 회로)에서 1차 미분방정식이 유도되고, 단순 저항-인덕터-커패시터 회로(RLC 회로)에서는 2차 미분방정식이 유도된다. 따라서 이 회로해석은 고차 미분방정식의 해를 구하는 문제로 접근할 수 있고, 이러한 미분방정식의 해는 공학수학에서 배운 방법으로 구할 수 있다.

일반적으로 미분방정식의 해는 동차해homogeneous solution와 특수해particular solution의 합으로 표현할 수 있다. 회로해석에서는 이 해를 각각 과도응답transient response, 정상상태응답steady-state response이라 하고, 이처럼 두 가지 응답의 합을 완전응답complete response이라고 부른다([그림 1-11]). 과도응답은 전원이 없다고 생각하고 소자의 초깃값만 있다고 생각하여 얻은 해를 말하고, 정상상태응답은 주어진 회로의 전원함수 종류에 따라서 다르게 계산되는 해를 말한다. 즉 일반적으로 RLC 회로의 해석은 미분방정식의 동차해와 특수해를 합하여 얻을 수 있다.

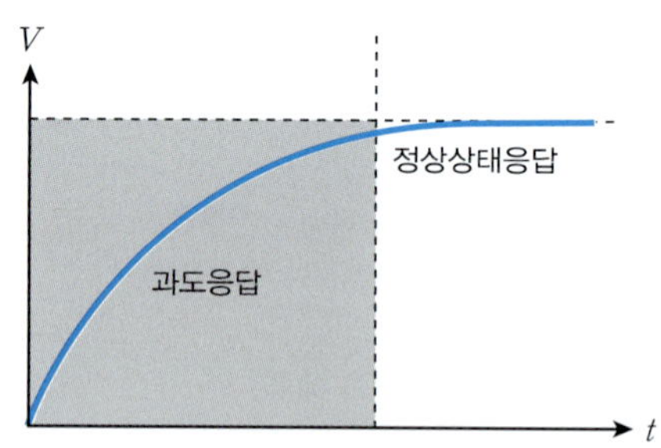

[그림 1-11] RC 회로의 완전응답(과도응답 + 정상상태응답) 예

결국 회로해석이란 주어진 회로에서 단순 방정식이나 미분방정식을 유도하여 그 방정식의 해를 구하는 문제로 집약할 수 있다. 그렇다면 어떻게 주어진 복잡한 회로에서 방정식을 유도할 수 있을까?

제일 먼저 할 수 있는 일은 복잡한 회로를 간단한 회로로 바꾸어 해석하는 것이다. 이것이 가능한 이유는 다루는 회로가 선형회로이기 때문이기도 하다.

5장에서는 회로를 간단히 만들기 위해 사용하는 중첩의 원리, 테브난Thevenin의 정리, 노턴Norton의 정리, 최대전력전달 법칙 등의 다양한 회로 법칙을 알아본다. 그리고 6장에서는 이러한 회로해석을 연산증폭기라는 전자회로소자에 적용하여 해석하는 방법을 공부한다.

PART 03 에너지 저장소자 회로의 해석(7~9장)

7장 ~ 9장에서는 인덕터와 커패시터가 포함된 회로의 해석법을 해석한다. 회로에 인가되는 전원의 종류에 따라 회로해석 방법을 다르게 기술할 수 있다. 즉 회로에 인가되는 전원이 직류전원(DC)일 경우(7~ 9장)와 교류전원(AC)일 경우(10장 이후)로 나눌 수 있다. 직류전원이 인가되었을 때에는 앞에서 이야기한 대로 회로해석을 위해 세우는 미분방정식의 연산이 실숫값의 연산만 포함하지만, 교류전원(즉, 정현파 함수)이 인가되었을 때는 미분방정식이 삼각함수를 포함하여 더욱 복잡한 연산을 요구한다.

PART 04 교류전원회로 및 3상 회로의 해석(10~12장)

10장에서는 이와 같이 교류전원이 인가될 때 삼각함수의 복잡한 연산 대신 페이저 해석phasor analysis이라고 하는 간단한 해석 방법을 통해 단순 복소수 연산으로 정상상태응답을 구하는 방법을 배우게 될 것이다. 유념할 점은 이 페이저 해석법은 단지 교류전원회로의 정상상태응답만을 구하는 방법이고, 과도응답의 경우는 전원이 없다고 가정하고 초깃값으로만 구한 응답이므로 직류전원 회로해석과 다를 바 없다는 점이다.

11장에서는 이러한 교류전원에 의한 정상상태 전력, 즉 교류 정상상태 전력을 계산하는 방법과 전력 전송의 효율을 말해주는 역률이라는 척도의 정의에 관해 공부할 것이다. 12장에서는 교류전원회로 중 발전소에서 우리 가정까지 들어오는 일련의 송배전 시스템([그림 1-12])인 3상 회로의 해석 방법을 알아본다. 특히 이러한 3상 회로의 구성이 어떻게 전체적인 전력의 손실을 최소화할 수 있는 방법이 되는지, 또한 송전할 때 송전선로에서 전력손실이 있다면 이를 최소한으로 보상하기 위한 방법은 무엇인지에 대해 공부한다. 일반적으로 이러한 개념은 역률power factor 보상이라는 개념으로, 실제 송배전 시스템에서 매우 중요하게 다룬다.

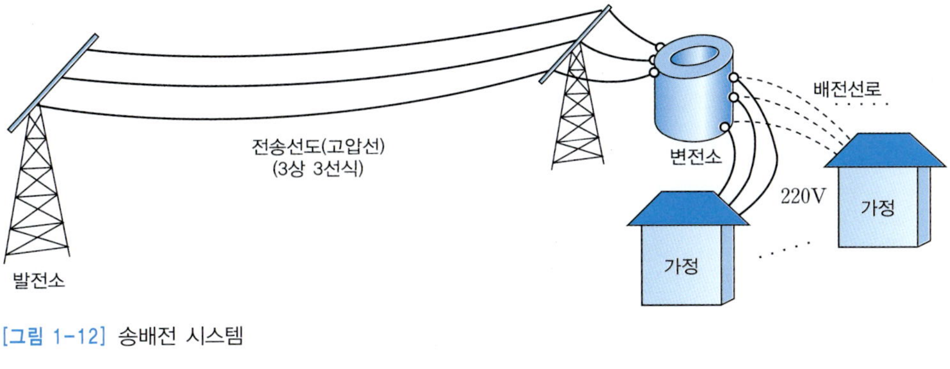

[그림 1-12] 송배전 시스템

앞서 이야기한 것과 같이 **선형회로해석**은 선형소자들로 이루어진 회로에서 각 소자에 흐르는 전류와 전압 값을 회로에서 유도한 미분방정식의 해를 구하여 얻는 것이다. 이러한 미분방정식의 완전해는 과도응답과 정상상태응답을 따로 구한 뒤 합하여 구한다. 즉 완전해를 구하려면 회로해석을 두 번씩 따로 회로에 적용하여 두 가지 해를 구한 다음 합해야 한다. 또한 각 회로에서 미분방정식을 유도하는 것도 소자의 종류와 전원의 종류에 따라 각각 다른 해석 방법을 적용해야 한다.

PART 05 라플라스 변환 회로 및 2-포트 회로망 해석(13~14장)

이러한 복잡한 해석 방법을 소자와 전원의 종류에 상관없이, 혹은 두 가지의 다른 응답을 구하여 합하지 않고 한 가지 일관된 방법으로도 구할 수 있을까? 가능하다. 바로 라플라스 변환 방법을 이용한 회로해석법을 활용하면 된다. 13장에서 설명하는 라플라스 변환 회로해석은 회로해석 방법의 백미라 할 수 있다. 라플라스 변환을 이용한 회로해석 방법은 회로를 라플라스 변환 영역의 회로로 변환하여 한꺼번에 완전응답을 구하는 것이다. 즉 기존 전원과 소자 외에 소자의 초깃값으로부터 정의된 새로운 전원을 추가하여 라플라스 변환 회로를 만들면, 회로해석은 저항회로와 같이 단순 방정식(미분방정식이 아닌)의 해를 구하는 문제가 된다. 따라서 기존의 전원과 소자로부터는 정상상태응답을, 추가된 전원으로부터는 과도응답을 얻어 한꺼번에 완전응답을 구할 수 있다. 단, 이러한 라플라스 변환을 이용하여 회로해석을 하려면 일단 라플라스 변환 회로에서 얻은 완전응답을 다시 원래의 시간함수로 되돌려야 한다. 이를 위해서 라플라스 변환 방법과 결과의 시간함수를 얻기 위한 역변환 방법을 잘 알아야 한다.

13장에서는 라플라스 변환의 기본이 되는 푸리에 변환 영역인 주파수 영역에 대한 개념과, 주파수 영역의 응답인 주파수 응답, 그리고 라플라스 변환에 대해 공부할 것이다. 개념적으로 라플라스 변환은 주파수 영역을 포함하는 복소수 영역[S-plane]으로 변환하는 것이고, 푸리에 변환은 단순 주파수 영역(f)으로 변환하는 것이므로 푸리에 변환은 특별한 경우의 라플라스 변환이라고 설명할 수 있다. 이러한 시간함수와 주파수 응답, 푸리에 변환, 라플라스 변환 등에 관한 자세한 이론과 적용 예는 '신호 및 시스템' 과목에서 더욱 자세하게 다룬다.

마지막으로 14장에서는 입력포트와 출력포트를 가지고 있는 2-포트 회로망의 해석 방법에 대해 공부한다. 포트[port]란 2개의 단자를 묶어서 표현하는 것으로, 2-포트 회로망으로 표현되는 회로의 예로는 변압기 회로나 트랜지스터 회로의 등가회로 등이 있다. 이때 회로망의 해석은 입력변수 벡터와 출력변수 벡터 간의 변수행렬식 연산으로 정의하고, 해당 변수 값을 찾는 방법으로 해석한다. 이러한 해석 방법은 전자회로 해석이나 신호 및 시스템 해석에도 많이 사용되므로 이 책의 마지막 장에서 그 내용을 간단히 살펴볼 것이다.

CHAPTER 02

전기회로소자 및 계수

Electronic Circuit Elements & Variables

학습목표

- 회로의 기본 계수인 전류와 전압의 개념을 이해한다.
- 소자로부터 발생되는 전력과 에너지의 관계를 이해한다.
- 전원소자의 종류와 이상적 전원에 관하여 이해한다.
- 저항소자에 걸리는 전압과 전류의 관계를 설명하는 옴의 법칙을 이해한다.
- 접지전압과 부유전압의 개념을 이해한다.

SECTION
2.1 전류

2.1.1 전류란?

1장에서 언급했듯이 전기회로는 전기회로소자가 서로 연결되어 하나의 폐루프를 만드는 것을 말한다. [그림 2-1]과 같이 전기회로가 형성되면 이 회로의 소자에 전류current i가 흐르고 소자 간에는 전압voltage v가 걸린다.

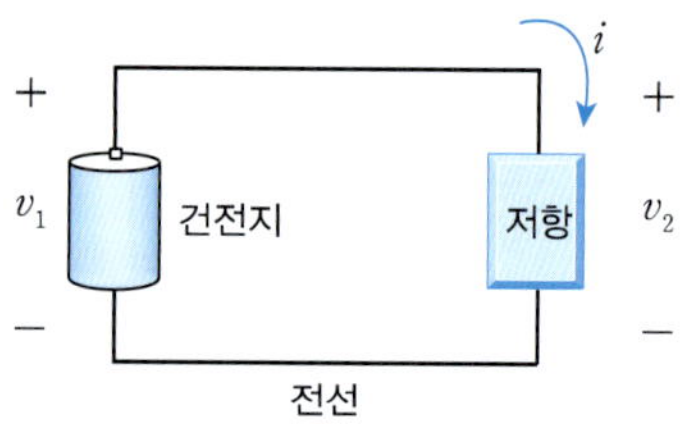

[그림 2-1] 전기회로의 형성

전류를 설명하려면 먼저 장field을 이해해야 하는데, 장이란 자신의 영역 안에 놓여 있는 어떠한 물체에 가해지는 힘의 원천이라고 할 수 있다. 예를 들어 중력gravity이라고 하는 힘은 바로 중력장gravitational field이라는 힘의 원천에서 얻어진다.

이러한 장은 다음과 같은 특징을 가진다.

장field의 특징

1. 크기magnitude를 가지고 있다. → 장의 크기field strength
2. 힘의 방향을 가지고 있다. → 힘의 선lines of force

중력장 이외에도 전기장electric field, 전자장magnetic field, 전기자기장electro-magnetic field 등 여러 가지 장이 존재한다. 예를 들어 전기장 내부에 어떠한 도체conductor가 있을 때 [그림 2-2]처럼 그 도체 안에 전하charge가 놓여 있다고 가정해보자. 이 전하는 어떤 임의의 방향으로 힘을 받고, 이 전하가 힘을 받아 움직여 전류가 흐르게 된다. 즉 물리적인 의미에서 전류는 전하의 흐름이다.

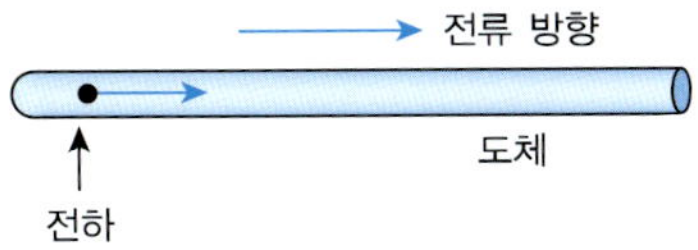

[그림 2-2] 도체의 전하 흐름과 전류 방향의 관계

이때 전하는 일반적으로 q로 표기하고, 그 단위는 [Coulomb] 또는 [C]을 사용하며 '쿨롱'이라고 읽는다. 유념할 것은 전하가 흐르는 방향이 전류의 방향과는 같지만 핵 안의 자유전자 free electron가 흐르는 방향과는 정반대라는 것이다. 이는 6.2415×10^{18}개 전자의 전하 값 charge value이 -1[C]인 사실을 통해 미루어 짐작할 수 있다. 실제로 전자 하나의 전하량은 -1.6019×10^{-19}[C]으로 음수 값을 가진다.

이러한 전하의 흐름이 물체 안에서 얼마나 원활한지에 따라 물체를 도체 conductor, 절연체 insulator, 반도체 semiconductor 등으로 구분한다.

참고 2-1 도체, 절연체, 반도체

- **도체** : 전류가 흐를 수 있는 물체를 말하며, 금, 은, 알루미늄 등이 이에 해당된다. 도체 중에서도 아무런 저항 없이 완벽하게 모든 전류를 흘려보내는 물체를 완전전도체라고 부른다.
- **절연체** : 전류가 흐르지 않는 물체를 말하며, 나무나 플라스틱, 운모 등이 이에 해당된다.
- **반도체** : 경우에 따라서 도체가 되기도 하고 절연체가 되기도 하는 물체를 말한다. 실리콘이나 게르마늄 같은 물질로 만들 수 있으며, 일정 전압을 걸어주기 전에는 절연체지만 일정 전압을 걸어주면 도체로 작용한다.

결국 전하의 흐름은 곧 전류의 흐름을 뜻하므로 전류 $i(t)$의 값은 전하의 흐름으로 식 (2.1)과 같이 표현한다. 즉 전류 i는 단위시간당 흐르는 전하의 양을 말한다. 전류 $i(t)$의 단위는 [Ampere] 혹은 [A]를 사용하며 '암페어'라고 읽는다. 식 (2.1)과 같은 관계에서 단위 [A]는 [C/S]로 표기하기도 한다.

$$i(t) = \frac{\Delta q}{\Delta t} = \frac{dq}{dt} = [\mathrm{A}] = [\mathrm{C/s}] \tag{2.1}$$

식 (2.1)의 양변을 적분하면 식 (2.2)와 같다. 이는 일정 시간 동안 움직인 전하의 양이 주어진 전류함수를 일정 시간까지 적분하여 얻을 수 있다는 것을 나타낸다.

$$q(t) = \int_{-\infty}^{t} i(\tau)d\tau \tag{2.2}$$

즉 전류 $i(t)$는 그 값이 시간에 따라 변하는 시간함수로 표현될 수 있고, 함수의 모양에 따라 다음의 몇 가지 유형으로 나눌 수 있다.

2.1.2 전류의 종류

전류는 $i(t)$의 함수 모양에 따라 직류와 교류로 구분할 수 있다. 이와 관련하여 자세히 설명하면 다음과 같다.

직류

직류(DC) Direct Current는 전류의 값이 시간이 지나도 변하지 않고 일정한 상숫값을 가지는 전류를 말한다. 직류는 교류(AC) Alternative Current와 구별하기 위해 대문자 I로 표기한다. 직류전류를 공급하는 전원의 예로는 건전지가 있으며 [그림 2-3]은 회로에 5[A] 전류를 공급하는 건전지의 전류함수를 나타낸 것이다.

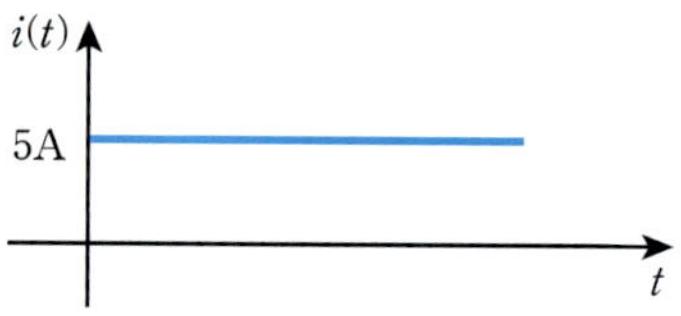

[그림 2-3] 직류전원의 예

교류

교류(AC) Alternative Current는 시간에 따라 위상 phase이 변하는[1] 전류를 말한다. 교류는 앞서 이야기한 직류와 구별하기 위해 소문자 i로 표기한다. 교류전원의 예로는 우리가 가정에서 사용하는 220[V] 가정용 전원을 들 수 있다. 이 전류는 1초에 60번 그 위상이 양수에서 음수로, 음수에서 양수로 변하여 60[Hz]의 주파수를 갖고 있는 정현파 sinusoidal function 전류로 표현할 수 있다. [그림 2-4]는 정현파 교류전원의 예를 보여준다.

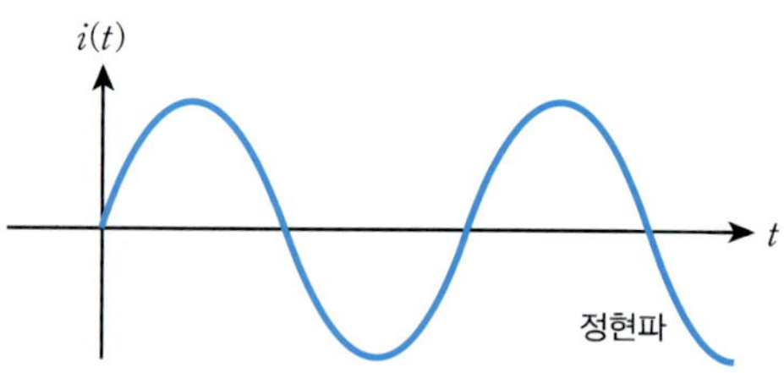

[그림 2-4] 교류전원의 예

맥류

맥류 rectified current는 교류전원을 정류 rectify하여 만든 직류전원이다. 예를 들어 [그림 2-5]와 같이 다이오드 브리지 회로를 이용하여 교류전류 값 중 음수 값을 방향 전환하여 모두 양수 값으로 만든 전류를 말한다. [그림 2-5]는 스마트폰과 같은 휴대용 기기에 직류전원을 제공하는 AC 어댑터 adapter를 이용하여 교류에서 얻은 직류전원의 일반적인 모양이라고 생각할 수도 있다.

---

1 위상이 변한다는 것은 그 값이 양수, 음수로 번갈아가며(alternatively) 변화한다는 뜻이다.

물론 실제 AC 어댑터의 출력은 필터회로라는 부가 회로로 직류에 가깝게 만들지만, 아무리 좋은 회로를 채택해도 완전한 직류의 상숫값 출력을 만들 수는 없다. 그러므로 휴대용 기기에 AC 어댑터를 사용하는 것은 건전지를 사용할 때보다 기기의 수명에 안 좋은 영향을 미친다는 것을 참고로 알아두자. 이러한 맥류를 굳이 직류나 교류 중 하나로 구분한다면 위상의 변화가 없으므로 직류라 할 수 있다.

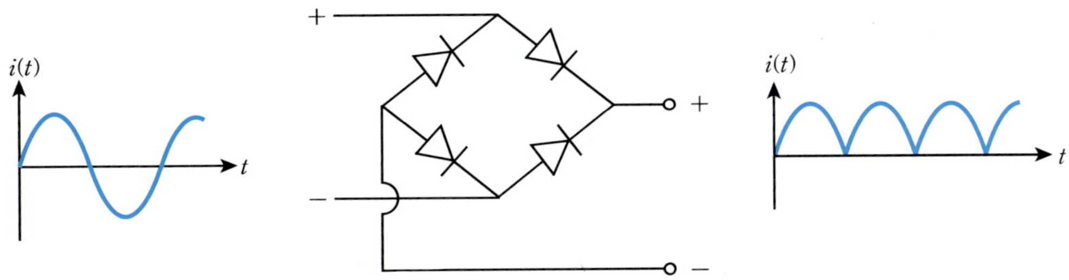

[그림 2-5] 맥류를 만드는 다이오드 브리지 회로와 그 출력인 맥류의 예

2.1.3 직류 값과 교류 값

앞에서 설명한 직류나 교류는 함수 모양 때문에 그 값을 표현하는 것의 의미가 각각 다르다. 예를 들어 전류가 5[A] 라고 하면 직류의 경우 그 값은 함수의 평균값(상숫값)을 뜻하는 것이고, 교류의 경우는 rms[root mean square] 값(실횻값)을 뜻하는 것이다.

직류 값

직류 값은 함수의 평균값을 의미하므로, 다음과 같이 나타낼 수 있다.

$$\text{직류 값} = \text{평균 값} = \frac{1}{T}\int_0^T f(t)dt$$

그러므로 정현파($i(t) = K\sin(\omega t + \phi)$)의 경우는 직류 값이 0이다. 단, K는 정현파의 가장 큰 값, 즉 진폭의 최댓값을 뜻한다.

교류 값

교류 값은 rms 값 또는 실횻값으로, 다음과 같이 나타낼 수 있다.

$$\text{교류 값} = \text{rms 값} = \text{실횻값} = \sqrt{\frac{1}{T}\int_0^T f^2(t)dt}$$

그러므로 정현파의 경우 실횻값은 $\frac{1}{\sqrt{2}}K(0.7071K)$가 된다. 예를 들어 우리가 가정에서 쓰는 전원이 220[V]라고 한다면, 이는 사용하는 정현파 교류전원의 실횻값이 220[V]라는 말이다. 자세한 수식에 대한 설명은 11장에서 다시 다룰 것이다.

참고 2-2 전류의 참조 방향

회로해석은 주어진 회로에서 각 소자에 흐르는 전류 값을 찾아내는 것이다. 회로해석을 할 때 소자에 흐르는 전류의 방향을 임의로 정하여 해석해야 할 경우가 있는데, 이러한 임의의 방향을 참조 방향reference direction이라고 한다.

[그림 2-6]과 같이 소자 위에 방향을 임의로 표기한 뒤 회로해석을 통해 구한 전류 값이 음수(−)가 되면, 이때 우리는 임의로 정한 참조 방향이 실제 방향과는 반대라는 사실을 알게 된다.

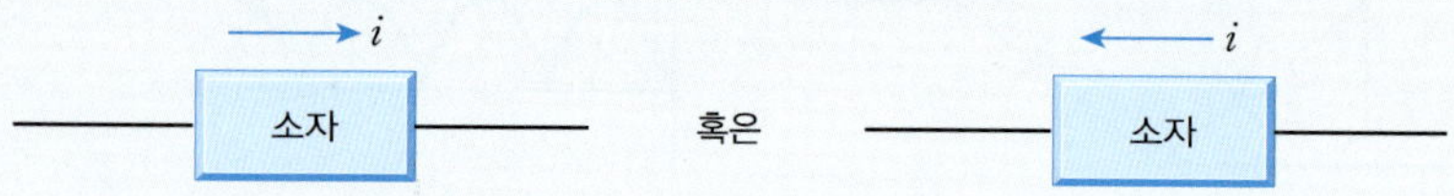

[그림 2-6] 전류의 참조 방향

쉬어가기 교류전원의 국가별 주파수 차이

우리나라를 비롯하여 미국, 일본 남부에서는 60[Hz] 주파수의 교류전원을 사용한다. 60[Hz] 주파수의 교류전원은 위상이 1초에 60번 변하는 것으로, 이들 국가의 텔레비전 화면은 1초에 60번 깜빡거린다. 이것을 플리커링flickering 현상이라고 한다. 여기서 재미있는 것은 우리나라 사람은 60[Hz]에 익숙하기 때문에 그보다 깜박거리는 시간이 느린 50[Hz] 텔레비전을 보면 아무리 화질이 좋다고 해도 꾸물거리는 듯한 플리커링 현상이 거슬린다고 느낀다.

반면 50[Hz] 주파수의 교류전원을 표준으로 사용하고 있는 유럽 사람은 50[Hz] 화질이 눈에 익숙해서 플리커링 현상이 거슬리지 않는다. 최근에는 이러한 플리커링 현상을 줄이기 위해 텔레비전이나 컴퓨터의 모니터가 1초에 120번 깜박이도록 더블스캐닝double scanning 기술로 시청 환경을 개선했다. 스탠드 전등의 경우, 인버터inverter 회로를 채택하여 60[Hz] 전류신호를 수만 Hz의 전류신호로 변환함으로써 플리커링 현상에 의한 눈의 피로를 줄였다.

SECTION 2.2

전압

2.2.1 전압이란?

전압 voltage은 전하의 위치에너지를 뜻하는 것으로 단위는 [Volt] 또는 [V]로 '볼트'라고 읽는다. 전압을 개념적으로 이해하기 위해 물리에서 임의의 물체가 가지고 있는 위치에너지를 생각해보자. [그림 2-7]과 같이 질량 m인 공이 일정한 높이 h에 놓여 있으면 이 공은 움직이지 않더라도 지구의 중력가속도 g에 의하여 위치에너지를 가진다.

그 에너지 값은 $E = mgh$인데, 만약 이 공이 자유낙하하면 중력가속도 g에 의해 점차적으로 속도 v가 생기면서 이 위치에너지는 운동에너지 $E = \frac{1}{2}mv^2$으로 변한다. 즉 공이 지구 표면에 다다르면 위치에너지는 0이 되고, 모든 위치에너지가 운동에너지로 변한다.

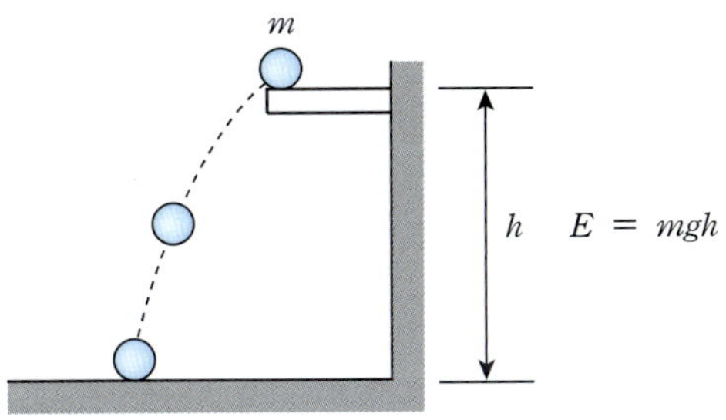

[그림 2-7] 위치에너지

전기에서는 질량 m 대신 전하 Q를 가지는 위치에너지를 전압이라고 한다. 즉 [그림 2-8]과 같이 2개의 금속판이 각각 전하량 $+Q$와 $-Q$를 가지면, $+Q$인 금속판에서 $-Q$인 금속판으로 전하가 흐르려고 하는 힘이 생긴다. 물이 높은 곳에서 낮은 곳으로 흐르듯이 (+) 전하가 (−) 전하 쪽으로 흐르려고 하는 힘을 전압이라고 한다.

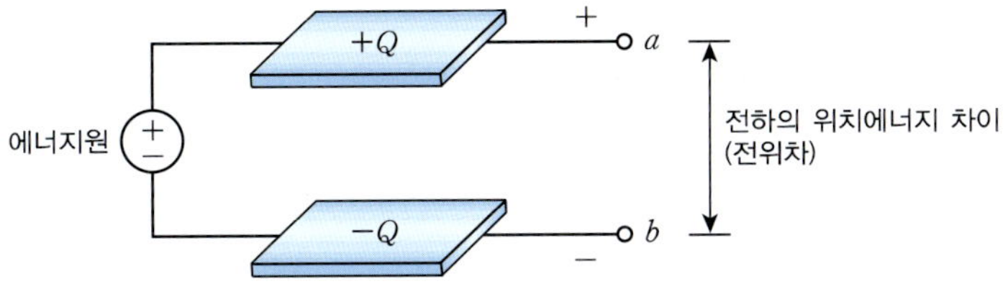

[그림 2-8] 전압에너지

따라서 전압 v는 식 (2.3)과 같이 단위 전하량에 의해 변환된 에너지의 양으로 표시할 수 있다. 식 (2.3)과 같은 관계에서 단위 [V]는 [Joule/Coulomb] 또는 [J/C]로 표기하기도 한다.

$$v = \frac{\Delta w}{\Delta q} = \frac{[\text{변화된 에너지}]}{[\text{전하량}]} = [\text{V}] = [\text{J/C}] \tag{2.3}$$

참고 2-3 전압의 참조 방향

전류와 마찬가지로 전압의 참조 방향은 임의로 정할 수 있고, 만약 회로해석을 하여 찾은 전압 값이 (−)이면 실제 전압의 방향은 임의로 정한 방향과 반대다.

[그림 2-9] 전압의 참조 방향

2.2.2 수동소자와 능동소자

앞서 언급한 전류와 전압의 참조 방향에 따라, 해당 소자가 에너지를 소비하는 **수동소자**passive element인지 에너지를 공급하는 **능동소자**active element인지 알 수 있다. [그림 2-10]은 수동소자와 능동소자를 나타낸 것이다. 수동소자의 대표적인 예로는 저항(R), 인덕터(L), 커패시터(C)가 있고, 능동소자에는 건전지와 같은 전원이 있다.

[그림 2-10] 수동소자와 능동소자

예제 2-1 전압, 전류의 참조 방향

[그림 2-11]의 회로에서 각 소자에 걸리는 전압은 각각 $V_{AB}=4$[V], $V_{AD}=5$[V]이고, 전류와 전압의 참조 방향은 그림과 같다. x, y, z 전압의 값을 구하고, 노드 B와 C 사이에 걸리는 전압 V_{BC}[V]와 노드 C와 D 사이에 걸리는 전압 V_{CD}[V]의 값을 구하라.

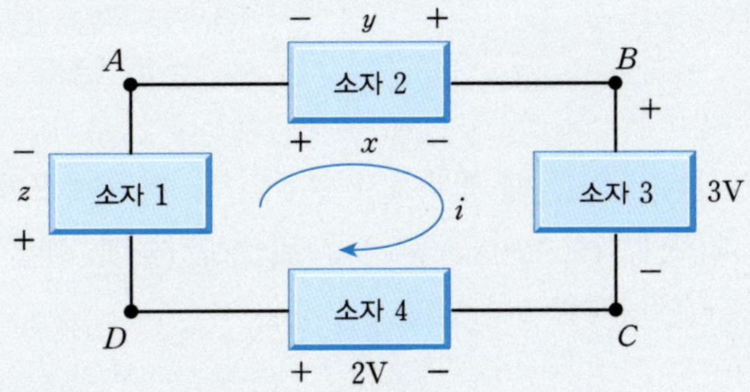

[그림 2-11] 전압, 전류의 참조 방향

풀이

V_{AB}는 단자 A와 B 사이의 전압이므로 $x=4$[V]이고, y는 x와 반대의 전압 참조 방향을 가지므로 $y=-4$[V] 이다. 또한 $V_{AD}=5$[V]이므로 $z=-5$[V]이고, $V_{DC}=2$[V]이므로 $V_{CD}=-2$[V]이다. 또한 [그림 2-11]에서 $V_{BC}=3$[V]임을 알 수 있다. 여기서 y와 z의 값이 (−)인 것은 임의로 잡은 y, z의 참조 방향이 실제 방향과 다르다는 것을 의미한다.

다시 말해서 소자 2는 y의 경우 능동소자라고 생각하고 전압의 참조 방향을 설정했으나 결과적으로 수동소자라는 뜻이고, z의 경우는 전원과 같은 능동소자라는 뜻이다.

SECTION 2.3 전력과 에너지

2.3.1 전력과 에너지란?

[그림 2-12]와 같이 소자와 소자가 전선으로 연결되어 있을 때 폐루프가 형성되고, 이 폐루프에는 전류와 전압이 존재한다. 이러한 전류와 전압은 소자에 작용하여 전력power을 발생시키는데, 예를 들어 이 소자가 전구라면 빛에너지를, 버저라면 소리에너지를 발산한다.

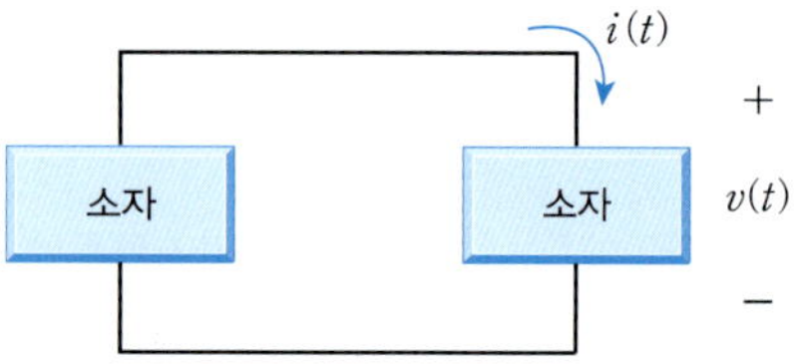

[그림 2-12] 폐루프 회로

위 회로에서 소자에 걸리는 전압을 $v(t)$, 소자에 흐르는 전류를 $i(t)$라고 하자. 이 소자가 수동소자라고 가정할 때 시간 t에서 소자에 발생하는 순간전력 $p(t)$는 식 (2.4)와 같이 전류와 전압의 단순 곱으로 계산할 수 있다.

$$p(t) = v(t) \cdot i(t) \tag{2.4}$$

전력의 단위는 [Watt] 또는 [W]로 '와트'라고 읽는다. 전압과 전류의 단위는 [Volt]와 [Ampere]이므로 식 (2.1)과 식 (2.3)에 따라 다음과 같이 나타낼 수 있다.

$$[\mathrm{W}] = [\mathrm{V}] \cdot [\mathrm{A}] = \frac{[\mathrm{J}]}{[\mathrm{C}]} \cdot \frac{[\mathrm{C}]}{[\mathrm{s}]} = [\mathrm{J/s}]$$

그러므로 전력은 단위시간당 에너지, 즉 일의 양이다.

전력이 단위시간당 일의 양이므로, 반대로 전력을 일정 시간 동안 적분하면 에너지(일)를 얻을 수 있다. 즉 $t_0 \sim t_1$ 동안 소비된 에너지의 양은 다음과 같이 계산할 수 있다.

$$w(t_0, t_1) = \int_{t_0}^{t_1} p(\tau)\,d\tau \tag{2.5}$$

따라서 순간에너지 $w(t)$는 식 (2.6)과 같이 전력 $p(t)$의 적분으로 나타낼 수 있고, 반대로 순간전력 $p(t)$는 순간에너지 $w(t)$를 시간에 따라 미분해 얻을 수 있다.

$$w(t) = \int_{-\infty}^{t} p(\tau)d\tau \tag{2.6}$$

$$p(t) = \frac{dw(t)}{dt} \tag{2.7}$$

참고 2-4 에너지 단위 [Wh]

에너지의 단위는 일반적으로 [Joule] 또는 [J]을 사용한다. 하지만 전기에너지를 표현할 때는 대부분 [Wh] Watt Hour라는 단위를 사용하는데, 이는 1[Watt]의 전력을 한 시간 동안 소비하는 에너지의 양을 말한다. 예를 들어 500[W] 전열기를 두 시간 동안 가동했다면 전체 소비한 전기에너지는 1[kWh]가 된다.

2.3.2 전력소비소자와 전력공급소자

2.2.1절에서 이야기한 수동소자와 능동소자는 전력의 관점에서는 다르게 표현될 수 있다. **수동소자**는 전력을 소비하는 소자이므로 **전력소비소자** absorbing power element, **능동소자**는 전력을 공급하는 소자이므로 **전력공급소자** supplying power element라고도 한다.

[그림 2-13] 전력소비소자와 전력공급소자

예제 2-2 전력소비소자와 전력공급소자

[그림 2-14]와 같이 소자에 걸리는 전압과 전류의 참조 방향이 주어졌을 때, 이 소자가 소비하는 전력은 얼마인가?

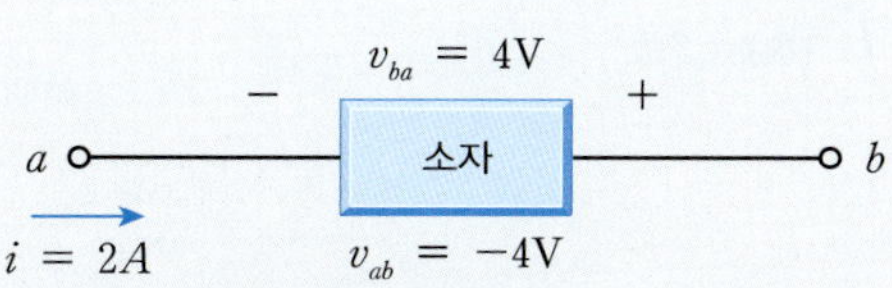

[그림 2-14] 전력소비소자

풀이

전력 p는 전압과 전류 값을 곱해서 구한다. 따라서 소자가 소비하는 전력을 구하려면 소자를 전력소비소자로 간주하여 참조 방향을 전력소비소자에 해당하는 $v_{ab} = -4$[V]로 두고 전력을 계산한다. 따라서 소비전력 값은 다음과 같다.

$$p = v \cdot i = (-4) \times 2 = -8[\mathrm{W}]$$

반면 전력소비가 (−) 값이라면 결국 전력을 공급한다는 뜻으로 이 소자의 참조 방향을 전력소비소자로 생각하고 문제를 풀었으나 사실은 전력공급소자라는 뜻이다. 이때 공급전력은 $v_{ba}=4$[V]로 계산한 값 $p=v\cdot i=4\times 2=8$[W]가 된다.

$$\text{공급전력(에너지) 값} = -\text{소비전력(에너지) 값}$$

예제 2-3 **전력 및 에너지 계산**

[그림 2-15]와 같이 주어진 소자의 전압과 전류에 의한 전력 $p(t)$의 값과 $t=0\sim 1$초 동안의 일(에너지)의 양 $w(t)|_0^1$을 구하라. (단, $v(t)=8e^{-t}$[V], $i(t)=20e^{-t}$[A], $t\geq 0$이다.)

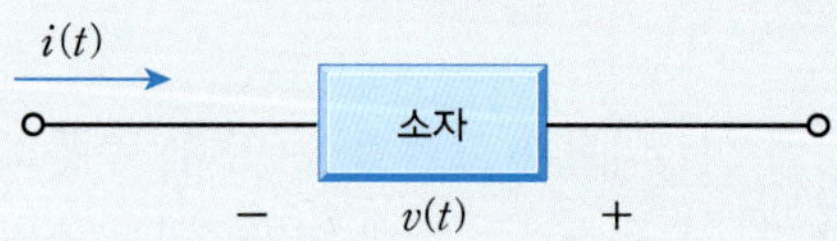

[그림 2-15] 전류와 전압의 참조 방향

풀이

이 소자는 참조 방향에 따라 전력공급소자, 즉 능동소자로 간주할 수 있으므로 공급전력 값은 다음과 같다.

$$\begin{aligned} p(t) &= v(t)\cdot i(t) \\ &= 8e^{-t}\times 20e^{-t}=160e^{-2t}[\text{W}] \quad (t\geq 0) \end{aligned}$$

이때 전력 값이 (−)가 아니므로 능동소자라는 가정은 옳다. 또한 $t=0\sim 1$초 동안 공급된 에너지(일)의 양은 다음과 같다.

$$\begin{aligned} w(t)|_0^1 &= \int_0^1 p(\tau)\,d\tau = \int_0^1 160e^{-2t}dt \\ &= 160\cdot \frac{e^{-2t}}{-2}\Big|_0^1 \\ &= 80(1-e^{-2}) \approx 69.2[\text{J}] \end{aligned}$$

SECTION 2.4 독립전원과 종속전원

2.4.1 전원의 분류

전원source은 전력 혹은 에너지를 공급하는 능동소자, 즉 전력공급소자의 대표적 소자다. 에너지를 공급하는 방법에 따라 독립전원independent source과 종속전원dependent source으로 분류할 수 있고, 공급되는 전원의 종류에 따라 전류전원current source과 전압전원voltage source으로도 분류할 수 있다.

독립전원

독립전원이란 다른 소자의 에너지 값에 상관없이 그 자체가 가지고 있는 에너지를 직접 또는 독립적으로 공급하는 전원을 말한다. 우리가 사용하는 건전지가 대표적인 예라고 할 수 있는데, 이러한 독립전원은 회로에서 [그림 2-16]과 같이 DC 기호나 원 기호로 나타낸다. 이때 전류전원과 전압전원은 구별하여 표현한다.

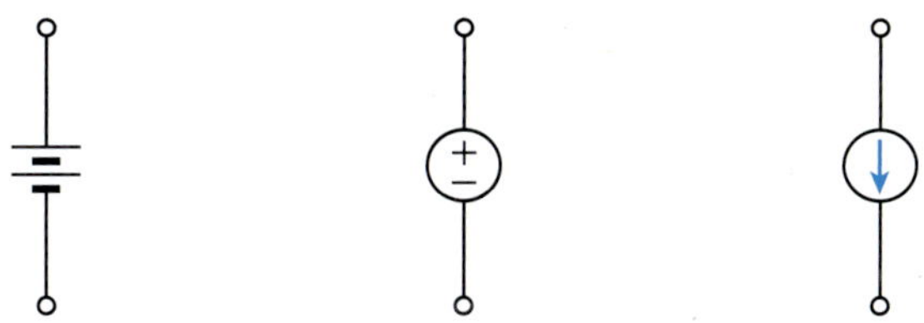

(a) DC 전압전원 (b) 전압전원 (c) 전류전원

[그림 2-16] 독립전원의 회로적 표현

종속전원

종속전원이란 독립적인 소자에 의해 전원이 공급되지 않고, 회로적으로 다른 소자에 흐르는 전류의 값이나 전압의 값에 의해 조정되어 공급되는 전원을 말한다. 예를 들어 전자회로에서 트랜지스터를 동작하기 위해 회로적으로 공급하는 바이어스 전압이나 트랜지스터의 등가회로 등에서 볼 수 있는 전원 등이 이에 해당한다. 종속전원의 회로적 표현은 [그림 2-17]과 같이 마름모 모양의 기호로 나타낸다.

(a) 전압전원 (b) 전류전원

[그림 2-17] 종속전원의 회로적 표현

종속전원은 공급되는 전원의 종류에 따라 종속전압전원과 종속전류전원으로 나누고, 조정하는 다른 소자의 값이 전류 값인지 전압 값인지에 따라서도 나누어 정의한다. 따라서 [그림 2-18]과 같은 네 가지 형태의 종속전원이 존재한다.

❶ 전류조정 전압전원(CCVS)Current Controlled Voltage Source
❷ 전압조정 전압전원(VCVS)Voltage Controlled Voltage Source
❸ 전압조정 전류전원(VCCS)Voltage Controlled Current Source
❹ 전류조정 전류전원(CCCS)Current Controlled Current Source

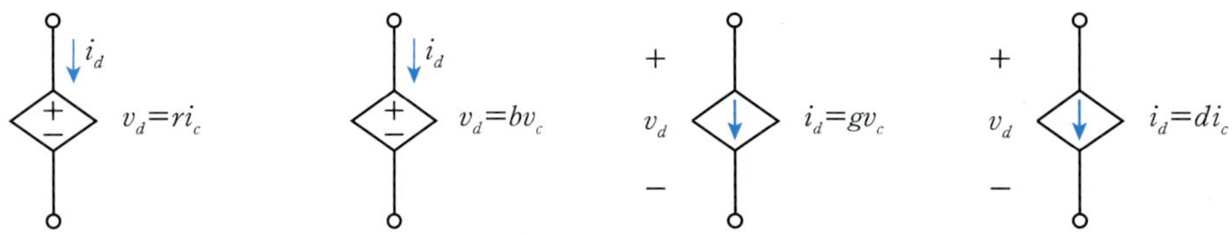

(a) CCVS (b) VCVS (c) VCCS (d) CCCS

[그림 2-18] 네 가지 종류의 종속전원

참고 2-5 트랜지스터의 등가회로

[그림 2-19]는 전자회로에 사용되는 비선형소자인 트랜지스터의 기호와 간략한 등가회로이다. 이 회로를 보면 알 수 있듯이 종속전류전원의 값 βi_B는 독립적인 값이 아니라 단자 B에서 들어오는 i_B의 값에 따라 종속되어 조정된다. 이와 같은 전원을 종속전원이라고 한다. 또한 전류전원이면서 전류에 의해 조정되므로 전류조정 전류전원(CCCS)이라고 할 수 있다.

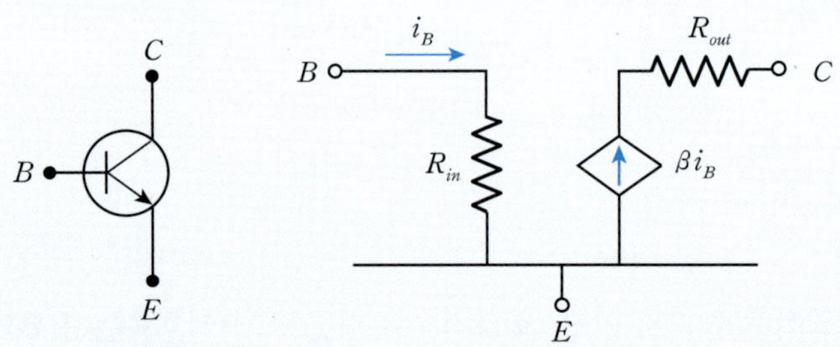

(a) 트랜지스터 기호 (b) 등가회로

[그림 2-19] 트랜지스터의 등가회로

참고 2-6 이상적 전원

회로해석에서는 모든 전원을 이상적 전원으로 간주하여 해석한다.

이상적 전원ideal source이란 실제로는 존재하지 않지만 회로해석에서 정의하여 사용하는 전원을 말한다. 즉 전원소자에 걸리는 전압과 흐르는 전류가 서로 영향을 주지 않는 독립적인 전원을 가리킨다.

[그림 2-20]과 같이 전압 값 v가 주어졌지만 전류 값은 전압 값과 무관한 전원을 '전압전원'이라 하고, 반대로 전류 값 i만 있고 전압 값은 주어지지 않은 전원을 '전류전원'이라 한다.

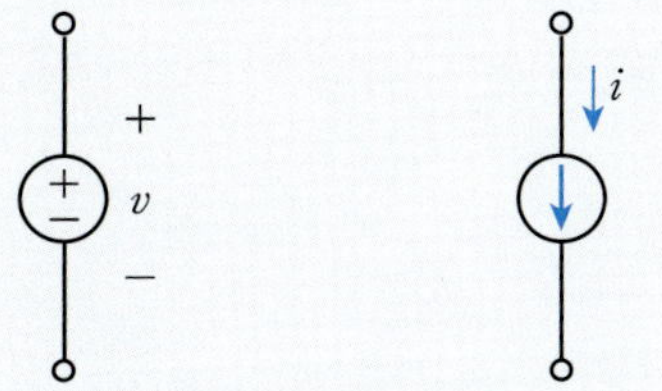

(a) 전압전원 (b) 전류전원

[그림 2-20] 독립전원의 종류

실제 전원인 건전지 같은 경우, 내부에 저항이 존재하므로 내부에 전류가 흐를 수 있으나, 이상적 전원은 내부에 저항이 존재하지 않는 것으로 간주한다.

이상적 전원의 예로, 단락회로short circuit와 개방회로open circuit가 있다. [그림 2-21]과 같이 단락회로는 전압 값이 0[V]로 주어진 이상적 전압전원이고, 개방회로는 전류 값이 0[A]로 주어진 이상적 전류전원이다.

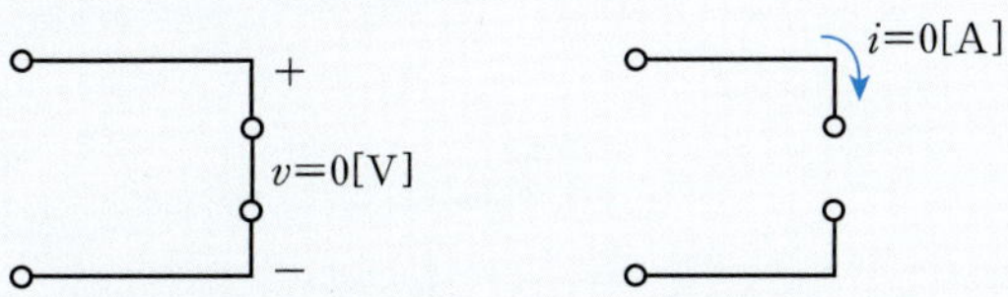

(a) 단락회로 (b) 개방회로

[그림 2-21] 이상적 전원의 예

2.4.2 이상적 전원의 직병렬연결

[그림 2-22]와 같이 2개의 전압전원 V_1, V_2를 직렬로 연결하면 전체 전압 V_T는 두 전압전원의 합인 $V_1 + V_2$가 된다. 또한 [그림 2-23]과 같이 2개의 전류전원 I_1, I_2를 병렬로 연결하면 전체 전류 I_T의 값은 두 전류전원의 합인 $I_1 + I_2$가 된다.

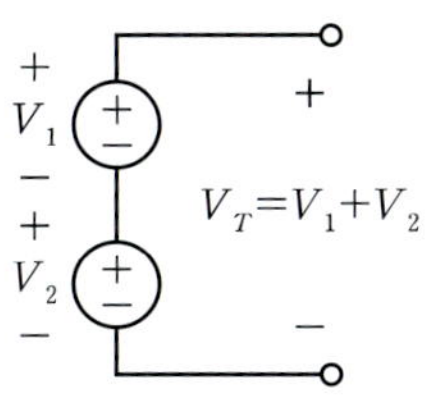

[그림 2-22] 전압전원의 직렬연결

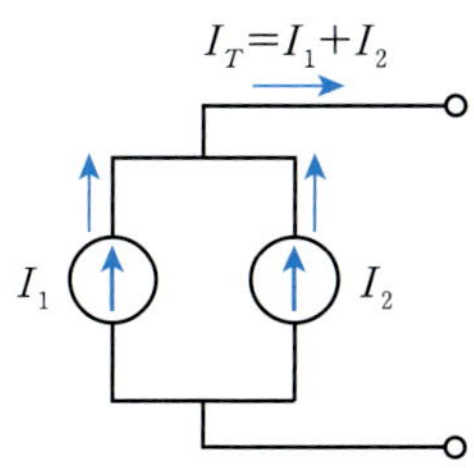

[그림 2-23] 전류전원의 병렬연결

그러나 만약 [그림 2-24]와 같이 서로 다른 2개의 전압전원 V_1, V_2를 병렬로 연결하면 전체 전압 V_T의 값은 어떻게 될까? 이 경우에는 이론적으로 전압이 위치에너지이기 때문에 전체 에너지는 높은 위치에너지를 가지는 소자에 의해 결정된다. 즉 2개의 전압전원 V_1, V_2 중 큰 값을 가지는 전원에 의해 결정된다. 그러나 이런 식의 전압전원의 병렬회로는 존재하지 않는 것으로 간주하는데, 그 이유는 이상적 전원의 경우 작은 값의 전원이 하는 일이 없기 때문이다.

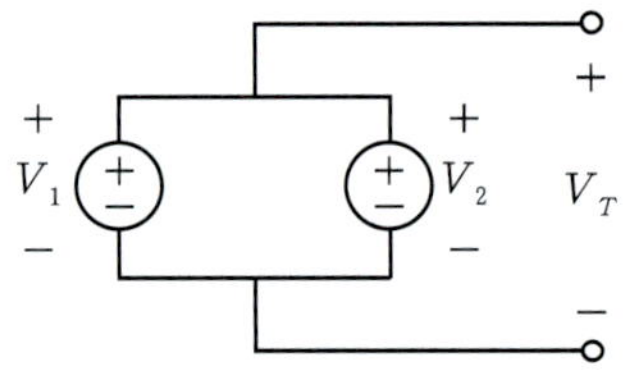

[그림 2-24] 전압전원의 병렬연결

같은 이유로 [그림 2-25]의 전류전원의 직렬연결 역시 회로해석에서는 존재하지 않는 회로로 간주한다.

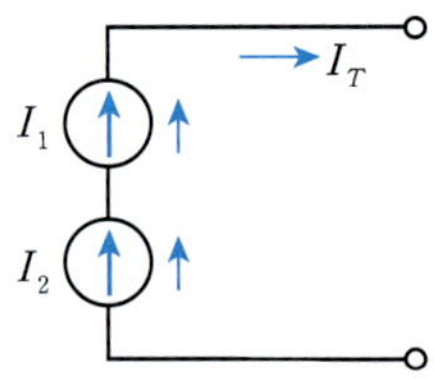

[그림 2-25] 전류전원의 직렬연결

쉬어가기 전압전원의 병렬연결

일상생활에서 전압전원의 병렬연결은 가능하다. 일반적으로 같은 값의 전압전원 2개를 병렬로 연결하면 전체 전압 값은 1개의 전압전원을 연결한 값과 같고, 대신 사용 시간이 두 배로 늘어난다. 만약 다른 값의 전압전원 2개를 연결하면 어떻게 될까? 이것 역시 연결은 가능하다. 예를 들어 V_1 값이 6[V], V_2 값이 12[V]인 건전지라면 전체 전압 값 V_T는 높은 위치에너지 값을 가지는 12[V] 전원에 의하여 결정된다. 하지만 이것은 잠시 동안의 일이고, 실제로는 2개의 전원 사이에 폐루프가 형성되고 높은 전압으로부터 낮은 전압으로 전류가 흐른다. 따라서 건전지 내부에 실제로 존재하는 내부저항에 의하여 둘 중 낮은 에너지 값에 도달할 때까지 에너지가 소진되어 결국 낮은 전압 값으로 맞춰진다. 그러므로 실생활에서 병렬로 연결된 건전지가 다 소모되어 가전제품이 작동되지 않을 때 건전지를 1개만 바꾸는 것은 낮은 전압의 건전지 값으로 수렴하는 결과를 낳는다. 따라서 이왕이면 모든 건전지를 한꺼번에 교체하는 것이 좋다.

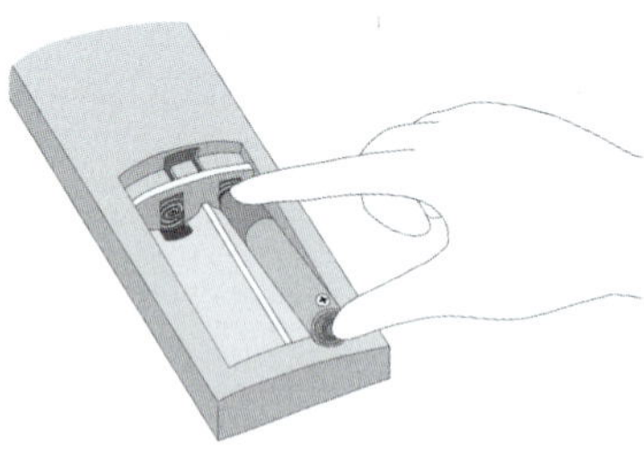

SECTION
2.5 저항소자

저항소자resistor는 회로의 선형소자 중에서 가장 대표적인 것으로, R로 표기하고 회로상으로는 [그림 2-26]과 같이 표현한다. 이러한 저항소자는 전력을 소비하는 전력소비소자이기도 하므로 소자의 참조전압과 참조전류의 방향 역시 그림에 표현된 대로 간주하는 것이 일반적이다. 저항 값 resistance을 표현하는 단위는 [Ω]을 사용하고 '옴'이라고 읽는다.

(a) 실제 저항소자

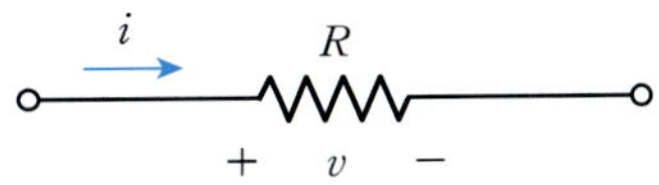

(b) 저항소자의 기호

[그림 2-26] 저항소자의 실제 예 및 기호

참고 2-7 색 띠에 의한 저항 값 표기

일반적으로 실제 저항소자의 저항 값 표기는 [그림 2-26(a)]와 같이 4개의 색 띠를 이용하여 표기한다. 이 4개의 색 띠 중 처음 3개는 다음과 같이 각 색깔에 따라 숫자 0부터 9까지를 나타내고, 네 번째 색 띠는 색에 따른 저항 값의 오차 범위를 나타낸다.

[표 2-1] 색 띠에 의한 저항 값 표기

색	숫자	색	숫자
흑(black)	0	녹(green)	5
갈(brown)	1	청(blue)	6
적(red)	2	자(violet)	7
등(orange)	3	회(gray)	8
황(yellow)	4	백(white)	9

* 저항소자 색 띠 중 네 번째 띠 : 금색 ±5%, 은색 ±10%

실제적인 저항 값의 표기는 4개의 색 띠 중 처음 2개는 저항 값의 앞 두 자릿수를 나타내고, 세 번째 색 띠는 앞 두 자릿수에 곱해지는 해당 숫자만큼의 10의 지수 값을 나타낸다. 그리고 네 번째 색 띠는 금색이나 은색으로 칠해지는데, 이는 3개의 색 띠가 표기하는 저항 값의 오차 범위를 나타낸다.

예를 들어 저항소자 4개의 색 띠가 **적-자-황-금색** 순서로 칠해졌다면, 이 저항소자의 실제 저항 값은 $27 \times 10^4 \pm 5\%$, 즉 270 ± 13.5[KΩ]이라는 뜻이 된다.

참고 2-8 전도 값

전도 값conductance은 저항 값의 반대 개념이다. 저항 값이 얼마나 전기를 잘 안 통하게 하는가에 대한 척도라면, 전도 값은 얼마나 전기가 잘 통하는가를 가늠하는 척도다. 따라서 전도 값은 저항 값의 역수인 $1/R$의 값으로 표현하고, 단위는 [Siemens] 혹은 [℧]로 쓰며, 읽을 때는 Ohm을 거꾸로 쓴 'Mho'로 읽는다. (전기공학자들의 유머 감각을 엿볼 수 있지 않은가?)

[그림 2-26]에 표현된 저항소자의 전류, 전압, 저항 사이에는 일정한 법칙이 존재한다. 이러한 법칙을 **옴의 법칙**Ohm's law이라고 하고, 그 관계식은 다음과 같이 나타낸다.

$$i=\frac{v}{R}, \qquad v=iR, \qquad R=\frac{v}{i} \tag{2.8}$$

참고 2-9 저항 값으로 본 완전전도체 및 절연체

[그림 2-27]과 같이 완전전도체는 아무런 저항 없이 모든 전류를 흘려보내는 물체이므로 $i-v$ 곡선상에서 i축에 나타낼 수 있다. 이는 옴의 법칙 $R=\frac{v}{i}$에서 v의 값이 0이므로 $R=0$에 해당한다.

반면에 절연체는 $i-v$ 곡선상에서 v축에 도시할 수 있으므로 마찬가지로 $R=\frac{v}{i}$에서 i 값은 0이 된다. 따라서 분자의 v 값에 상관없이 저항 값은 **무한대**가 된다.

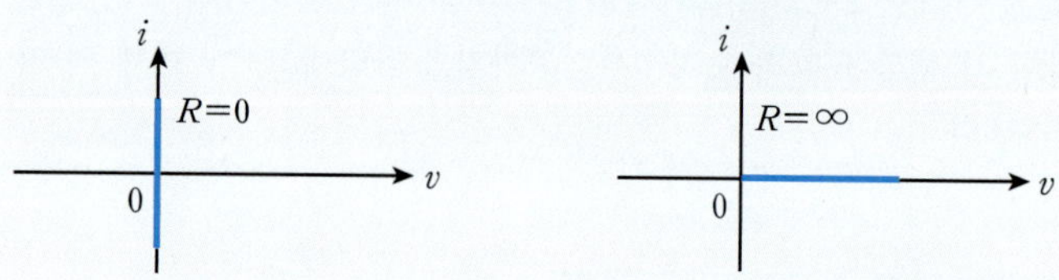

(a) 완전전도체 (b) 절연체

[그림 2-27] 완전전도체와 절연체의 $i-v$ 곡선

또한 [그림 2-28]의 **단락회로**에서는 전압전원의 값이 0이고 전류 값만 존재하는 셈이므로 옴의 법칙에 따라 $\boldsymbol{R=0}$ 이 된다. 마찬가지로 **개방회로**에서는 전류 값이 0이고 전압 값만 존재하므로 $\boldsymbol{R=\infty}$로 생각할 수 있다.

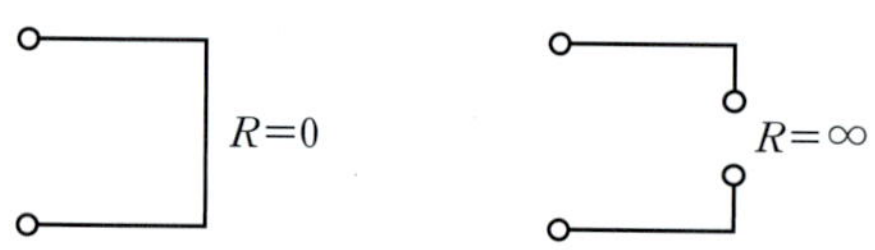

(a) 단락회로 (b) 개방회로

[그림 2-28] 단락회로 및 개방회로에서의 저항 값

참고 2-10 도선의 두께, 길이와 저항의 관계

저항 값(R)은 도선의 길이(L) 및 단면적(A)과 관계가 있는데, 이는 $R \propto \frac{L}{A}$과 같다. 따라서 [그림 2-29]와 같이 도선의 길이가 같다면 두께(단면적)가 가늘수록 도선의 저항이 높고, 도선의 두께가 같다면 길이가 길수록 도선의 저항이 높다.

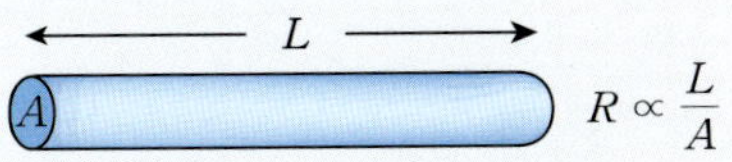

[그림 2-29] 도선의 두께 및 길이와 저항의 관계

예제 2-4 도선의 두께, 길이와 저항의 관계

[그림 2-30]과 같이 일정 두께와 길이의 도선을 양쪽으로 잡아당겨서 원래 길이의 두 배로 만든다고 할 때 전체 저항 값은 몇 배가 되겠는가? (단, 늘어난 도선의 두께는 전체적으로 균일하다고 가정한다.)

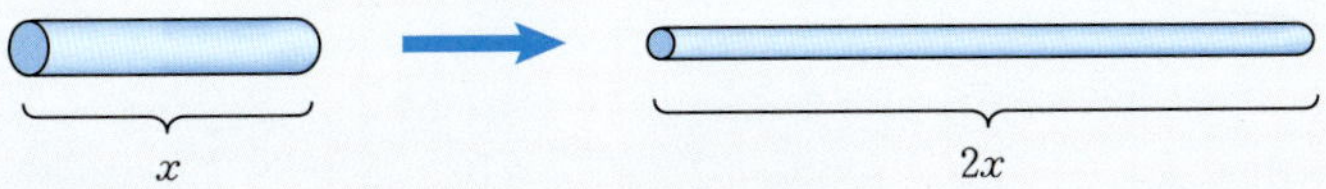

[그림 2-30] 도선 변형에 따른 저항 값의 변화

풀이

전체 부피가 같은 상황에서 길이를 두 배로 늘이면 단면적은 $\frac{1}{2}$로 줄어들므로 저항 값은 4배(2×2)로 늘어난다.

[예제 2-4]와 같이 전선이 가늘어지면 저항 값이 증가하므로 집적회로를 만들 때 저항 값이 증가한다. 따라서 소자와 소자를 연결하는 연결선은 일정 두께 이하로 가늘게 집적화할 수 없고, 전선을 가늘게 늘이면 수행속도가 느려지는 단점이 있다. 따라서 최근에는 이러한 연결선을 초전도 물질을 이용한 가공기술을 접목하여 저항 값을 0에 가깝도록 만드는 연구가 진행되고 있다.

SECTION 2.6 전압계와 전류계

2.6.1 전압계와 전류계 사용법

전압계 volt meter와 **전류계** ampere meter는 회로의 임의 지점에서 전압과 전류를 측정하는 장비다. 예를 들어 1.5[V] 건전지의 전압을 측정하려면 (+)극과 (−)극을 [그림 2-31]과 같이 연결해서 측정한다. 이때 건전지의 (+)극은 빨간색 프로브probe, (−)극은 검은색 프로브에 연결한다.

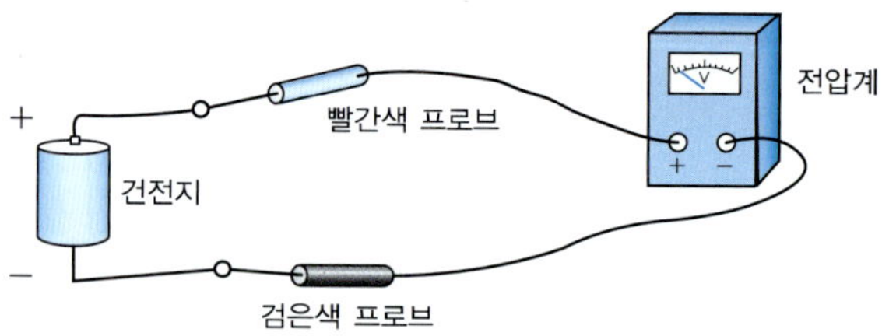

[그림 2-31] 전압 측정을 위한 전압계의 연결 방법

[그림 2-32]와 같이 2개의 저항과 1개의 전압전원이 연결된 회로에서 저항 1에 걸려 있는 전압을 측정하려면 단자 a와 b 사이의 전압을 측정하면 된다. 이때 빨간색 프로브는 a 단자에, 검은색 프로브는 b 단자에 연결한다. 전류계는 [그림 2-32]와 같이 회로의 선을 끊고 연결하여 측정할 수 있다.

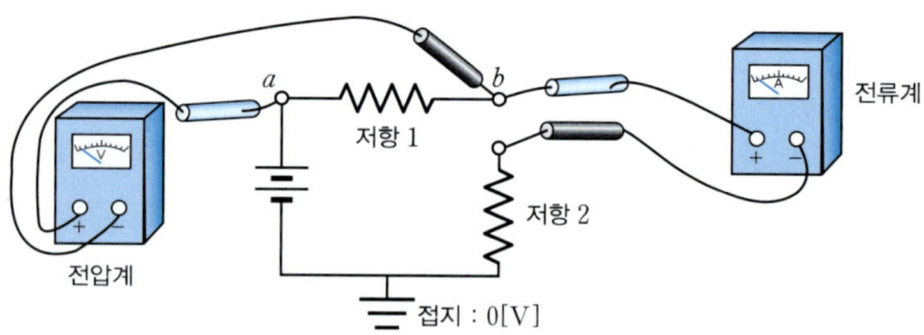

[그림 2-32] 회로의 전압 및 전류 측정

2.6.2 부유전압과 접지전압

전압전원이나 소자에 걸리는 전압을 측정할 때 측정 대상인 전압전원의 위치가 접지ground에 직접 연결되어 있는지 아니면 접지와 독립적으로 부유한 상태인지에 따라 각각 **접지전압**grounded voltage과 **부유전압** floating voltage으로 나눌 수 있다. [그림 2-32]의 회로를 보면 단자 $a-b$ 간의 전압은 직접 접지에 연결되어 있지 않으므로 부유전압이고, 전압전원은 접지에 직접 연결되어 있으므로 접지전압이다. 부

유전압의 값은 실제로 단자 a의 전압 값과 단자 b의 전압 값의 차이고, 접지전압의 값은 접지지점의 전압 값을 0(참조전압)으로 했을 때의 상대적인 단자 a의 전압 값이다.

쉬어가기 참새가 고압선에 앉을 수 있는 이유

참새는 15만 4천 볼트의 고압선 위에 앉아 있어도 어떻게 감전되지 않는 것일까? 감전이란 신체에 전류가 흐르는 것으로 신체에 전류가 흐르려면 전압 차이가 생겨야 한다. 따라서 신체 모든 곳의 전압 값이 같으면 전류는 흐르지 않는다. 참새의 경우 고압선에 올려놓은 두 발이 모두 같은 전압 값이므로 전류가 흐르지 않아 감전되지 않는다. 앞서 배운 **부유전압**의 개념으로 본다면 오른발을 단자 a, 왼발을 단자 b라고 할 때 단자 a와 b 사이의 부유전압 값은 0[V]가 되어 몸에는 전류가 흐르지 않는다. 하지만 단자 a나 단자 b의 **접지전압**은 당연히 모두 15만 4천[V]이다.

가끔 고압선에 의한 감전 사고가 일어나기도 하는데, 비가 내리거나 또 다른 이유로 고압선과 지면(0[V]) 사이에 회로가 형성되면 전류가 지면에 접해 있는 사람을 통과하여 흘러 감전 사고가 발생한다. 그렇기 때문에 한국전력에서 고압선 수리나 전선 정비를 할 때에는 사람이 고가 사다리에 연결된 절연통 안에서 작업을 한다. 이 경우 절연통 안에서 작업을 하는 사람은 지면과 절연되어 있으므로 고압선 위에 있는 참새처럼 고압선을 만져도 부유전압이 0[V]가 되어 안전하다.

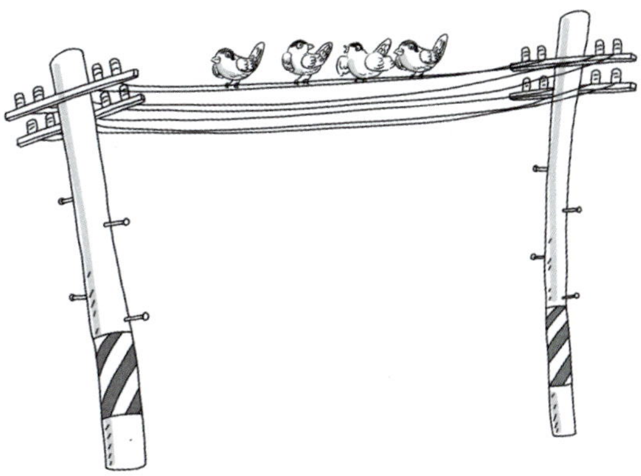

CHAPTER 02 핵심요약

회로해석이란 주어진 전기회로를 해석하여 각 회로소자에 흐르는 전류와 걸리는 전압의 값을 찾는 것을 말한다. 이 장에서는 전압과 전류란 무엇이고 전압, 전류에 의하여 발생하는 전력과 에너지(일)란 무엇인지, 그리고 전압과 전류의 관계에 대해 배웠다. 또한 전력을 공급하고 소비하는 소자, 즉 전원소자, 저항소자 등에 대해서도 학습했다. 마지막으로 전류와 전압을 측정하는 장비인 전압계와 전류계를 사용하여 회로상에서 특정 전압과 전류 값을 측정하는 방법에 대해 학습했다.

■ 전류와 전하량

- 전류 : $i(t) = \dfrac{\Delta q}{\Delta t} = \dfrac{dq}{dt} = [\mathrm{A}] = [\mathrm{C/s}]$
- 전하량 : $q(t) = \displaystyle\int_{-\infty}^{t} i(\tau)\,d\tau$

■ 전압

$$v = \frac{\Delta w}{\Delta q} = \frac{[\text{변화된 에너지}]}{[\text{전하량}]} = [\mathrm{V}] = [\mathrm{J/C}]$$

■ 부유전압과 접지전압

- 부유전압 : 단자와 단자 간의 전압 차
- 접지전압 : 단자와 참조전압 0[V] 간의 전압

단자의 접지전압이 고전압이라 할지라도 단자의 접지전압이 같으면 부유전압은 0[V]이다.

■ 전력

$$p(t) = v(t) \cdot i(t) = [\mathrm{J/C}] \cdot [\mathrm{C/s}] = [\mathrm{J/s}] = [\mathrm{W}]$$

■ 에너지(일)와 전력

- 에너지 : $w(t) = \displaystyle\int_{-\infty}^{t} p(\tau)\,d\tau\ [\mathrm{J}]$
- 전력 : $p(t) = \dfrac{dw(t)}{dt}\ [\mathrm{W}]$

■ 공급전력과 소비전력

공급전력(에너지) 값 = −소비전력(에너지) 값

■ 전력소비소자와 전력공급소자

	전력소비소자	전력공급소자
정의	전력을 소비하는 소자(= 수동소자)	전력을 공급하는 소자(= 능동소자)
전압, 전류의 참조 방향	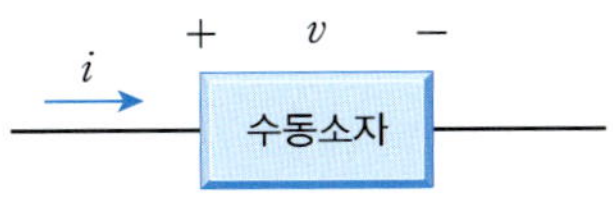	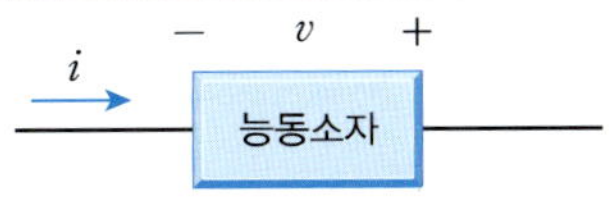

■ 전류전원과 전압전원

- 전류전원 : 전원의 형태가 전류로 주어진 전원
- 전압전원 : 전원의 형태가 전압으로 주어진 전원

■ 저항소자에서의 옴의 법칙

$$i=\frac{v}{R},\quad v=iR,\quad R=\frac{v}{i}$$

CHAPTER 02 연습문제

전하와 전류

2.1 전하량 $q=-10^{-7}e^{-10^5 t}$[C]과 전류 $i=12\cos\left(1000t+\frac{\pi}{6}\right)$[A]가 주어졌을 때, 시간 $t=-5$ [μs]부터 $+5$[μs]까지의 평균 전류 값을 구하라.

2.2 임의의 전기소자에 $t=-\infty$일 때부터 인입된 전하량 C가 수식적으로 모든 시간에서 흐르는 전류 i의 50배가 된다. 각 경우의 $i(t)$를 구하라.

(a) $t=10$[s]일 때 전류 i가 4[A]일 경우
(b) $t=-20$[s]일 때 전체 전하량이 5[C]일 경우

옴의 법칙

2.3 [그림 2-33]과 같은 전압파형 $v_R(t)$가 어떤 저항의 단자 사이에서 관측되었다. 이때 다음 저항 값에 따른 전류파형 $i_R(t)$를 도시하라.

(a) 1[Ω]　　(b) 2[Ω]　　(c) ∞[Ω]

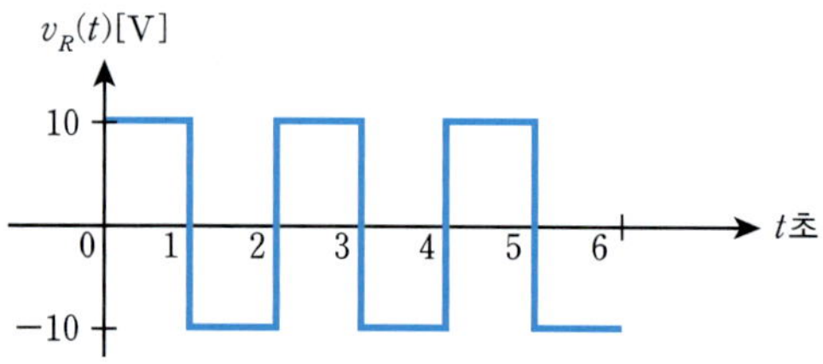

[그림 2-33]

옴의 법칙과 전력

2.4 [그림 2-34]가 다음과 같은 조건을 가진다. 각 경우의 $v(t)$를 구하라.

(a) $G=10^{-2}$[℧], $i=-2.5$[A]
(b) $R=40$[Ω]이고 250[W]를 소비하는 저항
(c) $i=2.5$[A]이고 500[W]를 소비하는 저항

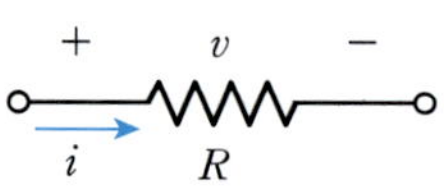

[그림 2-34]

2.5 다음 회로와 같이 2개의 저항이 전압전원과 병렬로 연결되어 있고, $v_s = 100[\text{V}]$, $R_1 = 25[\Omega]$, $R_2 = 20[\Omega]$일 때 각 저항에 흐르는 전류 값과 소모하는 전력을 구하라.

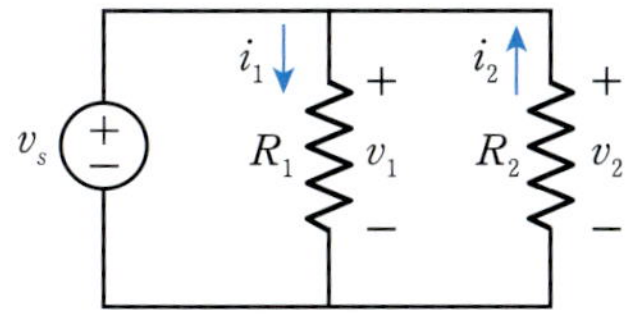

[그림 2-35]

2.6 [그림 2-36]의 전류전원에서는 50[W]의 전력을 공급한다. 이때 그림과 같이 전압계와 전류계가 연결되었다면, 각각 얼마의 값을 나타내는가?

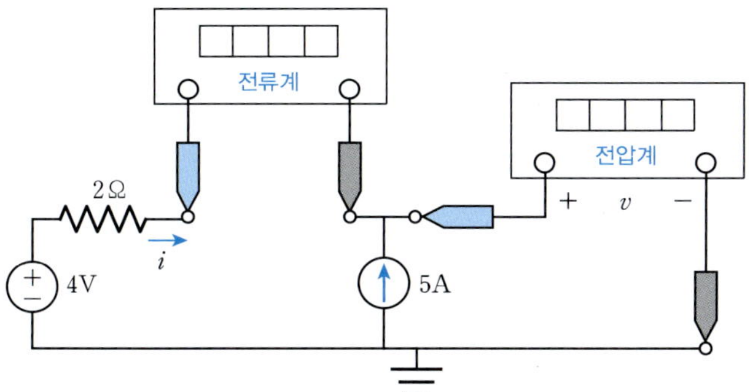

[그림 2-36]

2.7 **도전** 다음 회로에서 각각의 저항에 의해 소모되는 전력 값은 얼마인가?

HINT 각 저항에 흐르는 전류 값을 구하고, $p = i^2R$을 이용한다.

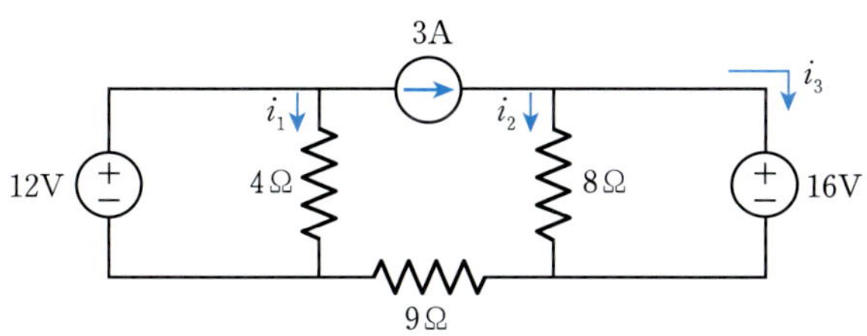

[그림 2-37]

전력

2.8 다음 회로에서 전원에 의해 공급되는 전력을 구하라.

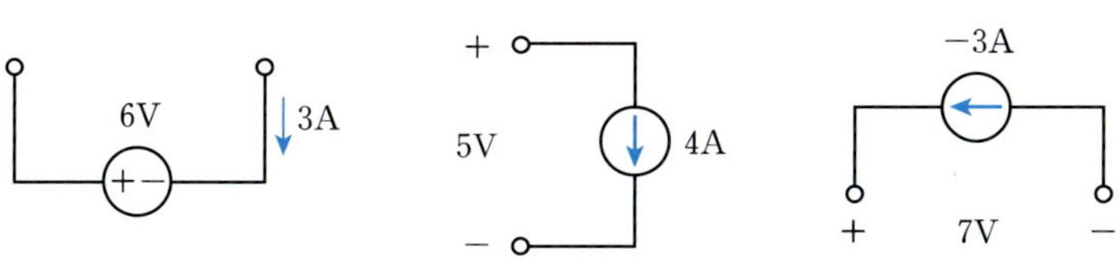

(a) (b) (c) [그림 2-38]

2.9 전기히터가 200[V]의 직류전압전원에 연결되어 1600[W]를 소모했다. 이 전기히터를 100[V] 직류전압전원에 연결하면 얼마의 전력을 소모하는가? 또 이 전기히터의 저항 값은 얼마인가?

전기에너지

2.10 어떤 $4[\Omega]$짜리 선형 시간불변 저항에 전류 $i(t)=\sin\pi t$가 흐른다. 만약 시간 $t=0$에서의 일(에너지)이 $E(0)=0$이면, 다음 시간들에서 저항을 통하여 발산되는 일(에너지)의 값들은 얼마인가?

(a) $t=1$　(b) $t=2$　(c) $t=3$　(d) $t=4$　(e) $t=5$　(f) $t=6$

2.11 $2[\Omega]$짜리 저항에 흐르는 전류가 $i(t)=\cos^2\pi t$로 주어졌을 때, $t=0\sim5[\text{s}]$ 동안 저항에서 소비되는 에너지[J]를 구하라.

2.12 $10[\Omega]$짜리 저항에 걸린 전압의 파형은 [그림 2-39]와 같다고 할 때, 다음 시간 동안 저항에서 발생하는 에너지[J]를 구하라.

(a) $(0,\ 1)[\text{s}]$　(b) $(0,\ 2)[\text{s}]$　(c) $(0,\ 5)[\text{s}]$

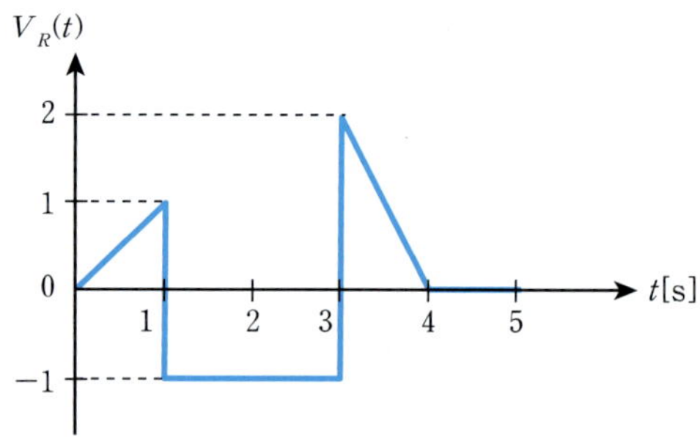

[그림 2-39]

2.13 [그림 2-40]과 같이 소자에 흐르는 전류와 걸리는 전압이 주어졌을 때, 이 소자에 의해 소모되는 $t>0$에서 전력 값 파형을 도시하라. 또한 $t=0\sim10[\text{s}]$ 동안에 소비되는 에너지의 양을 구하라. (단, 이 소자는 전력소비소자로 가정한다.)

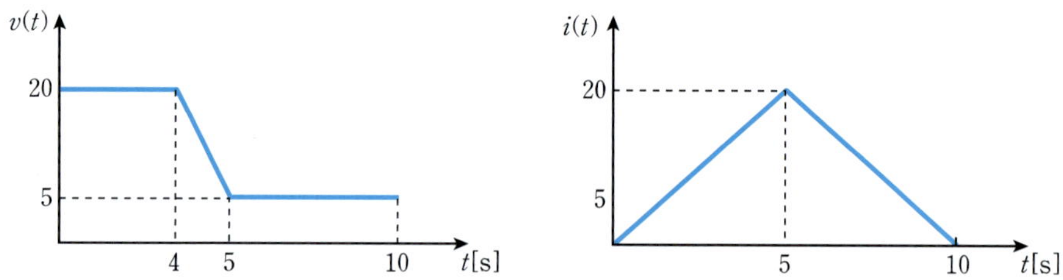

(a) 소자의 전압 $v(t)$　(b) 소자의 전류 $i(t)$

[그림 2-40]

2.14 자동차 배터리가 5시간 동안 직류전류 2[A]에 의해 충전되었다. 배터리의 출력전압이 $t>0$이고 $v=10+2t$로 주어졌을 때, 다음 물음에 답하라. (단, t는 시간을 나타낸다.)

(a) 5시간 동안 충전된 에너지의 양은 얼마인가?

(b) 전기 요금이 [KWh]당 100원이라면, 5시간 동안 충전하는 데 필요한 비용은 얼마인가?

CHAPTER

02 기출문제

전기기능사 2022년 1회

2.1 전압 220[V], 전력 60[W]인 전구 10개를 20시간 동안 사용했을 때의 사용 전력량[KWh]은 얼마인가?

① 12　② 15　③ 120　④ 150

전기기능사 2021년 2회

2.2 2분 동안에 전류를 흘려 72,000[C]의 전하가 이동했을 때 이 도선의 전류는?

① 10[A]　② 20[A]　③ 600[A]　④ 1,200[A]

전기기능사 2020년 1회

2.3 3[C]의 전기량이 두 점 사이를 이동하여 24[J]의 일을 했다면 이 두 점 사이의 전위차는 몇 [V]인가?

① 4　② 8　③ 24　④ 72

전기기능사 2020년 3회

2.4 어떤 도체에 t초 동안 Q[C]의 전기량이 이동하면 이때 흐르는 전류 I[A]는?

① $I = Q \cdot t$　② $I = \frac{1}{Qt}$　③ $I = \frac{t}{Q}$　④ $I = \frac{Q}{t}$

전기기능사 2020년 3회

2.5 어떤 도체의 길이를 2배로 하고 단면적을 $\frac{1}{3}$배로 했을 때의 저항은 원래 저항의 몇 배가 되는가?

① 3배　② 4배　③ 6배　④ 9배

전기기능사 2020년 3회

2.6 1/4[W]형 250[kΩ] 저항기에 흘릴 수 있는 전류는 최대 몇 [mA]인가?

① 0.1　② 1　③ 10　④ 100

전기기능사 2020년 4회

2.7 1.5[V]의 전위차로 3 [A]의 전류가 2분 동안 흐를 때 한 일[J]은?

① 180　② 250　③ 540　④ 490

2022년도 국가공무원 9급

2.8 그림의 회로에서 전압 E[V]를 $a-b$ 양단에 인가하고, 스위치 S를 닫았을 때의 전류 I[A]가 닫기 전 전류의 2배가 되었다면 저항 R[Ω]은?

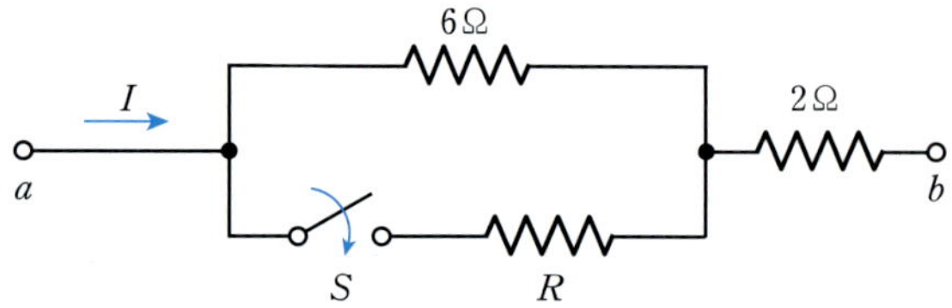

[그림 2-41]

① 1　② 3　③ 6　④ 12

2022년도 국가공무원 9급

2.9 그림과 같이 일정한 주기를 갖는 펄스 파형에서 듀티비[%]와 평균전압[V]은? (단, 듀티비[%]는 신호의 한 주기에서 신호가 켜져 있는 시간의 비율을 말한다.)

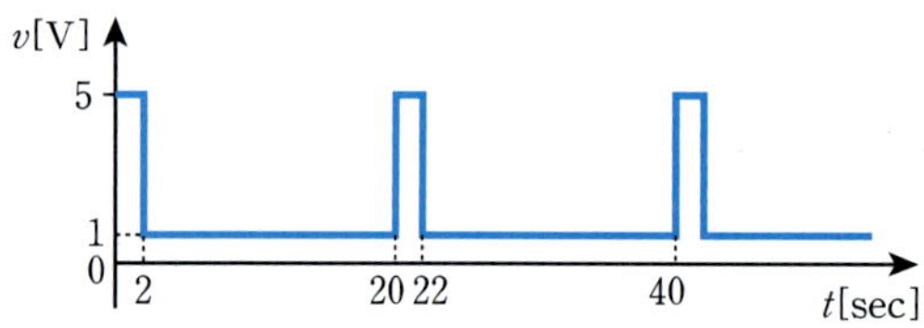

[그림 2-42]

① 10[%], 1.4[V]　② 10[%], 1.3[V]　③ 20[%], 1.4[V]　④ 20[%], 1.3[V]

2021년도 국가공무원 9급

2.10 전류원과 전압원의 특징에 대한 설명으로 옳은 것만을 모두 고르면?

(a) 이상적인 전류원의 내부저항 $r=1$[Ω]이다.
(b) 이상적인 전압원의 내부저항 $r=0$[Ω]이다.
(c) 실제적인 전류원의 내부저항은 전원과 직렬 접속으로 변환할 수 있다.
(d) 실제적인 전압원의 내부저항은 전원과 직렬 접속으로 변환할 수 있다.

① (a), (b)　② (a), (c)　③ (b), (d)　④ (c), (d)

2020년도 국가공무원 9급

2.11 그림의 회로에서 1[Ω]에 흐르는 전류 I[A]는?

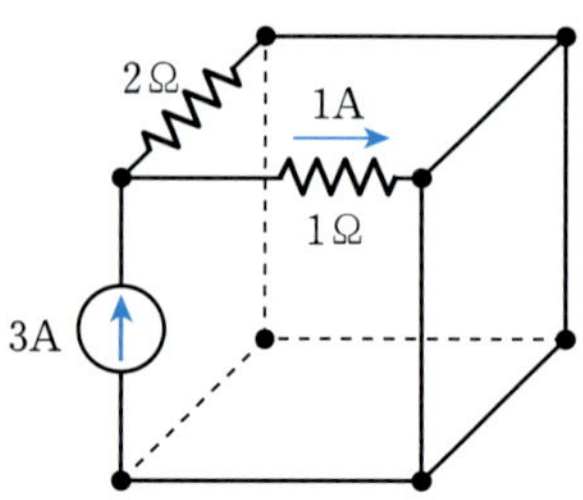

[그림 2-43]

① 1　② 2　③ 3　④ 4

2022년도 2회 전기산업기사

2.12 다음 그림은 전압이 10[V]인 전원장치에 가변저항과 전열기를 연결한 회로이다. 가변저항이 5[Ω]일 때 회로에 흐르는 전류는 1[A]이다. 가변저항을 15[Ω]으로 바꾸고 전열기를 4초 동안 사용할 경우 전열기에서 소비되는 전력[W]은 얼마인가? (단, 전원장치의 전압과 전열기의 저항은 일정하다.)

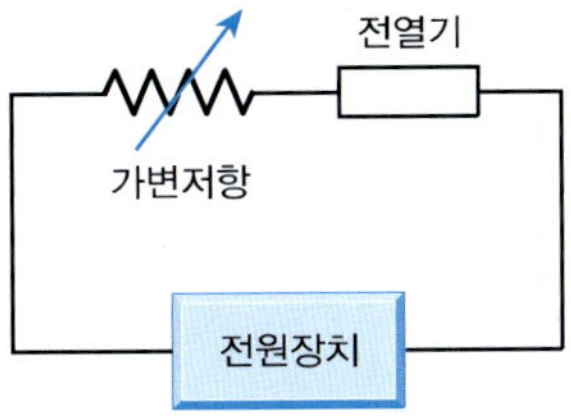

[그림 2-44]

① 1.25　② 1.5　③ 1.88　④ 2.0

2021년도 2회 전기산업기사

2.13 정격전압에서 1[kW]의 전력을 소비하는 저항에 정격의 80[%]의 전압을 가할 때의 전력[W]은?

① 340　② 540　③ 640　④ 740

2021년도 4회 전기산업기사

2.14 이상적인 전압원과 전류원의 내부저항[Ω]은 각각 얼마인가?

① 전압원과 전류원의 내부저항은 모두 0이다.
② 전압원의 내부저항은 ∞이고, 전류원의 내부저항은 0이다.
③ 전압원과 전류원의 내부저항은 모두 ∞이다.
④ 전압원의 내부저항은 0이고, 전류원의 내부저항은 ∞이다.

2021년도 4회 전기산업기사

2.15 다음 회로에서 S를 열었을 때 전류계는 10[A]를 지시했다. S를 닫을 때 전류계의 지시는 몇 [A]인가?

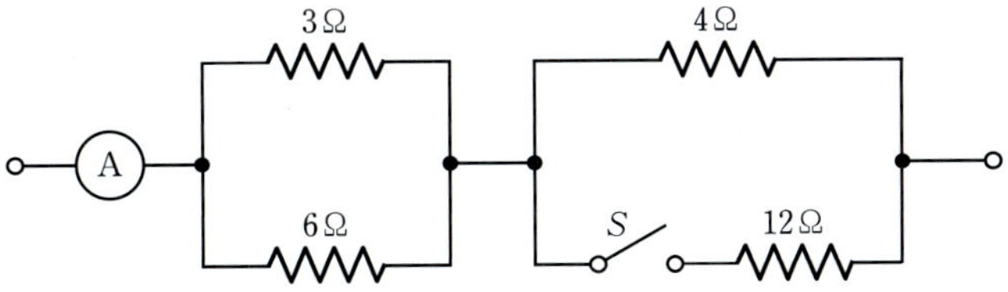

[그림 2-45]

① 10　② 12　③ 14　④ 16

CHAPTER

03

저항회로

Resistive Circuits

학습목표

- 회로해석의 기본단위가 되는 노드와 메시의 개념을 이해한다.
- 노드를 기반으로 하는 키르히호프의 전류법칙을 이해한다.
- 메시를 기반으로 하는 키르히호프의 전압법칙을 이해한다.

SECTION 3.1 회로해석을 위한 기본단위

회로해석을 하려면 키르히호프의 법칙을 적용하기 위한 두 가지 기본단위인 **노드**node와 **폐루프**closed loop를 이해해야 한다. 이때 노드는 여러 개의 소자가 서로 만나는 지점을, 폐루프는 여러 개의 소자가 연결되어 하나의 닫힌 고리를 만드는 것을 말한다. 이러한 폐루프 중에서 그 루프 안에 또 다른 폐루프가 없는 가장 작은 단위의 폐루프를 일반적인 폐루프와 구별하여 **메시**mesh라고 한다.

노드의 개수

[그림 3-1]에서 노드는 무엇이고 몇 개나 있을까? 그림에서 노드는 숫자 1, 2, 3으로 표기한 점을 말한다. 따라서 이들 회로에는 3개의 노드가 있다. 유의할 점은 [그림 3-1(a)]에서 숫자 4로 표기한 점도 노드처럼 보이지만, 노드 2와 노드 4 사이에는 아무런 소자가 없으므로 이 두 노드는 같은 노드라는 것이다. 즉, 회로해석을 잘 하려면 먼저 주어진 회로에서 무엇이 노드이고, 모두 몇 개의 노드가 있는지 알아내는 것이 중요하다.

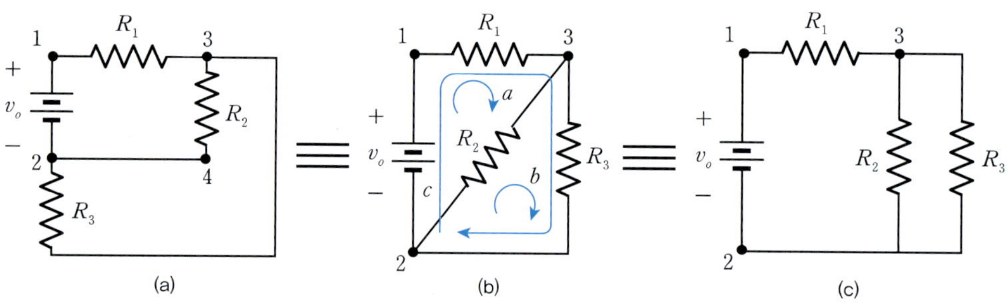

[그림 3-1] 같은 회로의 노드들

메시의 개수

다음으로 [그림 3-1(b)]에서 폐루프는 무엇이고 몇 개나 있을까? 여기서 폐루프는 모두 3개로 a, b, c로 표기된 것들이다. 그러면 이 중에서 메시는 무엇이고 몇 개나 있을까? 메시는 그 안에 다른 폐루프가 존재하지 않아야 하므로 a와 b가 메시가 된다. 루프 c는 그 안에 2개의 폐루프 a, b가 존재하므로 메시가 될 수 없다. 회로해석에서는 폐루프 개수보다 메시 개수와 노드 개수가 더 중요한데, 그 이유는 다음 절에서 키르히호프의 법칙을 설명할 때 이야기하도록 한다.

SECTION 3.2 키르히호프의 법칙

키르히호프의 법칙 Kirchhoff's Law에는 전류법칙과 전압법칙이 있다. 키르히호프의 전류법칙은 노드에 기반하여 회로를 해석하는 것이고, 전압법칙은 기본단위인 폐루프에 기반하여 회로를 해석하는 것이다. 따라서 회로해석을 잘 하려면 먼저 회로에서 노드와 폐루프를 잘 찾고 그 개수를 아는 것이 매우 중요하다.

3.2.1 키르히호프의 전류법칙

키르히호프의 전류법칙(KCL)Kirchhoff's Current Law을 정의하면 '한 노드를 중심으로 들어오는 전류 값의 합은 그 노드에서 나가는 전류 값의 합과 같다'는 것이다.

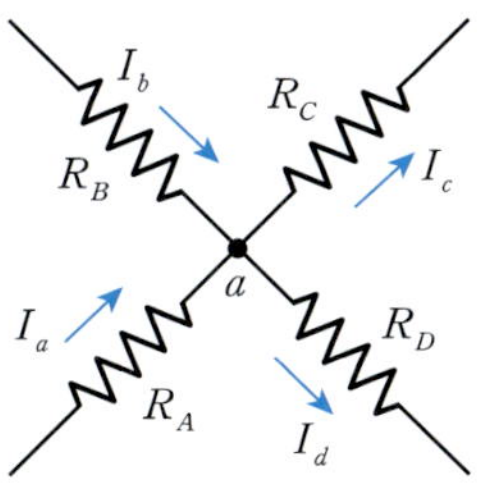

[그림 3-2] 노드 a에서 키르히호프의 전류법칙 적용 예

[그림 3-2]와 같이 노드 a로 들어가는 전류(I_a, I_b)와 노드 a로부터 나가는 전류 (I_c, I_d)가 있을 때, 이들의 관계를 수식으로 표현하면 다음과 같다.

$$\sum_{node\,a} (\text{들어가는 전류 값}) = \sum_{node\,a} (\text{나가는 전류 값}) \tag{3.1}$$

식 (3.1)의 우변 식을 좌변으로 옮겨서 정리하면 다음과 같다.

$$\sum_{node\,a} (\text{들어가는 전류 값}) - \sum_{node\,a} (\text{나가는 전류 값}) = 0 \tag{3.2}$$

결국 나가는 전류의 값을 (−) 값으로, 들어가는 전류의 값을 (+) 값으로 하는 모든 전류 값의 대수합은 다음과 같이 0이 된다.

$$\sum_{node\,a} (\text{모든 전류 값}) = 0 \tag{3.3}$$

예제 3-1 키르히호프의 전류법칙

[그림 3-2]의 회로에서 노드 a의 KCL 방정식을 구하라.

풀이

[그림 3-2]의 회로의 노드 a에 화살표 방향으로 전류가 흐르고 있다면 이 노드에 관한 키르히호프의 전류법칙을 적용한 결과는 다음과 같다.

$$\sum_{node\, a}(\text{들어가는 전류 값}) = \sum_{node\, a}(\text{나가는 전류 값})$$

따라서 KCL 방정식은 다음과 같다.

$$I_a + I_b - I_c - I_d = 0$$

이러한 키르히호프의 전류법칙은 모든 노드에 적용될 수 있으므로, 모든 노드에서 생기는 수식을 연립하여 풀면 모든 소자에 걸리는 전압과 전류 값을 계산할 수 있다. 따라서 노드의 개수는 곧 KCL을 적용할 수 있는 수식의 개수와 같으므로 회로해석에서 매우 중요하다는 것을 명심하자.

여기서 잠깐! 노드의 개수

임의의 회로해석에서 노드는 KCL을 적용할 때 사용하는 기본단위다. 이때 노드의 개수에서 참조전압(0[V])을 위한 접지노드 하나를 빼면 그 개수가 바로 회로해석에 필요한 독립적인 수식의 개수이다.

(노드의 개수 − 1) = (회로해석에 필요한 독립 수식의 개수)

키르히호프의 전류법칙에 의한 회로해석

키르히호프의 전류법칙에 의한 회로해석은 노드에 KCL을 적용하여 노드에 배정된 접지전압변수 값을 계산하여 회로를 해석하는 것이다.

[그림 3-3]의 저항회로에서 노드는 모두 3개다. 그중에서 노드 3을 참조전압, 즉 0[V]로 정하면 접지전압변수는 노드 1, 2에 배정할 수 있고 그 변수를 각각 v_1, v_2로 정할 수 있다. KCL에 의한 회로해석은 이러한 전압변수의 값을 KCL로 계산하고, 궁극적으로 모든 소자의 전압과 전류의 값을 구하는 것이다.

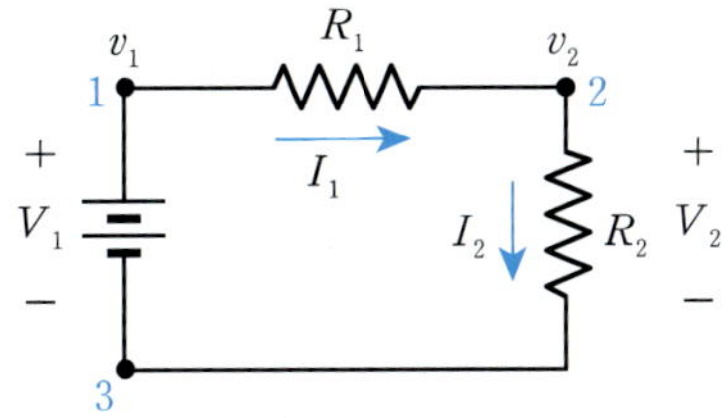

[그림 3-3] 저항회로

노드 2에 KCL을 적용하면 노드로 들어가는 전류 I_1은 노드에서 나가는 전류 I_2와 같기 때문에 $I_1 = I_2$가 된다. 이때 전류변수 대신 옴의 법칙을 이용하여 v_1, v_2에 대한 방정식을 유도하면 다음과 같다.

$$\frac{v_1 - v_2}{R_1} = \frac{v_2 - 0}{R_2}$$

또 하나의 수식은 회로에서 직접 얻을 수 있는데, $v_1 = V_1$이다. 따라서 이 수식에서 계산해야 할 변수는 v_1, v_2 2개고, 방정식도 2개이므로 이 연립방정식의 해를 통해 v_1, v_2를 계산할 수 있다.

그런데 과연 이 v_1, v_2의 값을 구하면 회로해석으로 얻으려고 하는 모든 소자의 전압과 전류 값을 얻을 수 있을까? 당연히 그렇다. 위의 예에서 저항소자 R_1에 걸리는 전압은 $v_1 - v_2$가 되고, 흐르는 전류는 옴의 법칙에 의해 $(v_1 - v_2)/R_1$로 계산할 수 있다. 마찬가지로 저항소자 R_2에 걸리는 전압은 v_2이고, 그 전류 값은 v_2/R_2로 계산할 수 있다. 그러므로 모든 소자의 전압 및 전류 값은 노드를 중심으로 하는 KCL에 의해 구할 수 있다.

KCL에 의한 회로해석법

- **1단계** : 회로의 전체 노드 중 하나를 선정하여 참조전압(0[V])으로 정하고, 그 이외의 노드에 접지전압변수를 배정한다. 또한 모든 소자에 흐르는 전류 방향을 임의로 결정한다.
- **2단계** : 노드에 대하여 KCL을 적용하여 수식을 만들고, 필요하면 저항소자에 흐르는 전류 값 대신에 옴의 법칙을 적용하여 접지전압변수만의 방정식으로 만든다.
- **3단계** : (노드의 개수−1)개의 방정식을 산출하고 이 연립방정식으로 접지전압변수의 값을 계산한다.

참고 3-1 KCL에 의한 회로해석

KCL에 의한 회로해석이란 각 노드에 KCL을 적용하여 수식을 유도하고, 이 연립방정식에서 접지전압변수의 값을 계산하는 것이다. 이때 연립방정식의 차수는 참조전압 0[V]로 간주한 노드를 제외하고 실제 접지전압변수를 할당한 노드의 개수, 즉 (노드의 개수−1)과 같고, 이 연립방정식에서 계산해야 할 변수 값은 접지전압변수 값이다.

연립방정식의 차수 = 노드의 개수 − 1

변수 = 접지전압변수 값

키르히호프의 전류법칙의 응용 회로

KCL의 응용 회로 중 대표적인 회로는 **전류분배기** current divider다. 전류분배기 회로는 [그림 3-4]와 같이 표현할 수 있다.

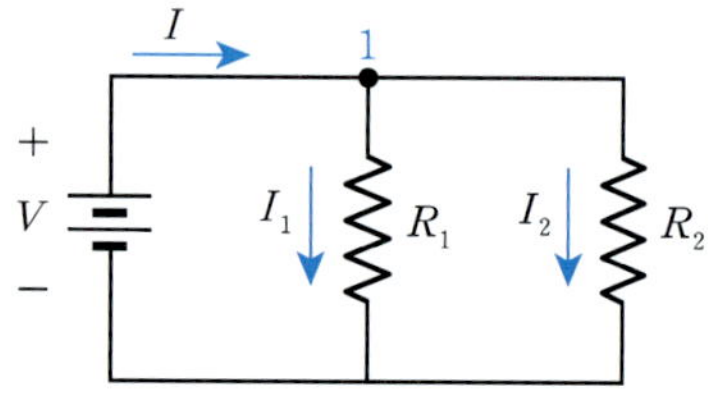

[그림 3-4] 전류분배기 회로

노드 1에서 KCL을 적용하면 $I = I_1 + I_2$가 되고 다시 옴의 법칙을 적용하면 다음과 같다.

$$I = \frac{V}{R_1} + \frac{V}{R_2}$$

$$= V\left(\frac{1}{R_1} + \frac{1}{R_2}\right)$$

따라서 $V = I\frac{R_1 R_2}{R_1 + R_2}$가 된다. 이 식을 I_1, I_2의 값에 대입하면 다음과 같은 관계를 얻을 수 있다.

$$I_1 = \frac{V}{R_1} = \frac{R_2}{R_1 + R_2} I$$

$$I_2 = \frac{V}{R_2} = \frac{R_1}{R_1 + R_2} I$$

결국 이 회로를 통해 원래의 전류 I는 $\frac{1}{R_1} : \frac{1}{R_2}$, 즉 $R_2 : R_1$의 비율로 각각 I_1, I_2로 나뉘는 것을 알 수 있다. 전류분배기를 저항이 2개 이상 있는 일반적 회로로 구현하면 [그림 3-5]와 같고, 그 전류는 저항 값(R) 혹은 전도 값(G)에 의해 다음과 같은 비율로 배분된다. 여기서 전도 값(G)은 컨덕턴스 conductance다.

$$I_1 : I_2 : I_3 = \frac{1}{R_1} : \frac{1}{R_2} : \frac{1}{R_3}$$

$$= G_1 : G_2 : G_3 \qquad (3.4)$$

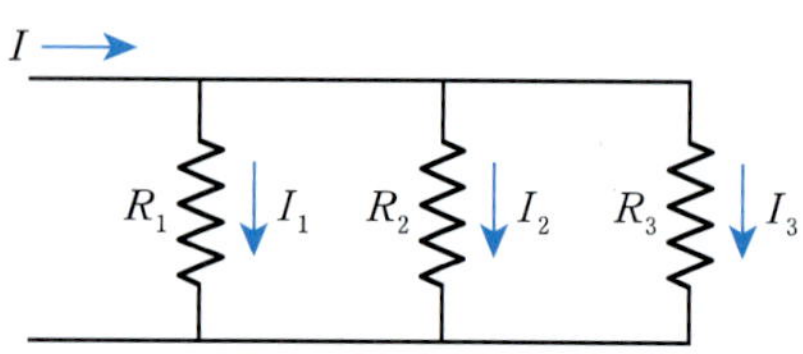

[그림 3-5] 일반 전류분배기 회로

3.2.2 키르히호프의 전압법칙

키르히호프의 전압법칙(KVL)Kirchhoff's Voltage Law은 KCL과 대칭을 이루는 법칙으로, 정의하면 '하나의 폐회로를 형성하는 모든 소자에 대해 소자에 의한 전압상승분의 합은 소자에 의한 전압강하분의 합과 같다'는 것이다.

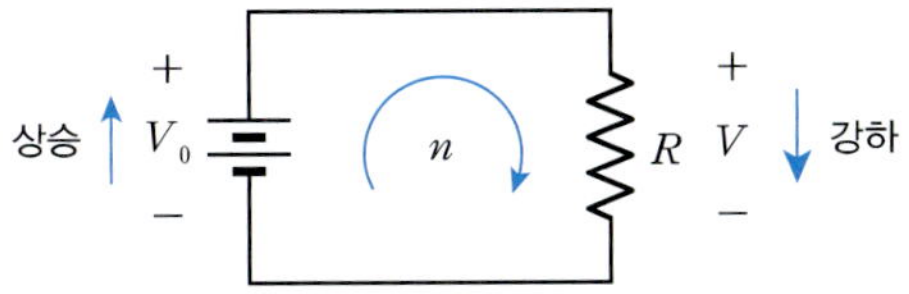

[그림 3-6] 폐회로 n의 키르히호프의 전압법칙 적용 예

즉 [그림 3-6]과 같이 폐회로 n이 여러 개의 소자로 연결되어 있을 때 화살표 방향의 전류 방향에 대하여 소자의 전압상승분의 합(V_0)은 소자의 전압강하분의 합(V)과 같다.

$$\sum_{loop\ n} (\text{전압상승분}) = \sum_{loop\ n} (\text{전압강하분}) \tag{3.5}$$

$$\sum_{loop\ n} (\text{전압상승분}) - \sum_{loop\ n} (\text{전압강하분}) = 0 \tag{3.6}$$

$$\sum_{loop\ n} (\text{모든 전압 값의 대수합}) = 0 \tag{3.7}$$

이때 어느 소자에 의해 전압이 상승하고 어느 소자에 의해 전압이 강하하는가에 대한 판단은 소자에 걸리는 전압과 전류의 방향과 관계가 있다. 예를 들어 [그림 3-7(a)]에서 건전지는 에너지 공급소자이므로, 전류가 화살표 방향으로 흐를 때 소자를 지나면 전압이 더욱 상승되는 전압상승에 해당한다. 반대로 [그림 3-7(c)]에서 저항소자는 에너지 소비소자이므로, 전류가 화살표 방향으로 흐를 때 소자를 지나면 높은 전압이 소모되어 전압이 더욱 낮아지는 전압강하에 해당한다.

다만 유의할 것은 전류 및 전압의 참조 방향은 임의로 정하는 것이므로 저항의 경우에도 전압의 극성과 전류의 방향이 [그림 3-7(b)]와 같이 주어지면 이 저항소자는 전압상승으로 고려한다는 것이다. 이때 잘못 선정된 전류나 전압의 방향이, 해석된 회로의 결과 값을 다르게 만들 수 있을까 하는 의문이 생길 수도 있다. 이 문제는 최종에 계산된 전압이나 전류 값에 따라 결정된다. 즉 계산된 전압 및 전류 값이 음수가 나오면 그 참조 방향이 잘못 선정된 것이다. 따라서 처음부터 이러한 소자의 극성 문제를 해결하기 위해 저항은 전압강하분으로 간주하여 극성을 배정하고, 건전지와 같은 전원은 전압상승분으로 고려하여 극성을 배정하는 것이 보편적이다.

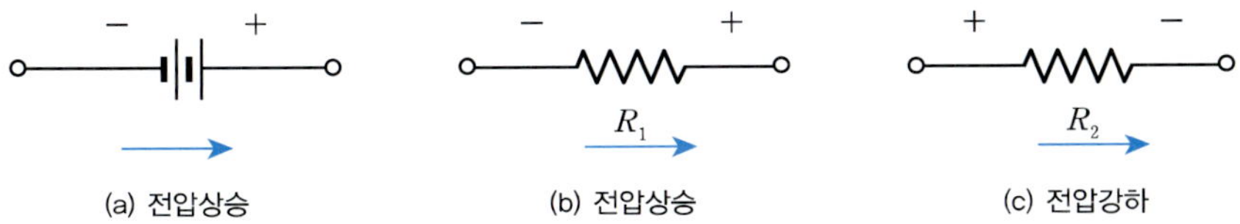

[그림 3-7] 전압 및 전류의 극성과 방향에 따른 전압상승분과 전압강하분의 판단 예

예제 3-2 키르히호프의 전압법칙

[그림 3-6]에서 폐회로 n에 대한 KVL 방정식을 유도하라.

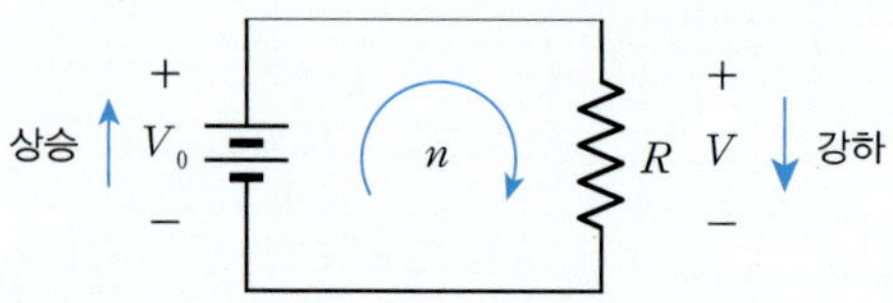

[그림 3-6] 폐회로 n의 키르히호프의 전압법칙 적용 예

풀이

[그림 3-6]의 폐회로 n에 화살표 방향으로 전류가 흐르고 있다면, 이 폐회로에 관한 키르히호프의 전압법칙을 적용한 결과는 다음과 같다.

$$\sum_{loop\ n}(\text{전압상승분}) = \sum_{loop\ n}(\text{전압강하분}) = 0$$

즉 $V_0 - V = 0$이 된다.

이렇게 키르히호프의 전압법칙은 모든 폐회로에 적용될 수 있다. 따라서 모든 폐회로를 통해 얻은 수식을 연립하여 풀면 실제로 모든 소자에 걸리는 전압과 전류 값을 계산할 수 있다. 특히 폐회로 중에서도 가장 작은 단위인 메시의 개수는 KVL을 적용할 수 있는 수식의 개수와 같다. 이때 KCL과 마찬가지로 메시의 개수는 회로해석에서 매우 중요하다.

여기서 잠깐! 메시의 개수

임의의 회로해석에서 메시는 KVL을 적용하는 기본단위고, 메시의 개수는 회로해석을 위한 독립적인 수식의 개수를 의미한다.

(메시의 개수) = (회로해석에 필요한 독립 수식의 개수)

키르히호프의 전압법칙에 의한 회로해석

키르히호프의 전압법칙에 의한 회로해석은 기본적으로 메시에 KVL을 적용하여 메시에 배정된 방향 전류변수의 값을 계산하는 것이다.

예를 들어 [그림 3-8]의 저항회로에서 메시는 1개이다. 이 메시의 방향전류를 I라고 하면 이 메시에 KVL을 적용하여 하나의 수식을 찾아낼 수 있다. 즉 계산해야 할 변수는 I 하나이므로 회로해석을 하려면 I를 계산하는 수식만 있으면 된다.

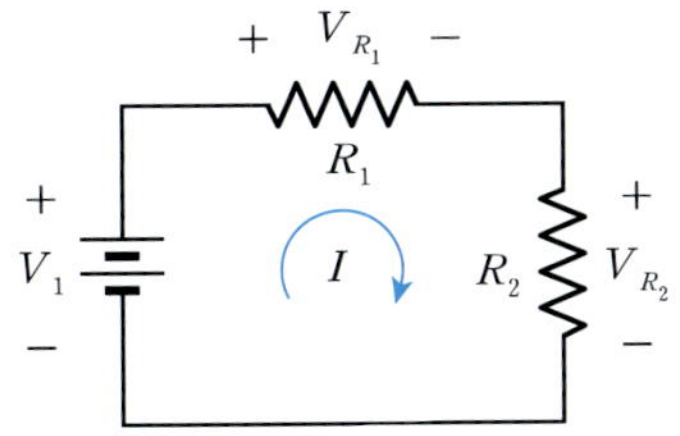

[그림 3-8] KVL에 의한 회로해석

폐회로에 KVL을 적용하면 전류 I의 방향에 대하여 전압상승분의 합은 전압강하분의 합과 같으므로 다음과 같다.

$$V_1 = V_{R_1} + V_{R_2}$$

이 전압변수 대신 옴의 법칙을 이용하여 I에 대한 방정식을 유도하면 다음과 같다.

$$V_1 = IR_1 + IR_2 = I(R_1 + R_2)$$

이 수식에서 계산해야 할 변수는 I 1개이고 방정식도 1개이므로 이 방정식을 통해 I를 계산할 수 있다.

$$I = \frac{V_1}{R_1 + R_2}$$

그렇다면 KCL의 경우와 마찬가지로 방향전류변수 I 값을 얻으면 궁극적으로 회로해석에서 얻으려는 모든 소자의 전압과 전류 값을 얻을 수 있을까? 물론 그렇다. 위의 예에서 저항소자 R_1에 걸리는 전압은 $IR_1 = V_1R_1/(R_1 + R_2)$고, 흐르는 전류는 I 자체이다. 또한 저항소자 R_2에 걸리는 전압은 $IR_2 = V_1R_2/(R_1 + R_2)$이고, 그 전류도 I 자체이다. 따라서 모든 소자의 전압과 전류 값은 메시를 중심으로 하는 KVL에 의해서도 구할 수 있다.

KVL에 의한 회로해석법

- **1단계** : 회로의 모든 메시에 방향전류변수를 배정한다. 또한 모든 소자에 걸리는 임의의 전압 방향을 결정한다.
- **2단계** : 메시에 대하여 KVL을 적용해 수식을 만들고, 필요하면 저항소자에 걸리는 전압 값 대신에 옴의 법칙을 적용하여 방향전류변수만의 방정식으로 만든다.
- **3단계** : 메시의 개수만큼 방정식을 산출하고, 그 연립방정식으로 방향전류변수의 값을 계산한다.

참고 3-2 KVL에 의한 회로해석

KVL에 의한 회로해석을 할 때는 각 메시에 KVL을 적용하여 수식을 유도하고, 그 연립방정식으로 방향전류변수의 값을 계산한다. 이때 연립방정식의 차수는 적용한 메시의 개수와 같고, 이 연립방정식으로 계산해야 할 변수 값은 폐회로의 방향전류변수 값이다.

연립방정식의 차수 = 메시의 개수
변수 = 방향전류변수

키르히호프의 전압법칙의 응용 회로

KVL의 응용 회로 중 대표적인 회로는 **전압분배기**voltage divider다. 전압분배기 회로는 [그림 3-9]와 같이 표현할 수 있다.

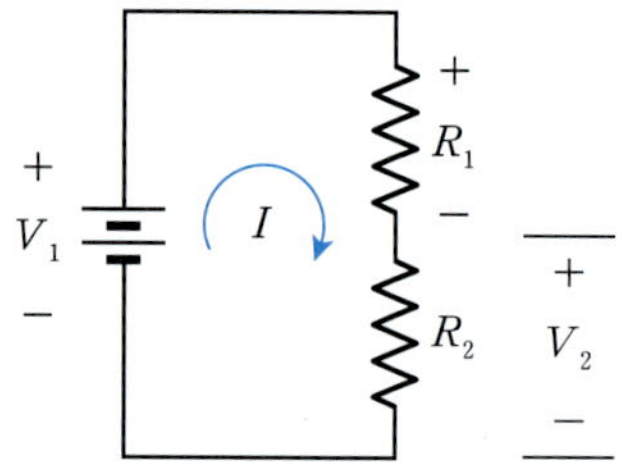

[그림 3-9] 전압분배기 회로

메시 I에 KVL을 적용하면 $V_1 = R_1 I + R_2 I$이고, $V_2 = R_2 I$이므로 다음과 같다.

$$\frac{V_2}{V_1} = \frac{R_2}{R_1 + R_2}$$

여기서 $V_2 = \dfrac{V_1 R_2}{R_1 + R_2}$가 된다. 그러므로 V_2는 원래의 전압 V_1을 $R_1 : R_2$로 나눈 전압 중 R_2에 해당한다. 결국 이 회로에서 원래의 전압 V_1은 $R_1 : R_2 = \dfrac{1}{G_1} : \dfrac{1}{G_2}$ 의 비율로 나뉘게 된다. 전압분배기를 2개 이상의 저항에 의한 일반적 회로로 구현하면 [그림 3-10]과 같다.

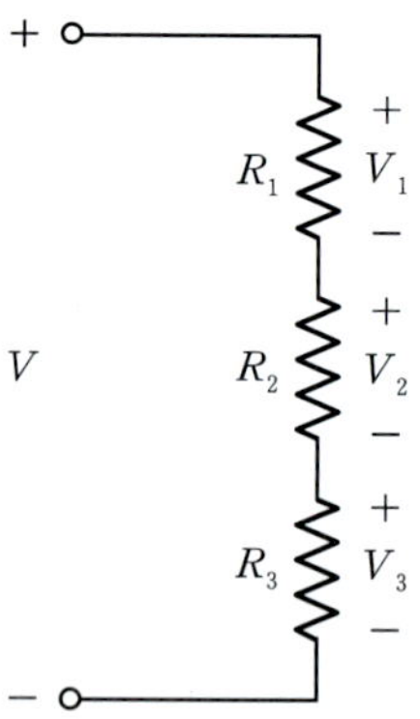

[그림 3-10] 일반 전압분배기 회로

이때 전압의 배분은 저항 값(R) 혹은 전도 값(G)에 의해 다음과 같은 비율로 배분된다.

$$V_1 : V_2 : V_3 = R_1 : R_2 : R_3 = \frac{1}{G_1} : \frac{1}{G_2} : \frac{1}{G_3} \tag{3.8}$$

참고 3-3 직류전원 공급기 DC power supplier

[그림 3-11]의 회로는 차량용 시거잭 전원단자(12[V])에서 휴대용 전자기기에 필요한 직류전원을 얻을 수 있는 직류전원 공급기의 회로다.

다음 회로와 같이 적절한 비율의 저항소자를 연결하면, 각각의 저항소자에 걸리는 전압은 원래의 자동차 전압 12[V]의 값이 $2R : 2R : R : R : R : R$로 분배된다. 따라서 각 단자에서의 접지전압의 값은 참조전압 0[V]에 대하여 각각 12[V], 9[V], 6[V], 4.5[V], 3[V], 1.5[V]의 다양한 직류전압 값이 된다.

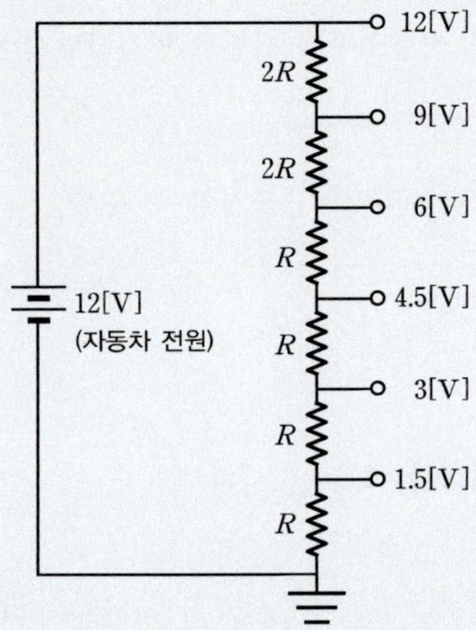

[그림 3-11] 직류전원 공급기와 내부회로

3.2.3 저항의 직병렬연결

저항소자를 직렬 또는 병렬로 연결하면 그때의 전체 저항 값은 어떻게 될까? 이 질문의 답은 키르히호프의 전류법칙 혹은 전압법칙으로 계산할 수 있다.

저항의 직렬연결

[그림 3-12(a)]와 같이 2개의 저항 R_1, R_2가 직렬로 연결되어 있는 회로를 생각해보자.

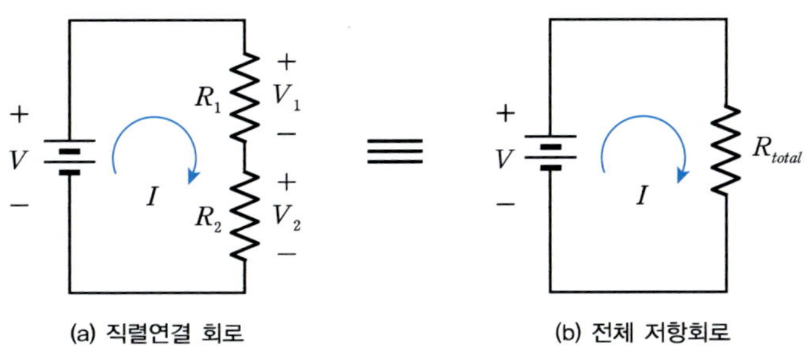

[그림 3-12] 저항의 직렬연결 회로

[그림 3-12(a)]의 회로에서 메시의 방향전류 I에 대한 KVL 수식을 유도하고 옴의 법칙을 적용하면 다음과 같다.

$$\begin{aligned} V &= V_1 + V_2 \\ &= IR_1 + IR_2 \\ &= I(R_1 + R_2) \end{aligned}$$

그리고 [그림 3-12(b)]의 회로에서 KVL을 적용하면 $V = IR_{total}$이 된다. 따라서 두 회로의 수식을 비교해보면 $R_{total} = R_1 + R_2$가 되는 것을 알 수 있다. 이와 같이 **저항소자를 직렬로 연결하면 전체 저항의 값은 각 저항 값의 단순합**으로 표현할 수 있다.

따라서 일반적으로 2개 이상의 저항소자가 직렬로 연결된 경우 다음과 같이 표기할 수 있다.

$$R_{total} = R_1 + R_2 + R_3 + \cdots \tag{3.9}$$

저항의 병렬연결

[그림 3-13(a)]와 같이 2개의 저항 R_1, R_2가 병렬로 연결되어 있는 회로를 생각해보자.

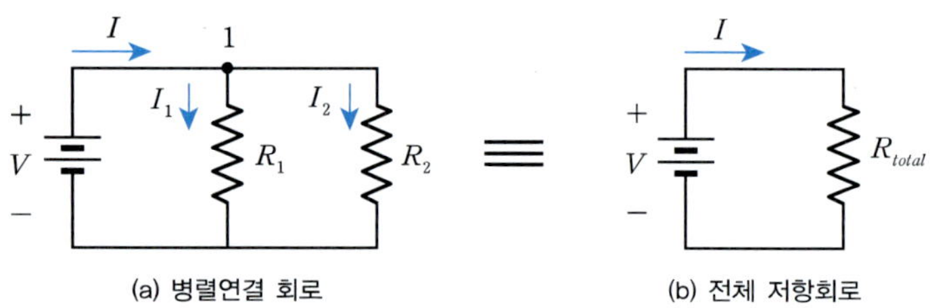

[그림 3-13] 저항의 병렬연결 회로

[그림 3-13(a)]의 회로에서 노드 1에 대한 KCL 식을 유도하고 옴의 법칙을 적용하면 다음과 같다.

$$\begin{aligned} I = I_1 + I_2 &= \frac{V}{R_1} + \frac{V}{R_2} \\ &= V\left(\frac{1}{R_1} + \frac{1}{R_2}\right) \end{aligned}$$

그리고 [그림 3-13(b)]의 회로에서 수식을 유도하면 $V = IR_{total}$이 된다. 다시 이 수식을 I에 대하여 정리하면 $I = V\left(\frac{1}{R}\right)$이 되고, 위의 식과 서로 비교하면 다음과 같은 관계를 얻을 수 있다.

$$\frac{1}{R_{total}} = \frac{1}{R_1} + \frac{1}{R_2}$$

또한 저항 값 R 대신 저항 값의 역수 개념인 전도 값 G에 의해 이 수식을 표현하면 $G_{total} = G_1 + G_2$가 된다. 이는 저항소자를 병렬로 연결하면 전체 저항 값의 역수인 전체 전도 값은 각 저항의 전도 값의 단순합으로 표현할 수 있다는 것을 뜻한다.

그러므로 2개 이상의 저항소자가 병렬로 연결된 일반적인 경우, 다음과 같이 표기할 수 있다.

$$G_{total} = G_1 + G_2 + G_3 + \cdots \tag{3.10}$$

참고 3-4 KVL의 회로 단순화 응용

[그림 3-14]의 두 회로에서 같은 방향의 전류 I에 대해 전압상승분의 합과 전압강하분의 합이 같도록 각각 KVL을 적용하면 다음과 같은 수식이 유도된다.

$$V_1 + V_2 = V_{R_1} + V_{R_2}$$

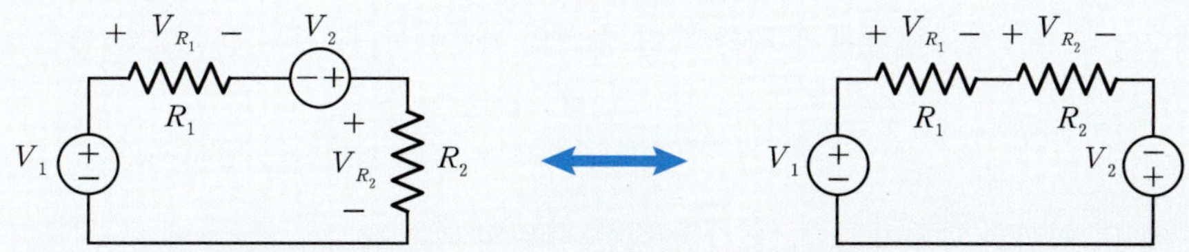

[그림 3-14] 2개의 동일 회로

즉 같은 폐회로 안에서 직렬로 연결되어 있는 모든 소자의 순서는 회로해석의 편의를 위해 변경될 수 있다. 따라서 [그림 3-14]의 회로는 [그림 3-15]와 같이 전원의 직렬연결과 저항의 직렬연결 형태로 변환하여 1개의 전원과 1개의 저항으로 이뤄진 회로로 단순화시켜 해석할 수 있다.

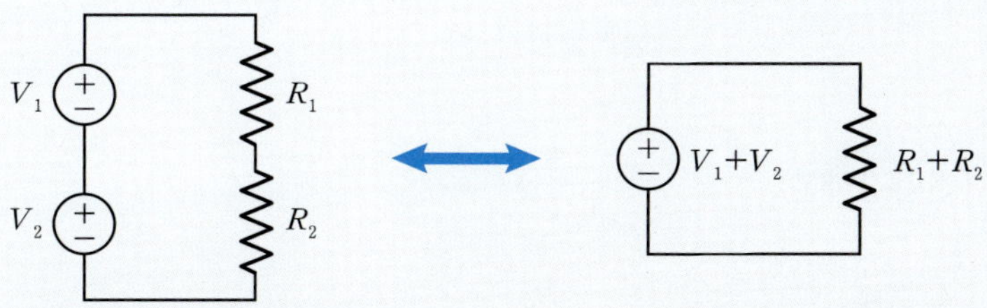

[그림 3-15] 재정렬한 회로

또한 [그림 3-16]의 회로와 같이 병렬로 연결되어 있는 소자 역시 그 위치를 서로 바꾸어도 각 소자에 걸리는 전압 값은 변하지 않는다는 것에 유념하자.

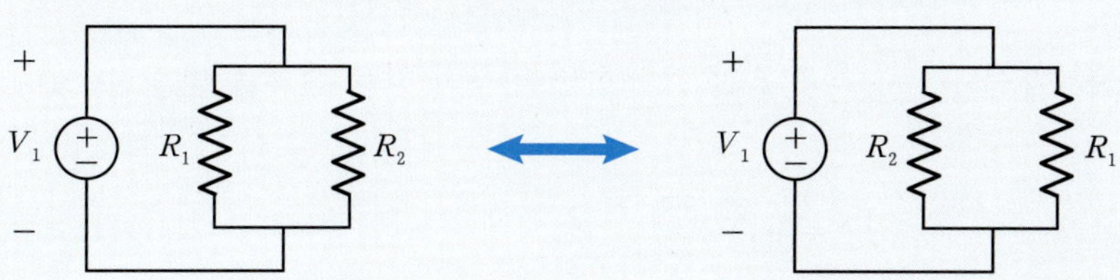

[그림 3-16] 2개의 동일 회로

CHAPTER

03 핵심요약

이 장에서는 회로해석에서 가장 중요한 키르히호프의 전류법칙과 전압법칙을 저항소자만을 포함한 회로에 적용하여 설명했다. 키르히호프의 전류법칙은 노드를 기반으로 하는 해석법이고, 키르히호프의 전압법칙은 메시를 기반으로 하는 해석법이다. 그리하여 노드와 메시의 정의, 해석에 필요한 수식의 개수를 계산하는 방법을 설명했고, 마지막으로 저항의 직렬연결과 병렬연결로 얻을 수 있는 전체 저항 값을 계산하는 방법을 다루었다.

■ 노드

- 여러 개의 소자가 서로 만나는 지점
- (노드의 개수 − 1) = (회로해석에 필요한 독립 수식의 개수)

■ 메시

- 그 루프 안에 더 이상의 폐루프가 없는 가장 작은 단위의 폐루프
- (메시의 개수) = (회로해석에 필요한 독립 수식의 개수)

■ 키르히호프의 전류법칙

$$\sum_{node\ a} (\text{들어가는 전류 값}) = \sum_{node\ a} (\text{나가는 전류 값})$$

■ 키르히호프의 전압법칙

$$\sum_{loop\ n} (\text{전압상승분}) = \sum_{loop\ n} (\text{전압강하분})$$

■ 저항의 직렬연결

$$R_{total} = R_1 + R_2 + R_3 + \cdots$$

■ 저항의 병렬연결

$$G_{total} = G_1 + G_2 + G_3 + \cdots$$

CHAPTER 03 연습문제

회로해석의 기본단위

3.1 다음 회로의 메시의 개수와 노드의 개수를 구하라.

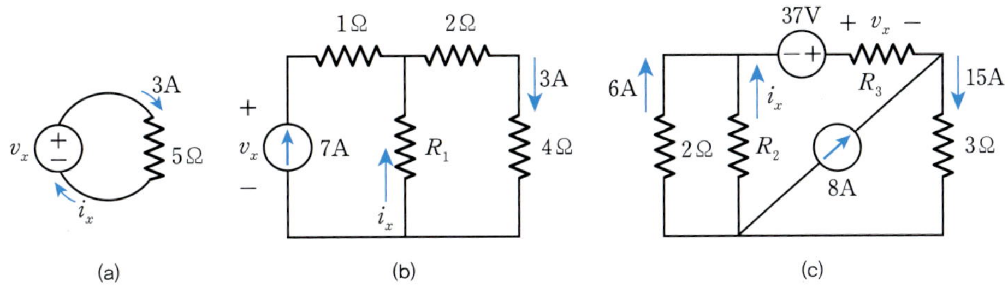

[그림 3-17]

저항의 직병렬연결

3.2 다음 저항의 직병렬회로에서 전체 저항 $R_{eq}[\Omega]$을 구하라.

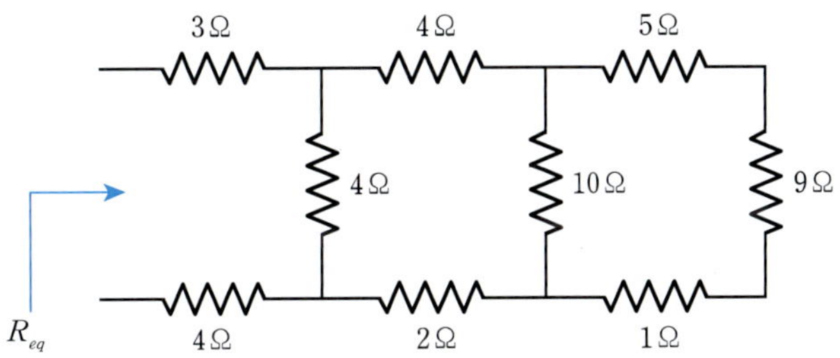

[그림 3-18]

3.3 다음 회로에서 $V_s = 50[\mathrm{V}]$라 하자. 이때 전압분배, 전류분배 및 저항의 직병렬연결을 이용하여, 전류 $i_x[\mathrm{A}]$의 값을 구하라.

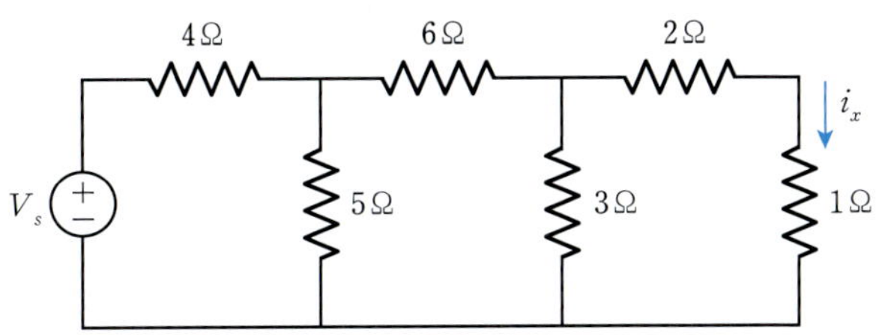

[그림 3-19]

3.4 다음 회로에서 $v_1 = 6[\mathrm{V}]$일 때, $i_s[\mathrm{A}]$와 $v[\mathrm{V}]$를 구하라.

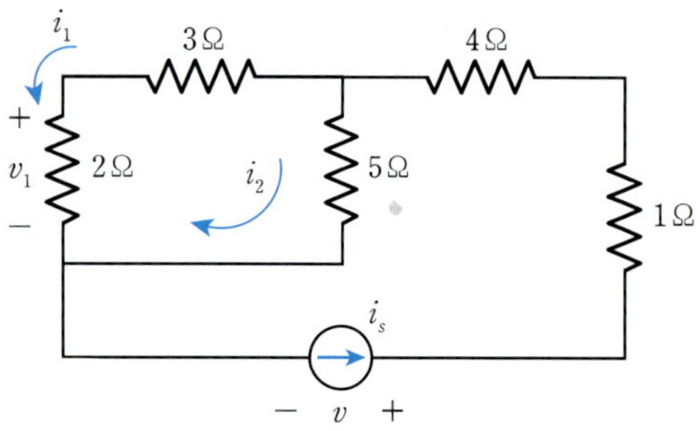

[그림 3-20]

3.5 다음 회로에 저항을 결합했다. 주어진 물음에 답하라.

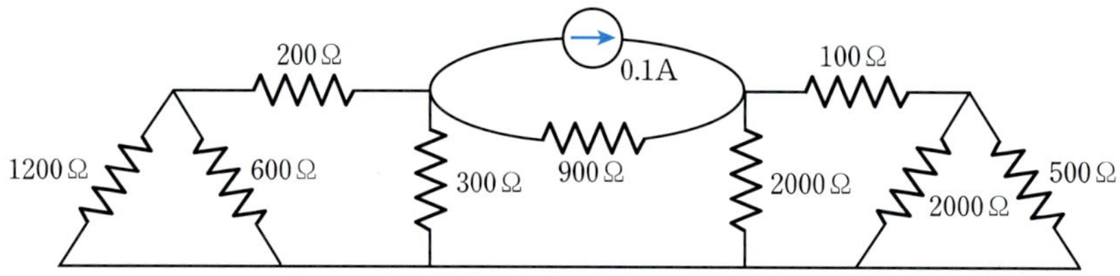

[그림 3-21]

(a) 전원이 공급하는 전력[W]을 구하라.

(b) 저항 900[Ω]이 소비하는 전력[W]을 구하라.

3.6 저항회로에서 i_0와 v_0의 관계식을 구하라.

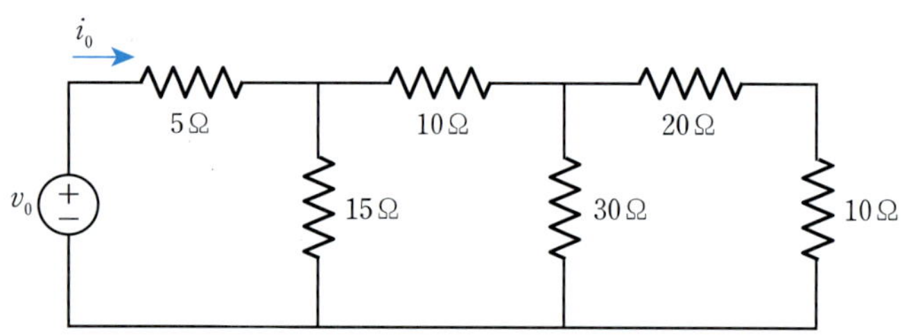

[그림 3-22]

저항의 직병렬연결과 키르히호프의 전류법칙

3.7 다음 회로에서 저항 $R[\Omega]$을 구하라.

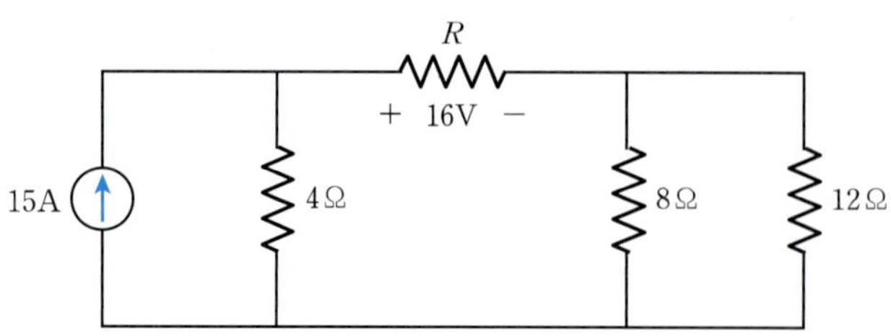

[그림 3-23]

3.8 [그림 3-24(a)] 회로는 두 부분으로 나눌 수 있다. 이 중 오른쪽 부분을 (b)와 같이 R로 대체했을 때, 다음 물음에 답하라.

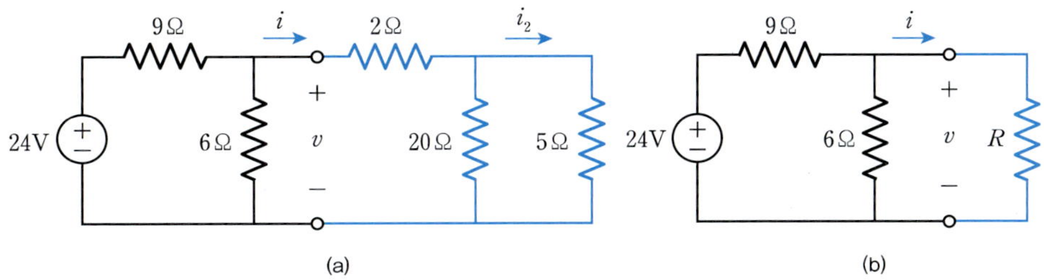

[그림 3-24]

(a) 그림 (a)와 (b)의 회로가 같기 위한 저항 $R[\Omega]$의 값을 구하라.

(b) 그림 (a)와 (b)의 회로가 같을 때 회로 (b)의 전압 v[V]와 전류 i[A]의 값을 구하라.

(c) 전류분배기 원리에 의하여 회로 (a)의 i_2[A]를 구하라.

키르히호프의 전류법칙

3.9 [그림 3-25]와 같은 회로가 A, B, C, D 4개의 노드를 가지고 있다. 노드 A에서 노드 B로 흐르는 전류를 i_{AB}로 정의할 때, $i_{AB}=16$[mA], $i_{DA}=39$[mA]이다. i_{CD}의 값이 다음과 같을 때, i_{AC}와 i_{BD}의 값을 구하라.

(a) $i_{CD}=23$[mA]

(b) $i_{CD}=-23$[mA]

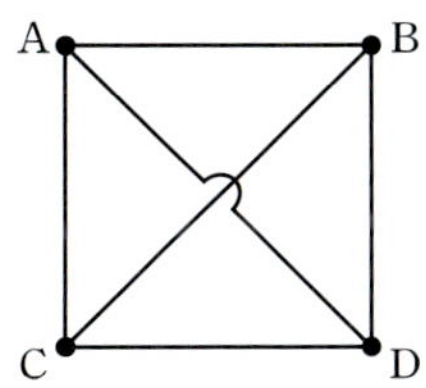

[그림 3-25]

3.10 다음 회로에서 $i_s=12$[A]일 때, 두 전원에 걸리는 전압 v와 v_1[V]를 구하라.

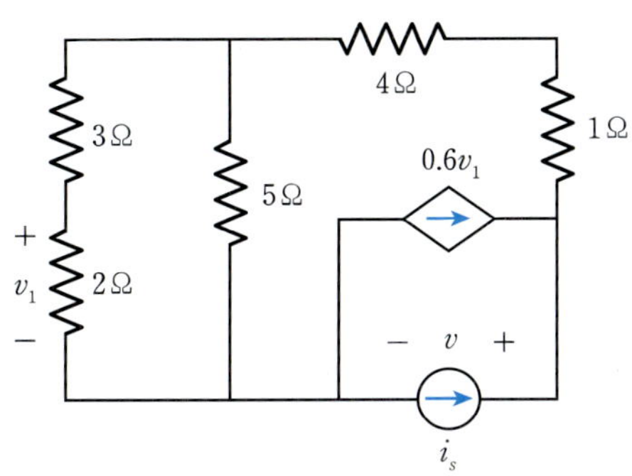

[그림 3-26]

3.11 다음 회로를 보고, 물음에 답하라.

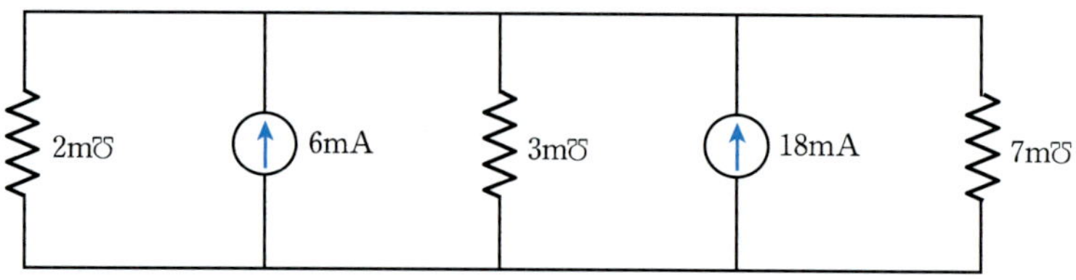

[그림 3-27]

(a) 각 저항소자에 흐르는 전류의 절댓값들을 구하라.

(b) 전원을 포함한 모든 소자가 소모하는 소비전력값들을 구하라.

3.12 다음 회로에서 $i_s = 4[\mathrm{A}]$일 때, 저항 $3[\Omega]$에 흐르는 전류 i, 전압 v 그리고 전력 값을 구하라.

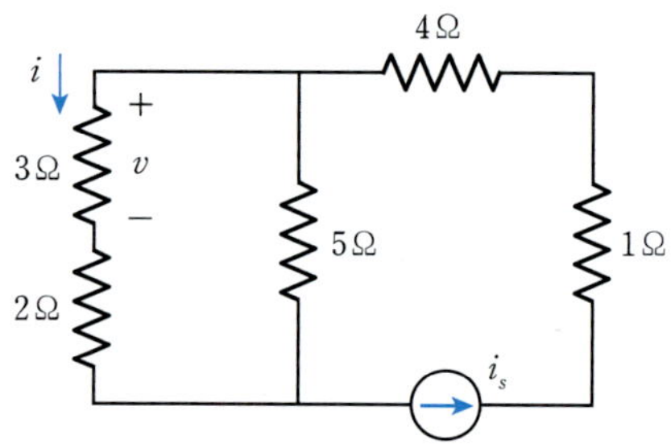

[그림 3-28]

3.13 다음 회로에서 모르는 전류전원을 x라고 하자. 만약 $0.1[\mathrm{A}]$의 전류전원에 의하여 0.5분 동안에 발생하는 에너지가 $120[\mathrm{J}]$이라면, 전류전원 x에 흐르는 전류 $i[\mathrm{A}]$의 값은 얼마인가?

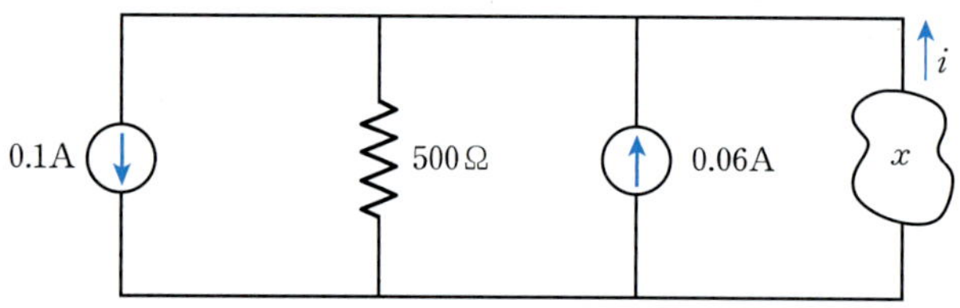

[그림 3-29]

키르히호프의 전압법칙

3.14 6개의 노드 즉, 노드 A, B, C, D, E, F를 가진 회로가 있다고 하자. 노드 A가 노드 B보다 더 높은 전압을 가지는 AB 간의 전압을 V_{AB}라고 정의할 때, (a) ~ (c)일 때의 V_{AC}, V_{AD}, V_{AE}, V_{AF}의 값을 구하라. (단, $V_{AB} = 6[\mathrm{V}]$, $V_{BD} = -3[\mathrm{V}]$, $V_{CF} = -8[\mathrm{V}]$, $V_{EC} = 4[\mathrm{V}]$이다.)

(a) $V_{DE} = 1[\mathrm{V}]$

(b) $V_{CD} = 1[\mathrm{V}]$

(c) $V_{FE} = 4[\mathrm{V}]$

3.15 다음 회로에서 v_x[V]를 구하라.

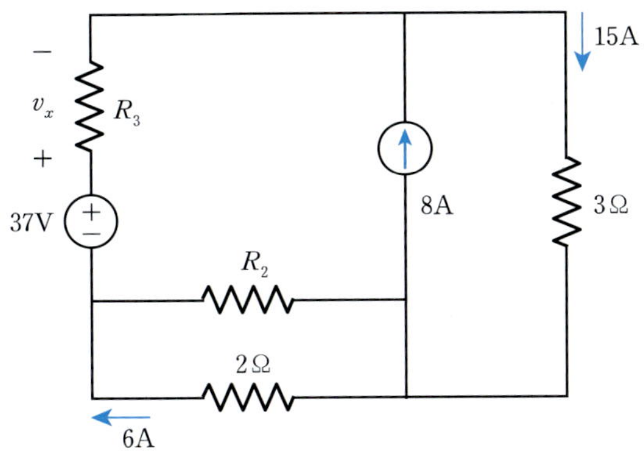

[그림 3-30]

3.16 다음 회로의 전류 방향이 i와 같을 때, 물음에 답하라.

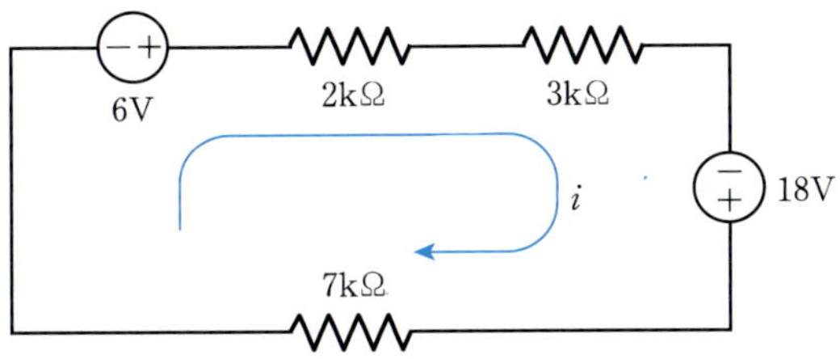

[그림 3-31]

(a) 각 저항소자에 걸리는 전압의 절댓값들을 구하라.

(b) 전원을 포함한 모든 소자들이 소모하는 소비전력값들을 구하라.

3.17 다음 회로에서 100[V]와 직렬로 연결된 저항 10[Ω]에서 발산되는 전력[W]을 구하라.

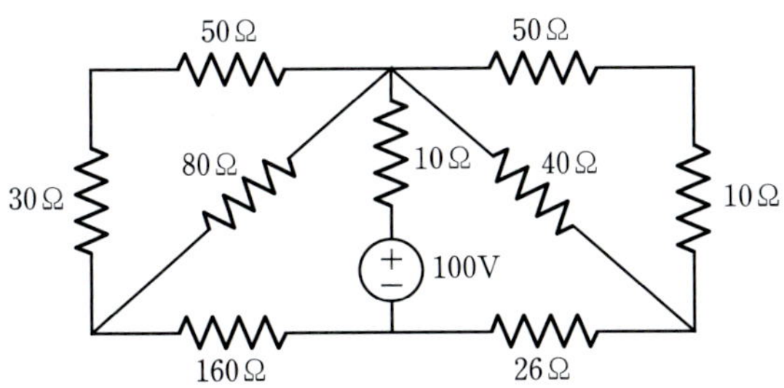

[그림 3-32]

3.18 다음 회로를 보고, 물음에 답하라.

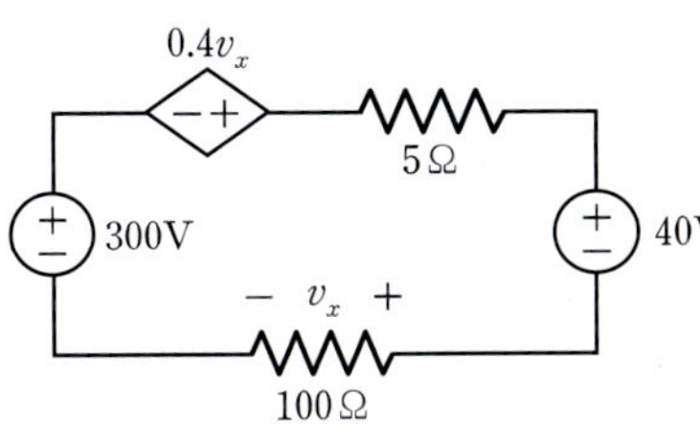

[그림 3-33]

(a) 저항 100[Ω]에서 소비하는 전력[W]을 구하라.

(b) 전원 300[V]에 의해 소비되는 전력[W]을 구하라.

(c) 종속전원에 의해 소비되는 전력[W]을 구하라.

3.19 도전 [그림 3-34(a)]와 같이 비선형저항이 선형저항과 5[V]의 전원에 직렬로 연결된 회로가 있다. 이 비선형저항이 [그림 3-34(b)]와 같은 $i-v$ 특성을 가진다면 이 회로에 흐르는 전류 i의 값은 얼마인가? $i-v$ 특성 곡선을 이용하여 가능한 모든 전류 값을 대략적으로 산출하라.

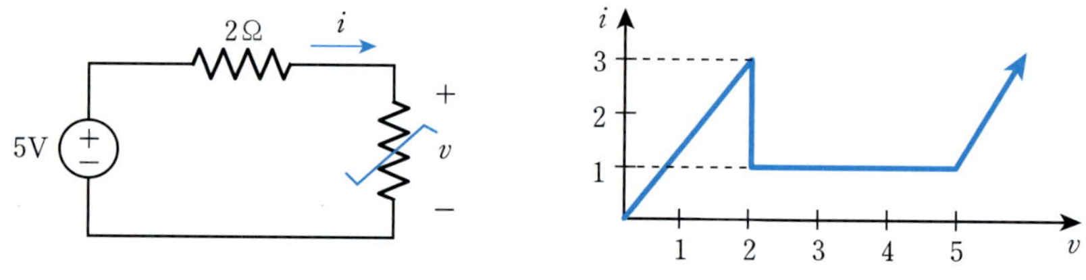

(a) (b)

[그림 3-34]

키르히호프의 전류법칙과 전압법칙

3.20 키르히호프의 법칙을 이용하여 다음 회로의 저항 2[Ω]에 흐르는 전류 I_2의 방향과 그 값을 구하라.

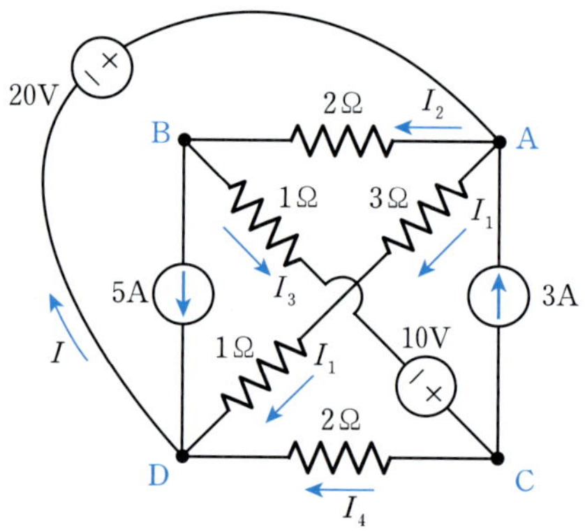

[그림 3-35]

3.21 도전 다음 회로에서 v_x의 값을 구하고, 종속전원에서 발생하는 전력[W]을 구하라.

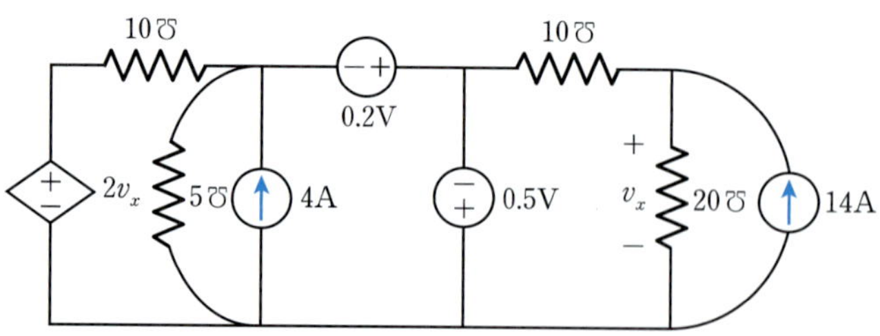

[그림 3-36]

CHAPTER
03 기출문제

전기기능사 2022년 1회

3.1 다음 회로에서 10[Ω]에 걸리는 전압은 몇 [V]인가?

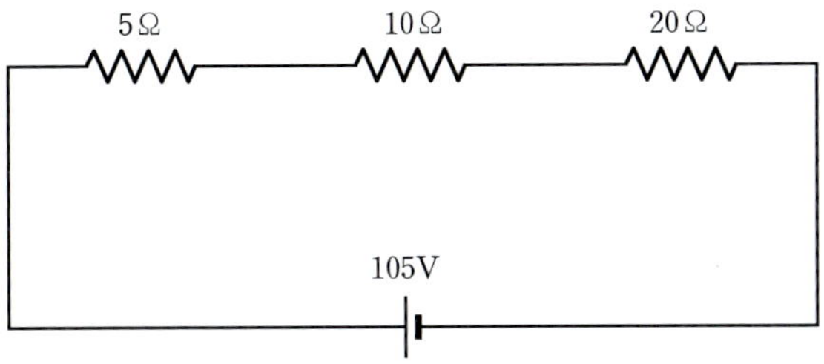

[그림 3-37]

① 2 ② 10 ③ 20 ④ 30

전기기능사 2022년 2회

3.2 220[V]용 100[W] 전구와 200[W] 전구를 직렬로 연결하여 220[V]의 전원에 연결하면?

① 두 전구의 밝기가 같다.
② 100[W]의 전구가 더 밝다.
③ 200[W]의 전구가 더 밝다.
④ 두 전구 모두 안 켜진다.

전기기능사 2022년 2회

3.3 R_1과 R_2가 병렬연결이고 전체 전류 I가 흐르고 있을 때, R_2에 흐르는 전류 I_2는 얼마인가?

① $\frac{R_2}{R_1+R_2}I$ ② $\frac{R_1}{R_1+R_2}I$ ③ $\frac{R_1+R_2}{R_2}I$ ④ $\frac{R_1+R_2}{R_1}I$

전기기능사 2021년 1회

3.4 그림과 같은 회로에서 CD에서 본 합성 저항은 몇 [Ω]인가?

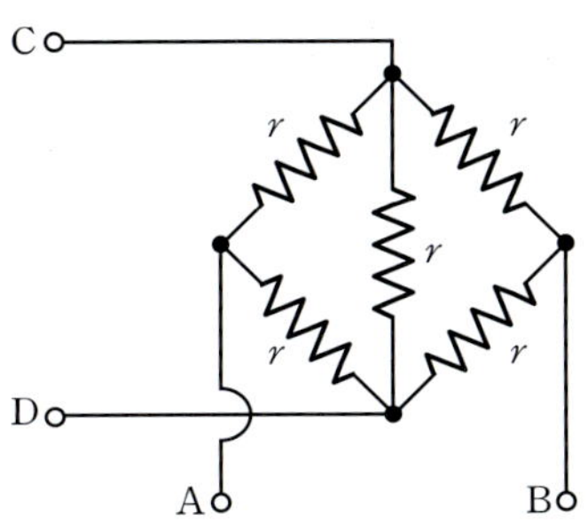

[그림 3-38]

① $\frac{r}{2}$ ② r ③ $\frac{3}{2}r$ ④ $2r$

전기기능사 2021년 1회

3.5 어떤 저항(R)에 전압(V)을 가하니 전류(I)가 흘렀다. 이 회로의 저항을 20[%] 줄이면 전류(I)는 처음의 몇 배가 되는가?

① 0.8 ② 0.88 ③ 1.25 ④ 2.04

전기기능사 2021년 2회

3.6 4[Ω], 6[Ω], 8[Ω]의 3개 저항을 병렬 접속할 때 합성저항은 약 몇 [Ω]인가?

① 1.8[Ω] ② 2.5[Ω] ③ 3.6[Ω] ④ 4.5[Ω]

전기기능사 2021년 2회

3.7 $R_1 = 3[\Omega]$, $R_2 = 5[\Omega]$, $R_3 = 6[\Omega]$의 저항 3개를 그림과 같이 병렬로 접속한 회로에 30[V]의 전압을 가했다면, 이때 R_1 저항에 흐르는 전류[A]는 얼마인가?

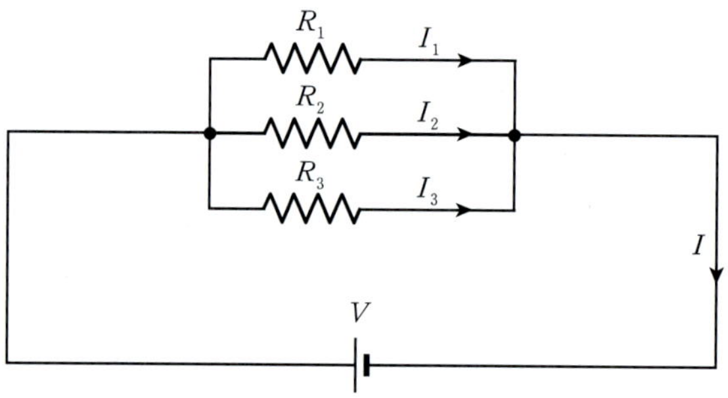

[그림 3-39]

① 6 ② 10 ③ 15 ④ 20

전기기능사 2020년 2회

3.8 저항 10[Ω]과 15[Ω]의 병렬회로에서 30[V]의 전압을 가할 때 15[Ω]에 흐르는 전류[A]는?

① 1 ② 2 ③ 3 ④ 4

전기기능사 2020년 3회

3.9 다음 그림에서 저항 R_2[Ω]은?

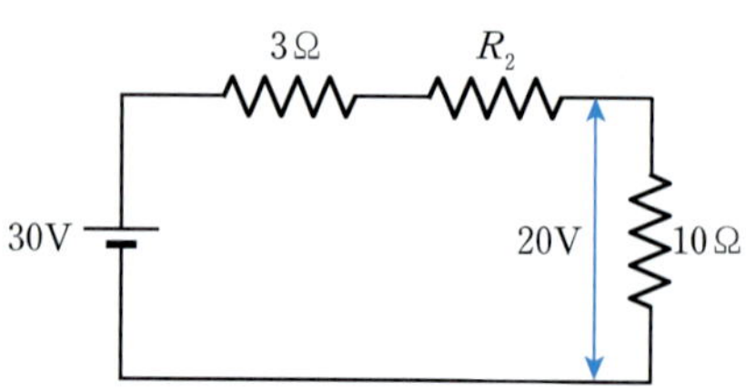

[그림 3-40]

① 5 ② 3 ③ 2 ④ 1

전기기능사 2020년 4회

3.10 그림과 같은 회로에서 $a-b$ 간에 E[V]의 전압을 가하여 일정하게 하고, 스위치 S를 닫았을 때의 전전류 I[A]가 닫기 전 전류의 3배가 되었다면 저항 R_x의 값은 약 몇 [Ω]인가?

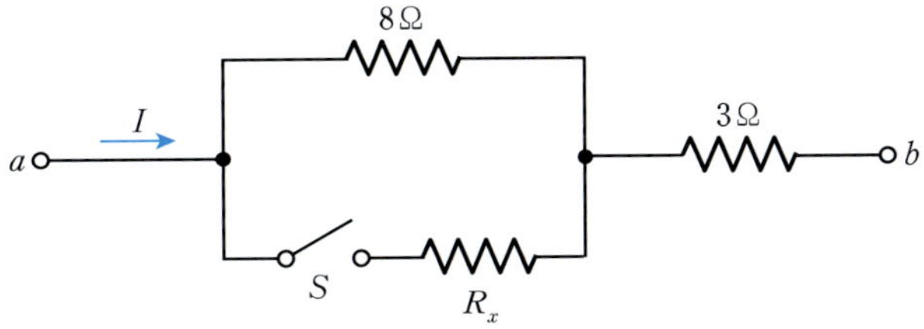

[그림 3-41]

① 0.73 ② 1.44 ③ 2.16 ④ 2.88

전기기능사 2019년 3회

3.11 아래 그림에서 전류계는 0.4[A], 전압계 V_1은 3[V], V_2는 4[V]를 지시했다. 저항 R_3의 값[Ω]은? (단, 전류계 및 전압계의 내부저항은 무시한다.)

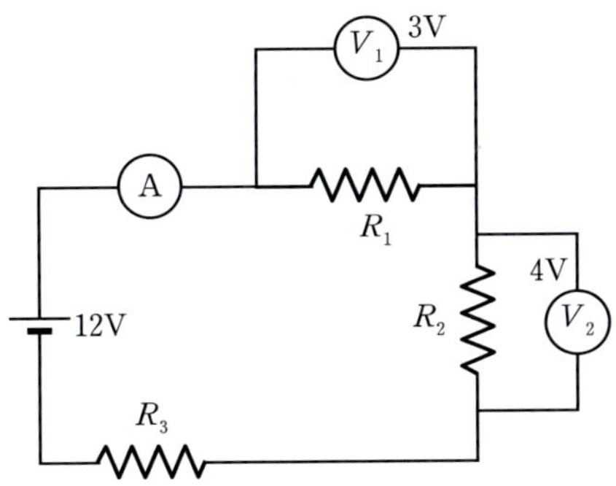

[그림 3-42]

① 5 ② 11 ③ 12.5 ④ 13.7

2023년 국가공무원 9급

3.12 그림과 같은 회로의 단자 a와 b에서 바라본 등가저항 R_{eq}[kΩ]는?

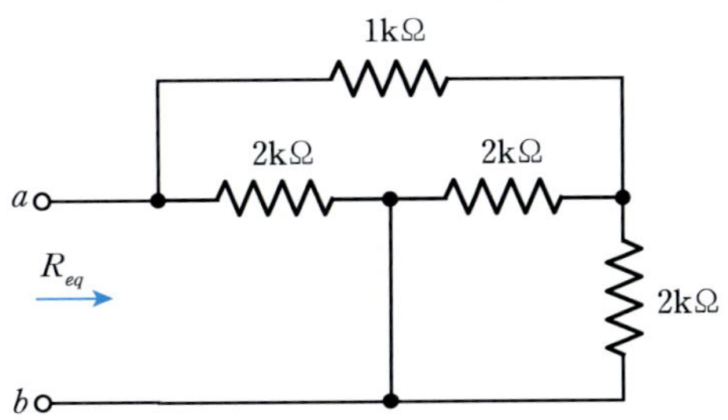

[그림 3-43]

① 1 ② 2 ③ 3 ④ 4

2021년도 국가공무원 9급

3.13 다음 회로에 대한 설명으로 옳지 않은 것은?

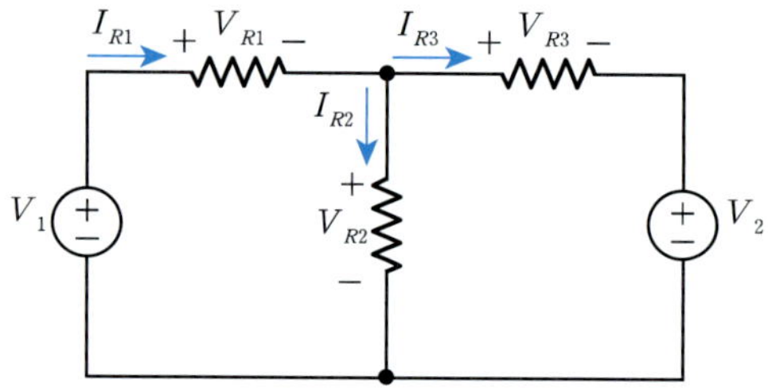

[그림 3-44]

① 회로의 마디(node)는 4개다.

② 회로의 루프(loop)는 3개다.

③ 키르히호프의 전압법칙(KVL)에 의해 $V_1 - V_{R1} - V_{R3} - V_2 = 0$이다.

④ 키르히호프의 전류법칙(KCL)에 의해 $I_{R1} + I_{R2} + I_{R3} = 0$이다.

2021년도 국가공무원 9급

3.14 다음 회로에서 저항 R에 인가되는 전압이 6[V]일 때, 저항 R[Ω]은?

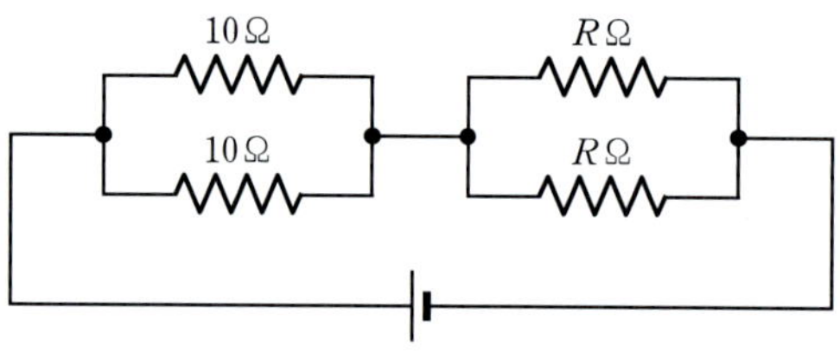

[그림 3-45]

① 2　② 4　③ 10　④ 25

2021년도 국가공무원 9급

3.15 다음 회로에서 전류 I_x[A]는?

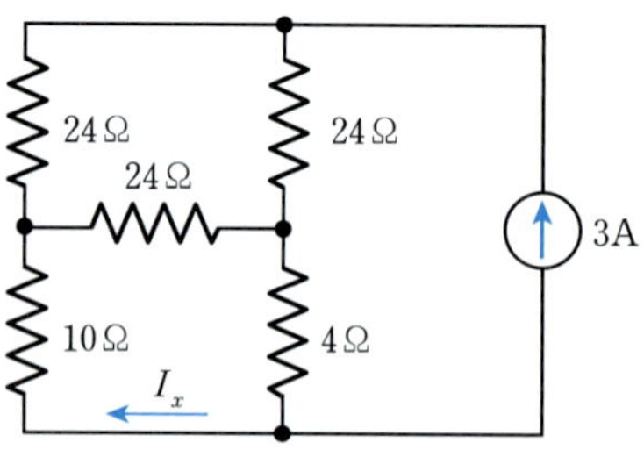

[그림 3-46]

① −0.6　② −1.2　③ 0.6　④ 1.2

2022년도 2회 전기산업기사

3.16 그림의 회로에서 $a-b$ 사이의 전압 E_{ab} 값은?

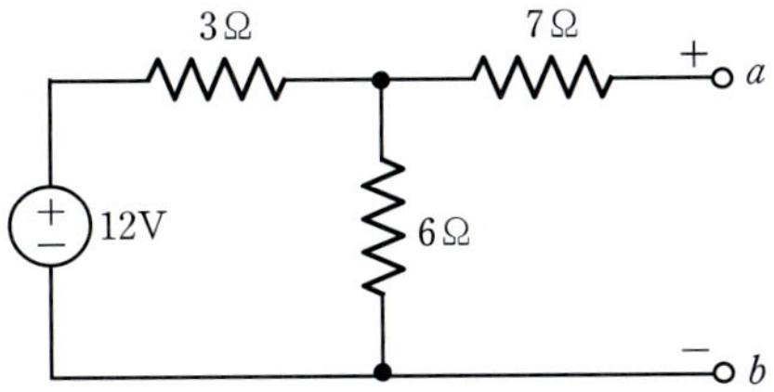

[그림 3-47]

① 8[V] ② 10[V] ③ 12[V] ④ 14[V]

2022년도 2회 전기산업기사

3.17 다음 회로에서 $a-b$ 단자에서 본 합성저항은 몇 [Ω]인가?

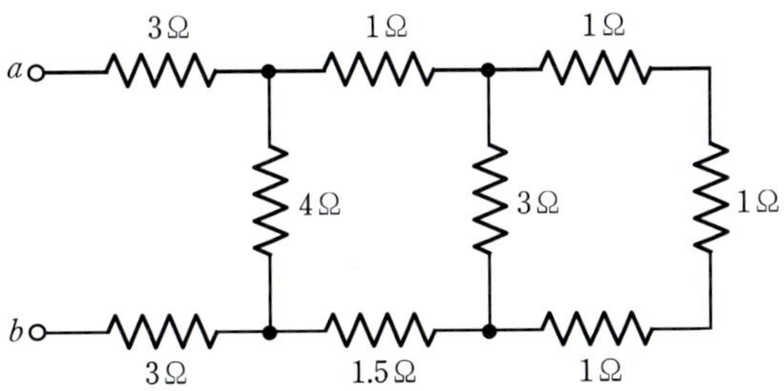

[그림 3-48]

① 2 ② 4 ③ 6 ④ 8

2022년도 3회 전기산업기사

3.18 다음 회로의 $a-b$ 간에 20[V]의 전압을 가할 때 5[A]의 전류가 흐른다. r_1, r_2에 흐르는 전류의 비를 1:2로 하려면 r_1, r_2는 각각 몇 [Ω]인가?

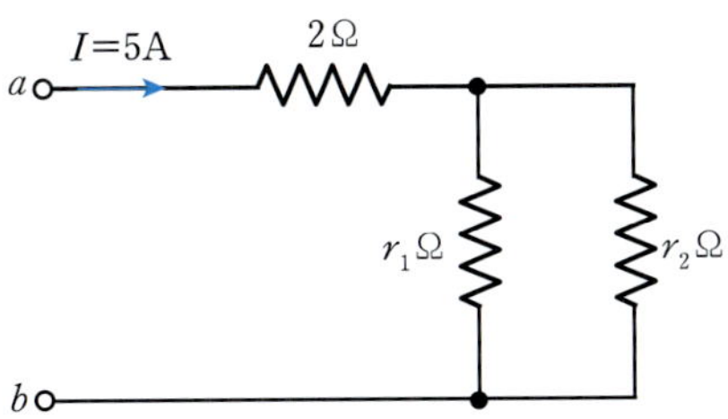

[그림 3-49]

① $r_1=2,\ r_2=4$ ② $r_1=4,\ r_2=2$

③ $r_1=3,\ r_2=6$ ④ $r_1=6,\ r_2=3$

2022년도 3회 전기산업기사

3.19 다음 그림에서 절점 B의 전위[V]는?

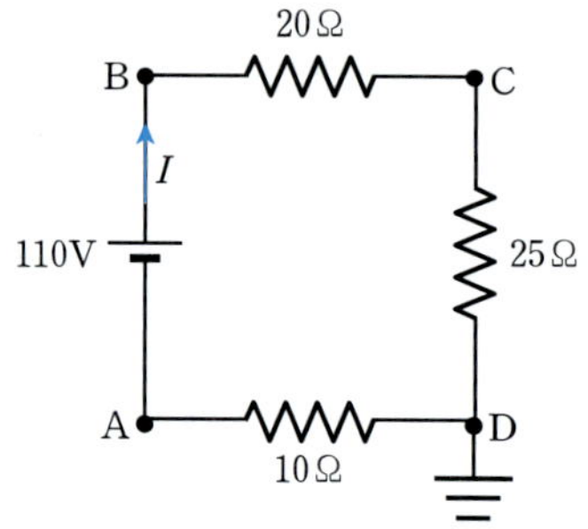

[그림 3-50]

① 130 ② 110 ③ 100 ④ 90

2022년도 3회 전기산업기사

3.20 그림과 같은 회로에서 단자 a, b 사이의 합성 저항은?

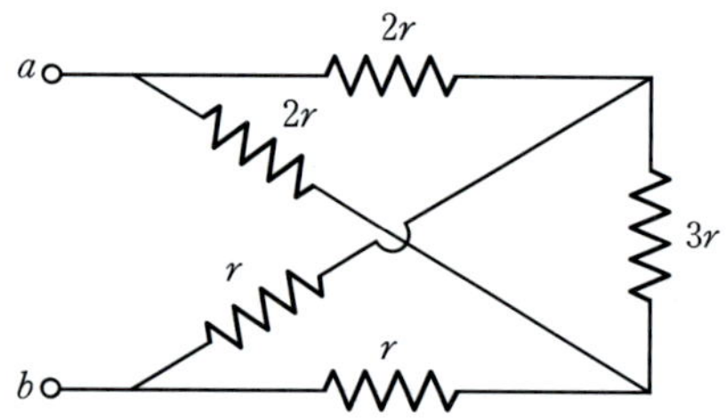

[그림 3-51]

① r ② $\frac{3}{2}r$ ③ $\frac{1}{2}r$ ④ $3r$

2021년도 1회 전기산업기사

3.21 a, b 단자의 전압 v는?

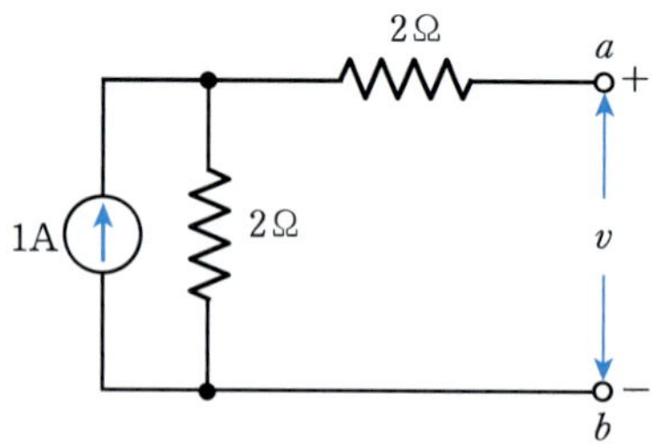

[그림 3-52]

① 2 ② −2 ③ −8 ④ 8

2021년도 2회 전기산업기사

3.22 다음 회로의 컨덕턴스 G_2에 흐르는 전류[A]는?

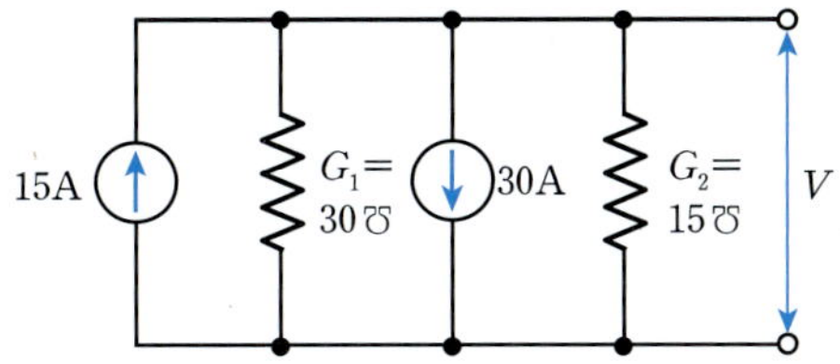

[그림 3-53]

① 5 ② 3 ③ 10 ④ 15

PART

02

저항회로의 해석

CONTENTS

PART 02 미리보기

PART 02
저항회로의 해석

- **4장 저항회로의 해석법**
  - 4.1 노드해석법
    - 4.1.1 접지전압전원이 있는 경우
    - 4.1.2 부유전압전원이 있는 경우
  - 4.2 메시해석법
    - 4.2.1 독립전류전원이 1개의 메시에만 속해 있는 경우
    - 4.2.2 전류전원이 2개의 메시 사이에 있는 경우
  - 4.3 노드해석법과 메시해석법의 선정 원칙
- **5장 회로해석 정리**
  - 5.1 전원변환이론
  - 5.2 중첩의 원리
  - 5.3 테브난과 노턴의 정리
    - 5.3.1 테브난의 정리
    - 5.3.2 노턴의 정리
    - 5.3.3 종속전원이 있을 때 테브난과 노턴의 정리
    - 5.3.4 종속전원과 저항만 있을 때 테브난과 노턴의 정리
  - 5.4 최대전력전달 정리
- **6장 연산증폭기**
  - 6.1 이상적인 연산증폭기
  - 6.2 연산증폭기 저항회로
  - 6.3 연산증폭기 회로와 노드해석법
  - 6.4 연산증폭기 응용 회로 : 전압추종기
  - 6.5 합산기
  - 6.6 연산증폭기 회로와 선형대수 방정식의 해

CHAPTER

04

저항회로의 해석법

Analysis of Resistive Circuits

학습목표

- 노드해석법에서 전압전원이 포함되었을 때의 해석 방법과 슈퍼노드에 의한 해석 방법을 이해한다.
- 메시해석법에서 전류전원이 포함되었을 때의 해석 방법과 슈퍼메시에 의한 해석 방법을 이해한다.
- 종속전원이 포함되었을 경우의 해석 방법을 이해한다.

SECTION

4.1 노드해석법

노드해석법node analysis은 회로의 노드를 중심으로 KCL을 적용하여 회로를 해석하는 방법이다. 우리는 노드해석법으로 각 노드에 걸리는 접지전원 값을 계산하여 각 소자의 전압, 전류 값을 구할 수 있다. 결국 일차적으로 계산해야 하는 각 노드의 접지전원변수 값은 참조노드를 제외한 모든 노드의 개수만큼 존재하므로, 해를 구하기 위해 필요한 연립방정식의 차수는 (노드 개수 − 1)이 된다. 노드해석법의 이점은 임의의 노드에서 KCL을 적용할 수 없는 경우에도 접지전원변수 값을 계산하기 위한 (노드 개수 − 1)개의 독립방정식을 얻을 수 있다는 점이다.

4.1.1 접지전압전원이 있는 경우

저항회로에 접지전압전원grounded voltage source이 있는 경우, 이 전원이 연결된 노드에서는 KCL을 적용할 수 없다. 왜냐하면 회로해석에서 다루고 있는 전원은 모두 이상전원ideal source이므로 전압이 공급되어도 전류 값은 회로에 의하여 결정되기 때문이다. 따라서 이러한 경우에는 KCL로 방정식을 유도하는 대신, 회로에서 직접 얻을 수 있는 **접지전압변수에 대한 방정식(제약식**constraint equation**)**을 찾아서 사용한다.

예제 4-1 **접지전압전원이 있는 경우의 노드 분석 예**

[그림 4-1]의 회로에서 v_x의 값을 찾아라.

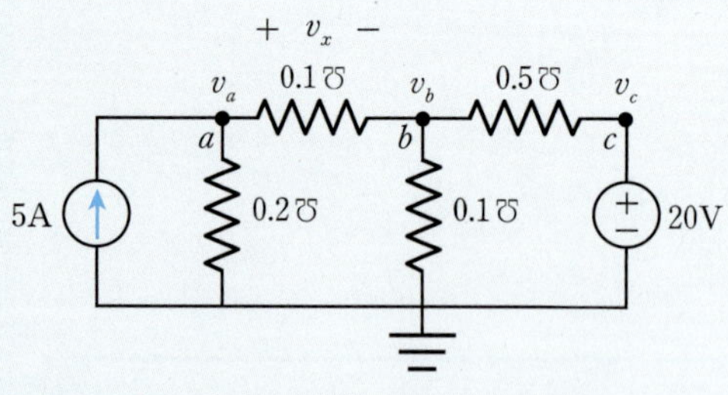

[그림 4-1] 접지전압전원을 포함한 저항회로

풀이

[그림 4-1]의 저항회로에는 여러 개의 저항소자와 독립전압전원 1개, 독립전류전원 1개가 포함되어 있다. 이 중에서 노드 a에 연결된 독립전류전원의 경우는 KCL을 적용하는 데 아무 문제가 없다.(즉, 노드 a에 들어가는 전류 값을 5A로 적용할 수 있다.) 다만 노드 c에 연결된 독립전압전원의 경우는 이

상전원의 특성상 전압 값만 20V로 주어지고, 전류 값은 알 수 없기 때문에 KCL을 적용할 수 없다. 이 경우 이 독립전압전원이 접지노드(0[V])에 연결된 접지전압전원이라면 KCL 방정식 대신 접지전압변수에 의한 제약식을 회로에서 직접 찾아낼 수 있다.

$$v_c = 20[\mathrm{V}]$$

그러므로 각 노드에서 찾아낸 접지전압변수에 의한 방정식 3개는 다음과 같다.

- 노드 a : KCL을 적용

$$0.2v_a + 0.1(v_a - v_b) = (0.2 + 0.1)v_a - 0.1v_b = 5$$

- 노드 b : KCL을 적용

$$0.1(v_b - v_a) + 0.1v_b + 0.5(v_b - v_c) = 0$$

- 노드 c : 회로에서 직접 얻은 제약식

$$v_c = 20[\mathrm{V}]$$

따라서 세 번째 식의 $v_c = 20[\mathrm{V}]$를 첫째, 둘째 식에 대입하여 정리하면 다음과 같은 2차 연립방정식을 얻을 수 있다.

$$0.3v_a - 0.1v_b = 5$$
$$-0.1v_b + 0.7v_b = 10$$

그러므로 이 연립방정식에서 계산된 접지전압변수 값 v_a, v_b는 다음과 같다.

$$v_a = 22.5[\mathrm{V}],\ v_b = 17.5[\mathrm{V}]$$

따라서 구하고자 하는 값은 $v_x = v_a - v_b = 5[\mathrm{V}]$가 된다.

참고 4-1 행렬방정식 계산에 의한 연립방정식의 해(크래머의 규칙)

[예제 4-1]의 연립방정식 해는 각 변수에 대한 행렬식을 만들어 계산할 수 있다. 먼저 연립방정식을 행렬방정식으로 나타내보자.

$$\begin{bmatrix} 0.3 & -0.1 \\ -0.1 & 0.7 \end{bmatrix} \begin{bmatrix} v_a \\ v_b \end{bmatrix} = \begin{bmatrix} 5 \\ 10 \end{bmatrix}$$

물론 이 행렬방정식에서 행렬의 역변환에 의해 v_a, v_b의 값을 한꺼번에 구할 수 있다. 그러나 행렬방정식이 3차 이상인 연립방정식에서 3×3 이상의 행렬을 얻으려면 그 역변환을 계산하는 것이 매우 어려우므로, 크래머의 규칙을 이용하여 개별 변수의 값을 구한다.

즉 다음과 같이 구할 수 있다.

$$v_a = \frac{\begin{vmatrix} 5 & -0.1 \\ 10 & 0.7 \end{vmatrix}}{\begin{vmatrix} 0.3 & -0.1 \\ -0.1 & 0.7 \end{vmatrix}} = 22.5[\text{V}],\ v_b = \frac{\begin{vmatrix} 0.3 & 5 \\ -0.1 & 10 \end{vmatrix}}{\begin{vmatrix} 0.3 & -0.1 \\ -0.1 & 0.7 \end{vmatrix}} = 17.5[\text{V}]$$

이때 **첫 번째 변수** v_a 값을 계산하는 식에서 행렬의 **첫 번째 행**column은 전압 값의 벡터 행으로 대체되고, **두 번째 변수** v_b 값을 계산하는 식에서 **두 번째 행**은 전압 값의 벡터 행으로 대체되어 행렬 값determinant이 계산된 것에 유의하자.

접지전압전원뿐만 아니라 일반적으로 종속전원이 포함되는 회로해석은 어떻게 할 수 있을까? 종속전원이란 전원 값이 독립적으로 존재하는 것이 아니라 임의의 전류 혹은 전압 값에 의해 종속적으로 주어지는 것으로, 종속성을 나타내는 **종속변수**가 존재한다. 따라서 종속전원을 포함한 회로의 노드해석법에서는 구하고자 하는 접지전압변수 값으로 종속변수를 표현하는 별도의 **제약식**이 필요하다.

결론적으로 종속변수를 포함한 **종속전원이 있는 저항회로의 노드를 분석**하려면 필요한 독립 개수의 방정식 이외에 **종속변수만큼 별도의 방정식**이 필요하다.

예제 4-2 **종속전원이 있는 저항회로의 해석**

[그림 4-2]의 회로에 노드해석법을 적용하여 각 노드의 전압 값을 구하라.

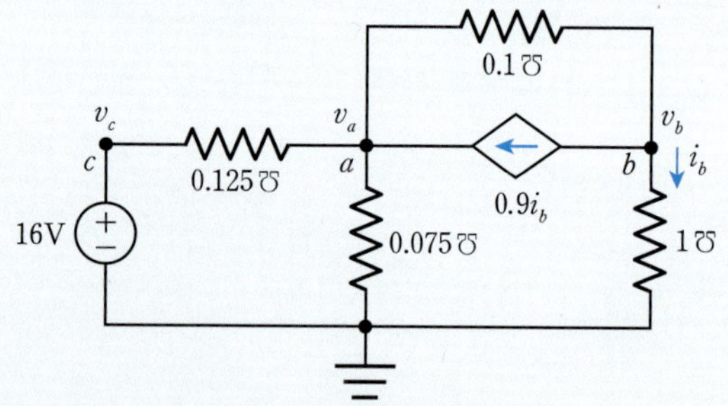

[그림 4-2] 종속전원이 있는 저항회로

풀이

[그림 4-2]의 회로의 노드 개수는 모두 4개다. 이 중에서 아래쪽 노드를 참조노드(0[V])로 정하고, 나머지 노드에 접지전압변수 v_a, v_b, v_c를 배정하면 이 회로를 해석할 때 $(4-1)$개의 독립방정식이 필요하다는 것을 알 수 있다. 따라서 각 노드에 대한 방정식을 유도하면 다음과 같다.

- 노드 a : KCL을 적용

$$0.125(v_c - v_a) + 0.9i_b = 0.1(v_a - v_b) + 0.075v_a$$

• 노드 b : KCL을 적용

$$-0.9i_b + 0.1(v_a - v_b) = 1v_b$$

• 노드 c : 회로에서 직접 얻은 제약식

$$v_c = 16[\mathrm{V}]$$

위의 독립방정식 3개를 연립하여 v_a, v_b, v_c의 값을 계산할 때, 모르는 변수인 종속변수 i_b가 존재한다. 따라서 이 종속변수를 v_a, v_b, v_c에 의해 표현하는 별도의 제약식이 필요한데 그 제약식은 다음과 같다.

$$i_b = 1v_b$$

노드 c와 종속변수에서 얻은 2개의 제약식을 대입하여 2차 연립방정식으로 정리하면 다음과 같다.

$$\begin{aligned}&(0.125+0.075+0.1)v_a-(0.1+0.9\times 1)v_b\\&=0.125\times 16-0.1v_a+(0.1+1+0.9\times 1)v_b=0\end{aligned}$$

정리하면 다음과 같고,

$$\begin{aligned}0.3v_a - v_b &= 2\\ -0.1v_a + 2v_b &= 0\end{aligned}$$

다시 다음과 같이 행렬방정식으로 만들 수 있다.

$$\begin{bmatrix}0.3 & -1\\ -0.1 & 2\end{bmatrix}\begin{bmatrix}v_a\\ v_b\end{bmatrix}=\begin{bmatrix}2\\ 0\end{bmatrix}[\mathrm{V}]$$

그러므로 최종적으로 각 노드에서의 전압 값은 다음과 같다.

$$\begin{bmatrix}v_a\\ v_b\end{bmatrix}=\begin{bmatrix}0.3 & -1\\ -0.1 & 2\end{bmatrix}^{-1}\begin{bmatrix}2\\ 0\end{bmatrix}=\begin{bmatrix}8\\ 0.4\end{bmatrix}[\mathrm{V}],\ \ v_c=16[\mathrm{V}]$$

4.1.2 부유전압전원이 있는 경우

만약 저항회로에 접지전압전원이 아닌 부유전압전원floating voltage source이 있으면 어떻게 될까? 4.1.1절의 접지전압전원이 있는 경우와 마찬가지로 이 경우에도 부유전압전원이 연결되어 있는 노드에서는 KCL을 적용할 수 없다. 따라서 이 노드는 회로에서 KCL 방정식 대신 제약식을 유도해야 한다. 그러나 문제는 부유전압전원이 연결되어 있는 노드는 1개가 아니라 2개라는 점이다. 따라서 이러한 경우에는 [예제 4-3]과 같이 2개의 노드를 합해서 1개의 슈퍼노드super node를 만들고, 이 슈퍼노드에 대해 제약식 하나와 KCL 방정식 하나를 각각 유도하여 독립방정식의 개수를 맞춘다.

예제 4-3 **부유전압전원이 있는 저항회로의 노드해석 예**

[그림 4-3]의 회로에서 노드해석법에 의한 각 노드의 접지전압변수 v_a, v_b, v_c의 값을 구하라.

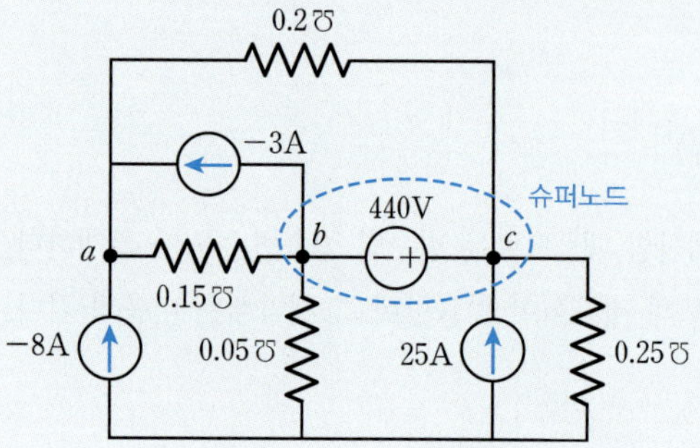

[그림 4-3] 부유전압전원이 있는 저항회로

풀이

[그림 4-3]의 회로에서 접지노드를 제외한 노드의 개수는 3개이므로 회로해석에 필요한 독립방정식의 수는 3개다. 이 방정식은 먼저 노드 a에서 KCL을 적용하여 구하면 다음과 같다.

$$-8-3=0.15(v_a-v_b)+0.2(v_a-v_c)$$

노드 a와 노드 b 사이에 부유전압전원이 놓여 있으므로 그 어느 노드에서도 KCL을 적용할 수 없다. 따라서 새로운 개념인 슈퍼노드 개념을 도입해야 한다. **슈퍼노드란 부유전압전원의 값을 0으로 두어 새롭게 노드 b와 c가 합쳐진 큰 의미의 노드**를 말한다([그림 4-3] 참조).

그러므로 이 새로운 슈퍼노드에서 2개의 방정식을 찾는다면,
첫째, 이 슈퍼노드에서 다음과 같은 제약식을 구할 수 있고

$$v_c-v_b=440$$

둘째, 슈퍼노드로 들어오는 전류 값과 나가는 전류 값을 같게 놓아 KCL을 적용할 수 있다. 여기서 얻을 수 있는 방정식은 다음과 같다.

$$+3+0.15(v_a-v_b)-0.05v_b+25-0.25v_c+0.2(v_a-v_c)=0$$

이제 세 가지 방정식을 정리하여 다음과 같은 v_a, v_b, v_c에 대한 3차 행렬방정식을 만들어보자.

$$\begin{bmatrix} 0.35 & -0.15 & -0.2 \\ -0.35 & 0.2 & 0.45 \\ 0 & -1 & 1 \end{bmatrix}\begin{bmatrix} v_a \\ v_b \\ v_c \end{bmatrix}=\begin{bmatrix} -11 \\ 28 \\ 440 \end{bmatrix}$$

이 행렬방정식을 풀면 다음과 같은 값을 얻을 수 있다.

$$\begin{bmatrix} v_a \\ v_b \\ v_c \end{bmatrix}=\begin{bmatrix} -90 \\ -310 \\ 130 \end{bmatrix}$$

즉, $v_a=-90[\text{V}]$, $v_b=-310[\text{V}]$, $v_c=130[\text{V}]$이다.

참고 4-2 부유전압전원이 연결된 노드해석

부유전압전원이 연결된 노드해석을 할 때에는 해당 부유전압전원으로부터 방정식 2개를 찾아내야 한다. 바로 **회로에서 직접 얻을 수 있는 제약식과 슈퍼노드에서 KCL을 적용하여 얻을 수 있는 방정식**이다.

예제 4-4 **종속전원과 부유전압전원이 포함된 저항회로의 해석**

[그림 4-4]의 종속전원이 포함된 회로에서 i_x의 값을 구하라.

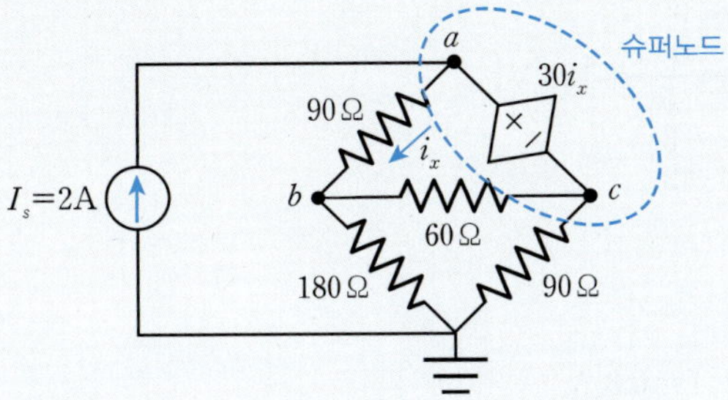

[그림 4-4] 종속전원과 부유전압전원이 있는 저항회로

풀이

[그림 4-4]의 회로에서 노드 개수는 모두 접지노드를 포함하여 4개이므로 필요한 독립방정식의 수는 $(4-1)$개가 된다. 이때 3개의 방정식은 노드 b에서 1개의 KCL 방정식, [그림 4-4]와 같이 설정된 슈퍼노드의 KCL 방정식, 회로에서 얻은 제약식으로 구할 수 있다.

즉 노드 b에 KCL을 적용하여 다음 식을 구하고,

$$\frac{1}{90}(v_b - v_a) + \frac{1}{60}(v_b - v_c) + \frac{1}{180}v_b = 0$$

노드 a, c 사이에 정의된 슈퍼노드에서 1개의 제약식과 또 1개의 KCL 방정식을 구할 수 있다.

$$v_a - v_c = 30i_x$$

$$2 = \frac{1}{90}(v_a - v_b) + \frac{1}{60}(v_c - v_b) + \frac{1}{90}v_c$$

이때 종속변수 i_x를 계산하려면 다음과 같은 또 하나의 수식이 필요하다.

$$i_x = \frac{1}{90}(v_a - v_b)$$

따라서 이 값을 서로 대입하여 수식을 각 노드의 접지전압변수 v_a, v_b, v_c에 대한 3차 행렬방정식으로 정리하면 다음과 같고,

$$\begin{bmatrix} 2 & -5 & 5 \\ -2 & 6 & -3 \\ 2 & 1 & -3 \end{bmatrix}\begin{bmatrix} v_a \\ v_b \\ v_c \end{bmatrix} = \begin{bmatrix} 360 \\ 0 \\ 0 \end{bmatrix}$$

이들 방정식을 크래머의 규칙을 이용하여 풀면 다음과 같다.

$$v_a = \frac{\begin{vmatrix} 360 & -5 & 5 \\ 0 & 6 & -3 \\ 0 & 1 & -2 \end{vmatrix}}{\begin{vmatrix} 2 & -5 & 5 \\ -2 & 6 & -3 \\ 2 & 1 & -3 \end{vmatrix}} = 135[\mathrm{V}], \quad v_b = \frac{\begin{vmatrix} 2 & 360 & 5 \\ -2 & 0 & -3 \\ 2 & 0 & -2 \end{vmatrix}}{\begin{vmatrix} 2 & -5 & 5 \\ -2 & 6 & -3 \\ 2 & 1 & -3 \end{vmatrix}} = 108[\mathrm{V}]$$

$$v_c = \frac{\begin{vmatrix} 2 & -5 & 360 \\ -2 & 6 & 0 \\ 2 & 1 & 0 \end{vmatrix}}{\begin{vmatrix} 2 & -5 & 5 \\ -2 & 6 & -3 \\ 2 & 1 & -3 \end{vmatrix}} = 126[\mathrm{V}]$$

그리고 i_x를 구하면 다음과 같다.

$$i_x = \frac{1}{90}(v_a - v_b) = 0.3[\mathrm{A}]$$

SECTION
4.2 메시해석법

메시해석법mesh analysis은 노드해석법과는 달리 회로의 메시를 중심으로 KVL을 적용해 회로를 해석하는 방법이다. 따라서 메시해석법으로 각 메시에 흐르는 방향전류의 값을 계산하여 각 소자의 전압 및 전류 값을 구할 수 있다. 일차적으로 계산해야 하는 각 메시의 방향전류변수 값은 모든 메시의 개수만큼 존재하므로 해를 구할 때 필요한 연립방정식의 차수도 메시의 개수만큼 존재한다. 즉 메시해석법은 임의의 메시에서 KVL을 적용할 수 없는 경우에도 방향전류변수 값을 계산하기 위해 메시의 개수만큼 독립방정식을 구해 회로를 해석하는 것이다.

4.2.1 독립전류전원이 1개의 메시에만 속해 있는 경우

노드해석법에 접지전압전원이 포함되어 있는 경우와 마찬가지로, 메시해석법에서도 독립전류전원이 1개의 메시에만 포함되어 있는 경우, KVL로 메시방정식을 유도할 수 없다. 그 이유는 전류의 방향에 따라 전압상승분과 전압강하분을 따질 때 이상적인 전류전원에는 전류 값만 있을 뿐 전압 값을 알 수 없기 때문이다. 따라서 KCL의 경우와 같이 **KVL을 적용하여 방정식을 유도하는 대신에 회로에서 직접 얻을 수 있는 제약식을 유도하여 해석**한다.

예제 4-5 **독립전류전원이 1개의 메시 안에만 속해 있는 경우**

앞서 고려한 [그림 4-1]의 회로에서 메시해석법을 적용하여 v_x의 값을 구하라.

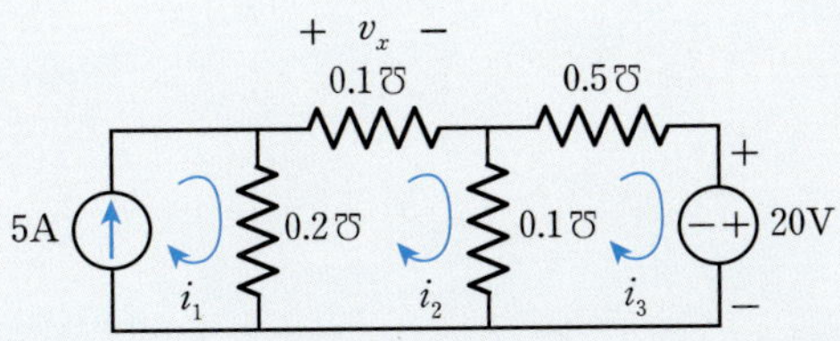

[그림 4-5] 독립전류전원이 1개의 메시에 속해 있는 저항회로

풀이

[그림 4-5]의 저항회로에는 3개의 메시가 있다. 메시해석법으로 해석하려면 3개의 독립방정식이 필요하고, 이들 3개의 독립방정식으로부터 각 메시의 전류 값(i_1, i_2, i_3)을 구할 수 있다. 이들 독립방정식 중 메시 2와 메시 3에서는 저항과 독립전압전원만을 포함하고 있기 때문에 KVL을 이용하여 전압상승분과 전압강하분의 합으로 방정식을 세우는 데는 아무 문제가 없다. 하지만 메시 1의 경우 이상적 전류전원을 포함하고 있기 때문에 전원에서의 흘러가는 전류 값만 존재하고 전압 값을 알 수 없다. 따라서

메시 1에는 KVL을 적용할 수 없다. 그러나 [예제 4-1]의 경우와 유사하게 메시해석법으로 회로로부터 직접 메시전류변수에 위한 제약식을 찾아낼 수 있는데, 즉 $i_1 = 5[\text{A}]$이다. 그러므로 각 메시로부터 구한 메시전류변수에 의한 방정식 3개는 다음과 같다.

- 메시 1 : 회로에서 직접 찾은 제약식

$$i_1 = 5[\text{A}]$$

- 메시 2 : KVL을 적용

$$\frac{1}{0.2}(i_2 - i_1) + \frac{1}{0.1}i_2 + \frac{1}{0.1}(i_2 - i_3) = 0$$

- 메시 3 : KVL을 적용

$$\frac{1}{0.1}(i_3 - i_2) + \frac{1}{0.5}i_3 + 20 = 0$$

따라서 첫 번째 제약식으로부터 i_1의 값을 두세 번째 방정식에 대입해 2차 연립방정식을 얻을 수 있다.

$$5i_2 - 2i_3 = 5$$
$$-5i_2 + 6i_3 = -10$$

그러므로 이 연립방정식으로부터 계산된 메시전류변수 값들은

$$i_1 = 5[\text{A}],\ i_2 = 0.5[\text{A}],\ i_3 = -1.25[\text{A}]$$

이므로, 구하고자 하는 v_x의 값은 $v_x = \frac{1}{0.1}i_2 = \frac{0.5}{0.1} = 5[\text{V}]$가 된다.

예제 4-6 전류전원이 1개의 메시 안에만 속해 있는 경우(종속전원 포함)

[그림 4-6]의 회로에서 메시해석법을 이용하여 i_A, i_B, i_C를 구하라.

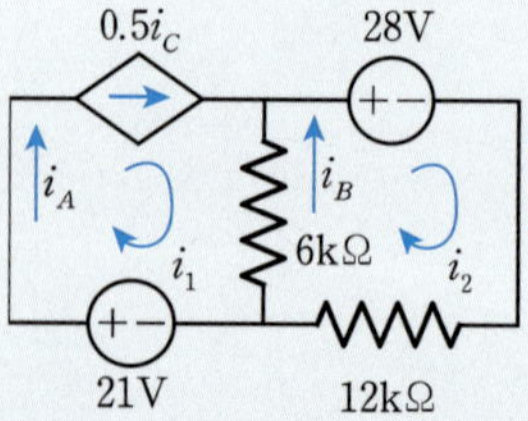

[그림 4-6] 1개의 메시 안에 전류전원과 종속전원이 함께 있는 회로

풀이

[그림 4-6]의 회로에는 2개의 메시가 존재하기 때문에, 메시해석법에 의하여 2개의 독립방정식으로부터 원하는 전류 값을 구할 수 있다. 즉, 메시전류변수 i_1과 i_2를 구하여 궁극적으로 $i_A = i_1$, $i_B = i_2 - i_1$, $i_C = -i_2$를 구할 수 있다.

i_2를 구할 때는 KVL을 적용할 수 있었다. 하지만 i_1을 구할 때는 이상적 전류전원이 $0.5i_C$로 주어졌으나, 전압 값은 알 수 없으므로 KVL을 적용할 수 없다. 따라서 주어진 회로에서 직접 제약식을 찾아 구해야 한다.

그러므로 각 메시로부터 구한 메시전류변수에 의한 독립방정식 2개는 다음과 같다.

• 메시 1 : 회로에서 직접 찾은 제약식

$$i_1 = 0.5i_C$$

• 메시 2 : KVL을 적용

$$6000(i_2 - i_1) + 28 + 12000i_2 = 0$$

이때 종속변수 i_C를 구하기 위한 또 다른 제약식은 다음과 같다.

$$i_C = -i_2$$

그러므로 이 값을 위의 두 식에 대입하고 i_1과 i_2에 대한 연립방정식을 세우면

$$i_1 + 0.5i_2 = 0$$
$$-6000i_1 + 18000i_2 = -28$$

이 되고 이를 풀면 $i_1 = 0.667[\mathrm{mA}]$, $i_2 = -1.333[\mathrm{mA}]$가 된다.
최종적으로 i_A, i_B, i_C와 i_1, i_2의 관계식으로부터 i_A, i_B, i_C를 구하면 다음과 같다.

$$i_A = 0.667[\mathrm{mA}],\ i_B = -2[\mathrm{mA}],\ i_C = 1.333[\mathrm{mA}]$$

4.2.2 전류전원이 2개의 메시 사이에 있는 경우

이 경우는 전류전원을 포함한 메시가 2개이므로 이 2개의 메시에서 모두 KVL을 적용한 방정식을 유도할 수 없다. 왜냐하면 메시방정식을 유도하려면 전압 값이 필요한데 이상전류전원의 경우 전압 값을 모르기 때문이다. 따라서 메시에서 유도해야 할 2개의 독립방정식은 각각 회로에서 직접 얻을 수 있는 제약식과 슈퍼메시에 KVL을 적용하여 얻는 메시방정식으로 대신할 수 있다. 이때 슈퍼메시는 이전 장의 슈퍼노드와 개념적으로 같은 맥락에서 이해될 수 있는데, **슈퍼메시는 해당 전류전원을 개방시켜 얻은 2개의 메시가 결합된 형태의 광역메시**를 뜻한다.

예제 4-7 **전류전원이 2개의 메시 사이에 있는 경우**

[그림 4-7]의 회로에서 메시해석법을 이용하여 3개의 독립방정식을 유도하라.

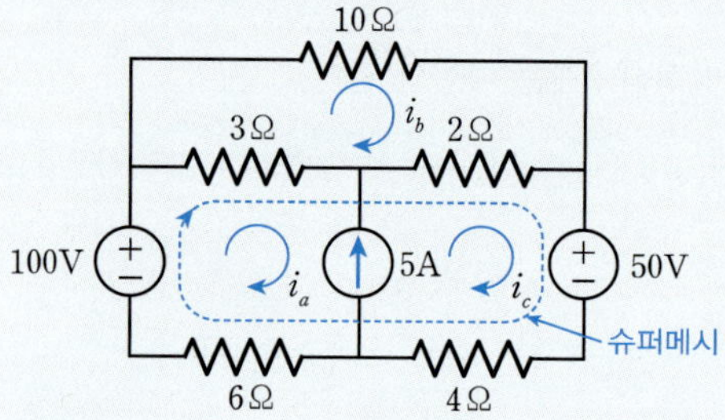

[그림 4-7] 메시 사이에 전류전원이 있는 저항회로

풀이

[그림 4-7]의 점선과 같이 메시 a와 메시 c 사이에 있는 전류전원을 제거하고(전류전원의 값을 0으로 하고) 슈퍼메시를 만들면 메시해석법을 위한 3개의 독립방정식은 다음과 같이 구할 수 있다.

- 메시 b : KVL을 적용

$$0 = 3(i_b - i_a) + 10i_b + 2(i_b - i_c)$$

- 메시 a와 메시 c : 메시 a와 메시 c 사이에 슈퍼메시를 만들어 적용

① 회로에서 직접 찾은 전류전원에 대한 제약식

$$5 = i_c - i_a$$

② 전류전원을 제거하고(0[A]로 놓고), 슈퍼메시에 KVL을 적용

$$100 = 3(i_a - i_b) + 2(i_c - i_b) + 50 + 4i_c + 6i_a$$

참고 4-3 전류전원이 2개의 메시 사이에 있는 경우의 메시해석

전류전원이 2개의 메시 사이에 연결된 경우의 메시해석에서는 해당 전류전원으로부터 방정식 2개를 찾아내야 한다. 바로 **회로에서 직접 얻을 수 있는 제약식과 슈퍼메시에서 KVL을 적용하여 얻을 수 있는 방정식**이다.

예제 4-8 전류전원이 1개의 메시에도 포함되고, 2개의 메시 사이에도 있는 경우

[그림 4-8]의 회로에서 메시해석법을 이용하여 3개의 독립방정식을 유도하고, i_1, i_2, i_3의 값을 구하라.

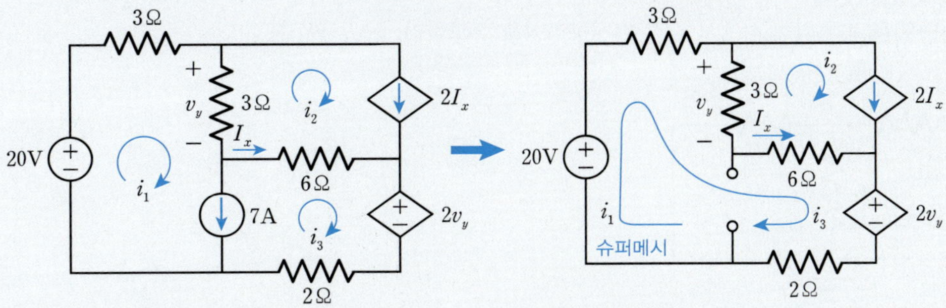

[그림 4-8] 전류전원이 1개의 메시에도 포함되고, 2개의 메시 사이에도 있는 경우

풀이

[그림 4-8]과 같이 슈퍼메시의 개념을 도입하여 새롭게 방향전류를 정의해보자. 이때 필요한 3개의 독립방정식은 각각 다음과 같이 구할 수 있다.

- 메시 2 : 전류전원이 포함되어 있으므로 회로에서 직접 제약식을 얻는다.

$$i_2 = 2I_x$$

- 메시 1과 메시 3 : 두 메시 사이에 전류전원이 있으므로, [그림 4-8]과 같이 슈퍼메시를 만들어 2개의 방정식을 유도한다.

① 회로에서 직접 찾은 전류전원에 대한 제약식

$$7 = i_1 - i_3$$

② 전류전원을 제거하고(0[A]로 놓고), 슈퍼메시에 KVL을 적용

$$20 = 3i_1 + 3(i_1 - i_2) + 6(i_3 - i_2) + 2v_y + 2i_3$$

따라서 필요한 3개의 독립방정식을 모두 구했다. i_1, i_2, i_3의 값은 종속전원에 의한 종속변수 계산에 필요한 2개의 부가 제약식인

$$I_x = i_3 - i_2,\ v_y = 3(i_1 - i_2)$$

를 위의 연립방정식에 대입하여 다음 방정식들로부터 구할 수 있다.

$$3i_2 - 2i_3 = 0$$
$$i_1 - i_3 = 7$$
$$12i_1 - 15i_2 + 8i_3 = 20$$

그러므로 $i_1 = 0.6$[A], $i_2 = -4.27$[A], $i_3 = -6.4$[A]이다.

참고 4-4 메시해석법에서 소자전압의 극성 방향 결정

메시해석법을 이용하여 회로해석을 할 때 소자의 참조전압 방향을 어떻게 잡느냐에 따라 전압상승분으로 계산할지 전압강하분으로 계산할지가 달라질 수 있다. 따라서 다음과 같은 실수를 할 수도 있으니 주의하자.

예 [그림 4-9]의 회로의 메시에서 각각 메시방정식을 유도하라.

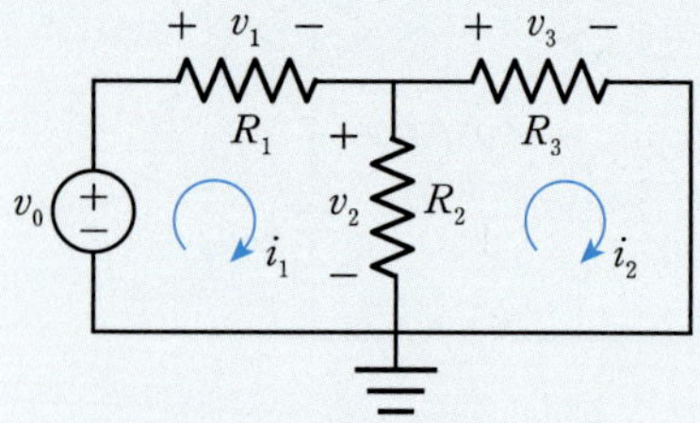

[그림 4-9] 전압의 극성 방향

위 회로에서 각각의 메시방정식을 유도하면 다음과 같다.

• 메시 1 : KVL을 적용

$$v_0 = R_1 i_1 + R_2(i_1 - i_2)$$

• 메시 2 : KVL을 적용하면 '전압상승분 = 전압강하분'이 되어 다음과 같다.

$$R_2(i_2 - i_1) = R_3 i_2$$

즉, R_2의 전압극성은 전압상승분에 해당되고 R_3의 전압극성은 전압강하분에 해당되어 이와 같은 수식을 얻은 것이다. 그러나 이 수식은 잘못되었다. 왜냐하면 $v_2 = v_3$이므로 전압상승분 v_2를 표기하려면 수식의 좌변은 $R_2(i_2 - i_1)$이 아니라 $R_2(i_1 - i_2)$로 표기해야 하기 때문이다.

그러면 이러한 실수를 하지 않으려면 어떻게 해야 할까? 방법은 메시 2에서 수식을 유도할 때 **R_2의 전압 극성은 메시 1과 달리 전압강하분의 방향으로 다시 배정하여 해석하는 것이다.**

메시해석법에서는 하나의 메시를 분석하고 나서 다른 메시로 이동할 때 소자에 흐르는 전류의 방향은 변하지 않지만 걸리는 전압의 극성은 다시 설정할 수 있다.

따라서 혼동을 막으려면 각각의 메시를 분석할 때 저항소자는 전압강하분으로, 전원의 경우는 전압상승분으로 전압극성을 재결정하여 계산하는 것이 좋다.

참고 4-5 노드해석법에서 소자전류의 극성 방향 결정

노드해석법을 사용할 때도 각각의 노드별로 다른 소자전류의 방향을 재설정할 수 있다.

예 [그림 4-10]의 회로에서 노드해석법을 적용하여 각 노드방정식을 유도하라.

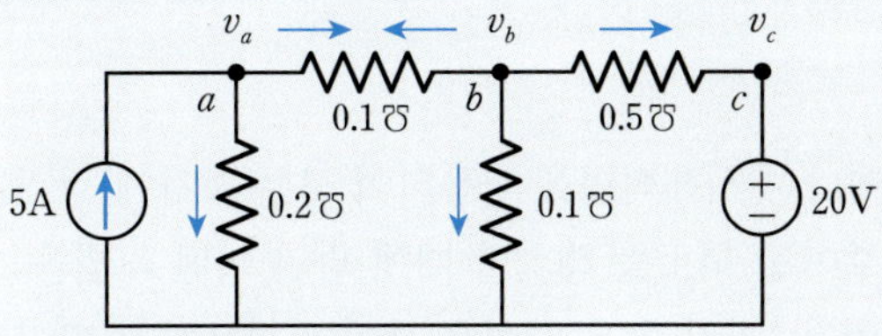

[그림 4-10] 전류의 극성 방향

위 회로의 노드 a와 노드 b에서 노드방정식을 유도하면 다음과 같다.

• 노드 a : KCL을 적용

$$5 = 0.2v_a + 0.1(v_a - v_b)$$

이때 0.1[℧]의 저항소자에 흐르는 전류의 방향은 왼쪽에서 오른쪽으로 간주한다.

• 노드 b : KCL을 적용

$$0 = 0.1(v_b - v_a) + 0.1v_b + 0.5(v_b - v_c)$$

이때 0.1[℧]의 저항소자에 흐르는 전류의 방향은 오른쪽에서 왼쪽으로 간주한다.

노드해석법에서는 하나의 노드를 분석하고 나서 다른 노드로 이동할 때, 소자에 걸리는 전압의 극성은 변함이 없으나 흐르는 전류의 극성(방향)은 다시 설정할 수 있다.

SECTION 4.3 노드해석법과 메시해석법의 선정 원칙

4.2절에서 설명한 것과 같이 회로해석은 노드해석법이나 메시해석법을 사용하여 모든 소자에 걸리는 전압과 흐르는 전류 값을 계산할 수 있다. 그렇다면 주어진 회로를 해석할 때에 과연 어떤 기법을 사용하는 것이 더 좋을까? 여기에 대한 특별한 정답은 없다. 가장 좋은 방법은 본인이 사용하기 편리한 기법을 선택하는 것이다. 다시 말해서 어떤 방법을 사용하더라도 본인이 익숙한 방법이 좋은 방법이다. 하지만 그 회로의 전압전원 또는 전류전원의 수, 노드의 개수, 메시의 개수 등에 따라 계산해야 할 변수의 개수가 달라질 수 있다. 다음 해석법의 선정 원칙은 회로에 따라 해석법을 선택하는 데에 도움을 줄 수 있을 것이다.

해석법의 선정 원칙

1. **적은 수의 독립방정식을 요구하는가?**
   이는 회로의 (노드 개수 -1) 값과 메시 개수를 비교하여 결정할 수 있다.
2. **전압전원과 전류전원의 위치와 수는 얼마인가?**
   전압전원과 전류전원의 위치는 슈퍼메시와 슈퍼노드의 존재 여부를 말해주고, 제약식 개수는 노드해석법에서의 전압전원과 메시해석법에서의 전류전원의 개수를 의미한다. 따라서 그 개수는 키르히호프의 법칙을 적용하지 않더라도 쉽게 회로에서 찾을 수 있는 제약식의 개수를 뜻한다.
3. **종속전원에 의한 제약식의 개수는 몇 개인가?**
   종속전원의 개수에 따라 별도의 계산을 요하는 종속변수가 존재한다.

예제 4-9 **해석법 선정의 예**

[그림 4-11]의 회로를 해석할 때 어떤 방법을 사용하는 것이 좋을지 알아보자.

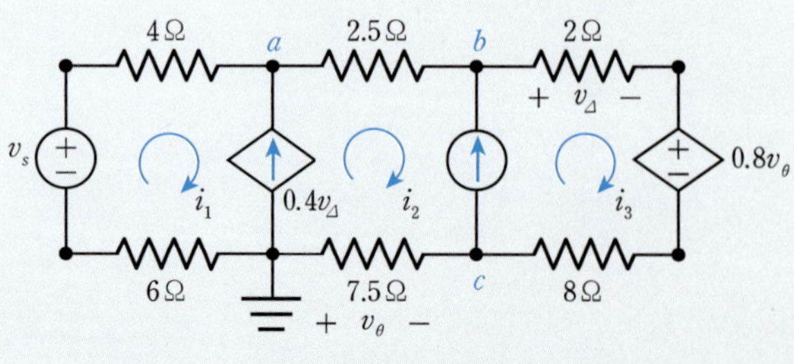

[그림 4-11] 노드해석법 대 메시해석법

풀이

먼저 **노드해석법**을 사용한다면,

① 노드의 개수가 모두 8개이므로, (8−1)개의 독립방정식이 필요하다.
② 이들 7개의 방정식은 2개의 부유전압전원으로 생길 수 있는 2개의 슈퍼노드에서 KCL 방정식과 2개의 제약식, 개별 노드 3개의 KCL 방정식으로 이루어져 있다.
③ 종속전원이 2개 있으므로 이를 위한 별도의 2개의 방정식이 존재한다.

반면 **메시해석법**을 사용한다면,

① 메시가 모두 3개이므로 3개의 독립방정식이 필요하다.
② 이 3개의 방정식은 메시 간 전류전원 2개에 의해 생성된 슈퍼메시에서의 KCL 방정식과 회로에서 직접 얻을 수 있는 각 전류전원에 대한 제약식 2개로 얻는다.
③ 마찬가지로 2개의 종속전원의 종속변수 값 계산을 위한 별도의 2개의 방정식이 존재한다.

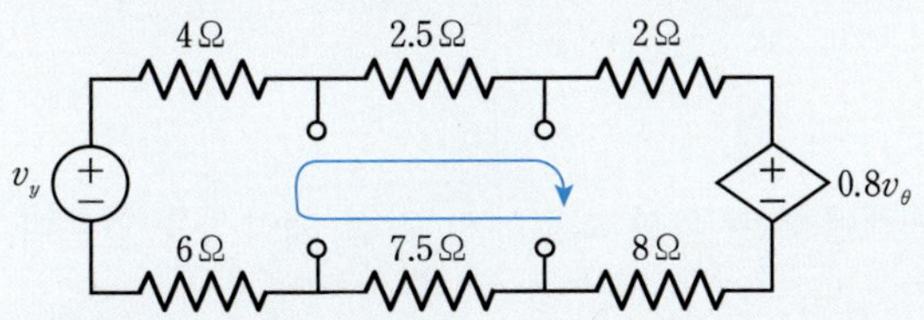

[그림 4-12] 슈퍼메시회로

그러므로 이 예에서는 적은 수의 방정식 유도를 요구하는 메시해석법이 상대적으로 유리하다.

CHAPTER

04 핵심요약

이 장에서는 회로해석을 위한 키르히호프의 전류법칙에 기반한 노드해석법과 전압법칙에 기반한 메시해석법에 대해 자세히 공부했다. 노드해석법에서 구해야 할 변수 값은 노드의 접지전압변수 값이고, 메시해석법에서 구해야 할 변수 값은 메시의 방향전류변수 값이다. 접지전압변수 값을 계산하려면 (노드 개수 − 1)개의 독립방정식을 구해야 하고, 방향전류변수 값을 계산하려면 메시 개수만큼의 독립방정식을 구해야 한다. 이 장에서는 여러 종류의 전원이 존재할 때 독립방정식을 얻는 방법에 대하여 공부했다.

■ 노드해석법

접지노드를 제외한 모든 노드에서 KCL을 적용하여 방정식을 유도하고 각 노드에서의 접지전압변수 값을 계산하여 회로를 해석하는 기법이다.

- 접지전압전원이 있는 경우
  접지전압전원이 연결된 노드에서 KCL을 적용하는 대신 회로에서 직접 제약식을 얻는다.
- 부유전압전원이 있는 경우
  부유전압전원이 연결된 두 노드를 묶어서 하나의 슈퍼노드를 만들고, 이 슈퍼노드에 대한 KCL 방정식과 전원에 대한 제약식을 찾아서 2개의 독립방정식을 만든다.

■ 메시해석법

모든 메시에 각각 KVL을 적용하여 방정식을 유도하고, 각 메시에서 방향전류변수 값을 계산하여 회로를 해석하는 기법이다.

- 전류전원이 1개의 메시에만 포함되어 있는 경우
  해당되는 메시에서 KVL을 적용하는 대신 회로에서 직접 제약식을 얻는다.
- 전류전원이 2개의 메시 사이에 있는 경우
  해당 메시를 연결하여 슈퍼메시를 만들고, 이 슈퍼메시에 대한 KVL 방정식과 전원에 대한 제약식을 찾아서 2개의 독립방정식을 만든다.

■ 종속전원이 있는 경우

두 분석기법 모두 별도의 종속변수를 계산하기 위한 제약식을 찾고, 이 변수를 접지전압변수나 방향전류변수의 함수로 표현하고 대입하여 계산한다.

CHAPTER

04 연습문제

노드해석법

4.1 다음 회로에서 i_x[A]를 구하라.

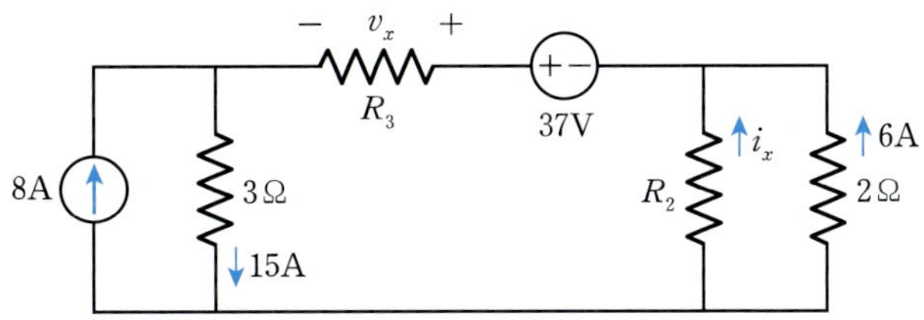

[그림 4-13]

4.2 다음 회로에 노드해석법을 적용하여 i_x[A]를 구하라.

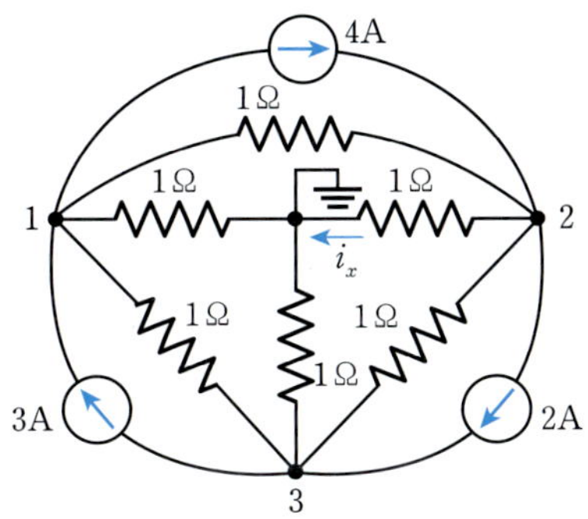

[그림 4-14]

4.3 다음 회로에서 v_A, v_B, v_C[V]를 구하라. 이때 단위가 [℧]임에 유념하라.

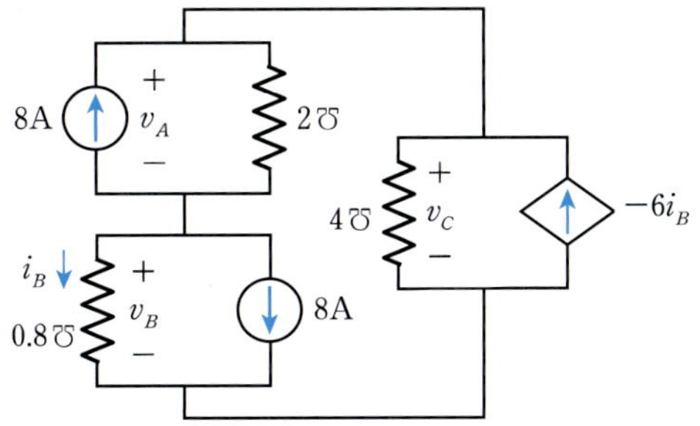

[그림 4-15]

4.4 다음 회로에서 v_1[V]을 구하고, 종속전원이 500[V]일 때의 v_1[V]도 구하라.

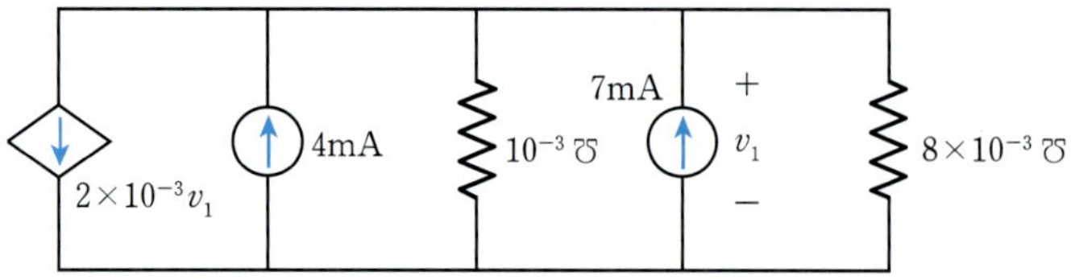

[그림 4-16]

4.5 다음 회로에서 0.1[A]의 전원전류가 1[W]를 공급한다고 하자. 이때 회로에 삽입된 소자 A에 의해 발산되는 전력[W]과 v, i 값을 구하라.

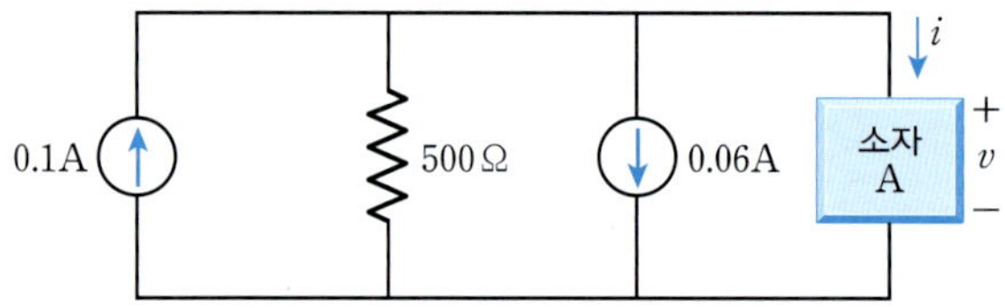

[그림 4-17]

4.6 다음 회로에서 10[A]의 전류전원이 공급하는 전력[W]을 구하라.

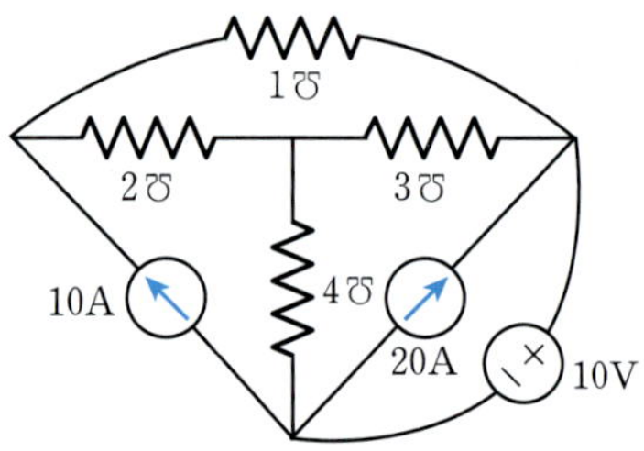

[그림 4-18]

4.7 다음 회로에 노드해석법을 사용하여, $R=4[\Omega]$일 때 7[A]의 전원전류가 공급하는 전력[W]을 구하라.

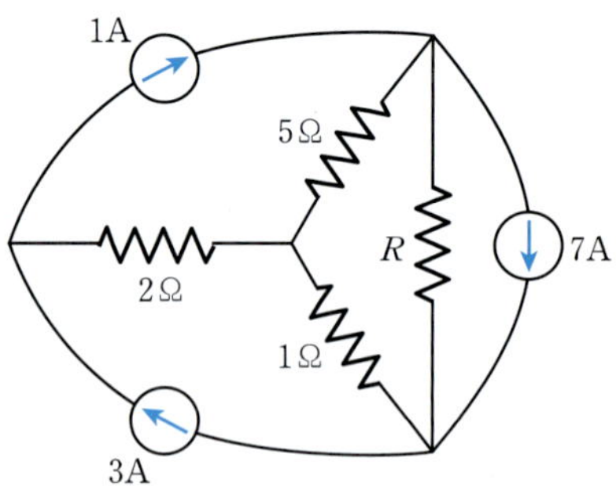

[그림 4-19]

노드해석법과 종속전원

4.8 다음 회로에서 v_x[V]의 값을 구하라.

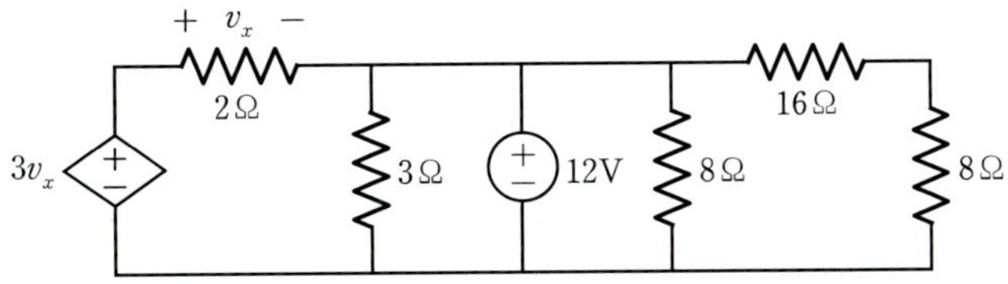

[그림 4-20]

4.9 다음 회로에서 노드전압이 $v_b = 15$[V]일 때, 각 물음에 답하라.

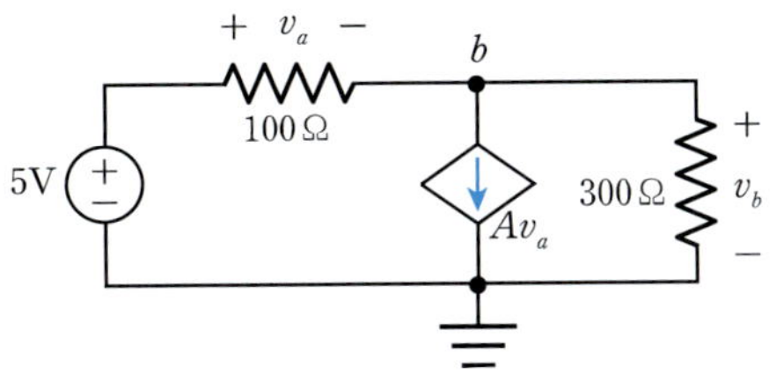

[그림 4-21]

(a) 종속전원의 이득 A의 값을 구하라.

(b) 종속전원이 공급하는 전력[W]을 구하라.

메시해석법

4.10 다음 회로에서 v_0[V]를 구하라.

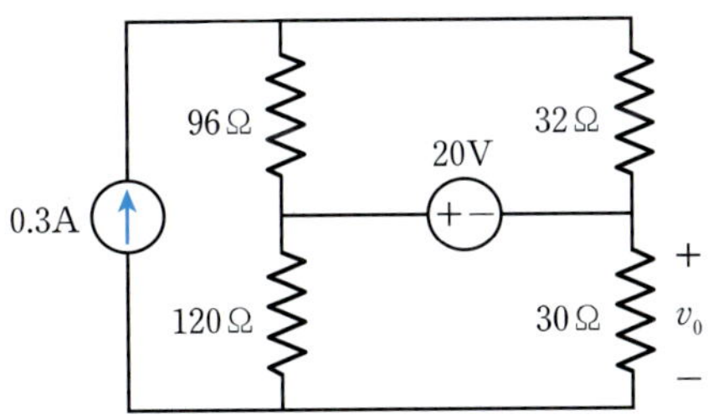

[그림 4-22]

4.11 다음 회로에서 전류 $i(t)$[A]를 구하라.

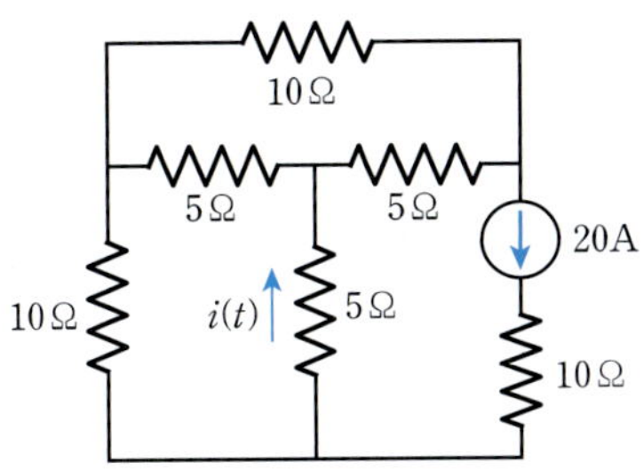

[그림 4-23]

4.12 다음 회로에 메시해석법을 적용하여 i_A, i_B, i_C[A]를 구하라.

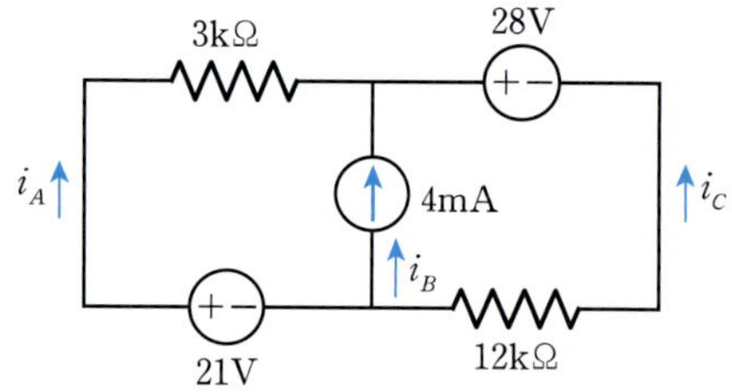

[그림 4-24]

4.13 다음 회로에서 i_1, i_2, i_3는 메시전류다. 이때 저항 $R[\Omega]$의 값을 구하라.

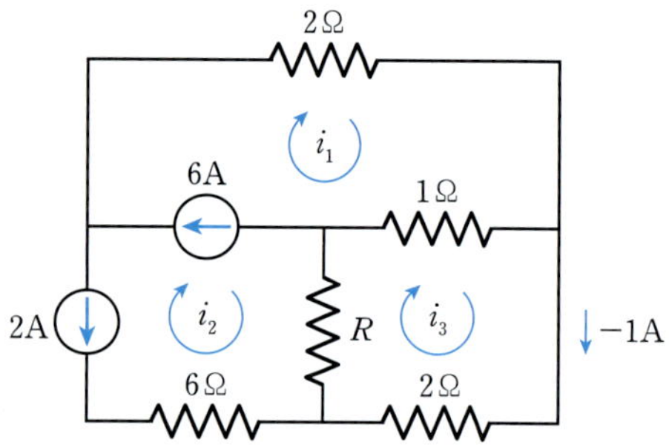

[그림 4-25]

4.14 다음 회로에 메시해석법을 적용하여 i_1, i_2, i_3[A]를 구하라.

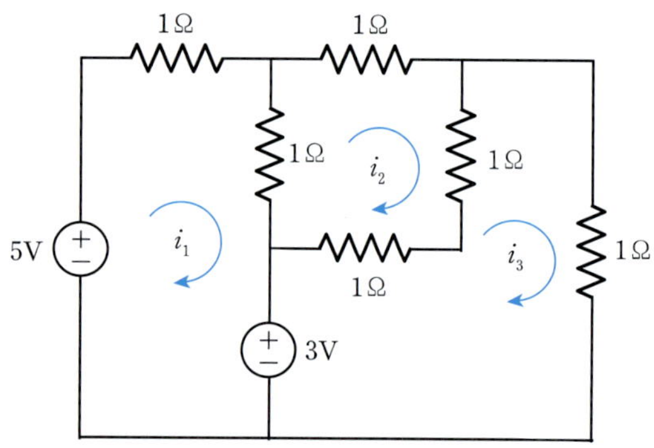

[그림 4-26]

4.15 다음 회로에 메시해석법을 적용하여 i_A, i_B, i_C[A]의 값을 구하라.

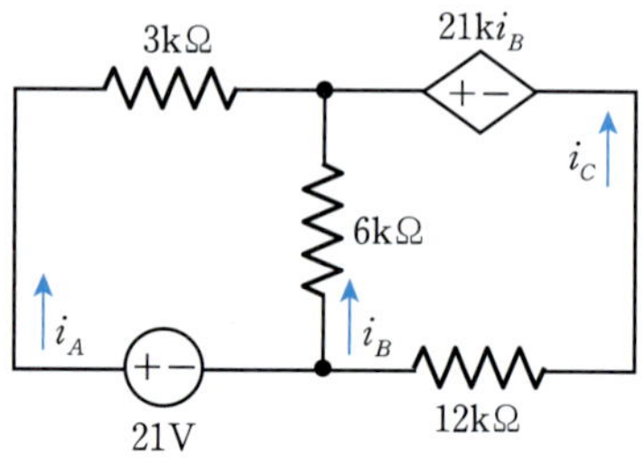

[그림 4-27]

4.16 다음 회로에서 저항 R에 발생하는 전력[W]을 구하라.

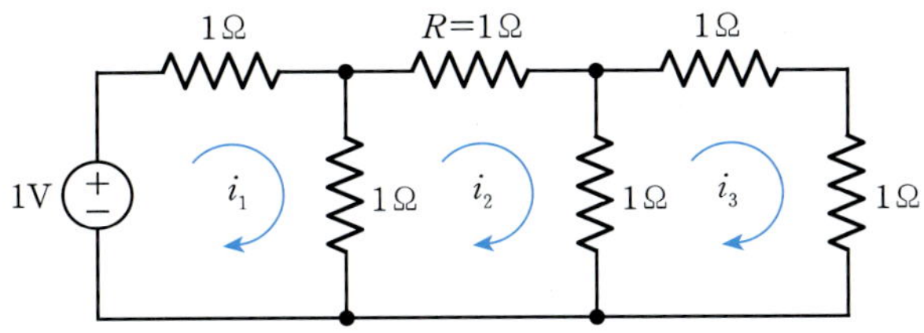

[그림 4-28]

4.17 **도전** 다음 회로를 해석하기 위한 독립 폐루프 방정식은 몇 개인가? 이들 방정식을 소자의 전압 (V_{R1}, V_{R2}, $\cdots$, V_{C1}, V_{C2}, $\cdots$ 등)에 의하여 구하라.

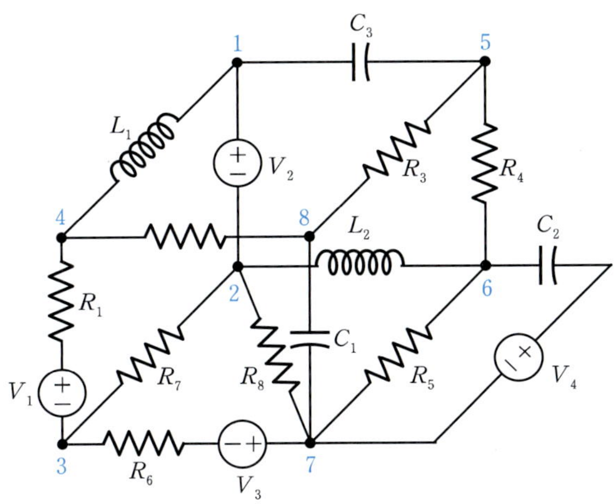

[그림 4-29]

메시해석법과 종속전원

4.18 다음 회로에서 i_x[A]의 값을 구하라.

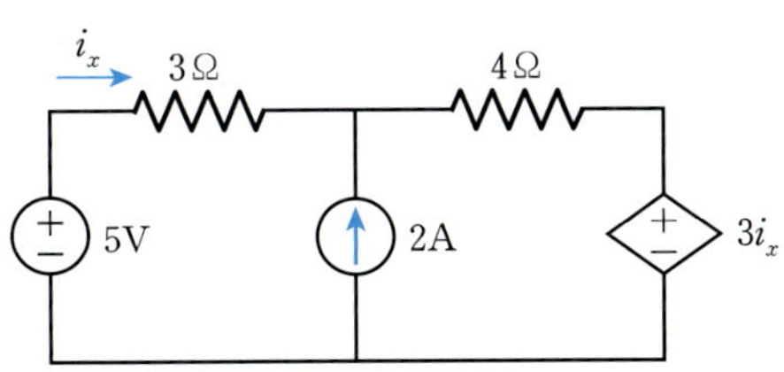

[그림 4-30]

4.19 도전 다음 회로에서 1[V]의 전압전원이 공급하는 전력[W]을 구하라.

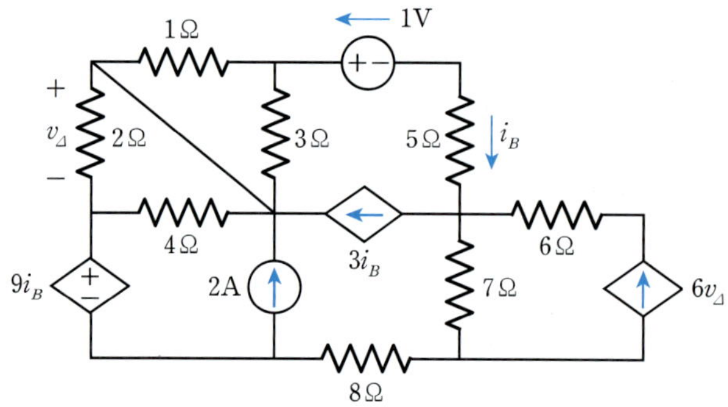

[그림 4-31]

노드 및 메시해석법

4.20 다음 회로에서 v, i와 부하 x가 소비하는 전력[W]을 구하라.

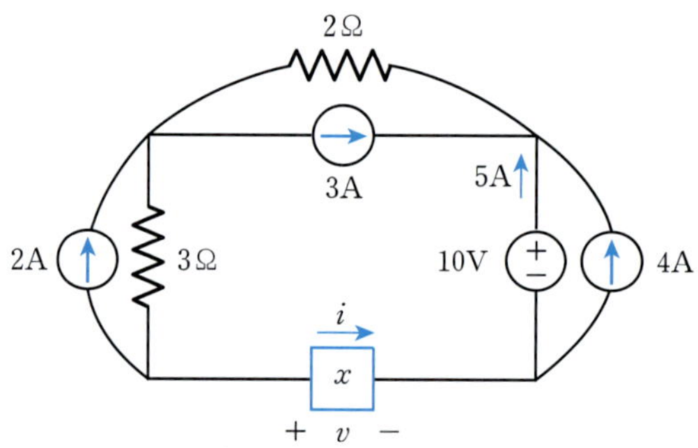

[그림 4-32]

CHAPTER 04 기출문제

2019년도 국가공무원 9급

4.1 독립전원과 종속전원이 포함된 다음의 회로에서 저항 20[Ω]의 전압 V_a[V]는?

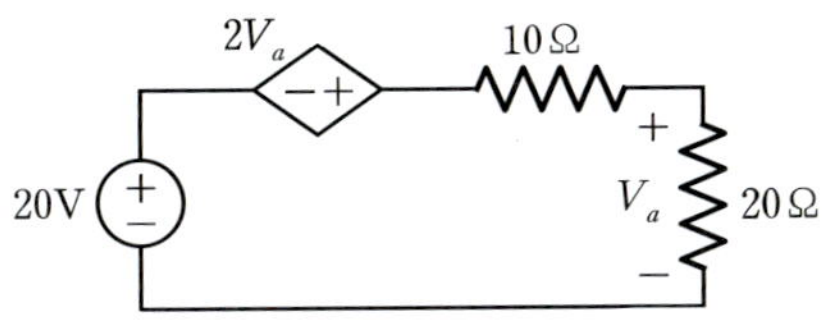

[그림 4-33]

① −40　　② −20　　③ 20　　④ 40

2019년도 국가공무원 9급

4.2 다음 직류회로에서 4[Ω] 저항의 소비전력[W]은?

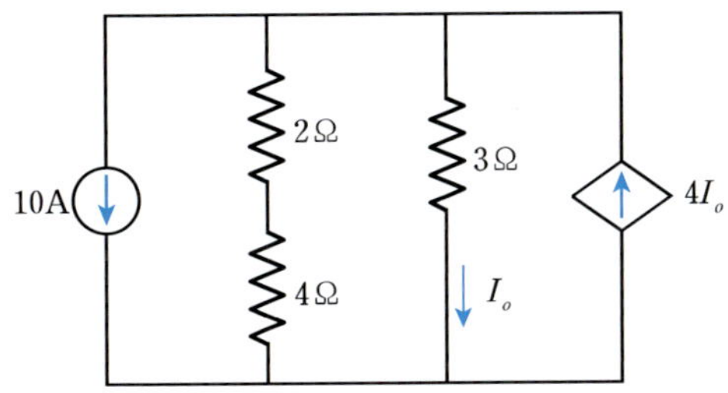

[그림 4-34]

① 4　　② 8　　③ 12　　④ 16

2023년도 국가공무원 9급

4.3 다음 회로에서 절점 a와 b 사이의 전압 V_{ab}가 4[V]일 때, 절점 a와 c 사이의 전압 V_{ac}[V]는?

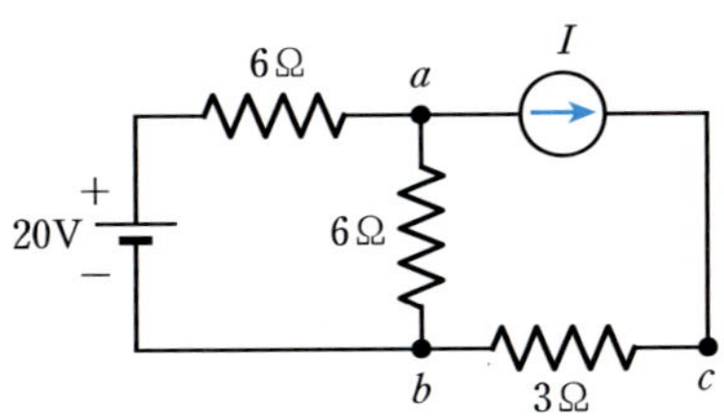

[그림 4-35]

① −10　　② −2　　③ 1　　④ 3

2023년도 국가공무원 9급

4.4 다음 회로에서 전류 I[A]는?

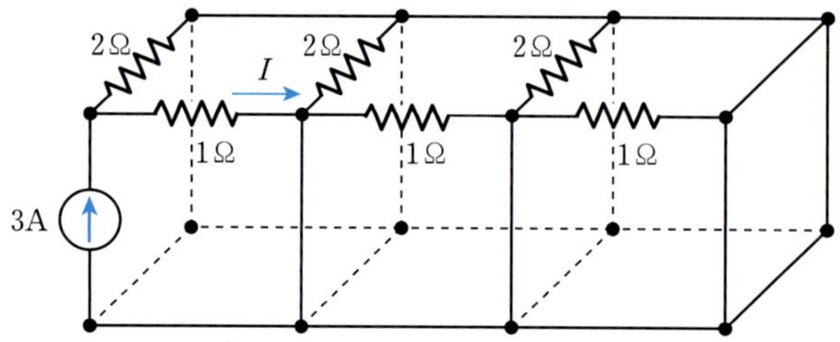

[그림 4-36]

① 0.5 ② 1 ③ 1.5 ④ 2

2023년도 국가공무원 9급

4.5 다음 회로에서 전류 I_1과 I_2에 대한 방정식이 다음과 같을 때, a_1+a_2의 값은?

$$a_1I_1-20I_2=15,\quad -20I_1+a_2I_2=5$$

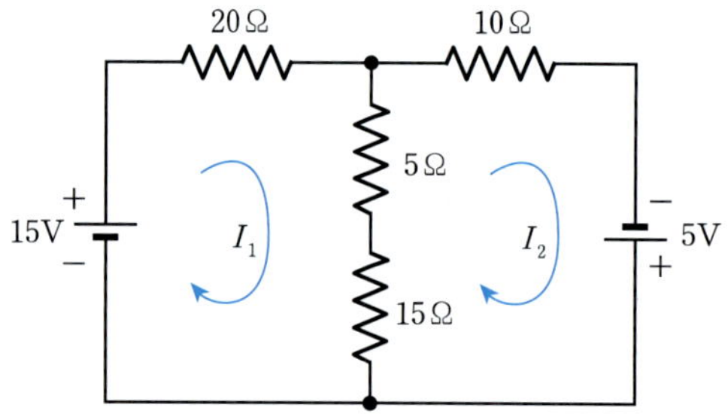

[그림 4-37]

① 40 ② 50 ③ 60 ④ 70

2022년도 서울시 공무원 7급

4.6 다음 회로에서 전압 v_x의 값[V]은?

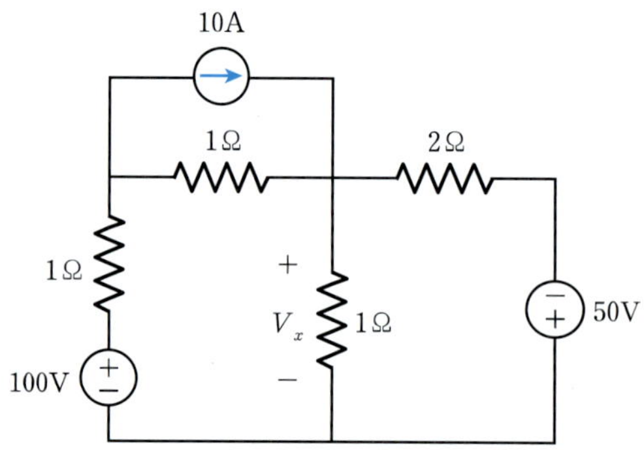

[그림 4-38]

① 5 ② 10 ③ 15 ④ 20

2022년도 서울시 공무원 7급

4.7 다음 회로에서 노드 1에서의 전압 V_1과 노드 2에서의 전압 V_2의 합[V]은?

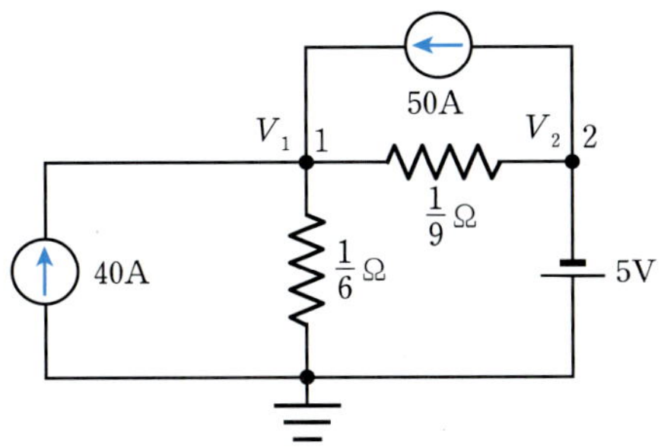

[그림 4-39]

① −2 ② −1 ③ 1 ④ 2

2022년도 국가공무원 7급

4.8 다음 회로의 저항 2[Ω]에서 소비되는 전력[W]은?

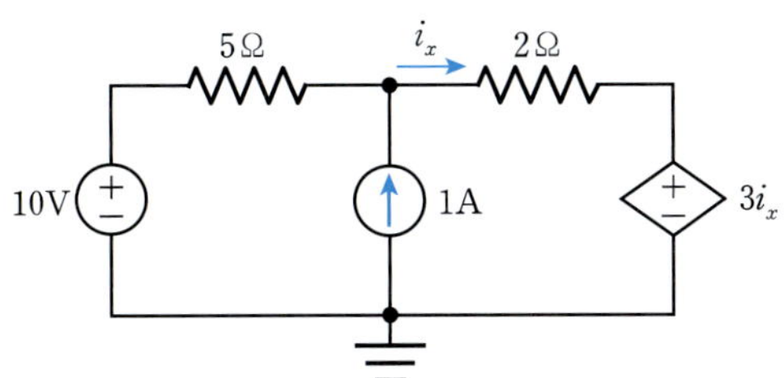

[그림 4-40]

① 1.5 ② 3 ③ 4.5 ④ 6

2021년도 국가공무원 7급

4.9 다음 회로에서 전류 I[mA]는?

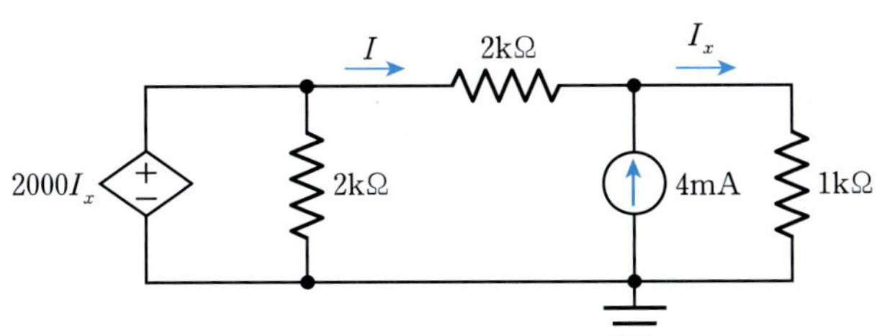

[그림 4-41]

① 8 ② 5 ③ 4 ④ 3

2021년도 국가공무원 7급

4.10 다음 회로에서 5[Ω]의 저항에 걸리는 전압 v[V]는?

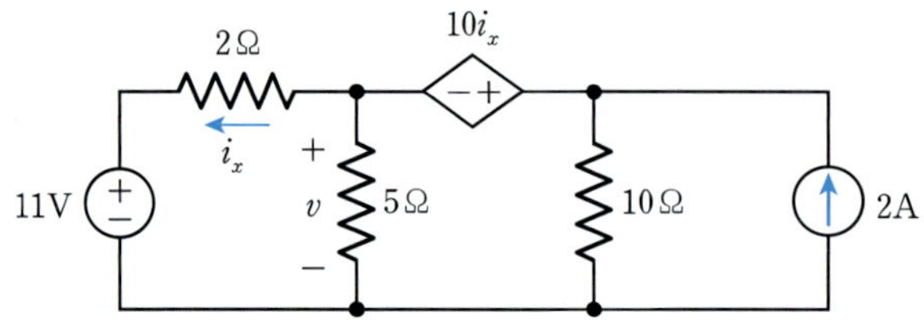

[그림 4-42]

① 7 ② 8 ③ 9 ④ 10

2021년도 국가공무원 7급

4.11 다음 회로에서 $R_L = 5$[kΩ]일 때, $\frac{v_o}{v_i} = -50$이 되기 위한 g[S]는?

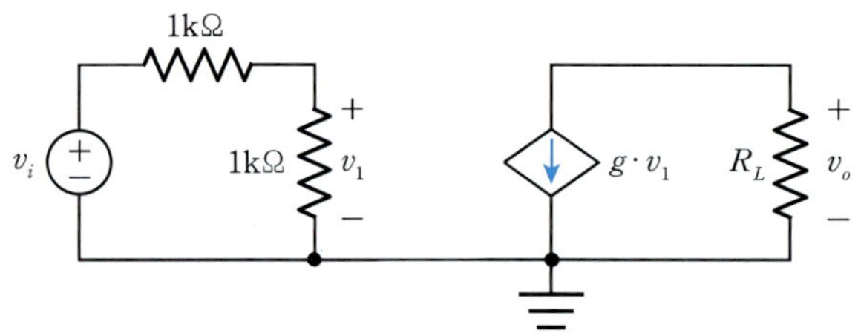

[그림 4-43]

① $\frac{1}{25}$ ② $\frac{1}{50}$ ③ $\frac{1}{75}$ ④ $\frac{1}{100}$

2020년도 국가공무원 7급

4.12 다음 회로에서 전압 $(v_1 - v_2)$[V]는?

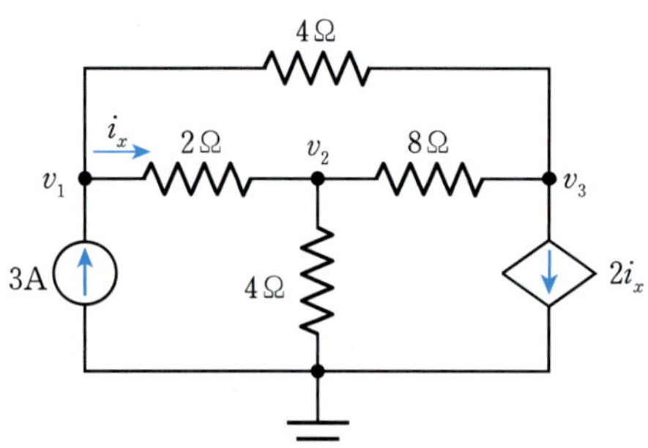

[그림 4-44]

① 1.2 ② 2.4 ③ 3.6 ④ 4.8

2019년도 국가공무원 7급

4.13 다음 회로에서 전류 i_x[A]는?

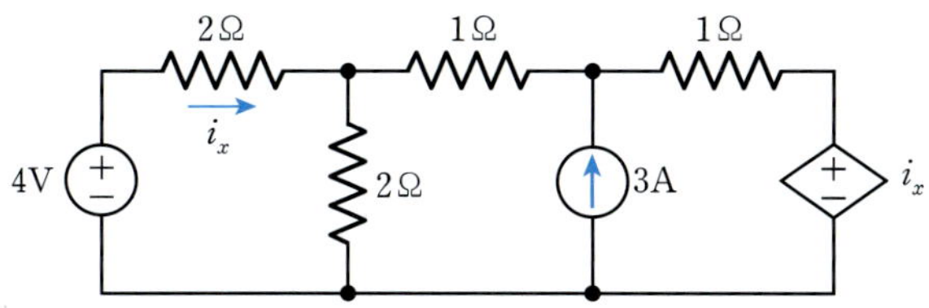

[그림 4-45]

① 0.5　　② $\frac{5}{7}$　　③ 1　　④ $\frac{8}{7}$

2019년도 국가공무원 7급

4.14 다음 회로에서 A 노드의 전압 V_A[V]는?

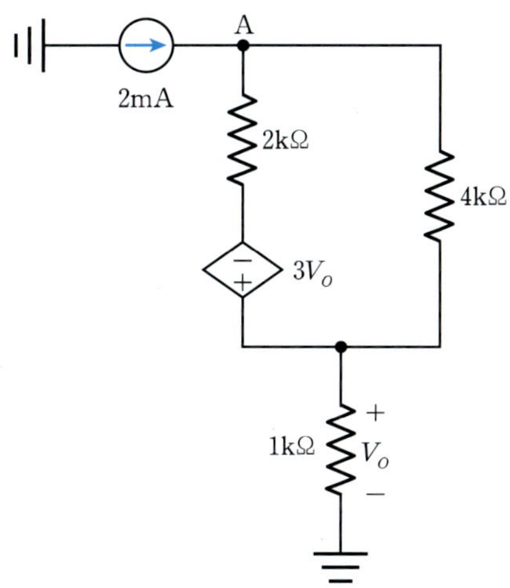

[그림 4-46]

① $\frac{1}{4}$　　② $\frac{1}{3}$　　③ $\frac{2}{3}$　　④ 1

CHAPTER 05

회로해석 정리

Circuit Theorems

학습목표

- 회로를 간략화하기 위한 회로해석 정리에 대해 이해한다.
- 선형회로의 중첩의 원리를 이해한다.
- 전류전원과 전압전원 간의 전원변환 정리를 이해한다.
- 복잡한 회로를 간략화하기 위한 테브난과 노턴의 정리를 이해하고, 각 등가 회로를 만드는 방법을 이해한다.
- 최대전력을 전달하기 위한 조건을 이해한다.

SECTION 5.1 전원변환이론

전원변환이론은 **전압전원과 직렬로 연결된 저항소자 회로**를 필요에 따라 **전류전원과 병렬로 연결된 저항소자 회로**로 변환할 수 있는 이론으로 전원소자 간의 관계를 규정한다. [그림 5-1(a)]는 전압전원과 저항소자가 직렬로 연결된 회로이고, [그림 5-1(b)]는 전류전원과 저항소자가 병렬로 연결된 회로이다. 이때 회로의 단자 a와 b 사이는 개방되어 있으므로 저항 R에 흐르는 전류 i는 0이 되고, 전압강하가 없으므로 전압 v는 v_s의 값과 같다. 즉 $v = v_s$이다. 반면 [그림 5-1(b)]의 병렬회로를 보면 역시 단자 a와 b 사이가 개방되어 있으므로 전류전원 값 I_s는 모두 저항 R에 흐른다. 그러므로 이 회로에서 $v = I_s R$의 관계를 얻을 수 있다. 따라서 이 두 회로를 같은 회로라고 한다면, $v = v_s = I_s R$이 되어 다음과 같은 식을 유도할 수 있다.

$$R = \frac{v_s}{I_s} \tag{5.1}$$

그러므로 주어진 회로에서 전원이 변환된 회로를 얻을 수 있다.

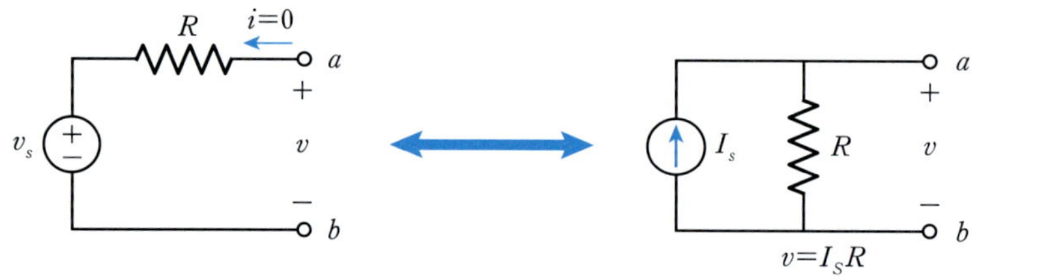

(a) 전압전원과 저항이 직렬로 연결된 회로　　(b) 전류전원과 저항이 병렬로 연결된 회로

[그림 5-1] 전원변환 회로

정의 5-1 전원변환이론

전압전원과 저항이 직렬로 연결된 회로는 하나의 전류전원과 동일저항이 병렬로 연결된 회로로 변환할 수 있고, 두 전원 값 간의 관계는 $v_s = I_s R$로 주어진다.

참고 5-1 종속전원이 연결된 경우

[그림 5-2]의 회로와 같이 독립전원이 아닌 종속전원이 연결된 경우에도 전원변환이론이 성립할까? 이 물음에 대한 대답은 "그렇기도 하고 아니기도 하다."이다. **종속전원이 있는 경우 변환 이후에도 종속변수가 그대로 같은 값으로 존재한다면 변환에 문제가 없으나, 같은 값이 아니라면 이러한 회로에는 전원변환이론을 적용할 수 없다.**

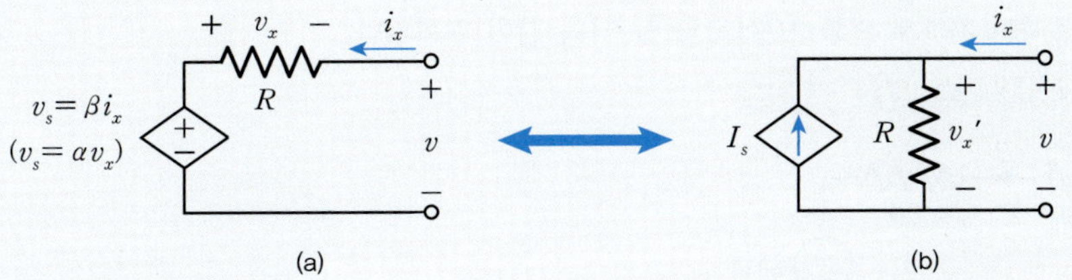

[그림 5-2] 종속전원이 있는 경우

예를 들어 그림과 같은 회로에서 종속전압전원의 값이 $v_s = \beta i_x$로 종속변수 i_x가 전원을 변환한 이후에도 다른 값으로 변하지 않는다고 가정해보자. 이러한 회로는 하나의 종속전류전원과 병렬로 연결된 저항회로로 변환할 수 있고 새로운 $I_s = \dfrac{v_s}{R}$의 값으로 변환될 수 있다. 하지만 만약 v_s의 값이 αv_x와 같이 주어지고 이 전원의 종속변수인 v_x의 값이 전원변환 이후에 다른 값을 가지는 경우, 즉 달리 설명하여 [그림 5-2]에서 회로 (a)의 R과 회로 (b)의 R에 걸리는 전압 v_x가 다른 값을 가진다면($v_x \neq v_x'$) 이 회로에는 전원변환이론을 적용할 수 없다.

예제 5-1 전원변환을 이용한 메시해석법

[그림 5-3]의 회로에서 전원변환을 이용하여 I_{AB}[A]의 값을 구하라.

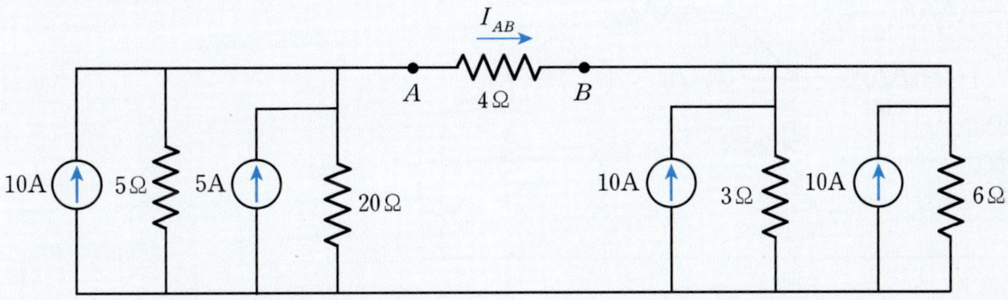

[그림 5-3] 전원변환이론 적용 예

풀이

[그림 5-3]의 회로를 저항의 직병렬연결에 의해 통합저항과 통합전류전원으로 표현하면 [그림 5-4]와 같다.

$$20 \parallel 5 = 4[\Omega],\ 3 \parallel 6 = 2[\Omega]$$
$$10+5 = 15[\text{A}],\ 10+10 = 20[\text{A}]$$

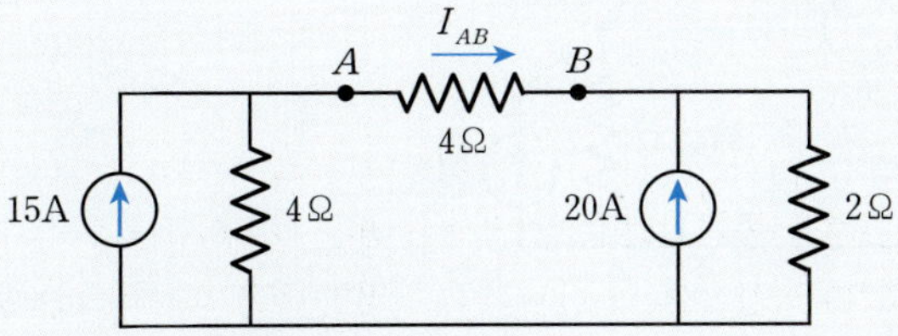

[그림 5-4] 통합저항과 통합전류전원에 의한 회로

다시 전원변환이론을 적용하여 차례로 변환하면 [그림 5-5]와 같이 변환된다.

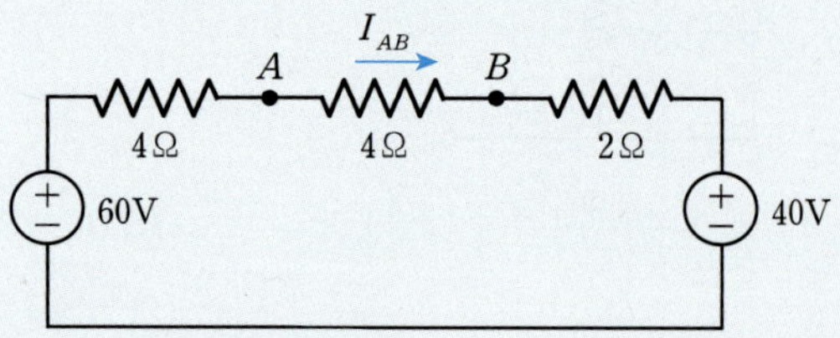

[그림 5-5] 간략화된 회로

결국 [그림 5-5]의 회로에서 4[Ω]에 흐르는 전류 I_{AB}를 계산하면 다음과 같다.

$$I_{AB} = \frac{60-40}{4+4+2} = 2[\mathrm{A}]$$

예제 5-2 **전원변환을 이용한 노드분석 회로해석**

전원변환이론으로 [그림 5-6]의 회로를 간략화하고, 노드해석법을 적용하여 각 노드의 접지전압변수 값 v_1, v_2, v_3를 구하라.

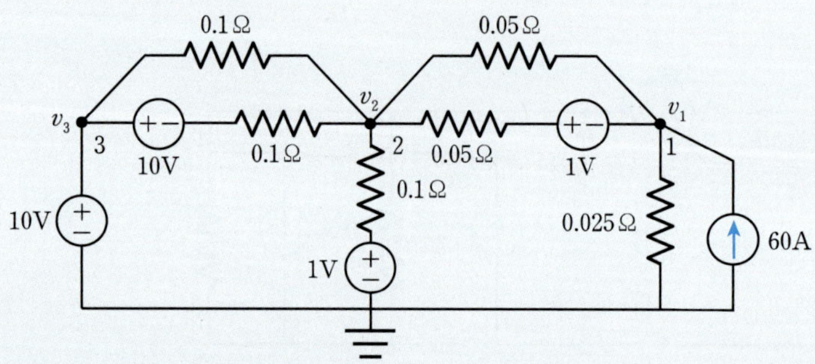

[그림 5-6] 전원변환이론 적용 예

풀이

[그림 5-6]의 회로에서 모든 전압전원과 직렬저항을 전원변환이론을 적용하여 전류전원과 병렬저항으로 바꾸면 [그림 5-7]과 같이 변환할 수 있다.

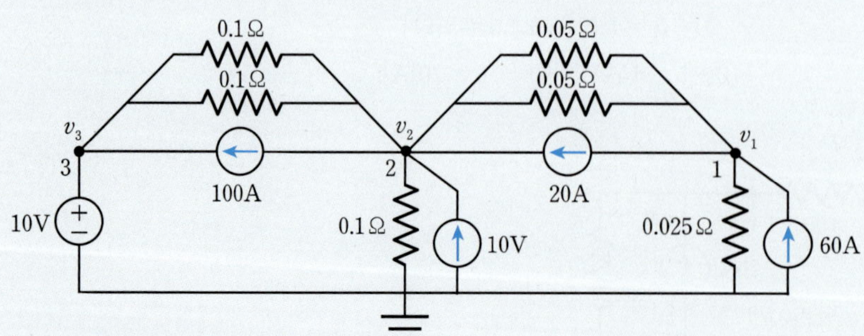

[그림 5-7] 전원변환된 회로

이렇게 변환된 회로는 원래의 전압전원의 상당수가 전류전원으로 변환돼서 노드에 KCL을 적용하기 쉽다. 따라서 변환된 회로에 노드해석법을 적용하여 문제를 해결할 수 있다. 이때 병렬로 연결된 저항을 계산하면 다음과 같다.

$$0.1 \parallel 0.1 = 20[\Omega]$$
$$0.05 \parallel 0.05 = 40[\Omega]$$

노드해석법을 적용하여 다음과 같은 식을 얻을 수 있다.

- 노드 1 : KCL 적용

$$20 + 40(v_1 - v_2) = \frac{-v_1}{0.025} + 60$$
$$40(v_1 - v_2) + 40v_1 = 60 - 20$$

- 노드 2 : KCL 적용

$$20(v_2 - v_3) + \frac{v_2}{0.1} + 40(v_2 - v_1) = 20 + 10 - 100$$

- 노드 3 : 접지전압전원이 연결되어 있으므로 회로에서 직접 제약식을 구한다.

$$v_3 = 10[\mathrm{V}]$$

그러므로 $v_3 = 10[\mathrm{V}]$를 첫째, 둘째 식에 대입하여 행렬방정식으로 정리하면 다음과 같다.

$$\begin{bmatrix} 80 & -40 \\ -40 & 70 \end{bmatrix} \begin{bmatrix} v_1 \\ v_2 \end{bmatrix} = \begin{bmatrix} 40 \\ 130 \end{bmatrix}$$

이 식을 풀면, $\begin{bmatrix} v_1 \\ v_2 \end{bmatrix} = \begin{bmatrix} 2 \\ 3 \end{bmatrix}[\mathrm{V}]$를 얻을 수 있다. 즉, $v_1 = 2[\mathrm{V}]$, $v_2 = 3[\mathrm{V}]$이다.

SECTION
5.2 중첩의 원리

원래 중첩의 원리는 선형시스템의 특징인데, 우리가 다루는 회로는 선형소자로 이루어진 선형시스템이므로 회로해석에도 그대로 적용될 수 있다.

정의 5-2 중첩의 원리

임의의 시스템 함수 $f(\cdot)$가 선형함수면 다음과 같은 중첩의 원리가 적용된다.

$$f(ax+by)=af(x)+bf(y)$$

단, 여기서 a, b는 상수이다.

중첩의 원리를 회로해석에 적용하면 다음과 같이 표현할 수 있다.

정의 5-3 회로해석에서 중첩의 원리

선형회로에 다수의 독립전원이 있는 경우 주어진 소자에 걸리는 전압이나 전류 값을 구할 때는 각 독립전원을 개별적으로 고려하고, 다른 독립전원을 비활성화하여 얻은 개별적인 전압 혹은 전류 값의 단순합으로 얻는다.

이때 **비활성화**deactivating라는 말은 다른 독립전원의 값을 0으로 만든다는 뜻이다. 다시 말해 **독립전압전원의 경우**는 $v_0=0$인 **단락회로**short circuit를 만든다는 뜻이고, **독립전류전원의 경우**는 $i_0=0$인 **개방회로**open circuit를 만든다는 뜻이다.

예제 5-3 중첩의 원리를 적용한 회로해석(1)

[그림 5-8]의 회로에서 i_1의 값을 v_a와 v_b를 이용하여 나타내라.

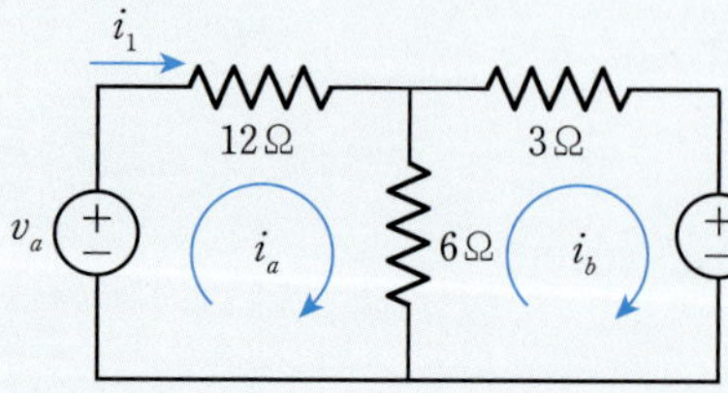

[그림 5-8] 중첩의 원리 적용 예

풀이

먼저 메시해석법을 적용해보자. 메시해석법을 적용하기 위해 2개의 메시에서 독립된 KVL 방정식을 찾으면 다음과 같다.

- 메시 a : KVL을 적용

$$v_a = 12i_a + 6(i_a - i_b)$$

- 메시 b : KVL을 적용

$$-v_b = 3i_b + 6(i_b - i_a)$$

이 2개의 방정식을 연립하여 풀면 $i_1 = i_a = \frac{1}{14}v_a - \frac{1}{21}v_b$를 얻을 수 있다.

이 문제를 중첩의 원리를 이용하여 풀려면 어떻게 해야 할까? 회로에는 2개의 독립전원이 있으므로 i_1의 값은 [그림 5-9]와 같은 2개의 회로에서 얻은 i_{11}, i_{12}의 값을 단순합하여 얻을 수 있다.

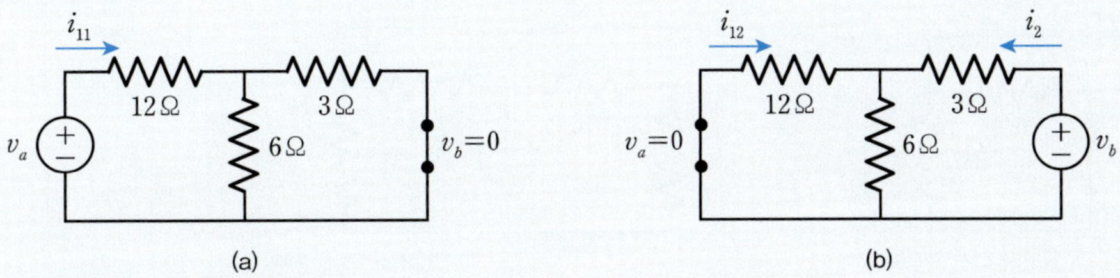

[그림 5-9] 중첩의 원리를 적용한 회로

[그림 5-9(a)]의 회로를 보면 이 회로는 v_a를 제외한 독립전압전원 v_b를 비활성화함으로써(즉, 전원 v_b를 단락하여) 구한다. 이 회로에서 i_{11}의 값은 저항의 직병렬연결로 얻은 R_{eq}의 값과 v_a와의 관계에서 다음과 같은 관계식을 이용해 구할 수 있다.

$$i_{11} = \frac{v_a}{R_{eq}} = \frac{1}{12 + 3 \parallel 6}v_a = \frac{1}{14}v_a$$

또한 [그림 5-9(b)]의 회로를 보면, v_a를 비활성화한($v_a = 0$) 회로에서 i_{12}를 구할 수 있다.

$$\begin{aligned} i_{12} &= -i_2 \frac{6}{12+6} \\ &= -\frac{v_b}{3 + 12 \parallel 6} \times \frac{6}{12+6} \\ &= -\frac{v_b}{7} \times \frac{6}{18} \\ &= -\frac{1}{21}v_b \end{aligned}$$

그러므로 $i_1 = i_{11} + i_{12} = \frac{1}{14}v_a - \frac{1}{21}v_b$[A]가 되며, 결과는 메시해석법으로 계산한 값과 같다.

예제 5-4 중첩의 원리를 적용한 회로해석(2)

[그림 5-10]의 회로에서 v_o 값을 구하라.

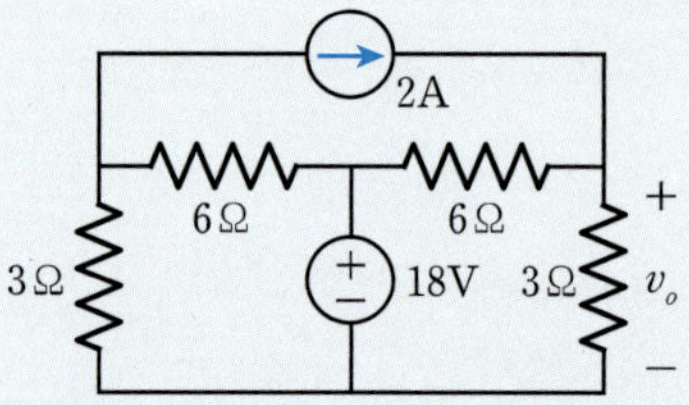

[그림 5-10] 중첩의 원리 적용 예

풀이

[그림 5-10]의 회로는 2개의 독립전원에 의해 [그림 5-11]과 같은 회로로 나누어질 수 있다. 이와 같이 분리된 회로는 고려하는 전원을 제외한 모든 전원을 비활성화하여 만든다. 즉 독립전압전원은 단락회로로 표현하고 독립전류전원은 개방회로로 표현한다.

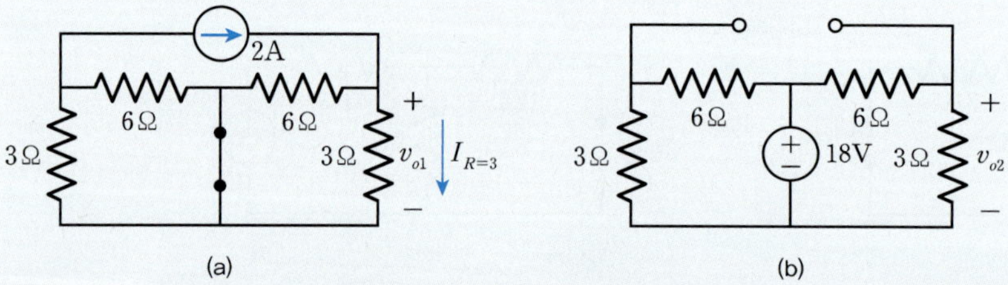

[그림 5-11] 중첩의 원리를 적용한 회로

그러므로 이 회로에서 v_{o1}, v_{o2}를 구하고, 두 값을 단순합하여 v_o를 구할 수 있다. 즉, 전류분배기 이론에 의해 다음과 같은 식을 구할 수 있다.

$$I_{R=3} = 2\times \frac{6}{6+3} = \frac{4}{3}[\text{A}]$$

$$v_{o1} = 3\times I_{R=3} = 4[\text{V}]$$

$$v_{o2} = 18\times \frac{3}{6+3} = 6[\text{V}]$$

따라서 $v_o = v_{o1} + v_{o2} = 10[\text{V}]$이다.

SECTION 5.3 테브난과 노턴의 정리

회로를 간략화하는 이론 중에 테브난Thevenin과 노턴Norton의 정리는 매우 효율적이다. 이 정리는 [그림 5-12]와 같이 많은 소자로 만들어진 복잡한 회로를 블랙박스로 본다. 그리고 그 블랙박스를 단순한 전압전원 하나와 직렬로 연결된 저항소자로 표현하거나(테브난 등가회로), 단순한 전류전원 하나와 병렬로 연결된 저항소자로 표현한다(노턴 등가회로). 이러한 전원과 저항 값의 계산이 단자 간 전류 및 전압 값 측정으로 이루어질 수 있으므로 매우 실용적인 정리라고 할 수 있다.

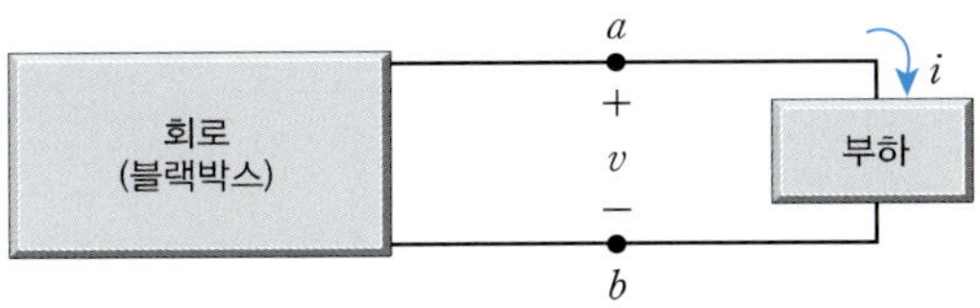

[그림 5-12] 블랙박스 등가회로

5.3.1 테브난의 정리

[그림 5-12]에서 블랙박스 내부를 [그림 5-13]과 같이 하나의 전압전원과 그와 직렬로 연결된 저항소자로 표현하는 것을 **테브난 등가회로**라고 한다.

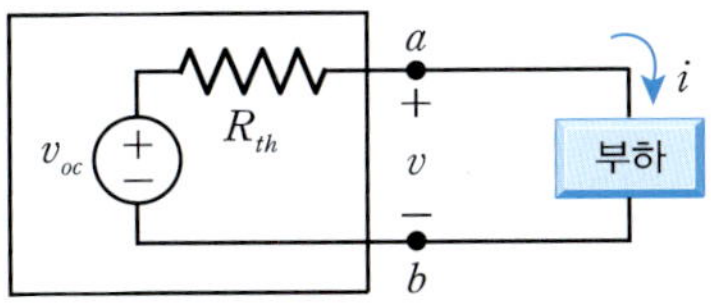

[그림 5-13] 테브난 등가회로

이때 단자 $a-b$를 통해 부하로 흐르는 전류를 i, 단자 간의 전압을 v라고 하면 다음과 같은 관계를 얻을 수 있다.

$$v_{oc} = R_{th}i + v$$

이때 복잡한 블랙박스 내의 회로를 간단하게 테브난 등가회로로 고치기 위해 v_{oc}의 값과 R_{th}의 값을 어떻게 계산해야 할까? 다음과 같이 주어진 회로에서 테브난 등가회로를 찾아내는 기법을 **테브난의 정리**라고 한다.

v_{oc}의 계산

[그림 5-14]의 회로와 같이 단자 $a-b$가 개방되어 있다면 R_{th}에 흐르는 전류 i는 0이 되고, 단자 $a-b$ 사이의 전압 v_{ab}의 값은 v_{oc}와 같다.

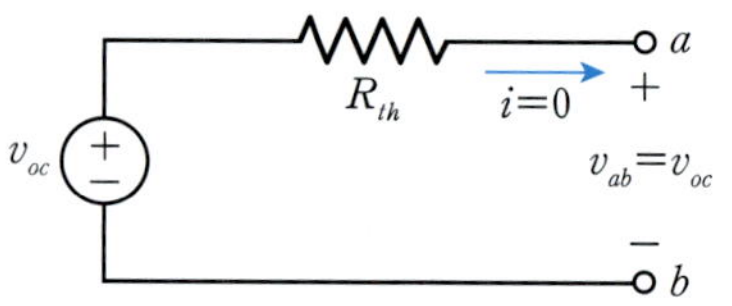

[그림 5-14] v_{oc}의 계산

그러므로 아무리 블랙박스 안에 복잡한 회로가 있다 해도 이 테브난 등가회로의 v_{oc}는 회로에서 단자 $a-b$를 개방하고(부하를 떼어 내고), 이 단자 간 전압 v_{ab}를 측정하여 얻을 수 있다. 이와 같이 단자의 개방회로에서 전압전원 v_{oc}를 구할 수 있으므로 v_{oc}를 **개방회로전압**open circuit voltage이라고 한다.

R_{th}의 계산

R_{th}는 [그림 5-15]의 회로와 같이 등가회로에서 전압전원 v_{oc}의 값을 0으로 두고, 단자 $a-b$에서 블랙박스 쪽으로 들여다본 저항 값으로 계산할 수 있다. 이때 전압전원을 0으로 둔다는 말은 회로를 단락시킨다(독립전원을 비활성화시킨다)는 뜻이다.

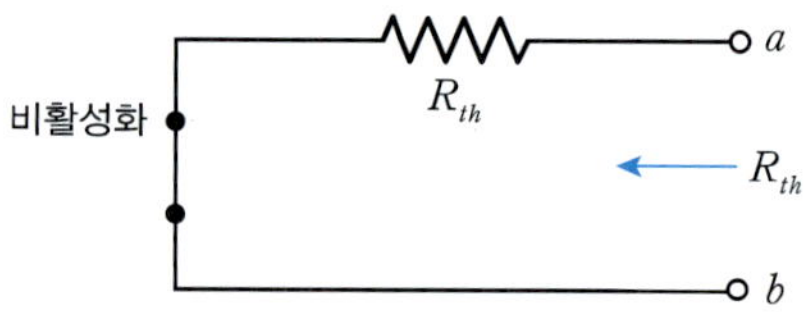

[그림 5-15] R_{th}의 계산

비활성화는 5.2절의 중첩의 원리에서도 언급된 것과 같이 **독립전압전원의 경우에는 단락**시키고, **독립전류전원의 경우에는 개방**시킨다는 뜻이다. 따라서 실제로 R_{th}는 블랙박스 내에 있는 모든 독립전압전원 혹은 독립전류전원을 비활성화시키고 단자 $a-b$에서 들여다본 저항 값을 말한다.

예제 5-5 **독립전원과 저항소자로 이루어진 회로의 테브난 등가회로**

[그림 5-16]의 회로에서 단자 $a-b$의 테브난 등가회로를 구하라.

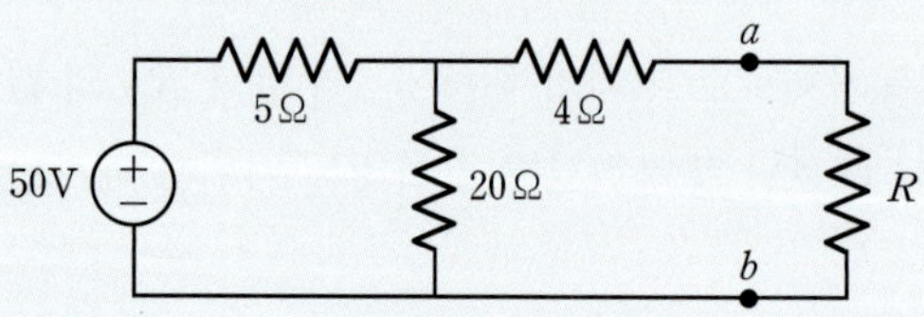

[그림 5-16] 테브난의 정리를 적용한 회로

풀이

• **전압원 단락 및 전류원 개방**

테브난 등가회로를 구하기 위해 [그림 5-16]의 회로에서 단자 $a-b$를 개방하면 [그림 5-17]과 같은 회로가 된다.

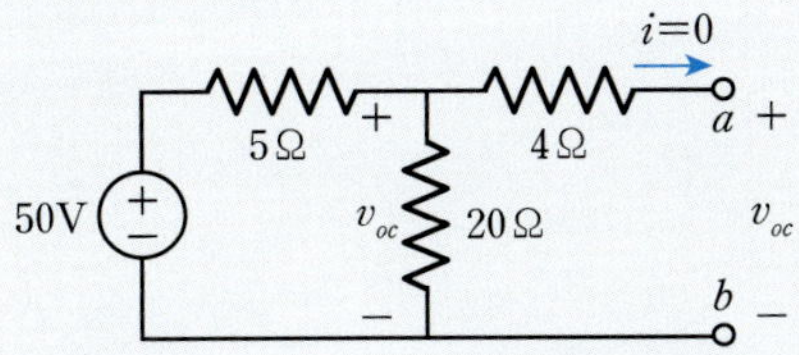

[그림 5-17] 단자 $a-b$를 개방한 회로

• **v_{oc}의 계산**

v_{oc}는 개방된 단자 $a-b$ 간의 전압을 측정하여 얻을 수 있다. 위 회로는 단자 $a-b$가 개방되어 있어 4[Ω]의 저항에 흐르는 전류가 없다. 즉 v_{oc}의 값은 20[Ω]의 저항에 걸리는 전압으로 구할 수 있다. 즉 v_{oc}의 값은 원래 회로의 전압 50[V]를 전압분배기 회로에 의해 나누어 쓰는 전압이 된다.

$$v_{oc} = 50 \times \frac{20}{5+20} = 40[\text{V}]$$

• **R_{th}의 계산**

R_{th}를 구하기 위해 모든 독립전원을 비활성화시켜 회로를 만들면 [그림 5-18]과 같다.

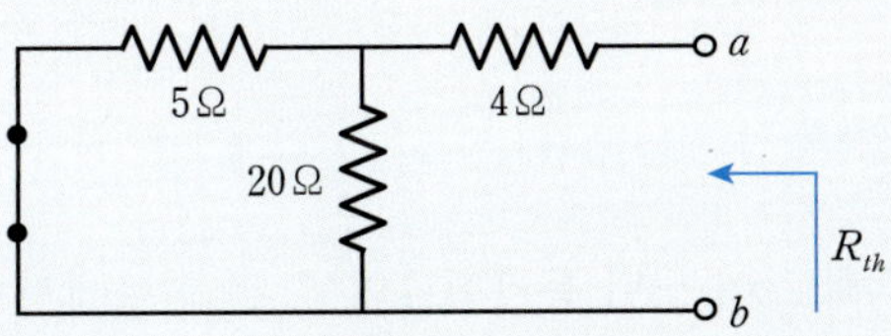

[그림 5-18] 모든 독립전원을 비활성화시켜 만든 회로

이 회로 단자 $a-b$의 저항 값은 4[Ω] 저항소자와 $5\Omega \parallel 20\Omega$(병렬연결)의 직렬연결에서 얻은 총 저항 값이므로 다음과 같다.

$$R_{th} = 4 + \frac{5\times 20}{5+20} = 8[\Omega]$$

따라서 회로의 테브난 등가회로는 [그림 5-19]와 같이 40[V] 전압전원과 8[Ω] 저항의 직렬회로로 표현할 수 있다.

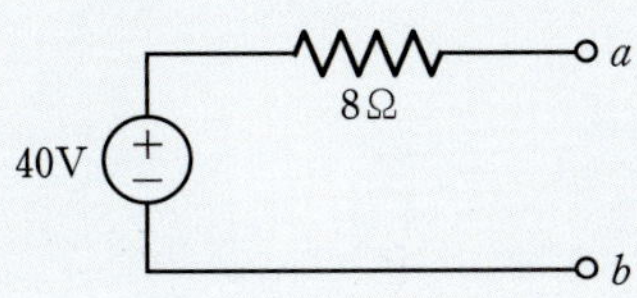

[그림 5-19] 독립전원과 저항소자로 표현한 테브난 등가회로

5.3.2 노턴의 정리

[그림 5-12]의 복잡한 블랙박스 회로를 [그림 5-20]과 같이 독립전류전원 하나와 병렬로 연결된 저항소자의 회로로 표현한 회로를 **노턴 등가회로**라고 한다. 그리고 이러한 회로의 I_{sc}와 R_{th}를 구하는 정리를 **노턴의 정리**라고 한다.

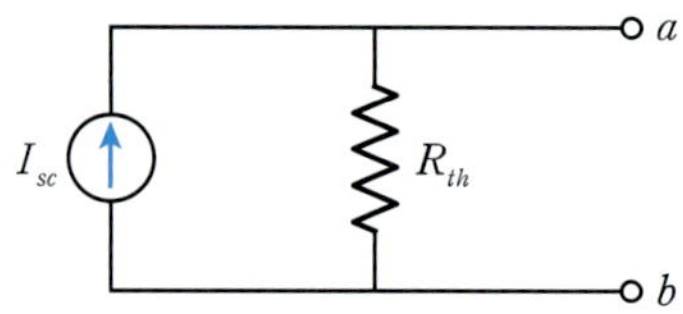

[그림 5-20] 노턴 등가회로

그렇다면 노턴의 정리를 이용하여 어떻게 I_{sc}와 R_{th}를 구할 수 있을까?

I_{sc}의 계산

[그림 5-21]의 회로와 같이 단자 $a-b$가 단락되어 있다면 모든 전류는 단락된 단자로 흘러가고, R_{th}에 흐르는 전류 i는 0이 된다. 따라서 단자 $a-b$로 흐르는 전류 값은 곧 I_{sc}의 전류 값과 같아진다.

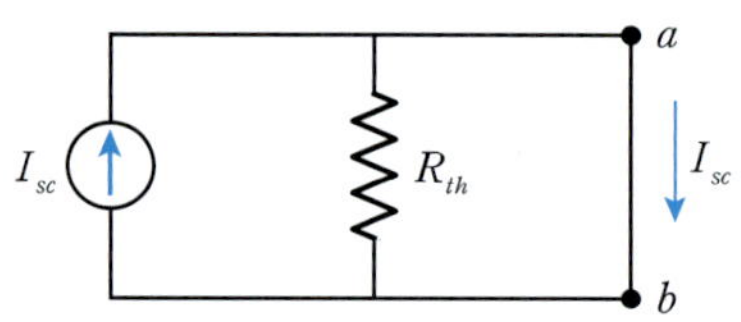

[그림 5-21] I_{sc}의 계산

그러므로 아무리 블랙박스 안에 복잡한 회로가 있다고 해도 이 노턴 등가회로의 I_{sc}는 회로에서 단자 $a-b$를 단락하고 이들 단자에 흐르는 i_{ab}를 측정하여 얻을 수 있다. 이와 같이 단자의 단락회로에서 전류전원 I_{sc}를 구할 수 있기 때문에 I_{sc}를 **단락회로전류**short circuit current라고 부른다.

R_{th}의 계산

R_{th}는 [그림 5-22]와 같이 등가회로에서 전류전원 I_{sc}의 값을 0으로 두고 단자 $a-b$에서 블랙박스 쪽으로 들여다본 저항 값으로 계산할 수 있다. 전류전원을 0으로 둔다는 말은 회로를 개방시킨다는 말이고, 다른 말로는 독립전원을 비활성화시킨다는 말이다. 따라서 전원을 비활성화시킨 후의 R_{th}는 테브난의 정리에서 정의한 R_{th}의 값과 같다는 것을 알 수 있다.

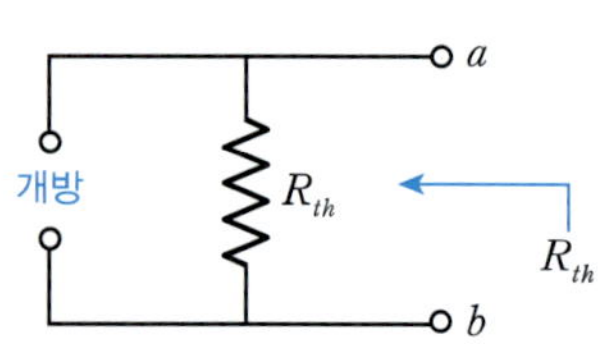

[그림 5-22] R_{th}의 계산

예제 5-6 독립전원과 저항소자로 이루어진 회로의 노턴 등가회로

[그림 5-23]의 회로에서 노턴 등가회로를 찾아라.

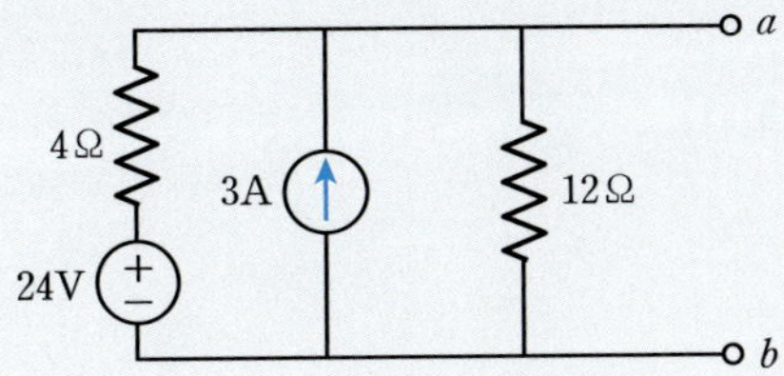

[그림 5-23] 노턴의 정리를 적용한 회로

풀이

• 전압원 단락

먼저 노턴 등가회로의 I_{sc}를 찾기 위해 [그림 5-24]와 같이 단자 $a-b$를 단락시키고, 이 단락단자에 흐르는 전류를 측정하면 그 전류 값이 I_{sc}가 된다. 따라서 단자 $a-b$를 단락시키면 실제로 12[Ω]에 흐르는 전류는 없고 모든 전류가 단락단자로 흐른다.

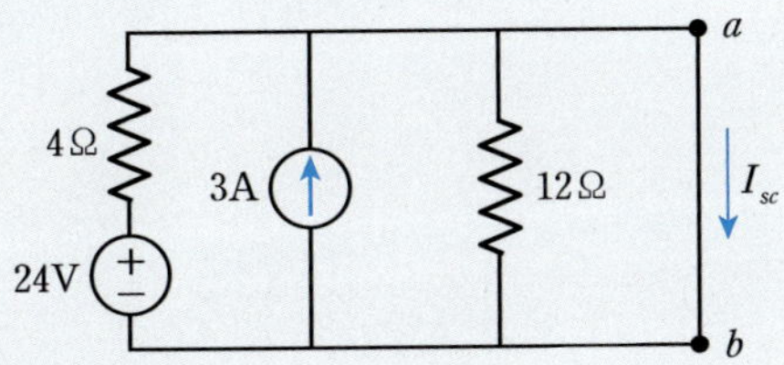

[그림 5-24] I_{sc}의 계산 회로

• I_{sc}의 계산

다시 이 회로를 중첩의 원리를 이용하여 해석하면 [그림 5-25]와 같이 2개의 독립전원에 의한 독립회로를 분석하여, 해당하는 전류 값의 단순합으로 I_{sc}를 구할 수 있다.

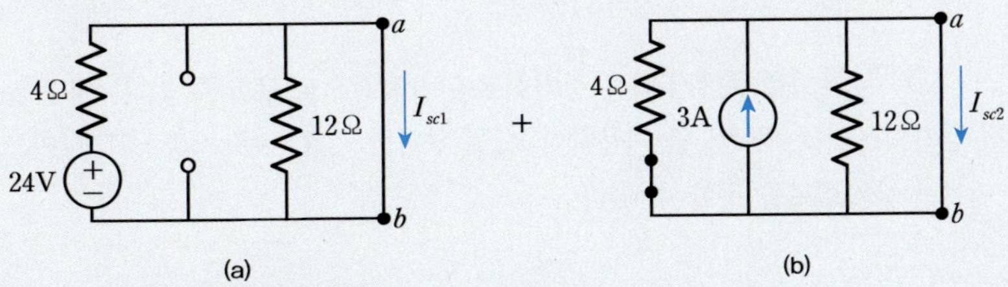

[그림 5-25] 중첩의 원리 적용

전류전원을 비활성화시키고 얻은 [그림 5-25(a)]의 회로에서 $I_{sc1} = \frac{24}{4} = 6$[A]이고, 전압전원을 비활성화시키고 얻은 [그림 5-25(b)]의 회로에서 $I_{sc2} = 3$[A]이므로, 전체 I_{sc}는 다음과 같다.

$$I_{sc} = I_{sc1} + I_{sc2} = 6 + 3 = 9[\text{A}]$$

• R_{th} 의 계산

다음으로 R_{th}의 값은 두 독립전원을 모두 비활성화시키고 얻은 [그림 5-26]의 회로로부터 단자 $a-b$에서 들여다본 저항 값이므로 R_{th}는 다음과 같다.

$$R_{th} = 4 \parallel 12 = \frac{4 \times 12}{4+12} = 3[\Omega]$$

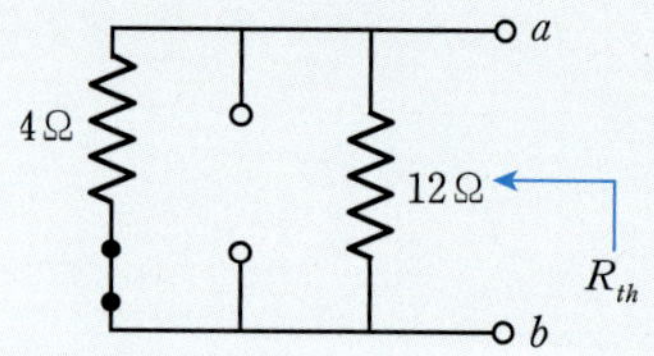

[그림 5-26] R_{th} 의 계산

그러므로 노턴 등가회로는 [그림 5-27]과 같이 I_{sc}와 R_{th}가 병렬연결된 회로로 표현할 수 있다.

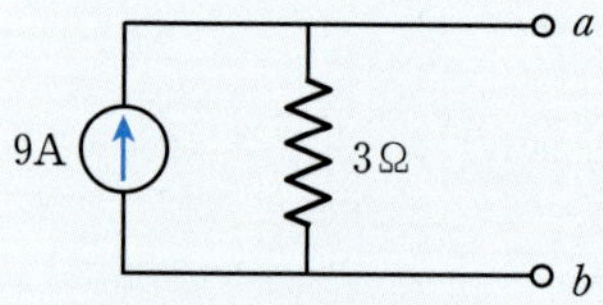

[그림 5-27] 노턴 등가회로

참고 5-2 테브난 등가회로와 노턴 등가회로 간의 전원변환

테브난 등가회로는 하나의 전압전원과 저항소자를 직렬로 연결한 회로이고, 노턴 등가회로는 하나의 전류전원과 저항소자를 병렬로 연결한 회로다. 따라서 두 등가회로 간에는 완벽한 전원변환 관계가 성립한다.

$$R_{th} = \frac{v_{oc}}{I_{sc}}$$

그러므로 테브난 등가회로나 노턴 등가회로 중에서 다른 등가회로를 간접적으로 구할 수 있다. 예를 들어 [예제 5-6]에서 구한 노턴 등가회로의 I_{sc}와 R_{th}를 이용하여 v_{oc}를 구하면 $I_{sc}R_{th} = 9 \times 3 = 27[\text{V}]$이므로 간접적으로 다음과 같은 테브난 등가회로를 구할 수 있다.

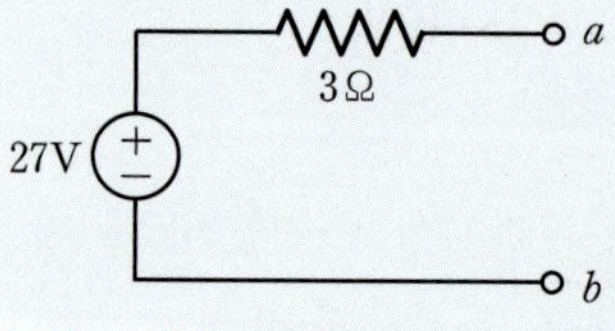

[그림 5-28] 간접적으로 구한 테브난 등가회로

5.3.3 종속전원이 있을 때 테브난과 노턴의 정리

회로에 독립전원과 종속전원이 있으면 R_{th}를 계산할 때 문제가 생긴다. 앞에서 이야기했듯이 R_{th}를 계산할 때 모든 독립전원을 비활성화시키고 전체 저항을 계산하는 방법으로 R_{th}를 계산하게 되는데, 종속전원이 있으면 비활성화시킬 수 없기 때문이다. 그러므로 전원이 존재하는 가운데 순수한 저항의 직병렬연결에서 전체 저항 값을 산출할 수 없다. 따라서 이런 경우 R_{th}의 값은 [참고 5-2]에서 살펴본 바와 같이 다음 관계를 통해 구한다.

$$R_{th} = \frac{v_{oc}}{I_{sc}} \tag{5.2}$$

이러한 방법으로 R_{th}를 구하려면 테브난의 정리를 이용하여 v_{oc}를 구하고, 노턴의 정리를 이용하여 I_{sc}를 구한 뒤 식 (5.2)에 대입하여 계산해야 한다.

예제 5-7 **독립전원과 종속전원이 있을 때 R_{th}의 계산**

[그림 5-29]의 회로에서 테브난 등가회로를 구하라.

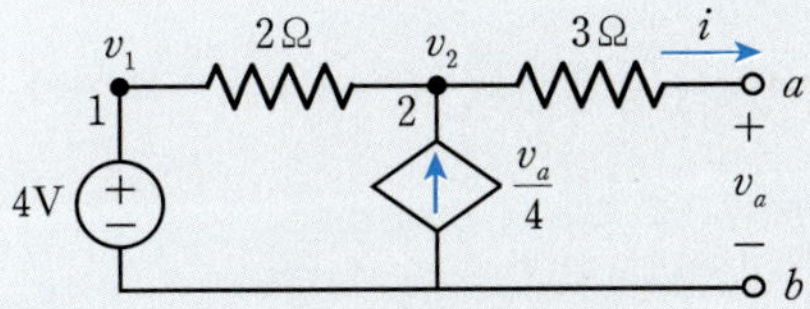

[그림 5-29] 종속전원이 있는 회로

풀이

- **v_{oc}의 계산**

먼저 v_{oc}는 단자 $a-b$ 사이의 전압 v_a와 같다. 이때 단자 $a-b$가 개방회로이므로 전류 $i=0$이고, 노드전압 v_2 값은 v_a 값과 같다. 결과적으로 이 회로는 v_1, v_2를 노드해석법으로 구하는 문제다. 이 변수 값 2개를 구하기 위해 필요한 방정식 2개는 다음과 같이 구한다.

첫째, 노드 1의 방정식은 4[V]의 독립접지전압전원이 연결되어 있으므로 KCL로 구하지 않고 직접 회로에서 제약식을 구한다.

$$v_1 = 4[\text{V}]$$

둘째, 노드 2의 방정식은 KCL로 구할 수 있으므로 다음과 같다.

$$\frac{v_1 - v_2}{2} = -\frac{v_a}{4}$$

종속전원의 종속변수를 구하기 위해 변수 v_1, v_2로 표현하면 $v_a = v_2$이므로 다음과 같이 나타낼 수 있다.

$$v_{oc} = v_a = 8[\text{V}]$$

- **I_{sc}의 계산**

이제 노턴의 정리를 이용하여 I_{sc}를 구한다. [그림 5-30]과 같이 단자 a와 b를 단락시키면 종속변수 v_a의 값은 0이 되고 종속전류전원의 값 역시 $\frac{v_a}{4}$로 0이 된다. 결국 이 회로는 [그림 5-31]과 같이 되고, 간단한 하나의 전압전원과 저항으로 이루어진 회로에서 $I_{sc}=\frac{4}{2+3}=0.8[\text{A}]$를 구할 수 있다.

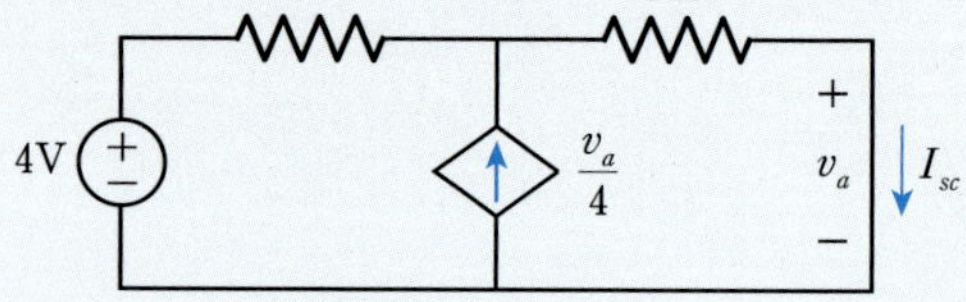

[그림 5-30] I_{sc}의 계산

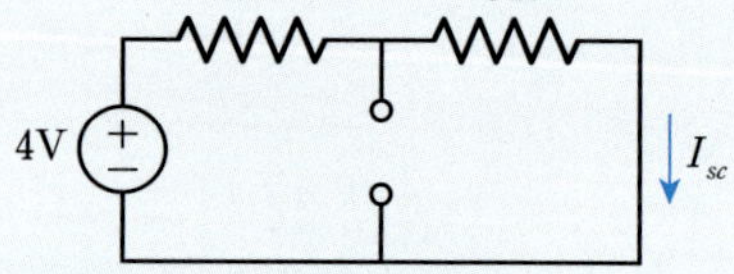

[그림 5-31] 간략화된 회로

따라서 최종 R_{th}의 값은 $R_{th}=\frac{v_{oc}}{I_{sc}}=\frac{8}{0.8}=10[\Omega]$이 되고, 테브난 등가회로는 [그림 5-32]와 같다.

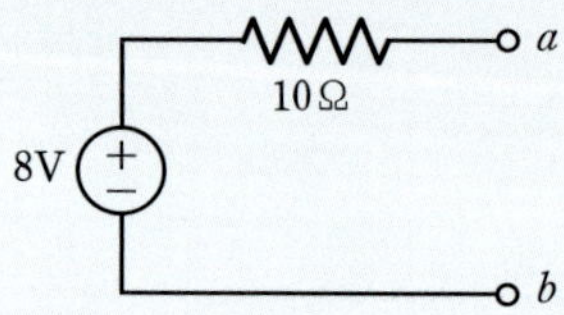

[그림 5-32] 테브난 등가회로

참고로 이 테브난 등가회로에 대응하는 노턴 등가회로는 [그림 5-33]과 같다.

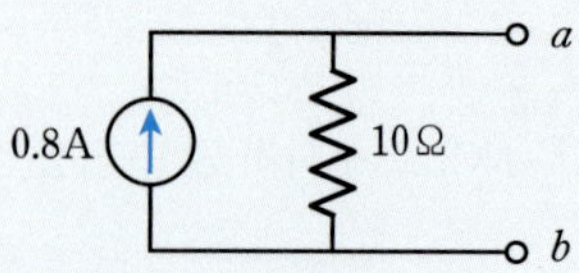

[그림 5-33] 노턴 등가회로

5.3.4 종속전원과 저항만 있을 때 테브난과 노턴의 정리

만약 테브난과 노턴의 정리를 적용하려는 회로에 독립전원은 없고 종속전원과 저항만 있다면 등가회로를 어떻게 구할까? [그림 5-34]와 같은 회로에서 테브난 등가회로나 노턴 등가회로를 구해보자.

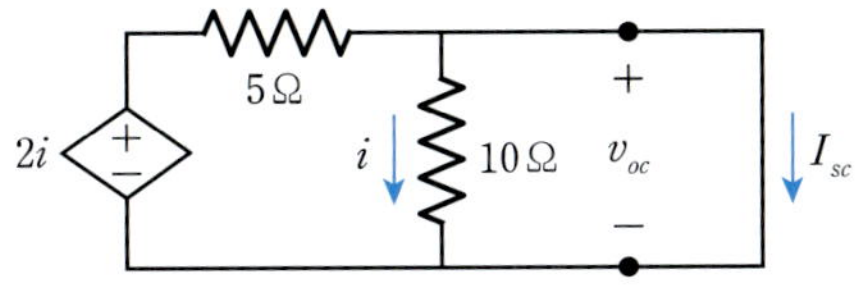

[그림 5-34] 종속전원과 저항만 있는 회로

회로에 종속전원이 있으면 R_{th}의 값은 전원을 비활성화하여 얻을 수 없고 $R_{th}=\dfrac{v_{oc}}{I_{sc}}$에서 구해야 한다. 따라서 먼저 v_{oc}를 구해보면 종속변수 i의 값은 독립전원이 없으므로 0이 되고, 이에 따라 종속전원 값 $2i$ 역시 0이 된다. 회로에는 아무런 전류가 흐르지 않으므로 $v_{oc}=0$이 된다.

마찬가지로 I_{sc}의 경우도 흐르는 전류가 없으므로 0이 된다. 결국 $v_{oc}=0[\mathrm{V}]$, $I_{sc}=0[\mathrm{A}]$를 얻을 수 있고, 이를 $R_{th}=\dfrac{v_{oc}}{I_{sc}}$에 대입하면 $\dfrac{0}{0}$이 되어 부정의 값이 나온다.

그렇다면 어떻게 R_{th}를 구해야 하는가? 이러한 경우 R_{th}를 구하려면 [그림 5-35]와 같이 1[A] 용량의 전류전원을 연결하여 구하면 된다.

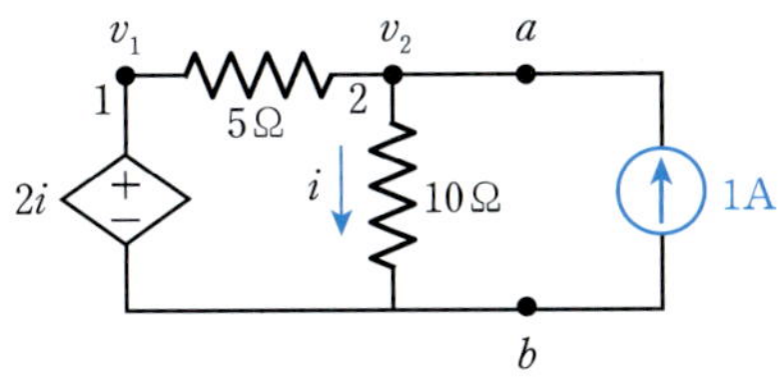

[그림 5-35] 부가전원 삽입 회로

즉, [그림 5-35]의 회로가 궁극적으로 테브난 등가회로가 되었을 때를 가정하면 [그림 5-36]과 같은 회로가 되고, 이 회로에서 단자 $a-b$ 사이에 걸리는 전압 v_{ab}의 값은 바로 R_{th}에 걸리는 전압 $R_{th}\times 1=R_{th}$가 된다. 즉, R_{th} 값의 계산은 부가전원인 1[A] 용량의 전류전원을 단자 $a-b$ 사이에 연결하고 측정한 단자 간 전압 v_{ab}의 값과 같다.

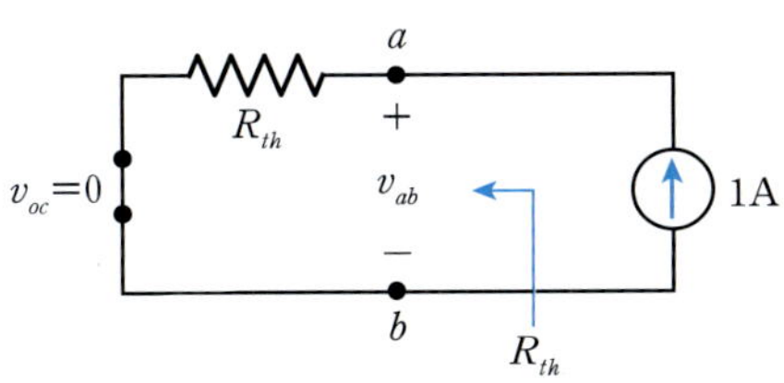

[그림 5-36] R_{th}의 계산

종속전원과 저항만의 회로

단자 $a-b$ 사이에 1[A]의 전류전원을 연결하고, 단자 $a-b$ 간의 전압을 측정하면 그 크기는 R_{th}의 값과 같다.

$$R_{th}=v_{ab} \tag{5.3}$$

이제 앞서 설명한 문제를 해결하기 위해 실제 R_{th}를 구해보자.

예제 5-8 **종속전원과 저항만 있는 회로의 R_{th} 계산**

1[A]의 전원을 삽입한 [그림 5-35]의 회로에서 R_{th}의 값을 구하라.

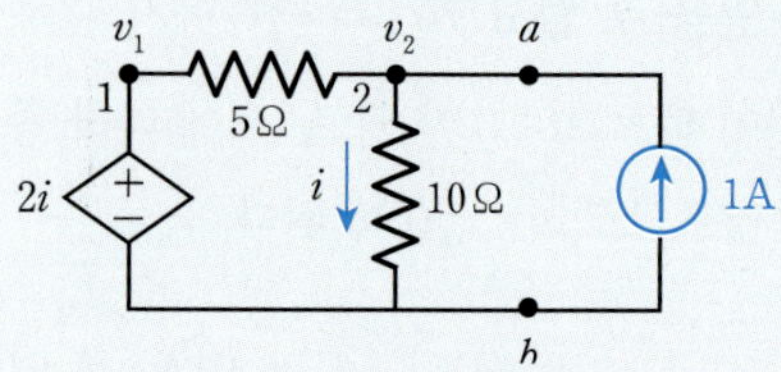

[그림 5-35] 부가전원 삽입 회로

풀이

[그림 5-35]의 회로는 노드가 3개 있으므로 변수가 2개인 노드해석으로 풀 수 있다.

첫째, 노드 1에는 접지전압전원이 연결되어 있으므로, 직접 회로에서 제약식을 구한다.

$$v_1 = 2i$$

둘째, 노드 2에서는 KCL을 이용하여 다음과 같은 수식을 구할 수 있다.

$$1 + \frac{v_1 - v_2}{5} = \frac{v_2}{10}$$

마지막으로 구한 2개의 노드방정식을 이용하여, 종속변수 i의 값을 변수 v_1, v_2로 표현하면 다음과 같다.

$$i = \frac{v_2}{10}$$

이 수식을 연립하면 $v_{ab} = v_2 = \frac{50}{13}$[V]이며, 이는 R_{th} 값과 같으므로 최종적으로 $R_{th} = \frac{50}{13}$[Ω]이 된다. 따라서 이 회로의 테브난 등가회로와 노턴 등가회로는 [그림 5-37]과 같다.

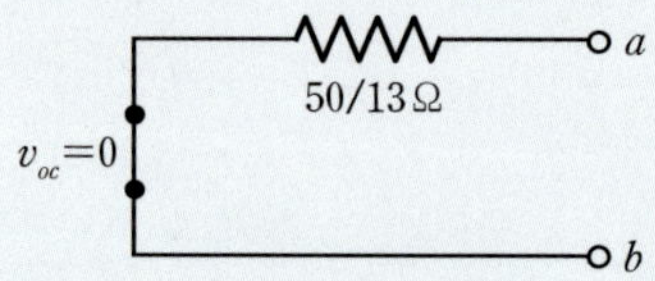

(a) 테브난 등가회로

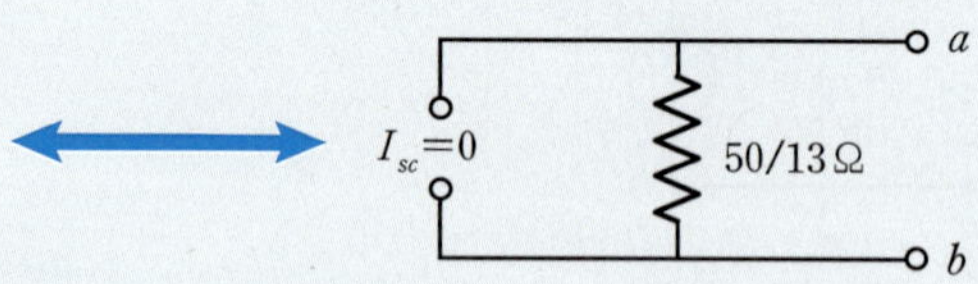

(b) 노턴 등가회로

[그림 5-37] 테브난 등가회로와 노턴 등가회로

SECTION
5.4 최대전력전달 정리

최대전력전달 정리는 회로에서 발생한 전력이, 연결된 다른 회로에 전달될 때 최대전력이 전달되는 조건을 말해주는 정리다. 예를 들어 [그림 5-38]과 같은 블랙박스 회로에 부하 R_L이 연결되었을 때, 블랙박스 회로에서 발생된 전력이 어떤 조건에서 부하 R_L에 전달되어 최대로 소비될 수 있는가를 말해주는 정리다.

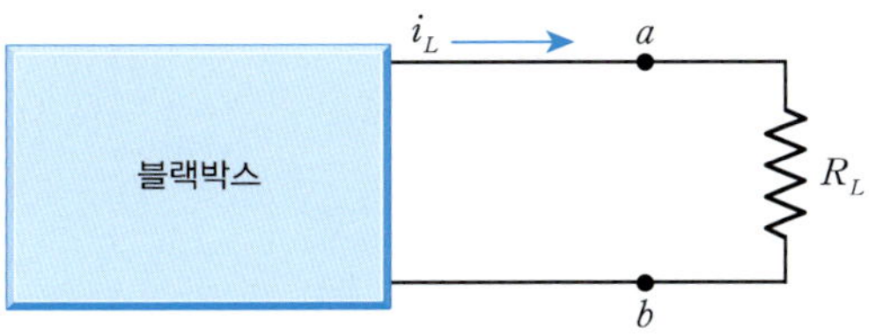

[그림 5-38] 최대전력전달 정리

이 정리를 설명하기 위해 블랙박스의 내용을 테브난 등가회로로 고치면 [그림 5-39]와 같다.

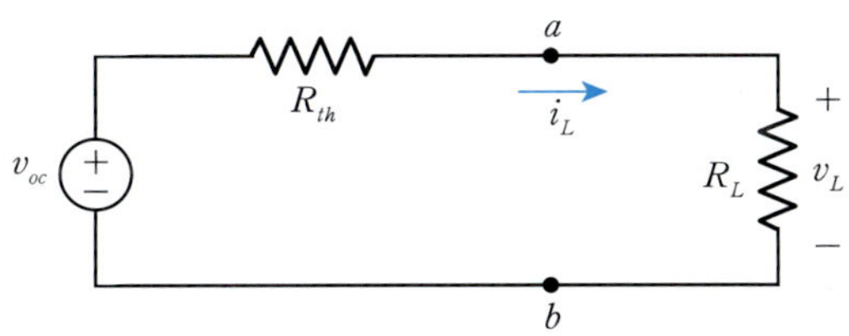

[그림 5-39] 테브난 등가회로와 R_L

이때 단자 a, b에 연결된 부하에서 소비하는 전력을 P_L이라고 하면 전력을 구하는 공식에 의해 다음과 같이 표현할 수 있다.

$$P_L(t) = i_L^2(t)\,R_L = \left[\frac{v_{oc}(t)}{R_{th} + R_L}\right]^2 \times R_L$$

즉, $P_L(t)$를 최대로 만드는 R_L 값을 구하려면, 최적화 기법으로 위 식을 변수 R_L에 대하여 편미분하고 그 값을 0으로 만드는 변수 R_L 값을 찾으면 된다.

$$\frac{\partial P_L(t)}{\partial R_L} = \frac{v_{oc}^2}{(R_{th}+R_L)^2} - 2\frac{v_{oc}^2 R_L}{(R_{th}+R_L)^3}$$

$$= v_{oc}^2 \frac{R_{th}-R_L}{(R_{th}+R_L)^3} = 0$$

따라서 위 식을 만족시키려면 분자가 0이 되어야 하므로 $R_{th} - R_L = 0$이고, 다음과 같은 조건이 성립한다.

$$R_{th} = R_L \tag{5.4}$$

그리고 이때 얻을 수 있는 최대전력은 다음과 같다.

$$P_{\max} = v_L \cdot i_L = \frac{v_{oc}}{2} \cdot \frac{v_{oc}}{2R_L} = \frac{v_{oc}^2}{4R_L} \tag{5.5}$$

정의 5-4 최대전력전달 정리

임의의 회로에서 발생된 전력을 이 회로에 연결된 부하회로에 최대로 전달하려면 부하저항 값 R_L이 테브난 등가회로의 R_{th}의 값과 같아야 한다.

예제 5-9 최대전력전달 정리

[그림 5-40]에서 최대전력이 부하에 전달되기 위한 부하 R_L의 값을 구하라. 또 이때 부하에 전달되는 최대전력 $P_{\max}$를 구하라.

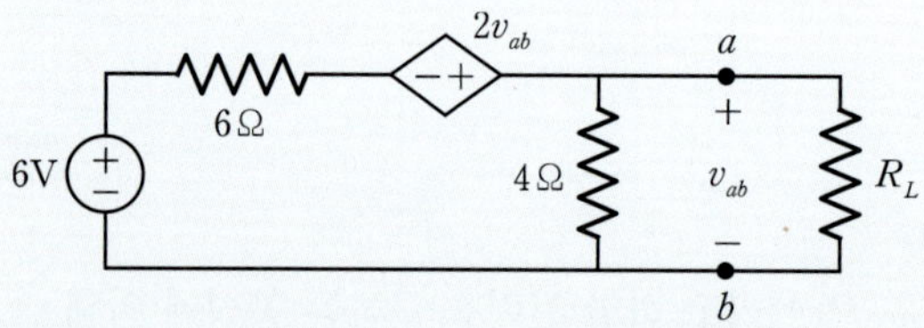

[그림 5-40] 최대전력전달 정리를 적용한 회로

풀이

먼저 단자 a, b의 왼쪽 회로를 테브난 등가회로로 바꾸기 위해 단자 a, b를 개방하면 [그림 5-41]과 같다. 여기에서 이 회로의 v_{oc}와 R_{th}를 구한다.

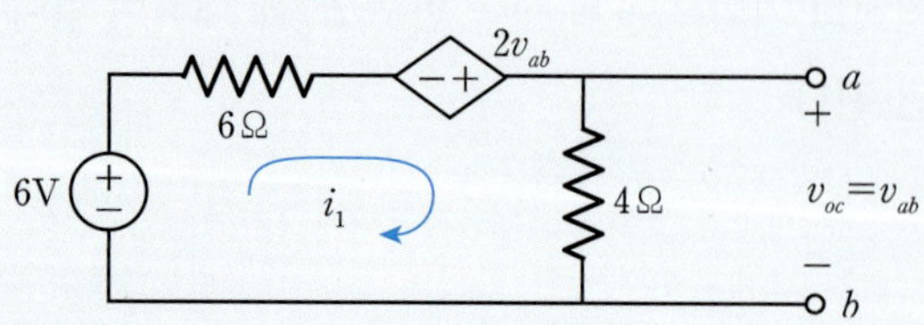

[그림 5-41] 테브난 등가회로의 계산

이 회로는 독립전원과 종속전원, 그리고 저항으로 이루어진 회로다. 따라서 v_{oc}는 회로해석으로 단자 $a-b$ 사이의 전압 v_{ab}를 구하여 얻고, R_{th}는 $R_{th}=\dfrac{v_{oc}}{I_{sc}}$의 공식으로 얻는다.

- **v_{oc}의 계산**

먼저 v_{oc}는 KVL을 이용하여 구할 수 있다. 이때 메시 1개에 흐르는 전류 i_1은 다음 방정식으로 구한다.

$$6=6i_1-2v_{ab}+4i_1=10i_1-2v_{ab}$$

또한 수식에 포함된 종속변수 v_{ab}의 계산에 필요한 제약식은 회로에서 다음과 같이 구한다.

$$v_{ab}=4i_1$$

위 두 식에 의하여 $i_1=3$[A]이므로 v_{oc}는 다음과 같다.

$$v_{oc}=12[\text{V}]$$

- **I_{sc}의 계산**

I_{sc}를 얻기 위해 단자 a, b를 단락하여 회로를 만들면 v_{ab}는 0이 되고 종속전압전원의 값도 0이 되므로 [그림 5-42]와 같이 회로가 바뀐다.

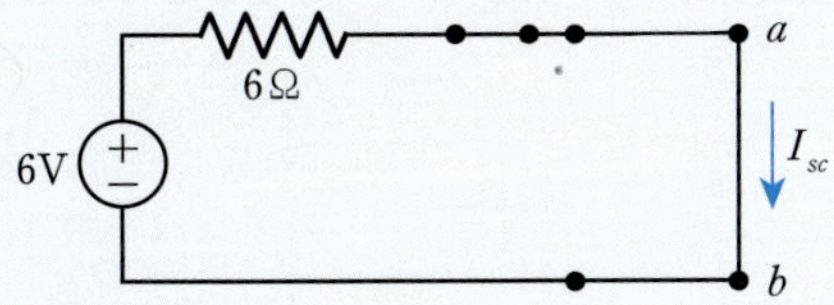

[그림 5-42] I_{sc}의 계산

이 회로에서 I_{sc}의 값은 옴의 법칙에 의해 다음과 같이 구한다.

$$I_{sc}=\frac{6}{6}=1[\text{A}]$$

- **R_{th}의 계산**

그러므로 $R_{th}=\dfrac{v_{oc}}{I_{sc}}=12[\Omega]$이고, 테브난 등가회로는 [그림 5-43]과 같다.

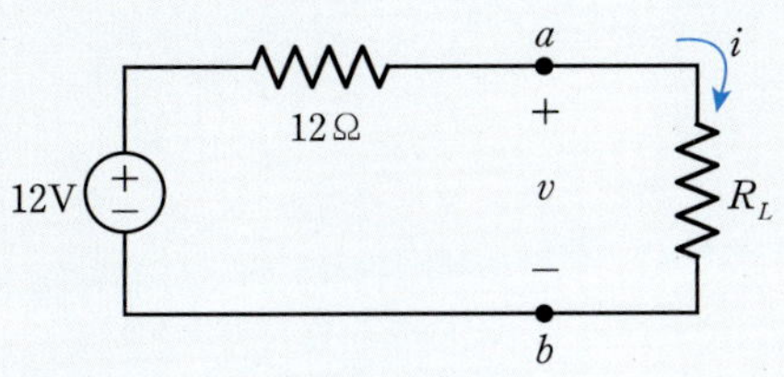

[그림 5-43] 테브난 등가회로

결국 부하저항 R_L의 값은 최대전력전달 정리에 의해 R_{th}의 값과 같은 값인 12[Ω]이 되어야 하고, 이때의 최대전력은 $P_{\max}=\dfrac{v_{oc}^2}{4R_L}=3[\text{W}]$다.

쉬어가기 오디오 앰프와 스피커의 연결

집에서 사용하는 오디오 앰프의 뒷면을 보면 스피커 선을 연결하는 곳에 8[Ω]이라고 표시되어 있는 것을 볼 수 있는데, 오디오 앰프의 테브난 등가회로의 R_{th} 값을 표시한 것이다. 즉 최대전력전달 정리에 의해 연결하는 스피커의 부하저항 값이 8[Ω]이 되어야 앰프의 최대전력이 전달된다는 것을 뜻한다.

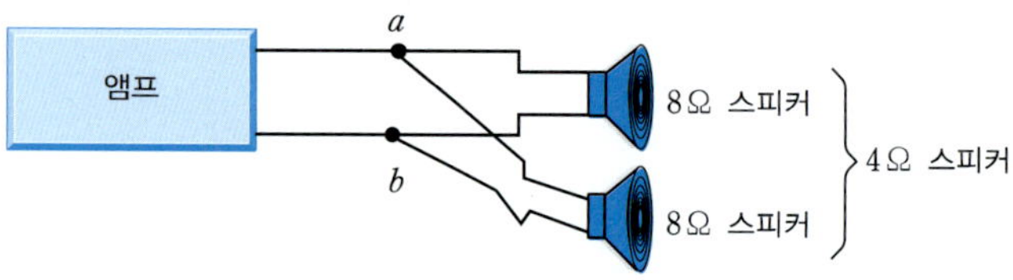

[그림 5-44] 오디오 스피커 시스템의 병렬연결

예를 들어 1개의 8[Ω] 스피커가 연결된 오디오 시스템을 다른 장소에서도 나누어 듣기 위해 [그림 5-44]와 같이 8[Ω] 스피커 2개를 병렬로 연결하면 부하저항은 8[Ω] 대신 4[Ω]이 된다. 그래서 앰프에서 출력되는 소리가 최대로 스피커에 전달되지 못해 시스템이 제 성능을 내지 못하게 된다.

이와 비슷한 예로 같은 전화번호를 사용하는 전화를 집에서 여러 대 연결하여 사용할 때 제3자가 다른 전화기를 들어 대화 내용을 듣는 경우 갑자기 소리가 작아질 때가 있다. 그 이유는 순간적으로 병렬연결된 전화기로 인해 부하저항이 달라져 최대전력이 전달되지 못하기 때문이다.

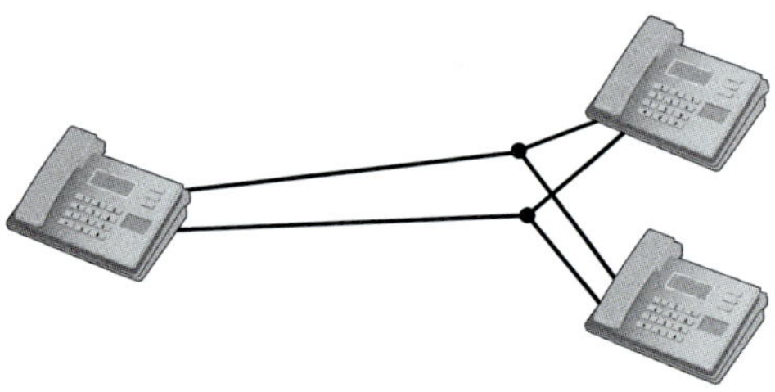

[그림 5-45] 전화기의 병렬연결

CHAPTER

05 핵심요약

이 장에서는 복잡한 회로를 단순한 회로로 변환할 수 있도록 도와주는 여러 회로이론에 대해 공부했다. 전원변환이론은 전류전원과 전압전원 간의 변환을 통해 회로를 단순화하는 이론이며 중첩의 원리는 다수의 독립전원이 있을 때 각각의 전원에 대해 개별 회로해석을 할 수 있는 논리적 근거가 되는 이론이다. 또한 테브난과 노턴의 정리는 복잡한 회로를 단순한 전압전원과 직렬로 연결된 저항회로 또는 전류전원과 병렬로 연결된 저항회로로 각각 단순화할 수 있는 이론이다.

우리는 이러한 회로이론을 여러 가지 회로에 적용하여 공부했다. 마지막으로 테브난 등가회로에 연결된 부하에 최대전력이 전달되는 조건을 제시하는 최대전력전달 정리에 대하여 공부했다.

■ 전원변환이론

전압전원과 저항이 직렬로 연결된 회로는 하나의 전류전원과 동일저항이 병렬로 연결된 회로로 변환될 수 있고, 두 전원 값 간의 관계는 $v_s = I_s R$이다.

■ 회로해석에서 중첩의 원리

선형회로에서 다수의 독립전원이 있을 때 주어진 소자에 걸리는 전압이나 전류 값을 구할 때는 각 독립전원을 개별적으로 고려하고, 다른 독립전원을 비활성화시킨 회로에서 얻은 개별적인 전압 혹은 전류 값의 단순합으로 얻는다.

■ 테브난과 노턴의 정리

테브난과 노턴의 정리를 이용한 회로의 간략화 방법은 세 가지로 요약할 수 있다.

- 독립전원과 저항만으로 이루어진 회로
  1. v_{oc}의 계산 방법 : 회로를 분리하여 $a-b$ 단자를 개방시키고, 단자 $a-b$ 사이의 전압 v_{ab}를 측정하여 구한다.
  2. I_{sc}의 계산 방법 : 회로의 $a-b$ 단자를 단락시키고, 단자 a에서 b로 흐르는 전류 i_{ab}를 측정하여 구한다.
  3. R_{th}의 계산 방법 : 회로 안의 모든 독립전원을 비활성화시키고(즉 독립전압전원은 단락시키고, 독립전류전원은 개방시킴), 단자 $a-b$ 사이에서 회로 쪽으로 들여다본 저항 값을 구한다.

- 독립전원, 종속전원, 저항으로 이루어진 회로

  ❶ v_{oc}와 I_{sc}의 계산 방법 : 독립전원과 저항만으로 이루어진 회로의 ❶, ❷와 같은 방법으로 계산한다.

  ❷ R_{th}의 계산 방법 : 이 경우는 종속전원을 비활성화시킬 수 없으므로 v_{oc}와 I_{sc}를 각각 구한 후에 $R_{th}=\dfrac{v_{oc}}{I_{sc}}$의 공식에 대입하여 구한다.

- 종속전원과 저항만으로 이루어진 회로

  ❶ $v_{oc}=0[\mathrm{V}]$, $I_{sc}=0[\mathrm{A}]$가 된다.

  ❷ R_{th}의 계산 방법 : 단자 $a-b$ 사이에 $1[\mathrm{A}]$의 전류전원을 삽입하고, 회로해석에 의하여 단자 간 전압 v_{ab}를 찾으면, 그 값이 R_{th}의 값과 같다.

■ 최대전력전달 정리

임의의 회로에서 발생한 전력을 연결된 부하회로에 최대로 전달하는 조건은 $R_L=R_{th}$이다.

CHAPTER

05 연습문제

전원변환이론

5.1 전원변환 공식을 이용하여 다음 회로에서 전압 v_a[V]를 구하라.

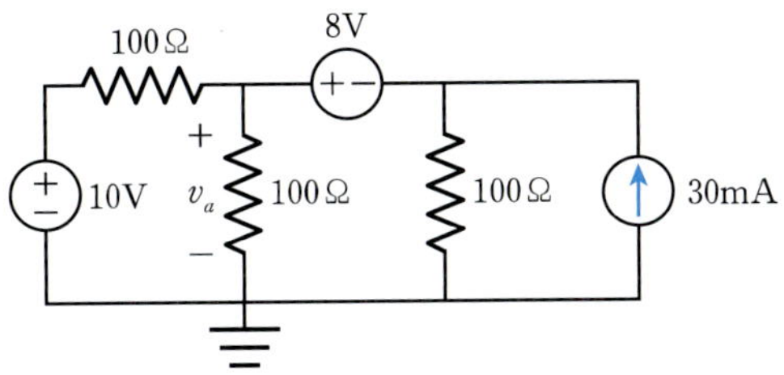

[그림 5-46]

5.2 전원변환 공식을 이용하여 다음 회로에서 $i=2$[A]일 때 v_o[V]의 값을 구하라

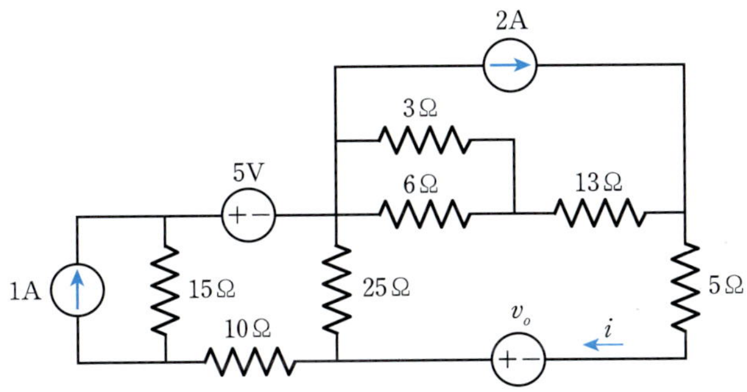

[그림 5-47]

중첩의 원리

5.3 중첩의 정리를 이용하여 4[Ω]에 흐르는 전류의 크기와 방향을 구하라.

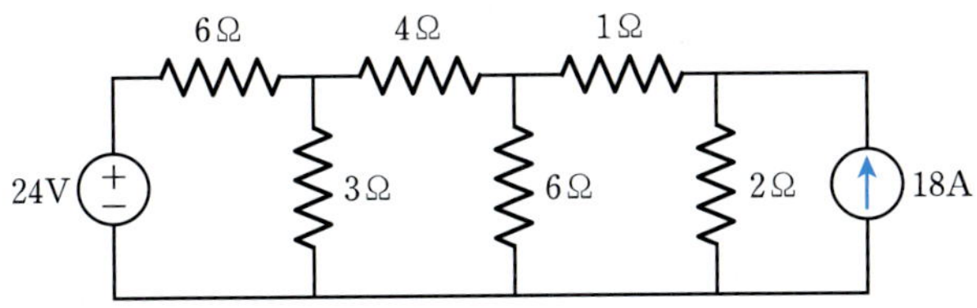

[그림 5-48]

5.4 중첩의 원리를 이용하여 다음 회로에서 v[V]의 값을 구하라.

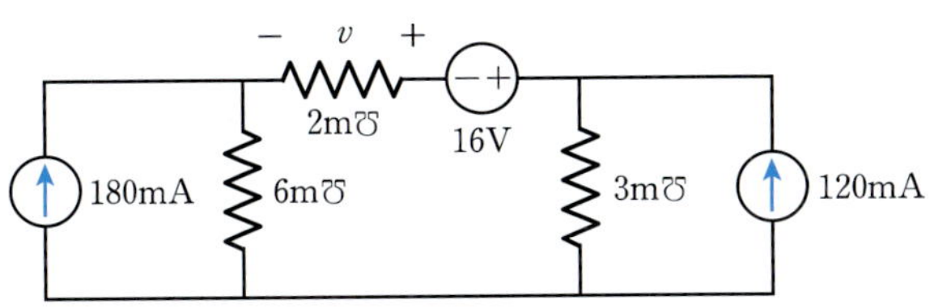

[그림 5-49]

5.5 다음 회로를 보고, 물음에 답하라.

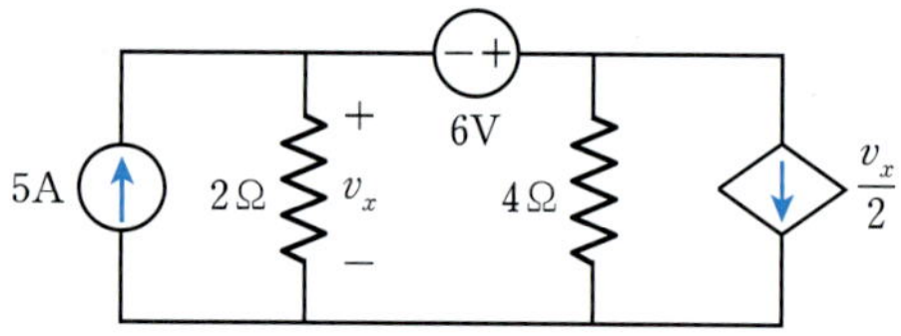

[그림 5-50]

(a) 전압 v_x의 값을 중첩의 원리에 의하여 구하라.
(b) 5[A] 전원에 의해 발생되는 전력 값을 구하라.
(c) 6[V] 전원에 의해 발생되는 전력 값을 구하라.
(d) v_x 종속전원에 의하여 발생되는 전력 값을 구하라.

테브난의 정리

5.6 [그림 5-51(a)]의 회로를 테브난 등가회로로 나타내면 [그림 5-51(b)]와 같다. 이때 v_{oc}[V]와 테브난 저항 R_{th}[Ω]의 값을 구하라.

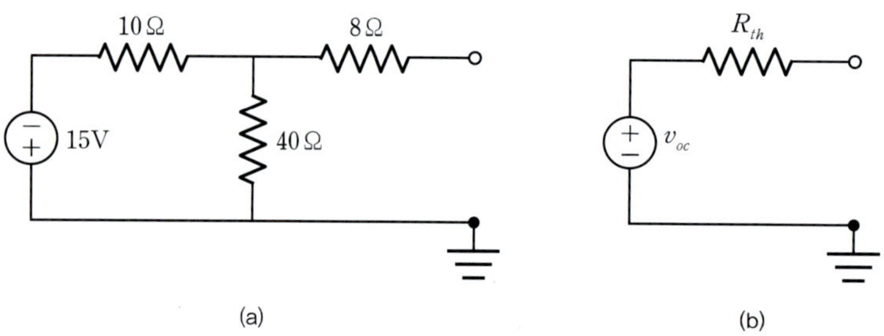

[그림 5-51]

5.7 다음과 같이 저항 R이 박스에 연결된 회로에서 전류 i가 측정되었다. 저항 R에 따라 측정한 전류 i 값은 다음 표와 같다고 할 때, 물음에 답하라.

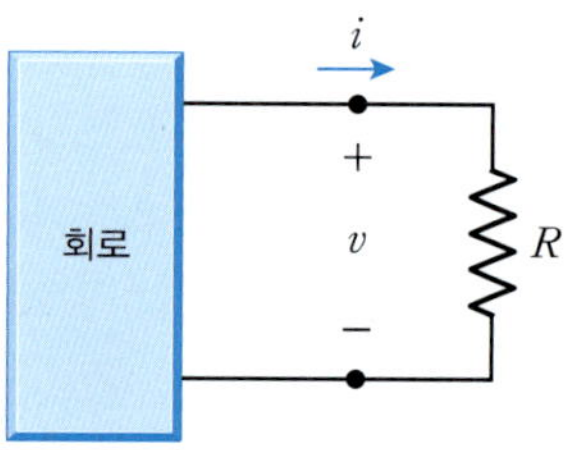

R	i
2kΩ	4mA
4kΩ	3mA

[그림 5-52]

(a) 박스 안 회로의 테브난 등가회로를 그려라.
(b) $i = 2$[mA]가 되기 위한 저항 R 값을 구하라.

5.8 다음 회로의 단자 $a-b$에서 본 테브난 등가회로를 그려라.

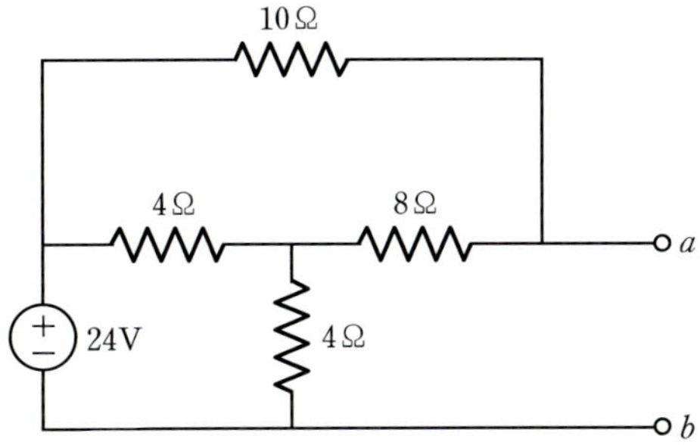

[그림 5-53]

5.9 다음 회로의 테브난 등가회로를 그려라.

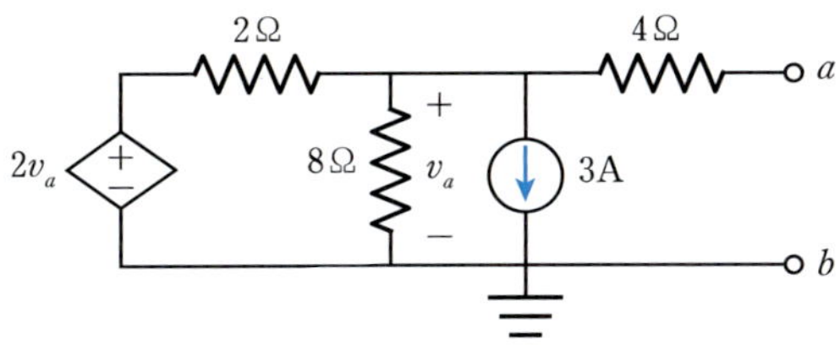

[그림 5-54]

5.10 다음 회로의 단자 $a-b$에서 본 테브난 등가회로를 그려라.

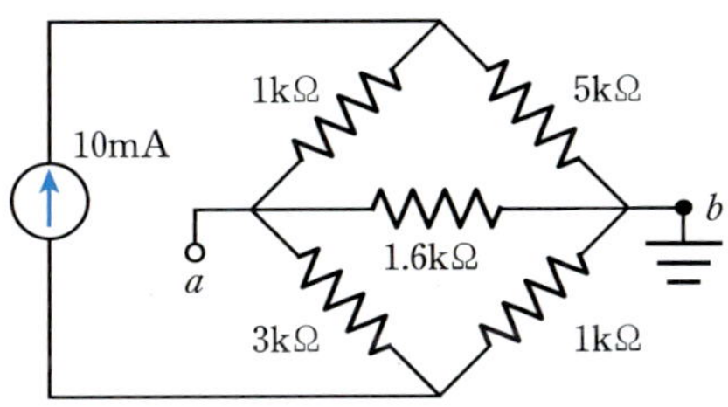

[그림 5-55]

5.11 [그림 5-56]의 회로에서 C_1, C_2 값이 다음과 같을 때의 테브난 등가회로를 그려라.

(a) $C_1 = 0.2$, $C_2 = 12$[V]일 때

(b) $C_1 = 0.2$, $C_2 = 0$[V]일 때

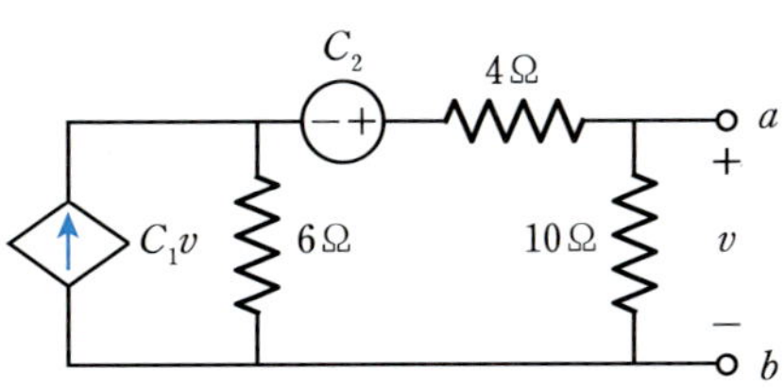

[그림 5-56]

5.12 도전 다음 회로에서 전류 i와 전압 v의 관계식을 구하고, 이를 $i-v$ 그래프 위에 나타내라.

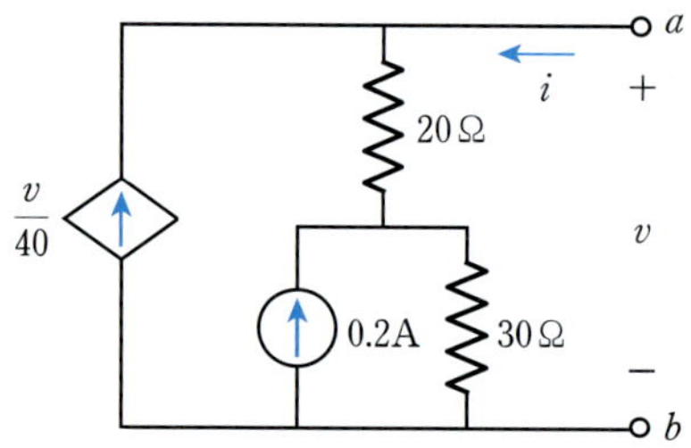

[그림 5-57]

5.13 도전 다음 회로는 트랜지스터 회로의 선형등가회로이다. 전원 v가 이상적인 독립전원이고, $h_{21}i_1$과 $h_{12}v_2$는 각각 종속전류전원과 종속전압전원이다. 단자 $a-b$ 간의 테브난 등가회로를 그려라.

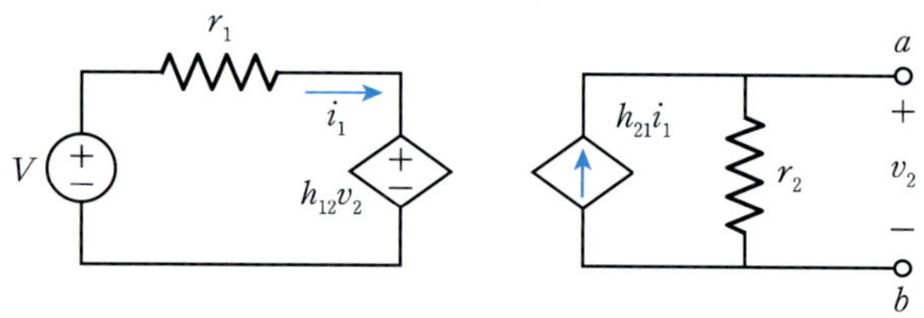

[그림 5-58]

5.14 다음 회로에 대해 다음 물음에 답하라.

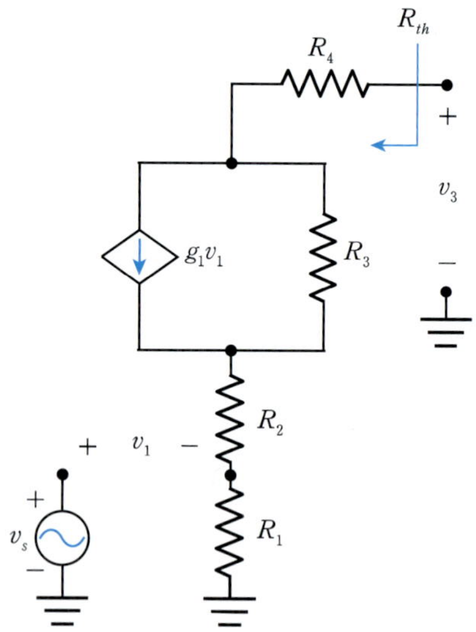

[그림 5-59]

(a) 전압이득 $A_v = \dfrac{v_3}{v_s}$를 구하라.

(b) 테브난의 등가저항($R_{th}[\Omega]$)을 전압이득 (A_v)으로 표현하라.

노턴의 정리

5.15 [그림 5-60]의 회로 (a)와 회로 (b)가 같은 회로라고 할 때, $R_{th}[\Omega]$와 $I_{sc}[\mathrm{A}]$의 값을 구하라.

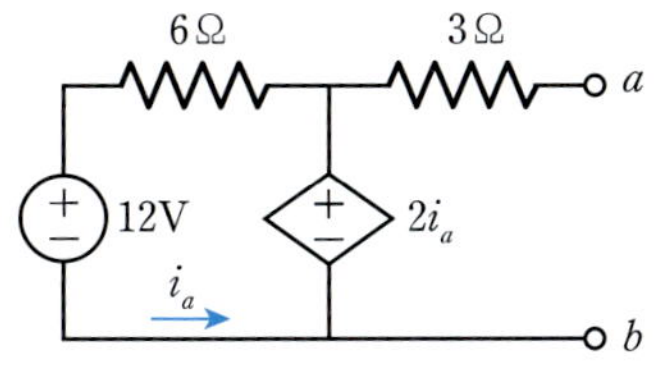

(a)

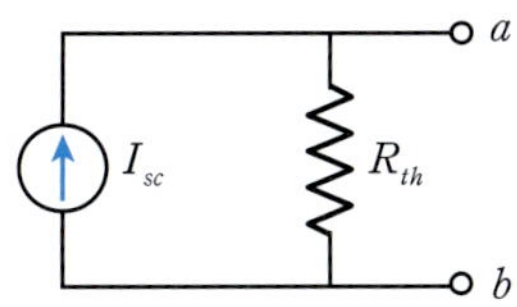

(b)

[그림 5-60]

5.16 다음 회로에서 단자 $a-b$에서 본 노턴 등가회로를 그려라.

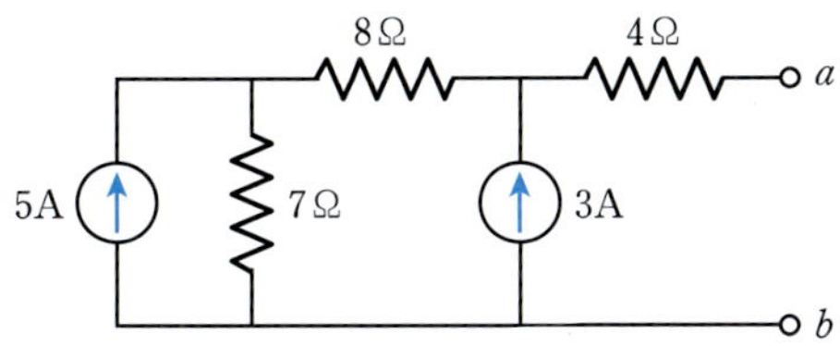

[그림 5-61]

5.17 다음 회로의 노턴 등가회로를 그려라.

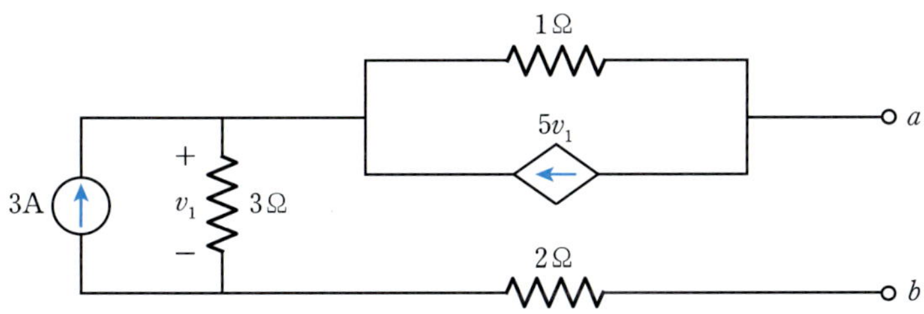

[그림 5-62]

최대전력전달 정리

5.18 다음 회로에서 단자 $a-b$에 연결된 저항 R이 최대로 소비하게 될 최대전력을 구하라.

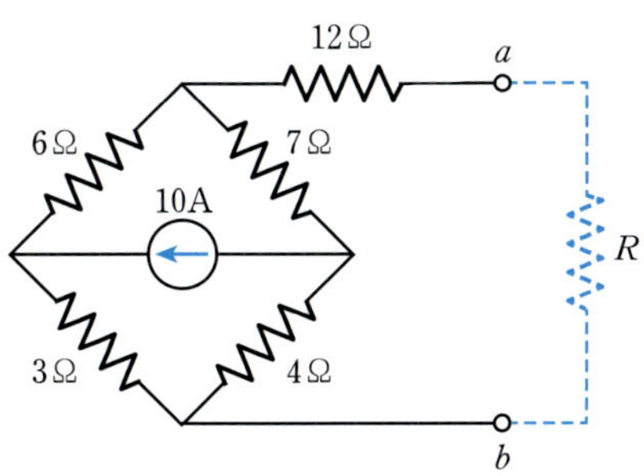

[그림 5-63]

5.19 다음 회로를 보고 물음에 답하라.

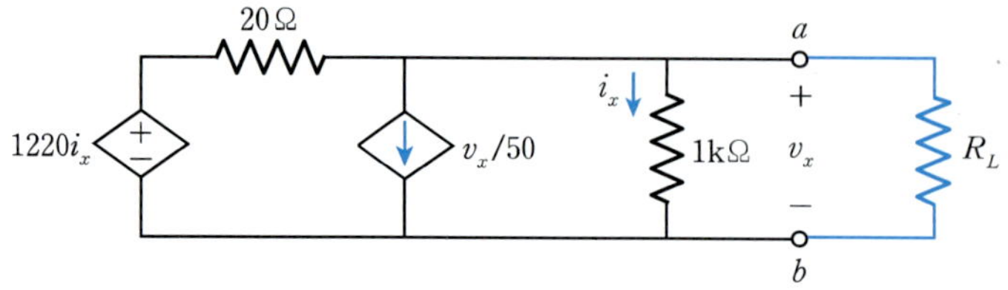

[그림 5-64]

(a) 단자 a, b에서 본 노턴 등가회로를 그려라.

(b) 부하 R_L을 그림과 같이 접속시킬 때, 최대전력을 전달받을 수 있는 R_L의 값을 구하라.

(c) 만약 노턴 등가회로의 단락회로전류가 $I_{sc}(t) = 10[\text{A}]$로 주어졌다고 하자. 이때 부하에 전달되어 부하가 소비하는 최대전력 값을 구하라.

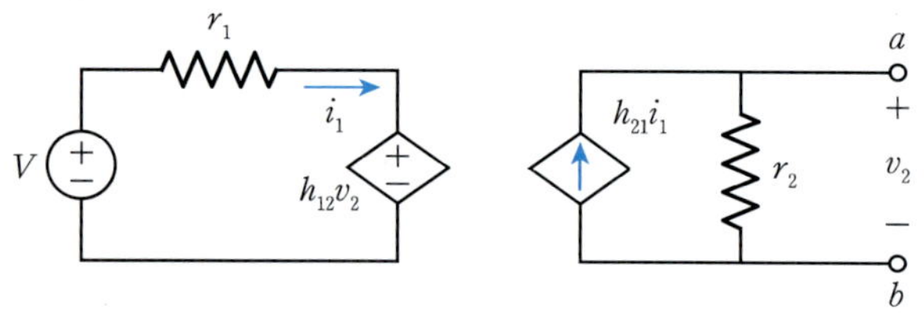

[그림 5-65]

컴퓨터 프로젝트 I

[그림 5-66]은 [그림 5-67]에 표현된 테브난 등가회로의 $v = -R_{th}i + v_{oc}$의 관계를 나타낸 $v-i$ 그래프이다.

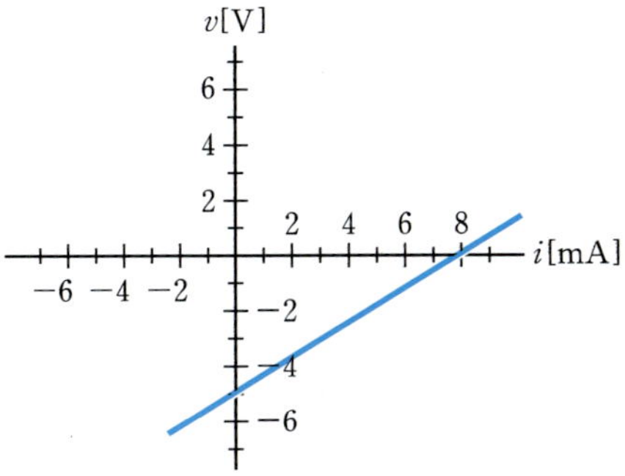

[그림 5-66]

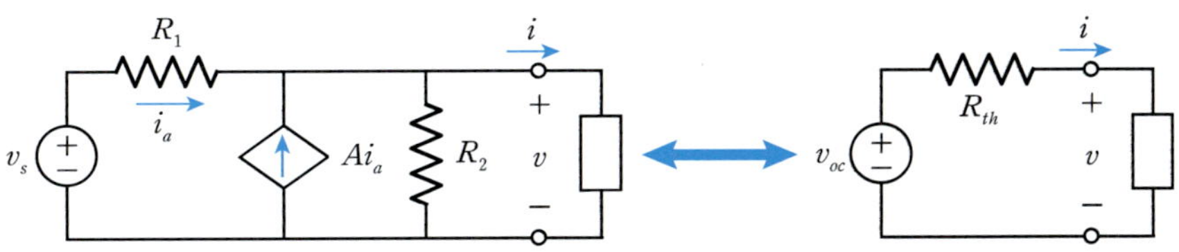

[그림 5-67]

01. [그림 5-66]의 그래프를 만족시키는 회로([그림 5-67])의 v_s, $R_1 = R_2$, 종속전원 이득값인 A의 값들을 결정하라.

02. **01**에서 결정된 값들에 의한 회로로부터, PSPICE를 이용하여 v_{oc}와 R_{th}의 값을 측정하여 구하고, 이들 값이 주어진 값과 일치하는지를 검증하라.

유의점 종속전원이 있는 회로에서는 i_{sc}를 측정하여 구함으로써 식 $R_{th} = \frac{v_{oc}}{i_{sc}}$를 이용하여 R_{th}의 값을 구할 수 있다.

CHAPTER 05 기출문제

전기기능사 2021년 1차

5.1 그림을 테브난 등가회로로 고칠 때 개방전압 V와 등가저항 R은?

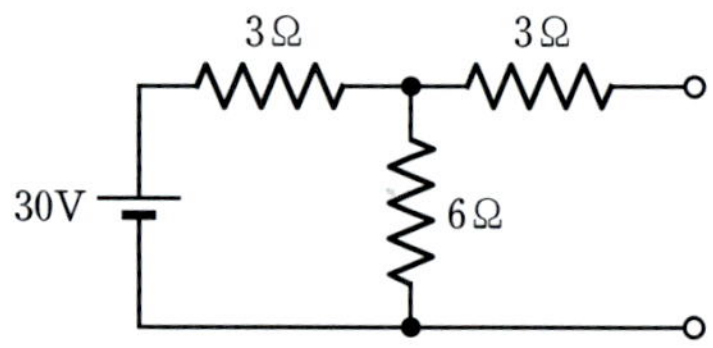

[그림 5-68]

① 20[V], 5[Ω] ② 30[V], 8[Ω] ③ 15[V], 12[Ω] ④ 10[V], 1.2[Ω]

2022년도 국가공무원 9급

5.2 그림의 회로에서 저항 R_L이 변화함에 따라 저항 3[Ω]에 전달되는 전력에 대한 설명으로 옳은 것은?

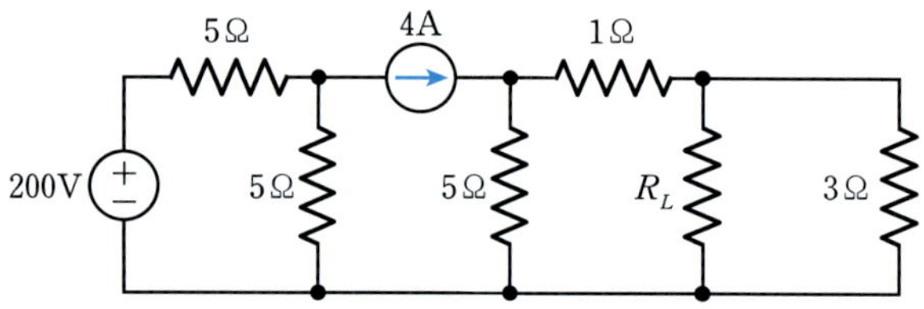

[그림 5-69]

① 저항 $R_L = 3$[Ω]일 때 저항 3[Ω]에 최대전력이 전달된다.
② 저항 $R_L = 6$[Ω]일 때 저항 3[Ω]에 최대전력이 전달된다.
③ 저항 R_L의 값이 클수록 저항 3[Ω]에 전달되는 전력이 커진다.
④ 저항 R_L의 값이 작을수록 저항 3[Ω]에 전달되는 전력이 커진다.

2022년도 서울시 공무원 7급

5.3 그림의 회로에서 전압 V_1의 값[V]은?

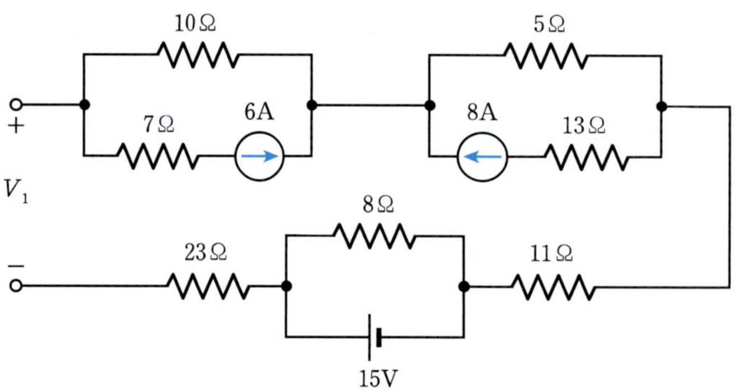

[그림 5-70]

① −35 ② −20 ③ 20 ④ 35

2022년도 서울시 공무원 7급

5.4 그림의 회로에서 4[Ω]의 저항이 소비하는 전력의 값[W]은?

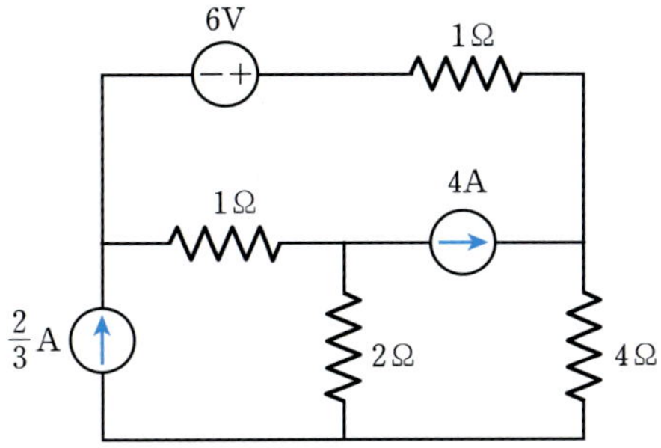

[그림 5-71]

① 4 ② 8 ③ 12 ④ 16

2022년 서울시 공무원 7급

5.5 다음 회로에서 가변 저항 R에 전달될 수 있는 최대전력의 값[W]은?

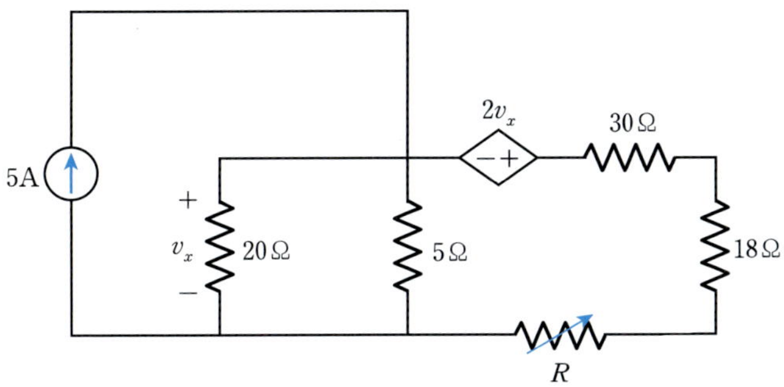

[그림 5-72]

① 5 ② 10 ③ 15 ④ 20

2022년도 국가공무원 7급

5.6 다음 회로에서 저항 R_L에 최대전력을 전달하기 위한 R_L[Ω]은?

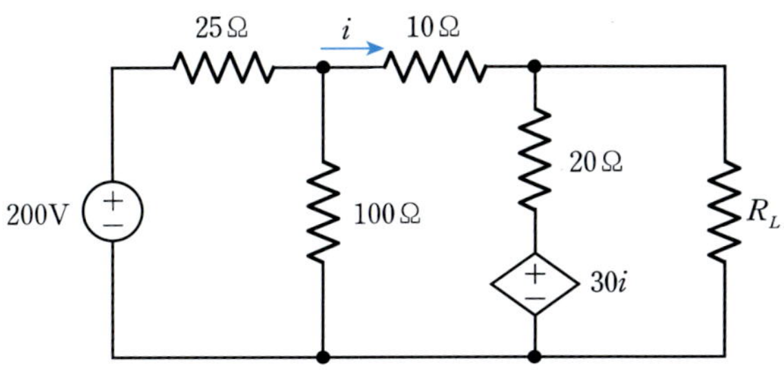

[그림 5-73]

① 2.5 ② 5 ③ 7.5 ④ 10

2021년도 국가공무원 7급

5.7 다음 회로에서 저항 R_L에 최대전력을 전달하기 위한 $R_L[\Omega]$은?

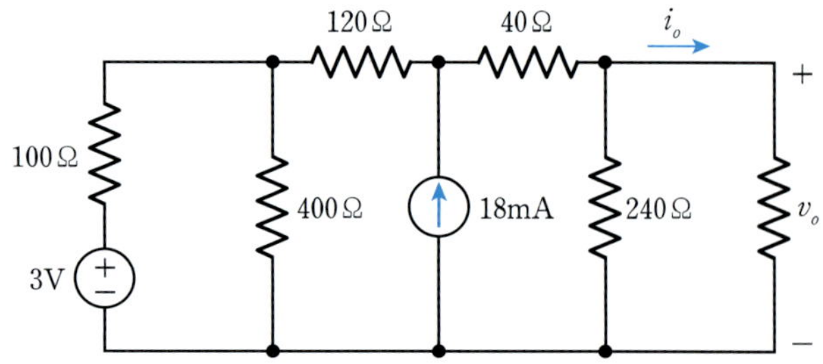

[그림 5-74]

① 100 ② 120 ③ 150 ④ 180

2020년도 국가공무원 7급

5.8 회로해석에 대한 설명으로 옳지 않은 것은?

① 중첩의 원리는 모든 회로에서 적용된다.
② 한 회로에서 테브난 등가회로의 등가저항은 노턴 등가회로의 등가저항과 같다.
③ 한 회로 내의 임의의 마디에서 나가는 전류의 합은 그 마디로 들어오는 전류의 합과 같다.
④ 한 회로에서 부하저항이 그 회로의 테브난 등가저항과 같을 때, 부하저항에 최대전력이 전달된다.

2020년도 국가공무원 7급

5.9 다음 회로의 단자 a와 b에서 바라본 테브난 등가회로의 등가저항은 $2[\Omega]$이다. 부하전류가 $i=2[\text{A}]$일 때, 저항 $R[\Omega]$과 전압 $V_o[\text{V}]$는?

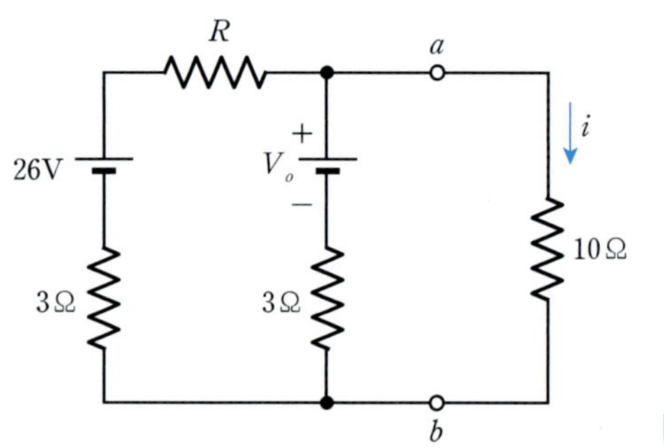

[그림 5-75]

① $R[\Omega]$: 3, $V_o[\text{V}]$: 13 ② $R[\Omega]$: 3, $V_o[\text{V}]$: 23
③ $R[\Omega]$: 6, $V_o[\text{V}]$: 13 ④ $R[\Omega]$: 6, $V_o[\text{V}]$: 23

2019년도 국가공무원 7급

5.10 다음 회로의 단자 a, b에서 본 노턴 등가회로의 등가 전류원과 등가 저항은?

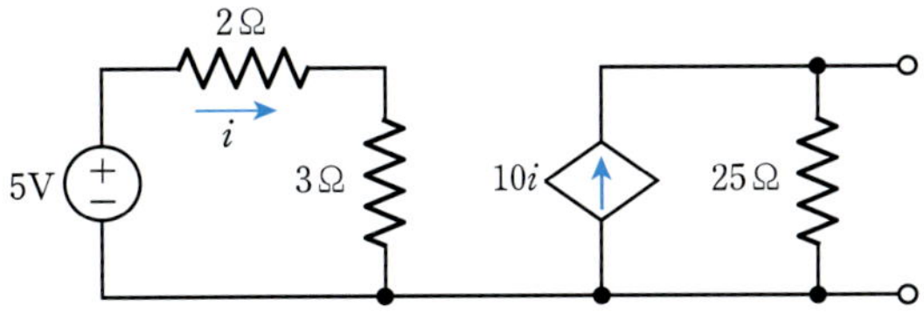

[그림 5-76]

① 5, 7.5 ② 10, 12.5 ③ 10, 25 ④ 25, 10

2022년도 1회 전기산업기사

5.11 그림에서 10[Ω]의 저항에 흐르는 전류는 몇 [A]인가?

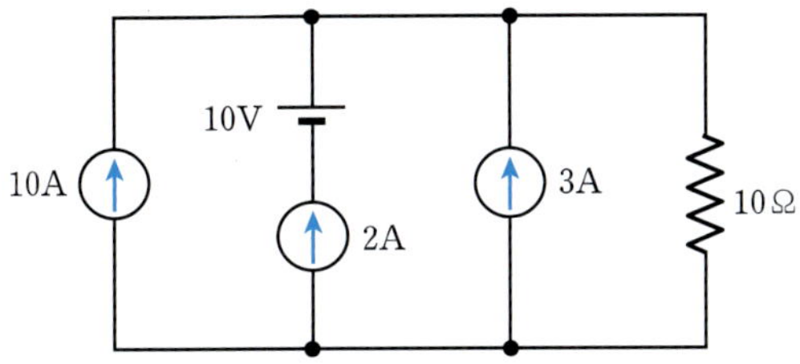

[그림 5-77]

① 16 ② 15 ③ 14 ④ 13

2022년도 1회 전기산업기사

5.12 테브난의 정리와 쌍대 관계에 있는 정리는?

① 보상의 정리 ② 노턴의 정리 ③ 중첩의 정리 ④ 밀만의 정리

2022년도 1회 전기산업기사

5.13 부하저항 R_L[Ω]이 전원의 내부저항 R_o[Ω]의 3배가 되면 부하저항 R_L에서 소비되는 전력 P_L[W]은 최대 전송전력 P_m[W]의 몇 배인가?

① 0.89배 ② 0.75배 ③ 0.5배 ④ 0.3배

2022년도 2회 전기산업기사

5.14 테브난의 정리를 사용하여 [그림 5-78(a)]의 회로를 [그림 5-78(b)]와 같은 등가회로로 바꾸려 한다. V[V]와 R[Ω]의 값은?

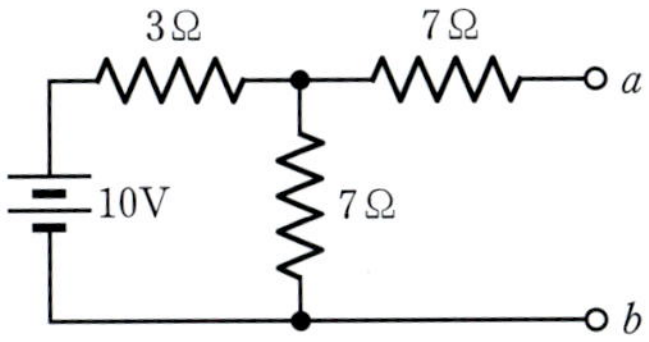

(a)

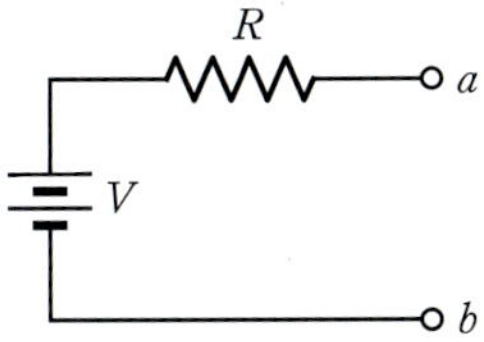

(b)

[그림 5-78]

① 7[V], 9.1[Ω] ② 10[V], 9.1[Ω] ③ 7[V], 6.5[Ω] ④ 10[V], 6.5[Ω]

2022년도 3회 전기산업기사

5.15 회로에서 저항 15[Ω]에 흐르는 전류는 몇 [A]인가?

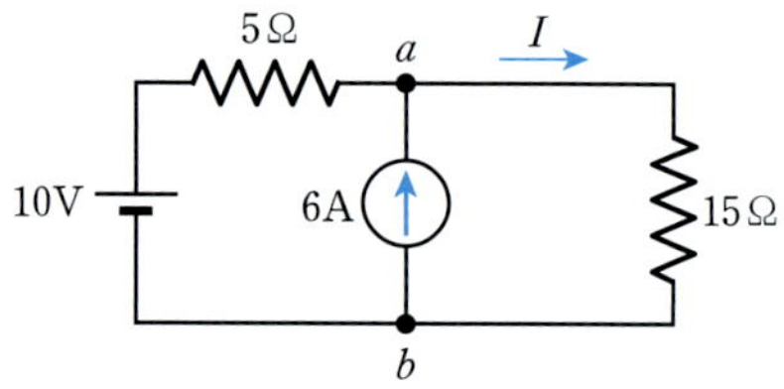

[그림 5-79]

① 8　　② 5.5　　③ 2　　④ 0.5

2022년도 4회 전기산업기사

5.16 그림과 같은 회로에서 선형저항 3[Ω] 양단의 전압은?

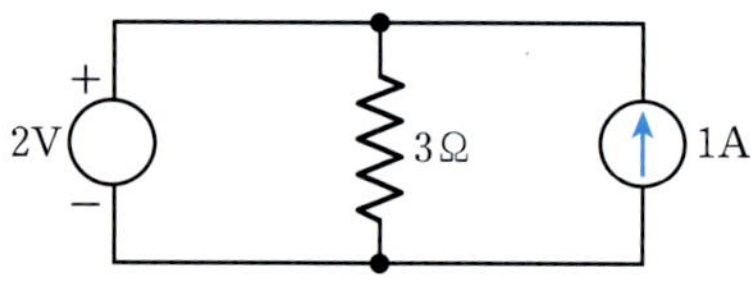

[그림 5-80]

① 4.5[V]　　② 3[V]　　③ 2.5[V]　　④ 2[V]

2022년도 4회 전기산업기사

5.17 그림과 같은 회로에서 $a-b$ 사이의 전위차[V]는?

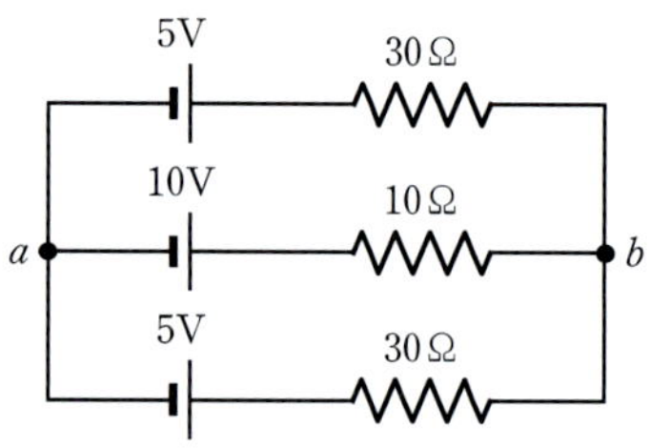

[그림 5-81]

① 10[V]　　② 8[V]　　③ 6[V]　　④ 4[V]

2021년도 1회 전기산업기사

5.18 그림의 회로에서 단자 a, b에 3[Ω]의 저항을 연결할 때 저항에서의 소비전력은 몇 [W]인가?

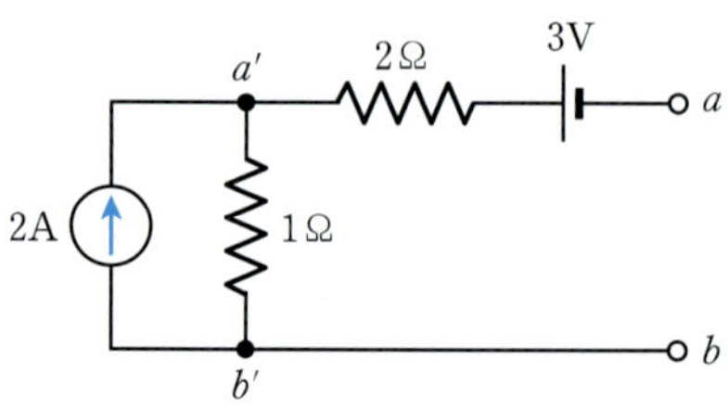

[그림 5-82]

① 1/12　　② 1/3　　③ 1　　④ 12

2020년도 1회 전기산업기사

5.19 그림과 같은 회로에서 5[Ω]에 흐르는 전류 I는 몇 [A]인가?

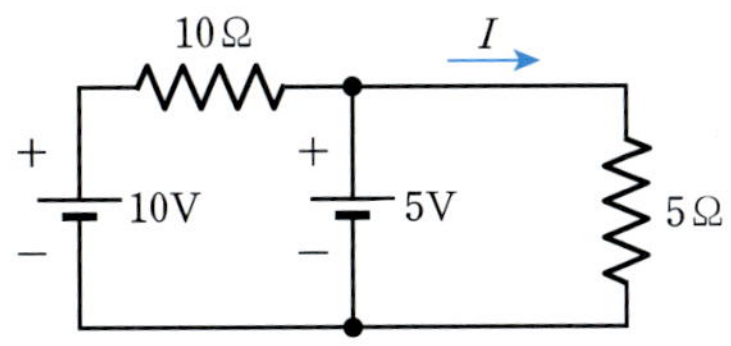

[그림 5-83]

① $\frac{1}{2}$ ② $\frac{2}{3}$ ③ 1 ④ $\frac{5}{3}$

2021년도 3회 전기산업기사

5.20 그림과 같은 회로에서 2[Ω]의 단자전압[V]은?

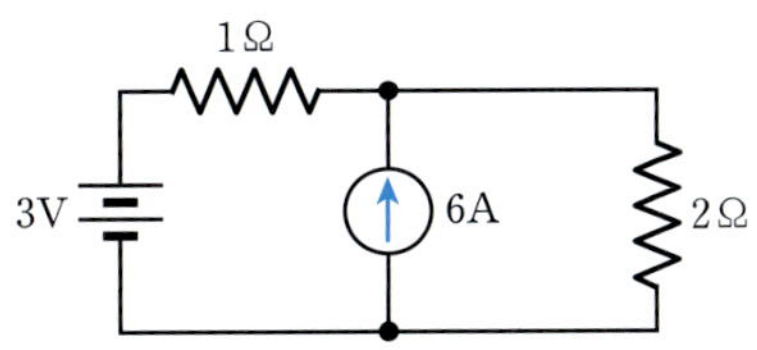

[그림 5-84]

① 3 ② 4 ③ 6 ④ 8

2023년도 국가공무원 5급(기술)

5.21 그림과 같은 회로에 대해 다음 물음에 답하시오. (단, $v_s = 100$[V], $R_1 = R_2 = R$, $k > 0$이다.)

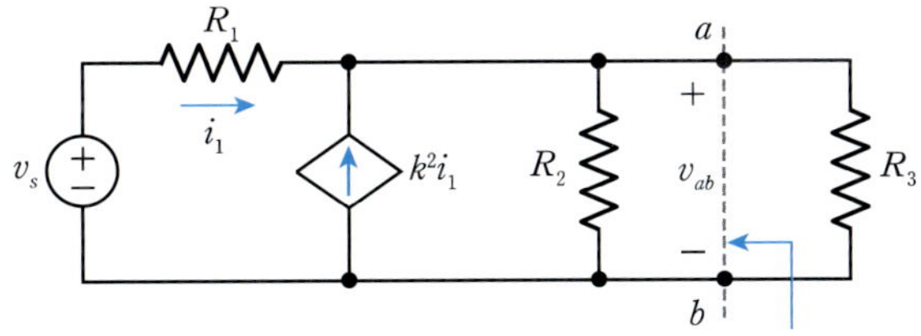

[그림 5-85]

(a) 단자 $a-b$에서 왼쪽으로 본 회로의 테브난 등가회로를 그리시오.

(b) 부하 저항 R_3가 17.5[Ω]일 때, v_{ab}는 35[V]가 되고, R_3가 55[Ω]일 때, v_{ab}가 55[V]가 되는 경우, k와 R의 값을 구하시오.

2022년도 국가공무원 5급(기술)

5.22 그림과 같은 회로에서 다음 물음에 답하시오.

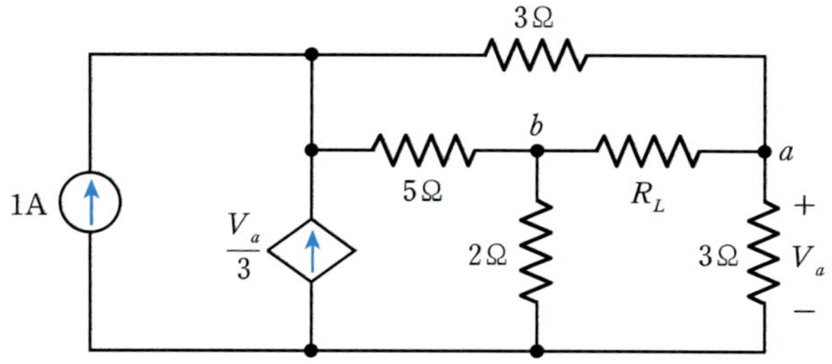

[그림 5-86]

(a) $a-b$ 단자의 개방회로 전압을 구하시오.

(b) $a-b$ 단자의 테브난 저항을 구하시오.

(c) 저항 R_L에 전달되는 전력이 0.09[W]일 때, R_L을 구하시오.

2021년도 국가공무원 5급(기술)

5.23 그림과 같은 회로에서 다음 물음에 답하시오.

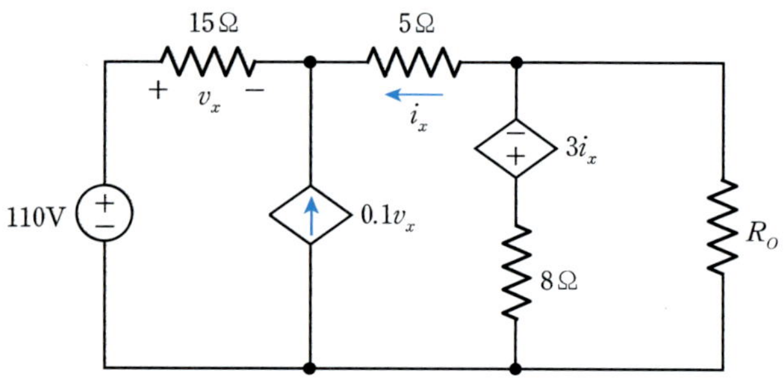

[그림 5-87]

(a) 부하저항 R_o를 제외한 회로 나머지 부분에 대하여 테브난 등가회로를 그리시오.

(b) 부하에 최대전력을 전달하기 위한 R_o 값과 이때 R_o에 전달되는 최대전력을 구하시오.

CHAPTER

06

연산증폭기

The Operational Amplifier

학습목표

- 이상적인 연산증폭기의 개념을 이해하고 이를 이용한 저항회로의 해석 방법을 이해한다.
- 회로해석을 위한 이상적인 연산증폭기의 입력전류와 전압의 조건을 이해한다.
- 중요한 응용 회로인 전압추종기의 해석 방법을 이해한다.
- 합산기의 구현 방법 및 아날로그 컴퓨터의 동작 원리와 개념을 이해한다.

SECTION 6.1 이상적인 연산증폭기

연산증폭기(OP Amp)Operational Amplifiers는 입력전압을 원하는 만큼의 전원이득으로 증폭하여 출력전압을 얻을 수 있도록 하는 회로이다. 예를 들면, 센서 등의 장치로부터 얻은 실험 데이터의 전압이 아주 작은 [mV] 값을 가진다고 하자. 이때 오실로스코프와 같은 측정 장비로 관찰 가능한 정도로 전압을 증폭시키는 경우에 연산증폭기를 사용한다. 실제로 이 회로의 내부는 여러 개의 트랜지스터와 같은 비선형소자에 의해 구현되나, 이 장에서는 연산증폭기를 내부에 전류가 흐르지 않는 이상적인 연산증폭기라고 가정한다. 그리하여 연산증폭기 주변에 만들어진 회로만을 해석하여 입력전압과 출력전압과의 관계를 해석하는 방법을 알아본다.

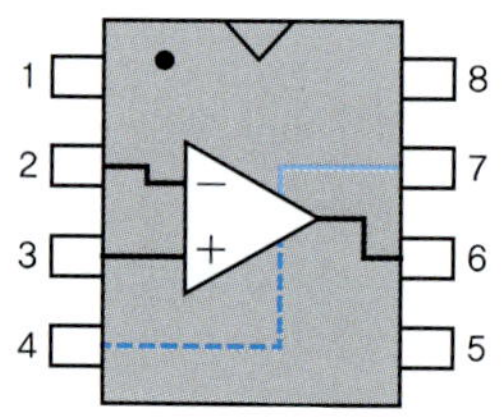

(a) 연산증폭기 회로도

(b) 연산증폭기 외형

[그림 6-1] 연산증폭기

이상적인 연산증폭기란 [그림 6-2]와 같은 등가회로를 가진 연산증폭기를 말한다. 즉 입력저항 R_i는 무한대이고, 출력저항 R_o는 0 값을 가지므로 전압이득 A는 무한대가 된다. 따라서 이상적인 연산증폭기의 조건이 되기 위해서는 [그림 6-2]처럼 다음 두 식을 만족시켜야 한다.

❶ $i_- = i_+ = 0$, 입력저항이 무한대이므로 들어가는 전류는 0이다.

❷ $v_P = v_N$, 두 입력단자가 서로 개방된 것으로 가정했으나, 서로 같은 전압 값을 가진다(가상단락).

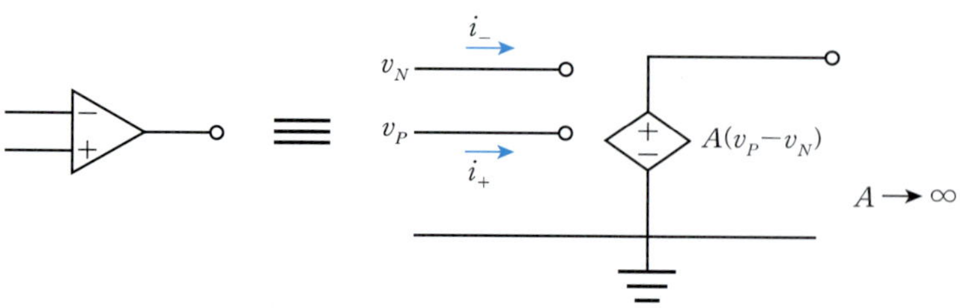

[그림 6-2] 이상적인 연산증폭기와 등가회로

참고 6-1 실제 연산증폭기

연산증폭기는 측정을 통해 얻은 작은 전압 값을 가시적인 값으로 증폭하는 데 주로 사용되는 소자로, 기호와 등가회로는 [그림 6-3]과 같다. 여기서 V^+와 V^-는 연산증폭기를 구동시키는 외부전원(바이어스 전원)이고, 실제 연산증폭기에 의한 전압 증폭은 이 바이어스 전압 범위 내에서만 가능하다. 또한, 실제적으로 이상적인 연산증폭기와는 달리, 입력저항 R_i가 무한대 값을 가질 수 없고, 출력저항 R_o 역시 0 값을 가질 수 없기 때문에, 전압이득 A 역시 무한대가 될 수 없다.

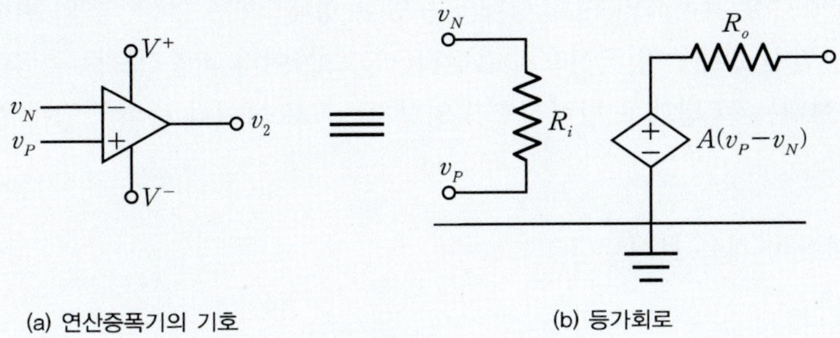

[그림 6-3] 연산증폭기 기호와 등가회로

SECTION 6.2 연산증폭기 저항회로

연산증폭기를 이용한 저항회로 중에 가장 기본적인 회로 형태에는 **반전 형태**inverting configuration와 **비반전 형태**non-inverting configuration가 있다. 반전 형태는 입력신호가 음단자(−)로 들어가 최종적으로 출력이 음수 값인 형태를 말하고, 비반전 형태는 그 반대로 입력신호가 양단자(+)로 들어가 출력이 양수 값인 형태를 말한다.

[그림 6-4]는 반전 형태의 기본적인 연결을 보여준다.

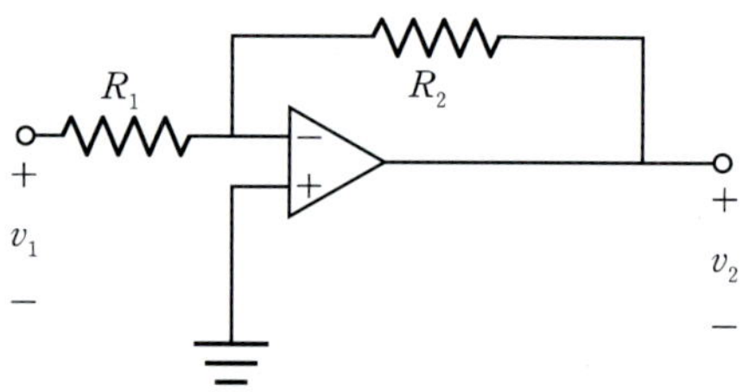

[그림 6-4] 반전 형태 회로

비반전 형태는 [그림 6-5(a)]와 같이 연결된 것을 말한다. 이 경우 접지단자가 입력단자보다 위에 있어 해석하기 불편하므로 연산증폭기의 방향을 위아래로 바꿔서 [그림 6-5(b)]와 같이 표현하기도 한다. 이 두 회로는 같은 회로이므로 혼동하지 말자.

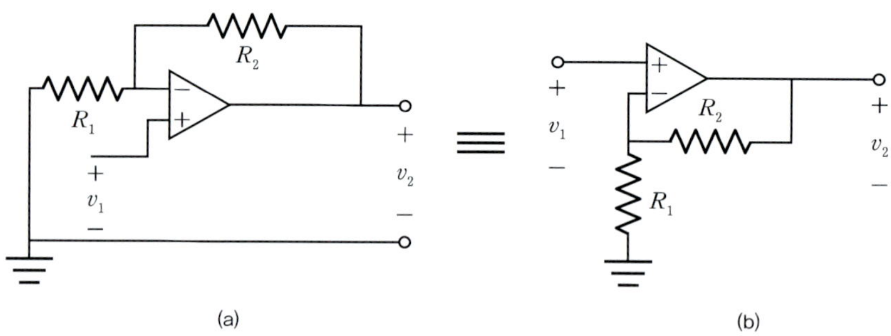

[그림 6-5] 비반전 형태 회로

먼저 반전 형태 회로를 분석해보자.

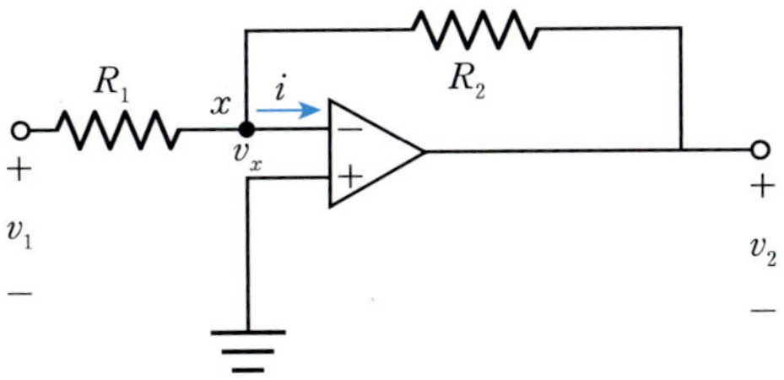

[그림 6-6] 반전 형태 회로 분석

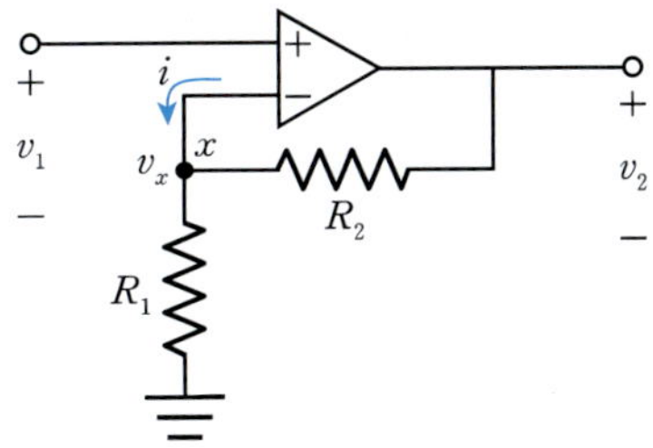

[그림 6-7] 비반전 형태 회로 분석

노드해석법을 적용하여 [그림 6-6]의 회로를 해석하면, 노드 x에서 KCL에 의해 다음과 같은 수식을 만들 수 있다.

$$\frac{v_1 - v_x}{R_1} + \frac{v_2 - v_x}{R_2} = i$$

이때 이상적인 연산증폭기의 두 가지 조건인 $v_x = v_- = v_+ = 0$과 $i_- = i_+ = 0$을 위 식에 대입하면 $\frac{v_1}{R_1} + \frac{v_2}{R_2} = 0$이 된다. 결국 전압이득voltage gain은 다음과 같고, 그 출력 값은 반전되어 음수 값이 된다.

$$\frac{v_2}{v_1} = -\frac{R_2}{R_1} \tag{6.1}$$

다음으로 비반전 형태 회로를 분석해보자. 반전 형태 회로와 마찬가지로 [그림 6-7]의 회로의 노드 x에서 KCL을 적용하여 수식을 만들면 다음과 같다.

$$\frac{v_x}{R_1} + \frac{v_x - v_2}{R_2} = i$$

여기서 이상적인 연산증폭기의 두 가지 조건인 $i = 0$, $v_x = v_1$을 위 식에 대입한다.

$$\frac{v_1}{R_1} + \frac{v_1 - v_2}{R_2} = 0$$

따라서 전압이득은 식 (6.2)와 같고, 그 출력 값은 반전되지 않은 양수 값을 가진다.

$$\frac{v_2}{v_1} = 1 + \frac{R_2}{R_1} \tag{6.2}$$

SECTION 6.3 연산증폭기 회로와 노드해석법

연산증폭기와 저항회로가 있는 회로는 메시해석법보다 노드해석법으로 해석하는 것이 더 편리하다. 그 이유는 연산증폭기 내부의 회로 구성을 모르는 상태에서 연산증폭기를 포함한 메시를 정하는 것이 어렵기 때문이다.

예제 6-1 **차이 전압증폭기 회로**

[그림 6-8]의 회로는 입력 v_a, v_b의 차이 값을 저항 값의 조정에 의하여 임의의 비율로 증폭시킬 수 있는 회로이다. 이 회로에서 입력 v_a, v_b에 의한 v_{out}의 값을 구하라.

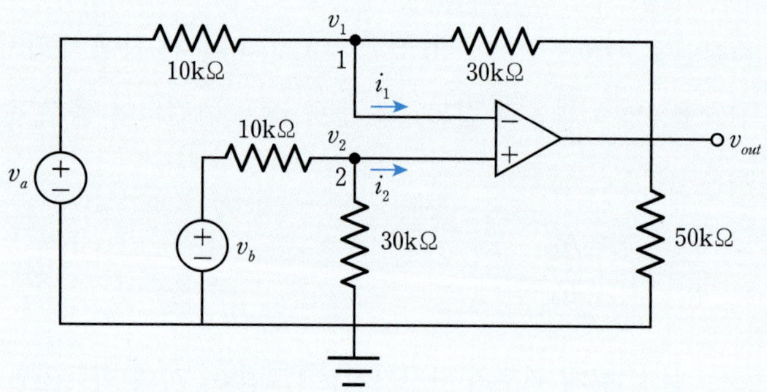

[그림 6-8] 차이 전압증폭기 회로

풀이

먼저 이상적인 연산증폭기의 조건을 문제에 적용하면 $i_1 = i_2 = 0$, $v_1 = v_2$가 된다.

노드 1에 KCL을 적용하여 수식을 만들면 다음과 같다.

$$\frac{v_a - v_1}{10\text{k}} = \frac{v_1 - v_{out}}{30\text{k}} + i_1$$

노드 2에 KCL을 적용하여 독립된 또 다른 수식을 만들면 다음과 같다.

$$\frac{v_b - v_2}{10\text{k}} = \frac{v_2}{30\text{k}} + i_2$$

여기에 이상적 연산증폭기의 조건을 대입하여 풀면 이 두 수식은 v_a, v_b와 v_{out}만을 이용한 수식으로 바뀌고, 다음과 같은 결과를 얻을 수 있다.

$$v_{out} = 3(v_b - v_a)$$

출력전압은 두 입력전압의 차이 전압을 $\frac{30\text{k}}{10\text{k}} = 3$ (배)만큼 증폭시킨 전압이 됨을 알 수 있다.

참고 6-2 노드해석법에 의한 순서적 해법

[예제 6-1]을 노드해석법으로 풀어보자. 먼저 노드의 개수를 세어보면 모두 6개다. 따라서 모든 노드전압(접지전압)을 계산하려면 $6-1=5$**(개)의 독립적인 수식이 필요**하다. 이 5개의 수식 중 **KCL을 적용하여 풀 수 있는 것**은 위의 [예제 6-1]과 같이 **노드 1과 노드 2에서 얻을 수 있는 수식**이고, 나머지 **수식 3개는 접지전압전원인 v_a, v_b와 v_{out}에서 직접 얻는 제약식**으로 구할 수 있다.

이제 조금 더 복잡한 예제를 풀어보면서 연산증폭기를 이용한 다양한 설계 방법과 회로해석에 대해 공부해보자.

예제 6-2 브리지 증폭회로

[그림 6-9]의 회로는 브리지 회로의 저항 값들의 조정에 의하여 입력 v_s를 임의의 비율로 증폭하는 회로이다. 이 회로에서 입력 v_s에 의한 출력 v_{out}을 표기하라.

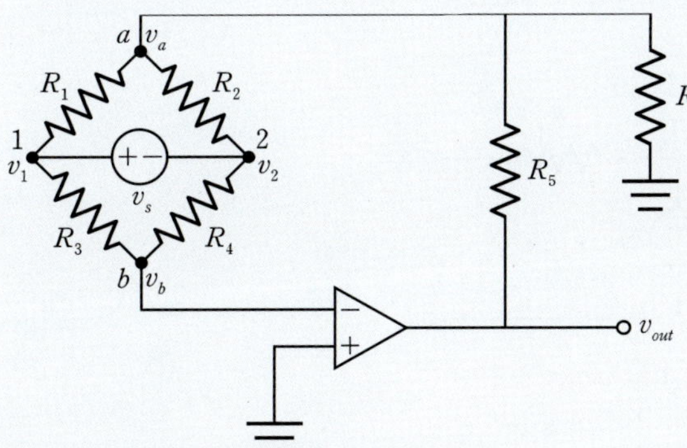

[그림 6-9] 브리지 증폭회로

풀이

[그림 6-9]의 회로에서 노드 개수는 모두 6개고, 이 중에서 하나를 접지시키면 계산해야 할 노드전압은 v_1, v_2, v_a, v_b, v_{out}으로 5개가 된다. 이 중에서 이상적 연산증폭기 조건($v_b=0$)을 대입하고 접지전압전원 v_{out}에 대한 제약식을 고려하면, 최종적으로 노드 1, 2, a에서 얻는 수식 3개로 회로 해석이 가능하다. 이 수식 3개는 다음과 같다.

노드 a에서 KCL에 의해 다음과 같은 수식을 얻을 수 있다.

$$\frac{v_1-v_a}{R_1}+\frac{v_2-v_a}{R_2}=\frac{v_a-v_{out}}{R_5}+\frac{v_a}{R_6}$$

노드 1과 노드 2 사이에는 부유전압전원이 있으므로 이 두 노드를 묶어서 슈퍼노드로 만들고, 이 슈퍼노드로부터 하나의 제약식과 또 하나의 KCL 수식을 구한다.

$$v_s=v_1-v_2$$

$$\frac{v_1 - v_a}{R_1} + \frac{v_2 - v_a}{R_2} + \frac{v_1}{R_3} + \frac{v_2}{R_4} = 0$$

따라서 이 3개의 수식을 연립하여 v_1, v_2, v_a를 제거하고, v_{out}을 v_s에 대한 식으로 정리하면 다음과 같다.

$$v_{out} = \left[1 + \frac{R_5}{R_6}\right]\left[\frac{R_2}{R_1 + R_2} - \frac{R_4}{R_3 + R_4}\right] v_s$$

예제 6-3 브리지 증폭회로(또 다른 풀이 방법)

[예제 6-2]의 회로를 테브난의 정리를 사용하여 회로해석을 하라.

풀이

회로해석을 하기 위해 5장에서 배운 테브난의 정리를 사용하면 [그림 6-10]과 같이 단자 $a-b$ 사이의 브리지 회로를 테브난 등가회로로 바꾸고 회로를 해석할 수 있다.

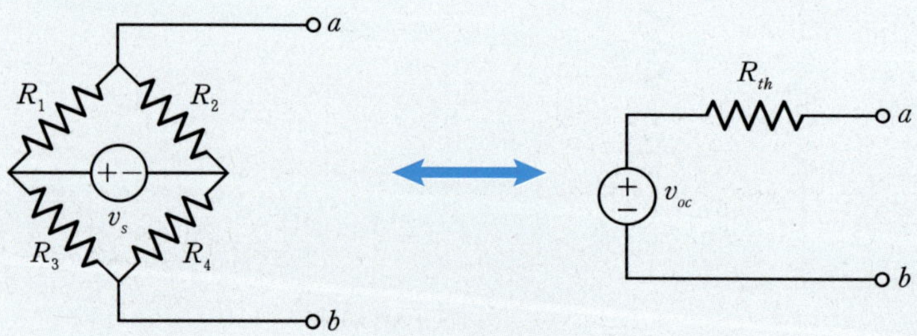

[그림 6-10] 단자 $a-b$ 사이의 테브난 등가회로

먼저 단자 브리지 회로만을 따로 떼어 내어 $a-b$ 사이의 테브난 등가회로를 구해보자.

첫 번째로, 회로를 [그림 6-11]과 같이 변형하면 $v_{oc} = v_a - v_b$라고 할 수 있으며, 이 값은 다음과 같이 전개할 수 있다.

$$v_{oc} = v_s \frac{R_2}{R_1 + R_2} - v_s \frac{R_4}{R_3 + R_4} = \left(\frac{R_2}{R_1 + R_2} - \frac{R_4}{R_3 + R_4}\right) v_s$$

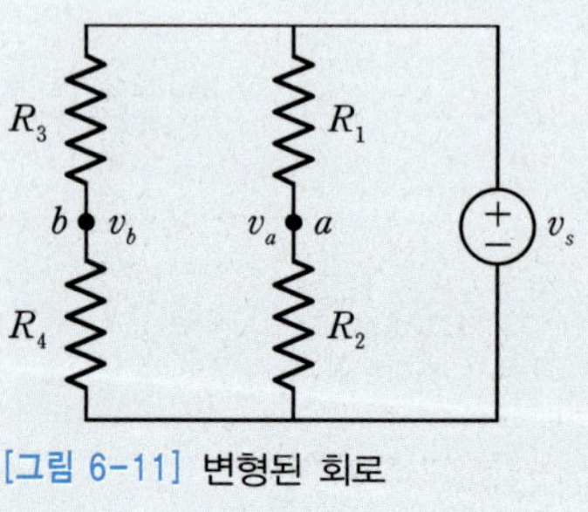

[그림 6-11] 변형된 회로

두 번째로, 독립전압전원을 비활성화시켜서(즉, 전압전원을 단락시켜) 얻은 [그림 6-12]와 같은 회로를 구성하고, 이때 저항의 직병렬 관계를 통해 R_{th}를 구한다.

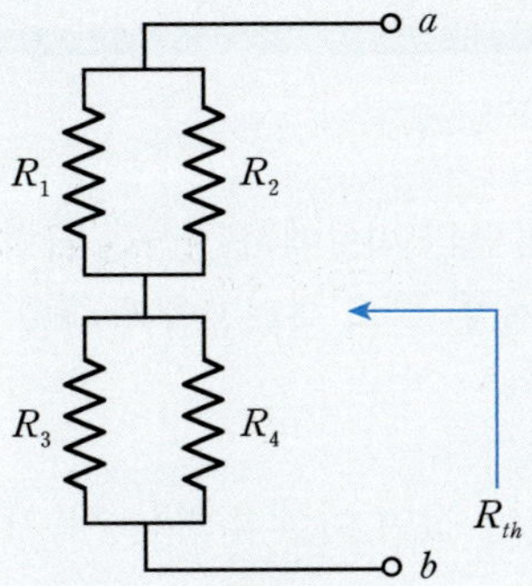

[그림 6-12] 변형된 회로

즉, 다음과 같이 계산할 수 있다.

$$R_{th} = (R_1 \parallel R_2) + (R_3 \parallel R_4)$$

$$= \frac{R_1 R_2}{R_1 + R_2} + \frac{R_3 R_4}{R_3 + R_4}$$

다음은 이렇게 변형된 테브난 등가회로를 포함한 연산증폭기 회로에서 노드해석에 의한 출력전압을 구할 수 있다.

[그림 6-9]의 노드 a에 KCL을 적용하면 다음과 같다.

$$\frac{v_{oc} - v_a}{R_{th}} = \frac{v_a - v_o}{R_5} + \frac{v_a}{R_6}$$

여기에 이상적 연산증폭기의 조건인 $i_1 = 0$과 $v_a = v_{oc}$를 대입하여 정리하면 다음과 같다.

$$0 = \frac{v_a - v_o}{R_5} + \frac{v_{oc}}{R_6}$$

최종적으로 다음과 같은 수식을 얻을 수 있다.

$$v_o = \left(1 + \frac{R_5}{R_6}\right) v_{oc} = \left(1 + \frac{R_5}{R_6}\right)\left(\frac{R_2}{R_1 + R_2} - \frac{R_4}{R_3 + R_4}\right) v_s$$

SECTION 6.4

연산증폭기 응용 회로 : 전압추종기

전압추종기voltage follower는 연산증폭기를 이용한 응용 회로 중 하나로, 앞 단의 회로에서 생성된 출력전압을 그대로 다음 회로의 입력으로 사용할 수 있도록 하는 회로다. 이때 앞 단의 출력전압과 다음 단계 회로의 입력전압이 같기 때문에 전압추종기라고 부른다.

[그림 6-13]의 회로와 같이 전압추종기에서는 입력으로 들어간 전압 v_1 값이 이상적 연산증폭기의 조건에 따라 v_x와 같고, 이 전압이 다시 출력전압 v_2에 연결되어 있으므로 결국 $v_1 = v_2$가 된다(즉, 전압이득은 $\dfrac{v_2}{v_1} = 1$이다).

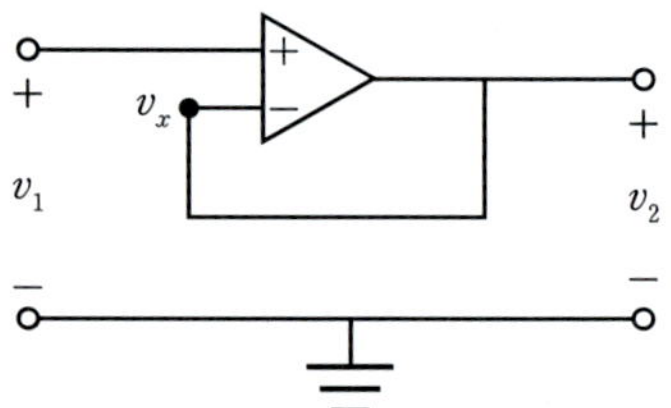

[그림 6-13] 전압추종기

그렇다면 이렇게 같은 전압을 얻기 위해 왜 연산증폭기를 연결하여 사용할까? 이것은 **부하효과**load effect라는 것을 없애고, 부하에 온전한 입력전압을 전달하기 위해서다.

참고 6-3 부하효과

예를 들어 [그림 6-14]와 같은 회로를 생각해보자.

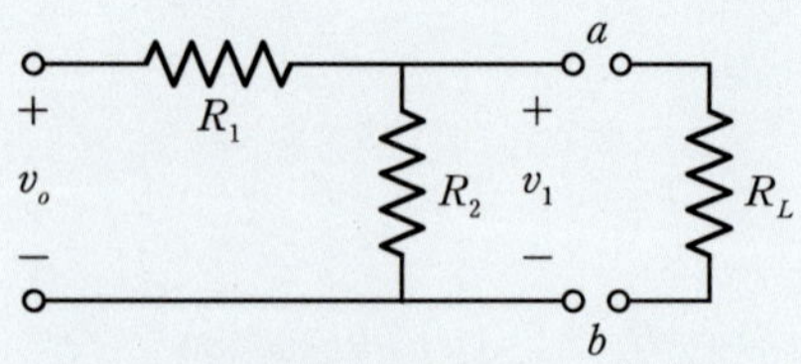

[그림 6-14] 부하효과

만약 단자 a, b의 왼쪽 회로에서 생성된 전압 v_1을 오른쪽 부하 R_L의 입력전압전원으로 사용한다고 가정하자. 이때 이 회로에 R_L을 연결하기 전의 v_1은 다음과 같이 전압분배기 회로해석으로 얻을 수 있다.

$$v_1 = v_o \frac{R_2}{R_1 + R_2}$$

그러나 이 전압을 부하의 입력전원으로 이용하기 위해 R_L을 접속한 후에 다시 v_1을 계산하면 다음과 같다.

$$v_1 = v_o \frac{R_2 \parallel R_L}{R_1 + R_2 \parallel R_L}$$

즉 부하를 연결한 이후에는 부하가 R_2 저항과 병렬로 연결되면서, 입력전압 v_1 값이 부하가 연결되기 전의 v_1 값보다 더 낮은 값으로 변한다. 결국 부하에 전달되는 입력전압이 낮아져 경우에 따라서는 부하를 정상적으로 작동시킬 수 없게 되는데, 이러한 현상을 **부하효과**라고 한다.

다시 연산증폭기를 이용한 전압추종기 회로를 생각해보자. 전압추종기 회로를 [참고 6-3]에 언급한 회로의 단자 $a-b$ 사이에 연결하면 [그림 6-15]와 같은 회로가 된다.

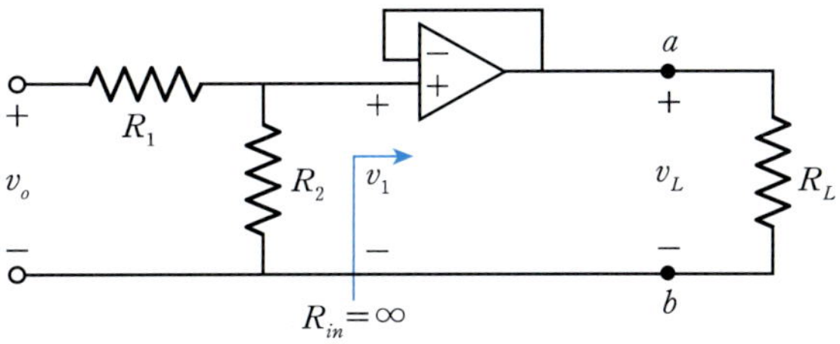

[그림 6-15] 전압추종기 삽입회로

단자 a, b의 왼쪽 회로의 경우 전압추종기를 삽입한 후에도 이상적인 연산증폭기의 입력저항 R_{in} 값은 무한대다. 따라서 v_1의 값은 비록 R_{in}이 R_2 저항에 병렬로 연결되더라도 단순하게 R_1, R_2 두 저항 값에 의해서만 영향을 받는다. 또한 이 전압 값이 이상적 연산증폭기의 조건인 $v_x = v_P = v_N$에 의해 그대로 부하에 손실 없이 전달되므로 결론적으로는 부가적인 부하 연결에 의한 부하효과를 방지할 수 있는 것이다. 이와 같이 전압추종기 회로는 전 단계의 회로와 다음 단계의 회로 사이에 설치하여 두 회로를 분리하는 데 사용할 수 있으므로 **분리기**isolator 또는 **버퍼**buffer라고도 부른다.

SECTION 6.5

합산기

일반적으로 연산증폭기에 의한 합산기summer는 반전 형태와 비반전 형태 중에서 어느 것으로도 구현할 수 있다. 반전 형태의 회로는 [그림 6-16]과 같다.

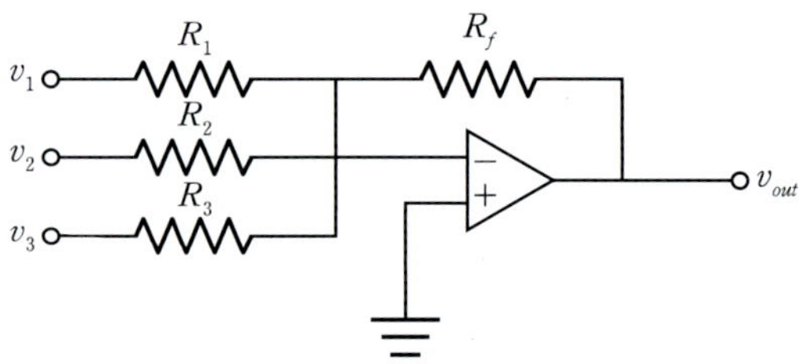

[그림 6-16] 반전 형태 합산기

위 회로를 해석할 때는 중첩의 원리를 사용하는 것이 편하다. 즉 v_{out}의 값은 v_1, v_2, v_3 각각의 입력 전압에 대한 출력 값들을 단순히 합함으로써 표현할 수 있다. 먼저 v_1에 의한 출력 값을 얻기 위해 [그림 6-17]과 같이 v_2, v_3를 비활성화시키면(즉, 두 전압을 0으로 만들면) R_2, R_3에는 전류가 흐르지 않는다. 그러므로 결국 이 회로는 단순히 하나의 입력 v_1과 R_1, R_f만이 존재하는 반전 형태 회로가 된다.

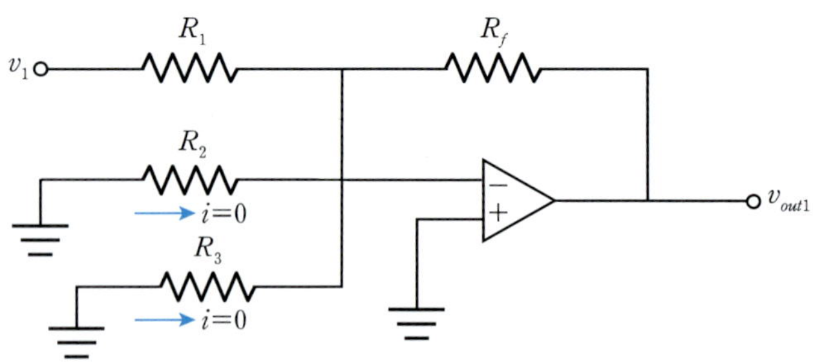

[그림 6-17] 중첩의 원리를 적용한 회로

따라서 입력 v_1에 의한 $v_{out} = v_1\left(-\dfrac{R_f}{R_1}\right)$가 된다. 마찬가지로 입력 v_2, v_3에 의한 출력 v_{out2}, v_{out3}는 각각 다음과 같이 얻을 수 있다.

$$v_{out2} = v_2\left(-\frac{R_f}{R_2}\right), \quad v_{out3} = v_3\left(-\frac{R_f}{R_3}\right)$$

그러므로 중첩의 원리에 의해 다음과 같이 구할 수 있다.

$$\begin{aligned} v_{out} &= v_{out1} + v_{out2} + v_{out3} \\ &= -\left(\frac{v_1}{R_1} + \frac{v_2}{R_2} + \frac{v_3}{R_3}\right)R_f \\ &= \left(-\frac{R_f}{R_1}\right)v_1 + \left(-\frac{R_f}{R_2}\right)v_2 + \left(-\frac{R_f}{R_3}\right)v_3 \end{aligned}$$

이때 $R_f = R_1 = R_2 = R_3$로 두면 이 식은 다음과 같이 되어 음수 값을 가지는 합산기가 된다.

$$v_{out} = -(v_1 + v_2 + v_3) \tag{6.3}$$

합산기를 구현하는 다른 방법으로 비반전 형태 회로에 의한 방법이 있는데, [그림 6-18]과 같은 회로로 양수 값의 전압이득을 가지는 합산기를 설계할 수 있다.

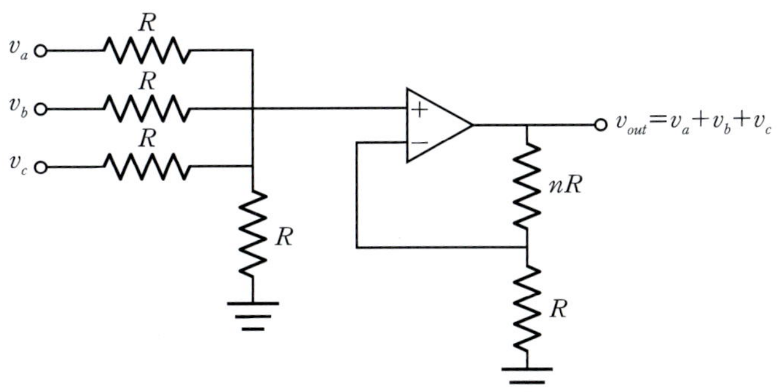

[그림 6-18] 비반전 형태 합산기

비반전 형태 합산기의 출력전압은, 반전 형태 회로의 해석과 같이 중첩의 원리에 의한 해석을 통해 얻을 수 있다(단, 위의 회로에서 n 값은 일반적으로 회로에 입력되는 입력전압의 개수다. 그런데 위의 회로는 입력전압이 v_a, v_b, v_c의 3개이므로 $n = 3$이 된다).

[그림 6-19]와 같이 v_a만을 남기고 다른 독립전원 v_b, v_c를 비활성화시키고(접지시키고) 나서, 해당하는 출력전압 v_{out1}을 구하면, v_+의 값은 전압분배기에 의해 v_a가 $R : R \| R \| R = 3 : 1$로 분배된 값인 $\frac{v_a}{3}$가 되고, 이상적 연산증폭기의 성질에 따라, $v_+ = v_- = \frac{v_a}{3}$가 되어 결과적으로 출력 단에서의 전압분배 원칙에 따라 $v_{out1} = v_a$가 된다.

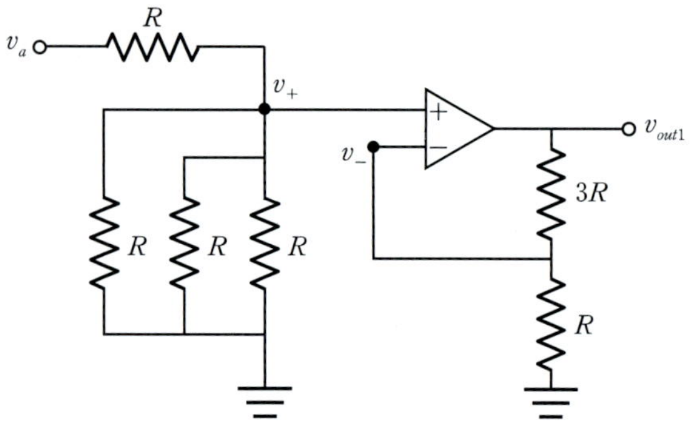

[그림 6-19] 비반전 형태 합산기의 중첩의 원리를 적용한 회로

이와 같은 방법으로, v_b와 v_c에 의한 v_{out2}와 v_{out3} 역시 $v_{out2}=v_b$, $v_{out3}=v_c$가 되어, 결과적으로 다음과 같은 식 (6.4)를 얻는다.

$$v_{out}=v_{out1}+v_{out2}+v_{out3}=v_a+v_b+v_c \tag{6.4}$$

SECTION 6.6 연산증폭기 회로와 선형대수 방정식의 해

연산증폭기는 여러 가지 조합으로 선형대수 방정식을 풀 수 있는 아날로그 컴퓨터로 구현될 수 있다. 디지털 컴퓨터에는 디지털 데이터로 샘플링된 이산데이터가 입력되지만, 아날로그 컴퓨터에는 아날로그 신호 값이 그대로 입력된다. 그리고 출력도 방정식의 해가 함수 값으로 그대로 출력된다. 이때 아날로그 컴퓨터에서 선형대수 방정식은 디지털 컴퓨터와 같이 프로그래밍을 통해 계산되지 않고, 연산증폭기로 구현되는 회로를 통해 하드웨어적으로 계산된다.

예제 6-4 선형대수 방정식을 푸는 연산증폭기 회로의 구현

연산증폭기를 이용하여, 다음 방정식의 해인 z 값을 구하는 아날로그 컴퓨터를 구현하라.

$$z = 4x - 5y + 2$$

풀이

위의 방정식을 구현하기 위해 $4x$를 이득 4를 가지는 입력 x의 블록 출력으로 표현하면 [그림 6-20]과 같은 블록선도를 그릴 수 있다.

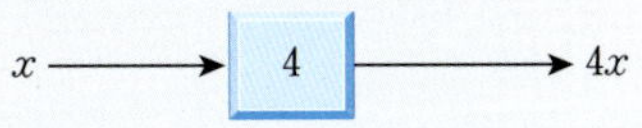

[그림 6-20] 이득 4 블록선도

마찬가지로 $-5y$는 이득 -5를 가지는 입력 y의 블록 출력으로 표현할 수 있다.

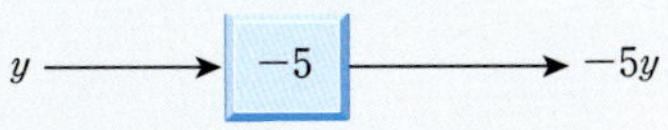

[그림 6-21] 이득 −5 블록선도

결과적으로 최종 출력 z는 이 출력들과 2라는 입력이 합쳐져서 이루어진 형태로 [그림 6-22]와 같이 표현할 수 있다.

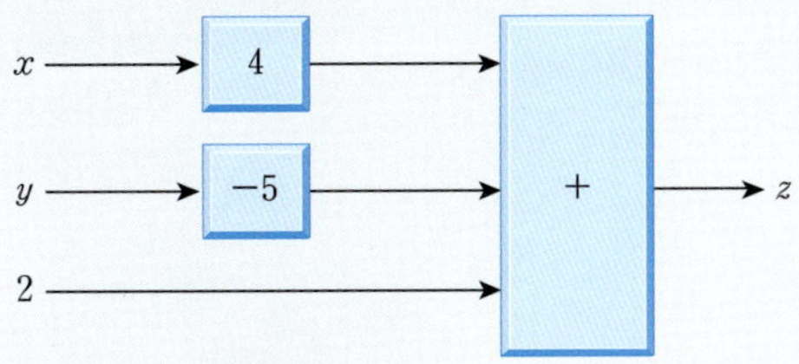

[그림 6-22] 합산기 블록선도

결국 위의 블록선도를 구현하기 위한 회로를 설계하기 위해 입력 x, y와 출력 z의 값을 각각 노드전압으로 표현하면 다음과 같다.

$$v_z = 4v_x - 5v_y + 2\,[\mathrm{V}]$$

이 노드전압을 얻기 위한 회로를 구현하기 위해 방정식의 해를 구하는 아날로그 컴퓨터를 만들 수 있다. 먼저 [그림 6-20]의 $4x$를 얻기 위한 회로는 다음과 같은 비반전 형태 회로로 구현할 수 있다. 이때 비반전 형태 회로의 전압이득 식은 $1+\dfrac{R_2}{R_1}$이므로 [그림 6-23]의 회로에서 $R_1 = 20\,[\mathrm{k\Omega}]$, $R_2 = 60\,[\mathrm{k\Omega}]$으로 배정하여 전압이득 4를 얻는다.

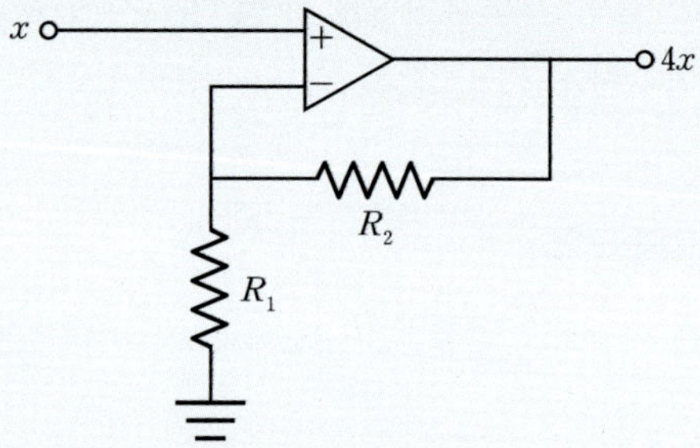

[그림 6-23] 전압이득 4의 회로

또한 [그림 6-21]의 $-5y$를 얻기 위한 회로는 다음과 같은 반전 형태 회로로 구현할 수 있다. 반전 형태 회로의 전압이득 식은 $-\dfrac{R_2}{R_1}$이므로 $R_1 = 20\,[\mathrm{k\Omega}]$, $R_2 = 100\,[\mathrm{k\Omega}]$으로 배정하여 전압이득 -5를 얻는다.

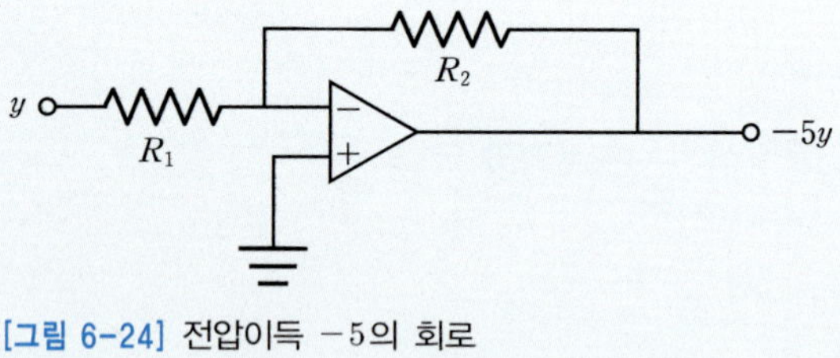

[그림 6-24] 전압이득 −5의 회로

마지막으로, 위에서 얻은 $4x$, $-5y$ 출력 값과 입력 값 2를 합하여 [그림 6-22]의 합산기를 구현하면 최종 출력 값 z를 얻는 아날로그 컴퓨터를 설계할 수 있다. 출력 값 z를 얻는 입력 $4x$, $-5y$, 2를 합산하는 합산기는 6.2절에서 설명한 비반전 형태 회로로 구현하면 되고, $R = 20\,[\mathrm{k\Omega}]$, $nR = 3\times 20\,[\mathrm{k\Omega}] = 60\,[\mathrm{k\Omega}]$으로 배정하면 된다.

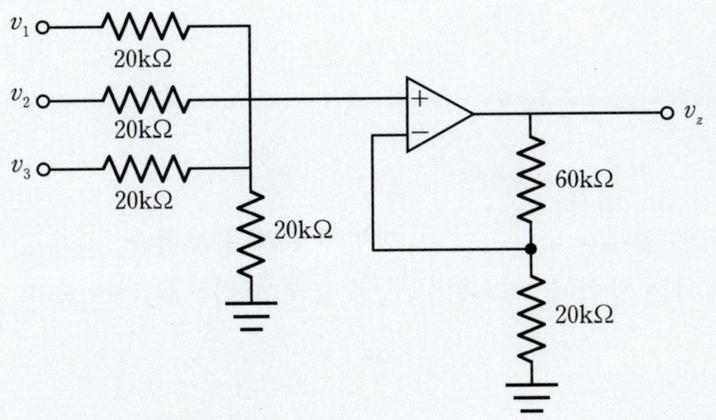

[그림 6-25] 비반전 형태 합산기 회로

따라서 [그림 6-25]에 모든 모듈을 합하여 통합된 방정식 $z=4x-5y+2$의 해를 구하는 아날로그 컴퓨터의 회로는 [그림 6-26]과 같다.

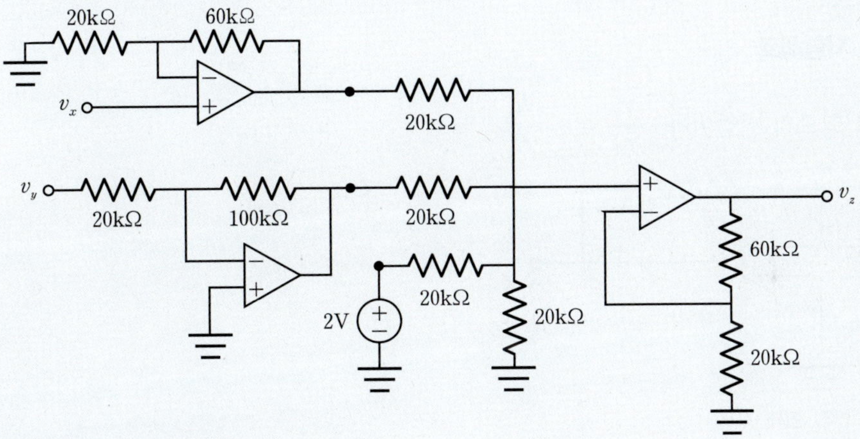

[그림 6-26] 완성된 아날로그 컴퓨터 회로

CHAPTER

06 핵심요약

이 장에서는 연산증폭기를 이용한 증폭회로 설계와 다양한 응용 회로에 관해 공부했다. 실제로 이상적인 연산증폭기의 외부에 저항회로를 연결하는 방법에 따라 합산기, 아날로그 컴퓨터, 전압추종기 등을 설계할 수 있다.

■ 이상적인 연산증폭기의 조건

- $i_- = i_+ = 0$, 즉 입력저항이 무한대이므로 들어가는 전류는 0이다.
- $v_P = v_N$, 즉 두 입력단자는 서로 개방된 것으로 가정했으나, 서로 같은 전압 값을 가진다(가상 단락).

■ 연산증폭기 저항회로

- 반전 형태 회로의 전압이득 : $\dfrac{v_2}{v_1} = -\dfrac{R_2}{R_1}$

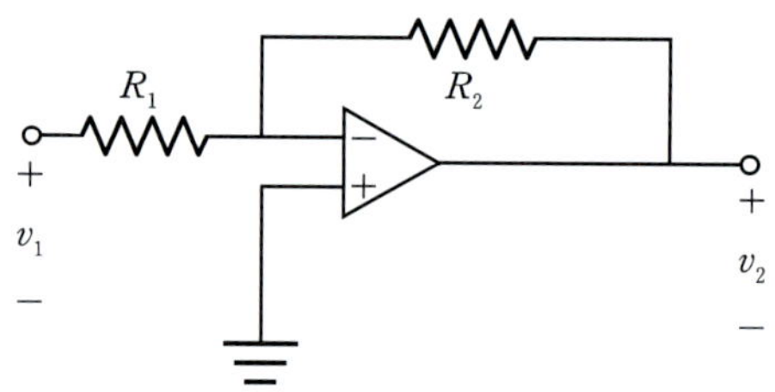

[그림 6-27] 반전 형태 회로

- 비반전 형태 회로의 전압이득 : $\dfrac{v_2}{v_1} = 1 + \dfrac{R_2}{R_1}$

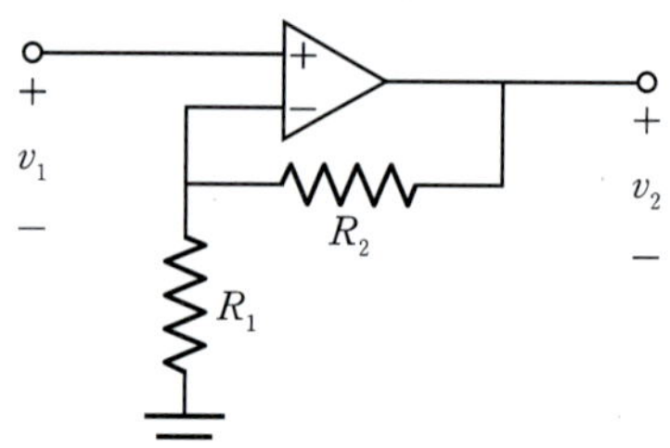

[그림 6-28] 비반전 형태 회로

■ 전압추종기 회로

- 부하효과를 방지하기 위해 회로와 회로 사이에 삽입하는 분리기 또는 버퍼
- 전압추종기 회로의 전압이득 : $v_1 = v_2$

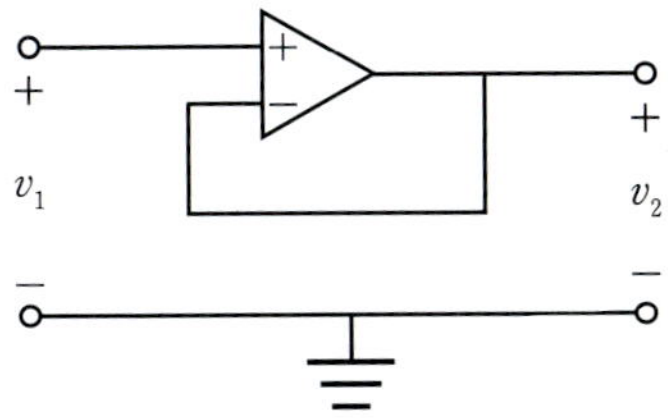

[그림 6-29] 전압추종기 회로

■ 합산기

- 음수 값 합산기 회로 : 반전 형태 회로에 의한 구현([그림 6-30(a)])

$$v_{out} = -(v_1 + v_2 + v_3)$$

- 양수 값 합산기 회로 : 비반전 형태 회로에 의한 구현([그림 6-30(b)])

$$v_{out} = v_a + v_b + v_c$$

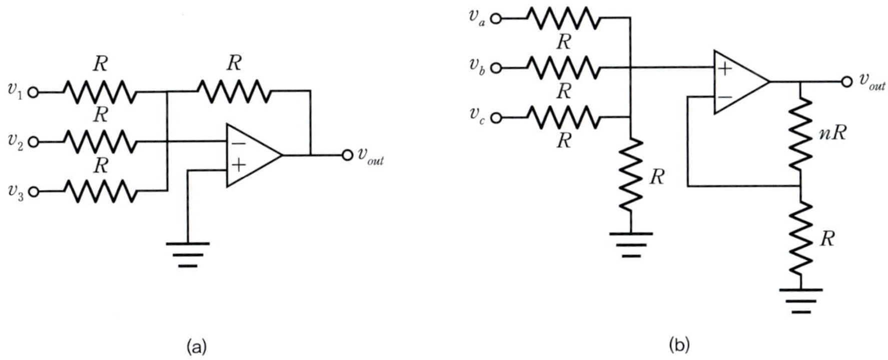

[그림 6-30] 합산기 회로

■ 선형방정식의 해를 위한 아날로그 컴퓨터의 설계

$$z = ax + by + c \text{ (단, } a,\ b,\ c\text{는 이득 상수, } x,\ y,\ z\text{는 변수)}$$

- 음수 값 이득을 얻기 위한 회로 : 비반전 형태 회로에 의한 구현([그림 6-28])
- 양수 값 이득을 얻기 위한 회로 : 반전 형태 회로에 의한 구현([그림 6-27])
- 합산을 위한 회로 : 반전 혹은 비반전 형태 회로에 의한 합산기 구현([그림 6-30])

CHAPTER

06 연습문제

연산증폭기 회로의 노드해석법

6.1 다음 회로에서 출력 V_o[V]는?

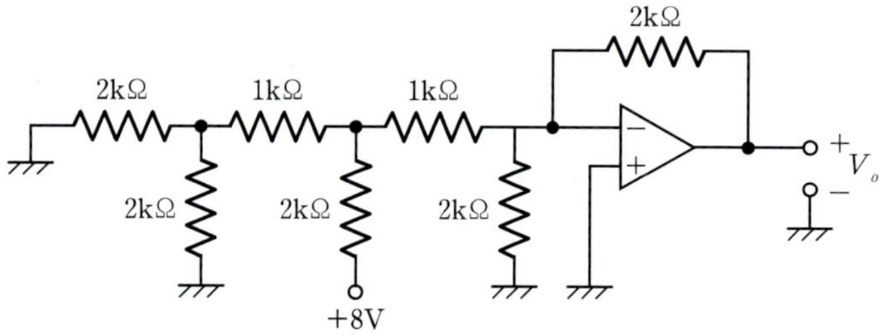

[그림 6-31]

6.2 다음 회로에서 연산증폭기가 이상적이라고 가정할 때, V_o가 -6[V]가 되기 위한 R[kΩ]은?

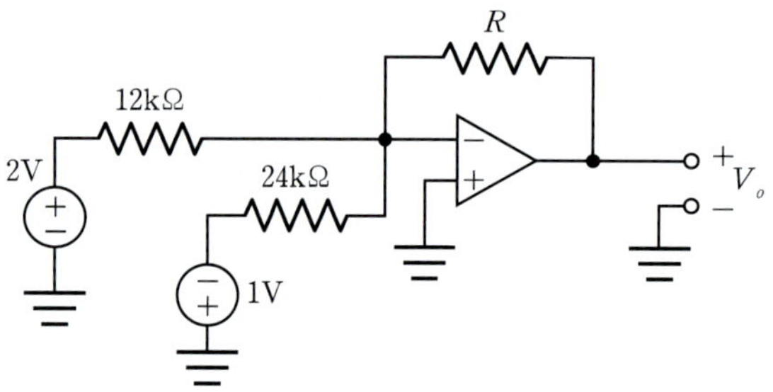

[그림 6-32]

6.3 다음 회로에서 연산증폭기가 이상적이라고 할 때, V_o[V]는?

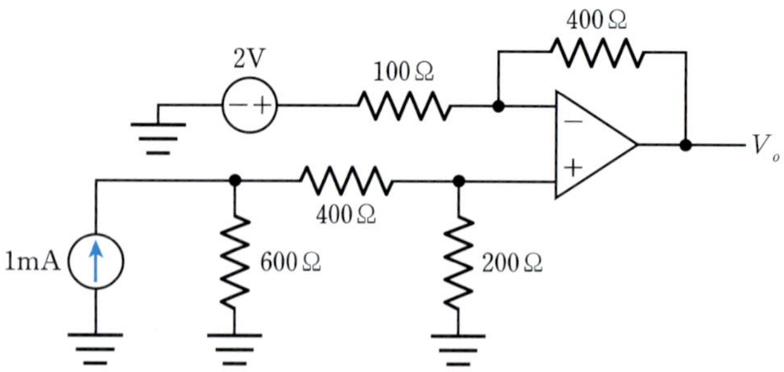

[그림 6-33]

6.4 다음 회로에서 입력전압 $v_i(t)$에 관계없이 출력전압 $v_0(t)$가 0[V]이기 위한 저항 R[kΩ]은? (단, 연산증폭기는 이상적이다.)

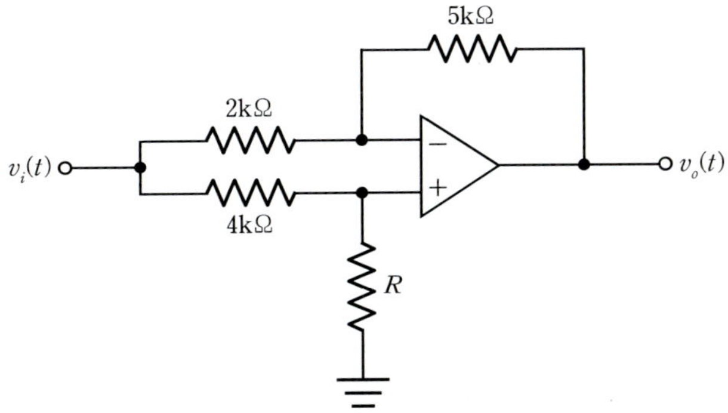

[그림 6-34]

6.5 다음과 같은 연산증폭기와 저항이 연결된 회로에서 입력전압을 $v_i(t)$, 출력전압을 $v_o(t)$라 할 때 $\dfrac{v_o(t)}{v_i(t)}$는? (단, $R_1 = R_3$, $R_2 = R_4$이고, 연산증폭기는 이상적이다.)

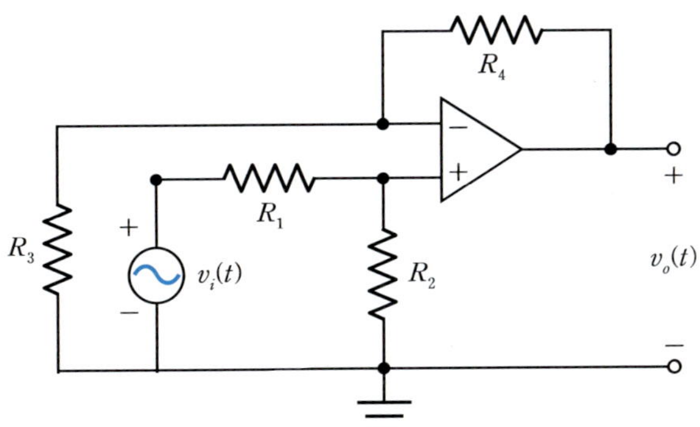

[그림 6-35]

6.6 다음과 같이 이상적인 연산증폭기를 포함한 회로에서의 전압 v_o[V]와 전류 i_o[mA]는?

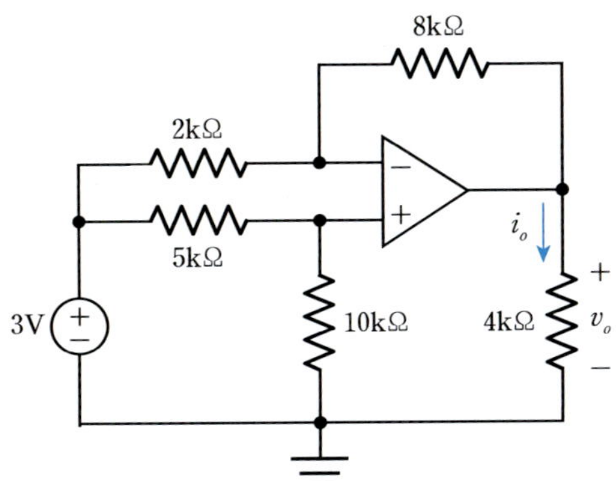

[그림 6-36]

6.7 다음 회로에서 연산증폭기의 특성이 이상적이라고 할 때, V_o[V]는?

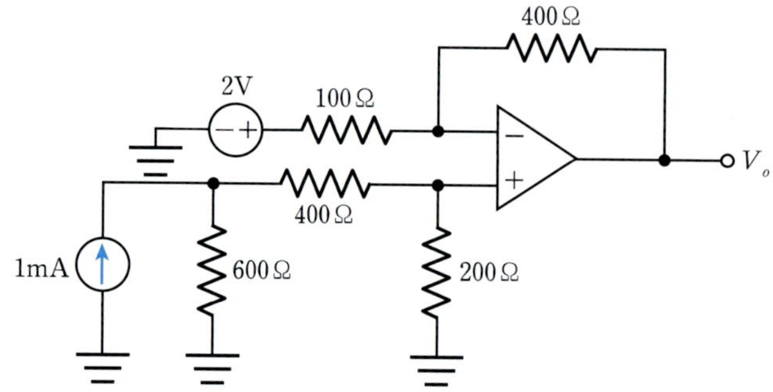

[그림 6-37]

6.8 다음 그림은 2개의 연산증폭기로 구성된 회로다. 각 물음에 답하라. (단, 연산증폭기는 이상적이라고 가정한다.)

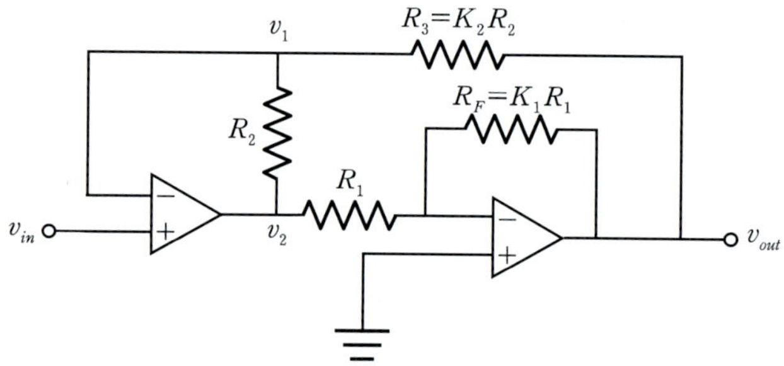

[그림 6-38]

(a) 입력이 $v_{in}(t)$일 때 이 회로의 출력 $v_{out}(t)$를 구하라.

(b) K_1과 K_2에 의한 이 회로의 기능을 설명하라.

(c) 만약 $K_1 = K_2$면 이 회로의 출력 $v_{out}(t)$는 어떻게 되는가?

6.9 다음 회로에서 i, v의 값을 구하라. (단, 연산증폭기는 이상적인 연산증폭기라고 가정한다.)

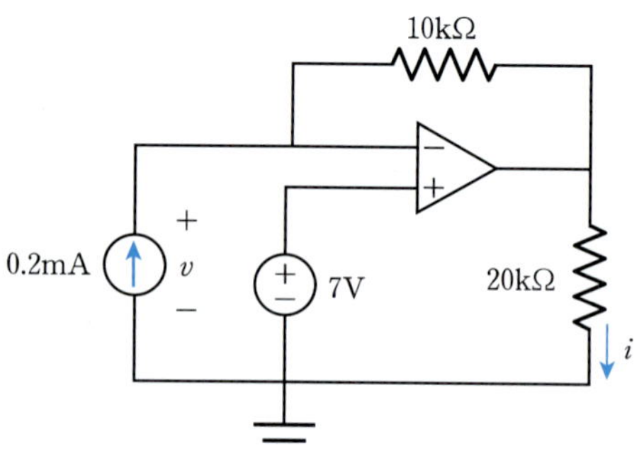

[그림 6-39]

6.10 다음 회로에서 노드전압(v_a, v_b, v_c, v_d, v_e, v_f, v_g)의 값을 구하라. (단, 연산증폭기는 이상적인 규격을 가진다.)

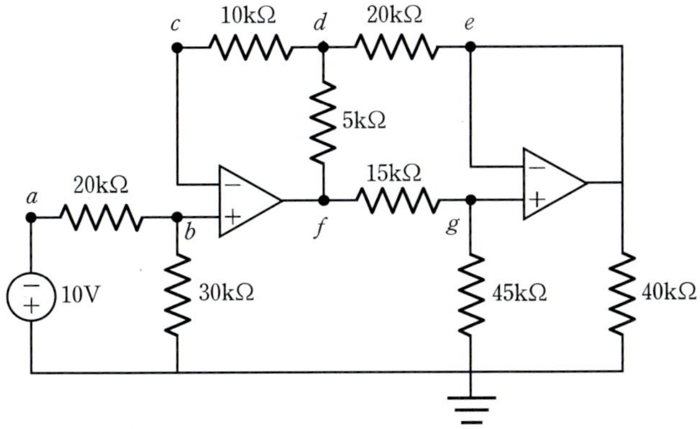

[그림 6-40]

6.11 다음 이상적인 연산증폭기 회로에서 i_a와 v_x의 값을 구하라.

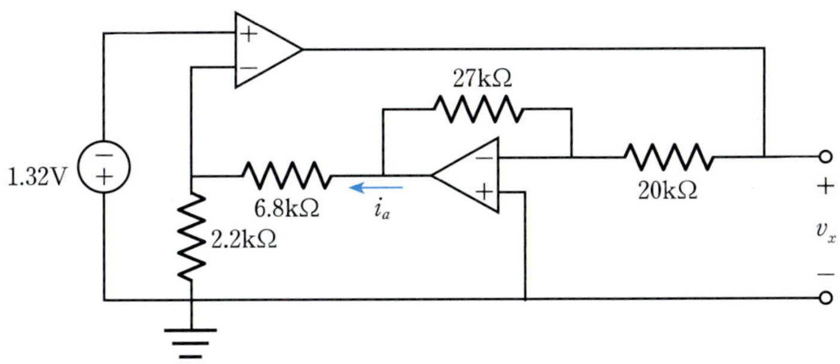

[그림 6-41]

6.12 다음 회로에서 $\frac{v_o}{v_s}$를 R_1, R_2, R_3, R_4에 의한 수식으로 구하라.

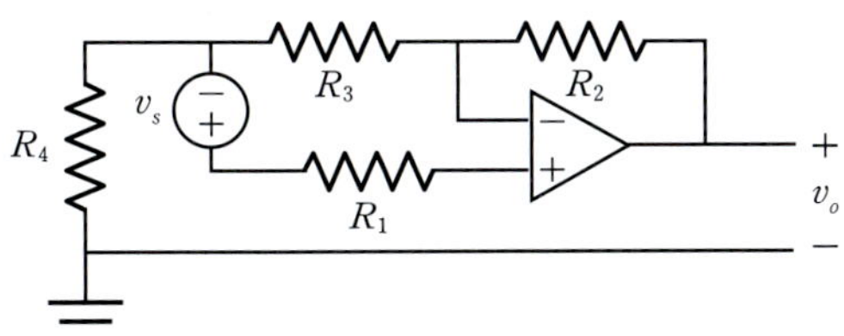

[그림 6-42]

6.13 도전 다음 회로에서 2개의 입력전압은 v_1과 v_2이고, 출력전압은 v_o이다. $v_o = av_1 + bv_2$이고, a와 b가 상수일 때, a와 b의 값을 구하라.

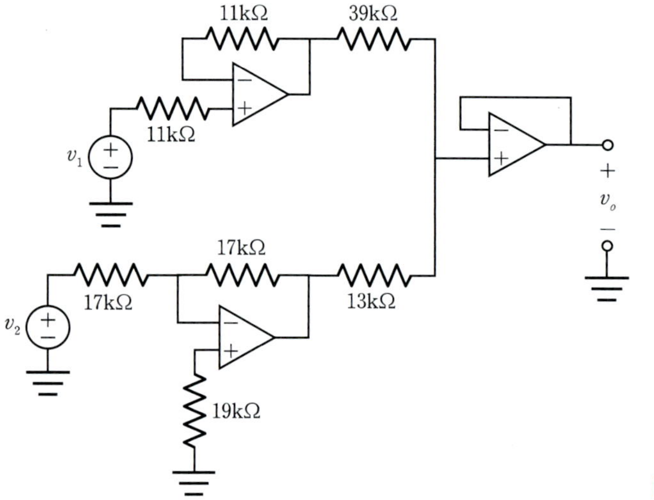

[그림 6-43]

합산기

6.14 다음 회로에서 $R_f = 200\,[\text{k}\Omega]$, $v_{out} = -(6v_1 + 3v_2 + 4v_3)$이 되기 위한 R_1, R_2, R_3의 값을 구하라.

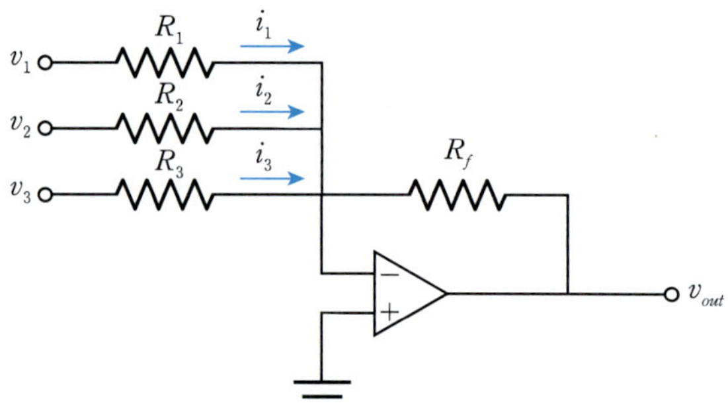

[그림 6-44]

6.15 다음 이상적인 연산증폭기 회로를 보고 물음에 답하라.

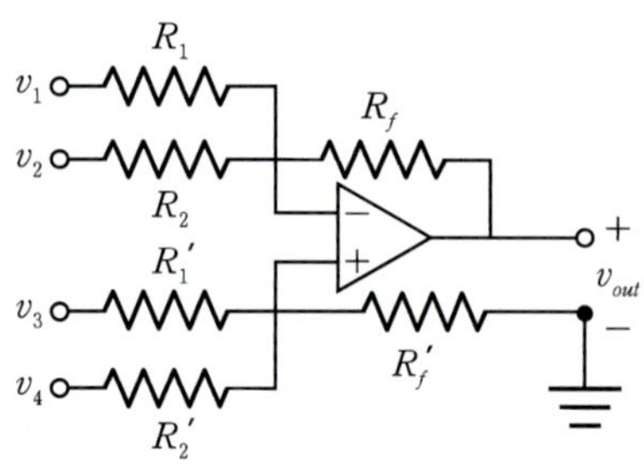

[그림 6-45]

(a) $v_1 = w$, $v_2 = x$, $v_3 = y$, $v_4 = z$일 때, v_{out}의 값을 w, x, y, z 변수로 표현하라.

(b) $v_1 = v_2 = 1\,[\text{V}]$, $v_3 = v_4 = 2\,[\text{V}]$이고, $R_f = 200\,[\text{k}\Omega]$, $R_f' = 100\,[\text{k}\Omega]$, $R_1 = 100\,[\text{k}\Omega]$, $R_2 = 25\,[\text{k}\Omega]$, $R_1' = 25\,[\text{k}\Omega]$, $R_2' = 16.67\,[\text{k}\Omega]$일 때, v_{out}의 값을 구하라.

전압추종기

6.16 다음 회로에서 이상적인 연산증폭기를 가정할 때 전압 v_o의 값을 구하라.

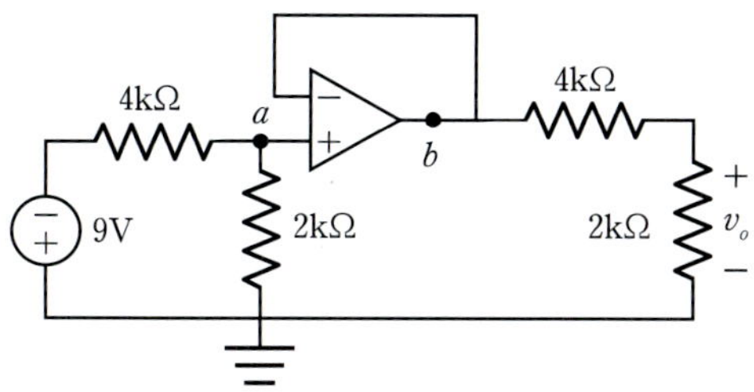

[그림 6-46]

선형대수방정식의 해

6.17 [연습문제 6.15]의 [그림 6-45]와 같은 회로에서, 제로 입력의 R_3를 R_1, R_2와 병렬로 연결했을 때 (즉, $v_5=0$) $v_{out}=-4v_1-2v_2+10v_3+v_4$가 될 수 있도록 모든 저항 R_1, R_2, R_3, R_f와 R_1', R_2', R_f'의 값을 정하라. (단, $R_f=R_f'$이고, $\sum_i \frac{R_f}{R_i}=\sum_i \frac{R_f'}{R_i'}$의 조건을 만족하도록 정하라.)

6.18 도전 다음의 연립방정식을 푸는 아날로그 컴퓨터 회로를 [그림 6-47]의 덧셈-뺄셈 연산증폭기 회로를 2개 이용하여 구현하라.

$$2x+3y=40,\quad 2x+y=5$$

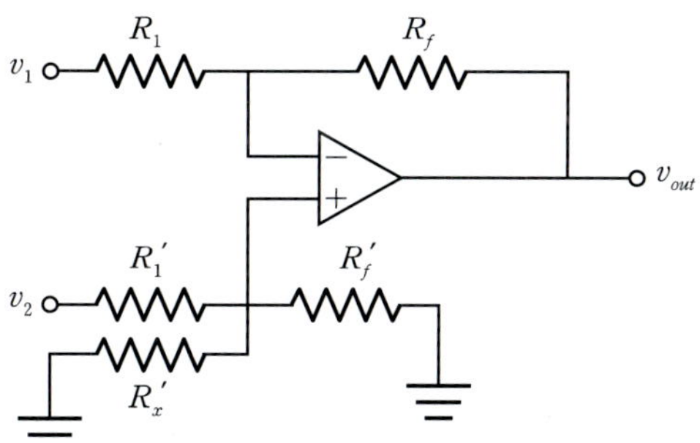

[그림 6-47]

CHAPTER

06 기출문제

2022년 국가공무원 9급

6.1 이상적인 연산증폭기를 포함한 그림의 회로에서 $v_s(t) = \cos t[\mathrm{V}]$일 때, 커패시터 양단 전압 $v_c(t)[\mathrm{V}]$는? (단, 커패시터의 초기전압은 0[V]이다.)

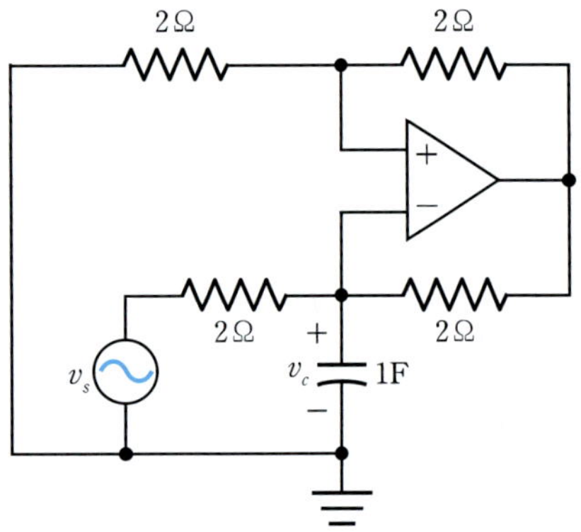

[그림 6-48]

① $-\dfrac{\sin t}{2}$　② $-2\sin t$　③ $\dfrac{\sin t}{2}$　④ $2\sin t$

2022년도 서울시 공무원 7급

6.2 그림의 이상적인 연산증폭기를 이용한 회로에서 $v_1 = -1[\mathrm{V}]$, $v_2 = 3[\mathrm{V}]$일 때, 전압 v_o의 값[V]은?

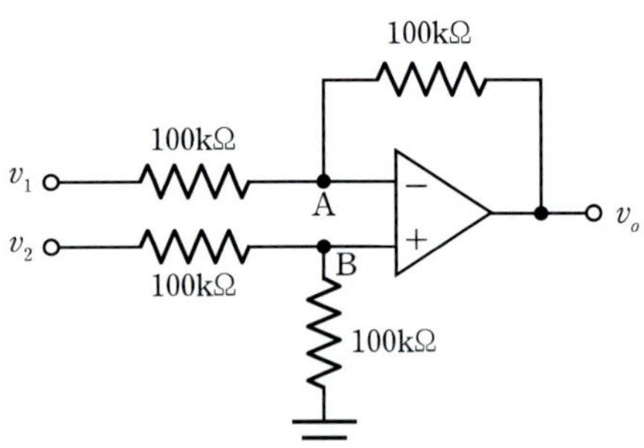

[그림 6-49]

① −4　② −2　③ 2　④ 4

2022년도 국가공무원 7급

6.3 다음 회로의 연산증폭기 동작으로 옳은 것은? (단, 연산증폭기는 이상적이다.)

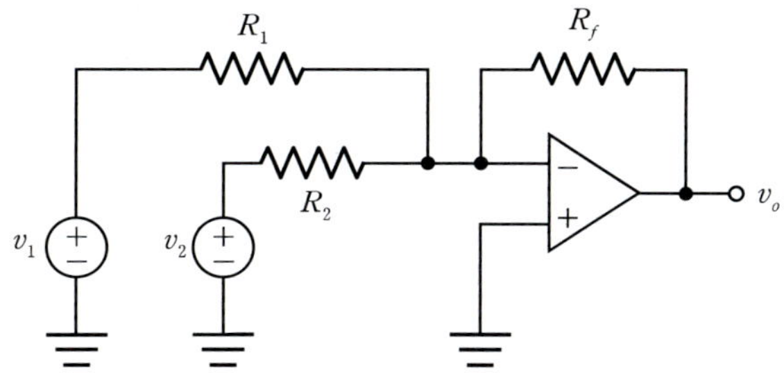

[그림 6-50]

① 미분기 ② 적분기 ③ 차동증폭기 ④ 가산증폭기

2022년도 국가공무원 7급

6.4 다음 회로에서 전압 v_o[V]는? (단, 연산증폭기는 이상적이다.)

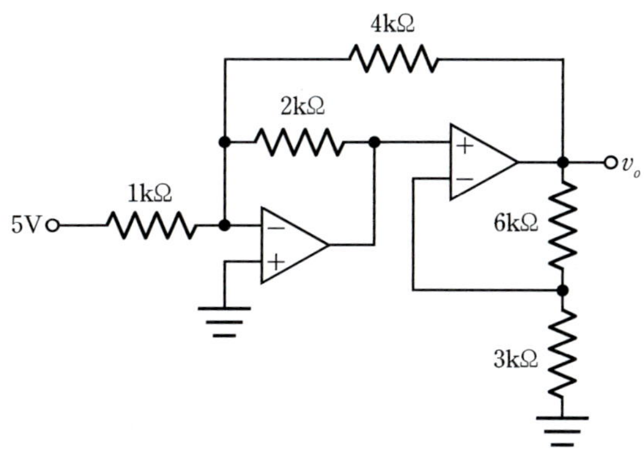

[그림 6-51]

① −12 ② −6 ③ 6 ④ 12

2021년도 국가공무원 7급

6.5 다음 이상적인 연산증폭기 회로에서 전압 $V_a = 2$[V], $V_b = 6$[V]일 때, 출력전압 V_o[V]는?

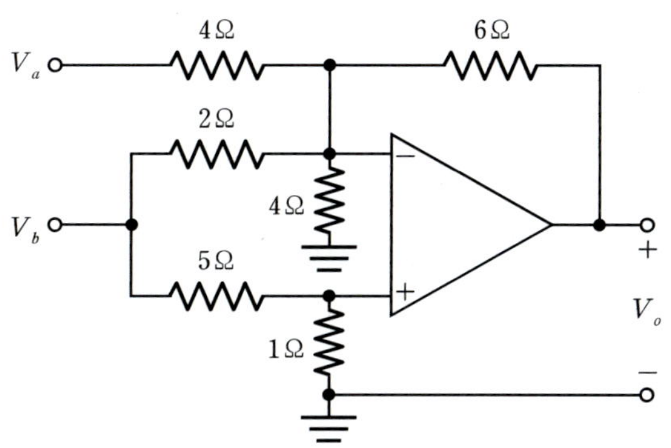

[그림 6-52]

① −14 ② −5 ③ 5 ④ 14

2021년도 국가공무원 7급

6.6 이상적인 연산증폭기를 사용한 다음 회로에서 $\frac{V_2}{V_1}$ 는?

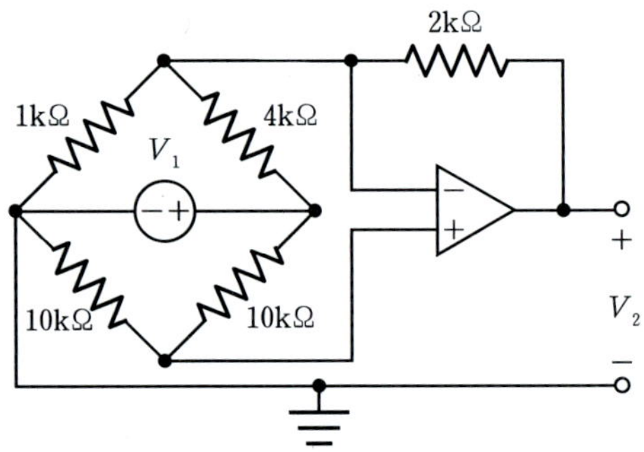

[그림 6-53]

① $\frac{2}{4}$　② $\frac{3}{4}$　③ $\frac{4}{4}$　④ $\frac{5}{4}$

2021년도 국가공무원 7급

6.7 이상적인 연산증폭기를 사용한 다음 회로에서 전압 v_1[V]과 v_2[V]가 인가되는 경우의 출력전압 v_o[V]는?

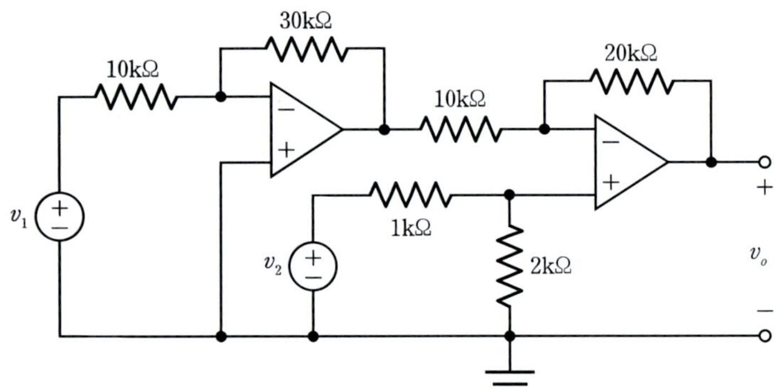

[그림 6-54]

① $2v_1 + 4v_2$　② $2v_1 + 6v_2$　③ $4v_1 + 2v_2$　④ $6v_1 + 2v_2$

2020년도 국가공무원 7급

6.8 연산증폭기 회로에 대한 설명으로 옳지 않은 것은?

① 이상적인 연산증폭기는 입력저항이 무한대이고 출력저항은 0이다.
② 이상적인 연산증폭기에서 2개의 입력단자에 각각 흐르는 전류는 0이다.
③ 연산증폭기 회로에서 출력단자와 반전단자를 연결하면 전압추종기로 동작한다.
④ 연산증폭기 회로에서 저항을 사용하여 출력단자와 비반전단자에 연결하는 것을 부궤환(negative feedback)이라 한다.

2019년도 국가공무원 7급

6.9 다음 이상적인 연산증폭기 회로에서 $\frac{V_o}{V_i}$는?

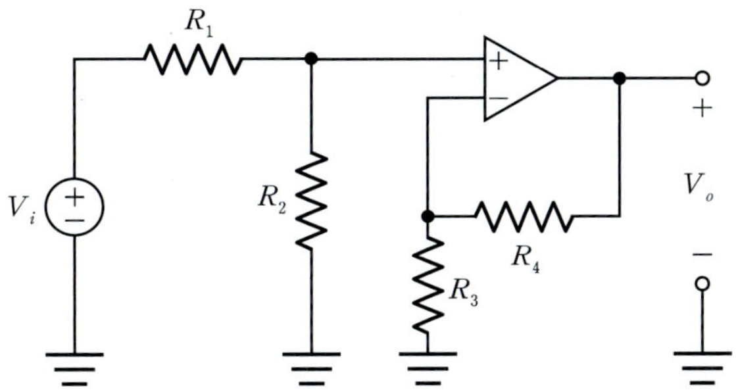

[그림 6-55]

① $\left(1+\frac{R_4}{R_3}\right)\left(\frac{R_1+R_2}{R_2}\right)$

② $\left(1+\frac{R_4}{R_3}\right)\left(\frac{R_2}{R_1+R_2}\right)$

③ $\left(1+\frac{R_3}{R_4}\right)\left(\frac{R_1+R_2}{R_2}\right)$

④ $\left(1+\frac{R_3}{R_4}\right)\left(\frac{R_2}{R_1+R_2}\right)$

2006년도 43회 변리사

6.10 다음 그림은 2개의 연산증폭기로 구성된 회로다. 각 물음에 답하시오. (단, 연산증폭기는 이상적이라고 가정한다.)

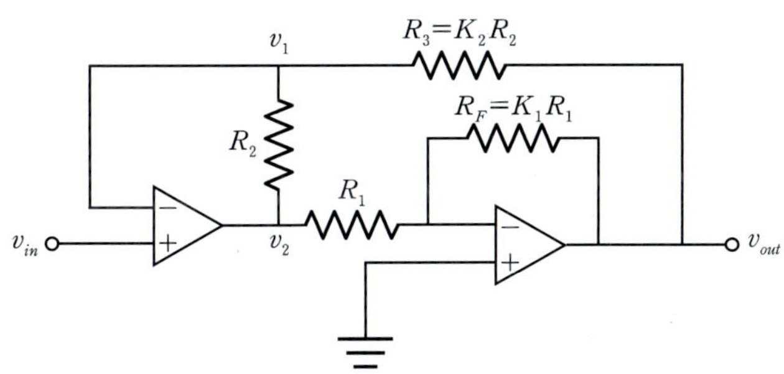

[그림 6-56]

(a) 입력이 $v_{in}(t)$일 때 이 회로의 출력 $v_{out}(t)$를 구하라.

(b) K_1과 K_2에 의한 이 회로의 기능을 설명하라.

(c) 만약 $K_1=K_2$면 이 회로의 출력 $v_{out}(t)$는 어떻게 되는가?

PART

03

에너지 저장소자 회로의 해석

CONTENTS

PART 03 미리보기

PART 03
에너지 저장소자 회로의 해석

7장 에너지 저장소자

- 7.1 커패시터
  - 7.1.1 커패시터의 기호와 구조
  - 7.1.2 커패시터의 전류와 전압
- 7.2 커패시터의 에너지 저장
- 7.3 인덕터
  - 7.3.1 인덕터의 기호와 구조
  - 7.3.2 인덕터의 전류와 전압
- 7.4 인덕터의 에너지 저장
- 7.5 인덕터와 커패시터의 직병렬연결
  - 7.5.1 인덕터의 직렬연결
  - 7.5.2 인덕터의 병렬연결
  - 7.5.3 커패시터의 직렬연결
  - 7.5.4 커패시터의 병렬연결

8장 RL/RC 회로의 완전응답

- 8.1 RL/RC 회로의 해석
- 8.2 1차 미분방정식의 해
  - 8.2.1 1차 미분방정식의 동차해
  - 8.2.2 1차 미분방정식의 특수해
- 8.3 무전원응답
- 8.4 시정수
- 8.5 DC 전원응답
  - 8.5.1 RL/RC 회로의 과도응답과 정상상태응답
  - 8.5.2 DC 전원회로에서 회로해석을 통한 정상상태응답의 계산
  - 8.5.3 과도응답과 무전원응답
- 8.6 연속 스위칭회로

9장 RLC 회로의 완전응답

- 9.1 표준 RLC 회로의 해석
- 9.2 무전원응답
- 9.3 2차 미분방정식의 해
  - 9.3.1 2차 미분방정식의 동차해
  - 9.3.2 RLC 회로의 정상상태응답
- 9.4 일반 RLC 회로해석을 위한 상태변수 기법

CHAPTER

07

에너지 저장소자

Energy Storage Elements

학습목표

- 에너지 저장소자인 커패시터와 인덕터의 개념을 이해한다.
- 커패시터와 인덕터에서의 전류와 전압의 관계를 이해한다.
- 커패시터에 저장되는 전압에너지의 양을 계산하는 방법을 이해한다.
- 인덕터에 저장되는 전류에너지의 양을 계산하는 방법을 이해한다.
- 커패시터 혹은 인덕터의 직병렬연결에 의한 전체 커패시터 혹은 인덕터 값을 계산하는 방법을 이해한다.

SECTION
7.1 커패시터

커패시터capacitor는 저항과 같이 전력을 소모하는 수동소자이면서 선형소자이다. 그러나 커패시터는 저항과 달리, 전압이라는 위치에너지를 저장할 수 있는 에너지 저장소자다. 즉 전압전원이 연결되었을 때는 '충전'에 의해 전압에너지를 저장했다가, 전원이 제거되었을 때는 '방전'에 의해 저장되어 있던 전압에너지를 방출하여 회로에 전류를 흐르게 한다.

7.1.1 커패시터의 기호와 구조

커패시터의 기호는 [그림 7-1]과 같이 표시한다. 커패시터는 전력소비소자이므로, 일반적으로 전류와 전압의 참조 방향은 다음과 같이 정의한다.

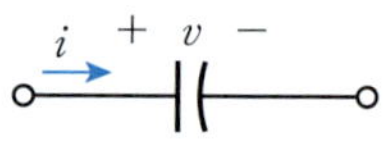

[그림 7-1] 커패시터의 기호

실제 커패시터의 내부는 [그림 7-2(a)]와 같이, 2개의 전극판이 각각 일정한 간격을 두고 $+Q$와 $-Q$ 값의 전하량을 가지는 구조다. 예를 들어, 커패시터의 한 종류인 콘덴서는 전극판 사이를 절연체로 채우고 이를 김밥처럼 말아서 만든다.

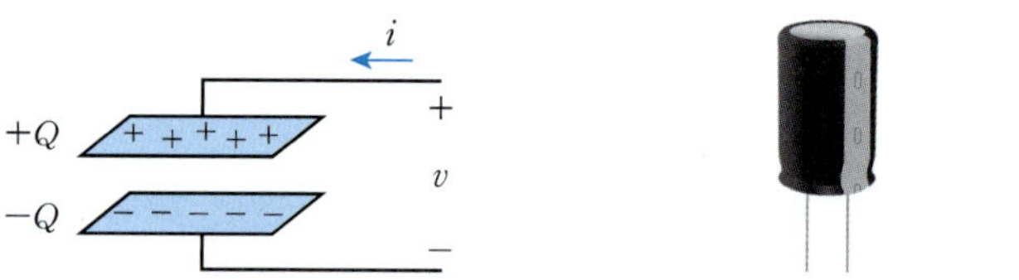

(a) 커패시터의 내부 구조 (b) 커패시터의 외형(콘덴서)

[그림 7-2] 커패시터의 내부 구조와 외형

7.1.2 커패시터의 전류와 전압

[그림 7-2(a)]에서 두 전극판 사이에 전압 v가 걸려 있다면, 두 전극판 사이의 전하량 q와 전압 v 간의 관계는 $q = Cv$로 표현할 수 있다. 이때 비례상수 C는 **커패시턴스 값**을 나타내는 상수다. 커패시턴스 C의 단위는 전하량 [Coulomb]과 전압 [Volt]에 의하여 [C/V]로 표현할 수도 있으나, 일반적으로는 [F] 또는 [Farad]으로 표현하고, '패럿'이라고 읽는다.

이때 식 $q = Cv$의 양변을 미분하면 다음과 같다.

$$\frac{dq}{dt} = C\frac{dv}{dt}$$

위 식의 좌변 $\frac{dq}{dt}$는 식 (2.1)에 의해 전류 i가 되므로, 최종적으로 식 (7.1)과 같다. 즉 커패시터에서 전압, 전류 관계는 미분의 관계를 가진다.

$$i = C\frac{dv}{dt} \tag{7.1}$$

참고 7-1 DC 전압이 입력으로 들어왔을 때의 커패시터

DC 전압의 경우는 전압 값이 상수이므로 $\frac{dv}{dt} = 0$이고, $i = 0$이 되어 커패시터는 **개방회로**로 작용한다.

예 [그림 7-3]의 회로는 전형적인 트랜지스터 회로다.

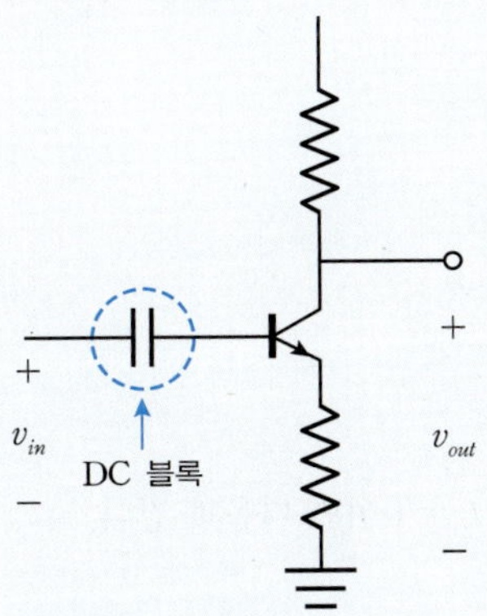

[그림 7-3] 트랜지스터 회로

비선형소자인 트랜지스터 회로는 일반적으로 회로에 입력된 작은 교류신호를 증폭시키는 데 사용된다. 그러나 앞단의 회로에서 전달된 교류신호가 입력으로 작용할 때 불필요한 직류전압신호가 함께 인입될 경우, 트랜지스터의 작동 조건이 어긋나서 원래 증폭기로서의 역할을 하지 못하게 만들 수 있다. 따라서 이러한 불필요한 직류신호의 인입을 막기 위해 회로 앞단에 [그림 7-3]과 같이 커패시터를 설치하는 것이다.

식 (7.1)의 관계를 전류에 의한 전압 값으로 표현하면 다음과 같은 적분 관계로 나타낼 수 있다.

$$v(t) = \frac{1}{C}\int_{-\infty}^{t} i(\tau)d\tau \tag{7.2}$$

이때 실제 회로해석에서는 일정한 초기시간 t_0의 무한시간 이전의 함수 값은 측정 불가능한 함수로 가정한다. 따라서 결과 함수는 t_0 이후의 함수만 계산하여 식 (7.2)는 다음과 같이 초깃값 $v(t_0^+)$와 그 이후의 함수 값으로 표현할 수 있다.

$$v(t) = \frac{1}{C}\int_{-\infty}^{t_0} i(\tau)d\tau + \frac{1}{C}\int_{t_0}^{t} i(\tau)d\tau$$

$$= v(t_0^+) + \frac{1}{C}\int_{t_0}^{t} i(\tau)d\tau \qquad (7.3)$$

그러므로 커패시터가 있는 회로에서는 완전한 회로해석을 위해 **커패시터에 걸리는 초기전압 값을 반드시 알아야 한다.**

예제 7-1 **커패시터 전압의 계산**

[그림 7-4(a)]의 $I_s(t)$가 [그림 7-4(b)]와 같이 주어진다. 초깃값이 $v_C(0)=0$[V]일 때, $t>0$일 때의 $v_C(t)$ 값을 구하라.

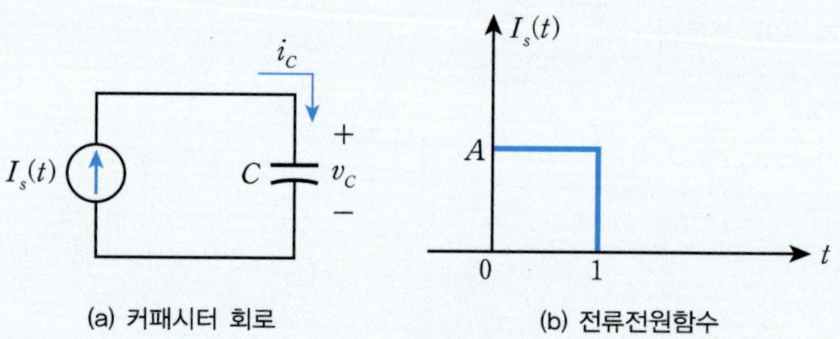

[그림 7-4] 커패시터 회로 및 전류전원함수

풀이

[그림 7-4(a)]의 회로에서 $I_s(t)=i_C(t)$이므로 식 (7.3)에서 초기시간이 $t_0=0$이면 다음과 같다.

$$v_C(t) = v_C(0) + \frac{1}{C}\int_0^t i_C(\tau)d\tau$$

따라서 입력신호의 모양에 따라 $t>0$의 구간을 $0<t\le 1$과 $t>1$의 구간으로 나누어 적용하면 $0<t\le 1$에서는 다음과 같고,

$$v_C(t) = 0 + \frac{1}{C}\int_0^t A\,d\tau$$

$$= \frac{A}{C}t$$

$t>1$에서는 다음과 같다.

$$v_C(t) = 0 + \frac{1}{C}\int_0^1 A\,d\tau + \frac{1}{C}\int_1^t 0\,d\tau$$

$$= \frac{A}{C}$$

따라서 최종 결과 함수 $v_C(t)$는 [그림 7-5]와 같다.

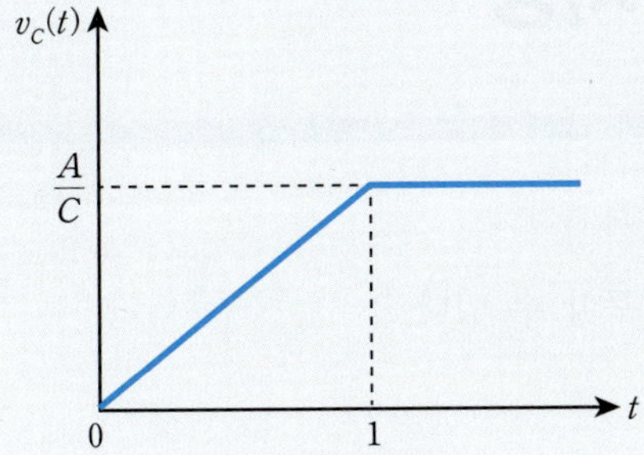

[그림 7-5] 커패시터 충전함수

여기서 한 가지 중요한 사실을 발견할 수 있는데, 커패시터에 걸리는 전압 $v_C(t)$는 연속함수지만 전류 $i_C(t)$는 [그림 7-4]의 $t=0$, 1일 때와 같이 연속함수가 아닐 수도 있다는 것이다. [예제 7-1]에서 [그림 7-5]를 보면, $v_C(0^-)=v_C(0^+)$, $v_C(1^-)=v_C(1^+)$이지만, [그림 7-4]를 보면 $i_C(0^-)\neq i_C(0^+)$, $i_C(1^-)\neq i_C(1^+)$가 된다. 즉 전압 $v_C(t)$는 초기시간을 어떻게 잡더라도 그 시간에서는 연속함수이므로 초기시간 이전의 회로 상황에서 다음 시간의 회로함수 초깃값을 계산할 수 있지만, 전류 $i_C(t)$는 그렇지 않아 다른 결과를 초래할 수도 있다. 따라서 초깃값이 주어지지 않고 초기시간 이전의 회로에서 초깃값을 구해야 하는 경우, 커패시터 회로에서는 이전 상황의 회로에서 얻은 $v_C(t_0^-)$를 초깃값 $v_C(t_0^+)$로 사용해야 한다. 따라서 이때는 전류 $i_C(t_0)$보다 전압 $v_C(t_0)$를 초깃값으로 사용해야 한다.

여기서 잠깐! 커패시터 회로에서 초깃값 $v_C(t_0)$

커패시터 회로해석에서는 초깃값으로 커패시터 전류 $i_C(t_0)$보다 전압 $v_C(t_0)$를 사용하는 것이 좋다. 그 이유는 **임의의 시간 t_0에서 커패시터 전압은 항상 $v_C(t_9{}^-)=v_C(t_0{}^+)$이지만, 커패시터 전류는 $i_C(t_0{}^-)\neq i_C(t_0{}^+)$가 될 수도 있기 때문이다.**

SECTION 7.2

커패시터의 에너지 저장

커패시터가 발산하는 전력 $P_C(t)$는 다음과 같은 공식으로 구할 수 있다.

$$\begin{aligned} P_C(t) &= v(t)i(t) \\ &= Cv(t)\frac{dv(t)}{dt} \\ &= \frac{d}{dt}\left(\frac{1}{2}Cv^2\right) \end{aligned} \tag{7.4}$$

이때 양변을 적분하면, 전력은 에너지 w가 되고 우변은 다음과 같이 변한다.

$$\begin{aligned} \omega &= \int p(t)dt \\ &= \frac{1}{2}Cv^2 \end{aligned} \tag{7.5}$$

즉 커패시터에 저장되는 에너지 값은 식 (7.5)와 같이 구한다.

또한 일정 시간 동안에 저장되거나 소비되는 에너지 값을 계산할 때는, 식 (7.6)과 같이 구간을 나누어 정적분으로 계산한다.

$$\begin{aligned} \omega(t_0,\ t_1) &= C\int_{t_0}^{t_1} v_C(\tau)\frac{dv_C(\tau)}{d\tau} \\ &= C\int_{v_C(t_0)}^{v_C(t_1)} v_C dv_C \\ &= \frac{1}{2}C\left[v_C^2(t_1) - v_C^2(t_0)\right]\ [\mathrm{J}] \end{aligned} \tag{7.6}$$

참고 7-2 부분적분의 해

일반적으로 부분적분의 해는 $\int uv'\,dt = uv - \int u'v\,dt$이므로, 식 (7.4)에서 C를 제외하고 u와 v를 같은 경우로 생각하면 다음과 같다.

$$\int v(t)\frac{dv(t)}{dt}dt = v(t)v(t) - \int v(t)\frac{dv(t)}{dt}dt$$

이때 구하려고 하는 함수 $\int v(t)\frac{dv(t)}{dt}dt$를 X로 두면, $X = v^2(t) - X$이므로 다음과 같다.

$$X = \frac{1}{2}v^2(t)$$

SECTION

7.3 인덕터

인덕터inductor는 저항, 커패시터와는 또 다른 형태의 선형수동소자이다. 인덕터는 커패시터와 마찬가지로 에너지를 저장할 수 있는 에너지 저장소자로서, 커패시터가 위치에너지인 전압을 저장하는 반면 인덕터는 전하의 운동에너지 격인 전류를 저장한다. 따라서 전원이 연결되어 있을 때는 전류를 충전하고, 전원이 제거되면 전류를 방출하는 작용을 한다.

7.3.1 인덕터의 기호와 구조

인덕터의 기호는 [그림 7-6(b)]와 같다. 인덕터는 전력소비소자이므로 전압, 전류의 참조 방향은 이 그림과 같다.

(a) 실제 인덕터

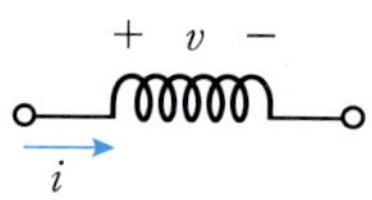

(b) 인덕터의 기호

[그림 7-6] 인덕터의 실제 예와 기호

인덕터는 코일coil이라고도 하며, [그림 7-7]처럼 철심과 같은 자성체에 코일을 감은 구조를 가진다. 이 코일에 전류가 흐르면 전류에 의해 자속magnetic flux ϕ가 생긴다. 이때 자속 ϕ의 크기는 코일을 감은 횟수 N과 전류 i의 크기에 비례한다(즉, $\phi = kNi$, 여기서 k는 비례상수이다).

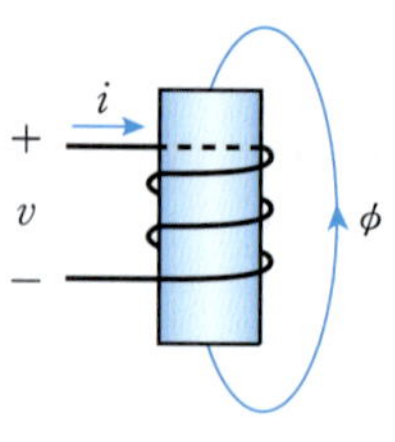

[그림 7-7] 인덕터의 구조

따라서 총 자속 $\lambda = N\phi$는 다음과 같이 구할 수 있다.

$$\lambda = N\phi = kN^2 i = Li \tag{7.7}$$

이때 비례상수 L은 인덕턴스inductance라고 한다. 인덕턴스의 단위는 [H] 또는 [Henry]를 사용하고, '헨리'라고 읽는다.

7.3.2 인덕터의 전류와 전압

식 (7.7)의 양변을 미분하면 다음과 같다.

$$\frac{d\lambda}{dt}=L\frac{di}{dt}$$

패러데이 법칙에 의해 전압 $v(t)=\dfrac{d\lambda}{dt}$로 바꾸면, 다음과 같은 전압과 전류의 미분 관계식을 얻을 수 있다.

$$v(t)=L\frac{di}{dt} \tag{7.8}$$

참고 7-3 DC 전류가 입력되었을 때의 인덕터 전류

커패시터의 경우와 비슷하게 **DC 전류가 인덕터에 입력**되면 식 (7.7)에 의해 $\dfrac{di}{dt}=0$이 된다. 이는 곧 $v=0$을 뜻하므로, 인덕터는 **단락회로**로 작용한다.

식 (7.8)을 전압에 의한 전류의 관계로 표현하면 다음과 같은 적분 관계식으로 나타낼 수 있다.

$$i(t)=\frac{1}{L}\int_{-\infty}^{t}v(\tau)d\tau \tag{7.9}$$

이때 결과 함수는 t_0 이후의 함수에 대해서만 계산하므로 식 (7.9)는 다음과 같이 초깃값 $i(t_0{}^{+})$와 그 이후의 함수 값으로 표현할 수 있다.

$$i(t)=\frac{1}{L}\int_{-\infty}^{t_0}v(\tau)d\tau+\frac{1}{L}\int_{t_0}^{t}v(\tau)d\tau$$

$$=i(t_0{}^{+})+\frac{1}{L}\int_{t_0}^{t}v(\tau)d\tau \tag{7.10}$$

그러므로 인덕터가 있는 회로의 해석을 하려면 **인덕터에 걸리는 초기전류 값을 반드시 알아야 한다.**

여기서 잠깐! 인덕터 회로의 초깃값 $i_L(t_0)$

인덕터 회로해석에서는 초깃값으로 인덕터 전압 $v_L(t_0)$보다 전류 $i_L(t_0)$를 사용하는 것이 좋다. 그 이유는 인덕터의 경우 **임의의 시간 t_0에서 인덕터 전류는 항상 $i_L(t_0^-)=i_L(t_0^+)$이지만 인덕터 전압은 $v_L(t_0^-)\neq v_L(t_0^+)$가 될 수도 있기 때문이다.**

예제 7-2 인덕터 전류의 계산

[그림 7-8]과 같이 인덕터 회로와 입력전압전원 $v_L(t)$가 주어졌다. $t_0=0^+$의 초깃값이 $i_L(0^+)$일 때, $t\geq 0$에서의 $i_L(t)$ 함수를 구하라.

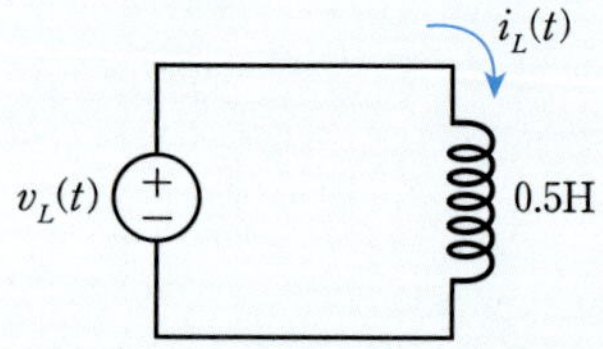

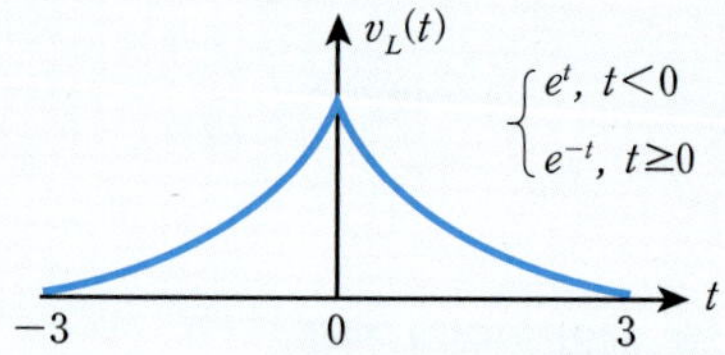

[그림 7-8] 인덕터 회로와 입력전압

풀이

인덕터의 전류와 전압 관계를 나타내는 관계식에 입력전압 함수를 대입하면 다음과 같다.

$$i_L(t)=\frac{1}{L}\int_{-\infty}^{0}v_L(\tau)d\tau+\frac{1}{L}\int_{0}^{t}v_L(\tau)d\tau$$

$$=\frac{1}{L}\int_{-\infty}^{0}e^{\tau}d\tau+\frac{1}{L}\int_{0}^{t}e^{-\tau}d\tau$$

따라서 이 함수를 계산하면 다음과 같은 식을 구할 수 있다.

$$i_L(t)=\frac{1}{L}[e^{\tau}]_{-\infty}^{0}-\frac{1}{L}[e^{-\tau}]_{0}^{t}=\frac{1}{L}+\frac{1}{L}[1-e^{-t}]$$

단, 이때 유의할 점은 우변의 첫 번째 항인 초깃값 $\frac{1}{L}$은 초기시간 $t=0$ 이후의 함수에서 접근한 $i_L(0^+)$이어야 하나, 실제로는 $t=0$ 이전의 함수 값으로 얻은 $i_L(0^-)$에 해당하는 값이라는 점이다. 하지만 이전 장에서 다룬 것과 같이 인덕터에서는 항상 $\boldsymbol{i_L(0^-)=i_L(0^+)}$가 되므로 이 문제에서의 초깃값 $i_L(0^+)$는 그대로 $\frac{1}{L}$이 된다.

그러므로 $L=0.5$를 대입하면 구하려는 값은 다음과 같다.

$$i_L(0^+)=2$$

$$i_L(t)=2+2(1-e^{-t}),\ t\geq 0$$

SECTION 7.4

인덕터의 에너지 저장

인덕터가 발산하는 전력 $P_L(t)$는 다음과 같이 구할 수 있다.

$$\begin{aligned} P_L(t) &= v(t)i(t) \\ &= Li(t)\frac{di(t)}{dt} \\ &= \frac{d}{dt}\left(\frac{1}{2}Li^2\right) \end{aligned}$$

이때 양변을 적분하면 전력은 에너지 ω가 되고, 우변은 다음과 같이 변한다.

$$\begin{aligned} \omega &= \int p(t)dt \\ &= \frac{1}{2}Li^2 \end{aligned} \tag{7.11}$$

즉 인덕터에 저장되는 에너지 값은 식 (7.11)과 같다.

또한, 커패시터의 경우와 마찬가지로 일정 시간 동안에 저장되거나 소비되는 에너지 값을 계산할 때는, 다음 수식과 같이 구간에 의한 정적분을 하여 계산한다.

$$\begin{aligned} \omega(t_0,\ t_1) &= L\int_{t_0}^{t_1}\left(i_L(\tau)\frac{di_L(\tau)}{d\tau}\right)d\tau \\ &= L\int_{i_L(t_0)}^{i_L(t_1)} i_L di_L \\ &= \frac{1}{2}L\left[i_L^2(t_1) - i_L^2(t_0)\right]\ [\mathrm{J}] \end{aligned} \tag{7.12}$$

SECTION 7.5 인덕터와 커패시터의 직병렬연결

인덕터와 커패시터의 직병렬연결은 저항의 직병렬연결과 같이, 주어진 인덕턴스와 커패시턴스를 조합하여 전체 인덕턴스나 커패시턴스의 값을 계산한다.

7.5.1 인덕터의 직렬연결

[그림 7-9]와 같이 인덕터 3개가 직렬로 연결된 회로를 생각해보자.

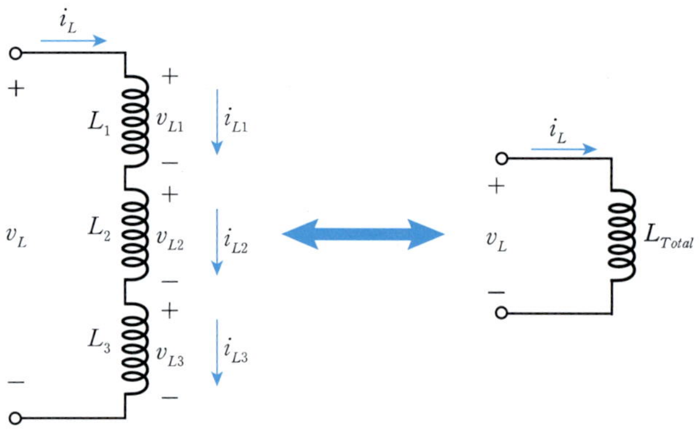

[그림 7-9] 인덕터의 직렬연결 회로

그림과 같이 인덕터 3개가 연결되어 만들어진 전체 인덕턴스 값을 L_{Total}이라고 할 때, KVL에 의해 전체 전압은 $v_L = v_{L1} + v_{L2} + v_{L3}$이고, 전체 전류는 $i_L = i_{L1} = i_{L2} = i_{L3}$다. 이때 각 인덕터에 걸리는 전압을 식 (7.8)을 이용해 각 전류에 의한 식으로 변환하면 다음과 같다.

$$v_L = L_1 \frac{di_L}{dt} + L_2 \frac{di_L}{dt} + L_3 \frac{di_L}{dt}$$

$$= (L_1 + L_2 + L_3)\frac{di_L}{dt}$$

$$= L_{total}\frac{di_L}{dt}$$

즉 인덕터의 직렬연결로 얻은 전체 인덕턴스의 값은 다음과 같다.

$$L_{Total} = L_1 + L_2 + L_3 \qquad (7.13)$$

결론적으로 **인덕터의 직렬연결에 의한 전체 인덕턴스 값은, 저항의 직렬연결과 같은 방식으로 구한다.**

7.5.2 인덕터의 병렬연결

[그림 7-10]과 같은 인덕터의 병렬연결에서는 각각의 인덕터에 걸리는 전압이 전체 인덕터에 걸리는 전압과 같다. 반면에 전체 전류는 KCL에 의해 각각의 인덕터에 흐르는 전류의 합과 같다.

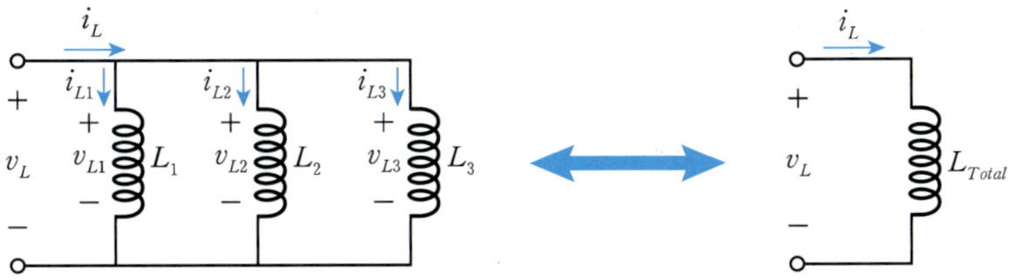

[그림 7-10] 인덕터의 병렬연결 회로

$$v_L = v_{L1} = v_{L2} = v_{L3}$$
$$i_L = i_{L1} + i_{L2} + i_{L3}$$

이때 전류에 관계되는 식의 양변을 미분하고, 식 (7.7)을 대입하면 다음과 같다.

$$\frac{di_L}{dt} = \frac{di_{L1}}{dt} + \frac{di_{L2}}{dt} + \frac{di_{L3}}{dt}$$
$$= \frac{v_{L1}}{L_1} + \frac{v_{L2}}{L_2} + \frac{v_{L3}}{L_3}$$
$$= \left(\frac{1}{L_1} + \frac{1}{L_2} + \frac{1}{L_3}\right) v_L$$

그러므로 [그림 7-10]의 전체 인덕턴스 값과 비교해보면 다음 식을 구할 수 있다.

$$\frac{1}{L_{Total}} = \frac{1}{L_1} + \frac{1}{L_2} + \frac{1}{L_3} \tag{7.14}$$

그러므로 **인덕터의 병렬연결에 의한 전체 인덕턴스 값은, 저항의 병렬연결과 같은 방식으로 구한다.**

예제 7-3 인덕터의 직병렬연결

[그림 7-11]의 회로에서 전체 인덕턴스 L_{Total}을 구하라.

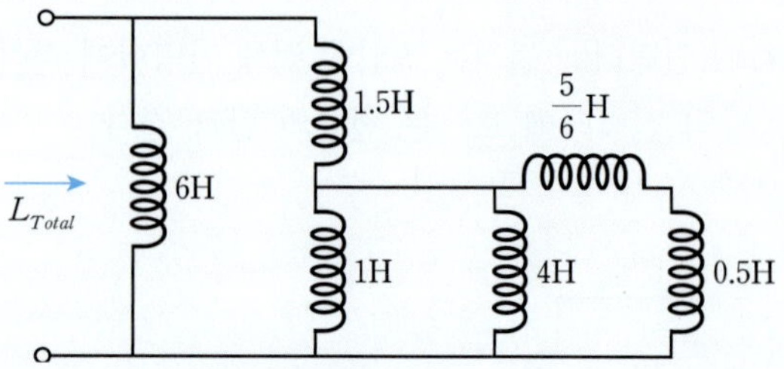

[그림 7-11] 인덕터의 직병렬연결 회로

풀이

[그림 7-11]의 회로에서 1.5[H] 인덕터 밑의 모든 인덕터의 인덕턴스 값을 종합하면 다음과 같다.

$$1 \parallel 4 \parallel \left(\frac{5}{6}+0.5\right)$$

즉 1[H]와 4[H], $\left(\frac{5}{6}+0.5\right)$[H]의 병렬연결로 계산될 수 있다. 이를 식 (7.13)과 식 (7.14)로 구하면 $\frac{1}{2}$[H]가 된다. 다시 전체 인덕턴스는 $6 \parallel (1.5+0.5)$의 병렬연결로 구할 수 있으므로 $L_{Total}=1.5$[H]가 된다.

7.5.3 커패시터의 직렬연결

커패시터의 직렬연결은 인덕터와의 쌍대적 관계duality를 생각하여, 직관적으로 저항의 병렬연결과 같은 방식으로 전체 커패시턴스를 구하리라 짐작할 수 있다. 즉 [그림 7-12]의 커패시터 직렬연결 회로에서 전류와 전압의 관계를 KVL로 유도하면 다음과 같은 식을 얻을 수 있다.

$$i_C = i_{C1} = i_{C2} = i_{C3}$$
$$v_C = v_{C1} + v_{C2} + v_{C3}$$

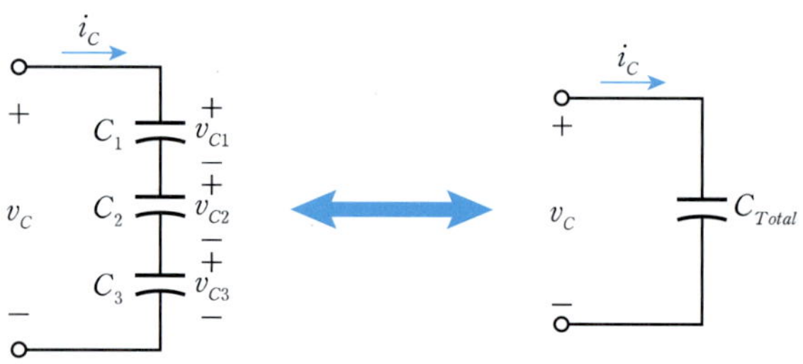

[그림 7-12] 커패시터의 직렬연결 회로

또한 전압에 관련된 식의 양변을 각각 미분하고, 커패시터의 전류와 전압의 관계식 (7.1)을 대입하면 다음과 같다.

$$\frac{dv_C}{dt} = \frac{dv_{C1}}{dt} + \frac{dv_{C2}}{dt} + \frac{dv_{C3}}{dt}$$
$$= \frac{i_{C1}}{C_1} + \frac{i_{C2}}{C_2} + \frac{i_{C3}}{C_3}$$
$$= \left(\frac{1}{C_1} + \frac{1}{C_2} + \frac{1}{C_3}\right) i_C$$

따라서 괄호 안의 값을 전체 커패시턴스 C_{Total} 값과 비교하면 다음과 같이 구할 수 있다.

$$\frac{1}{C_{Total}} = \frac{1}{C_1} + \frac{1}{C_2} + \frac{1}{C_3} \tag{7.15}$$

그러므로 **커패시터의 직렬연결에 의한 전체 커패시터 값의 계산은 저항의 병렬연결과 같은 방식으로 구할 수 있다.**

7.5.4 커패시터의 병렬연결

[그림 7-13]과 같은 커패시터의 병렬연결에서는 각각의 커패시터에 걸리는 전압이 전체 커패시터에 걸리는 전압과 같고, 전체 전류는 KCL에 의해 각각의 커패시터에 흐르는 전류의 합과 같다.

$$v_C = v_{C1} = v_{C2} = v_{C3}$$
$$i_C = i_{C1} + i_{C2} + i_{C3}$$

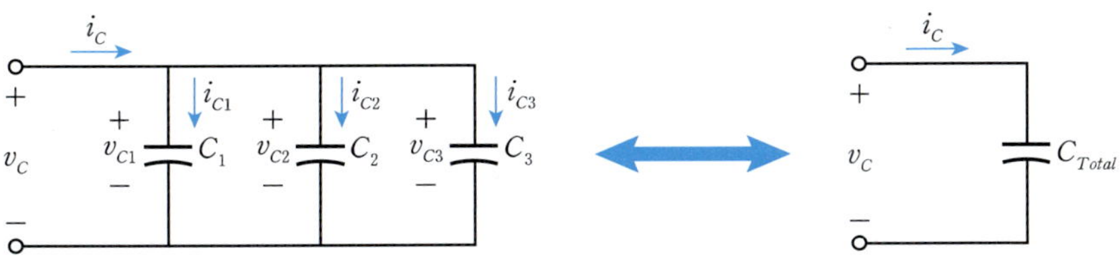

[그림 7-13] 커패시터의 병렬연결 회로

이때 전류에 관계되는 식의 우변에 전류와 전압의 관계식 (7.1)을 대입하면 다음과 같은 식을 구할 수 있다.

$$i_C = i_{C1} + i_{C2} + i_{C3}$$
$$= C_1 \frac{dv_{C1}}{dt} + C_2 \frac{dv_{C2}}{dt} + C_3 \frac{dv_{C3}}{dt}$$
$$= (C_1 + C_2 + C_3) \frac{dv_C}{dt}$$

[그림 7-13]의 전체 커패시턴스 값과 비교하면 다음과 같이 구할 수 있다.

$$C_{Total} = C_1 + C_2 + C_3 \tag{7.16}$$

그러므로 **커패시터의 병렬연결에 의한 전체 커패시턴스 값은 저항의 직렬연결과 같은 방식으로 구할 수 있다.**

예제 7-4 커패시터의 직병렬연결 회로

[그림 7-14]와 같은 커패시터 회로를 통합하여 하나의 커패시턴스 C_{Total}로 표현하라.

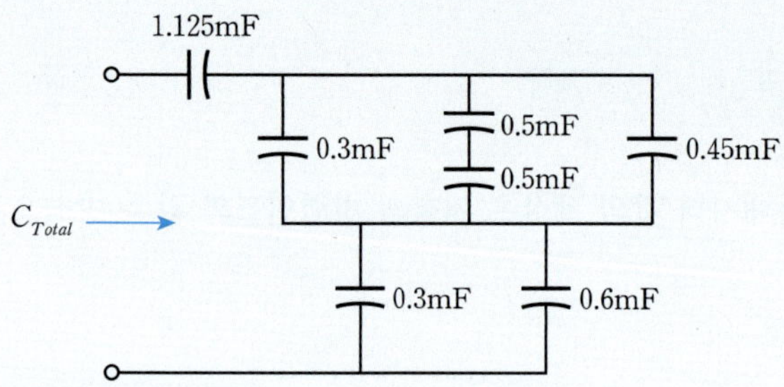

[그림 7-14] 커패시터의 직병렬연결 회로

풀이

[그림 7-14]의 회로를 [그림 7-15]의 회로로 변환하여 그 값을 구하면 [그림 7-15]에 표시된 수치가 나온다. 병렬연결 부분을 정리하면 $0.3+0.25+0.45=1\,[\mathrm{mF}]$이 되고, 다시 $1.125\,[\mathrm{mF}]$, $1\,[\mathrm{mF}]$, $0.9\,[\mathrm{mF}]$의 직렬연결을 통하여 최종 커패시턴스 값을 찾으면 다음과 같다.

$$C_{Total} = \frac{1}{\dfrac{1}{1.125\,[\mathrm{mF}]} + \dfrac{1}{1\,[\mathrm{mF}]} + \dfrac{1}{0.9\,[\mathrm{mF}]}} = \frac{1}{3}\,[\mathrm{mF}]$$

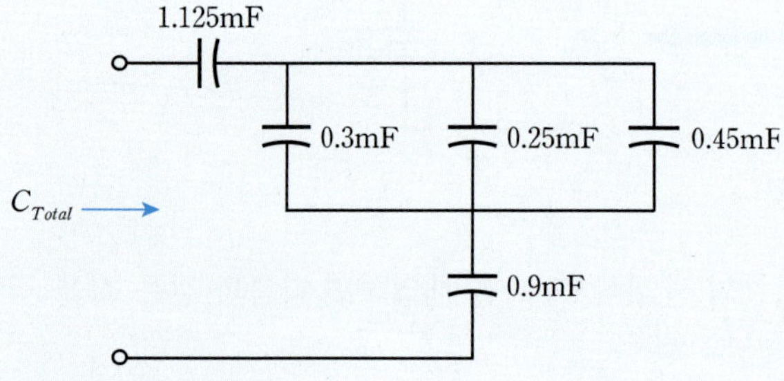

[그림 7-15] 변환된 회로

CHAPTER

07 핵심요약

이 장에서는 인덕터와 커패시터 소자에 대해서 소개하고, 소자에 걸리는 전압과 흐르는 전류와의 관계에 대해 살펴보았다. 또한 소자에 어떠한 형태의 에너지를 얼마나 저장할 수 있는지에 대해서 학습했다. 마지막으로 여러 개의 인덕터와 커패시터가 직렬 또는 병렬로 연결되었을 때 전체 용량을 계산하는 방법도 공부했다.

■ 커패시터에서의 전류-전압 관계식

$$i = C\frac{dv}{dt}$$

$$v(t) = \frac{1}{C}\int_{-\infty}^{t_0} i(\tau)d\tau + \frac{1}{C}\int_{t_0}^{t} i(\tau)d\tau$$

$$= v({t_0}^{+}) + \frac{1}{C}\int_{t_0}^{t} i(\tau)d\tau$$

이때 초깃값은 **커패시터 전압** $v_C(t_0)$를 사용해야 한다. 왜냐하면 커패시터 전압은 $v_C(t_0^-) = v_C(t_0^+)$이지만 커패시터 전류는 $i_C(t_0^-) \neq i_C(t_0^+)$가 될 수도 있기 때문이다.

■ 인덕터에서의 전류-전압 관계식

$$v(t) = L\frac{di}{dt}$$

$$i(t) = \frac{1}{L}\int_{-\infty}^{t_0} v(\tau)d\tau + \frac{1}{L}\int_{t_0}^{t} v(\tau)d\tau$$

$$= i({t_0}^{+}) + \frac{1}{L}\int_{t_0}^{t} v(\tau)d\tau$$

이때 초깃값으로 **인덕터 전류** $i_L(t_0)$를 사용해야 한다. 왜냐하면 인덕터 전류는 $i_L(t_0^-) = i_L(t_0^+)$이지만 인덕터 전압은 $v_L(t_0^-) \neq v_L(t_0^+)$가 될 수도 있기 때문이다.

■ 커패시터의 저장에너지

$$\omega = \int p(t)dt = \frac{1}{2}Cv^2 \,[\mathrm{J}]$$

■ 인덕터의 저장에너지

$$\omega = \int p(t)dt = \frac{1}{2}Li^2 \,[\mathrm{J}]$$

■ 인덕터의 직병렬연결

- 직렬연결 : $L_{Total} = L_1 + L_2 + L_3$
- 병렬연결 : $\dfrac{1}{L_{Total}} = \dfrac{1}{L_1} + \dfrac{1}{L_2} + \dfrac{1}{L_3}$

■ 커패시터의 직병렬연결

- 직렬연결 : $\dfrac{1}{C_{Total}} = \dfrac{1}{C_1} + \dfrac{1}{C_2} + \dfrac{1}{C_3}$
- 병렬연결 : $C_{Total} = C_1 + C_2 + C_3$

CHAPTER

07 연습문제

인덕터의 전류-전압 관계식

7.1 인덕턴스 $L = 10^{-3}$[H]의 값을 가지는 인덕터에 흐르는 전류가 다음과 같이 주어졌을 때, 이 인덕터에 걸리는 전압 $v_L(t)$를 구하라.

$$i_L(t) = 0.1\sin 10^6 t$$

7.2 다음 각각의 경우에서 인덕터에 걸리는 전압의 크기를 구하라.

(a) 흐르는 전류가 20[mA/ms]의 비율로 증가하고, 인덕턴스 값이 30[mH]일 때

(b) 흐르는 전류가 $50e^{-10^4 t}$의 값을 가지고, 인덕턴스 값이 0.4[mH]일 때

(c) 소자가 $t=0$일 때 소비전력이 $12\cos 100\pi t$[mW]이고, 전류가 150[mA]일 때

7.3 도전 임의의 인덕터에 걸리는 전압 $V_L(t)$가 [그림 7-16]과 같다. 인덕턴스는 $L = \frac{1}{2}$[H], 전류의 초깃값은 $i_L(0^+) = -2$[A]로 주어졌을 때, 인덕터에 흐르는 전류 $i_L(t)$를 구하고 그 파형을 그려라.

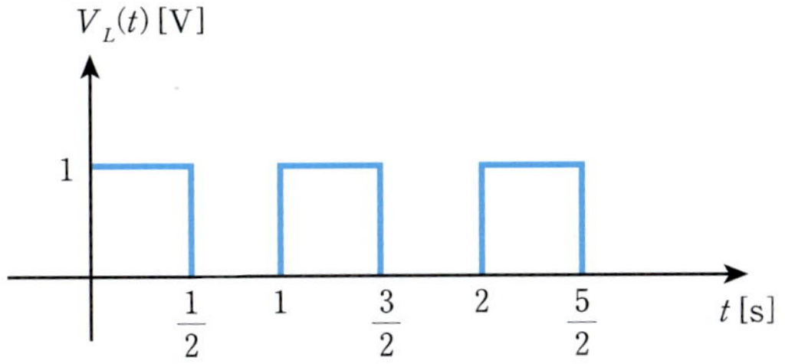

[그림 7-16]

커패시터의 전류-전압 관계식

7.4 다음 회로에서 $v(0) = -8$[V]와 $i_s(t)$가 [그림 7-17]과 같이 주어졌을 때, $t>0$에서의 $v(t)$를 구하고 그 파형을 그려라.

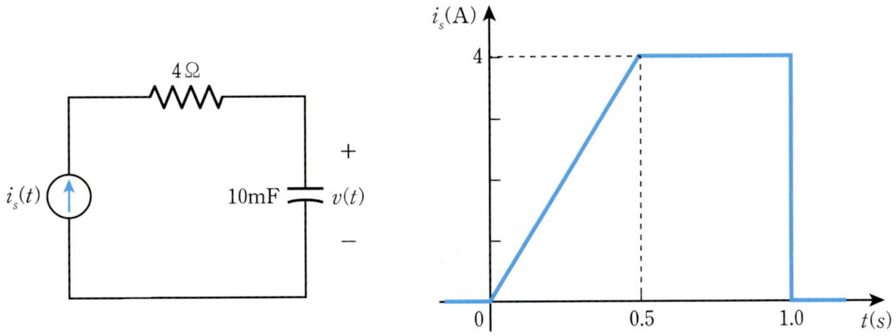

[그림 7-17]

7.5 전류의 파형이 [그림 7-18]과 같다. 5[μF] 커패시터의 $t=0$에서 초깃값 v_o가 다음과 같이 주어졌다. 다음 각각의 경우에 대하여 $v_C(t)$를 구하고, 그 파형을 그려라.

(a) $v_o=0$일 때　　(b) $v_o=-5$일 때　　(c) $v_o=+5$일 때

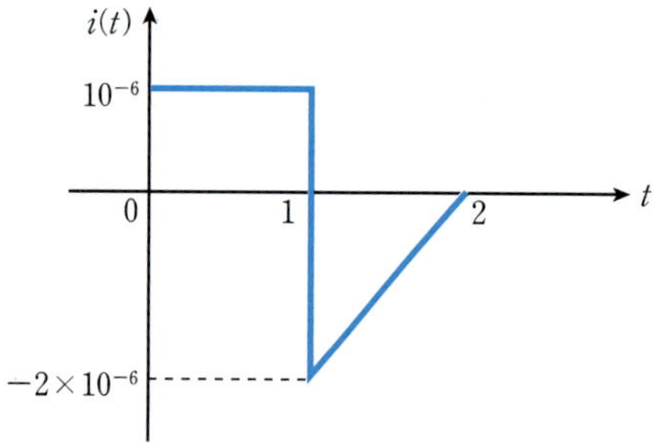

[그림 7-18]

7.6 [그림 7-19] 회로에서 $V_C(t)=\sin 2\pi t$이다. 이 회로의 $i(t)$를 구하고, 다음 각각의 조건에 대해 i 값을 구하라. (단, t의 단위는 [s]이다.)

(a) $t=0$　　(b) $t=\dfrac{1}{4}$　　(c) $t=\dfrac{1}{2}$

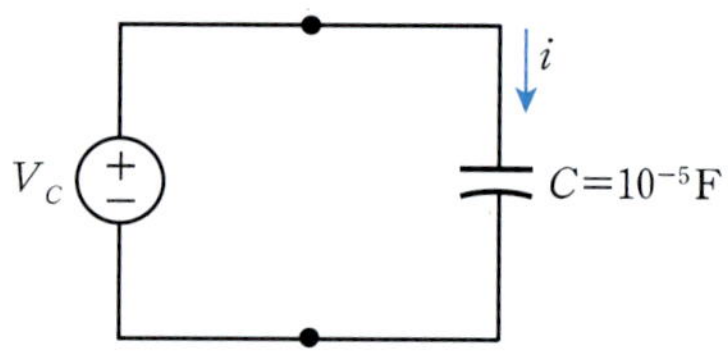

[그림 7-19]

7.7 100[μF]의 커패시터를 통하여 다음 그래프와 같이 전류 $i(t)$가 흐를 때, $t=40$[ms]에서 커패시터 양단에 걸리는 전압을 구하라. (단, $t=0$에서 커패시터 양단의 전압은 0[V]이다.)

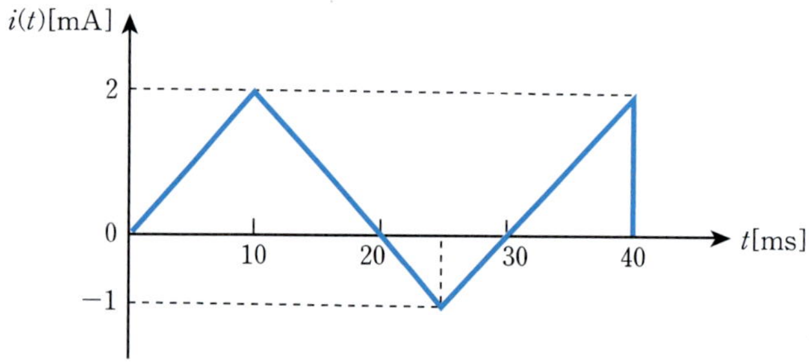

[그림 7-20]

인덕터의 저장에너지

7.8 다음 물음에 답하라.

(a) 흐르는 전류 값이 2[A]이고 그 안에 20[J]의 에너지를 저장하고 있는 인덕터의 인덕턴스 값을 구하라.

(b) 걸리는 전압 값이 500[V]이고 그 안에 20[J]의 에너지를 저장하고 있는 커패시터의 커패시턴스 값을 구하라.

7.9 다음 회로에서 인덕터에 저장된 에너지가 $t=0$에서 0.96[μJ]일 때, $t=300$[μs]에서 전류 $i(t)$의 크기 값을 구하라.

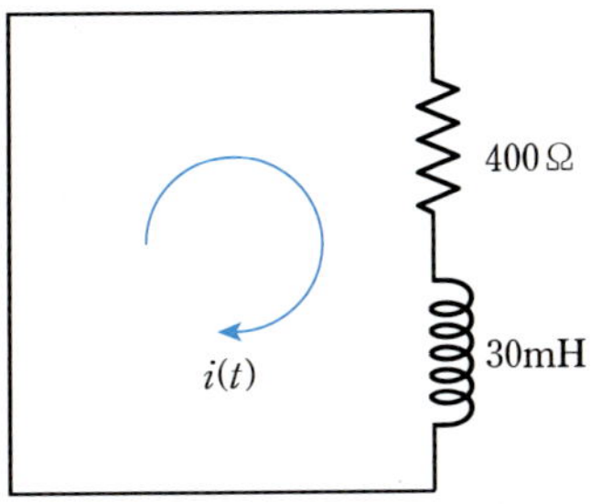

[그림 7-21]

7.10 [그림 7-22]의 인덕터, 커패시터, 전류전원의 직렬회로에서 $C=1000$[pF], $L=1$[mH], $i_s(t)=2\cos 10^6 t$[mA]로 주어졌다. 커패시터의 $t=0$에서 초깃값이 0일 때, 다음 물음에 답하라.

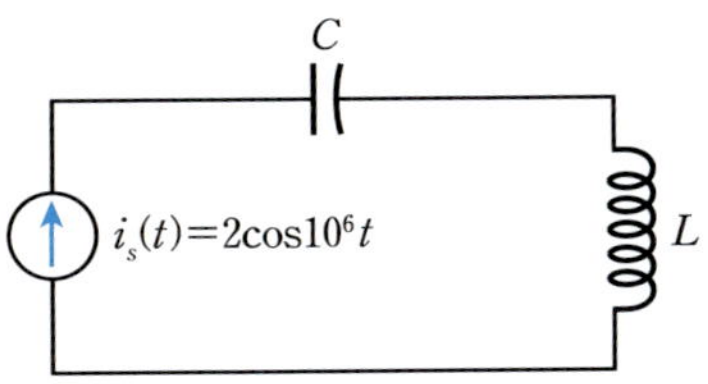

[그림 7-22]

(a) $t=0$에서 인덕터에 저장되는 에너지를 구하라.

(b) $t=1.571$[μs]에서 커패시터에 저장되는 에너지를 구하라.

(c) $t=1$[μs]에서 인덕터와 커패시터에 동시에 저장되는 에너지를 구하라.

커패시터의 저장에너지

7.11 임의의 커패시터가 다음과 같이 전하량 q의 비선형 특성을 가지고 있다.

$$q(t)=0.5\,v_C^2(t)$$

이 커패시터에 걸리는 전압 $v_C(t)$가 $v_C(t)=1+0.5\sin t$로 주어졌을 때, 다음 물음에 답하라.

(a) 커패시터에 흐르는 전류 $i_C(t)$를 구하라.

(b) $t=0$부터 $t=1$[s] 사이에 저장되는 에너지 값을 구하라.

7.12 [그림 7-23]의 회로에서 초깃값이 $v_c(0^-) = 3[\mathrm{V}]$이고, $i(t)$가 다음과 같이 주어졌을 때 $v(t)$를 구하라. 그리고 $t = 0.2$와 $t = 0.8$에 저장되는 에너지의 값을 구하라. (단, $i(t)$의 단위는 [A], t의 단위는 [s]이다.)

$$i(t) = \begin{cases} 3e^{5t}, & 0 < t < 1 \\ 0 \quad, & t \geq 1 \end{cases}$$

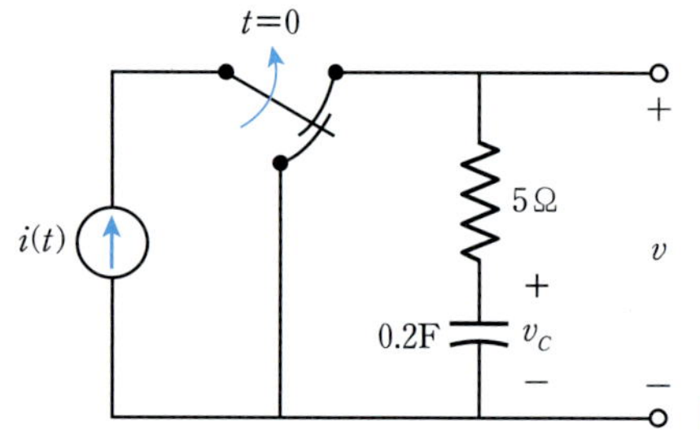

[그림 7-23]

커패시터의 직병렬연결 및 저장에너지

7.13 [그림 7-24(a)]에서 3개의 커패시터 C_1, C_2, C_3를 각각 v_1, v_2, v_3로 충전했다. [그림 7-24(b)]와 같이 충전한 커패시터를 직렬로 연결한 다음 $t = 0$에 스위치를 연결하여 저항과 연결했을 때, 다음 물음에 답하라. (단, 커패시터 C_1과 C_3의 용량이 같고, 전압 v_1과 v_3가 같다.)

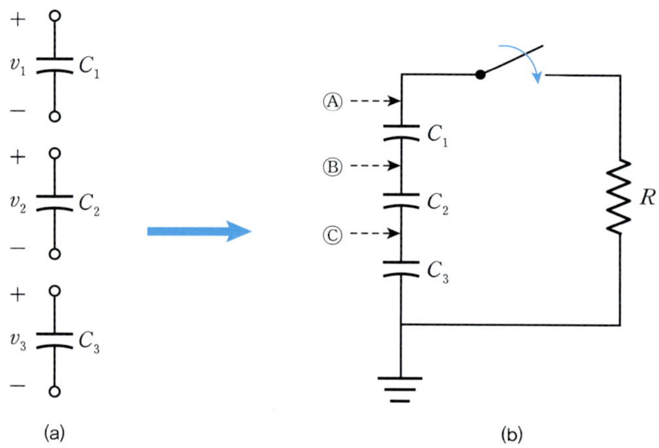

(a) (b) [그림 7-24]

(a) 스위치를 on하기 전, 점 Ⓐ, Ⓑ, Ⓒ의 전압을 구하라.

(b) 스위치를 on하기 전, 점 Ⓐ에서 바라본 테브난의 등가전압(v_{th})과 등가 커패시턴스(C_{th})를 구하라.

(c) 스위치를 on한 후 저항에 흐르는 전류를 구하라.

(d) 스위치를 on한 후 저항에 흐르는 전류가 0이 되었을 때, 다음 물음에 답하라.

(i) 다음 점 Ⓐ, Ⓑ, Ⓒ의 전압을 구하라.

(ii) 스위치를 on한 후 저항에서 소모된 전체 에너지를 구하라.

(iii) 초기에 커패시터에 저장된 전체 에너지와 저항에서 소모된 전체 에너지가 같은가 혹은 다른가? 그 이유도 설명하라.

CHAPTER

07 기출문제

전기기능사 2022년 1회

7.1 전류 0.5[A]가 흐르는 코일에 0.2[J]의 에너지가 저장되어 있다. 자기인덕턴스[H]는 얼마인가?

① 2.0 ② 0.4 ③ 0.8 ④ 1.6

전기기능사 2021년 2회

7.2 동일한 용량의 콘덴서 5개를 병렬로 접속했을 때의 합성용량을 C_p라고 하고, 5개를 직렬로 접속했을 때의 합성용량을 C_s라 할 때 C_p와 C_s의 관계는?

① $C_p = 5C_s$ ② $C_p = 10C_s$ ③ $C_p = 25C_s$ ④ $C_p = 50C_s$

전기기능사 2021년 3회

7.3 두 콘덴서 C_1, C_2를 직렬연결하고 그 양끝에 전압을 가한 경우, C_1에 걸리는 전압[V]은?

① $\frac{C_1}{C_1 + C_2} \times V$ ② $\frac{C_2}{C_1 + C_2} \times V$ ③ $\frac{C_1 + C_2}{C_1} \times V$ ④ $\frac{C_1 + C_2}{C_2} \times V$

전기기능사 2021년 4회

7.4 다음 회로의 합성 정전용량[μF]은?

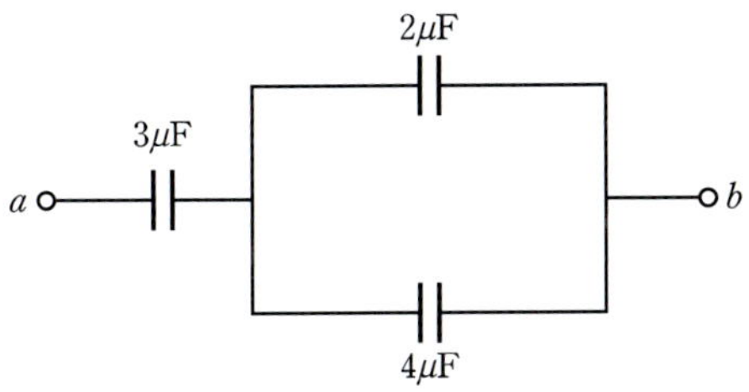

[그림 7-25]

① 5 ② 4 ③ 3 ④ 2

전기기능사 2020년 1회

7.5 자체 인덕턴스 40[mH]의 코일에서 0.2초 동안에 10[A]의 전류가 변화했다. 코일에 유도되는 기전력[V]은?

① 1 ② 2 ③ 3 ④ 4

2019년도 국가공무원 9급

7.6 전류 $i(t) = t^2 + 2t$[A]가 1[H] 인덕터에 흐르고 있다. $t = 1$일 때, 인덕터의 순시전력[W]은?

① 12 ② 16 ③ 20 ④ 24

2019년도 국가공무원 9급

7.7 다음 회로에서 40[μF] 커패시터 양단의 전압 V_a[V]는?

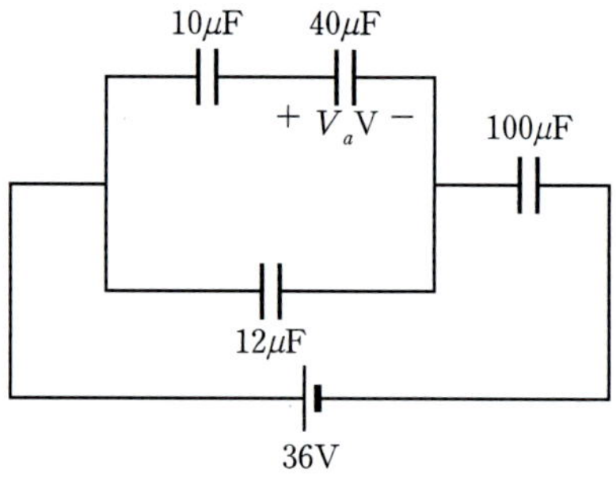

[그림 7-26]

① 2　　② 4　　③ 6　　④ 8

2023년도 국가공무원 9급

7.8 인덕턴스 20[H]를 갖는 인덕터에 전류 5[A]가 흐를 때, 저장된 자기에너지[J]는?

① 100　　② 125　　③ 250　　④ 500

2021년도 국가공무원 9급

7.9 인덕턴스 L의 정의에 대한 설명으로 옳은 것은?

① 전압과 전류의 비례상수이다.
② 자속과 전류의 비례상수이다.
③ 자속과 전압의 비례상수이다.
④ 전력과 자속의 비례상수이다.

2021년도 국가공무원 9급

7.10 다음 회로는 동일한 정전용량을 가진 6개의 커패시터로 구성되어 있다. 이 회로에 대한 설명으로 옳은 것은?

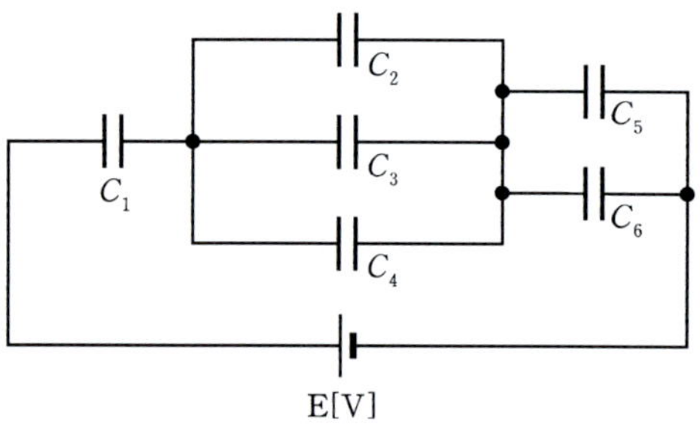

[그림 7-27]

① C_5에 충전되는 전하량은 C_1에 충전되는 전하량과 같다.
② C_6의 양단 전압은 C_1의 양단 전압의 2배이다.
③ C_3에 충전되는 전하량은 C_5에 충전되는 전하량의 2배이다.
④ C_2의 양단 전압은 C_6의 양단 전압의 $\frac{2}{3}$배이다.

2022년도 서울시 공무원 7급

7.11 그림의 회로에 직류가 공급되고 있을 때 커패시터에 저장된 에너지(w_c)와 인덕터에 저장된 에너지(w_L)의 값[J]은?

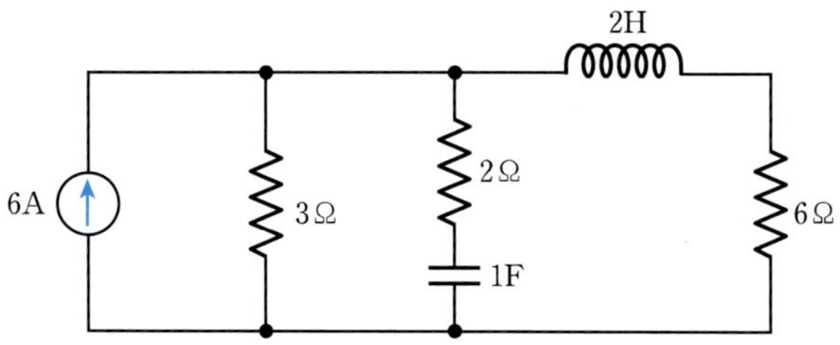

[그림 7-28]

① 72, 4　　② 36, 8　　③ 8, 36　　④ 4, 72

2022년도 서울시 공무원 7급

7.12 그림의 회로에서 등가 커패시턴스 C_{eq}의 값[F]은?

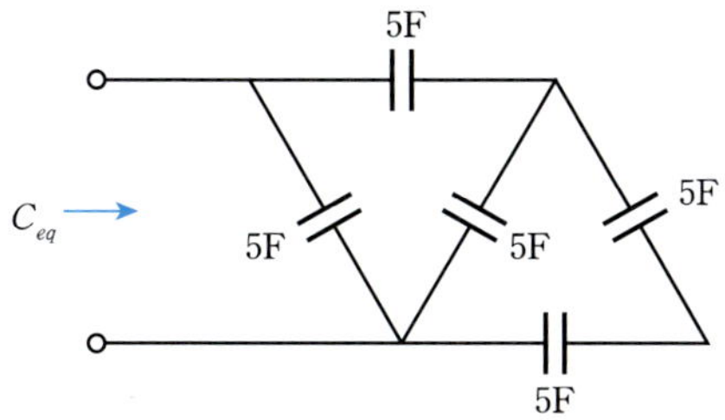

[그림 7-29]

① 2　　② 4　　③ 6　　④ 8

2019년도 국가공무원 7급

7.13 다음 회로에서 단자 a, b 사이의 등가 커패시턴스[μF]는?

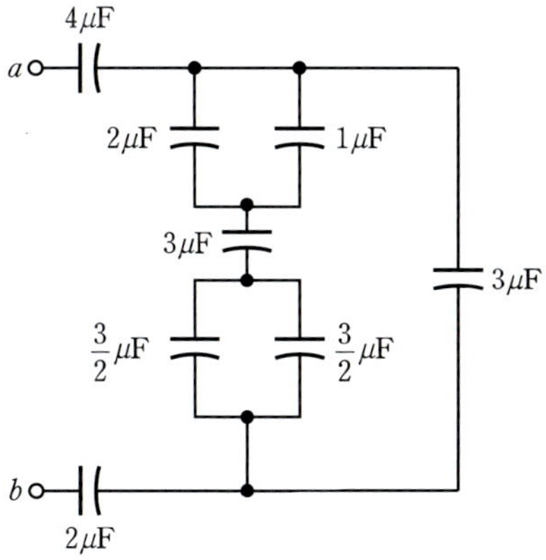

[그림 7-30]

① $\frac{12}{13}$　　② 1　　③ $\frac{17}{15}$　　④ 2

2022년도 3회 전기산업기사

7.14 100[μF]인 콘덴서의 양단에 전압을 30[V/ms]의 비율로 변화시킬 때 콘덴서에 흐르는 전류의 크기[A]는?

① 0.03 ② 0.3 ③ 3 ④ 30

CHAPTER

08

RL/*RC* 회로의 완전응답

The Complete Response of *RL* and *RC* Circuits

학습목표

- *RL*/*RC* 회로를 해석하기 위해 1차 미분방정식의 해를 구해야 함을 이해한다.
- 1차 미분방정식을 푸는 방법을 이해한다.
- 무전원에서의 완전응답 계산 방법을 이해한다.
- DC 전원이 있을 경우의 완전응답 계산 방법을 이해한다.
- 스위칭이 연속적으로 서로 다른 시간에 작동할 때 완전응답을 구하는 방법을 이해한다.
- 초깃값의 선정에 따라 잘못된 결과를 얻을 수 있다는 사실을 이해한다.

SECTION 8.1 RL/RC 회로의 해석

저항 R과 인덕터 L로만 이루어진 회로(RL 회로) 혹은 저항 R과 커패시터 C로만 이루어진 회로(RC 회로)의 해석은 궁극적으로 1차 미분방정식의 해를 구하는 것이다.

다음 예제를 통해 어떻게 RL/RC 회로의 해석이 1차 미분방정식의 해를 구하는 문제가 되는지 살펴보자.

예제 8-1 RL **회로의 해석**

[그림 8-1]의 회로에서 $t>0$일 때 인덕터에 흐르는 전류 $i_L(t)$를 구하라.

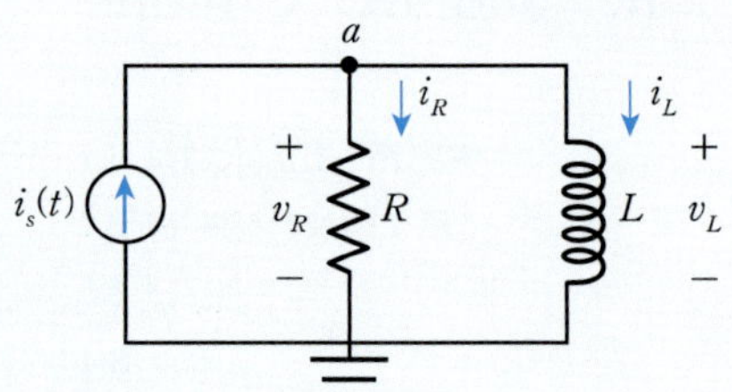

[그림 8-1] RL 회로

풀이

먼저 노드 a에서 KCL에 따라 다음과 같이 식을 전개할 수 있다.

$$\begin{aligned} i_s(t) &= i_R(t) + i_L(t) \\ &= \frac{v_R(t)}{R} + i_L(t) \end{aligned} \tag{8.1}$$

식 (8.1)에서 $v_R(t)$를 $v_R(t) = v_L(t) = L\dfrac{di_L(t)}{dt}$에 대입하여 정리하면 다음과 같다.

$$i_s(t) = \frac{L}{R}\frac{di_L(t)}{dt} + i_L(t) \tag{8.2}$$

식 (8.2)를 정리하면 다음과 같은 1차 미분방정식을 얻게 된다.

$$\frac{di_L(t)}{dt} + \frac{R}{L}i_L(t) = \frac{R}{L}i_s(t) \tag{8.3}$$

결국 주어진 RL 회로에서 $i_L(t)$를 구하는 문제는 위의 1차 미분방정식을 구하는 문제가 된다.

여기서 잠깐! 인덕터 회로에서의 미분방정식 유도

$t > 0$일 때의 함수 값을 찾으려면 그 함수 값의 초깃값 계산을 해야 한다. 인덕터 회로에서는 항상 $i_L(0^-) = i_L(0^+)$이므로, 회로해석을 할 때 초기시간에서 불연속으로 인해 발생하는 문제를 피하려면, 구하고자 하는 변수가 전압 $v_L(t)$라도 가급적 **전압 대신 전류 $i_L(0^+)$에 의한 미분방정식을 세워서 해석해야** 한다. 또한 구한 값은 옴의 법칙 등을 이용해 전류로 변환하여 해를 구하는 것이 좋다.

SECTION
8.2 1차 미분방정식의 해

일반적으로 초깃값이 $x(t_0) = x_0$라고 주어졌을 때, 식 (8.4)의 **1차 미분방정식 일반해**general solution**는 동차해**homogeneous solution**와 특수해**particular solution**의 단순합으로 구한다.** 이 중에서 동차해는 우변 함수 $f(t)$가 없는 상황, 즉 $f(t) = 0$일 때(회로해석에서는 입력전원이 없는 경우)의 해를 말하고, 특수해는 우변의 함수 $f(t)$의 종류에 따라서 종속되는 부가적인 해를 말한다.

$$\frac{dx(t)}{dt} + ax(t) = f(t) \tag{8.4}$$

회로해석에서는 이러한 미분방정식의 일반해를 **완전응답**complete response이라고 하고, 동차해와 특수해는 각각 **과도응답**transient response 및 **정상상태응답**steady-state response이라고 한다.

미분방정식 :	일반해	=	동차해	+	특수해
	↕		↕		↕
회로해석 :	완전응답	=	과도응답	+	정상상태응답

8.2.1 1차 미분방정식의 동차해

1차 미분방정식의 동차해는 다음과 같은 동차방정식homogeneous equation의 해를 말한다. 이러한 1차 미분방정식의 동차해를 구하는 방법은 여러 가지가 있다. 이 중에서 대표적인 몇 가지를 알아보자.

$$\frac{dx(t)}{dt} + ax(t) = 0 \tag{8.5}$$

계수분리법

예를 들어 [예제 8-1]에서 미분방정식의 동차해를 구하려면 다음의 동차방정식으로부터 해를 구한다.

$$\frac{di_L(t)}{dt} + \frac{R}{L}i_L(t) = 0 \tag{8.6}$$

여기서 변수 t와 $i_L(t)$를 등호 양쪽으로 다음과 같이 분리할 수 있다.

$$\frac{di_L(t)}{dt} = -\frac{R}{L}i_L(t) \Rightarrow \frac{1}{i_L(t)}di_L = -\frac{R}{L}dt$$

양변을 적분하면 다음과 같다.

$$\int \frac{1}{i_L(t)} di_L = \int \left(-\frac{R}{L}\right) dt \tag{8.7}$$

$$\Rightarrow \ln i_L(t) = -\frac{R}{L}t + A^* \ (\text{단, } A^*\text{는 상수이다.})$$

$$i_L(t) = Ae^{-\frac{R}{L}t} \ (\text{단, } A\text{는 다른 상수이다.})$$

완전한 해를 얻기 위해 주어진 초깃값 $i_L(0^+)$를 식 (8.7)에 대입하면 다음과 같고,

$$i_L(0^+) = A \times 1$$

최종적으로 1차 미분방정식의 동차해는 다음과 같다.

$$i_L(t) = i_L(0^+)e^{-\frac{R}{L}t} \tag{8.8}$$

가상해를 이용한 계산법

임의의 함수 중에서 미분이나 적분을 해도 같은 함수 꼴을 유지하는 함수는 지수함수다. 가상해에 의한 계산법은 구할 동차해의 모양을 **지수함수로 가정**한 다음, 이 함수를 원래의 미분방정식에 대입하여 해를 구하는 방법이다.

$$i_L(t) = Ae^{st} \tag{8.9}$$

즉 식 (8.9)와 같이 $i_L(t)$의 동차해를 가정하고, 이 식을 원래의 식에 대입하여 상수 A와 s의 값을 구한다.

따라서 원래의 식 (8.6)에, 가정한 식 (8.9)를 미분하여 대입하면 다음과 같다.

$$\frac{di_L(t)}{dt} + \frac{R}{L}i_L(t) = 0$$

$$\Rightarrow Ase^{st} + \frac{R}{L}Ae^{st} = 0$$

$$\Rightarrow Ae^{st}\left(s + \frac{R}{L}\right) = 0$$

그러므로 $s = -\frac{R}{L}$이 되고, $i_L(t) = Ae^{-\frac{R}{L}t}$이 된다. 여기에 초깃값 $i_L(0^+)$를 대입하여 계수분리법과 마찬가지로 A 값을 계산하면, 최종적인 동차해는 다음과 같다.

$$i_L(t) = i_L(0^+)e^{-\frac{R}{L}t} \tag{8.10}$$

라플라스 변환을 이용한 계산법

라플라스 변환으로 미분방정식을 구하는 방법은 13장에서 자세하게 설명하므로 이 장에서는 개념적인 설명만 한다.

라플라스 변환은 개념적으로 시간함수 $f(t)$를 라플라스 영역인 복소수 영역 s 안의 함수 $F(s)$로 변환하는 것을 말한다. 이렇게 함수를 $F(s)$로 변환하면 n차 미분방정식의 계산은 단순 n차 방정식으로 변하게 된다. 즉 이를 회로적으로 이야기하면, 미분방정식을 만드는 인덕터와 커패시터 소자의 전압, 전류 관계식이 라플라스 변환 영역에서는 마치 저항소자와 같이 취급된다는 것이다. 이때 만들어지는 궁극적인 수식은 저항회로에서 유도되는 단순 방정식과 같은 모양을 갖게 된다.

따라서 최종적인 결과 값은 이러한 라플라스 영역에서 계산된 $F'(s)$ 값을 다시 시간함수 $f'(t)$로 역변환하여 구한다. 라플라스 변환을 이용한 계산법의 단점은, 함수의 변환과 역변환이 정의에 의한 복소수 영역에서의 적분 값 계산이기 때문에 때로는 쉽게 계산하기 어렵다는 점이다. 반면에 이 방법의 장점 중 첫 번째는 위에서 설명한 단순 방정식으로 변환된다는 것이고, 두 번째는 동차해뿐만 아니라 특수해까지 한꺼번에 얻을 수 있다는 것이다. 자세한 내용은 13장의 '13.4 라플라스 변환에 의한 회로해석'에서 다시 설명한다.

여기서 잠깐! 회로해석에 적합한 동차해 계산법

커패시터나 인덕터가 1개씩 섞여 있는 회로에서는 1차 미분방정식을 구하는 방법으로도 충분히 해를 구할 수 있다. 하지만 두 가지 소자가 함께 섞여 있는 회로에서는 2차 이상의 미분방정식을 구해야 한다. 이런 경우 계수비교법은 계수를 분리하기에 너무 복잡하고, 라플라스 변환 역시 계산이 복잡하다. 그리하여 앞서 설명한 세 가지 방식 중 가상해를 이용한 계산법이 **가장 보편적**으로 사용된다.

8.2.2 1차 미분방정식의 특수해

1차 미분방정식의 특수해는 미분방정식 $\frac{dx(t)}{dt}+ax(t)=f(t)$의 입력함수 $f(t)$의 모양에 따라 [표 8-1]과 같이 해의 모양이 달라진다. 즉 입력함수의 모양과 같은 형태의 특수해 출력함수를 얻게 된다.

[표 8-1] 특수해의 입력과 출력 관계

입력 $f(t)$	출력 $f'(t)$
상수 A	상수 B
At	$Bt+C$
Ae^{Bt}	Ce^{Bt}
정현파	정현파

SECTION 8.3 무전원응답

다음 회로와 같이 RL/RC 회로에 전원이 없는 경우의 응답을 무전원응답zero-input(또는 source-free) response이라 한다.

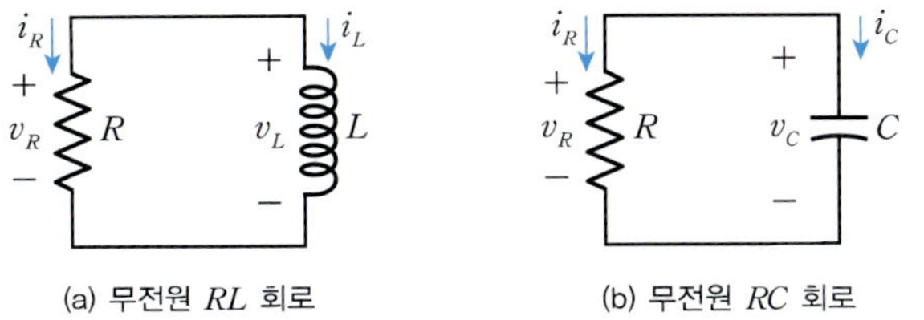

[그림 8-2] 무전원 RL/RC 회로

먼저 **무전원 RL 회로**의 경우 회로해석을 하기 위해 인덕터 전류 $i_L(t)$에 대한 미분방정식을 구하면 키르히호프의 전류법칙(KCL)에 의해 $i_L(t) = -i_R(t)$가 되고, $i_R(t)$는 다음과 같다.

$$i_R(t) = \frac{v_R(t)}{R} = \frac{v_L(t)}{R} = \frac{1}{R}L\frac{di_L(t)}{dt}$$

따라서 이를 주어진 초깃값 $i_L(t_0^+)$에 대한 1차 미분방정식으로 정리하면 다음과 같다.

$$\frac{di_L(t)}{dt} + \frac{R}{L}i_L(t) = 0 \tag{8.11}$$

또한 **무전원 RC 회로**의 경우에도 커패시터 전압 $v_C(t)$에 대한 미분방정식을 구하면 키르히호프의 전압법칙(KVL)에 의해 $v_R(t) = v_C(t)$가 되고, $v_R(t)$는 다음과 같다.

$$v_R(t) = -Ri_C(t) = -RC\frac{dv_C(t)}{dt}$$

따라서 이를 주어진 초깃값 $v_C(t_0^+)$에 대한 1차 미분방정식으로 정리하면 다음과 같다.

$$\frac{dv_C(t)}{dt} + \frac{1}{RC}v_C(t) = 0 \tag{8.12}$$

결국 무전원 RL/RC 회로에서 얻은 1차 미분방정식은 식 (8.13)과 같은 표준형 1차 미분방정식으로 대표하여 기술할 수 있다. 단지 변수 x는 $i_L(t)$이거나 $v_C(t)$이고, 상수 τ의 값은 RL의 경우 $\frac{L}{R}$,

RC 회로의 경우 RC 값을 갖게 된다.

$$\frac{dx(t)}{dt}+\frac{1}{\tau}x(t)=0 \tag{8.13}$$

이제 주어진 초깃값 $x(t_0{}^+)$로 상기 미분방정식의 완전응답을 구하려면 과도응답과 정상상태응답을 구해야 한다. 무전원회로의 경우는 말 그대로 우변의 전원함수 값이 아무것도 없다는 것으로, 정상상태응답은 0이 되고 과도응답만 존재한다. 따라서 완전응답은 과도응답의 계산만으로 구할 수 있다. 과도응답을 얻기 위한 가상해를 이용한 방법은 다음과 같다.

$x(t)=Ae^{st}$로 가정하고 미분방정식에 대입하면, 식 (8.13)은 다음과 같다.

$$Ase^{st}+\frac{1}{\tau}Ae^{st}=Ae^{st}\left(s+\frac{1}{\tau}\right)=0$$

$s=-\dfrac{1}{\tau}$이므로 결국 식 (8.14)와 같이 구할 수 있다.

$$x(t)=Ae^{-\frac{1}{\tau}t} \tag{8.14}$$

이때 상숫값 A를 얻기 위해 초깃값 $x(t_0{}^+)$를 대입하면 다음과 같다.

$$x(t_0{}^+)=Ae^{-\frac{1}{\tau}t_0}$$

즉 $A=x(t_0{}^+)e^{\frac{1}{\tau}t_0}$이 되고, 이 값을 대입하면 최종적으로 식 (8.15)가 된다.

$$x(t)=x(t_0{}^+)e^{-\frac{1}{\tau}(t-t_0)} \tag{8.15}$$

이 식을 무전원 RL 회로와 RC 회로의 경우로 나타내면 각각 다음과 같다.

$$i_L(t)=i_L(t_0{}^+)e^{-\frac{R}{L}(t-t_0)} \tag{8.16}$$

$$v_C(t)=v_C(t_0{}^+)e^{-\frac{1}{RC}(t-t_0)} \tag{8.17}$$

SECTION 8.4

시정수

앞서 식 (8.13)에서 정의한 τ라는 상숫값을 시정수 time constant라고 한다. 시정수(τ)란 회로의 과도응답으로부터 정상상태에 이르는 시간을 나타내는 상숫값으로, 다음과 같다.

- RL 회로의 경우 : $\tau = \frac{L}{R}$
- RC 회로의 경우 : $\tau = RC$

이 시정수의 값은 실제로 회로의 과도응답 속도와 관계가 있는데, 예를 들어 8.3절에서 설명한 무전원 RL 회로의 과도응답(이 경우 정상상태응답이 0이므로 완전응답과 같음) 그래프를 그려보면 [그림 8-3]과 같다.

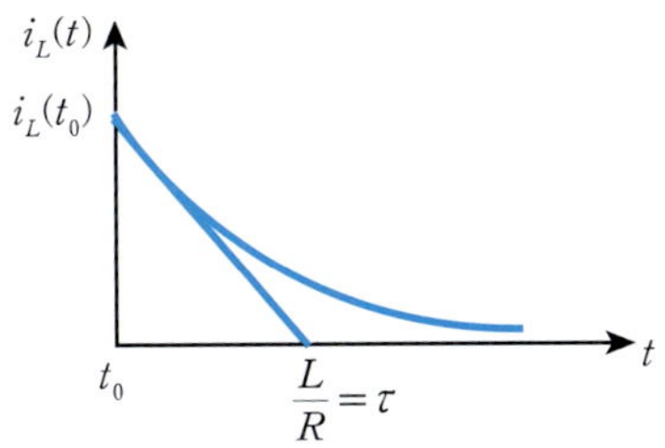

[그림 8-3] 무전원 RL 회로에서의 $i_L(t)$ 과도응답

[그림 8-3]과 같이 τ의 값은 곧 초기시간 t_0에서 함수의 접선 기울기가 된다. 즉 함수의 초기시간 t_0의 접선 기울기는 해당 시간의 미분 값이므로 다음과 같다.

$$\begin{aligned}\frac{di_L(t)}{dt}\Big|_{t=t_0} &= -\frac{R}{L}e^{-\frac{R}{L}(t-t_0)}i_L(t_0)\Big|_{t=t_0} \\ &= -\frac{R}{L}i_L(t_0) \\ &= -\frac{i_L(t_0)}{\frac{L}{R}} \\ &= -\frac{i_L(t_0)}{\tau}\end{aligned}$$

결국 τ의 값은 얼마나 가파르게 함수 값이 정상상태에 도달할 수 있는가를 가늠하는 척도가 되고, 대략적으로 0의 값에 도달하는 시간의 $\frac{1}{5}$ 정도로 가늠한다.

그러므로 만약 RL 회로가 일정한 전류 값에서 일정 시간 이후에 0 값을 가지는 타이머 회로로 사용된다면, R과 L의 값을 조정하여 함수의 접선 기울기를 조정할 수 있다. 또한 일정 시간 후에 스위치가 꺼지도록 회로를 설계할 수도 있다.

마찬가지로 [그림 8-4]는 RC 회로의 과도응답 그래프에서 시정수 의미가 RL 회로에서의 시정수 의미와 같음을 보여준다.

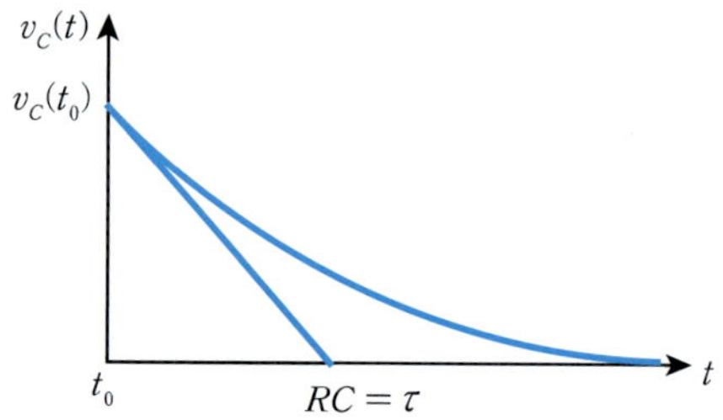

[그림 8-4] 무전원 RC 회로에서 $v_C(t)$의 과도응답

SECTION

8.5 DC 전원응답

8.5.1 RL/RC 회로의 과도응답과 정상상태응답

이 절에서는 DC 전원이 RL/RC 회로에 연결되었을 때의 완전응답에 대해 알아본다. 이 경우에도 두 가지 다른 회로에서 같은 모양의 표준형 1차 미분방정식을 유도할 수 있다. 이 경우에 유의할 것은, 미분방정식의 입력함수 $f(t)$는 DC 값을 가지므로 더는 정상상태응답이 0이 되지 않고, 또 다른 상숫값(DC 값)의 정상상태응답을 가지게 되어 과도응답과 정상상태응답의 합으로 완전응답이 구해진다는 점이다.

[그림 8-5(a)]는 전원과 RL 소자가 직렬로 연결된 회로고, [그림 8-5(b)]는 전원과 RC 소자가 직렬로 연결된 회로다.

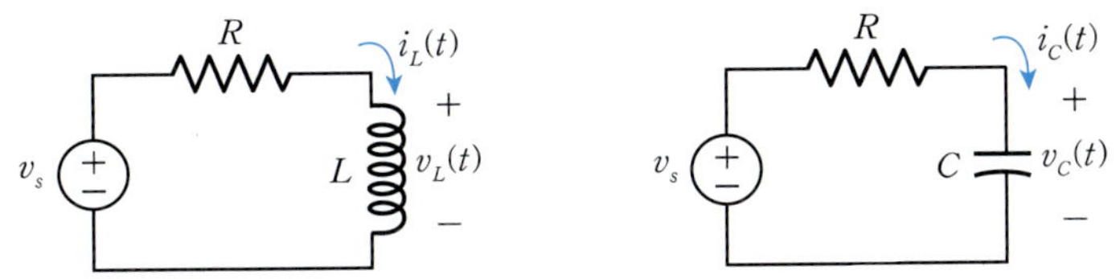

(a) RL 소자가 직렬로 연결된 회로 (b) RC 소자가 직렬로 연결된 회로

[그림 8-5] DC 전원회로

먼저 RL 회로에서 $i_L(t)$에 대한 미분방정식을 유도하면 $v_L(t) = L\frac{di_L(t)}{dt}$에서 주어진 초깃값 $i_L({t_0}^+)$에 대해 다음을 구할 수 있다.

$$v_s = Ri_L(t) + v_L(t)$$

$$\Rightarrow v_s = Ri_L(t) + L\frac{di_L(t)}{dt}$$

$$\Rightarrow \frac{di_L(t)}{dt} + \frac{R}{L}i_L(t) = \frac{1}{L}v_s \tag{8.18}$$

또한 직렬 RC 회로에서는 $v_C(t)$에 대한 미분방정식을 유도하면 $i_C(t) = C\frac{dv_C(t)}{dt}$를 통해 주어진 초깃값 $v_C({t_0}^+)$에 대하여 다음 식을 구할 수 있다.

$$i_C(t) = \frac{v_s - v_C(t)}{R}$$

$$\Rightarrow C\frac{dv_C(t)}{dt} = \frac{v_s}{R} - \frac{v_C(t)}{R}$$

$$\Rightarrow \frac{dv_C(t)}{dt} + \frac{1}{RC}v_C(t) = \frac{1}{RC}v_s \tag{8.19}$$

따라서 위의 두 회로에서 유도한 미분방정식 모두, 8.2절의 식 (8.4)에서 정의한 대로 일반화된 형식의 수식으로 다시 쓰면 주어진 초깃값 $x(t_0^+)$에 대해 다음과 같다.

$$\frac{dx(t)}{dt} + \frac{1}{\tau}x(t) = K \quad (K\text{는 상수}) \tag{8.20}$$

이러한 1차 미분방정식의 완전응답 $x(t)$는 **과도응답** $x_T(t)$와 **정상상태응답** $x_{SS}(t)$의 합으로 구할 수 있다.

과도응답

과도응답은 우변의 K 값을 0으로 하는 다음과 같은 동차방정식의 해다.

$$\frac{dx(t)}{dt} + \frac{1}{\tau}x(t) = 0 \tag{8.21}$$

이 식은 무전원회로의 응답을 구하는 식과 같으므로 $x(t) = Ae^{st}$으로 가정하고, 미분방정식에 대입하여 해를 구하면 과도응답을 구할 수 있다.

$$x_T(t) = Ae^{-\frac{1}{\tau}t} \tag{8.22}$$

정상상태응답

정상상태응답은 우변의 입력함수 모양에 따라 결정되는 응답을 말한다. 이 경우 상숫값 K가 입력되면 출력응답 역시 상숫값 L이 된다고 가정할 수 있다. 따라서 이 정상상태응답 값을 원래의 미분방정식에 대입하면 다음 식이 성립해야 한다.

$$\frac{dx(t)}{dt} + \frac{1}{\tau}x(t) = K$$

$$\Rightarrow \frac{d}{dt}(L) + \frac{1}{\tau}L = K$$

$$\Rightarrow 0 + \frac{1}{\tau}L = K$$

그러므로 정상상태응답 L은 τK가 되고, 최종 정상상태응답은 다음과 같다.

$$x_{SS}(t) = \tau K \tag{8.23}$$

완전응답

앞서 구한 과도응답과 정상상태응답으로 완전응답을 구하면 다음과 같다.

$$\begin{aligned} x(t) &= x_T(t) + x_{SS}(t) \\ &= Ae^{-\frac{1}{\tau}t} + \tau K \end{aligned} \tag{8.24}$$

이제 완전한 응답을 구하려면 상수 A 값을 계산해야 하는데, 이 값은 주어진 초깃값 $x(t_0^+)$를 완전응답식에 대입하여 구한다. 따라서 식 (8.24)에 초깃값을 대입하면 다음 수식을 얻을 수 있다.

$$\begin{aligned} x(t_0^+) &= Ae^{-\frac{1}{\tau}t_0} + \tau K \\ \Rightarrow\ A &= (x(t_0^+) - \tau K)e^{\frac{1}{\tau}t_0} \end{aligned}$$

그러므로 이 값을 대입한 최종 완전응답 $x(t)$는 다음과 같다.

$$x(t) = \tau K + (x(t_0^+) - \tau K)e^{-\frac{1}{\tau}(t - t_0)} \tag{8.25}$$

즉 식 (8.25)는 다음과 같이 표현될 수 있다. 단, 여기서 최종값은 정상상태응답 값과 같다.

$$x(t) = (\text{최종값}) + (\text{초깃값} - \text{최종값})e^{-\frac{1}{\tau}(t - t_0)}$$

여기서 잠깐! 초깃값 적용 시기

동차방정식의 해인 $Ae^{-\frac{1}{\tau}t}$에서 A를 초깃값으로 계산할 때, 무전원회로의 경우에는 **과도응답을 구한 후**에 바로 계산했고, DC 전원회로에서는 정상상태응답을 구하여 **완전응답을 구한 후**에 **완전응답에 적용**했다. 무엇이 맞는 것일까? 당연히 완전응답을 구한 후에 초깃값을 적용하여 A의 값을 계산하는 것이 맞다. 즉 무전원회로의 경우에는 입력전원이 없으므로 정상상태응답이 0이 된다. 그래서 과도응답이 완전응답과 같으므로 과도응답을 얻은 후에 적용한 것뿐이다. 따라서 **초깃값**은 언제나 과도응답과 정상상태응답을 구하여 완전응답을 얻은 후에 **최종 완전응답에 적용**해야 함에 유의해야 한다.

따라서 원래 DC 전원이 연결된 RL 회로와 RC 회로에서 $i_L(t)$와 $v_C(t)$의 완전응답은, 위의 결과를 주어진 값에 대입하여 각각 다음과 같이 나타낼 수 있다.

$$i_L(t) = \frac{v_s}{R} + \left(i_L(t_0^+) - \frac{v_s}{R}\right)e^{\frac{-R}{L}(t - t_0)} \tag{8.26}$$

$$v_C(t) = v_s + (v_C(t_0^+) - v_s)e^{-\frac{1}{RC}(t - t_0)} \tag{8.27}$$

만약 초기시간이 $t_0 = 0$이라면 다음과 같다.

$$i_L(t) = \frac{v_s}{R} + \left(i_L(0^+) - \frac{v_s}{R}\right)e^{\frac{-R}{L}t} \tag{8.28}$$

$$v_C(t) = v_s + (v_C(0^+) - v_s)e^{-\frac{1}{RC}t} \tag{8.29}$$

예를 들어 $v_C(t)$를 그래프로 나타내면 [그림 8-6]과 같다.

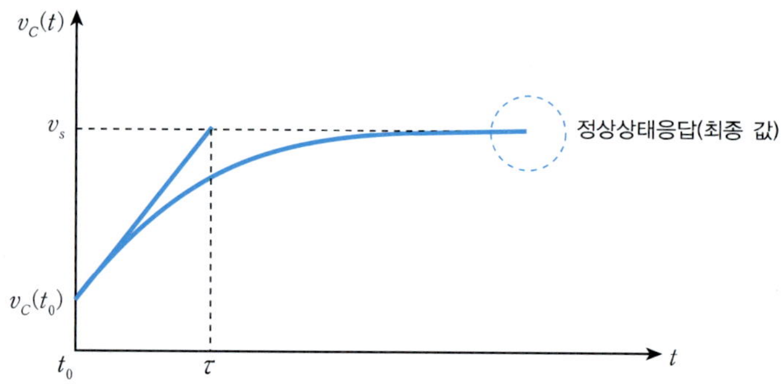

[그림 8-6] RC 회로의 커패시터 충전 그래프

그래프를 보면, 커패시터는 초기전압 값부터 최종전압 값(정상상태응답 값)까지 충전되고 있음을 알 수 있다. 또한 최종전압 값은 입력전압 v_s와 같은 값이므로, 충전의 경우 입력전압 값까지만 충전된다.

여기서 잠깐! RC 회로에서 $i_C(t)$의 계산

주어진 RC 회로에서 $i_C(t)$를 구하려면 어떻게 해야 할까? 먼저 [그림 8-5(b)]의 단순 RC 회로를 예로 살펴보자. 키르히호프의 전압법칙에 따라 식으로 나타내면 다음과 같다.

$$v_s = Ri_c(t) + v_C(t_0^{\ +}) + \frac{1}{C}\int_0^t i_C(\tau)d\tau$$

이 수식의 양변을 미분하면 다음과 같다.

$$0 = R\frac{di_C}{dt} + \frac{1}{C}i_C(t) \ \Rightarrow\ \frac{di_C}{dt} + \frac{1}{RC}i_C(t) = 0$$

결국 이 미분방정식의 완전응답은 무전원회로의 완전응답을 구하는 방법에 의해 식 (8.30)과 같이 된다.

$$i_C(t) = i_C(t_0^{\ +})e^{-\frac{1}{\tau}(t-t_0)} \tag{8.30}$$

이때 주어진 초깃값이 $v_C(t_0^{\ -})$이면, $v_C(t_0^{\ -}) = v_C(t_0^{\ +})$의 관계와 $i_C(t_0^{\ +}) = \dfrac{v_s - v_C(t_0^{\ +})}{R}$의 관계를 통해 $t > 0$일 때의 $i_C(t)$의 완전응답은 다음과 같다.

$$i_C(t) = \frac{v_s - v_C(t_0^{\,+})}{R} e^{-\frac{1}{\tau}(t-t_0)} \tag{8.31}$$

그러나 만약에 식 (8.30)의 초깃값 $i_C(t_0^{\,+})$에 주어진 초깃값 $i_C(t_0^{\,-})$를 대입하여 풀려면 $i_C(t_0^{\,-})$는 $t<0$일 때의 정상상태응답인 0이 되므로, 대입하면 $i_C(t)=0$인 잘못된 값이 나온다. 이렇게 잘못된 값이 나오는 이유는, 커패시터에서 초기시간의 전류 값 $i_C(t_0^{\,-})$는 $i_C(t_0^{\,+})$와 다를 수 있으며 전압 값은 항상 $v_C(t_0^{\,-}) = v_C(t_0^{\,+})$의 관계가 성립하기 때문이다.

따라서 이러한 실수를 하지 않으려면 ***RC* 회로의 $i_C(t)$를 구하는 문제에서도 먼저 $v_C(t)$를 구하는 미분방정식을 세워야 한다. 그리고 주어진 초깃값 $v_C(t_0)$에 의한 계산을 한 뒤에 그 값과 적절한 옴의 법칙을 적용하여 최종적으로 $i_C(t)$의 완전응답을 얻는 것이 바람직하다.**

8.5.2 DC 전원회로에서 회로해석을 통한 정상상태응답의 계산

DC 전원 입력에 대한 정상상태응답을 계산할 때 앞에서 설명한 대로 상숫값 출력을 가정하여 원래의 미분방정식에 대입하여 계산할 수 있다. 하지만 회로해석에서는 주어진 회로에서 그 상수 출력 값을 간단하게 계산할 수 있다.

먼저 입력과 구하려고 하는 출력의 정상상태응답이 모두 상숫값이라고 가정한다면, 인덕터 전류 $i_L(t)$와 전압 $v_L(t)$ 사이에는 $v_L(t) = L\frac{di_L(t)}{dt} = L\times 0 = 0$의 관계가 성립해서, 결국 단락회로와 같은 결과가 나온다. 다시 말해서 **DC 전원 입력에 대한 인덕터 소자는 단락회로와 같이 작용**한다는 뜻이다. 또한 커패시터의 경우 $i_C(t) = C\frac{dv_C(t)}{dt} = C\times 0 = 0$이 되어 개방회로와 결과가 같다. 즉 **DC 전원 입력에 대한 커패시터 소자는 개방회로처럼 작용**한다는 이야기다.

- 인덕터의 정상상태 : 단락회로
- 커패시터의 정상상태 : 개방회로

그러므로 회로해석으로 DC 전원회로의 정상상태응답을 계산할 때는 [그림 8-7]과 같이 인덕터를 단락시키고 커패시터를 개방시켜 구한다.

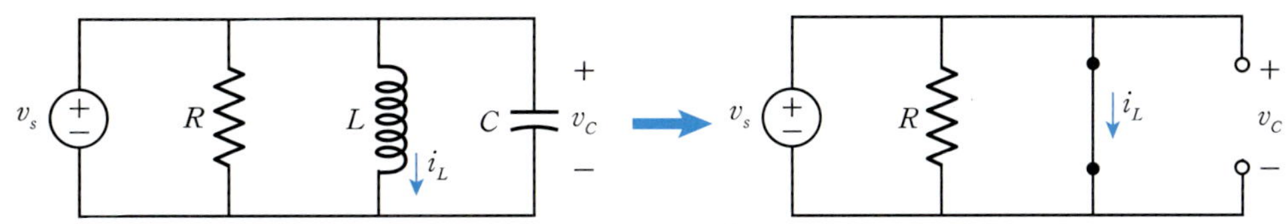

[그림 8-7] 인덕터와 커패시터의 정상상태응답 계산

8.5.3 과도응답과 무전원응답

완전응답은 과도응답과 정상상태응답의 합으로 이뤄진다. 따라서 8.5.1절에서 기술한 RC/RL 회로의 표준형 완전응답을, 과도응답과 정상상태응답으로 구분지어 나타내면 다음과 같다.

$$x(t) = (\text{최종값}) + (\text{초깃값} - \text{최종값})\, e^{-\frac{1}{\tau}(t-t_0)}$$

⬇ 정상상태응답　　⬇ 과도응답

위 식을 다시 정리하면 우변의 두 번째 항이 바로 무전원응답임을 알 수 있다. 즉 과도응답은 무전원응답과는 다름을 이해해야 한다.

$$x(t) = (\text{최종값})\left(1 - e^{-\frac{1}{\tau}(t-t_0)}\right) + (\text{초깃값})\, e^{-\frac{1}{\tau}(t-t_0)}$$

⬇ 무상태응답　　⬇ 무전원응답

결론적으로 완전응답은 과도응답과 정상상태응답의 합이나, 무전원응답 zero-input response 과 무상태응답 zero-state response 의 합으로 표현할 수 있지만, **과도응답과 무전원응답은 서로 다름**을 유의해야 한다.

SECTION

8.6 연속 스위칭회로

이 절에서는 스위치가 포함된 회로에서, 스위치가 서로 다른 시간에 연속적으로 작동할 경우의 RC/RL 회로의 해석법을 알아본다. 먼저 0이 아닌 시간에 동작하는 스위칭회로를 예로 연속 스위칭회로의 해석법을 살펴보자.

예제 8-2 **연속 스위칭 RL 회로**

[그림 8-8]과 같이 스위치가 작동한다. $i_L(0^-)=10[\mathrm{A}]$라고 할 때, $t>0$에서 $i_L(t)$, $v_L(t)$ 값을 구하라.

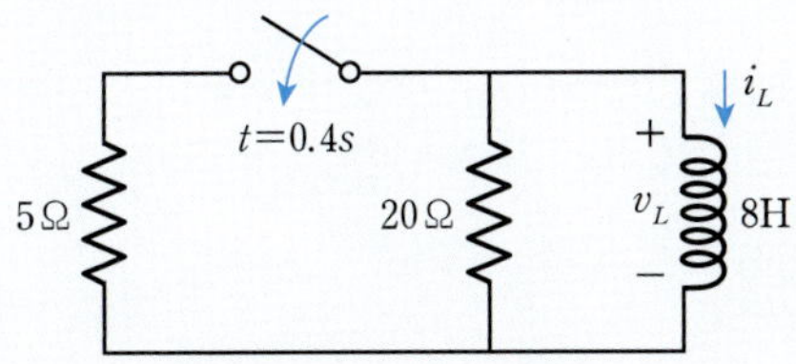

[그림 8-8] 연속 스위칭 RL 회로

풀이

먼저 $0\le t<0.4$에서 완전응답을 구하면 이 구간의 회로는 [그림 8-9]와 같다.

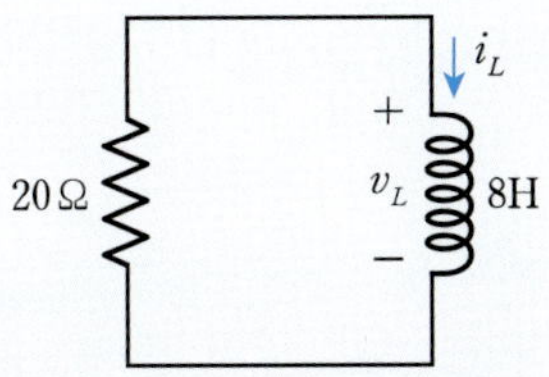

[그림 8-9] $0\le t\le 4$의 회로

회로의 주어진 변수 값에 의해 무전원응답, 즉 완전응답을 구해보면 $i_L(0^-)=i_L(0^+)$이므로 다음과 같이 표현할 수 있다.

$$i_L(t)=i_L(0^+)e^{-\frac{R}{L}t}=10e^{-2.5t},\quad t>0$$

다음으로 $t\ge 0.4$일 때 완전응답을 구하면 이 구간에서 스위치가 닫히면서 R 값은 $5[\Omega]$과 $20[\Omega]$의 병렬 값인 $4[\Omega]$이 된다. 이때 완전응답에 수치를 대입하면 다음과 같다.

$$i_L(t)=i_L(t_0)e^{-\frac{R}{L}(t-t_0)}=i_L(0.4^+)e^{-0.5(t-0.4)}$$

이때 $i_L(0.4^+)$ 값은 $i_L(0.4^-)$ 값과 같으므로, 전 구간에서의 마지막 값(즉, 전 구간 함수에 0.4를 대입한 값)으로 구할 수 있다.

$$i_L(0.4^-) = 10e^{-2.5 \times 0.4} \simeq 3.679$$

그러므로 완전응답은 다음과 같다.

$$i_L(t) = 3.679e^{-0.5(t-0.4)}, \quad t \geq 0.4$$

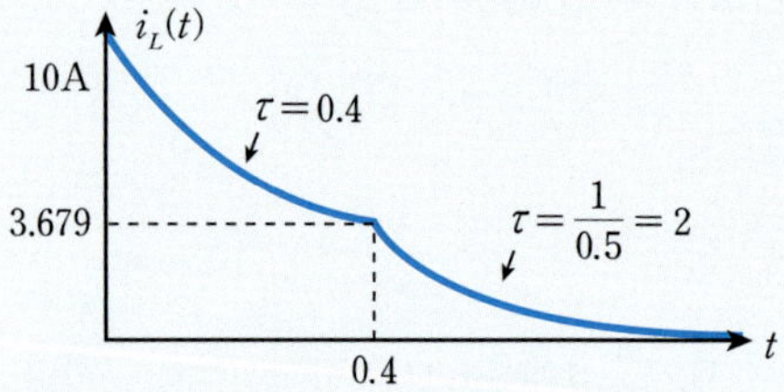

[그림 8-10] 최종 $i_L(t)$의 그래프

다음으로 $v_L(t)$의 값을 구해보자. 먼저, $0 \leq t < 0.4$의 구간에서 $i_L(t) = 10e^{-2.5t}$이므로 양변을 미분하면 다음과 같다.

$$\frac{di_L(t)}{dt} = -25e^{-2.5t}$$

$v_L(t) = L\frac{di_L(t)}{dt}$의 관계에서 다음을 얻을 수 있다.

$$v_L(t) = -200e^{-2.5t}$$

$t \geq 0.4$에서는 $i_L(t) = 3.679e^{-0.5(t-0.4)}$이므로 양변을 미분하여 수치를 대입하면 다음과 같다.

$$v_L(t) = -14.716e^{-0.5(t-0.4)}$$
$$v_L(0.4^-) = -200e^{-2.5 \times 0.4} = -73.58$$
$$v_L(0.4^+) = -14.716e^{0} = -14.716$$

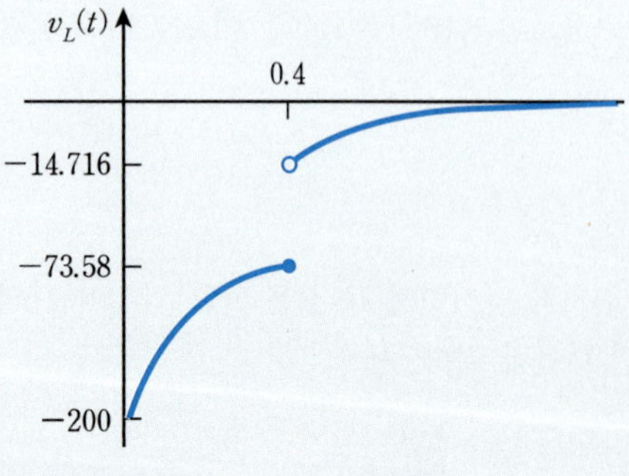

[그림 8-11] 최종 $v_L(t)$의 그래프

여기서 잠깐! $t=0.4$에서 $v_L(t)$의 불연속성

[예제 8-2]에서 구한 최종 $v_L(t)$의 그래프에서 보듯이 $t=0.4$에서 $v_L(0.4^-) \simeq -73.58$, $v_L(0.4^+) \simeq -14.716$으로 $v_L(0.4^-) \neq v_L(0.4^+)$가 된다. 그러므로 인덕터 회로에서는 반드시 초깃값(t_0^-)으로, 전압 $v_L(t_0^-)$ 대신 전류 $i_L(t_0^-) = i_L(t_0^+)$를 사용해야 한다.

이제 연속적으로 다른 시간에 스위치가 작동하는 회로를 예로 문제를 풀어보자.

예제 8-3 **연속 스위칭회로의 해석**

[그림 8-12]의 회로에서 $t>0$일 때 인덕터 전류 $i(t)$를 구하라.

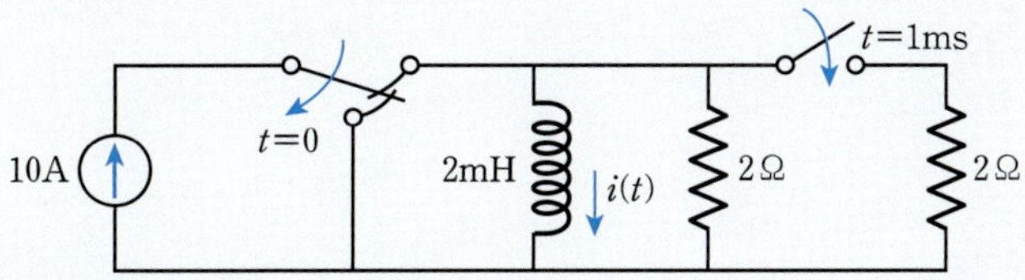

[그림 8-12] 연속 스위칭회로

풀이

$t=0$일 때의 초깃값을 계산하기 위해 $t<0$일 때 정상상태응답을 구하면 회로는 [그림 8-13]과 같이 된다.

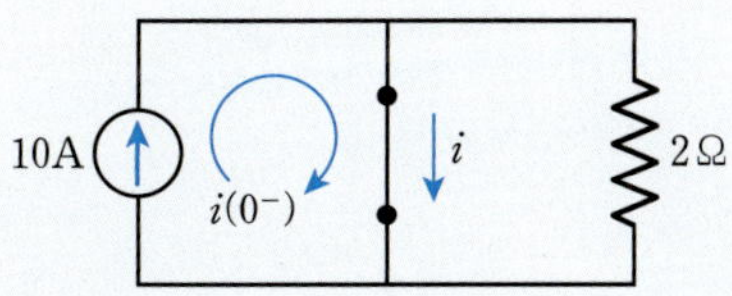

[그림 8-13] $t<0$의 회로

정상상태에서 DC 전원의 경우 인덕터는 단락회로로 작용하므로 회로에서 $i(0^-) = i(0^+) = 10$[A]를 얻을 수 있다.

이제 $0 \le t < 10^{-3}$일 때 회로는 [그림 8-14]와 같고, 이때의 시정수 $\tau = \dfrac{L}{R} = 1 \times 10^{-3}$의 값을 대입하면 다음과 같다.

$$i(t) = i(0^+)e^{-1000t} = 10e^{-1000t}$$

이때 $t = 1 \times 10^{-3}$에서 초깃값을 구하기 위해 $0 \le t < 10^{-3}$ 구간에서 최종값을 구하면 $i(1 \times 10^{-3}) = 10e^{-1} \simeq 3.68$이 된다.

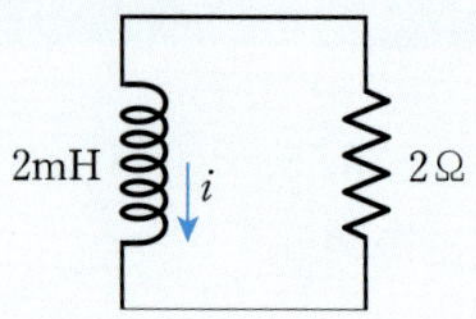

[그림 8-14] $0 \le t < 10^{-3}$의 회로

이제 $t > 1$일 때 [그림 8-15]의 회로에서 새로운 시정수 $\tau' = \frac{L}{R} = 2 \times 10^{-3}$을 계산하여 대입하면 다음과 같다.

$$i(t) = i(1 \times 10^{-3})e^{-500(t - 1 \times 10^{-3})}$$
$$= 3.68e^{-500(t - 1 \times 10^{-3})}$$

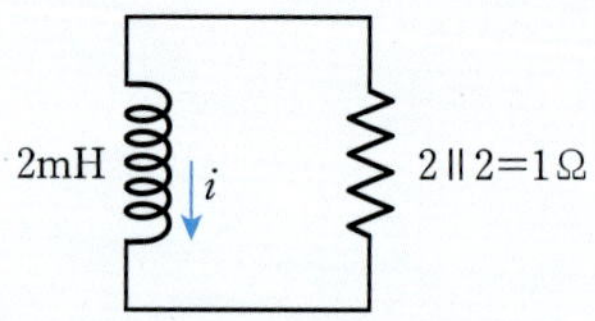

[그림 8-15] $t > 1$의 회로

이 결과를 그래프로 나타내면 [그림 8-16]과 같다.

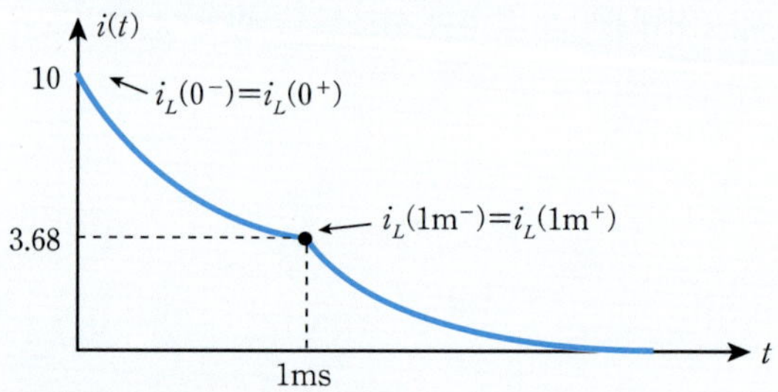

[그림 8-16] 결과 그래프

CHAPTER

08 핵심요약

이 장에서는 RL/RC 회로에서 완전응답을 구하는 방법에 대해 공부했다. 완전응답은 과도응답과 정상상태응답의 합으로 구성되는데, 과도응답은 표준형 1차 미분방정식의 해를 구하여 얻을 수 있고, 정상상태응답은 DC 입력의 경우 회로해석으로 구할 수 있다.

■ 표준형 1차 미분방정식

$$\frac{dx(t)}{dt} + \frac{1}{\tau}x(t) = f(t)$$

입력 $f(t)$	출력 $f'(t)$
상수 A	상수 B
At	$Bt+C$
Ae^{Bt}	Ce^{Bt}
정현파	정현파

완전응답 = 과도응답 + 정상상태응답

- 과도응답 : $x_T(t) = Ae^{-\frac{1}{\tau}t}$
- 정상상태응답 : $x_{SS}(t) = \tau K$

■ 무전원 RL/RC 회로의 완전응답

완전응답 = 과도응답

- RL 회로 : $i_L(t) = i_L(t_0^{\ +})e^{-\frac{R}{L}(t-t_0)}$
- RC 회로 : $v_C(t) = v_C(t_0^{\ +})e^{-\frac{1}{RC}(t-t_0)}$

■ 시정수 τ

- RL 회로의 경우 : $\tau = \frac{L}{R}$
- RC 회로의 경우 : $\tau = RC$

DC 전원 RL/RC 회로의 완전응답

- 표준형 : $x(t) = (\text{최종값}) + (\text{초깃값} - \text{최종값})e^{-\frac{1}{\tau}(t-t_0)}$
- RL 회로 : $i_L(t) = \dfrac{v_s}{R} + \left(i_L(t_0^{\ +}) - \dfrac{v_s}{R}\right)e^{\frac{-R}{L}(t-t_0)}$
- RC 회로 : $v_C(t) = v_s + (v_C(t_0^{\ +}) - v_s)e^{-\frac{1}{RC}(t-t_0)}$

DC 전원회로에서의 회로해석을 통한 정상상태응답의 계산

- 인덕터의 정상상태 : 단락회로
- 커패시터의 정상상태 : 개방회로

연속 스위칭회로의 해석

연속 스위칭의 시간에서 다음 단계 초깃값 $x(t_0^{\ +})$는 전 단계의 최종값 $x(t_0^{\ -})$를 사용한다. 이때 초깃값은 다음과 같이 연속함수를 보장하는 함수를 사용해야 하므로 커패시터의 경우에는 전압 값 $v_C(t_0)$를, 인덕터의 경우에는 전류 값 $i_L(t_0)$를 반드시 사용해야 한다.

$$i_L(t_0^{\ -}) = i_L(t_0^{\ +})$$
$$v_C(t_0^{\ -}) = v_C(t_0^{\ +})$$

CHAPTER
08 연습문제

RL 회로의 완전응답

8.1 다음의 회로로부터, $t=0^{+}$, 4, $+\infty$[ms]인 경우에 대해 각각 0.4[H]인 인덕터에 흐르는 전류 값을 구하라.

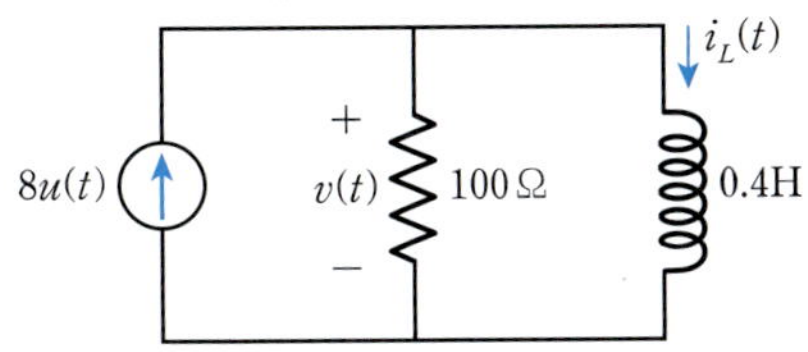

[그림 8-17]

8.2 다음의 회로와 같이 전류전원 $8u(t)$[A], 저항 5[Ω], 인덕터 20[mH]가 병렬로 연결되었을 때, $t=3$[ms]에서의 저항소자, 인덕터, 전원에서 각각 소비되는 전력 값들을 구하라.

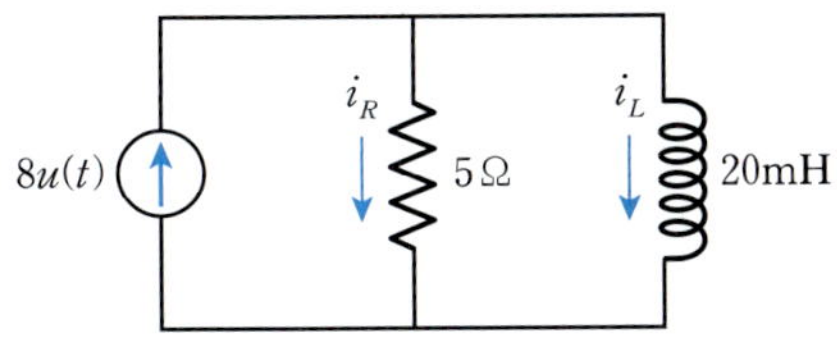

[그림 8-18]

8.3 다음의 회로로부터 전류 $i(t)$를 구하는 1차 미분방정식을 구하고, 그 해를 구하라. (단, 초깃값은 $i_{L_1}(0^{+})=1$[A], $i_{L_2}(0^{+})=0$[A]로 가정한다.)

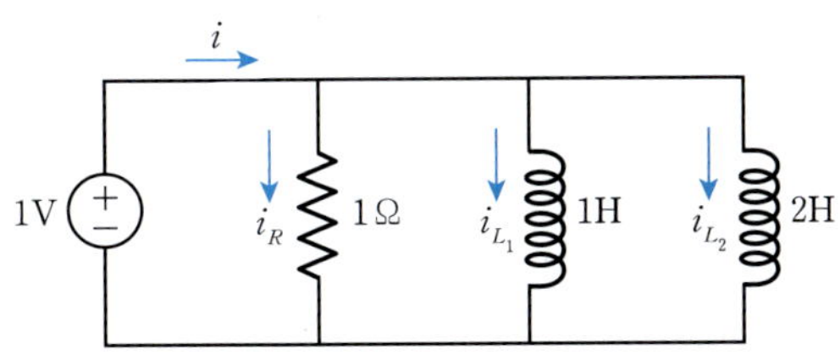

[그림 8-19]

8.4 다음 회로에서 $t\geq 0$일 때의 $i(t)$를 구하라. (단, $u(t)=\begin{cases}1, & t\geq 0\\ 0, & t<0\end{cases}$ 이다.)

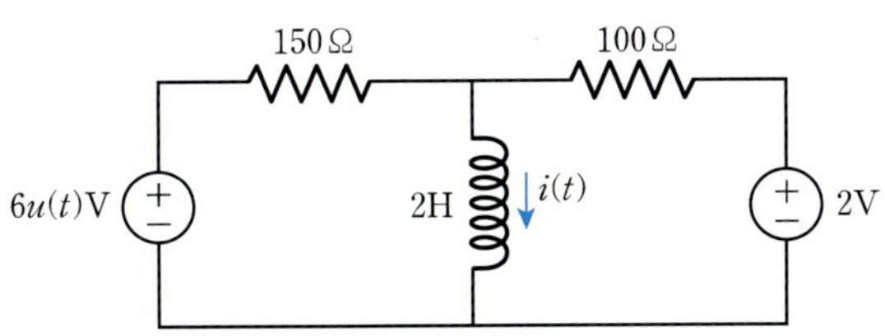

[그림 8-20]

8.5 다음 회로에서 스위치를 현재 상태로 오랜 시간 두었다고 가정하자. $t=0$일 때 스위치를 왼쪽으로 옮겼다면, $t>0$일 때 $i_L(t)$의 값을 구하라.

HINT 인덕터는 오랜 시간이 지난 후에는 단락회로로 작동한다.

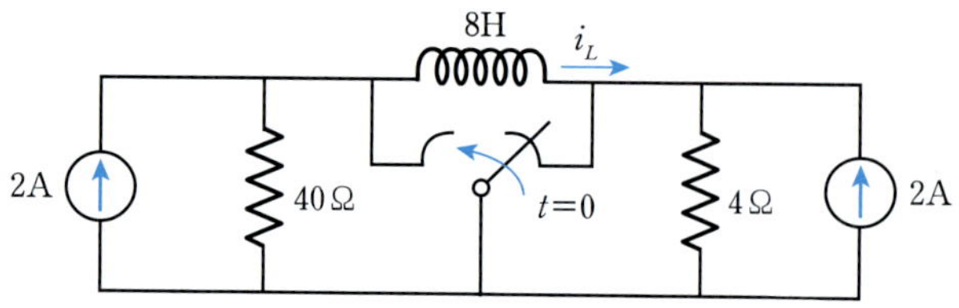

[그림 8-21]

8.6 [그림 8-22] 회로에서 $i_L(0)=0$[A]로 초기전류 값이 주어졌을 때 $t>0$에서 다음을 구하라.

(a) i_L의 값

(b) i_1의 값

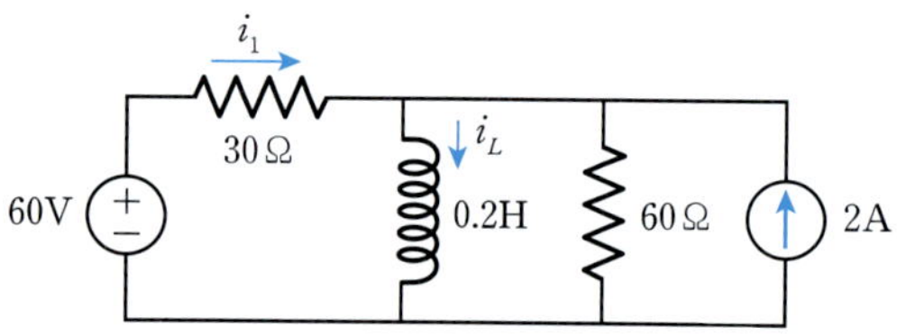

[그림 8-22]

8.7 다음 회로에서 $i_L(t)$를 구하라.

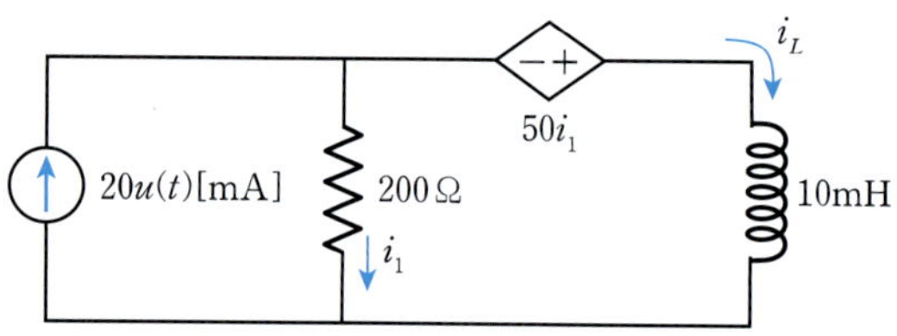

[그림 8-23]

8.8 다음 회로에서 $t>0$일 때의 시간함수 $i(t)$와 $v(t)$를 구하라.

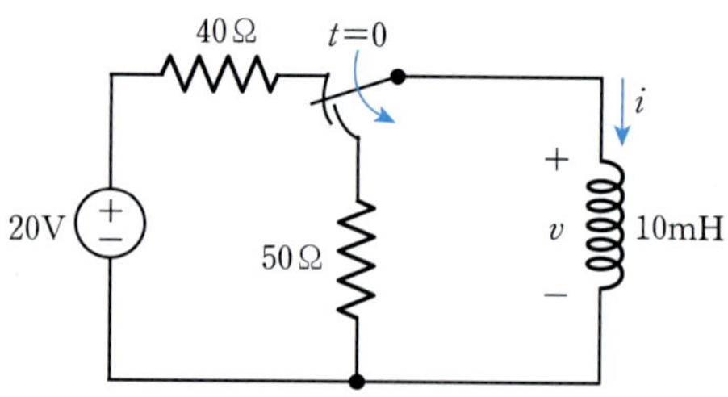

[그림 8-24]

8.9 **도전** [그림 8-25]의 회로에서 $t=0$일 때 2개의 스위치가 동시에 동작한다. 다음 물음에 답하라.

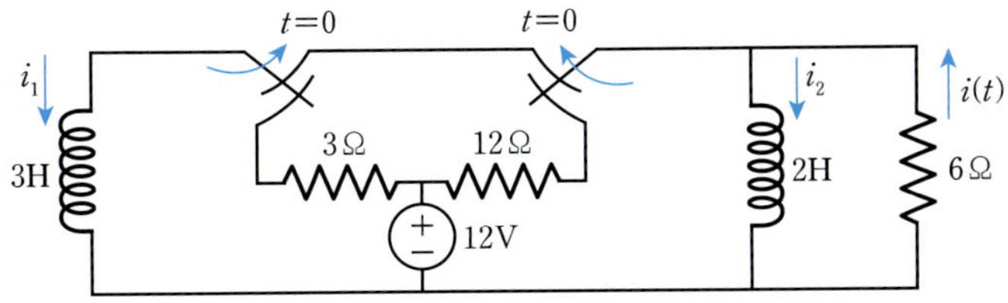

[그림 8-25]

(a) $i_1(0^+)$, $i_2(0^+)$를 구하라.

(b) $t>0$일 때의 $i(t)$를 구하라.

RL 회로의 완전응답 및 연속 스위칭

8.10 다음 회로에서 스위치는 $t=0$일 때와 $t=0.1$에서 각각 작동한다. $t>0$일 때 $i_L(t)$, $i_1(t)$의 값을 구하라. (단, t의 단위는 [s]이다.)

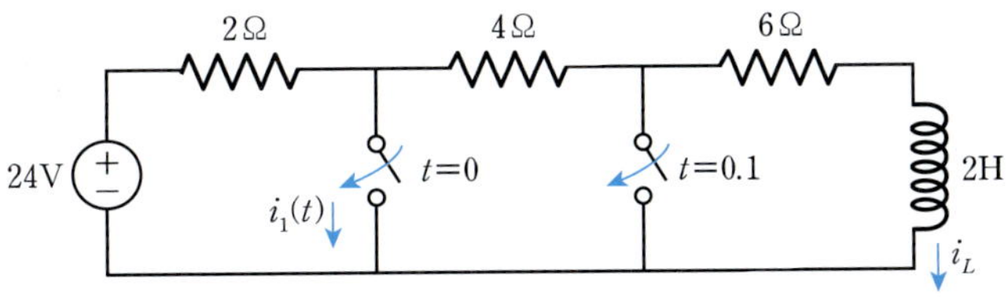

[그림 8-26]

RC 회로의 완전응답

8.11 다음 회로는 $t=0$ 이전에 이미 정상상태에 들어 있다고 가정하자. 회로의 입력전원이 12[V]일 때, $t>0$에서 출력전압 $v(t)$를 구하라.

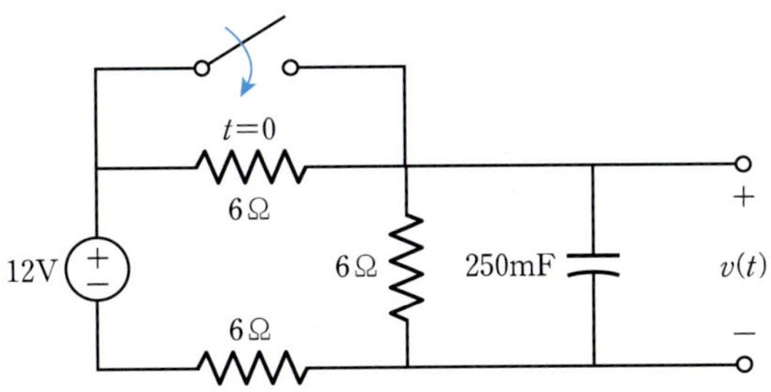

[그림 8-27]

8.12 다음 회로에서 $i_s=[2\cos 2t]u(t)[\text{mA}]$로 주어졌을 때, $t>0$에서 $v_C(t)$의 값을 구하라.

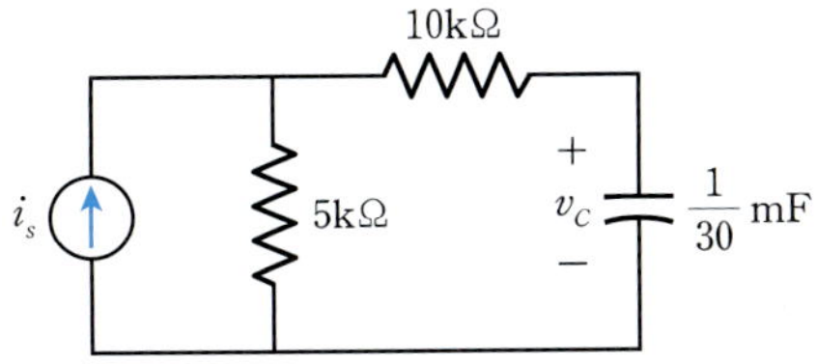

[그림 8-28]

8.13 다음 회로에서 $t \geq 0$일 때의 $v(t)$를 구하라.

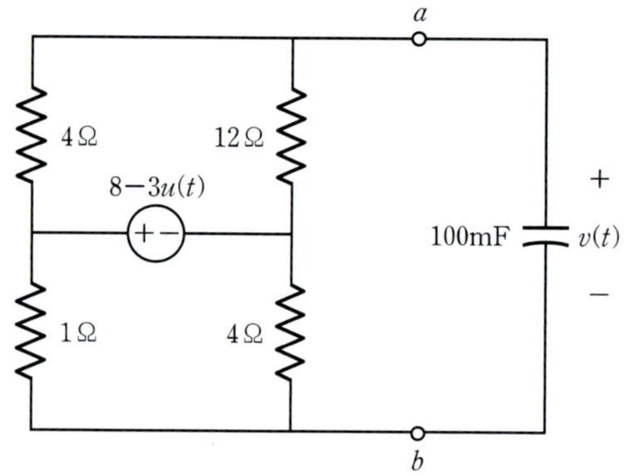

[그림 8-29]

8.14 다음 회로에서 $t > 0$일 때 저항 20[kΩ]에 흐르는 전류 $i(t)$ 함수를 구하라.

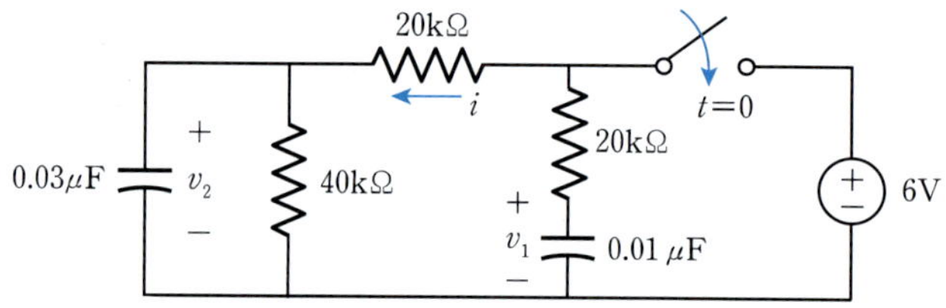

[그림 8-30]

8.15 다음 회로에서 충분한 시간 동안 닫았다가 $t=0$일 때 열었다. $t > 0$일 때의 $v_C(t)$의 값을 구하라.

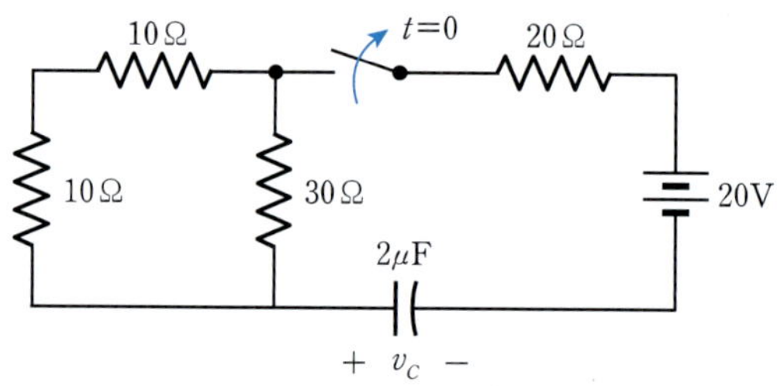

[그림 8-31]

8.16 다음 회로에서 $i_1(0^+)$, $i_2(0^+)$, $i_3(0^+)$의 값을 찾아라. (단, $u(t) = \begin{cases} 1, & t \geq 0 \\ 0, & t < 0 \end{cases}$ 이다.)

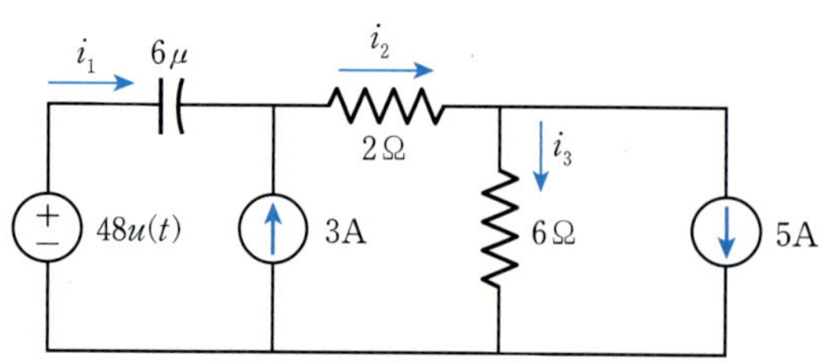

[그림 8-32]

RC 회로의 완전응답 및 연속 스위칭

8.17 다음 회로에서 $t=0$일 때 스위치를 위치 1로, $t=30$일 때 위치 2로, $t=48$일 때 위치 3으로 바꿨다. (단, t의 단위는 [ms]이다.)

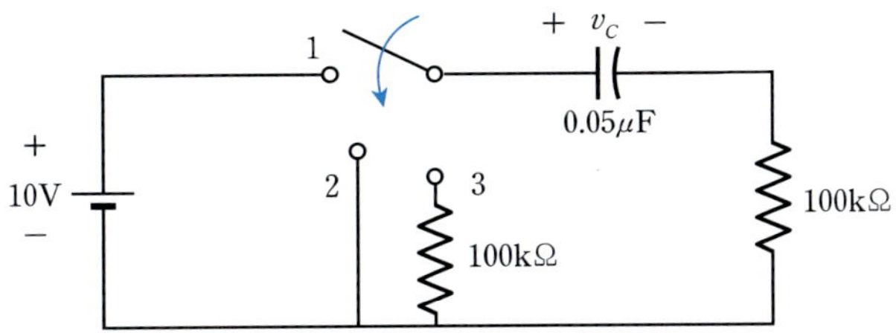

[그림 8-33]

(a) $0 < t < 100$ 구간에서 커패시터 전압 v_C 의 값을 구간별로 구하고, 이를 도시하라.

(b) $t=100$에서 v_C의 값을 구하라.

RC 회로의 완전응답 및 연산증폭기

8.18 도전 다음 회로에서 주어진 입력전압 v_i에 대한 출력전압 v_o의 파형을 도시하라.

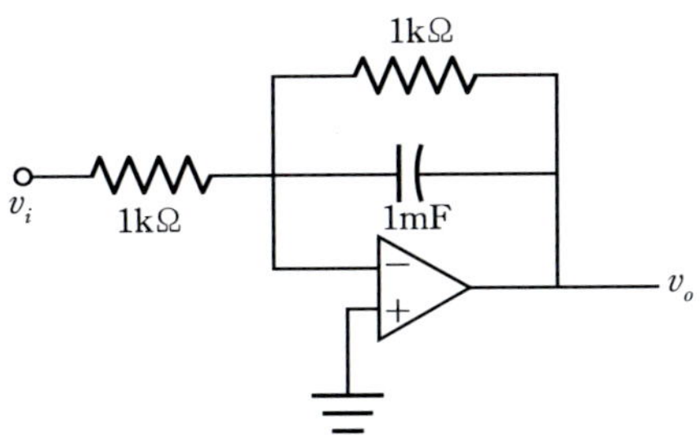

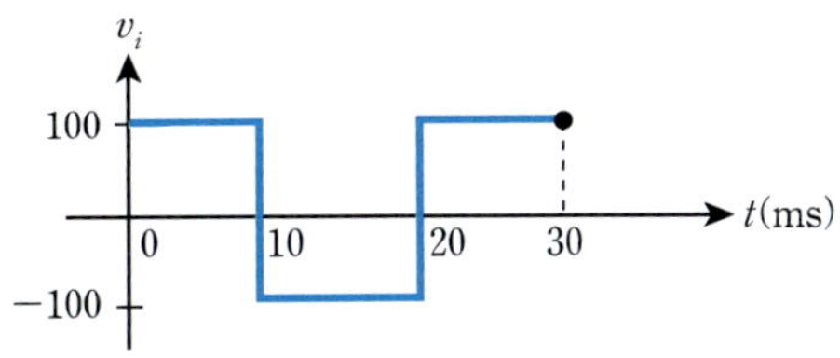

[그림 8-34]

8.19 도전 [그림 8-35]의 이상적인 연산증폭기 회로에 대하여 다음 물음에 답하라.

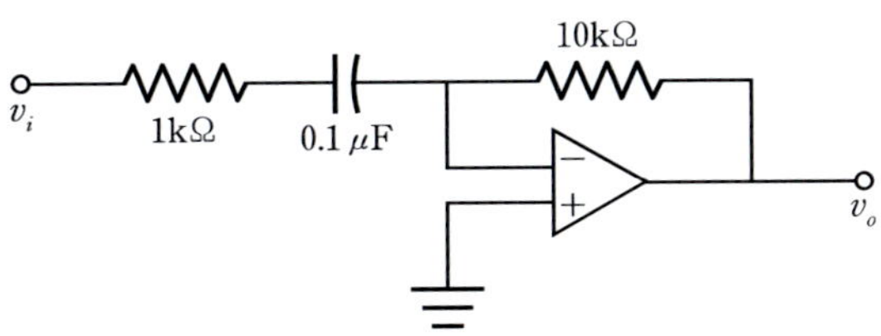

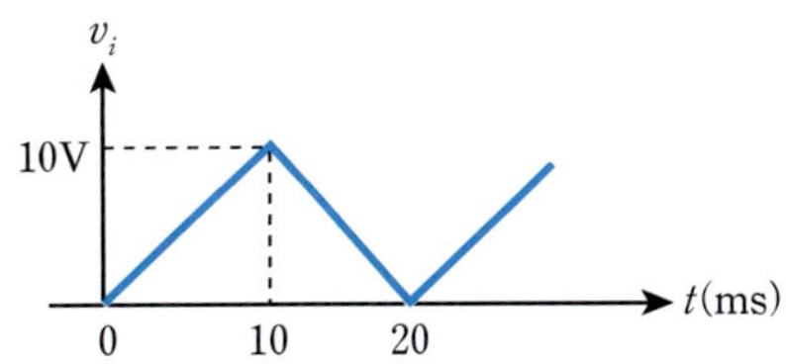

[그림 8-35]

(a) 출력전압을 구하기 위한 미분방정식을 구하라.

(b) 입력전압 v_i가 삼각함수일 때 출력전압 v_o를 구하고, 이를 20[ms]까지만 도시하라.

컴퓨터 프로젝트 II

다음 그림은 연산증폭기를 이용한 아날로그 컴퓨터의 구성 요소다.

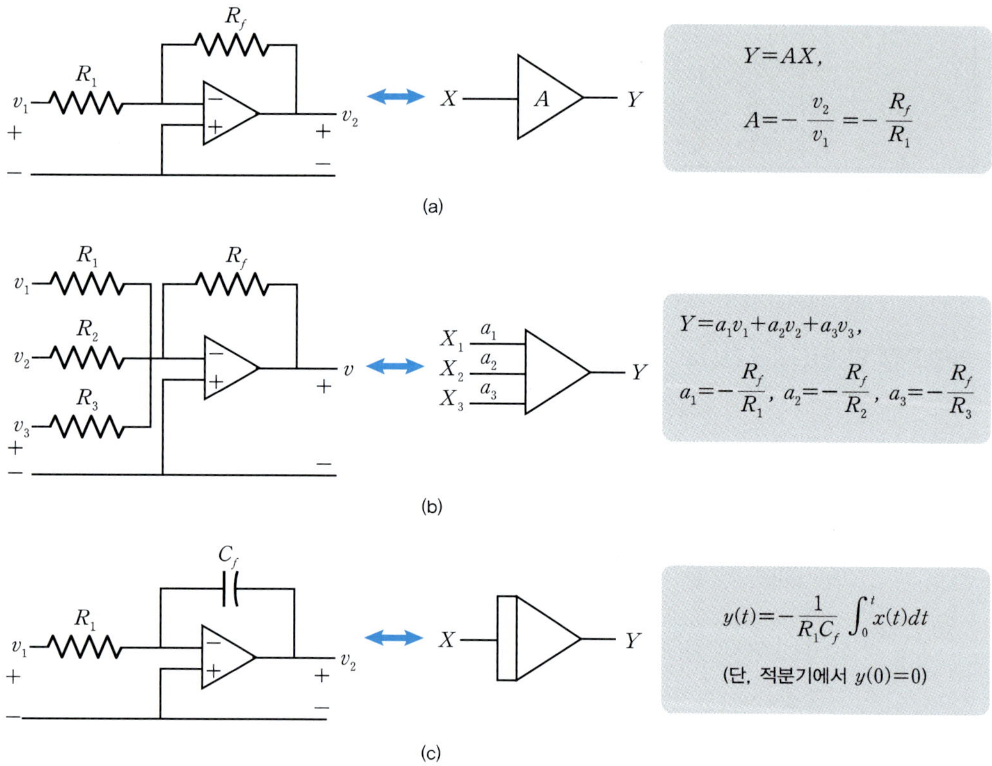

[그림 8-36]

01. [그림 8-36(c)]의 적분기와 그 이외의 소자를 이용하여, 1차 미분방정식 $\dot{y}+10y=20$을 풀 수 있는 아날로그 컴퓨터를 PSPICE나 MATLAB 등의 컴퓨터 프로그램으로 설계하라. 그리고 출력을 도시하여 실제로 이론적인 출력이 미분방정식의 해와 일치하는지의 여부를 검증하라.

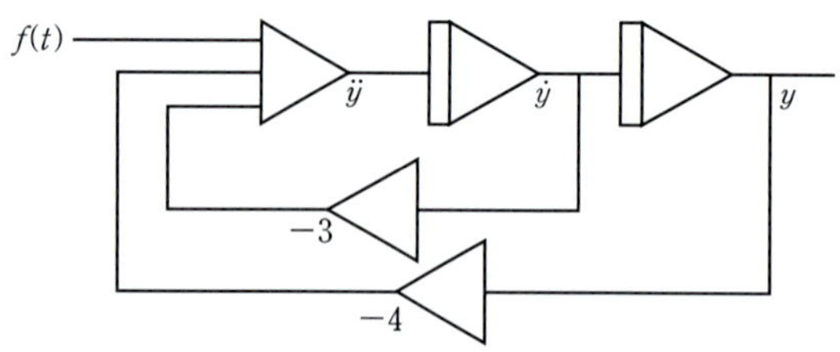

[그림 8-37]

HINT [그림 8-37]은 주어진 아날로그 컴퓨터 구성도이고, 이에 해당하는 미분방정식은 다음과 같다.

$$\ddot{y}+3\dot{y}+4y=f(t) \Rightarrow \ddot{y}=-3\dot{y}-4y+f(t)$$

CHAPTER 08 기출문제

2019년도 국가공무원 9급

8.1 다음 회로에서 스위치 S가 단자 a에서 충분히 오랫동안 머물러 있다가 $t=0$에서 단자 a에서 단자 b로 이동했다. $t>0$일 때의 전압 $V_C(t)$[V]는?

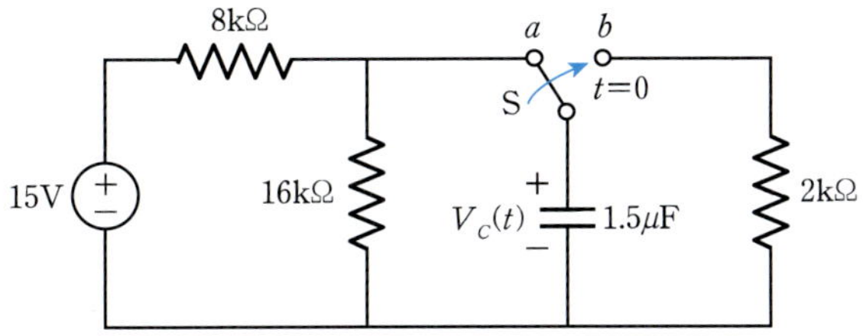

[그림 8-38]

① $5e^{-\frac{t}{3\times10^{-2}}}$ ② $5e^{-\frac{t}{3\times10^{-3}}}$ ③ $10e^{-\frac{t}{3\times10^{-2}}}$ ④ $10e^{-\frac{t}{3\times10^{-3}}}$

2019년도 국가공무원 9급

8.2 다음 $R-L$ 직렬회로에서 $t=0$에서 스위치 S를 닫았다. $t=3$에서 전류의 크기가 $i(3)=4(1-e^{-1})$[A]일 때, 전압 E[V]와 인덕턴스 L[H]은?

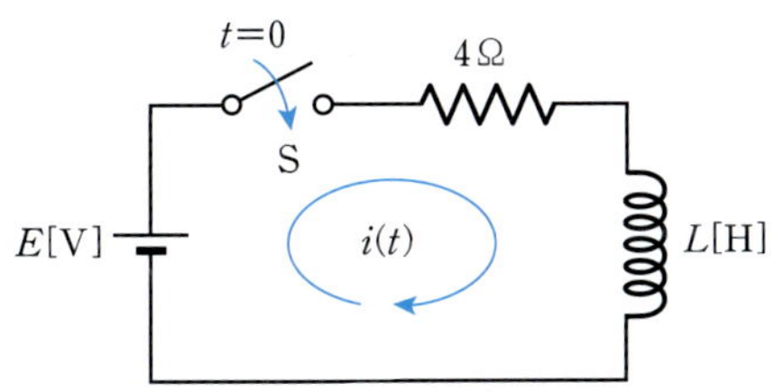

[그림 8-39]

① E[V] : 8, L[H] : 6 ② E[V] : 8, L[H] : 12
③ E[V] : 16 L[H] : 6 ④ E[V] : 16, L[H] : 12

2019년도 국가공무원 9급

8.3 $R-L$ 직렬회로에 직류전압 100[V]를 인가하면 정상상태 전류는 10[A]이고, $R-C$ 직렬회로에 직류전압 100[V]를 인가하면 초기전류는 10[A]이다. 이 두 회로의 설명으로 옳지 않은 것은? (단, $C=100$[μF], $L=1$[mH]이고, 각 회로에 직류전압을 인가하기 전 초깃값은 0이다.)

① $R-L$ 직렬회로의 시정수는 L이 10배 증가하면 10배 증가한다.
② $R-L$ 직렬회로의 시정수가 $R-C$ 직렬회로의 시정수보다 10배 크다.
③ $R-C$ 직렬회로의 시정수는 C가 10배 증가하면 10배 증가한다.
④ $R-L$ 직렬회로의 시정수는 0.1[msec]이다.

2022년도 국가공무원 9급

8.4 다음 회로에서 $t=0$인 순간에 스위치 S를 접점 a에서 접점 b로 이동했다. 충분한 시간이 흐른 후에 전류 i_L[A]은?

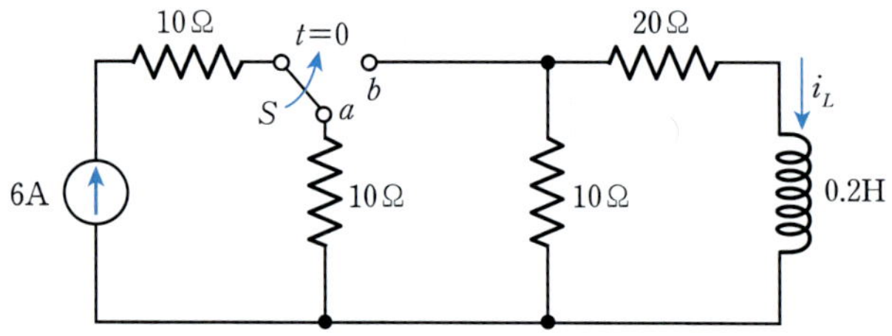

[그림 8-40]

① 0　　② 2　　③ 4　　④ 6

2021년도 국가공무원 9급

8.5 다음 $R-C$ 직렬회로에서 $t=0$[s]일 때, 스위치 S를 닫아 전압 E[V]를 회로의 양단에 인가했다. $t=0.05$[s]일 때, 저항 R의 양단 전압이 $10e^{-10}$[V]이면, 전압 E[V]와 커패시턴스 C[μF]는? (단, $R=5000$[Ω], 커패시터 C의 초기전압은 0[V]이다.)

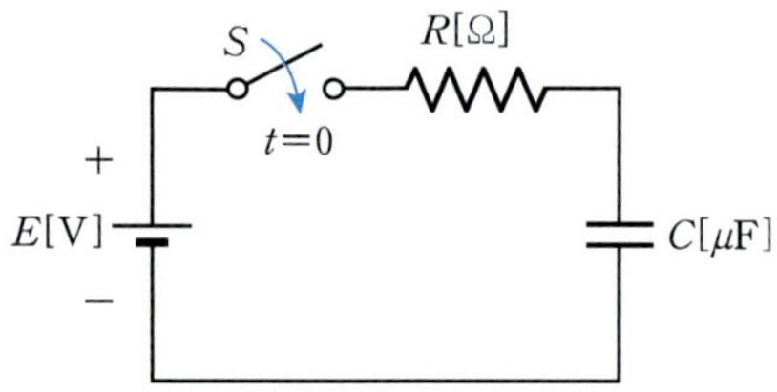

[그림 8-41]

① E[V] : 10, C[μF] : 1　　② E[V] : 10, C[μF] : 2
③ E[V] : 20, C[μF] : 1　　④ E[V] : 20, C[μF] : 2

2021년도 국가공무원 9급

8.6 그림의 회로에서 스위치 S가 충분히 오랜 시간 동안 개방되었다가 $t=0$[s]인 순간에 닫혔다. $t>0$일 때의 전류 $i(t)$[A]는?

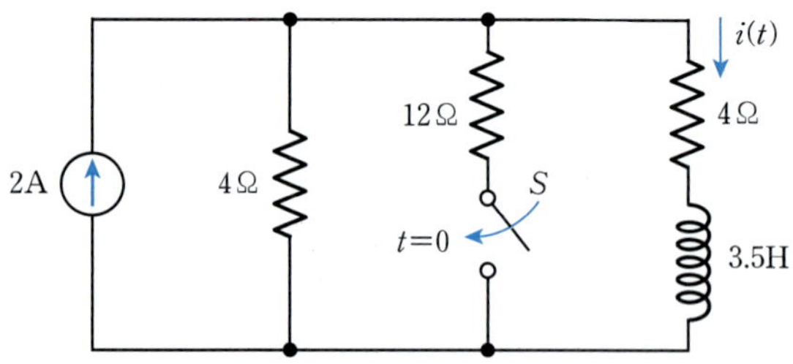

[그림 8-42]

① $\frac{1}{7}(6+e^{-2t})$　　② $\frac{1}{7}(6+e^{-\frac{3}{2}t})$　　③ $\frac{1}{7}(8-e^{-2t})$　　④ $\frac{1}{7}(8-e^{-\frac{3}{2}t})$

2022년도 서울시 공무원 7급

8.7 다음 회로에서 $t>0$일 때 $i(t)$[A]는?

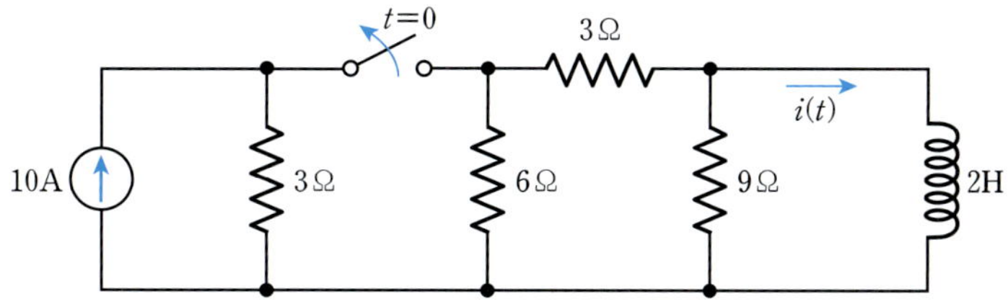

[그림 8-43]

① $2e^{-\frac{4}{9}t}$ ② $4e^{-\frac{4}{9}t}$ ③ $2e^{-\frac{9}{4}t}$ ④ $4e^{-\frac{9}{4}t}$

2022년도 국가공무원 7급

8.8 다음 회로가 나타내는 필터는? (단, 연산증폭기는 이상적이다.)

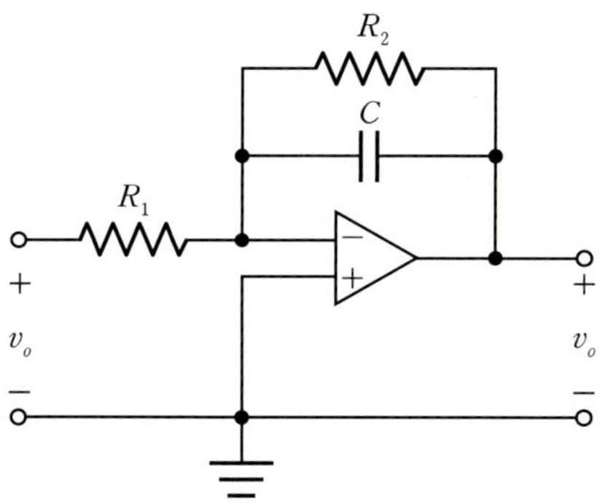

[그림 8-44]

① 저주파통과필터(lowpass filter)
② 고주파통과필터(highpass filter)
③ 대역통과필터(bandpass filter)
④ 대역제거필터(bandreject filter)

2022년도 국가공무원 7급

8.9 다음 회로에서 $t<0$에서 정상상태에 도달했다. $t=0$인 순간에 스위치가 단자 A에서 B로 연결될 때, $t>0$에서 전류 $i(t)$[A]는?

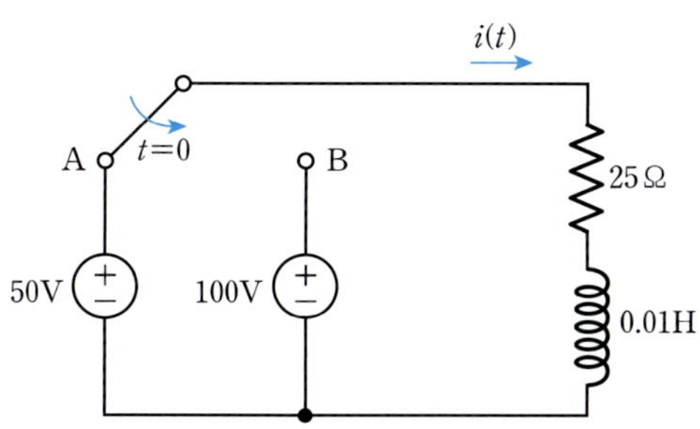

[그림 8-45]

① $4-2e^{-5000t}$ ② $4-2e^{-2500t}$ ③ $4+2e^{-5000t}$ ④ $4+2e^{-2500t}$

2022년도 국가공무원 7급

8.10 다음 회로에서 $t<0$에서 정상상태에 도달했다. $t=0$인 순간에 스위치가 단자 A에서 B로 연결될 때, $t>0$에서 전압 $v(t)$[V]는?

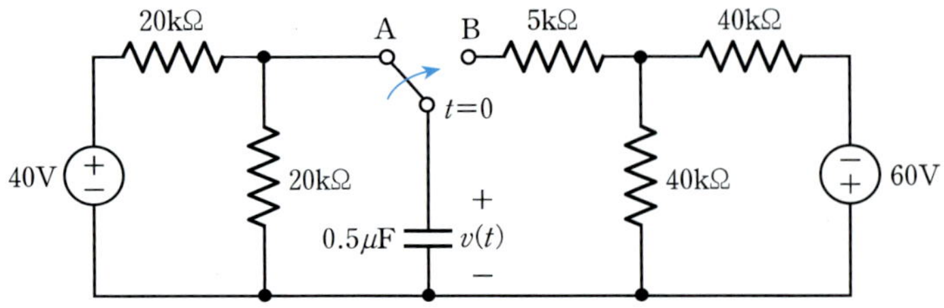

[그림 8-46]

① $-30+50e^{-80t}$　② $-30+50e^{-8t}$　③ $50-30e^{-80t}$　④ $50-30e^{-8t}$

2021년도 국가공무원 7급

8.11 다음 회로에서 $t<0$ 구간 동안 스위치는 A점에 연결되어 정상상태를 유지하다가, $t=0$인 시점에 B점으로 이동했다. $t>0$ 구간에서 1[kΩ]의 저항이 소모하는 전력[W]은?

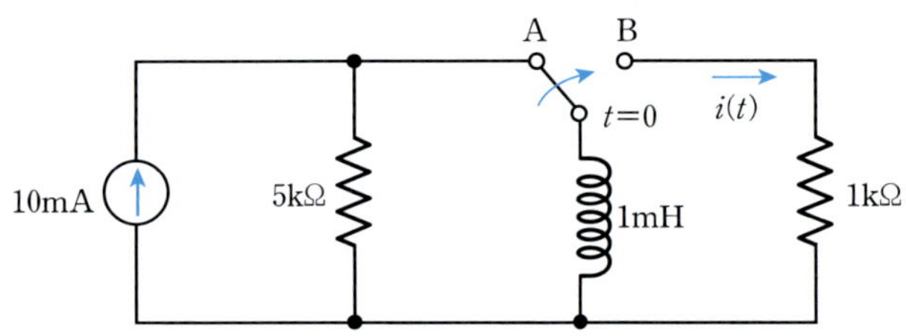

[그림 8-47]

① $0.1e^{-2\times10^6 t}$　② $10e^{-2\times10^6 t}$　③ $0.1e^{-10^6 t}$　④ $10e^{-10^6 t}$

2020년도 국가공무원 7급

8.12 [그림 8-48(a)]의 회로는 $t<0$에서 정상상태에 도달했다. $t=0$인 순간에 스위치가 닫힐 때, [그림 8-48(b)]에서 V_o[V]와 t_o[sec]는? (단, V_o는 $t\to\infty$에서 커패시터 양단의 전압이고, t_o는 커패시터 양단의 전압이 V_o의 약 63.2[%]에 도달하는 시간이다.)

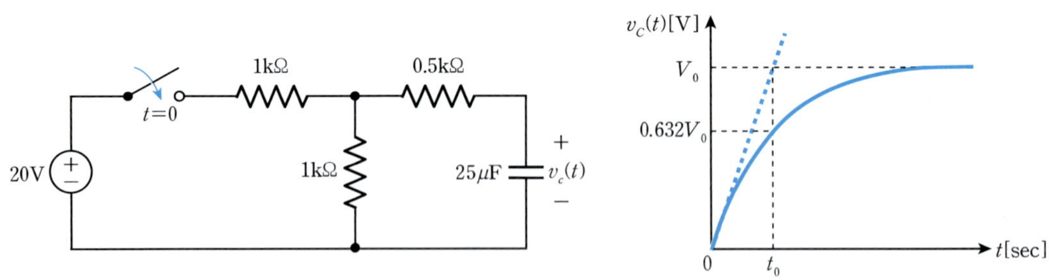

(a)　(b)

[그림 8-48]

① 10, 0.025　② 10, 0.05　③ 20, 0.025　④ 20, 0.05

2020년도 국가공무원 7급

8.13 다음 회로는 $t<0$에서 정상상태에 도달했다. $t=0$인 순간에 스위치가 단자 a에서 b로 연결될 때, $t>0$에서 전류 $i(t)$[A]는?

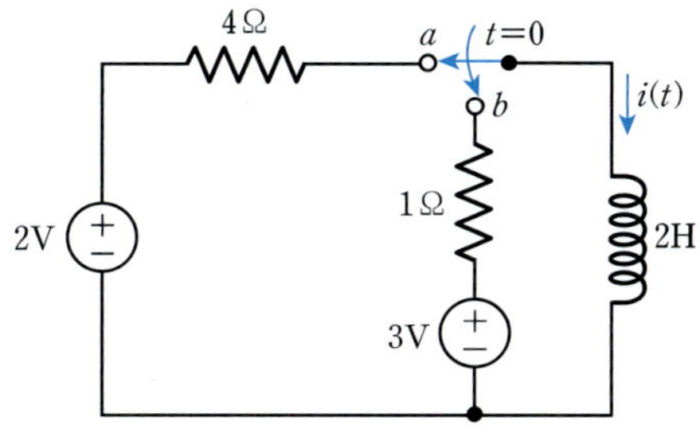

[그림 8-49]

① $3-3e^{-\frac{1}{2}t}$　② $3-3e^{-2t}$　③ $3-2.5e^{-\frac{1}{2}t}$　④ $3-2.5e^{-2t}$

2019년도 국가공무원 7급

8.14 다음 회로에서 $v_c(0)=15$[V]일 때, $t>0$에서 $v_x(t)$[V]는?

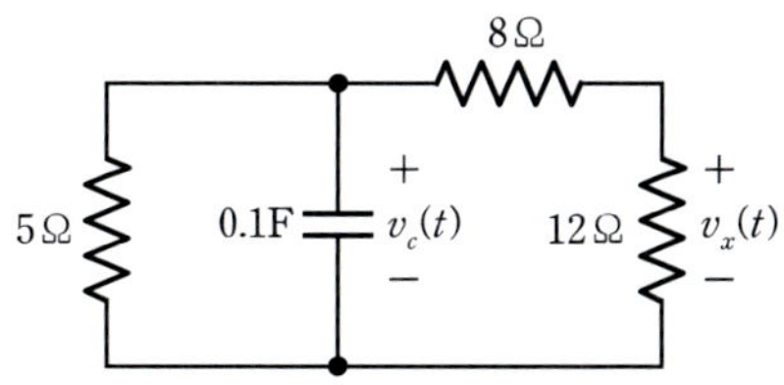

[그림 8-50]

① $6e^{-2.5t}$　② $6e^{-5t}$　③ $9e^{-2.5t}$　④ $9e^{-5t}$

2019년도 국가공무원 7급

8.15 다음 회로는 $t<0$에서 정상상태에 도달했다. $t=0$인 순간에 스위치가 개방되었을 때, 저항 2[kΩ]에 걸리는 전압 $v_o(0^+)$[V]는?

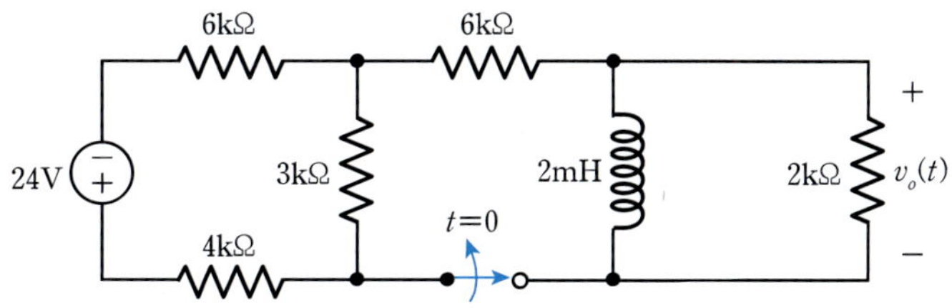

[그림 8-51]

① $-\frac{3}{5}$　② $-\frac{7}{6}$　③ $\frac{4}{3}$　④ $\frac{5}{7}$

2022년도 1회 전기산업기사

8.16 RL 직렬회로에 직류전압을 가했을 때 흐르는 전류가 정상전류 $I=\dfrac{E}{R}$의 70%에 도달하는 데 요하는 시간은? (단, τ는 시정수이다.)

① $t=0.7\tau$ ② $t=1.1\tau$ ③ $t=1.2\tau$ ④ $t=1.4\tau$

2022년도 1회 전기산업기사

8.17 다음 회로에 대한 설명으로 옳은 것은?

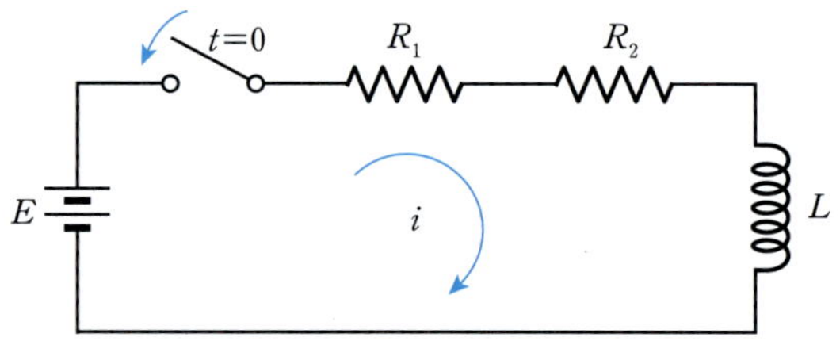

[그림 8-52]

① 이 회로의 시정수는 $\dfrac{L}{R_1+R_2}$이다.

② 이 회로의 특성근은 $\dfrac{R_1+R_2}{L}$이다.

③ 정상전류값은 $\dfrac{E}{R_2}$이다.

④ 이 회로의 전류값은 $i(t)=\dfrac{E}{R_1+R_2}(1-e^{-\frac{L}{R_1+R_2}t})$이다

2022년도 3회 전기산업기사

8.18 시정수 τ를 갖는 RL 직렬회로에 직류전압을 가할 때 $t=2\tau$가 되는 시간에 회로에 흐르는 전류는 최종값의 약 몇 [%]인가?

① 98 ② 95 ③ 86 ④ 63

2021년도 3회 전기산업기사

8.19 $R=1[\text{M}\Omega]$, $\text{C}=1[\mu\text{F}]$의 직렬 회로에 직류 100[V]를 가했다. 시정수 τ, 전류의 초기값 I를 구하면?

① 5[sec], 10^{-4}[A] ② 4[sec], 10^{-3}[A]

③ 1[sec], 10^{-4}[A] ④ 2[sec], 10^{-3}[A]

2021년도 3회 전기산업기사

8.20 그림과 같은 회로에 $t=0$에서 S를 닫을 때의 방전 과도전류 $i(t)$[A]는?

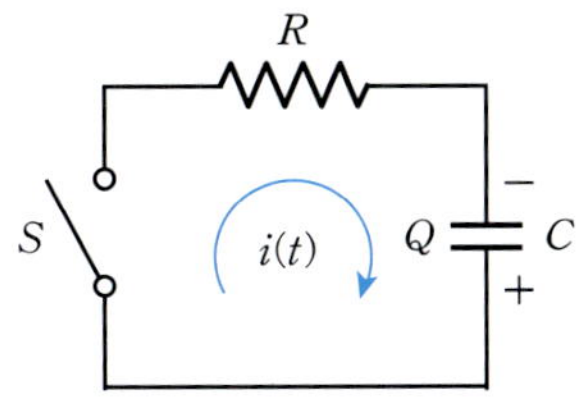

[그림 8-53]

① $\dfrac{Q}{RC}e^{-\frac{t}{RC}}$ ② $-\dfrac{Q}{RC}e^{\frac{t}{RC}}$ ③ $\dfrac{Q}{RC}(1+e^{\frac{t}{RC}})$ ④ $-\dfrac{1}{RC}(1+e^{-\frac{t}{RC}})$

2022년도 국가공무원 5급(기술)

8.21 그림과 같은 RL 회로에서 다음 물음에 답하시오.

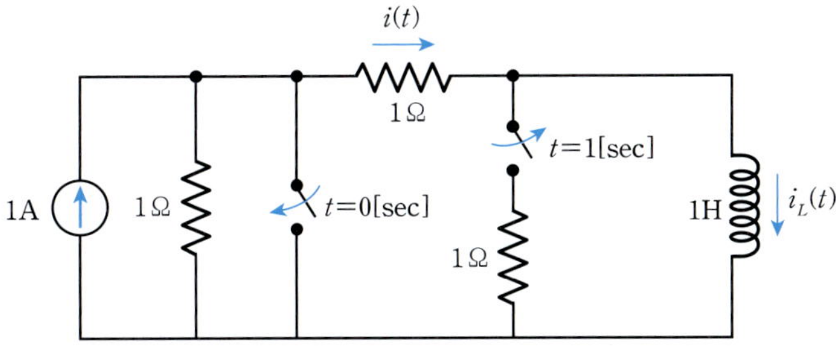

[그림 8-54]

(a) $t<0$[sec]에서 전류 $i(t)$와 $i_L(t)$를 구하시오.

(b) $0<t<1$[sec]에서 전류 $i(t)$와 $i_L(t)$를 구하시오.

(c) 1[sec]$<t$에서 전류 $i(t)$와 $i_L(t)$를 구하시오.

2021년도 국가공무원 5급(기술)

8.22 그림과 같은 회로에서 스위치(SW)가 $t=0$에서 닫힐 때, 다음 물음에 답하시오.

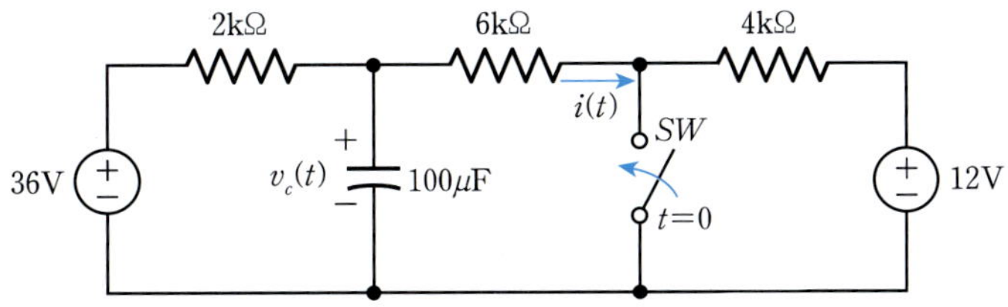

[그림 8-55]

(a) $t=0^-$인 구간에서 $v_c(0^-)$, $i(0^-)$를 구하시오.

(b) $t=0^+$인 구간에서 $v_c(0^+)$, $i(0^+)$를 구하시오.

(c) $t>0$인 구간에서 $v_c(t)$, $i(t)$를 구하시오. (단, 라플라스 변환을 이용하지 않는다.)

2020년도 국가공무원 5급(기술)

8.23 그림과 같은 회로에서 스위치(SW)가 개방되기 전에 정상상태에 도달했다. $t=0$에서 스위치(SW)를 개방할 때, 물음에 답하시오.

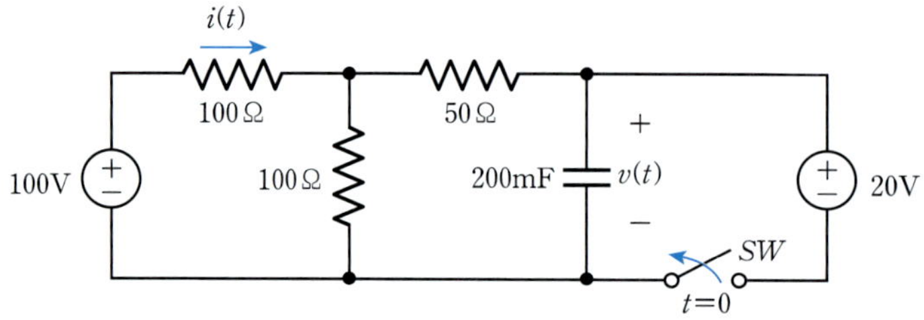

[그림 8-56]

(a) $t>0$에서 커패시터의 전압 $v(t)$를 구하시오.

(b) $t>0$에서 저항에 흐르는 전류 $i(t)$를 구하시오.

CHAPTER

09

RLC 회로의 완전응답

The Complete Response of RLC Circuits

학습목표

- 표준 RLC 회로의 완전응답과 과도응답의 개념을 이해한다.
- 표준형이 아닌 일반적인 형식의 회로해석 시 상태변수에 의해 회로를 표현하는 방법을 이해하고, 이로부터 완전응답을 구하는 방법을 이해한다.
- RLC 회로로부터 구한 2차 미분방정식의 풀이법을 배운다.

SECTION 9.1 표준 RLC 회로의 해석

일반적으로 저항 R, 인덕터 L, 커패시터 C 모두를 포함한 회로(RLC 회로)의 해석은 2차 미분방정식을 구하는 문제다. 그중에서도 표준 RLC 회로의 해석은 특히 중요하다. 왜냐하면 표준 RLC 회로로부터 정형화된 2차 미분방정식을 유도할 수 있고, 그 완전응답 역시 정형화된 응답 형태를 가지기 때문이다.

따라서 주어진 RLC 회로를 간략화하여 표준형으로만 만들 수 있다면, 그 해는 별도의 계산 없이도 주어진 값을 대입하여 정형화된 응답을 얻을 수 있다.

이러한 표준 RLC 회로는 병렬 RLC 회로인 [그림 9-1]과 직렬 RLC 회로인 [그림 9-2]를 말한다.

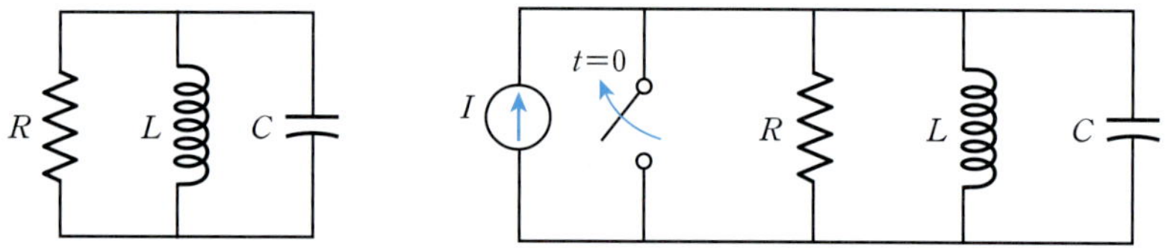

(a) 무전원응답 회로 (b) DC 전원응답 회로

[그림 9-1] 병렬 RLC 회로

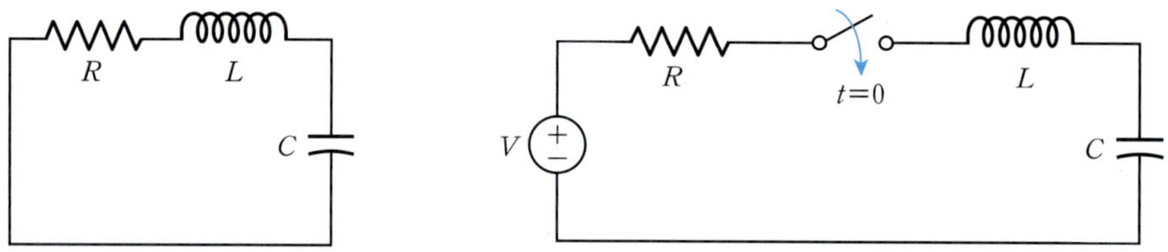

(a) 무전원응답 회로 (b) DC 전원응답 회로

[그림 9-2] 직렬 RLC 회로

SECTION

9.2 무전원응답

먼저 [그림 9-3]과 같이 스위치를 포함한 직렬 무전원응답 RLC 회로를 생각해보자.

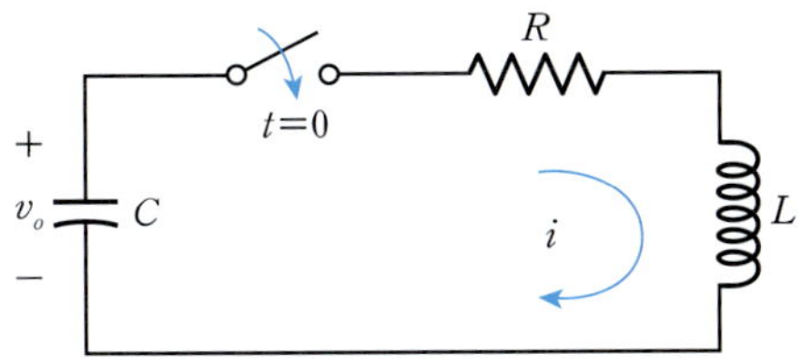

[그림 9-3] 직렬 무전원응답 RLC 회로

이 회로에서 메시에 흐르는 메시전류 i를 구하기 위해 키르히호프의 전압법칙을 적용하면 다음과 같은 식이 나온다.

$$v_o = Ri + L\frac{di}{dt} + \frac{1}{C}\int_0^t i(\tau)d\tau$$

그리고 이 식의 양변을 미분하면 다음과 같다.

$$0 = R\frac{di}{dt} + \frac{d^2i}{dt^2} + \frac{1}{C}i$$

정리하면 식 (9.1)과 같은 2차 미분방정식이 된다.

$$\frac{d^2i}{dt^2} + \frac{R}{L}\frac{di}{dt} + \frac{1}{LC}i = 0 \tag{9.1}$$

또한 다른 표준 RLC 회로인 병렬 RLC 회로([그림 9-4])를 살펴보자.

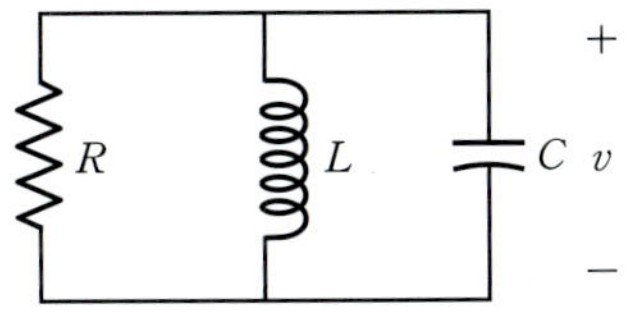

[그림 9-4] 표준 병렬 RLC 회로

회로에 걸리는 전압 $v(t)$에 관한 수식을 유도하기 위해 키르히호프의 전류법칙을 적용하면 다음과 같은 식을 구할 수 있다.

$$\frac{v}{R}+\frac{1}{L}\int_0^t v(\tau)d\tau+i_L(0^+)+C\frac{dv}{dt}=0$$

이 식의 양변을 미분하여 정리하면 식 (9.1)과 유사한 다음의 2차 미분방정식을 구할 수 있다.

$$\frac{d^2v}{dt^2}+\frac{1}{RC}\frac{dv}{dt}+\frac{1}{LC}v=0 \tag{9.2}$$

따라서 식 (9.1)과 식 (9.2)를 통합하여 하나의 표준 2차 미분방정식으로 만들면 다음과 같다.

$$\frac{d^2x}{dt^2}+\frac{1}{\tau}\frac{dx}{dt}+\frac{1}{LC}x=0 \tag{9.3}$$

단, τ는 직렬 RLC 회로의 경우 $\frac{L}{R}$, 병렬 RLC 회로의 경우 RC이다.

결국 이 표준회로의 경우 인덕터 전류 $i_L(t)$와 커패시터 전압 $v_C(t)$의 완전응답은 표준회로 식인 식 (9.3)의 2차 미분방정식의 해를 구하는 문제로 귀결된다.

SECTION
9.3 2차 미분방정식의 해

2차 미분방정식의 표준형으로 식 (9.4)와 같은 수식이 주어졌을 때, 2차 미분방정식의 일반해는 $\frac{d^2x}{dt^2}+a_1\frac{dx}{dt}+a_0x=0$의 동차방정식으로 구할 수 있는 동차해와 $f(t)$ 함수 모양에 따른 특수해의 합으로 이뤄진다.

$$\frac{d^2x}{dt^2}+a_1\frac{dx}{dt}+a_0x=f(t) \tag{9.4}$$

9.3.1 2차 미분방정식의 동차해

2차 미분방정식의 동차해는 식 (9.5)와 같이 동차방정식의 해를 구하여 얻을 수 있다.

$$\frac{d^2x}{dt^2}+a_1\frac{dx}{dt}+a_0x=0 \tag{9.5}$$

$$x(t)=Ae^{st} \tag{9.6}$$

8장에서 설명한 것과 같이 동차해를 구하려면 가상해를 이용한 방법을 사용한다. 이때 가상해를 식 (9.6)으로 가정하면, 가상해를 식 (9.5)에 대입하여 s 값을 계산할 수 있다.

$$As^2e^{st}+a_1Ase^{st}+a_0Ae^{st}=0 \;\Rightarrow\; Ae^{st}(s^2+a_1s+a_0)=0$$

그러므로 Ae^{st}의 값이 0이 아니면 $s^2+a_1s+a_0=0$이 된다. 이 식은 실제로 시스템 고유 특성을 나타내는 방정식이기도 하므로 **특성방정식**characteristic equation이라고 한다. 결국 2차 미분방정식의 해는 이러한 2차 특성방정식의 해에 의해 결정된다. 2차방정식이므로 해는 2개다. 이때 두 해를 각각 s_1, s_2라고 가정하면, 동차해는 다음 두 가지 경우가 가능하다.

$$x_1(t)=A_1e^{s_1t},\quad x_2(t)=A_2e^{s_2t}$$

따라서 최종 동차해는 이 두 가지 해를 결합하여 얻을 수 있다.

$$x(t)=x_1(t)+x_2(t)=A_1e^{s_1t}+A_2e^{s_2t} \tag{9.7}$$

이때 A_1과 A_2의 값은 2개의 초깃값 $x(t_0)$와 $\frac{dx(t_0)}{dt}$의 값을 대입하여 구한다.

여기서 잠깐! *RLC* 회로의 초깃값

인덕터와 커패시터가 포함된 회로해석에서는 잘못된 연산을 피하기 위해 항상 초기시간에서 연속함수인 인덕터의 초기전류 $i_L(t_0^+)$와 커패시터의 초기전압 $v_C(t_0^+)$를 초깃값으로 사용해야 한다. 그렇다면, 어떻게 이 전류와 전압을 초깃값으로 사용하면서 일반적으로 2차 미분방정식의 해를 구하는 데 필요한 초깃값 $x(t_0)$와 $\dfrac{dx(t_0)}{dt}$를 구할 수 있을까? 다음 두 관계식을 적절히 이용하면 된다.

$$i_C(t_0^+) = C\frac{dv_C(t_0^+)}{dt}, \quad v_L(t_0^+) = L\frac{di_L(t_0^+)}{dt}$$

예를 들어 [그림 9-1]의 병렬 *RLC* 회로에서 $i_L(t_0^+)$, $v_C(t_0^+)$가 초깃값으로 주어졌다고 하자. 회로의 $v_C(t) = v_L(t) = v_R(t)$와 $i_R + i_C + i_L = 0$의 관계에서 2차 미분방정식의 해를 구하기 위한 초깃값 $v(t_0^+)$와 $\dfrac{dv(t_0)}{dt}$를 구할 수 있다.

$v(t_0^+)$는 주어진 $v_C(t_0^+)$로 가늠할 수 있고, 초깃값 $\dfrac{dv(t_0)}{dt}$는 다음 식으로 구할 수 있다.

$$\frac{dv(t_0^+)}{dt} = \frac{dv_C(t_0^+)}{dt} = \frac{1}{C}i_C(t_0^+) = \frac{1}{C}\left(-i_L(t_0^+) - \frac{v_C(t_0^+)}{R}\right)$$

이제 식 (9.3)의 표준 *RLC* 회로에서 2차 미분방정식을 고려해보자.

$$\frac{d^2x}{dt^2} + \frac{1}{\tau}\frac{dx}{dt} + \frac{1}{LC}x = 0$$

이때 2차 미분방정식의 특성방정식은 식 (9.8)이 된다.

$$s^2 + \frac{1}{\tau}s + \frac{1}{LC} = 0 \tag{9.8}$$

그러므로 2차 방정식의 근의 공식으로 근 s_1, s_2를 구하면 다음과 같다.

$$s_1 = -\frac{1}{2\tau} + \sqrt{\left(\frac{1}{2\tau}\right)^2 - \frac{1}{LC}}, \quad s_2 = -\frac{1}{2\tau} - \sqrt{\left(\frac{1}{2\tau}\right)^2 - \frac{1}{LC}} \tag{9.9}$$

이때 **제동 상수** damping constant σ와 **공진주파수** resonant frequency ω_0를 각각 $\sigma = \dfrac{1}{2\tau}$, $\omega_0 = \dfrac{1}{\sqrt{LC}}$로 정의하여 치환하면 다음과 같다.

$$s_1 = -\sigma + \sqrt{\sigma^2 - \omega_0^2}, \quad s_2 = -\sigma - \sqrt{\sigma^2 - \omega_0^2} \tag{9.10}$$

따라서 식 (9.3)의 2차 미분방정식은 근 s_1, s_2의 값에 따라 다음 네 가지 경우 중 하나의 형태로 동차해를 갖게 된다. 그리고 이것은 곧 표준 *RLC* 회로의 과도응답과 같다.

[경우 1] 제동된under-damped 경우($\sigma^2 < \omega_0^2$)

$\omega_d = \sqrt{\omega_0^2 - \sigma^2}$ 으로 정의하면 복소수 근이 나온다.

$$s_1 = -\sigma + j\omega_d, \quad s_2 = -\sigma - j\omega_d$$

따라서 동차해는 다음과 같다.

$$\begin{aligned} x(t) &= A_1 e^{s_1 t} + A_2 e^{s_2 t} \\ &= A_1 e^{(-\sigma + j\omega_d)t} + A_2 e^{(-\sigma - j\omega_d)t} \\ &= e^{-\sigma t}(A_1 e^{j\omega_d t} + A_2 e^{-j\omega_d t}) \end{aligned}$$

여기서 마지막 항은 정현파를 뜻하므로 [그림 9-5]와 같은 그래프 함수의 과도응답이 된다.

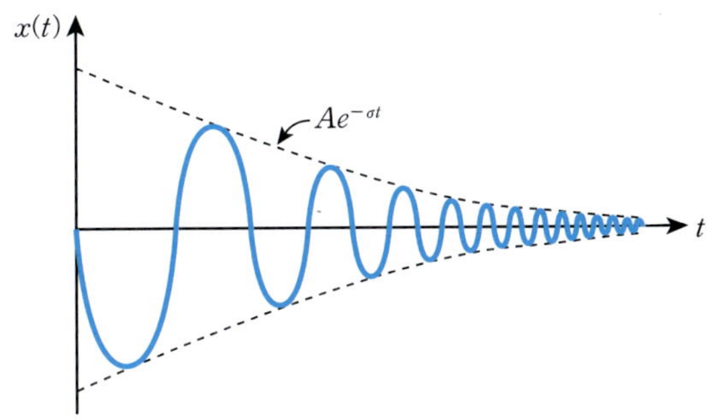

[그림 9-5] 제동된 경우

[경우 2] 과제동된over-damped 경우($\sigma^2 > \omega_0^2$)

$$s_1 = -\sigma + \sqrt{\sigma^2 - \omega_0^2}$$
$$s_2 = -\sigma - \sqrt{\sigma^2 - \omega_0^2}$$

위의 근이 모두 실수인 경우로 과도응답은 다음과 같은 실수 지수함수가 된다.

$$x(t) = A_1 e^{s_1 t} + A_2 e^{s_2 t}$$

그러므로 이 함수는 [그림 9-6]과 같은 그래프를 가진다.

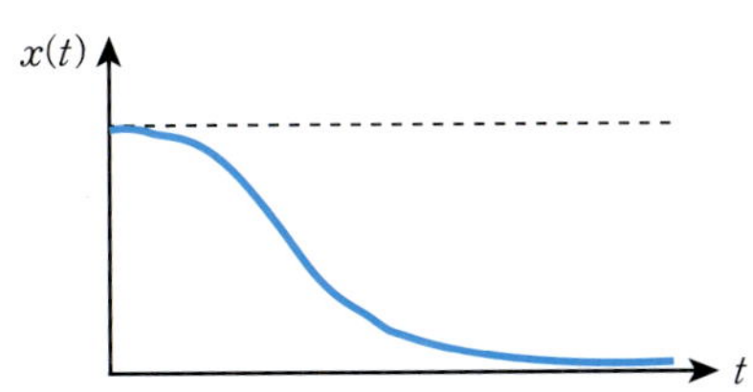

[그림 9-6] 과제동된 경우

[경우 3] 임계제동된[critically damped] 경우($\sigma^2 = \omega_0^2$)

이 경우는 $s_1 = s_2$의 중근을 갖게 된다. 제동되는 경우와 과제동되는 경우의 임계값을 가지므로, 이에 해당하는 과도응답은 다음과 같다. 그래프는 [그림 9-7]과 같은 모양을 가진다.

$$x(t) = K_1 e^{s_1 t} + K_2 t e^{s_1 t}$$

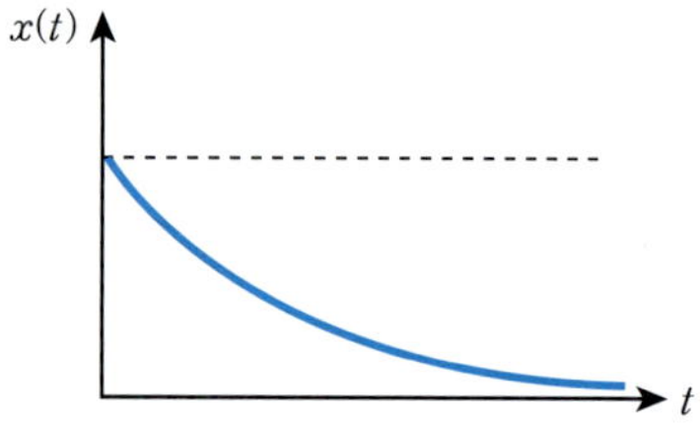

[그림 9-7] 임계제동된 경우

[경우 4] 비제동된[undamped] 경우($\sigma = 0$)

이 경우는 $s_1 = +j\omega_d$, $s_2 = -j\omega_d$ 이므로 이에 해당하는 과도응답은 다음과 같다.

$$x(t) = A_1 e^{j\omega_d t} + A_2 e^{-j\omega_d t}$$

이 함수는 순수 정현파로 변환될 수 있으므로 [그림 9-8]과 같은 그래프를 가진다.

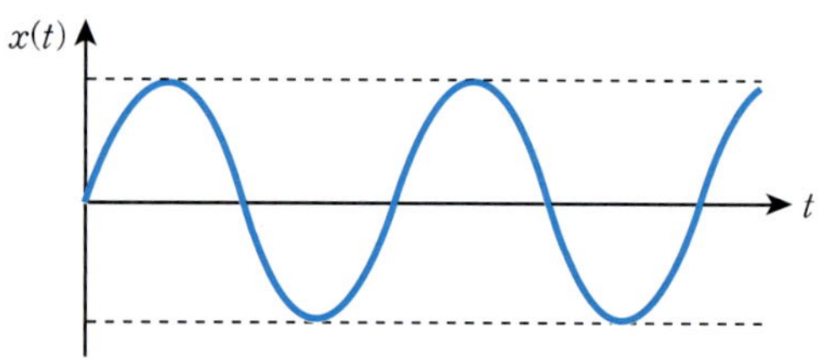

[그림 9-8] 비제동된 경우

예제 9-1 **직렬 RLC 회로의 과도응답**

[그림 9-9]의 직렬 RLC 회로의 소자가 다음과 같은 값을 가진다. $t > 0$일 때 전류 $i(t)$의 값을 구하라.

$$R = 50\,[\Omega],\ \ L = 10\,[\mathrm{mH}],\ \ C = 1\,[\mu\mathrm{F}],\ \ v_0 = 1\,[\mathrm{V}]$$

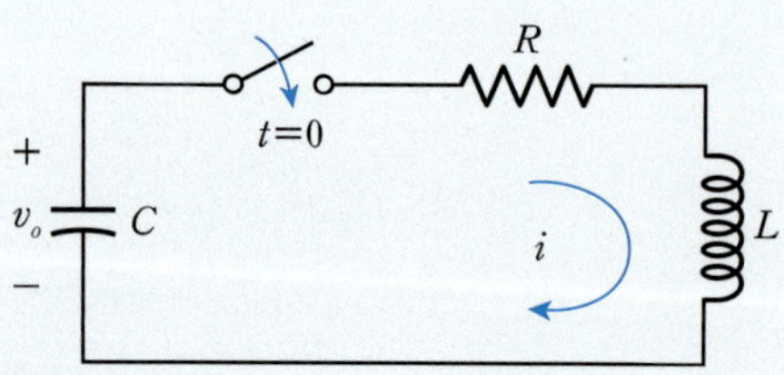

[그림 9-9] 직렬 RLC 회로

풀이

주어진 수치를 대입하여 계수 값을 구하면 다음과 같다.

$$\sigma = \frac{1}{2\tau} = \frac{R}{2L} = 2500$$

$$\omega_0 = \frac{1}{\sqrt{LC}} = 10000\,[\mathrm{rad/s}]$$

그리고 이 값을 대입하여 s_1, s_2를 구하면 다음과 같은 복소수 값을 얻을 수 있다.

$$s_1 = -2500 + j9682$$
$$s_2 = -2500 - j9682$$

이는 [경우 1]에 해당되며, 결과적으로 [그림 9-10]과 같은 지수감소 정현파 함수를 갖게 된다.

$$\begin{aligned} i(t) &= |A_1|e^{-2500t}\left(e^{j(9682t-75.5°)} + e^{-j(9682t-75.5°)}\right) \\ &= 2|A_1|e^{-2500t}\left(\frac{e^{j(9682t-75.5°)} + e^{-j(9682t-75.5°)}}{2}\right) \\ &= 2|A_1|e^{-2500t}\cos(9682t - 75.5°) \end{aligned}$$

단, [경우 1]에서 A_1 , A_2는 복소수로 서로 복소수 켤레의 관계이다(즉, $A_1 = A_2^*$이다).

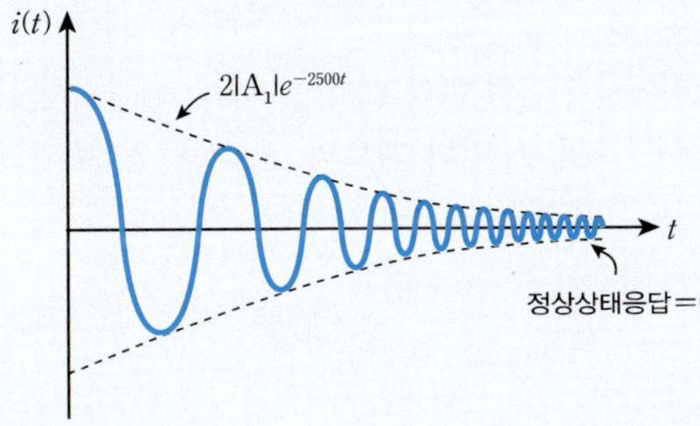

[그림 9-10]

쉬어가기 공진(공명) 현상

앞에서 설명한 제동 현상에 사용된 **공진주파수** ω_0는 회로에서는 $\omega_0 = \frac{1}{\sqrt{LC}}$의 값으로 정의하지만, 물리학에서는 일반적으로 임의의 물체가 공진resonance 현상을 일으키는 주파수를 말한다. 공진이란 물체가 진동하는 현상vibration을 말하는데, 공진주파수는 이러한 진동의 크기가 극대화되는 주파수를 의미한다. 예를 들어 코미디 영화의 한 장면에서, 한 소프라노 가수가 높은 소리로 노래를 불렀을 때 와인 잔과 쓰고 있던 안경이 깨지는 장면을 상상해보자. 이를 물리학적으로 접근해보면, 이는 가수의 소리 주파수가 와인 잔이나 안경이 가지고 있는 고유주파수natural frequency와 일치하면서 공진 현상이 일어나고, 그에 따라 큰 힘의 진동이 발생하여 와인 잔과 안경이 깨지는 현상으로 희화된 것이다.

공진 현상의 사례를 한 가지 살펴보면, 1940년 11월 7일 미국 워싱턴 주 타코마 해협Tacoma Narrows에 놓인 다리가 어이없이 산들바람에 무너진 적이 있었다. 아름다운 항구였던 타코마 항에, 당시만 해도 신공법이었던 현수교suspension bridge로 건설된 이 다리가 탄생했을 때 사람들은 세상에서 가장 아름다운 다리라고 격찬했었다. 그런데 양쪽 교각에 연결한 케이블에 매달려 있던 이 현수교는, 바람이 불 때마다 약간의 진동이 생겼는데, 이 진동이 다리 자체가 지니고 있는 고유한 진동과 일치해서 더욱 다리를 진동하게 만들었고 결국 다리는 파괴되어 무너져 내렸다. 즉 공진 현상 때문에 다리가 붕괴된 것이다.

그러나 사실 이러한 공진의 원리는 우리 생활 깊숙한 곳으로 들어와 매우 유익하게 이용되기도 한다. 음식을 데우거나 요리하는 데 쓰이는 전자레인지도 공진 현상을 이용한 예이다. 전자레인지에는 약 1.2[cm]의 마이크로파가 발생되어 음식물 속의 물 분자를 맹렬히 진동시킨다. 전자레인지는 이러한 공진 현상을 이용해 물 분자 운동을 열에너지로 전환함으로써 뜨겁게 조리되도록 하는 원리이다. 또한 병원에서 많이 쓰는 자기공명단층촬영 장치(MRI) 역시 이러한 공진 현상을 활용한 것이다.

9.3.2 RLC 회로의 정상상태응답

표준 RLC 회로의 정상상태응답은 2차 미분방정식의 특수해를 구하는 것으로 얻어지고, 따라서 주어진 입력전원의 형태에 따라 다른 형태의 함수로 나타난다. DC 값의 입력에 대해서는 또 다른 상숫값인 DC 값의 정상상태응답을 가지며, 정현파 입력 AC에 대해서는 또 다른 정현파의 정상상태응답을 가진다.

DC 입력에 대한 정상상태응답을 찾으려면, 8.5.2절에서 언급한 바와 같이 인덕터는 단락시키고 커패시터는 개방시킴으로써 구할 수 있다. 예를 들어 [그림 9-9]의 회로의 정상상태응답은 [그림 9-11]과 같이 커패시터를 개방시키고 인덕터를 단락시켜 만든 회로로 구한다.

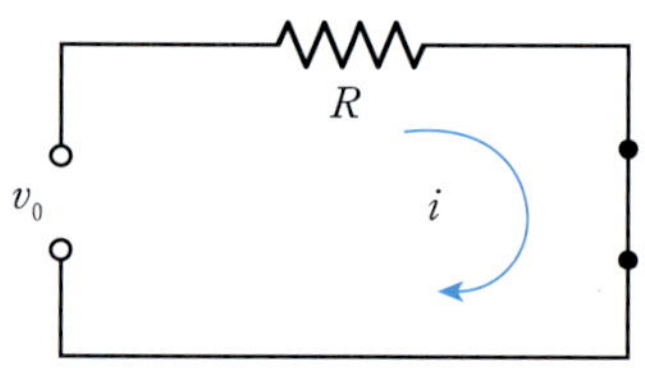

[그림 9-11] 정상상태 회로

즉 [그림 9-11]의 회로에서 얻은 DC 입력전압 $v_o = 0[\text{V}]$에 의한 전류 $i(t)$의 정상상태응답은 다음과 같다.

$$i_{SS}(t) = 0$$

만약 입력전원의 함수 형태가 DC 값이 아니라면, 위와 같은 회로해석으로는 정상상태응답을 찾을 수 없다. 원래 수식에 직접 가상해를 대입하여 찾아야 하는데, 지수함수의 입력이 있을 경우에는 유의해야 한다. 예제와 함께 계산 방법을 살펴보자.

예제 9-2 지수함수 입력회로의 완전응답

[그림 9-12]의 회로가 다음과 같은 소자 값을 가질 때, $t > 0$의 인덕터 전류 $i(t)$를 구하라.

$$R = 6\,[\Omega],\ \ L = 7\,[\mathrm{H}],\ \ C = \frac{1}{42}\,[\mathrm{F}],\ \ i_s = 8e^{-2t}\,[\mathrm{A}]$$

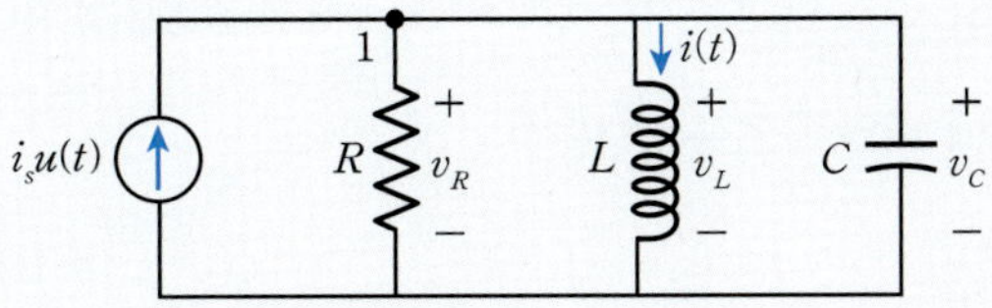

[그림 9-12] 지수함수 입력회로

풀이

[그림 9-12]의 회로에서 키르히호프의 전류법칙과 $v_R = v_L = v_C$의 관계를 적용하여, 노드 1에서의 노드방정식을 세우면 다음과 같다.

$$i_s = \frac{v_L}{R} + i + C\frac{dv_L(t)}{dt}$$

여기에 $v_L(t) = L\dfrac{di(t)}{dt}$를 대입하고 양변을 LC로 나누어 정리하면 식 (9.11)과 같다.

$$\frac{d^2 i}{dt^2} + \frac{1}{RC}\frac{di}{dt} + \frac{1}{LC}i = \frac{i_s}{LC} \tag{9.11}$$

따라서 회로의 과도응답을 구하기 위해 특성방정식을 구하고 수치를 대입하면 다음 식이 나온다. 이를 계산하면 $s_1 = -6$, $s_2 = -1$의 두 근이 나온다.

$$s^2 + \frac{1}{RC}s + \frac{1}{LC} = 0 \Rightarrow s^2 + 7s + 6 = 0$$

그러므로 전류 $i(t)$의 과도응답 $i_T(t)$는 다음과 같다.

$$i_T(t) = A_1 e^{-t} + A_2 e^{-6t}$$

다음으로 정상상태응답 $i_{SS}(t)$는 입력전원함수가 Ce^{-2t} 꼴인 지수함수다. 따라서 정상상태응답 역시 Be^{-2t}의 형태를 가질 것으로 가정하고, 원래의 미분방정식에 대입함으로써 구할 수 있다. 즉 원래의 2차 미분방정식인 식 (9.11)에 $i(t)$ 대신 $i_{SS}(t) = Be^{-2t}$을 대입하여 정리하면 다음과 같다.

$$\frac{d^2 i_{SS}(t)}{dt^2} + 7\frac{di_{SS}(t)}{dt} + 6i_{SS}(t) = 48e^{-2t}$$

그리고 위 식에 $\dfrac{di_{SS}(t)}{dt} = -2Be^{-2t}$, $\dfrac{d^2 i_{SS}(t)}{dt^2} = 4Be^{-2t}$을 대입하면 다음과 같다.

$$4Be^{-2t} - 14Be^{-2t} + 6Be^{-2t} = 48e^{-2t}$$
$$\Rightarrow -4B = 48$$

$B=-12$ 이므로 정상상태응답은 $i_{SS}(t)=-12e^{-2t}$ 이다. 완전응답 $i(t)$는 과도응답과 정상상태응답의 합으로 다음과 같다.

$$i(t)=A_1e^{-t}+A_2e^{-6t}-12e^{-2t},\ t>0$$

이때 A_1, A_2의 상숫값은 초깃값 $i_L(0^+)$, $\dfrac{di_L(0^+)}{dt}$를 대입해 얻을 수 있고, $\dfrac{di_L(0^+)}{dt}$의 값은 주어진 $v_C(0^+)$로 $\dfrac{di_L(0^+)}{dt}=\dfrac{v_L(0^+)}{L}=\dfrac{1}{L}v_C(0^+)$의 관계에 대입해 얻을 수 있다.

예제 9-3 입력지수함수의 지수 값이 과도응답의 지수 값과 같은 중근을 가질 때

[예제 9-2]에서 $i_s(t)=3e^{-6t}$일 때 $i(t)$의 완전응답을 구하라.

풀이

과도응답은 입력이 달라져도 같은 동차방정식으로 얻는 것이므로 다음과 같다.

$$i_T(t)=A_1e^{-t}+A_2e^{-6t}$$

정상상태응답은 입력함수에 따라 Be^{-6t} 꼴의 형태를 가진다. 이를 원래 식에 대입하면 식이 성립하지 않는데, 그 이유는 정상상태응답과 과도응답이 서로 중근이 되기 때문이다.

$$\begin{aligned}&36Be^{-6t}-42Be^{-6t}+6Be^{-6t}=18e^{-6t}\\&\Rightarrow 0\neq 18e^{-6t}\end{aligned}$$

이 경우에는 중근의 경우와 마찬가지로 과도응답의 정상상태응답을 $i_{SS}(t)=Bte^{-6t}$으로 가정하여 대입해야 한다. 이러한 정상상태응답을 가정하고 $g=e^{-6t}$으로 정의하여 풀면 다음과 같다.

$$\begin{aligned}&B(-6g-6g+36tg)+7B(g-6tg)+6Btg=18g\\&\Rightarrow B=-\frac{18}{5}\end{aligned}$$

결과적으로 $i_{SS}(t)=-\dfrac{18}{5}te^{-6t}$이 된다. 따라서 완전응답은 다음과 같고, A_1, A_2의 상숫값은 주어진 초깃값으로 계산하면 된다.

$$i(t)=A_1e^{-t}+A_2e^{-6t}-\frac{18}{5}te^{-6t},\ t>0$$

여기서 잠깐! 정상상태응답과 과도응답이 같은 지수를 가질 때

지수함수를 입력전원으로 가질 때, 정상상태응답과 과도응답이 서로 같은 지수 값$(-at)$을 가지면 중근으로 보고, Be^{-at} 대신 Bte^{-at}으로 가정하여 계산해야 한다.

SECTION 9.4 일반 RLC 회로해석을 위한 상태변수 기법

시정수 τ를 이용한 표준형 RLC의 완전응답 계산은 모든 복잡한 회로를 표준 RLC 회로로 간단히 고칠 수 있다는 것을 전제로 한다. 즉 앞에서 배운 회로해석 방법을 통해 회로를 간단하게 만드는 것이다. 그리하여 궁극적으로 저항 1개와 인덕터 1개, 커패시터 1개로 이루어진 회로로 간단히 고칠 수 있을 때 만들어지는 2차 미분방정식을 대상으로 한다. 그런데 주어진 복잡한 RLC 회로가 간단한 RLC 병렬회로나 직렬회로로 변환이 불가능할 때 3장, 4장에서 배운 다양한 해석법 등을 적용할 수 있을까? 다음에 설명하는 상태변수 기법을 이용하여 체계적인 순서로 회로를 분석하면 답을 얻을 수 있다.

예제 9-4 상태변수를 이용한 회로해석

[그림 9-13]의 회로에서 $C_1 = 4[\mathrm{F}]$, $C_2 = 4[\mathrm{F}]$, $R_1 = R_2 = 0.25[\Omega]$, $R_3 = 0.5[\Omega]$일 때, $t > 0$에서의 $v_1(t)$의 값을 구하라.

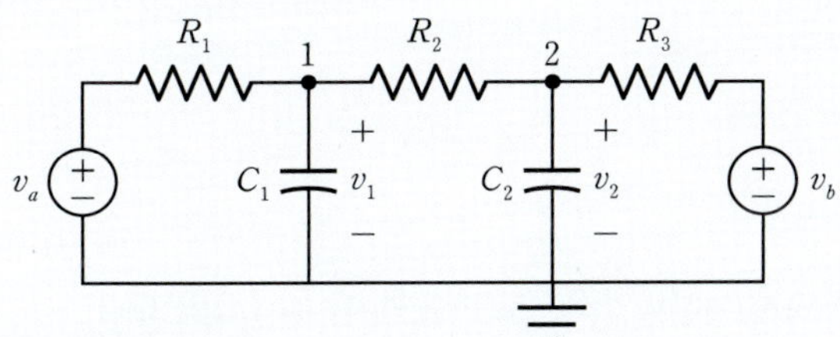

[그림 9-13] 일반 RLC 회로

풀이

[그림 9-13]의 회로를 노드해석법으로 풀기 위해 KCL을 각 노드에 적용하면 다음과 같은 식을 얻을 수 있다.

- 노드 1 : $C_1 \dfrac{dv_1}{dt} = \dfrac{v_a - v_1}{R_1} + \dfrac{v_2 - v_1}{R_2}$
- 노드 2 : $C_2 \dfrac{dv_2}{dt} = \dfrac{v_b - v_2}{R_3} + \dfrac{v_1 - v_2}{R_2}$

여기에 주어진 수치를 대입하고 정리하면 다음과 같다.

$$\frac{dv_1}{dt} + 2v_1 - v_2 = v_a \qquad (9.12a)$$

$$-2v_1 + \frac{dv_2}{dt} + 3v_2 = v_b \tag{9.12b}$$

이 수식에 미분 연산자 $s = \frac{d}{dt}$를 대입하여 다시 정리하면 다음과 같다(예를 들어 $sv_1 = \frac{dv_1}{dt}$).

$$(s+2)v_1 - v_2 = v_a$$
$$-2v_1 + (s+3)v_2 = v_b$$

여기서 이 수식을 행렬식으로 표현하면 다음과 같다.

$$\begin{bmatrix} (s+2) & -1 \\ -2 & (s+3) \end{bmatrix} \begin{bmatrix} v_1 \\ v_2 \end{bmatrix} = \begin{bmatrix} v_a \\ v_b \end{bmatrix}$$

이 수식에서 크래머 법칙을 이용하여 변수 v_1에 대한 수식을 찾아내면 식 (9.13)과 같이 된다.

$$v_1 = \frac{\begin{vmatrix} v_a & -1 \\ v_b & (s+3) \end{vmatrix}}{\begin{vmatrix} (s+2) & -1 \\ -2 & (s+3) \end{vmatrix}} = \frac{(s+3)v_a + v_b}{(s+2)(s+3)-2} = \frac{sv_a + 3v_a + v_b}{s^2 + 5s + 4} \tag{9.13}$$

여기서 분모를 0으로 하는 방정식은 특성방정식이 된다. 이 방정식의 근에서 과도응답을 구한다.

$$s^2 + 5s + 4 = 0 \Rightarrow s_1 = -4, \mathrm{s}_2 = -1$$

$v_1(t)$의 과도응답은 다음과 같다.

$$v_{1T}(t) = A_1 e^{-t} + A_2 e^{-4t}$$

또한 식 (9.13)의 미분 연산자를 풀고, v_1에 대한 2차 미분방정식으로 만들면 식 (9.14)와 같다.

$$(s^2 + 5s + 4)v_1 = sv_a + 3v_a + v_b$$
$$\Rightarrow \frac{d^2 v_1}{dt^2} + 5\frac{dv_1}{dt} + 4v_1 = \frac{dv_a}{dt} + 3v_a + v_b \tag{9.14}$$

$v_a = 10[\mathrm{V}]$, $v_b = 6[\mathrm{V}]$로 주어졌다고 가정하고 정상상태응답을 구하려면 상숫값 입력에 대한 정상상태 응답은 상수 B라고 생각할 수 있다. 식 (9.14)의 모든 미분항은 0이 되므로 $4B = 36$, 즉 $B = 9$이다.

결과적으로 상기 회로의 완전응답 $v_1(t)$는 과도응답과 정상상태응답의 합으로 표현할 수 있으므로 식 (9.15)와 같다.

$$v_1(t) = A_1 e^{-t} + A_2 e^{-4t} + 9 \tag{9.15}$$

초깃값 $v_1(0^+) = 5[\mathrm{V}]$, $v_2(0^+) = 10[\mathrm{V}]$가 주어졌다고 가정하자. $v_1(0^+) = A_1 + A_2 + 9$와 원래의 수식인 식 (9.12a)에 주어진 초깃값을 대입하면 또 하나의 초깃값을 구할 수 있다.

$$\frac{dv_1}{dt} = v_a + v_2 - 2v_1 \Rightarrow \frac{dv_1(0^+)}{dt} = 10 + 10 - 2 \times 5 = 10$$

이 식에 식 (9.15)를 미분하여 대입한 다음 식으로 A_1, A_2를 계산한다.

$$\frac{dv_1(0^+)}{dt} = -A_1 - 4A_2 = 10$$

그러므로 $A_1 = -2$, $A_2 = -2$가 되고, 이것을 대입하여 최종 완전응답을 구하면 다음과 같다.

$$v_1(t) = -2e^{-t} - 2e^{-4t} + 9, \ t > 0$$

참고 9-1 회로해석에 의한 DC 입력회로의 정상상태응답 계산

[그림 9-13]의 회로의 정상상태응답은 입력전원이 DC이다. 따라서 [그림 9-14]와 같이 인덕터는 단락하고, 커패시터는 개방하여 구한 회로로 회로해석을 할 수 있다.

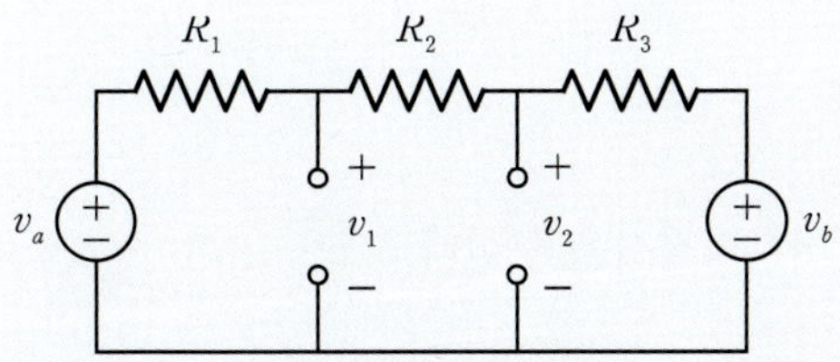

[그림 9-14] DC 입력의 정상상태응답

즉 정상상태응답 v_1은 전압분배기 원리와 중첩의 원리를 이용하여 다음 식으로부터 구할 수 있다.

$$v_1(t) = v_a\left(\frac{R_2 + R_3}{R_1 + R_2 + R_3}\right) + v_b\left(\frac{R_1 + R_2}{R_1 + R_2 + R_3}\right)$$

수치를 대입하면 다음과 같다.

$$v_1(t) = 10\left(\frac{0.25 + 0.5}{0.25 + 0.25 + 0.5}\right) + 6\left(\frac{0.25}{0.25 + 0.25 + 0.5}\right) = 9\,[\mathrm{V}]$$

[예제 9-4]에서 설명한 바와 같이 상태변수 기법을 이용하면, RLC가 복잡하게 얽혀 있는 회로에 다양한 해석법을 적용할 수 있고 체계적으로 전압과 전류 값을 구할 수 있다.

상태변수state variable **기법**은 다음 수식과 같이 다차 미분방정식을 상태변수의 1차 미분 벡터 형태로 표현한 **상태변수 방정식**state variable equation으로 변환하여 회로를 해석한다.

상태변수 방정식

$$\dot{\boldsymbol{x}} = \boldsymbol{A}\boldsymbol{x} + \boldsymbol{B}\boldsymbol{u} \;\Rightarrow\; \begin{bmatrix} \dfrac{dx_1}{dt} \\ \dfrac{dx_2}{dt} \\ \vdots \end{bmatrix} = \boldsymbol{A}\begin{bmatrix} x_1 \\ x_2 \\ \vdots \end{bmatrix} + \boldsymbol{B}\begin{bmatrix} u_1 \\ u_2 \\ \vdots \end{bmatrix}$$

단, x_1, x_2, …는 상태변수고, u_1, u_2, …는 입력이다.

상태변수 기법을 이용한 회로해석법

상태변수 기법을 이용하여 일반 회로를 해석할 때는 다음과 같은 순서로 수행한다.

❶ 모든 상태변수를 인덕터의 전류 $i_L(t)$와 커패시터의 전압 $v_C(t)$로 잡는다.
❷ 초깃값 $i_L(0^+)$, $v_C(0^+)$를 구한다.
❸ KCL과 KVL을 이용하여 각 상태변수에 관한 1차 연립 미분방정식을 세운다.
❹ 미분 연산자 s를 이용하여 s의 연립방정식을 만든다.
❺ 크래머 법칙 수식의 분모를 0으로 두는 특성방정식을 만든다.
❻ 특성방정식의 근으로 과도응답을 구한다.
❼ 크래머 법칙에 의해 선택된 변수 $x_n(t)$에 대한 2차 미분방정식을 구한다.
❽ 미분방정식에서 적절한 정상상태응답을 구한다.
❾ 과도응답과 정상상태응답을 합하여 완전응답을 구한다.
❿ ❸에서 구한 1차 미분방정식에서 $\dfrac{dx_n(0^+)}{dt}$의 값을 구한다.
⓫ 초깃값 $x_n(0^+)$, $\dfrac{dx_n(0^+)}{dt}$에서 과도응답의 상숫값 A_1, A_2의 값을 구한다.

예제 9-5 **상태변수 기법에 의한 일반 RLC 회로의 체계적 해석법**

[그림 9-15]의 회로에서 $t>0$일 때의 $i_L(t)$를 상태변수 기법으로 구하라.

$$R=3[\Omega],\; L=1[\text{H}],\; C=\frac{1}{2}[\text{F}],\; i_s(t)=2e^{-3t}[\text{A}]$$

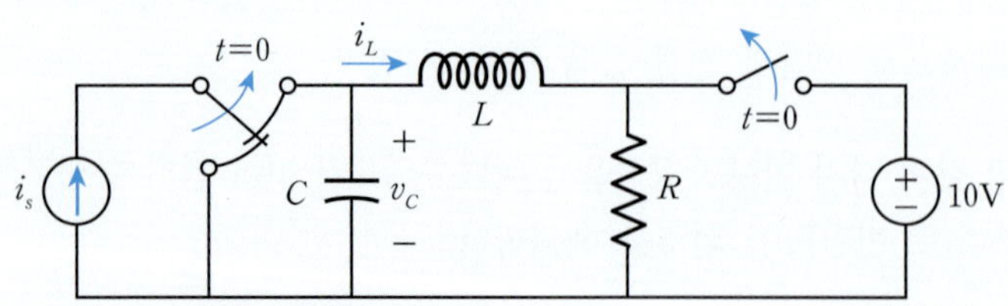

[그림 9-15] 일반 RLC 회로

풀이

❶ 상태변수를 i_L, v_C로 잡는다.

❷ $t<0$에서 충분한 시간이 흘러 정상상태가 되었다고 가정하고, [그림 9-16]과 같은 회로에서 초깃값을 구한다.

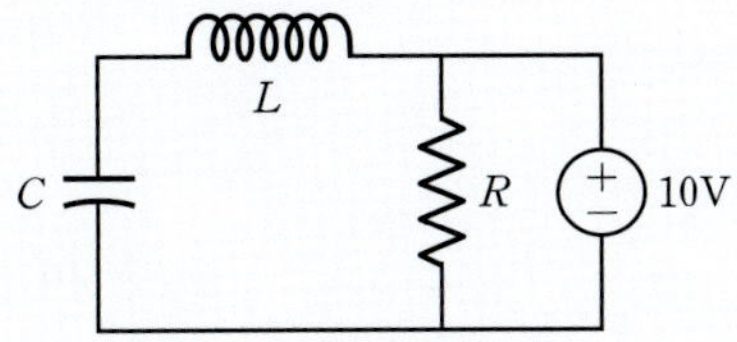

[그림 9-16] $t<0$의 회로

커패시터를 개방하고 인덕터를 단락시켜서 만든 [그림 9-17]의 회로에서 $i_L(0^+)=0[\mathrm{A}]$, $v_C(0^+)=10[\mathrm{V}]$를 구한다.

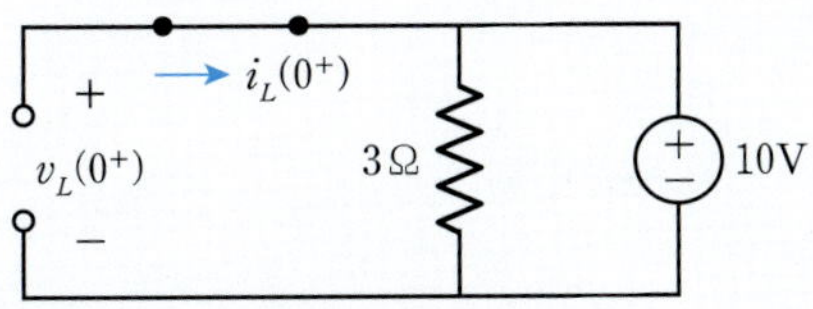

[그림 9-17] $t<0$의 정상상태회로

❸ [그림 9-18]의 회로에서 $t>0$일 때 상태변수에 대한 1차 연립 미분방정식을 찾으면 다음과 같다.

$$i_s=i_L+C\frac{dv_C}{dt}$$

$$v_C=L\frac{di_L}{dt}+i_LR$$

위의 식에 수치를 대입하여 정리하면 다음과 같다.

$$\frac{di_L}{dt}+3i_L-v_C=0 \qquad (9.16a)$$

$$\frac{dv_C}{dt}+2i_L=2i_s \qquad (9.16b)$$

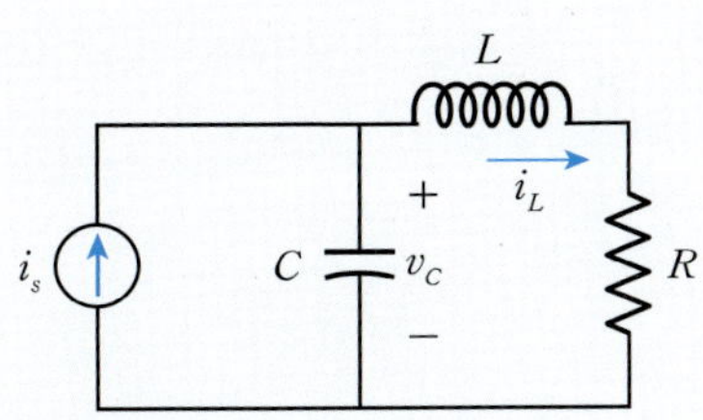

[그림 9-18] $t>0$의 회로

❹ 식 (9.16)을 미분 연산자 s에 대한 식으로 정리하면 다음과 같다.

$$\begin{bmatrix}(s+3) & -1 \\ 2 & s\end{bmatrix}\begin{bmatrix}i_L \\ v_C\end{bmatrix}=\begin{bmatrix}0 \\ 2i_s\end{bmatrix}$$

❺ 크래머 법칙을 이용하여 구하고자 하는 상태변수 $i=i_L$의 분모를 0으로 하는, 특성방정식을 세우면 다음과 같다.

$$i_L=\frac{\begin{vmatrix}0 & -1 \\ 2i_s & s\end{vmatrix}}{\begin{vmatrix}(s+3) & -1 \\ 2 & s\end{vmatrix}}=\frac{2i_s}{s^2+3s+2} \tag{9.17}$$

식 (9.17)에서 특성방정식은 $(s+3)s+2=s^2+3s+2=0$이 된다.

❻ 특성방정식의 근 $s_1=-2$, $s_2=-1$로 과도응답 $i_T(t)$를 구하면 다음과 같다.

$$i_T(t)=A_1e^{-2t}+A_2e^{-t}$$

❼ 식 (9.17)에서 $i_L(t)$에 대한 2차 미분방정식을 구하면 식 (9.18)이 된다.

$$\frac{d^2i_L}{dt^2}+3\frac{di_L}{dt}+2i_L=4e^{-3t} \tag{9.18}$$

❽ 식 (9.18)에서 정상상태응답을 가상 값 $i_{SS}(t)=Be^{-3t}$으로 대입하여 풀면 다음과 같다.

$$9Be^{-3t}-9Be^{-3t}+2Be^{-3t}=4e^{-3t}$$

그러므로 $B=2$가 되고, 정상상태응답은 다음과 같다.

$$i_{SS}(t)=2e^{-3t}$$

❾ 따라서 완전응답은 식 (9.19)와 같이 된다.

$$i(t)=i_T(t)+i_{SS}(t)=A_1e^{-2t}+A_2e^{-t}+2e^{-3t},\quad t>0 \tag{9.19}$$

❿ 이제 ❸에서 구한 1차 미분방정식 중, 식 (9.16a)로 초깃값 $\frac{di_L(0^+)}{dt}$의 값을 구하면 다음과 같다.

$$\frac{di_L(0^+)}{dt}=v_C(0^+)-3i(0^+)=10+0=10$$

⓫ 마지막으로 초깃값 $i_L(0^+)=0$, $\frac{di_L(0^+)}{dt}=10$을 식 (9.19)에 적용하여 A_1, A_2를 구하면 다음과 같다. 식을 계산하면 $A_1=-14$, $A_2=12$가 나온다.

$$i_L(0^+) = 0 = A_1 + A_2 + 2$$

$$\frac{di_L(0^+)}{dt} = 10 = -2A_1 - A_2 - 6$$

그러므로 최종 완전응답 $i_L(t)$는 $i_L(t) = -14e^{-2t} + 12e^{-t} + 2e^{-3t}$, $t > 0$이 된다.

예제 9-6 상태변수 기법에 의한 복잡한 회로해석 (1차 연립 미분방정식을 찾는 체계적 방법 포함)

[그림 9-19]의 회로에서 상태변수 방정식을 이용하여 v_1에 대한 미분방정식을 구하라. (단, 모든 소자에서의 초깃값은 0으로 가정한다.)

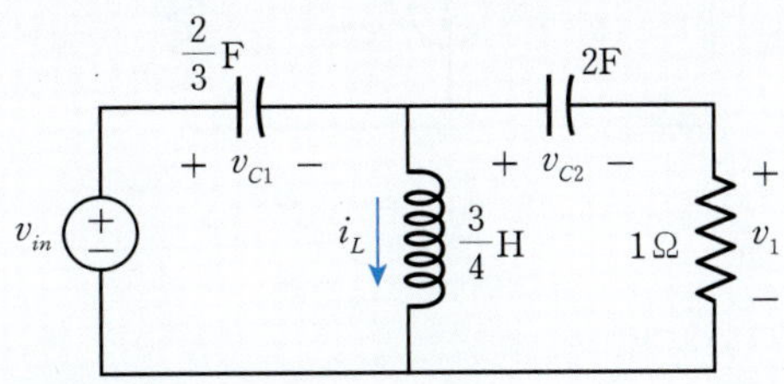

[그림 9-19] 표준형이 아닌 복잡한 회로

풀이

[예제 9-5]와 마찬가지로 [그림 9-19]의 회로는 표준형 RLC 회로로 바꿀 수 없다. 따라서 완전응답의 형태를 직접 알 수가 없고, 상태변수 기법에 의해 체계적으로 구해야 한다.

❶ [그림 9-19]에서 먼저 상태변수를 잡으면, 각 커패시터에서의 전압 v_{C1}과 v_{C2}, 그리고 인덕터의 전류 i_L까지 3개의 상태변수가 존재한다.

❷ 각 초깃값은 0으로 주어졌으므로 초깃값의 계산은 생략한다.

❸ KCL과 KVL을 이용하여 각 상태변수에 대한 1차 연립 미분방정식을 구할 때, [그림 9-19]에 소자 대신 각 상태변수 값을 부가전원으로 삽입하는 게 풀이가 더 쉽다. 즉 [그림 9-20]과 같이 3개의 각 상태변수 v_{C1}, v_{C2}, i_L을 전압이나 전류전원의 형태로 삽입하고, 각 전원에 흐르는 전류 i_{C1}, i_{C2} 혹은 전압 v_L의 값을 중첩의 원리를 이용하여 구한다. 그러면 이것이 곧 상태변수에 대한 1차 연립 미분방정식이 된다.

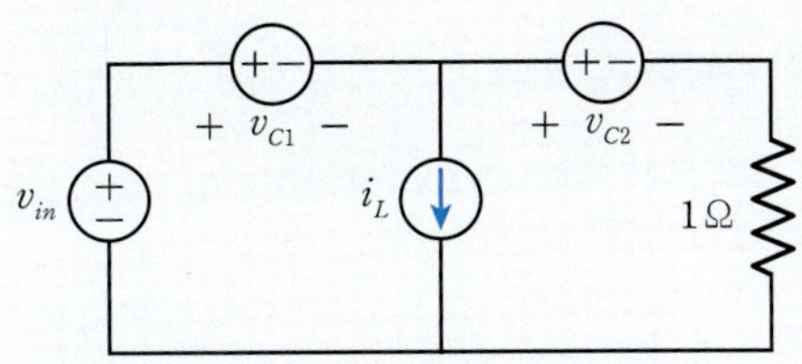

[그림 9-20] 상태변수에 의한 부가전원 회로

Tip 커패시터와 인덕터에서는 $i_{C1} = C_1\frac{dv_{C1}}{dt}$, $i_{C2} = \frac{dv_{C2}}{dt}$, $v_L = L\frac{di_L}{dt}$의 관계를 가지므로, i_{C1}, i_{C2}, v_L의 값을 구한다는 것은 상태변수들의 1차 미분 값을 구하는 것과 같다.

따라서 중첩의 원리를 이용하여 모든 전원에 대한 4개의 독립회로를 [그림 9-21]과 같이 만들고 i_{C1}, i_{C2}, v_L 값을 구하면 된다.

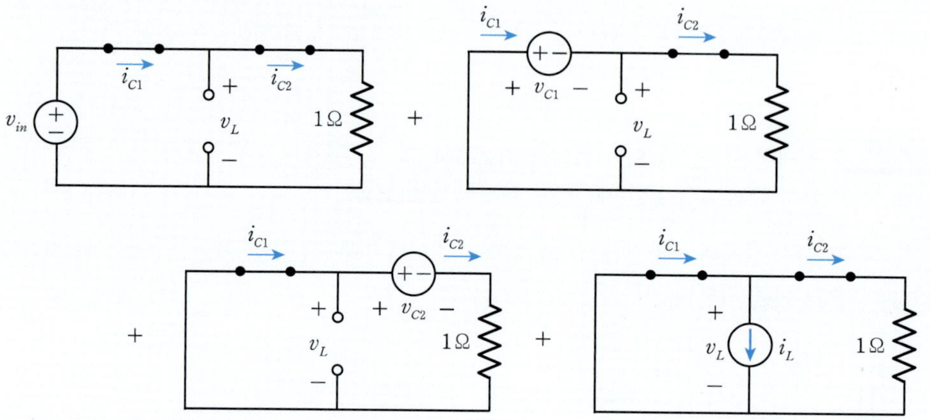

[그림 9-21] 중첩의 원리에 의한 각 변수의 계산

$$i_{C1} = C_1 \frac{dv_{C1}}{dt} = v_{in} - v_{C1} - v_{C2} + i_L$$

$$i_{C2} = C_2 \frac{dv_{C2}}{dt} = v_{in} - v_{C1} - v_{C2} + 0$$

$$v_L = L \frac{di_L}{dt} = v_{in} - v_{C1} + 0 + 0$$

이 관계식을 각 커패시터와 인덕터 값을 대입하여 다시 상태변수 행렬식으로 표시하면 다음과 같다.

$$\begin{bmatrix} \frac{dv_{C1}}{dt} \\ \frac{dv_{C2}}{dt} \\ \frac{di_L}{dt} \end{bmatrix} = \begin{bmatrix} -\frac{3}{2} & -\frac{3}{2} & \frac{3}{2} \\ -\frac{1}{2} & -\frac{1}{2} & 0 \\ -\frac{4}{3} & 0 & 0 \end{bmatrix} \begin{bmatrix} v_{C1} \\ v_{C2} \\ i_L \end{bmatrix} + \begin{bmatrix} \frac{3}{2} \\ \frac{1}{2} \\ \frac{4}{3} \end{bmatrix} v_{in}$$

이때 구하려는 값이 v_1이고, 회로에서 $v_1 = v_{in} - v_{C1} - v_{C2}$ 관계를 알 수 있다. 따라서 v_1을 구하려면 v_{C1}, v_{C2}의 값이 필요하다.

이제 미분 연산자 s를 이용하여 위의 상태변수 방정식을 변형하고, 크래머 법칙을 이용하여 v_{C1}, v_{C2} 값을 구한다.

$$v_{C1}=\frac{\begin{vmatrix} \frac{3}{2} & \frac{3}{2} & -\frac{3}{2} \\ \frac{1}{2} & s+\frac{1}{2} & 0 \\ \frac{4}{3} & 0 & s \end{vmatrix} v_{in}}{\begin{vmatrix} s+\frac{3}{2} & \frac{3}{2} & -\frac{3}{2} \\ \frac{1}{2} & s+\frac{1}{2} & 0 \\ \frac{4}{3} & 0 & s \end{vmatrix}}=\frac{\left(\frac{3}{2}s^2+2s+1\right)v_{in}}{s^3+2s^2+2s+1}$$

$$v_{C2}=\frac{\begin{vmatrix} s+\frac{3}{2} & \frac{3}{2} & -\frac{3}{2} \\ \frac{1}{2} & \frac{1}{2} & 0 \\ \frac{4}{3} & \frac{4}{3} & s \end{vmatrix} v_{in}}{\begin{vmatrix} s+\frac{3}{2} & \frac{3}{2} & -\frac{3}{2} \\ \frac{1}{2} & s+\frac{1}{2} & 0 \\ \frac{4}{3} & 0 & s \end{vmatrix}}=\frac{\frac{1}{2}s^2 v_{in}}{s^3+2s^2+2s+1}$$

이들을 이용하여 $v_1=v_{in}-v_{C1}-v_{C2}$에서 v_1을 구한다.

$$v_1=\frac{s^3 v_{in}}{s^3+2s^2+2s+1}$$

이를 미분 연산자의 정의에 의해 미분방정식으로 쓰면 다음과 같다.

$$\frac{d^3v_1}{dt^3}+2\frac{d^2v_1}{dt^2}+2\frac{dv_1}{dt}+v_1=\frac{d^3v_{in}}{dt^3}$$

CHAPTER

09 핵심요약

이 장에서는 RLC 회로에서 완전응답을 구하는 방법에 대해 공부했다. 표준 RLC 직렬회로 혹은 표준 RLC 병렬회로에서 표준형 2차 미분방정식을 얻을 수 있고, 이 해는 특정방정식의 근이 실수, 허수, 복소수의 여부에 따라 과도응답의 함수 형태가 달라진다. 또한 회로가 표준 RLC 회로로 단순화될 수 없는 일반 RLC 회로에서는 상태변수 기법으로 구하고자 하는 변수에 대한 2차 미분방정식을 유도하는 방법을 공부했다.

■ 표준 RLC 회로의 2차 미분방정식

$$\frac{d^2x}{dt^2}+\frac{1}{\tau}\frac{dx}{dt}+\frac{1}{LC}x=0$$

단, τ는 직렬 RLC 회로의 경우 $\frac{L}{R}$, 병렬 RLC 회로의 경우 RC

■ 표준 RLC 회로의 과도응답

$$\sigma=\frac{1}{2\tau},\quad \omega_0=\frac{1}{\sqrt{LC}}$$

	근	과도응답
제동된 경우 ($\sigma^2<\omega_0^2$)	$\omega_d=\sqrt{\omega_0^2-\sigma^2}$ 로 정의하면, $s_1=-\sigma+j\omega_d$ $s_2=-\sigma-j\omega_d$	$x(t)=e^{-\sigma t}(A_1e^{j\omega_d t}+A_2e^{-j\omega_d t})$
과제동된 경우 ($\sigma^2>\omega_0^2$)	$s_1=-\sigma+\sqrt{\sigma^2-\omega_0^2}$ $s_2=-\sigma-\sqrt{\sigma^2-\omega_0^2}$	$x(t)=A_1e^{s_1t}+A_2e^{s_2t}$
임계제동된 경우 ($\sigma^2=\omega_0^2$)	$s_1=s_2$	$x(t)=K_1e^{s_1t}+K_2te^{s_1t}$
비제동된 경우 ($\sigma=0$)	$s_1=+j\omega_d$ $s_2=-j\omega_d$	$x(t)=A_1e^{j\omega_d t}+A_2e^{-j\omega_d t}$

■ 지수함수 입력회로의 정상상태응답

정상상태응답과 과도응답의 근이 서로 같은 지수 값$(-at)$을 가지면 중근으로 고려하고, Be^{-at} 대신 Bte^{-at}으로 가정하여 계산해야 한다.

■ 일반 RLC 회로의 상태변수 기법을 이용한 회로해석

상태변수 방정식

$$\dot{x} = Ax + Bu \Rightarrow \begin{bmatrix} \dfrac{dx_1}{dt} \\ \dfrac{dx_2}{dt} \\ \vdots \end{bmatrix} = \boldsymbol{A}\begin{bmatrix} x_1 \\ x_2 \\ \vdots \end{bmatrix} + \boldsymbol{B}\begin{bmatrix} u_1 \\ u_2 \\ \vdots \end{bmatrix}$$

단, x_1, x_2, $\cdots$는 상태변수, u_1, u_2, $\cdots$는 입력이다.

- 상태변수는 인덕터 전류와 커패시터 전압으로 잡는다.
- 각 상태변수에 대한 1차 연립 미분방정식을 세운다.
  (이는 각 커패시터 전류 i_C와 인덕터 전압 v_L들을 중첩의 원리를 이용하여 상태변수들에 의한 식으로 만듦으로써 구할 수 있다. [예제 9-6] 참고)
- 미분 연산자 s와 크래머 법칙에 의해 구하고자 하는 상태변수에 대한 2차 미분방정식을 유도한다.
- 2차 미분방정식의 과도응답과 정상상태응답을 구하여 완전응답을 구한다.
- 완전응답의 상수값을 구하려는 초깃값 중 $\dfrac{dx(0^+)}{dt}$의 값은 미리 구한 상태변수 $x(t)$에 대한 1차 미분방정식으로 구한다.

CHAPTER

09 연습문제

표준 RLC 회로의 과도응답

9.1 다음 회로의 공진주파수를 찾아라.

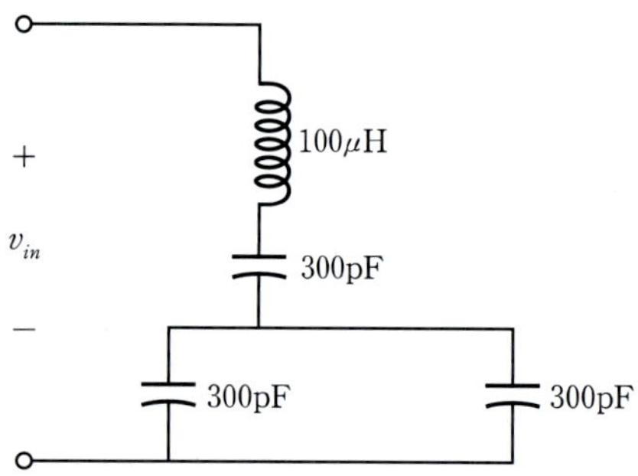

[그림 9-22]

9.2 다음 회로의 직렬 RLC로부터 $v_C(t)$의 과도응답을 구하라. (단, 초깃값은 $i_L(0)=4[\mathrm{A}]$, $v_C(0)=0[\mathrm{V}]$이다.)

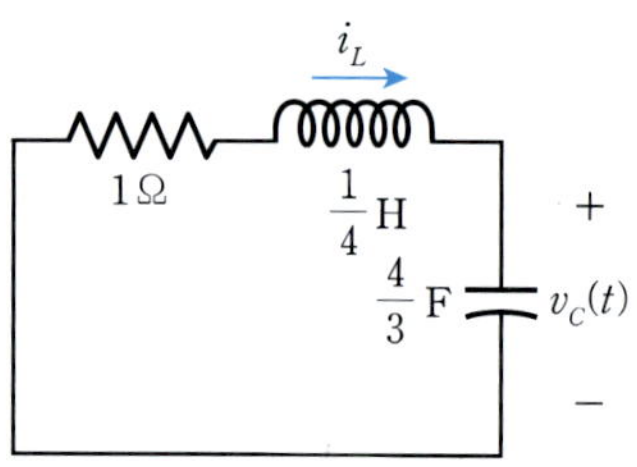

[그림 9-23]

9.3 [그림 9-24]는 병렬 RLC 회로와 커패시터에 걸리는 전압 $v(t)$의 그래프다. 이때 다음 물음에 답하라. (단, $i_L(0)=10[\mathrm{A}]$, $v_C(0)=0[\mathrm{V}]$이다.)

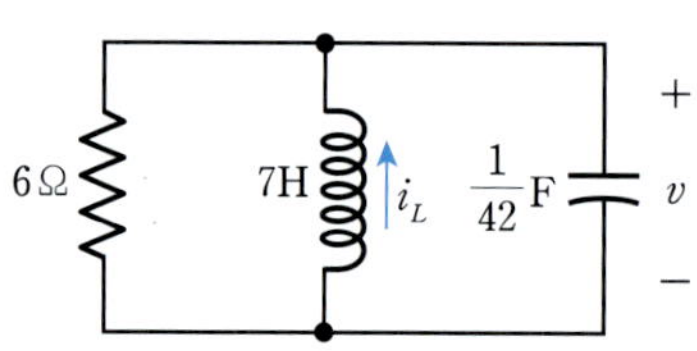

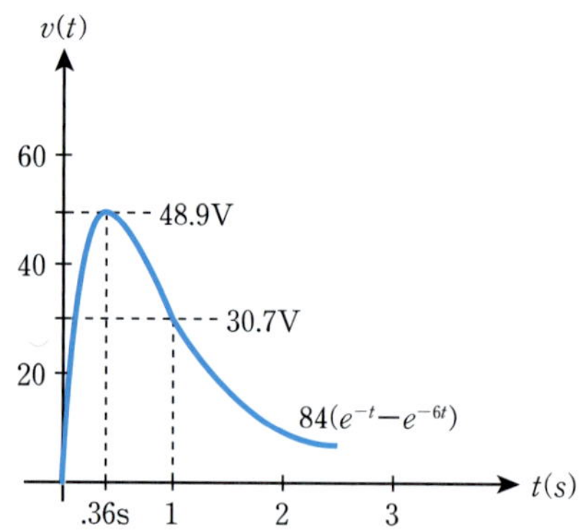

[그림 9-24]

(a) 인덕턴스의 값을 $\frac{1400}{23}$[H]로 바꾸었을 때의 $v(t)$의 그래프를 그려라.
(단, 초깃값은 변하지 않는다고 가정한다.)

(b) 인덕턴스의 값이 무한대(∞)가 되었을 때의 $v(t)$를 그려라.

표준 *RLC* 회로의 완전응답

9.4 [그림 9-25] 회로에서 R의 값이 다음과 같을 때 $i(0^+)$ 값과 $\frac{di(0^+)}{dt}$의 값을 각각 구하라. (단, 회로의 전류전원은 $t=0$일 때 0 값을 가진다.)

(a) $R=500[\Omega]$ (b) $R=400[\Omega]$ (c) $R=320[\Omega]$

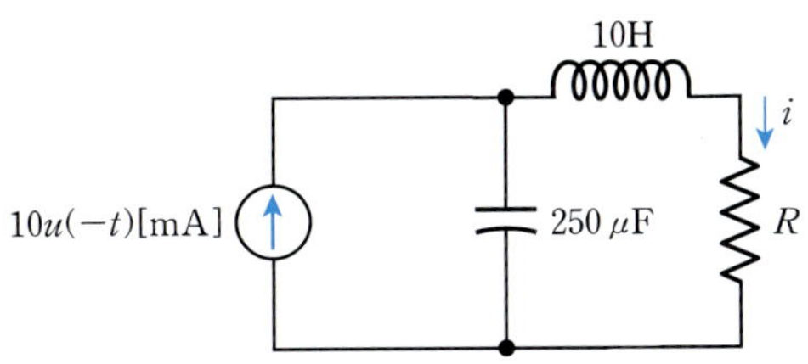

[그림 9-25]

9.5 오랜 시간 동안 스위치를 개방했다가 $t=0$일 때 스위치를 닫았다. 전압 $v(t)$의 값을 구하라. (단, $v(0)=2[\text{V}]$.)

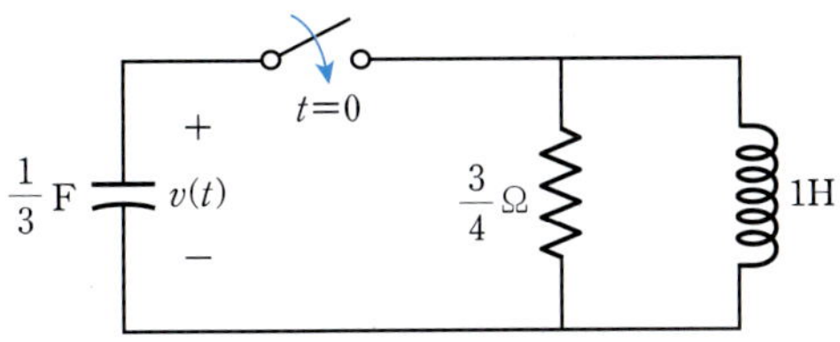

[그림 9-26]

9.6 다음 회로에서 $t=0$일 때 스위치를 개방했다. $C=\frac{1}{4}$[F]으로 주어졌을 때 $v(t)$의 값을 구하고 도시하라. (단, $t=0^-$에서 정상상태에 이른다고 가정하라.)

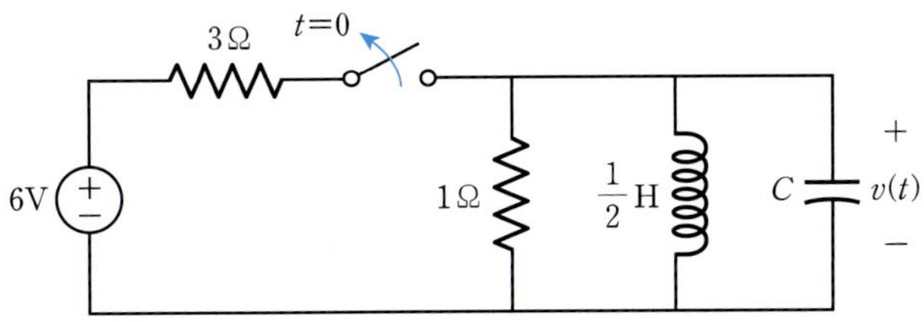

[그림 9-27]

9.7 다음 회로에서, $V_C(t)$의 완전응답을 구하라. (단, $V_o = 10$이고 모든 초깃값은 0으로 가정한다.)

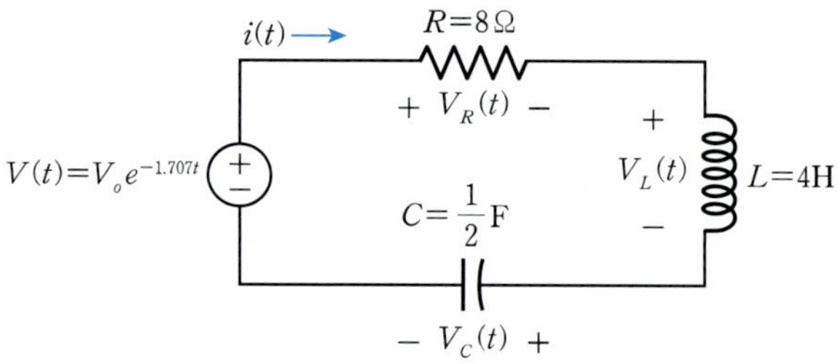

[그림 9-28]

9.8 다음 회로에서 $t=0$일 때 스위치가 닫힌다면 $t \geq 0$일 때의 $v(t)$의 값을 구하라.

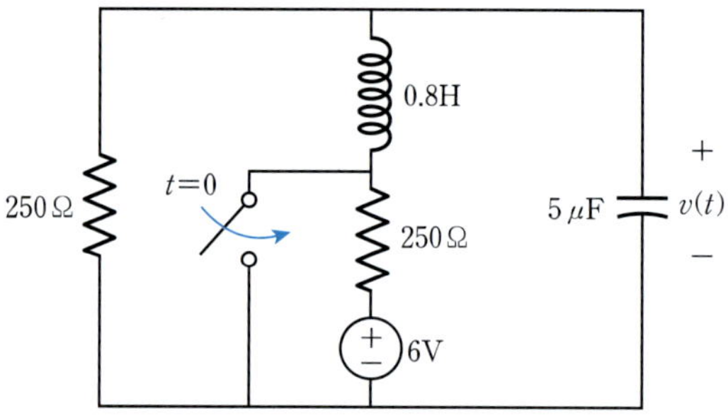

[그림 9-29]

9.9 다음 회로에서 오랜 시간이 흐른 후에($t=0$일 때) 스위치가 열렸다. 모든 $t>0$에 대하여 $i_1(t)$를 구하라.

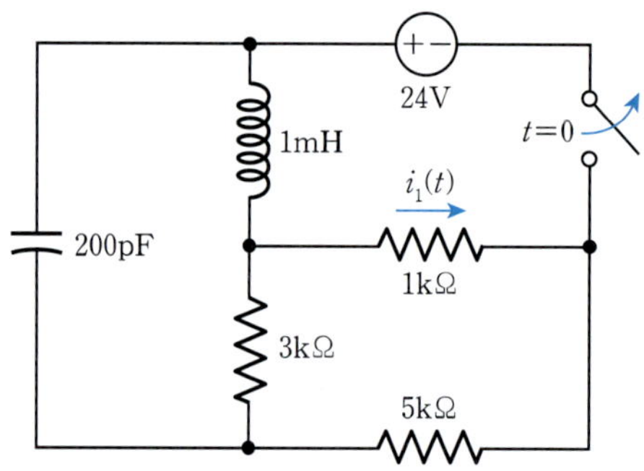

[그림 9-30]

9.10 다음 회로에서 오랜 시간이 흐른 후에($t=0$일 때) 스위치가 열렸다. 모든 t에 대하여 $i(t)$를 구하고 개략적인 함수를 도시하라.

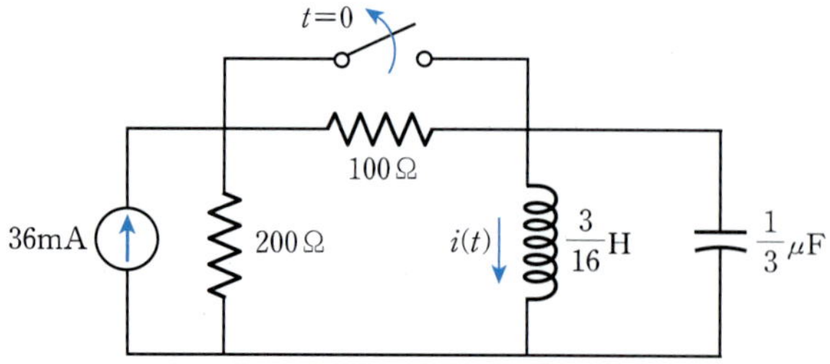

[그림 9-31]

9.11 다음 회로에서 $t>0$일 때 다음을 구하라.

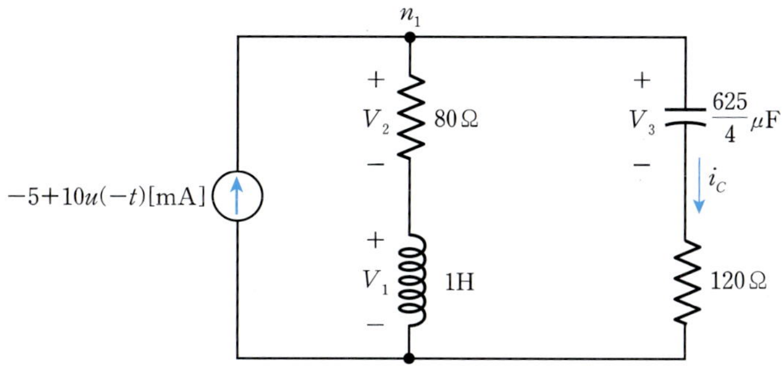

[그림 9-32]

(a) $V_1(t)$ (b) $V_2(t)$ (c) $V_3(t)$

9.12 다음 회로에서 전압전원 값은 $t>0$일 때 0이 된다. $t>0$일 때의 $v_C(t)$의 함수를 구하라.

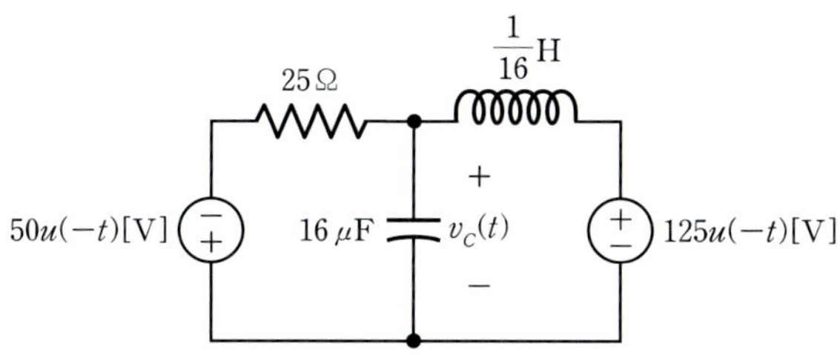

[그림 9-33]

9.13 도전 어떤 학생이 실험 중 부주의로 다음 회로의 단자 $a-b$를 손으로 함께 짚었다. 그 순간 스위치가 열렸다고 할 때 다음 물음에 답하라.

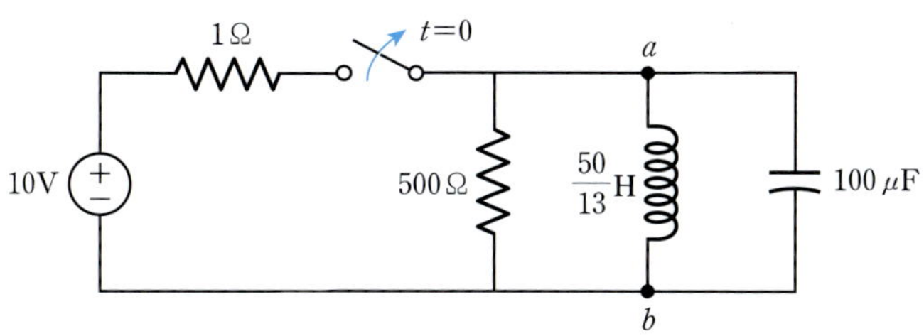

[그림 9-34]

(a) $t\geq 0$에서 $v_{ab}(t)$(단자 $a-b$ 사이의 전압) 함수를 구하고, 이를 개략적으로 도시하라.

(b) 이 학생의 손에는 최대 얼마의 전압이 순간적으로 걸릴 수 있는가?

일반 RLC 회로의 완전응답

9.14 다음 회로에서 입력(v_s)과 출력($v(t)$)의 관계를 나타내는 2차 미분방정식을 구하라.

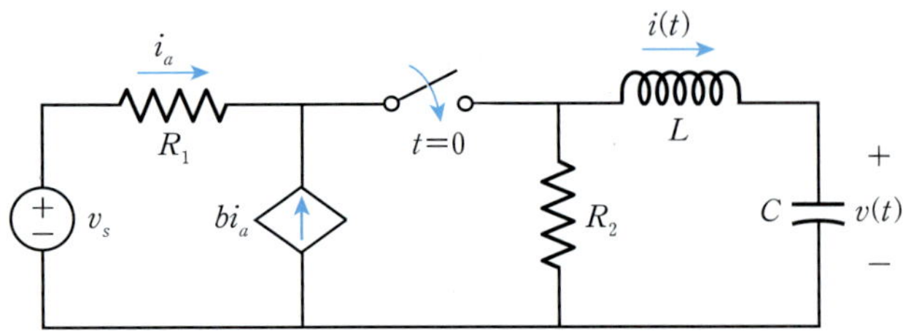

[그림 9-35]

9.15 다음 회로에서 $t>0$일 때의 $v(t)$ 값을 구하라.

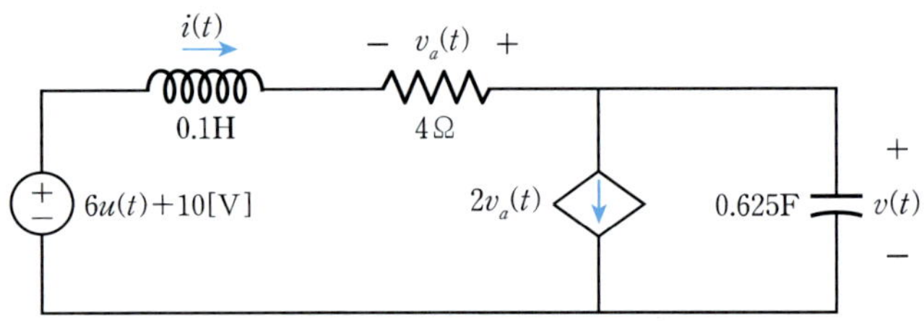

[그림 9-36]

일반 RLC 회로의 상태변수 기법 해석

9.16 다음 회로를 보고 물음에 답하라.

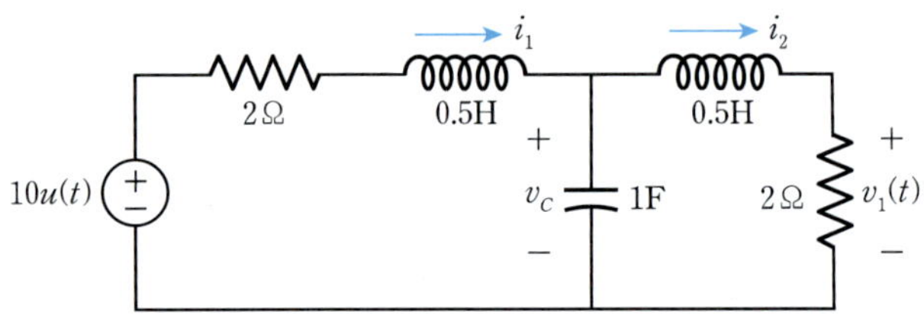

[그림 9-37]

(a) 상태변수 i_1, i_2, v_C를 가지는 상태 방정식을 구하라. (단, $\dot{x}=Ax+Bu$.)

(b) $i_1(0^+)=2[A]$, $i_2(0^+)=-1[A]$, $v_C(0^+)=3[V]$일 때, $v_1(t)$, $t>0$의 값을 구하라.

9.17 도전 다음 회로에서 $V_1(t)$, $V_3(t)$, $i_2(t)$의 값을 상태변수 해석법에 의하여 구하라. (단, 모든 초깃값은 0이다.)

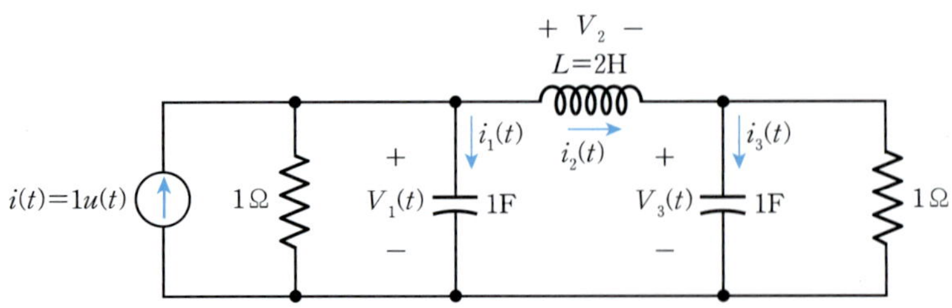

[그림 9-38]

CHAPTER

09 기출문제

2023년도 국가공무원 9급

9.1 그림의 회로에서 스위치 S가 충분히 긴 시간 동안 닫혀 있다가 $t=0$에서 개방되었다. $t>0$에서 RLC 병렬회로가 임계제동이 되기 위한 저항 $R[\Omega]$는?

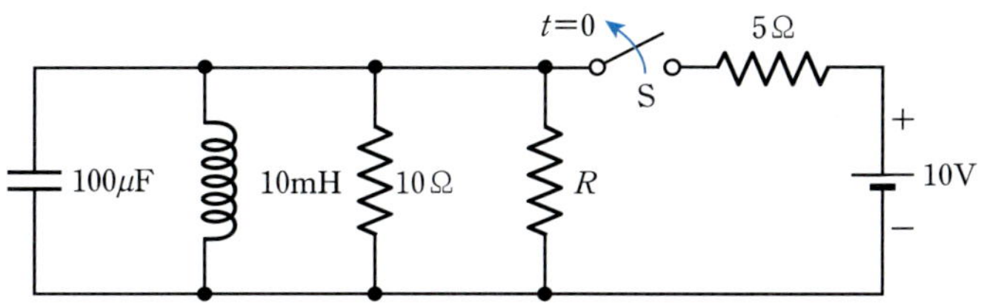

[그림 9-39]

① 4 ② 6 ③ 8 ④ 10

2023년도 국가공무원 9급

9.2 그림의 회로에서 스위치 S가 충분히 긴 시간 동안 닫혀 있다가 $t=0$에서 개방되었다. $t>0$일 때의 전류 $i(t)$[A]는?

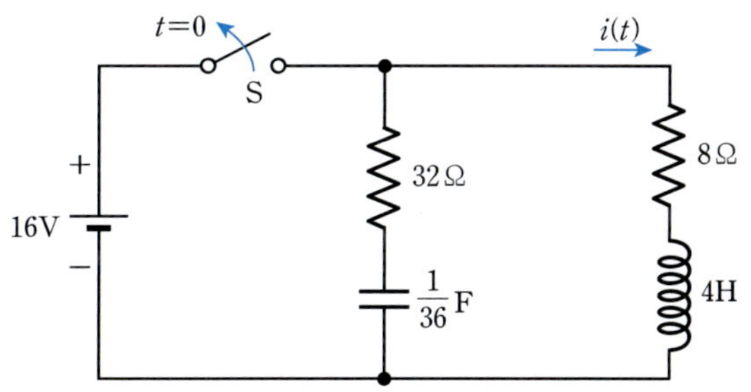

[그림 9-40]

① $\frac{1}{4}e^{-t}+\frac{7}{4}e^{-9t}$ ② $\frac{7}{4}e^{-t}+\frac{1}{4}e^{-9t}$ ③ $\frac{9}{4}e^{-t}-\frac{1}{4}e^{-9t}$ ④ $-\frac{1}{4}e^{-t}+\frac{9}{4}e^{-9t}$

2022년도 국가공무원 9급

9.3 그림의 $L-C$ 직렬회로에서 전류 I_{rms}의 크기[A]는?

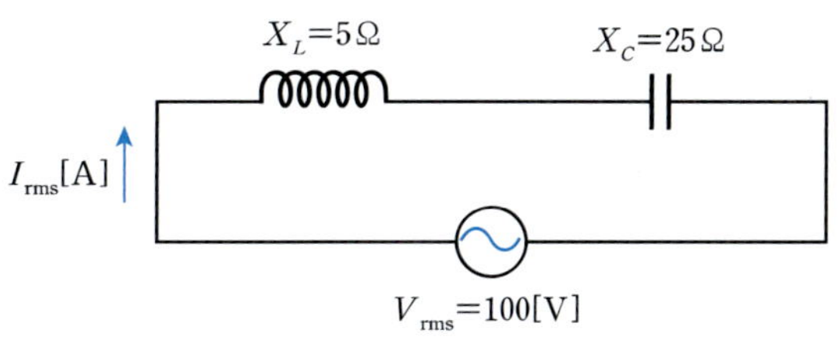

[그림 9-41]

① 5 ② 10 ③ 15 ④ 20

2022년도 국가공무원 7급

9.4 다음 회로에서 $t<0$에서 스위치가 닫혀서 정상상태를 유지하다가 $t=0$인 순간에 개방되었다. 전압 $v(t)$의 $v(0^{+})+v(\infty)$의 값[V]은? (단, $v(0^{+})$와 $v(\infty)$는 전압 $v(t)$의 초깃값과 최종값이다.)

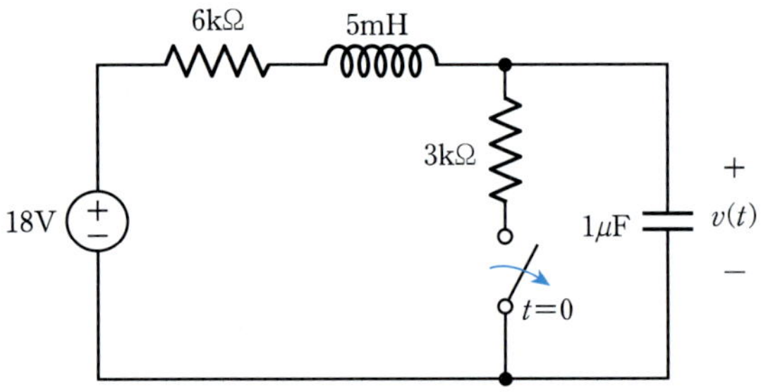

[그림 9-42]

① 4 ② 12 ③ 18 ④ 24

2021년도 국가공무원 7급

9.5 다음 회로에서 $t<0$ 구간에 스위치는 닫혀서 정상상태를 유지하다가, $t=0$인 시점에 순간적으로 스위치가 개방되었다. $t>0$ 구간에서 전압 $v(t)$[V]는?

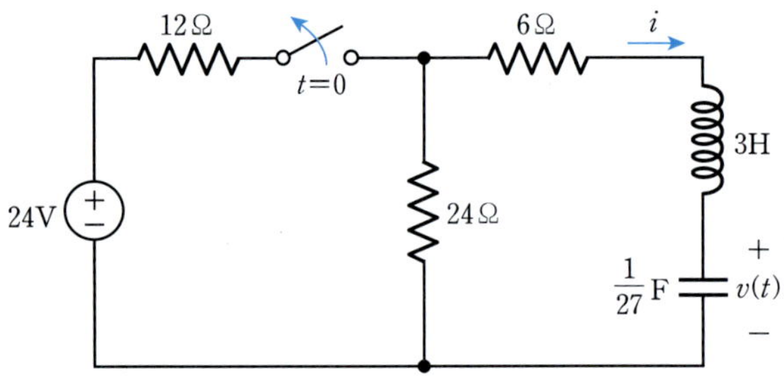

[그림 9-43]

① $18e^{-t}-2e^{-9t}$ ② $2e^{-t}-18e^{-9t}$ ③ $-2e^{-t}+18e^{-9t}$ ④ $-18e^{-t}+2e^{-9t}$

2020년도 국가공무원 7급

9.6 다음 회로는 $t<0$에서 정상상태에 도달했다. $t=0$인 순간에 스위치 S_1은 열리고 스위치 S_2는 닫힐 때, $t=0$에서 커패시터 양단의 전압 $v_c(0)$[V]와 $t>0$에서 전압 $v_c(t)$의 응답이 임계감쇠(critically damped)가 발생하도록 하는 저항 R[Ω]은?

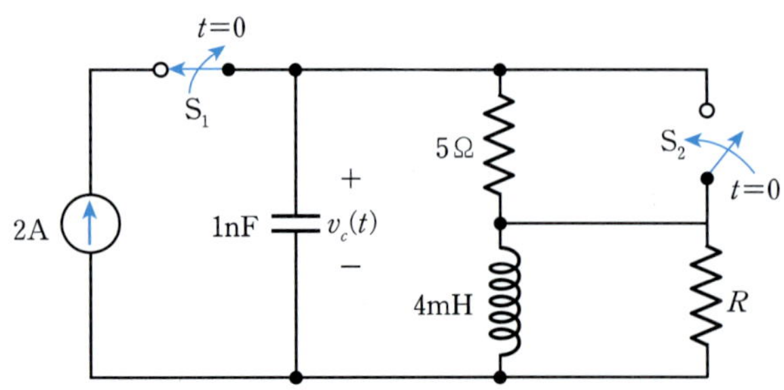

[그림 9-44]

① 5, 1000 ② 5, 2000 ③ 10, 1000 ④ 10, 2000

2022년도 1회 전기산업기사

9.7 그림과 같은 교류 브리지가 평형상태에 있다. L[H]의 값은 얼마인가?

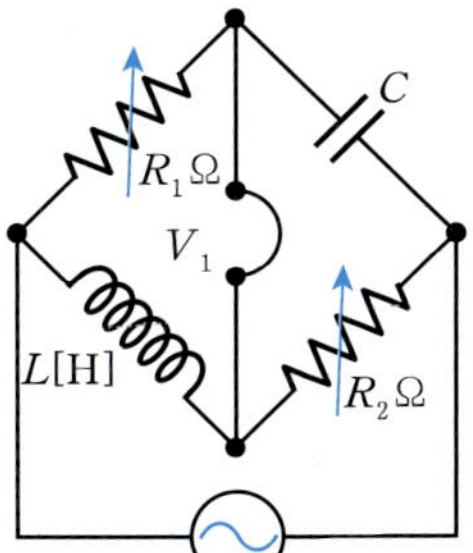

[그림 9-45]

① $L=\dfrac{R_1R_2}{C}$　② $L=\dfrac{C}{R_1R_2}$　③ $L=R_1R_2C$　④ $L=\dfrac{R_2}{R_1C}$

2021년도 2회 전기산업기사

9.8 $R-L-C$ 직렬회로에서 회로 저항 값이 다음의 어느 값이어야 이 회로가 임계적으로 제동되는가?

① $\sqrt{\dfrac{L}{C}}$　② $2\sqrt{\dfrac{L}{C}}$　③ $\dfrac{1}{\sqrt{CL}}$　④ $2\sqrt{\dfrac{C}{L}}$

2021년도 2회 전기산업기사

9.9 다음과 같은 직류 LC 직렬회로에 대한 설명 중 맞는 것은?

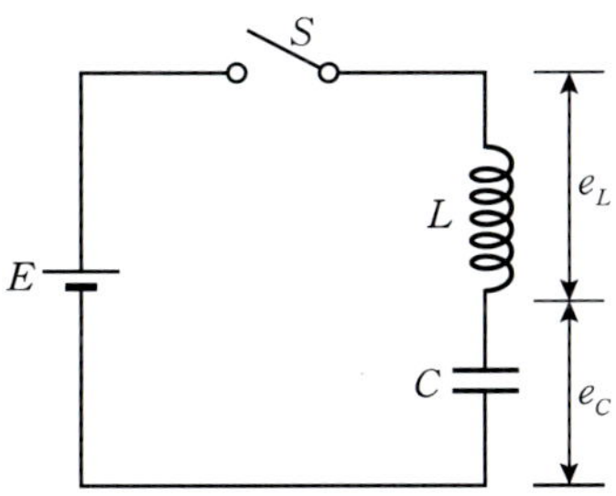

[그림 9-46]

① e_L은 진동 함수이나 e_C는 진동하지 않는다.　② e_L의 최대치는 $2E$까지 될 수 있다.
③ e_C의 최대치가 $2E$까지 될 수 있다.　④ C의 충전 전하 q는 시간 t에 무관계이다.

2021년도 3회 전기산업기사

9.10 그림과 같은 $R-L-C$ 직렬 회로에서 발생하는 과도현상이 진동이 되지 않는 조건은 어느 것인가?

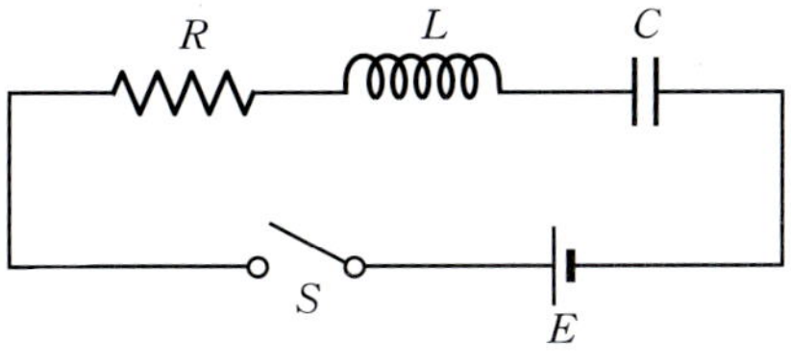

[그림 9-47]

① $\left(\dfrac{R}{2L}\right)^2-\dfrac{1}{LC}<0$　② $\left(\dfrac{R}{2L}\right)^2-\dfrac{1}{LC}<0$　③ $\left(\dfrac{R}{2L}\right)^2=\dfrac{1}{LC}$　④ $\dfrac{R}{2L}=\dfrac{1}{LC}$

2023년도 국가공무원 5급(기술)

9.11 그림과 같은 회로는 스위치 동작 직전($t=0^-$)에 직류정상상태에 있다. 스위칭 후($t>0$) 전압 $v_1(t)$, $v_2(t)$에 관한 다음 물음에 답하시오.

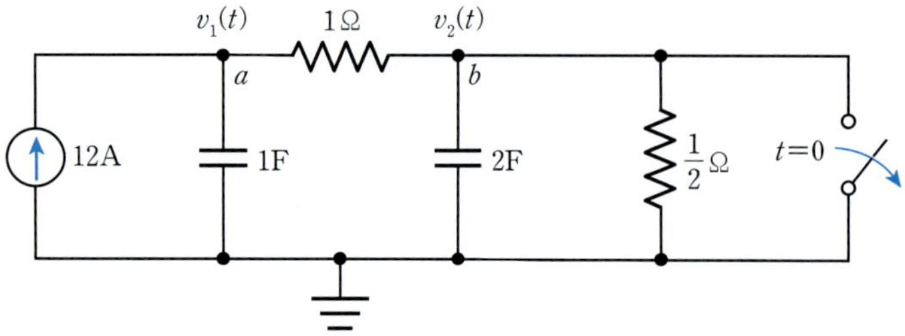

[그림 9-48]

(a) 스위칭 직후 초기값 $v_1(0^+)$, $v_2(0^+)$을 구하시오.

(b) $t>0$에서, a, b 절점에 키르히호프 전류법칙을 적용한 방정식을 각각 구하시오.

(c) $\dfrac{dv_1(0^+)}{dt}$, $\dfrac{dv_2(0^+)}{dt}$를 구하시오.

(d) 스위칭 후의 전압 $v_1(t)$, $v_2(t)$를 시간 영역에서 구하시오.

2020년도 국가공무원 5급(기술)

9.12 충분히 오랜 시간이 흘러 정상상태가 된 후, $t=0$인 순간에 스위치(SW)가 전환되었다. $V_s=10[\text{V}]$, $R_s=2[\Omega]$, $R_p=3[\Omega]$, $L=2[\text{H}]$, $C=1[\text{F}]$, $R_1=R_5=R_6=1[\Omega]$, $R_2=R_3=2[\Omega]$, $R_4=3[\Omega]$, $V_1=10\delta(t)[\text{V}]$일 때, 다음 물음에 답하시오.

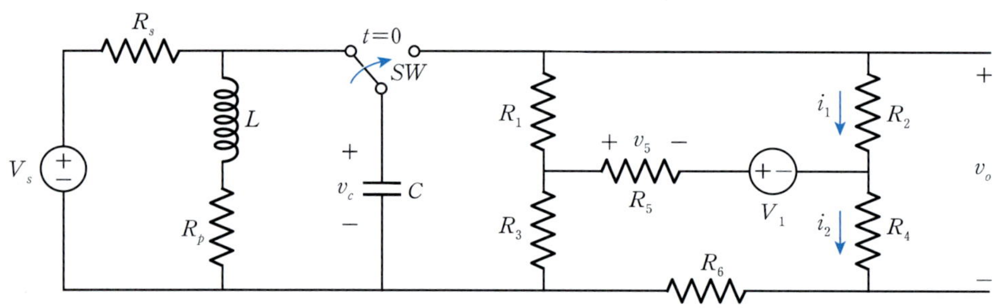

[그림 9-49]

(a) 스위치가 전환된 직후 커패시터 양단의 초기전압 $v_c(0^+)$를 구하시오.

(b) 정상상태에서 $i_1(t)$, $i_2(t)$ 및 $v_o(t)$를 구하시오.

(c) 전원전압(V_s)의 미소 변화에 따른 민감도 $\left(\dfrac{\left|\dfrac{\Delta v_5(t)}{v_5(t)}\right|}{\left|\dfrac{\Delta V_s}{V_s}\right|}\right)$를 구하시오.

PART

04

교류전원회로 및 3상 회로의 해석

CONTENTS

PART 04 미리보기

PART 04
교류전원회로 및 3상 회로의 해석

- **10장 정현파의 정상상태응답 해석**
  - 10.1 정현파 함수의 정의
  - 10.2 정현파 입력회로의 정상상태응답
  - 10.3 페이저 함수
  - 10.4 페이저 회로해석
    - 10.4.1 페이저 회로의 키르히호프 법칙
    - 10.4.2 확장된 옴의 법칙
    - 10.4.3 임피던스와 어드미턴스
    - 10.4.4 임피던스의 직병렬연결
    - 10.4.5 페이저 회로에 의한 정현파 입력회로의 정상상태응답 해석
- **11장 교류 정상상태 전력**
  - 11.1 교류 정상상태 전력
    - 11.1.1 평균전력
    - 11.1.2 실횻값
  - 11.2 복소전력
  - 11.3 역률개선
  - 11.4 전력보존 법칙
  - 11.5 복소전력의 최대전력전달 법칙과 역률
  - 11.6 결합 인덕터와 변압기
    - 11.6.1 결합 인덕터의 전압, 전류의 극성
    - 11.6.2 이상적 변압기
- **12장 3상 회로**
  - 12.1 3상 회로의 연결 방식
    - 12.1.1 균형 Y-Y 결선
    - 12.1.2 균형 Y-Δ 결선
  - 12.2 균형 3상 회로의 전력 계산
  - 12.3 3상 전력의 측정
    - 12.3.1 3-전력계 측정 방법
    - 12.3.2 2-전력계 측정 방법

CHAPTER

10

정현파의 정상상태응답 해석

Sinusoidal Steady-State Analysis

학습목표

- 교류 해석을 위하여 기본단위인 정현파의 개념을 이해한다.
- 정현파 입력에 대한 회로의 정상상태응답 계산 방법을 이해한다.
- 페이저 함수의 개념을 이해한다.
- 페이저 회로해석에 필요한 임피던스의 개념을 이해한다.
- 복소수 영역에서의 함수 계산 방법을 이해한다.

SECTION 10.1 정현파 함수의 정의

교류입력회로의 완전응답은 직류입력회로와 마찬가지로 과도응답과 정상상태응답의 합으로 구할 수 있다. 이 중 과도응답은 무입력전원 상태에서 구하는 동차방정식의 해이므로 입력함수의 형태가 직류 또는 교류에 상관없이 동일하다. 단지 정상상태응답만 직류전원의 경우와는 다르게 계산하여 해를 구함으로써 교류입력회로의 완전응답을 구할 수 있다.

따라서 이 장에서는 회로의 입력이 정현파 함수로 표현되는 교류(AC)일 경우, 회로의 소자들에 걸리는 전압과 전류의 정상상태응답을 계산하는 방법을 배울 것이다. 9장까지 소개된 모든 회로의 해석은 대부분 입력전원이 직류(DC)일 경우를 가정하여 이뤄졌기 때문에 정상상태응답 역시 상숫값으로 계산했다. 반면 정현파 함수로 표현되는 교류가 입력일 경우, 미분방정식의 특수해에 해당되는 정상상태응답은 정리에 의해 또 다른 정현파 함수가 된다.

일반적으로 정현파 함수sinusoidal function는 [그림 10-1]과 같이 일정한 주기를 가지고 반복되는 주기함수를 말한다.

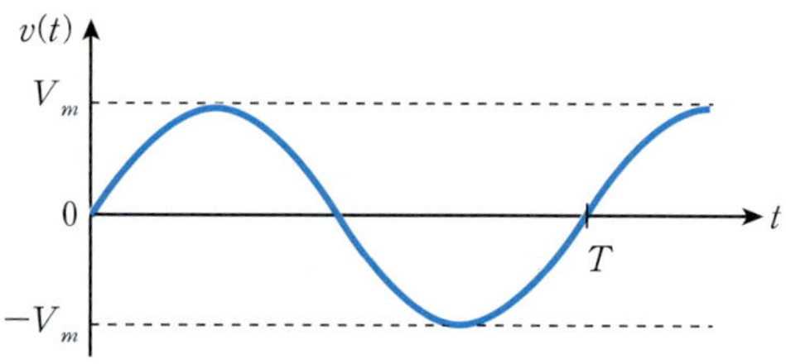

[그림 10-1] 정현파 함수의 예

[그림 10-1]의 함수가 전압을 나타내는 함수라고 하면 그 값은 다음과 같다.

$$v(t) = V_m \sin\omega t$$

여기서 각속도(ω), 주파수(f), 주기(T)는 다음과 같다.

$$\omega = 2\pi f\,[\text{rad/초}]$$

$$f = \frac{\omega}{2\pi}\,[\text{Hz}]$$

$$T = \frac{1}{f} = \frac{2\pi}{\omega}\,[\text{초}]$$

국내에서 흔히 사용되는 220[V]의 교류전원은 주파수가 60[Hz]다. 이는 신호가 같은 파형을 1초에 60번 반복한다는 뜻이고, 이 함수의 한 파형 주기는 $\frac{1}{60}$[초]인 것이다. 교류신호는 신호에 따라 고유한 주파수가 있다. 예를 들면 가정용 전원은 60[Hz]고, 우리가 들을 수 있는 가청주파수는 16 ~ 20,000[Hz]다. 가청주파수 중에서 높은 소리 신호는 낮은 소리 신호보다 주파수가 높다.

정현파 함수를 나타내는 일반적인 형태의 수식을 쓰면 다음과 같다.

$$v(t) = V_m \sin(\omega t + \theta) \tag{10.1}$$

여기서 V_m은 신호의 크기[amplitude], ω 혹은 f는 주파수[frequency], θ는 위상각[phase]을 뜻한다. 따라서 식 (10.1)의 정현파 함수는 [그림 10-2]와 같이 기준 정현파 $v(t) = V_m \sin \omega t$에서 ωt축으로 θ만큼 왼쪽으로 움직인 것으로 나타낸다.

그리고 이 정현파 함수는 **기준 정현파에 비해 θ만큼 앞선다**[lead]라고 말한다.

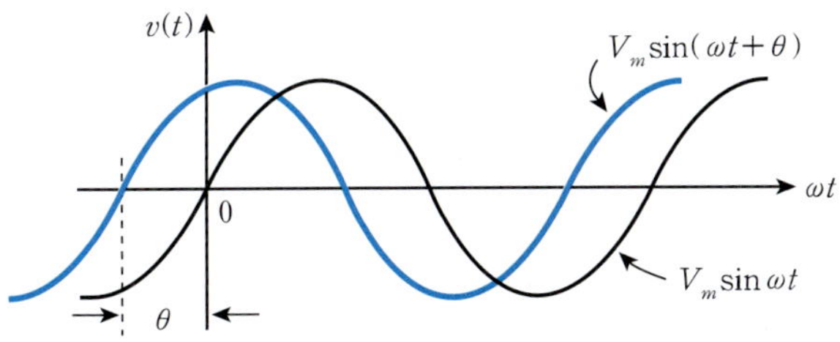

[그림 10-2] θ만큼 앞선 정현파 신호

또한 [그림 10-3]과 같이 기준 정현파에서 ωt축으로 θ만큼 오른쪽으로 움직인 정현파 함수는 다음과 같이 표기한다.

$$v(t) = V_m \sin(\omega t - \theta) \tag{10.2}$$

그리고 이 정현파 함수는 **기준 정현파에 비해 θ만큼 뒤진다**[lag]라고 말한다.

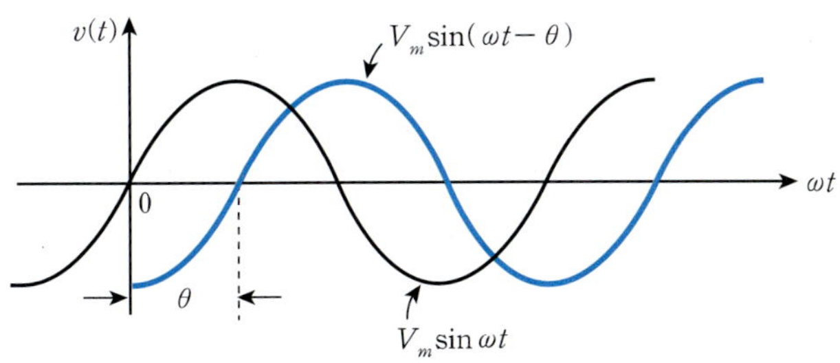

[그림 10-3] θ만큼 뒤진 정현파 신호

참고 10-1 통신을 위한 변조 방식

보통 소리 신호를 먼 곳까지 보내서 통신하려면 높은 곳에 올라가서 큰 소리를 내거나, 높은 소리를 내면 된다. 즉 소리의 주파수를 높이면 먼 곳까지 소리 신호가 전달될 수 있다. 이렇게 원거리 통신을 위해 신호를 고주파 성분의 정현파 신호로 바꾸는 것을 **변조** modulation 라고 한다.

이때 기본 정현파 소리 신호를 $v(t) = V_m \sin(\omega t + \theta)$ 라고 하면, 신호의 크기(V_m)를 변조하는 것을 **AM** Amplitude Modulation, 주파수(ω)를 변조하는 것을 **FM** Frequency Modulation, 위상각(θ)을 변조하는 방법을 **PM** Phase Modulation 이라고 한다.

SECTION 10.2 정현파 입력회로의 정상상태응답

정현파 입력회로의 정상상태응답은 같은 유형의 정현파 함수를 가진다. 즉 입력신호와 정상상태응답 신호는 서로 같은 주파수를 공유한다. 다음의 예제를 통해 이 같은 사실을 확인해보자.

예제 10-1 정현파 입력회로의 정상상태응답

[그림 10-4]의 회로에서 인덕터 전류 $i_L(t)$의 정상상태응답을 구하라. 이때 $i_s(t) = I_s \cos \omega t$ 다.

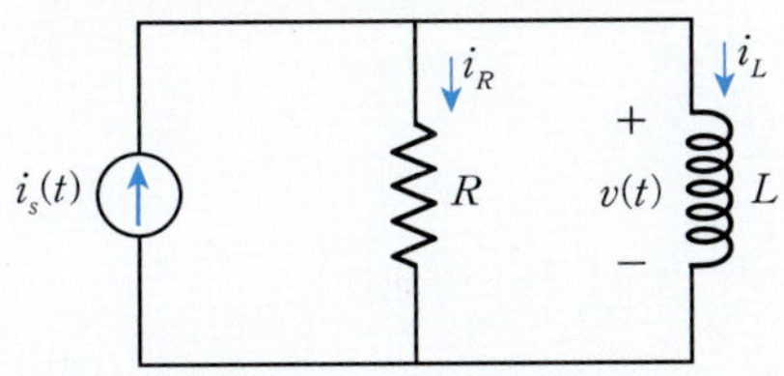

[그림 10-4] 정현파 입력회로

풀이

위의 회로에 키르히호프의 전류법칙을 적용하면 다음과 같다.

$$i_s = i_R + i_L = \frac{v(t)}{R} + i_L(t) = \frac{1}{R} L \frac{di_L}{dt} + i_L(t)$$

그리고 이를 표준형으로 정리하면 식 (10.3)이 된다.

$$\frac{di_L(t)}{dt} + \frac{R}{L} i_L(t) = \frac{R}{L} i_s(t) \tag{10.3}$$

이때 $i_L(t)$의 정상상태응답을 같은 주파수를 가진다고 가정하면 식 (10.4)와 같이 전개할 수 있다.

$$i_L(t) = A\cos\omega t + B\sin\omega t = C\cos(\omega t + \theta) \tag{10.4}$$

식 (10.3)에 식 (10.4)를 대입하면 다음과 같다.

$$\frac{d}{dt}(A\cos\omega t + B\sin\omega t) + \frac{R}{L}(A\cos\omega t + B\sin\omega t) = \frac{R}{L} I_s \cos\omega t$$

$$\Rightarrow -\omega A\sin\omega t + \omega B\cos\omega t + \frac{R}{L}A\cos\omega t + \frac{R}{L}B\sin\omega t = \frac{R}{L}I_s\cos\omega t$$

이를 정리하면 다음과 같은 식이 된다.

$$\left(B\omega + \frac{R}{L}A - \frac{R}{L}I_s\right)\cos\omega t + \left(\frac{R}{L}B - A\omega\right)\sin\omega t = 0$$

$t=0$일 때 $\left(B\omega+\frac{R}{L}A-\frac{R}{L}I_s\right)=0$이고, $t=\frac{\pi}{2\omega}$일 때 $\left(\frac{R}{L}B-A\omega\right)=0$이 되므로, 두 식을 계산하면 $A=\frac{R^2I_s}{R^2+L^2\omega^2}$, $B=\frac{\omega RLI_s}{R^2+L^2\omega^2}$가 나온다. 그러므로 최종 정상상태응답 $i_L(t)$는 식 (10.5)가 된다.

$$i_L(t)=\frac{R^2I_s}{R^2+L^2\omega^2}\cos\omega t+\frac{\omega RLI_s}{R^2+L^2\omega^2}\sin\omega t \tag{10.5}$$

$i_L(t)=C\cos(\omega t+\theta)$의 형태로 표현하려면, 이 식과 $\frac{di_L}{dt}=-\omega C\sin(\omega t+\theta)$를 식 (10.3)에 대입한다.

$$-\omega C\sin(\omega t+\theta)+\frac{R}{L}C\cos(\omega t+\theta)=\frac{R}{L}I_s\cos\omega t$$
$$\Rightarrow \sqrt{(\omega C)^2+\left(\frac{R}{L}C\right)^2}\cos\left(\omega t+\theta+\tan^{-1}\frac{-\omega C}{R/L}\right)=\frac{R}{L}I_s\cos\omega t$$

여기서 양변이 같은 값을 갖기 위한 조건은 다음과 같다.

$$\sqrt{(\omega C)^2+\left(\frac{R}{L}C\right)^2}=\frac{R}{L}I_s \tag{10.6a}$$

$$0=\theta+\tan^{-1}\frac{-\omega C}{R/L}=\theta-\tan^{-1}\frac{\omega C}{R/L} \tag{10.6b}$$

이 두 식에서 C와 θ를 계산하면 다음과 같다.

$$C=\frac{RI_s}{\sqrt{R^2+L^2\omega^2}},\quad \theta=\tan^{-1}\left(\frac{\omega L}{R}\right)$$

최종적으로 식 (10.7)과 같은 정상상태응답을 구할 수 있다.

$$i_L(t)=\frac{RI_s}{\sqrt{R^2+L^2\omega^2}}\cos\left(\omega t+\tan^{-1}\left(\frac{\omega L}{R}\right)\right) \tag{10.7}$$

예제 10-2 **사인함수 입력회로의 정상상태응답**

[그림 10-5]의 회로에서 정상상태응답 $i(t)$를 구하라.

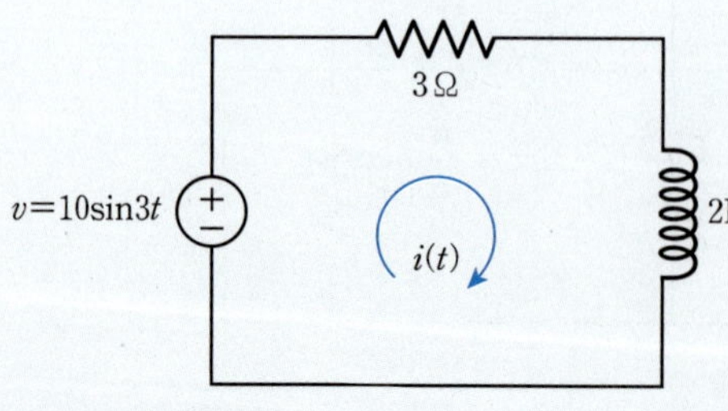

[그림 10-5] 사인함수 입력회로

풀이

[그림 10-5]의 회로에 키르히호프의 전압법칙을 적용하여 수식을 만들면 다음과 같다.

$$10\sin 3t = 3i(t) + 2\frac{di(t)}{dt} \tag{10.8}$$

정상상태응답을 $i(t) = I_m \sin(3t+\theta)$로 가정하면 다음과 같은 식을 만들 수 있다.

$$\frac{di(t)}{dt} = 3I_m \cos(3t+\theta)$$

이 식을 원래의 식 (10.8)에 대입하면 식 (10.9)가 된다.

$$\begin{aligned} 10\sin 3t &= 3I_m \sin(3t+\theta) + 6I_m \cos(3t+\theta) \\ &= 3I_m(1 \cdot \sin(3t+\theta) + 2 \cdot \cos(3t+\theta)) \\ &= 3I_m(C\sin(3t+\theta+\phi)) \end{aligned} \tag{10.9}$$

따라서 $C = \sqrt{1^2+2^2} = \sqrt{5}, \phi = \tan^{-1}\frac{2}{1} = 63.43°$이므로, 이를 식 (10.9)에 적용하면 다음과 같다.

$$10\sin 3t = 3\sqrt{5}\, I_m \sin(3t+\theta+63.43°)$$

계산하면 $I_m = \frac{10}{3\sqrt{5}} \simeq 1.49$, $\theta = -63.43°$ 가 되고, 정상상태응답은 다음과 같다.

$$i(t) = 1.49\sin(3t - 63.43°) \tag{10.10}$$

앞의 두 예제에서도 알 수 있듯이, 정현파 신호의 정상상태응답은 입력과 같은 주파수 ω를 공유한다. 또한 식 (10.7)처럼 **입력신호가 코사인함수**로 표현되었으면 **정상상태응답**도 위상각 θ만 다른 **또 다른 코사인함수**로 표현될 수 있다.

마찬가지로 식 (10.10)과 같이 **입력신호가 사인함수**로 표현되었으면, **정상상태응답도 또 다른 사인함수**로 표현될 수 있다.

입력		**정상상태응답**
$A\cos(\omega t+\theta)$	$\Leftrightarrow$	$B\cos(\omega t+\phi)$
$A\sin(\omega t+\theta)$	$\Leftrightarrow$	$B\sin(\omega t+\phi)$

참고 10-2 주요 삼각함수 공식

• 삼각함수의 각 변환

$$A\cos\theta = A\sin\left(\theta + \frac{\pi}{2}\right), \quad -A\cos\theta = A\cos(\theta \pm \pi)$$

$$A\sin\theta = A\cos\left(\theta - \frac{\pi}{2}\right), \quad -A\sin\theta = A\sin(\theta \pm \pi)$$

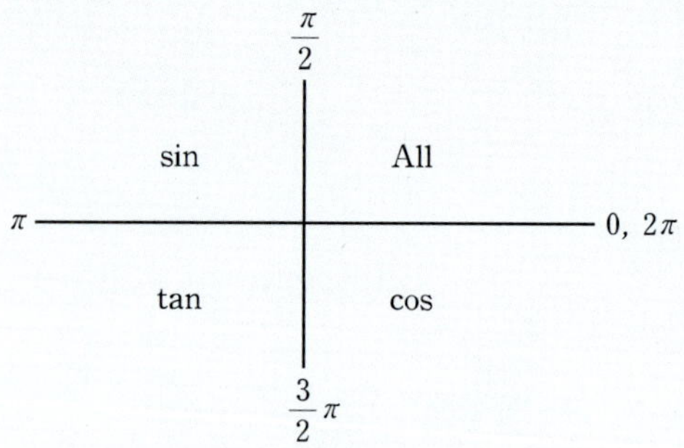

[그림 10-6] 삼각함수의 양수(+) 영역

• 삼각함수 사이의 관계

[그림 10-7]에서 꼭짓점 왼쪽에는 sin, tan, sec를, 오른쪽에는 cos, cot, csc를 써보자.

❶ 꼭짓점을 시계 방향이나 반시계 방향으로 연달아 읽으면 삼각함수 수식을 연상할 수 있다.
(예 sin부터 시계 방향으로 읽으면, 'sin분의 cos은 cot', 또는 'cos분의 sin은 tan'이다)

$$\frac{\cos}{\sin} = \cot, \quad \frac{\sin}{\cos} = \tan, \quad \cdots$$

❷ [그림 10-7]에서 음영으로 표시된 영역에서는 다음과 같은 관계식을 구할 수 있다.

$$\sin^2 + \cos^2 = 1^2, \quad \tan^2 + 1^2 = \sec^2, \quad 1^2 + \cot^2 = \csc^2$$

❸ 대각선 꼭짓점끼리는 서로 역수 관계가 있다.

$$\frac{1}{\tan} = \cot, \quad \frac{1}{\cos} = \sec, \quad \frac{1}{\sin} = \csc$$

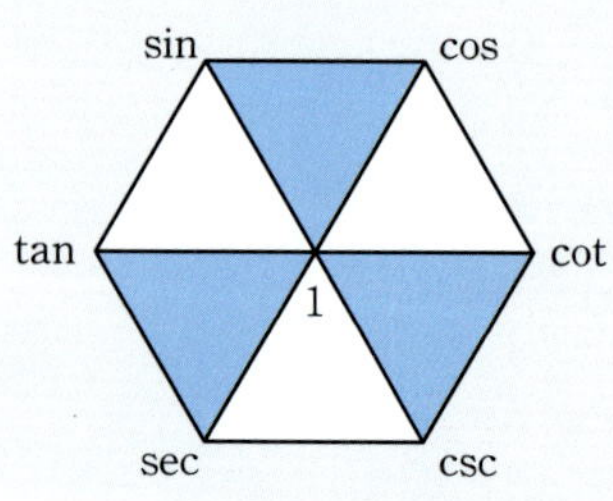

[그림 10-7] 삼각함수 도형

• **오일러의 공식**

$$\sin\theta = \frac{e^{j\theta} - e^{-j\theta}}{2j}, \ \cos\theta = \frac{e^{j\theta} + e^{-j\theta}}{2}$$

$$e^{j\theta} = \cos\theta + j\sin\theta, \ e^{-j\theta} = \cos\theta - j\sin\theta$$

예 $(-1)^2 = 1$, $(-1)^3 = -1$이다. 그러면 $(-1)^{\frac{2}{3}}$은 얼마인가?

$$\begin{aligned}(-1)^{\frac{2}{3}} = (-1+j0)^{\frac{2}{3}} &= \left(\sqrt{(-1)^2+0^2} \cdot \exp\left[\tan^{-1}\frac{0}{-1}\right]\right)^{\frac{2}{3}} \\ &= (1 \cdot e^{j\pi})^{\frac{2}{3}} = e^{j\frac{2}{3}\pi} \\ &= \cos\frac{2}{3}\pi + j\sin\frac{2}{3}\pi \\ &= \frac{1}{2} - j\frac{\sqrt{3}}{2}\end{aligned}$$

• **삼각함수의 합성**

$$A\sin\theta + B\cos\theta = R\sin(\theta + \phi)$$

이때 $R = \sqrt{A^2 + B^2}$, $\phi = \tan^{-1}\frac{B}{A}$이다.

SECTION

10.3 페이저 함수

페이저phasor 함수란 정현파 함수를 복소수 평면에서 벡터의 크기와 위상각으로 표시한 함수다. 즉 $v(t) = V_m \sin(\omega t + \theta)$를 페이저로 표현하면 다음과 같다.

$$V = V_m \angle \theta$$

이때 대문자 V는 소문자 $v(t)$에 대해 페이저 함수임을 나타낸다. 또한 이 페이저 함수를 복소수 평면의 벡터 값으로 표시하면 [그림 10-8]과 같으므로, 다음의 관계를 가진다.

$$\begin{aligned} V &= V_m \angle \theta = V_m e^{j\theta} \\ &= V_m(\cos\theta + j\sin\theta) \end{aligned} \tag{10.11}$$

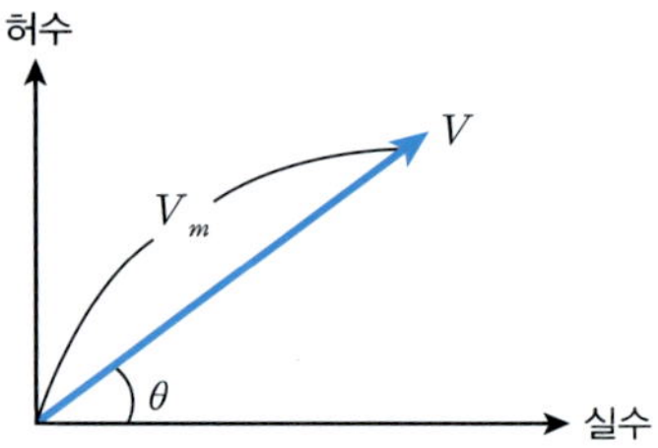

[그림 10-8] 복소수 평면으로 표현한 페이저 함수

결국 페이저를 이용한 해석은 정현파 함수를 시간 영역에서 페이저 영역으로 변환시키고, 복잡한 삼각함수 연산 대신 복소수 영역의 페이저 연산으로 대체하는 것이다. 즉 상대적으로 간단한 연산으로 결과 페이저 함수를 계산하고, 이를 바탕으로 시간 영역으로 역변환하여 시간 영역에서 정상상태응답을 구한다. 이를 한 번에 이해할 수 있도록 [표 10-1]에 나타냈다.

[표 10-1] 시간 영역과 페이저 영역에서의 회로해석

시간 영역		페이저 영역
$v(t)$의 합	⇔	$V_m \angle \theta$의 합
⇓		⇓
삼각함수 연산		복소수의 합
⇓		⇓
$V(t)$의 정상상태응답	⇔	페이저의 연산 결과

다음 예제는 시간 영역의 삼각함수 연산을 어떻게 페이저 연산으로 대체하는가를 보여준다.

예제 10-3 정현파의 합

정현파 함수인 v_1, v_2의 합인 v_3를 구하라.

$$v_1 = 5\sin 5t,\ v_2 = 5\sqrt{2}\sin(5t + 45°)$$

풀이

$\sin(x+y) = \sin x \cos y + \cos x \sin y$이므로, 삼각함수로 표현하면 다음과 같다.

$$\begin{aligned} v_3 = v_1 + v_2 &= 5\sin 5t + 5\sqrt{2}\sin(5t + 45°) \\ &= 5\sin 5t + 5\sqrt{2}(\sin 5t \cos 45° + \cos 5t \sin 45°) \\ &= 5\sin 5t + 5\sin 5t + 5\cos 5t \\ &= 10\sin 5t + 5\cos 5t \end{aligned}$$

이는 다시 다음과 같이 정리할 수 있다.

$$\begin{aligned} v_3 &= 10\sin 5t + 5\cos 5t \\ &= \sqrt{10^2 + 5^2}\sin\left(5t + \tan^{-1}\frac{5}{10}\right) \\ &= 11.18\sin(5t + 26.6°) \end{aligned}$$

단, 이 경우에도 두 정현파의 주파수가 같다는 것에 유의해야 한다.

예제 10-4 페이저의 합

[예제 10-3]을 페이저를 이용하여 계산하라.

풀이

v_1과 v_2의 함수가 주파수 $\omega = 5$를 공유한다고 가정한 뒤 페이저로 표현하면 각각 $V_1 = 5\angle 0°$, $V_2 = 5\sqrt{2}\angle 45°$가 된다. 그러므로 $V_3 = V_1 + V_2 = 5\angle 0° + 5\sqrt{2}\angle 45°$가 되고, 이를 복소수 평면에서 벡터의 합으로 표현하면 [그림 10-9]와 같다.

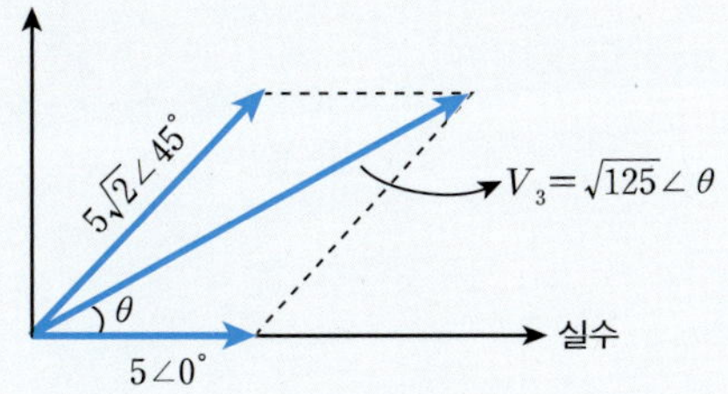

[그림 10-9] V_3의 페이저 도형

도형으로 대략적인 수치를 짐작할 수는 있지만, 구체적인 계산은 식 (10.11)의 복소수 변환에 의해 복소수 합으로 구한다.

$$V_3 = V_1 + V_2 = 5e^{j0} + 5\sqrt{2}\,e^{j45}$$

다시 오일러의 공식에 의해 복소수로 표현하면 다음과 같다.

$$V_1 = 5\cos 0° + j5\sin 0° = 5$$
$$V_2 = 5\sqrt{2}\cos 45° + j5\sqrt{2}\sin 45° = 5 + j5$$

정리하면 다음과 같다.

$$\begin{aligned} V_3 &= 5 + (5 + j5) = 10 + j5 \\ &= \sqrt{10^2 + 5^2}\,e^{j\left(\tan^{-1}\frac{5}{10}\right)} \\ &= 11.18\angle 26.6° \end{aligned}$$

따라서 주파수 $\omega = 5$와 원래의 사인함수를 다시 사용하여 페이저 함수를 시간함수로 바꾸면 다음과 같은 식을 얻을 수 있다.

$$v_3(t) = 11.18\sin(5t + 26.6°)$$

참고 10-3 페이저 함수의 연산

임의의 복소수 $z_1 = x_1 + jy_1 = |z_1|\angle\theta_1$과 $z_2 = x_2 + jy_2 = |z_2|\angle\theta_2$의 기본 연산을 살펴보자.

- **덧셈**

$$z_1 + z_2 = (x_1 + x_2) + j(y_1 + y_2)$$

- **곱셈**

$$z_1 z_2 = |z_1||z_2|\angle(\theta_1 + \theta_2) = |z_1||z_2|e^{j(\theta_1 + \theta_2)}$$

만약 $z_1 = z_2^*$이면(즉 $z_1 = x_1 + jy_1,\ z_2 = x_1 - jy_1$이면),

$$z_1 z_2 = z_1 z_1^* = |z_1|\angle\theta_1 \cdot |z_1|\angle -\theta_1 = |z_1|^2$$

- **나눗셈**

$$\frac{z_1}{z_2} = \frac{x_1 + jy_1}{x_2 + jy_2} = \frac{|z_1|e^{j\theta_1}}{|z_2|e^{j\theta_2}} = \frac{|z_1|}{|z_2|}\angle\theta_1 - \theta_2$$

SECTION 10.4 페이저 회로해석

이 절에서는 정현파 입력회로의 정상상태해석을 위해 시간 영역이 아닌 페이저 영역에서 회로를 해석하는 방법을 학습한다. 페이저 회로해석법을 사용하면 어려운 삼각함수의 연산이 아닌 복소수 영역에서 연산을 할 수 있다. 그리고 커패시터 소자나 인덕터 소자로부터 야기되는 미분방정식을 저항만을 가지는 회로를 해석할 때처럼 단순 방정식으로 구할 수 있다.

따라서 주어진 시간 영역에서의 RLC 회로를 페이저 회로로 변환하면, 변환된 페이저 회로에서는 페이저 전압과 전류에 대한 새로운 키르히호프의 법칙과 옴의 법칙이 존재하게 된다. 이 법칙으로 단순 저항회로와 같은 방식의 회로해석이 가능하다.

참고 10-4 페이저 회로

정현파 함수의 정상상태응답은 입력함수의 정현파 형태, 즉 코사인함수나 사인함수 형태와 비슷하며, 주파수 값을 그대로 사용하여 표현할 수 있다. 따라서 정상상태응답의 크기 값 amplitude과 위상각 phase만을 계산할 수 있으면 시간 영역에서의 정상상태응답인 정현파 함수를 표현할 수 있다. 페이저 회로는 이렇게 크기 값과 위상각만으로 표현할 수 있는 페이저를 회로로 표현한 것이다.

예를 들어, 입력전압이 $v = V_m \cos(\omega t + \theta_v)$이고 정상상태응답 전류가 $i = I_m \cos(\omega t + \theta_i)$라고 할 때, 페이저 회로에서 입력을 페이저 함수 $V_m \angle \theta_v$로 계산하여 얻은 출력 페이저 함수는 $I_m \angle \theta_i$가 되고, 이를 시간 영역으로 고치면 $i = I_m \cos(\omega t + \theta_i)$가 된다.

이처럼 코사인함수든, 사인함수든 모두 페이저 함수로 고쳐 계산할 수 있는 이유는 정의에 따라 다음과 같이 나타낼 수 있다.

$$V_m \angle \theta_v = V_m e^{j\theta_v} = V_m \cos\theta_v + j V_m \sin\theta_v$$

$$V_m \cos\theta_v = \text{실수}[V_m e^{j\theta_v}], \quad V_m \sin\theta_v = \text{허수}[V_m e^{j\theta_v}]$$

또한, $v = V_m \cos(\omega t + \theta_v)$를 단순 $V_m \angle \theta_v$로 표기할 수 있는 이유는 다음과 같다.

$$V_m \cos(\omega t + \theta_v) = \text{실수}[V_m e^{j(\omega t + \theta_v)}] = \text{실수}[V_m e^{j\theta_v} e^{j\omega t}] = \text{실수}[V \angle \theta_v \cdot e^{j\omega t}]$$

위와 같이 모든 정현파 전압, 전류함수에 공통으로 들어 있는 코사인함수(즉, 실수항)와 $e^{j\omega t}$ 항을 제하고 단순 페이저 함수로 표기해도 문제가 되지 않기 때문이다.

10.4.1 페이저 회로의 키르히호프 법칙

페이저로 변환된 회로의 키르히호프 법칙은 다음과 같이 정의할 수 있다.

키르히호프 법칙

- **키르히호프의 전압법칙(KVL)**
  하나의 폐루프를 따라서 합쳐진 모든 페이저 전압의 대수합은 0이 된다.
  ⇔ 하나의 폐루프에 대하여 상승 페이저 전압의 합은 감소 페이저 전압의 합과 같다.

- **키르히호프의 전류법칙(KCL)**
  하나의 노드에서 합쳐지는 모든 페이저 전류의 대수합은 0이 된다.
  ⇔ 하나의 노드에 들어가는 페이저 전류의 합은 나가는 페이저 전류의 합과 같다.

따라서 기존의 시간 영역에서 키르히호프의 법칙과 다른 점이 있다면 단지 그 대상이 페이저 전압과 페이저 전류라는 것이다.

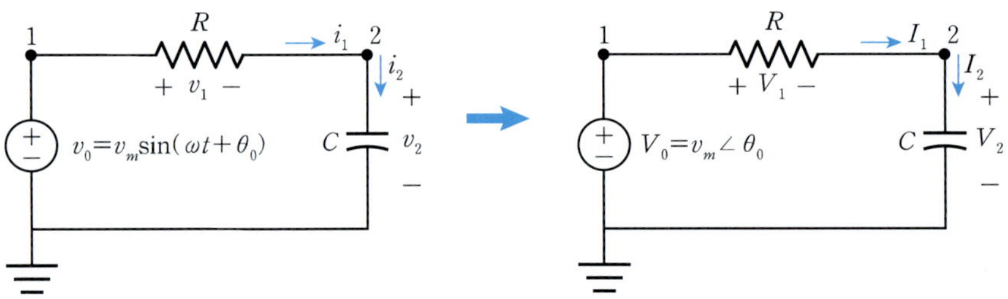

(a) 변환 전　　　(b) 변환 후

[그림 10-10] 직렬 RC 회로의 페이저 회로 변환

예를 들어 [그림 10-10]의 회로와 같은 직렬 RC 회로에 대한 페이저 회로해석법을 살펴보자. [그림 10-10(b)]의 회로는 [그림 10-10(a)]의 회로를 페이저 영역으로 변환한 페이저 회로다. 따라서 페이저 회로의 모든 소자 값과 전류, 전압은 모두 페이저로 변환된 페이저 전압, 전류다. 이 폐루프(메시)의 페이저 전압에 먼저 키르히호프의 전압법칙을 적용해보자.

$$V_0 = V_1 + V_2 \tag{10.12}$$

이때 $v_0 = v_{m0}\sin(\omega t + \theta_0) = $ 허수$[V_0 e^{j\omega t}]$, 단, $V_0 = v_{m0}e^{j\theta_0}$, $v_{m0} = |v_0|$

$v_1 = v_{m1}\sin(\omega t + \theta_1) = $ 허수$[V_1 e^{j\omega t}]$, 단, $V_1 = v_{m1}e^{j\theta_1}$, $v_{m1} = |v_1|$

$v_2 = v_{m2}\sin(\omega t + \theta_2) = $ 허수$[V_2 e^{j\omega t}]$, 단, $V_2 = v_{m2}e^{j\theta_2}$, $v_{m2} = |v_2|$가 된다.

또한 노드 2에 키르히호프의 전류법칙을 적용하면 다음과 같다.

$$I_1 = I_2 \tag{10.13}$$

마찬가지로 $i_1 =$ 허수$[I_1 e^{j\omega t}]$, 단 $I_1 = i_{m1}e^{j\phi_1}$, $i_{m1} = |i_1|$

$i_2 =$ 허수$[I_2 e^{j\omega t}]$, 단, $I_2 = i_{m2}e^{j\phi_2}$, $i_{m2} = |i_2|$가 된다.

10.4.2 확장된 옴의 법칙

[그림 10-10]과 같이 시간 영역의 정현파 전류와 전압함수는 변환된 페이저 회로에서 모두 페이저 전류와 전압함수로 표현된다.

$$v = v_m \sin(\omega t + \theta) = \text{허수}[Ve^{j\omega t}],\ \text{단}\ V = v_m \angle \theta,\ v_m = |v| \tag{10.14a}$$

$$i = i_m \sin(\omega t + \phi) = \text{허수}[Ie^{j\omega t}],\ \text{단}\ I = i_m \angle \phi,\ i_m = |i| \tag{10.14b}$$

먼저 이 페이저 전류 및 전압을 **저항소자**에 적용하기 위해 기존 전류, 전압 관계식인 $v = Ri$를 식 (10.14)와 같이 표현하면 다음과 같다.

$$\text{허수}[Ve^{j\omega t}] = R \cdot \text{허수}[Ie^{j\omega t}] = \text{허수}[RIe^{j\omega t}]$$

따라서 양변 괄호 안의 $e^{j\omega t}$를 상쇄하고 허수 부분을 제거하면, 위에 나타낸 식은 저항소자에 대한 페이저 전류 및 전압의 확장된 옴의 공식이 된다.

$$\frac{V}{I} = R \tag{10.15}$$

커패시터의 경우는 $i = C\dfrac{dv}{dt}$의 관계식에 식 (10.14)를 대입하여 표현하면 다음과 같다.

$$\text{허수}[Ie^{j\omega t}] = C\frac{d}{dt}\text{허수}[Ve^{j\omega t}] = \text{허수}\left[C\frac{d}{dt}Ve^{j\omega t}\right] = \text{허수}[j\omega CVe^{j\omega t}]$$

마찬가지로 양변 괄호 안의 $e^{j\omega t}$을 상쇄하고 허수 부분을 제거하면, 커패시터에 대한 페이저 전류 및 전압의 확장된 옴의 공식이 된다.

$$\frac{V}{I} = \frac{1}{j\omega C} \tag{10.16}$$

마지막으로 인덕터의 경우는 $v = L\dfrac{di}{dt}$의 관계식에 식 (10.14)를 대입하면 다음과 같다.

$$\text{허수}[Ve^{j\omega t}] = L\frac{d}{dt}\text{허수}[Ie^{j\omega t}] = \text{허수}\left[L\frac{d}{dt}Ie^{j\omega t}\right] = \text{허수}[j\omega LIe^{j\omega t}]$$

양변 괄호 안의 $e^{j\omega t}$을 상쇄하고 허수 부분을 제거하면, 인덕터에 대한 페이저 전류 및 전압의 확장된 옴의 공식이 만들어진다.

$$\frac{V}{I} = j\omega L \tag{10.17}$$

참고 10-5 인덕터, 커패시터의 전압, 전류의 위상차

인덕터에서는 페이저 전류, 전압의 관계가 $\dfrac{V}{I} = j\omega L$ 이다.

$$\angle \frac{V}{I} = \angle j\omega L = +90°$$

따라서 인덕터 전압은 전류보다 90° 위상이 빠르다는 뜻이고, [그림 10-11]은 이러한 관계를 보여준다.

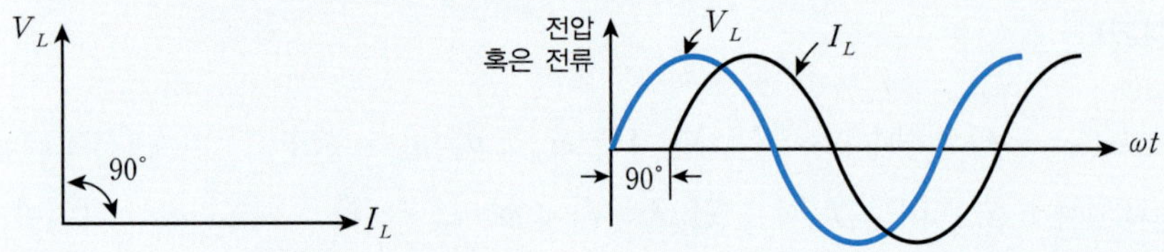

[그림 10-11] 인덕터 전압과 전류의 관계

비슷하게 커패시터에서의 페이저 전류, 전압의 관계는 $\dfrac{V}{I} = \dfrac{1}{j\omega C}$ 이다.

$$\angle \frac{V}{I} = \angle \frac{1}{j\omega C} = -90°$$

따라서 커패시터 전압은 전류보다 90° 위상이 느리다는 뜻이고, [그림 10-12]는 이러한 관계를 보여준다.

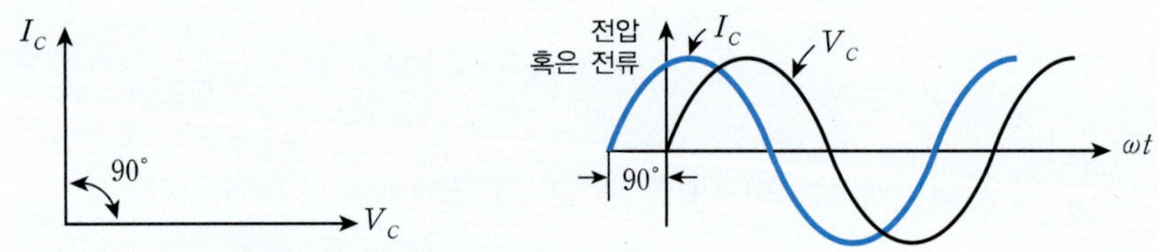

[그림 10-12] 커패시터 전압과 전류의 관계

이러한 커패시터와 인덕터의 전압, 전류의 위상차는 혼동하기 쉬우므로 다음과 같은 영문으로 기억해보자. 여기서 e는 전압을, i는 전류를 뜻한다. 즉 인덕터 L에서는 전압이 전류를 앞서고, 커패시터 C에서는 전류가 전압을 앞선다는 뜻이다.

e*Li* is i*Ce* man

인덕터 커패시터

10.4.3 임피던스와 어드미턴스

식 (10.17)과 같이 페이저 영역의 확장된 옴의 법칙에 따르면 저항, 인덕터, 커패시터 소자의 전류, 전압의 관계가 더 이상 미분이나 적분의 관계가 아니다. 마치 단순 저항소자의 시간 영역 전류, 전압의 관계와 같이 선형식으로 표현되는데, 확장된 옴의 법칙에 의거한 $\dfrac{V}{I}$의 값을 **임피던스**impedance라고 하고 $\boldsymbol{Z}$로 표기한다. 이는 저항과 마찬가지로 [V]의 단위로 표현되는 복소수 함수로 정의한다. 또한 전도 값의 개념과 같이 임피던스의 역수, 즉 $\frac{I}{V}$의 값을 **어드미턴스**admittance라고 하며 $\boldsymbol{Y}$로 표기하고, 단위는 [℧]를 사용한다.

참고 10-6 복소수 임피던스와 어드미턴스의 정의

앞서 이야기한 대로 임피던스 $Z(j\omega)$와 어드미턴스 $Y(j\omega)$는 복소수 함수다. 따라서 이 복소수 함수는 실수 함수와 허수 함수로 각각 나눌 수 있으며, 그 함수의 이름은 다음과 같다.

$$\textbf{임피던스}\,(Z(j\omega)) = \textbf{저항}\,(\text{실수}[Z(j\omega)]) + j\,\textbf{리액턴스}\,(\text{허수}[Z(j\omega)])$$
$$\textbf{어드미턴스}\,(Y(j\omega)) = \textbf{전도 값}\,(\text{실수}[Y(j\omega)]) + j\,\textbf{서셉턴스}\,(\text{허수}[Y(j\omega)])$$

[표 10-2]는 앞에서 구한 각 소자에 대한 임피던스 값과 어드미턴스 값을 나타낸 것이다.

[표 10-2] 소자별 임피던스와 어드미턴스 값

소자 종류	임피던스	어드미턴스
저항 R	$Z_R(j\omega) = R$	$Y_R(j\omega) = \frac{1}{R} = G$
커패시터 C	$Z_C(j\omega) = \frac{1}{j\omega C}$	$Y_C(j\omega) = j\omega C$
인덕터 L	$Z_L(j\omega) = j\omega L$	$Y_L(j\omega) = \frac{1}{j\omega L}$

참고 10-7 임피던스에 의한 인덕터, 커패시터의 DC 입력 정상상태응답

주파수 ω가 0인 DC 입력에 대해 인덕터의 임피던스는 $Z_L(j0) = j0L = 0$이다. 즉 **인덕터는 DC 입력에 대하여 임피던스 0인 단락회로로 작용**한다. 주파수 ω가 0인 DC 입력에 대하여 커패시터의 임피던스는 $Z_C(j0) = \frac{1}{j0C} = \infty$가 되므로 **커패시터는 DC 입력에 대하여 개방회로로 작용**한다.

10.4.4 임피던스의 직병렬연결

임피던스의 페이저 회로에서 직병렬연결은 확장된 옴의 법칙에 따라 저항회로의 직병렬연결과 같은 방식으로 최종 임피던스 값을 계산할 수 있다.

임피던스의 직렬연결

[그림 10-13]과 같이 임피던스 $Z_1(j\omega)$, $Z_2(j\omega)$가 직렬로 연결된 페이저 회로를 생각해보자.

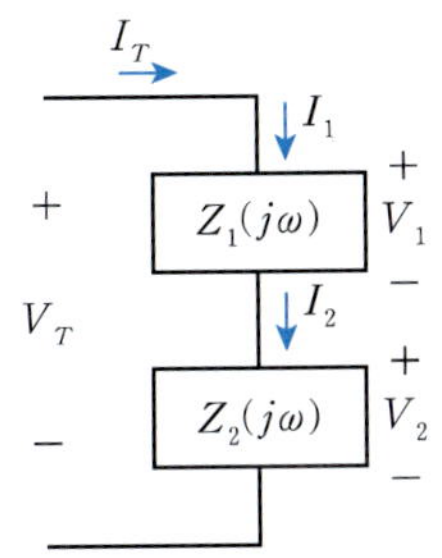

[그림 10-13] 임피던스의 직렬연결

[그림 10-13]의 회로에서 키르히호프의 전압, 전류법칙을 적용하면 다음과 같은 식을 구할 수 있다.

$$I_T = I_1 = I_2$$
$$V_T = V_1 + V_2$$

이때 옴의 법칙을 적용하여 다시 관계식을 써보면 다음과 같다.

$$V_T = I_1 Z_1 + I_2 Z_2 = I_T(Z_1 + Z_2)$$

전체 임피던스는 $Z_T(j\omega) = V_T I_T$가 되므로 결국 식 (10.18)과 같이 된다.

$$Z_T(j\omega) = Z_1(j\omega) + Z_2(j\omega) \tag{10.18}$$

즉, 임피던스의 직렬연결 값은 저항의 직렬연결과 같은 방식으로 계산하면 된다.

임피던스의 병렬연결

[그림 10-14]와 같이 임피던스가 병렬로 연결된 회로를 생각해보자.

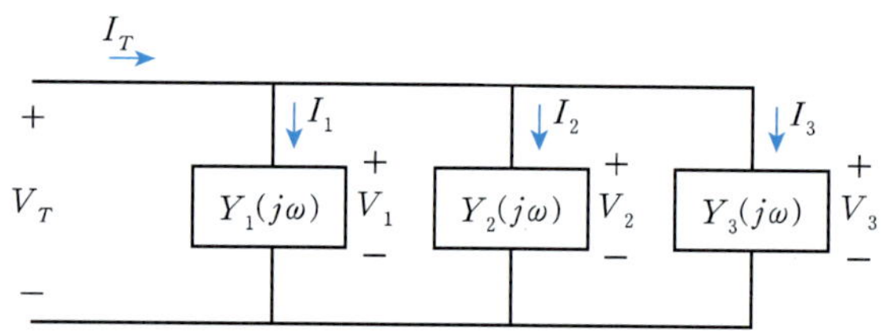

[그림 10-14] 임피던스의 병렬연결

위의 회로에서 키르히호프의 전압, 전류법칙을 적용하여 다음과 같은 식을 구한다.

$$I_T = I_1 + I_2 + I_3$$
$$V_T = V_1 = V_2 = V_3$$

이때 옴의 법칙을 수식에 대입하여 정리하면 다음과 같다.

$$I_T = Y_1 V_1 + Y_2 V_2 + Y_3 V_3 = (Y_1 + Y_2 + Y_3) V_T$$

전체 어드미턴스는 $Y_T(j\omega) = \dfrac{I_T}{V_T}$가 되므로 결국 식 (10.19)와 같다.

$$Y_T(j\omega) = Y_1(j\omega) + Y_2(j\omega) + Y_3(j\omega) \tag{10.19}$$

즉 임피던스의 병렬연결은 저항의 병렬연결과 같은 방식으로 계산하면 된다.

예제 10-5 인덕터와 커패시터의 병렬연결 회로해석

[그림 10-15]의 인덕터 병렬회로와 커패시터 병렬회로의 전체 임피던스 값을 계산하라.

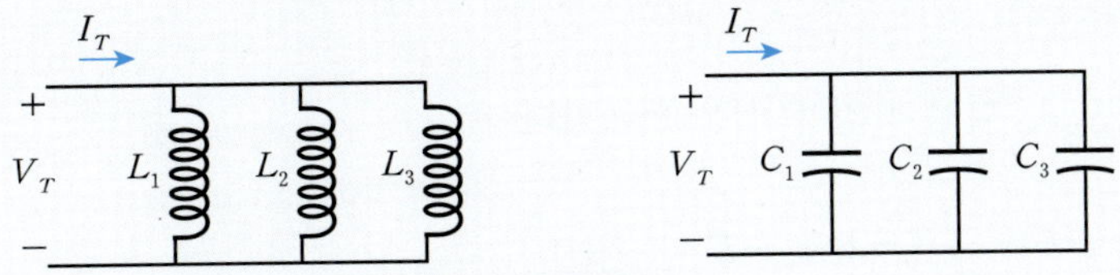

[그림 10-15] 인덕터와 커패시터의 병렬회로

풀이

인덕터의 병렬연결에 의한 전체 인덕턴스는 다음과 같이 계산할 수 있다.

$$\frac{1}{L_T} = \frac{1}{L_1} + \frac{1}{L_2} + \frac{1}{L_3}$$

페이저 회로에서 전체 임피던스의 계산은 식 (10.19)에 의해 다음과 같다.

$$\frac{1}{Z_T(j\omega)} = \frac{1}{j\omega L_1} + \frac{1}{j\omega L_2} + \frac{1}{j\omega L_3}$$

또한 커패시터의 병렬연결에 의한 전체 커패시턴스의 계산은 다음과 같다.

$$C_T = C_1 + C_2 + C_3$$

그리고 페이저 회로의 전체 임피던스 계산은 식 (10.19)에 의해 다음과 같다.

$$Z_T(j\omega) = \frac{1}{j\omega(C_1 + C_2 + C_3)}$$

공진회로의 임피던스

공진resonance이란 9장에서 언급한 것과 같이 물체가 진동하는 것을 의미한다. 공진회로란 RLC 회로의 입력전원이 회로의 공진에 의하여 인덕터 L과 커패시터 C 단에서의 수십 배의 출력 값으로 확대되어 나타나는 회로를 말한다. 이때 이러한 출력전압 혹은 출력전류의 확대율은 양호도quality factor Q로 다음 식에 의하여 나타낼 수 있다. 이는 공진 시 최댓값을 가진다.

$$Q = \frac{\text{인덕터 혹은 커패시터의 확대출력값}}{\text{입력전원값}} \tag{10.20}$$

이러한 공진회로의 공진조건은 회로의 임피던스 값 중 리액턴스 값, 즉 허수값이 0이 되는 것이다. 즉, 회로의 임피던스 값이 저항 값과 같아지는 경우를 뜻하고, 이처럼 저항에 의하여서만 영향을 받는 회로를 **정저항 회로**라고 한다.

9.1절에서 제시된 표준 RLC 회로를 살펴보면, 먼저 직렬 RLC 회로의 경우 [그림 9-2]와 같이 나타낼 수 있으며 임피던스 Z는 다음과 같다.

$$Z = R + j\left(\omega L - \frac{1}{\omega C}\right)$$

공진 시, 허수부가 0이 되어야 하므로, 다음과 같은 식을 만족한다.

$$\omega L - \frac{1}{\omega C} = 0, \quad \omega L = \frac{1}{\omega C}$$

그러므로 공진주파수 ω_0는 9.3.1절에서 정의한 것처럼 다음과 같은 값을 가지게 된다.

$$\omega_0 = \frac{1}{\sqrt{LC}}$$

또한 공진 시, 전체 임피던스 값은 저항 값과 같아지게 되므로, 입력전압 값 V는 저항전압 V_R의 값과 같고, 인덕터 전압 V_L과 커패시터 전압 V_C는 다음과 같다.

$$v = V_R = RI$$

$$V_L = \omega_0 LI, \; V_C = \frac{1}{\omega_0 C} I$$

따라서, 공진 시 양호도 Q 값은 정의에 의해, 다음과 같은 값을 가진다.

$$Q_L = \frac{V_L}{V_R} = \frac{\omega_0 L}{R}, \quad Q_C = \frac{V_C}{V_R} = \frac{1}{\omega_0 RC}$$

$$\omega_0 = \frac{1}{\sqrt{LC}}$$

$$Q = Q_L = Q_C = \frac{1}{R}\sqrt{\frac{L}{C}}$$

마찬가지로, 병렬 RLC 회로의 경우([그림 9-1] 참고) 어드미턴스 Y는 다음과 같다.

$$Y = \frac{1}{R} + j\left(\omega C - \frac{1}{\omega L}\right)$$

공진 시, 허수부가 0이 되어야 하므로, 직렬 RLC 회로와 같은 관계식을 얻는다.

$$\omega L = \frac{1}{\omega C}$$

그러므로 공진주파수 ω_0의 값은 직렬 RLC 회로인 경우와 같은 값을 얻는다.

$$\omega_0 = \frac{1}{\sqrt{LC}}$$

또한 공진 시, 전체 어드미턴스 값은 전도 값 $G=\dfrac{1}{R}$과 같아지게 되고, 입력전류 값 I는 저항전류 값 I_R과 같고, 인덕터 전류 I_L과 커패시터 전류 I_C는 다음과 같다.

$$I_R = GV_R$$

$$I_L = \frac{1}{\omega_0 L} V_R$$

$$I_C = \omega_0 C V_R$$

공진 시 양호도 Q는 정의에 의해, 전류의 확대율로 구할 수 있다.

$$Q_L = \frac{I_L}{I_R} = \frac{R}{\omega_0 L}$$

$$Q_C = \frac{I_C}{I_R} = \omega_0 RC$$

따라서, $Q = Q_L = Q_C = R\sqrt{\dfrac{C}{L}}$가 된다. 즉, 직렬 RLC 회로나 병렬 RLC 회로의 공진 시의 양호도 Q는 서로 역수값을 가진다.

예제 10-6 **공진회로의 해석**

[그림 10-16]의 병렬공진회로에서 공진주파수 f_0[Hz]를 구하고, 공진 시의 양호도 Q의 값을 구하라.

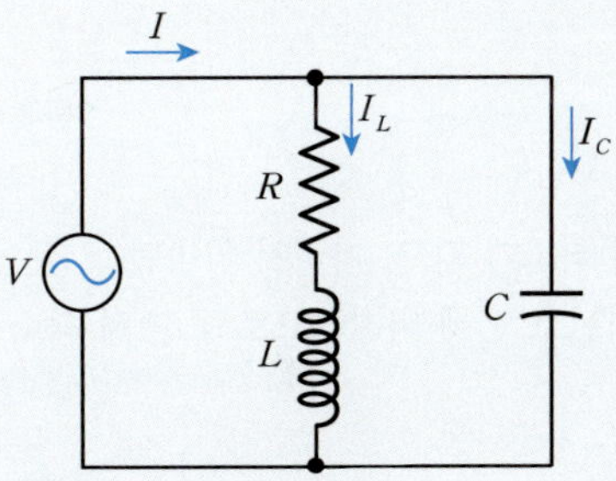

[그림 10-16] 병렬공진회로

풀이

회로에서 전체 어드미턴스 Y는 저항 R과 인덕터 L의 직렬연결 어드미턴스 Y_1과 커패시터 C의 어드미턴스 Y_2와의 병렬연결에 의한 어드미턴스 계산으로 다음과 같이 얻는다.

$$Y = Y_1 + Y_2 = \frac{1}{R + j\omega L} + j\omega C = \frac{R}{R^2 + \omega^2 L^2} + j\left(\omega C - \frac{\omega L}{R^2 + \omega^2 L^2}\right)$$

이때 공진조건은 어드미턴스 Y의 허수값이 0이 되는 것이므로 다음과 같이 나타낼 수 있다.

$$\omega C = \frac{\omega L}{R^2 + \omega^2 L^2}$$

공진주파수 f_0[Hz]는 정의에 의하여, 위의 공진조건을 만족시키는 주파수이므로 계산에 의하여 다음과 같은 결과를 얻는다.

$$\omega_0 = \sqrt{\frac{1}{LC} - \left(\frac{R}{L}\right)^2}$$

$$f_0 = \frac{\omega_0}{2\pi} = \frac{1}{2\pi}\sqrt{\frac{1}{LC} - \left(\frac{R}{L}\right)^2}$$

이때 일반적으로 공진회로에서의 저항 값은 매우 작기 때문에 $\frac{1}{LC} \gg \left(\frac{R}{L}\right)^2$의 조건을 만족한다면, 공진주파수 f_0는 다음 식과 같다. 따라서 이 값은 표준 직렬 RLC 회로의 공진주파수와 같게 된다.

$$f_0 = \frac{\omega_0}{2\pi} \approx \frac{1}{2\pi}\frac{1}{\sqrt{LC}}$$

또한 공진 시의 어드미턴스는 실수값만을 가지므로 다음과 같다.

$$Y = \frac{R}{R^2 + \omega_0^2 L^2}$$

특히 R이 매우 작거나, 고주파전원의 경우에는 $R^2 \ll \omega_0^2 L^2$의 관계를 가지므로 어드미턴스 Y는 다음 식으로 정의된다.

$$Y = \frac{R}{\omega_0^2 L^2} = \frac{CR}{L}$$

이 식으로부터 공진 시의 어드미턴스는 저항 R의 값이 작기 때문에 최소가 되고, 따라서 임피던스 Z는 최대가 됨을 알 수 있다. 또한 전체 전류 I는 다음 식과 같이 어드미턴스 Y에 비례하므로 공진 시 최소가 된다.

$$I = YV = \frac{CR}{L}V$$

따라서, 양호도 Q 값은 입력전류 크기에 대한 인덕터 L 혹은 커패시터 C에 흐르는 전류의 확대율로 정의할 수 있으므로, 다음과 같이 계산된다.

$$Q = \frac{I_L}{I} = \frac{I_C}{I} = \frac{R}{\omega_0 L} = \omega_0 RC = R\sqrt{\frac{C}{L}}$$

10.4.5 페이저 회로에 의한 정현파 입력회로의 정상상태응답 해석

정현파 입력회로의 정상상태응답은 페이저 회로로부터 저항소자만을 가지는 회로의 해석과 같은 방법으로 구할 수 있다. 예를 들어 [그림 10-17]과 같은 연산증폭기 회로에서 입력전압 v_{in}과 출력전압 v_{out}의 관계를 찾아보자.

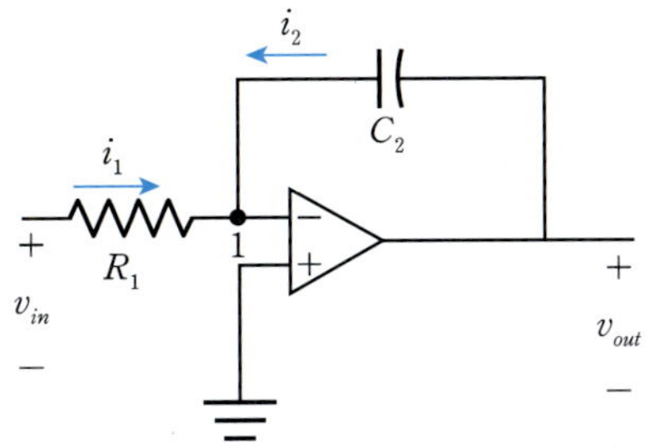

[그림 10-17] 적분기 회로

노드 1에서 키르히호프의 전류법칙을 적용하면 다음과 같다.

$$i_1 = -i_2 \;\Rightarrow\; \frac{v_{in}}{R_1} = -C_2\frac{dv_{out}}{dt}$$

위 식의 양변을 적분하면 식 (10.21)이 되는데, 이는 입력신호를 적분하는 적분기 회로의 출력전압 식을 나타낸다.

$$v_{out}(t) = -\frac{1}{R_1C_2}\int_0^t v_{in}(\tau)d\tau \tag{10.21}$$

만약 이 회로에 $v_{in}(t) = V_m\cos\omega t$의 정현파가 입력전압으로 가해지면 출력전압의 정상상태응답은 어떻게 될까? 이 문제를 풀기 위해 $v_{in}(t) = V_m\cos\omega t$를 식 (10.21)에 대입하면 다음과 같다.

$$\begin{aligned} v_{out}(t) &= -\frac{1}{R_1C_2}\int_0^t V_m\cos(\omega\tau)d\tau \\ &= -\frac{V_m}{R_1C_2\omega}\sin(\omega t)|_0^t \\ &= -\frac{v_m}{R_1C_2\omega}\sin\omega t \end{aligned}$$

예제 10-7 페이저 회로에 의한 해석법

이제 위에서 설명한 문제를 페이저 회로에 의한 해석 방법으로 풀어보자. 먼저 [그림 10-17]의 회로를 페이저 회로로 바꾸면 [그림 10-18]과 같다.

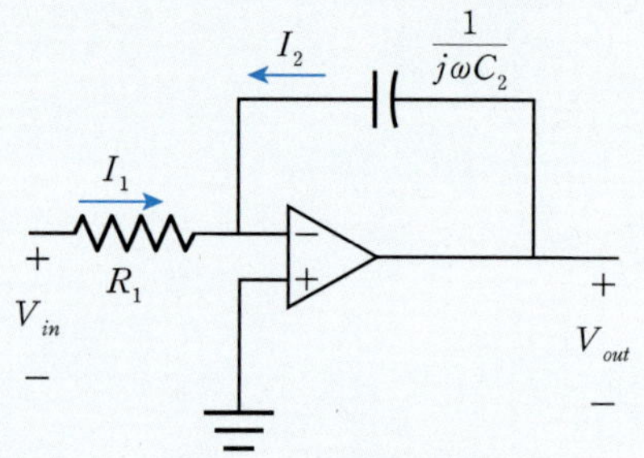

[그림 10-18] 적분기 회로의 페이저 회로

풀이

위의 페이저 회로를 일반적인 반전 형태 연산증폭기 회로로 생각하여 그 페이저 전압이득을 기술하면 다음과 같다.

$$\frac{V_{out}}{V_{in}} = -\frac{Z_2(j\omega)}{Z_1(j\omega)} = -\frac{1}{j\omega R_1 C_2}$$

따라서 V_{out}은 다음과 같다.

$$\begin{aligned} V_{out} &= -\frac{1}{j\omega R_1 C_2} V_{in} \\ &= \frac{1}{R_1 C_2 \omega} \angle 90° \cdot V_m \angle 0° \\ &= \frac{V_m}{R_1 C_2 \omega} \angle 90° \end{aligned}$$

최종 정상상태응답은 시간 영역의 함수로 역변환하여 구할 수 있다. 그러므로 다음과 같은 결과를 얻을 수 있다.

$$\begin{aligned} v_{out}(t) &= \frac{V_m}{R_1 C_2 \omega} \cos(\omega t + 90°) \\ &= -\frac{V_m}{R_1 C_2 \omega} \sin(\omega t) \end{aligned}$$

[예제 10-7]과 같이 페이저 회로해석은 페이저 전압과 전류, 임피던스의 개념을 통해 구할 수 있다. 즉 미분방정식의 풀이 없이, 저항회로를 해석하는 노드해석법이나 메시해석법 등을 이용하여 회로의 정상상태응답을 구한다.

예제 10-8 페이저 회로의 테브난 등가회로

[그림 10-19]의 회로를 보고 단자 $a-b$ 간의 테브난 등가회로를 구하고, 부하저항 R_L의 값이 1.2[Ω] 일 때 부하전압 $v_{R_L}(t)$의 값을 구하라.

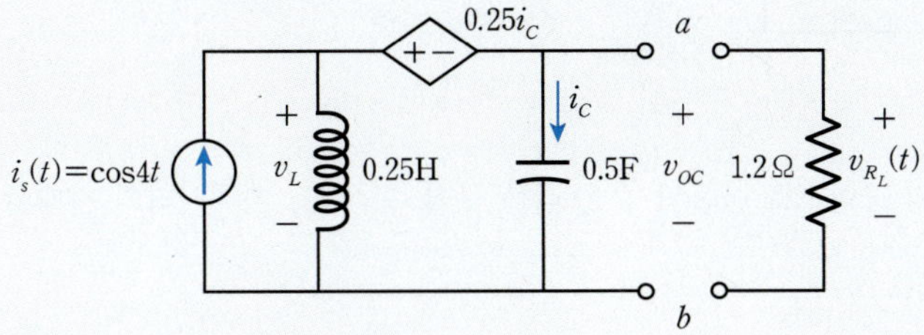

[그림 10-19] 종속전원을 포함한 RLC 회로

풀이

페이저 회로해석을 위해 [그림 10-19]의 회로를 페이저 회로로 바꾸면 [그림 10-20]과 같은 회로가 된다.

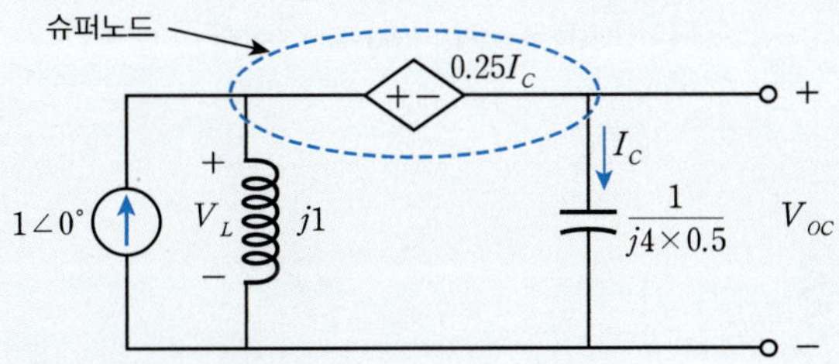

[그림 10-20] 테브난 페이저 등가회로

노드해석법으로 풀기 위해 먼저 필요한 수식의 개수는 $3-1=2$(개)와 종속변수 계산을 위한 별도의 제약식 1개다. 또한 종속전원이 부유전압이므로, 노드해석을 하기 위해 이 부유전압전원을 단락시킨 슈퍼노드를 만들어야 함을 알 수 있다. 따라서 이러한 슈퍼노드의 KCL 수식과 회로에서 제약식을 유도하면 다음과 같다.

$$1\angle 0° = \frac{1}{j1}V_L + j2V_{OC}$$

$$V_L - V_{OC} = 0.25I_C = 0.25(2jV_{OC})$$

이 수식으로 대입하여 정리하면 다음과 같다.

$$V_{OC} = \frac{1\angle 0°}{0.5+j} = 0.894\angle -63.43°$$

종속전원이 있는 회로의 등가임피던스를 구하려면 I_{SC}도 필요하므로 [그림 10-21]의 회로에서 I_{SC}를 구한다. 그러면 $I_C=0$, 종속전원 $0.25I_C=0$, $I_L=0$이 된다. 결국 모든 전류는 단락된 회로로 흐르게 되므로, $I_{SC}=1\angle 0°$를 구할 수 있다.

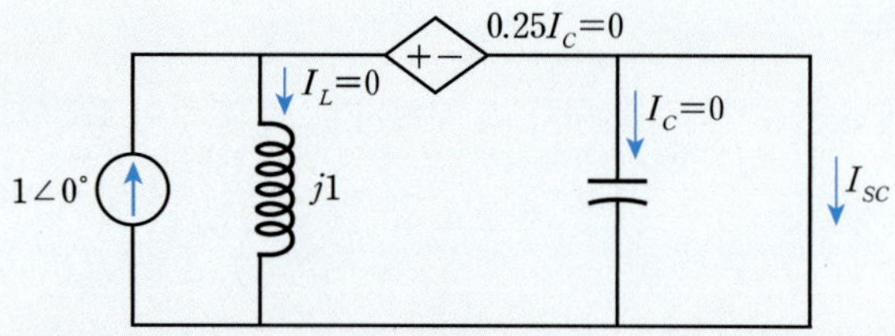

[그림 10-21] 노턴 페이저 등가회로

테브난 등가임피던스 $Z_{th}(j4)=\dfrac{V_{OC}}{I_{SC}}$의 공식으로 다음과 같은 식을 구할 수 있고, 커패시터의 커패시턴스 C 값은 0.3125[F]이 된다.

$$Z_{th}(j4)=\frac{V_{OC}}{I_{SC}}=\frac{0.894\angle-63.43°}{1\angle 0°}=0.894\angle-63.43°$$

$$=0.4-j0.8$$

$$=R_{th}+\frac{1}{j4C}$$

테브난 등가회로는 [그림 10-22]와 같다. 여기서 $v_{OC}(t)$는 $0.894\cos(4t-63.43°)$이다.

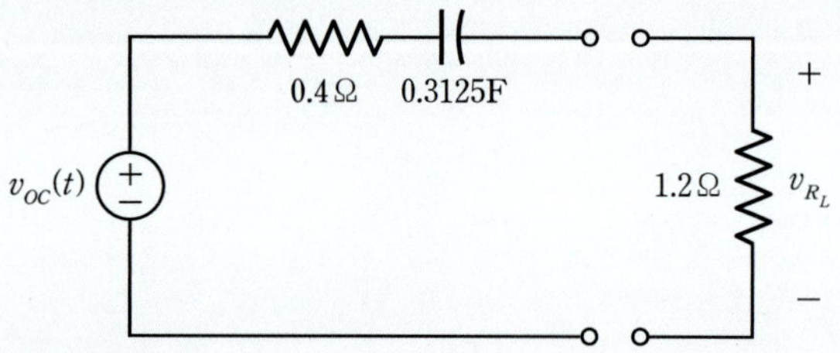

[그림 10-22] 테브난 등가회로

다음으로 부하저항 1.2[Ω]을 삽입하고 V_{R_L}을 전압분배 원칙에 의해 구하면 다음과 같다.

$$V_{R_L}=\frac{1.2}{1.2+(0.4-j0.8)}V_{OC}$$

$$=0.6\angle-36.87°$$

그리고 이를 시간 영역함수로 역변환하면 다음과 같다.

$$v_{R_L}(t)=0.6\cos(4t-36.87°)$$

CHAPTER

10 핵심요약

이 장에서는 교류 정현파 입력이 회로에 인가되었을 때 회로의 정상상태응답을 구하는 방법에 대해 공부했다. 정현파 입력에 대한 정상상태응답은 같은 주파수를 공유하는 또 다른 정현파가 되고, 이러한 회로의 해석은 페이저라고 하는 개념을 도입하여 간접적으로 해석할 수 있다.

정현파 입력과 정상상태응답의 형태

입력		정상상태응답
$A\cos(\omega t+\theta)$	$\Leftrightarrow$	$B\cos(\omega t+\phi)$
$A\sin(\omega t+\theta)$	$\Leftrightarrow$	$B\sin(\omega t+\phi)$

페이저 함수의 표현

$$V = V_m \angle \theta = V_m e^{j\theta} = V_m(\cos\theta + j\sin\theta)$$

페이저 회로의 키르히호프 법칙

- 키르히호프의 전압법칙(KVL) :

  하나의 폐루프를 따라서 합쳐진 모든 페이저 전압의 대수합은 0이 된다.

  $\Leftrightarrow$ 하나의 폐루프에 대하여 상승 페이저 전압의 합은 감소 페이저 전압의 합과 같다.

- 키르히호프의 전류법칙(KCL) :

  하나의 노드에서 합쳐지는 모든 페이저 전류의 대수합은 0이 된다.

  $\Leftrightarrow$ 하나의 노드에 들어가는 페이저 전류의 합은 나가는 페이저 전류의 합과 같다.

임피던스와 어드미턴스

소자 종류	임피던스	어드미턴스
저항 R	$Z_R(j\omega) = R$	$Y_R(j\omega) = \dfrac{1}{R} = G$
커패시터 C	$Z_C(j\omega) = \dfrac{1}{j\omega C}$	$Y_C(j\omega) = j\omega C$
인덕터 L	$Z_L(j\omega) = j\omega L$	$Y_L(j\omega) = \dfrac{1}{j\omega L}$

■ 임피던스의 직병렬연결

- 직렬연결 : $Z_T(j\omega) = Z_1(j\omega) + Z_2(j\omega) + Z_3(j\omega)$
- 병렬연결 : $Y_T(j\omega) = Y_1(j\omega) + Y_2(j\omega) + Y_3(j\omega)$

■ 공진회로의 임피던스, 공진주파수 및 양호도 Q

- 직렬 RLC 공진회로

  임피던스 : $Z = R + j\left(\omega L - \dfrac{1}{\omega C}\right)$

  공진주파수 : $f_0 = \dfrac{1}{2\pi\sqrt{LC}}$, $\omega_0 = \dfrac{1}{\sqrt{LC}}$

  양호도 : $Q = \dfrac{1}{R}\sqrt{\dfrac{L}{C}}$

- 병렬 RLC 공진회로

  어드미턴스 : $Y = \dfrac{1}{R} + j\left(\omega C - \dfrac{1}{\omega L}\right)$

  공진주파수 : $f_0 = \dfrac{1}{2\pi\sqrt{LC}}$, $\omega_0 = \dfrac{1}{\sqrt{LC}}$

  양호도 : $Q = R\sqrt{\dfrac{C}{L}}$

CHAPTER 10 연습문제

정현파입력과 정상상태응답

10.1 다음 회로에서 $v_s(t) = 10\cos(300t)$[V]일 때의 정상상태응답 i 값을 구하라.

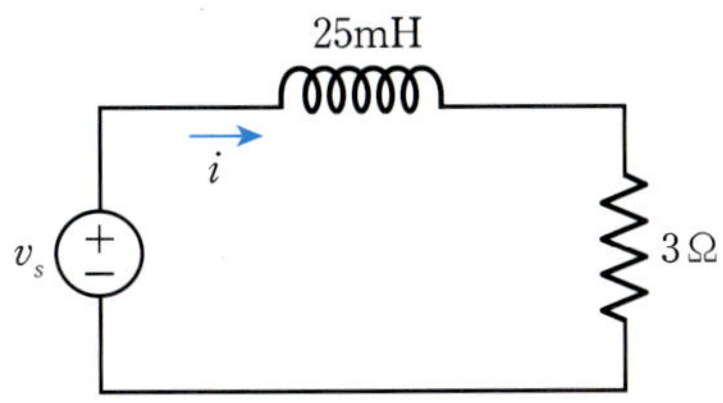

[그림 10-23]

10.2 [그림 10-24]의 회로에서 주어진 값이 다음과 같을 때, R과 L의 값을 구하라.

> $v(t) = 10\cos(\omega t + 40°)$[V], $i(t) = 2\cos(\omega t + 15°)$[mA],
> $\omega = 2 \times 10^6$[rad/s]

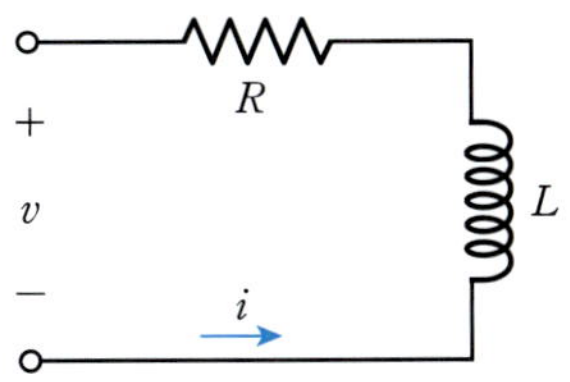

[그림 10-24]

페이저 함수의 표현

10.3 다음 수식에서 a, b, A 값을 구하라. (단, 위상각의 단위는 도(degree)다.)

(a) $Ae^{j120} + jb = -4 + j3$

(b) $(a + j4)j2 = 2 + Ae^{j60}$

10.4 다음 값들을 최종 페이저 함수 값으로 표현하라.

(a) $\dfrac{(5\angle 46.9°)(10\angle -16.9°)}{(4+j3)+(6-j3)}$

(b) $5\angle 45°\left(\dfrac{1}{\sqrt{2}} + j\dfrac{1}{\sqrt{2}} + \dfrac{3\sqrt{2}\angle -30°}{3\angle -15°}\right)$

페이저 회로해석과 정상상태응답

10.5 다음 회로에서 $\omega = 100$[rad/s]일 때 저항 R에 걸리는 전압을 구하라.

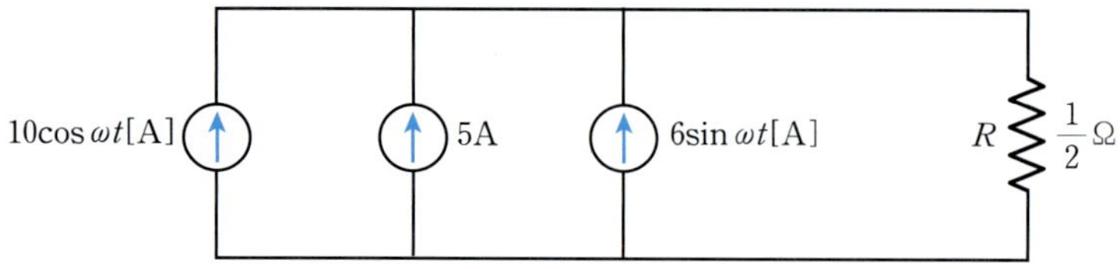

[그림 10-25]

10.6 다음 RL 회로에서 $v(t) = 100\cos(1000t + 60°)$, $R = 50[\Omega]$, $L = 50$[mH]이고, 정상상태에 도달하기에 충분한 시간이 흐른 뒤($t = 0$) 스위치가 옮겨졌다고 하자. $t \geq 0^+$일 때 전류 $i(t)$를 구하라.

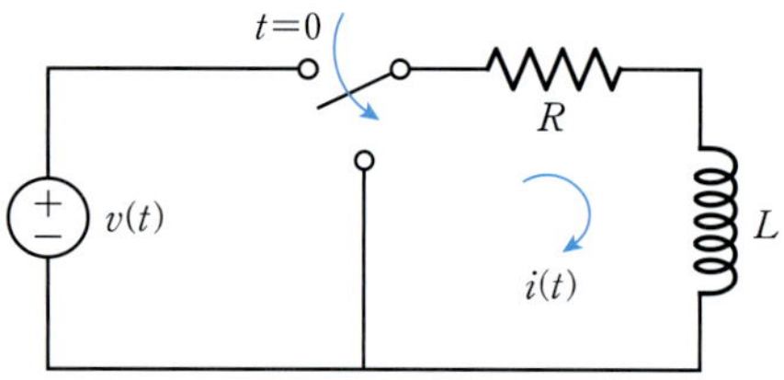

[그림 10-26]

10.7 [그림 10-27(b)]와 같은 회로의 입력으로 [그림 10-27(a)]와 같은 함수가 입력될 때, 전류 $i(t)$ 값을 구하라.

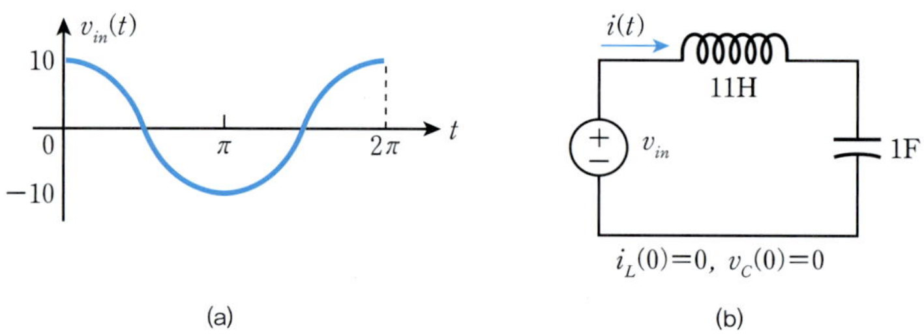

[그림 10-27]

10.8 다음 회로에서 충분한 시간이 흘러 정상상태에 이른 후에 스위치가 $t = 10$[s]에서 작동했다. $t > 10$[s]일 때의 커패시터 전압 $v_C(t)$를 구하라.

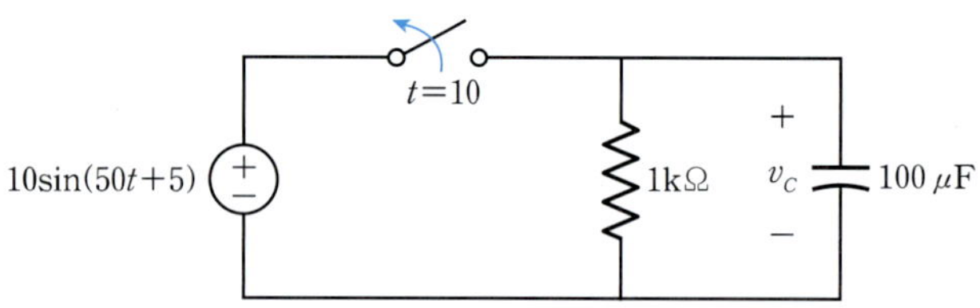

[그림 10-28]

10.9 다음 회로로부터 $i(t)$의 정상상태응답을 구하라.

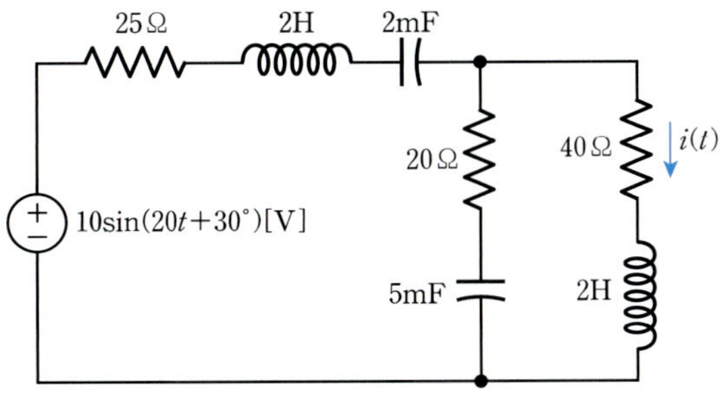

[그림 10-29]

10.10 다음 RC 회로에 $v(t) = 100\cos(50t + 60°)$의 정현파전원이 연결되어 충분한 시간이 흘렀다고 가정하자. (즉, 정상상태에 도달했다.) $t=0$일 때, 이 회로를 전원에서 다음 그림과 같이 분리시키면 $t \geq 0^+$일 때 $i(t)$의 응답은 어떻게 되는가?

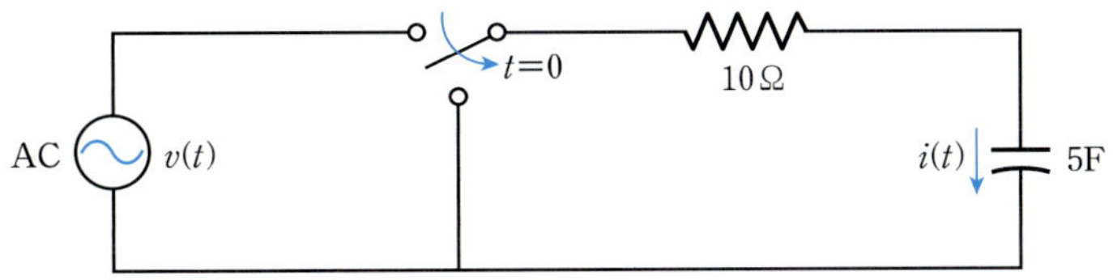

[그림 10-30]

10.11 다음 회로에서 $i_1(t)$와 $v_2(t)$의 정상상태응답을 구하라.

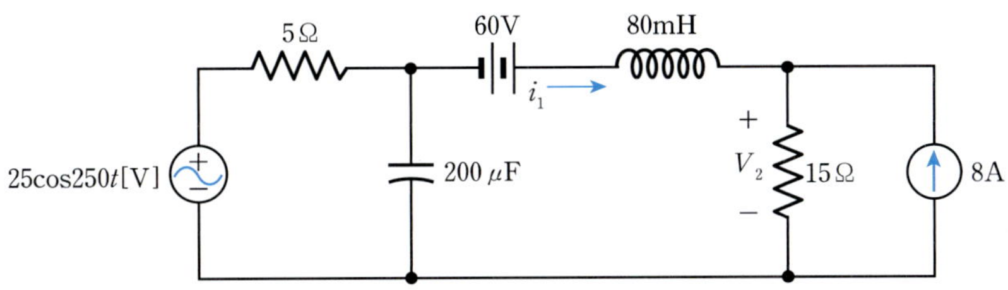

[그림 10-31]

10.12 도전 실험 우주정거장의 전압공급기가 다음과 같은 회로를 갖고 있다. 이때 $t>0$에서 $v(t)$의 값을 구하라. (단, 회로는 $t=0^-$에서 정상상태에 있다고 가정한다.)

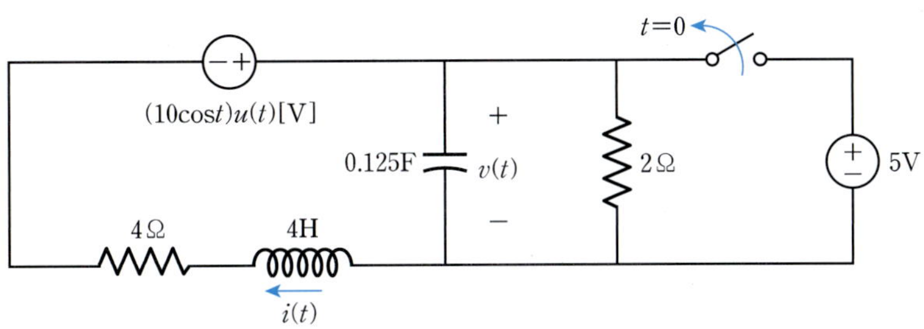

[그림 10-32]

10.13 도전 다음 회로에서 $i_L(t)$, $t>0$의 값을 구하라.

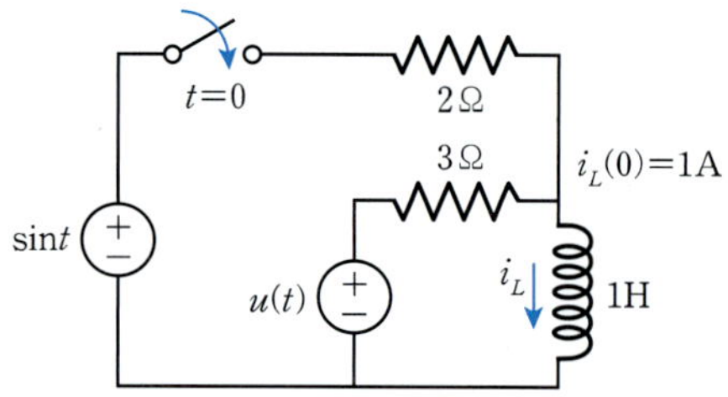

[그림 10-33]

페이저 회로해석과 완전응답

10.14 다음 회로에서 중첩의 원리를 이용하여 전류 $i(t)$를 구하라.

HINT 전압전원을 하나의 직류전원과 또 하나의 교류전원의 직렬연결로 생각하라.

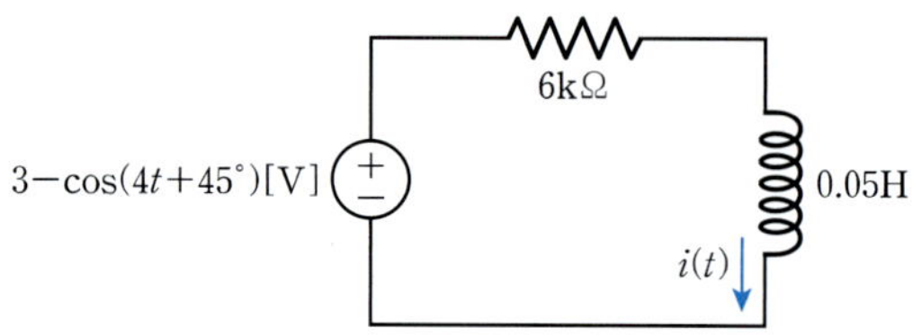

[그림 10-34]

10.15 [그림 10-35]의 회로에서 입력전압이 $v(t)=\sin t\,u(t)$[V]로 주어졌을 때, $v_C(t)$의 완전응답이 다음과 같이 주어졌다. 이때 $v_C(t)$의 정상상태응답을 구하고, 주어진 완전응답과 그 결과를 비교하라.

$$v_C(t)=\frac{1}{2}[e^{-t}-\cos t+\sin t]u(t)\,[\text{V}]$$

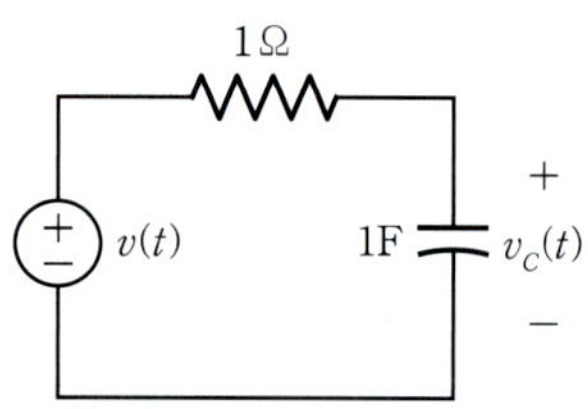

[그림 10-35]

10.16 도전 다음 회로에 충분한 시간이 지난 후 $t=10$[ms]에서 스위치를 전환했을 때, $t>10$[ms] 이후의 $v_1(t)$를 구하라.

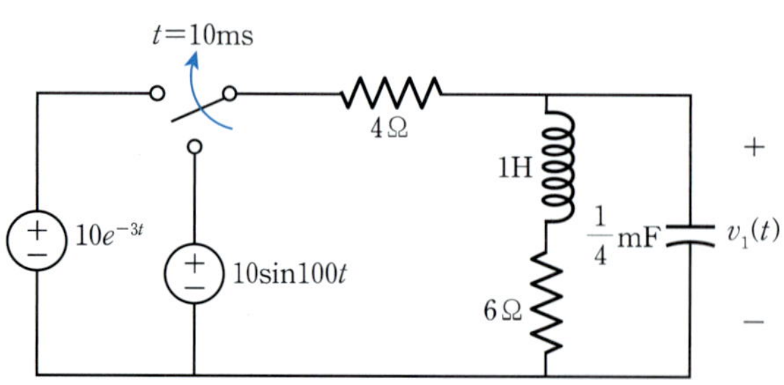

[그림 10-36]

임피던스와 어드미턴스

10.17 다음 회로가 5[kHz]로 동작할 때 임피던스 Z와 어드미턴스 Y의 값을 찾아라. (단, $\pi=3$ 으로 가정한다.)

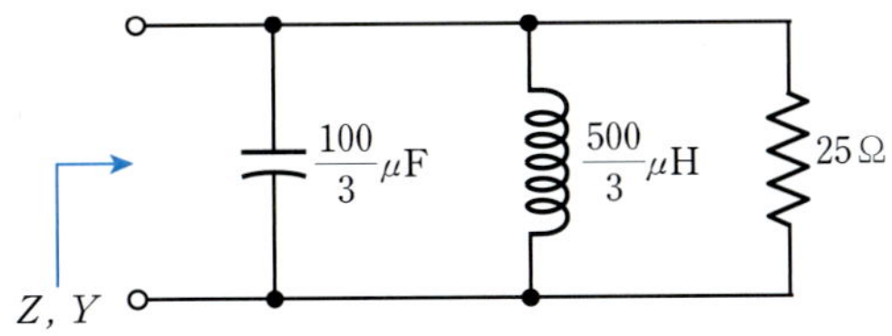

[그림 10-37]

10.18 [그림 10-38]과 같이 세 가지 부하가 연속해서 어떤 선형회로의 단자에 연결되었다. 이때 소자에 걸린 전압의 크기가 다음과 같을 때, 이 선형회로의 테브난 등가회로를 그려라.

$$|V_1|=25[V],\ \ |V_2|=100[V],\ \ |V_3|=50[V]$$

HINT 선형회로의 임피던스 값을 $R+jX$로 두고 계산하라.

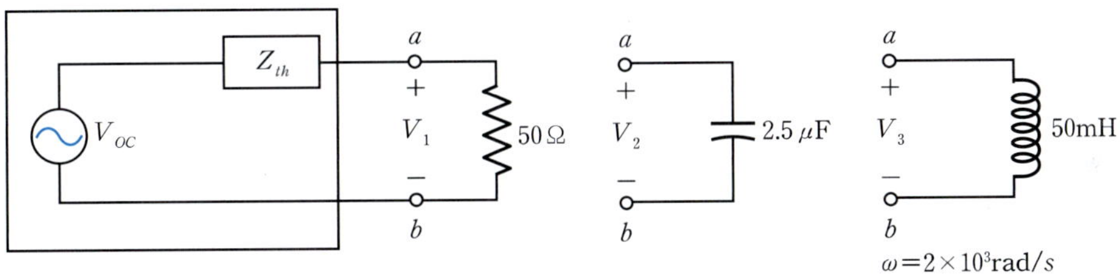

[그림 10-38]

10.19 다음 회로에서 단자 $a-b$에서의 테브난 등가회로를 구하라.

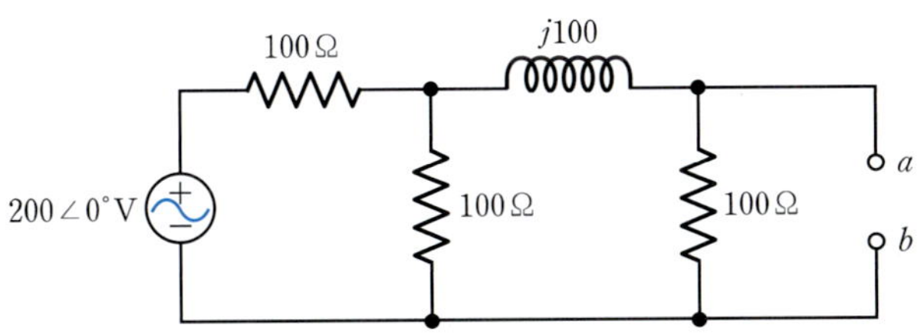

[그림 10-39]

10.20 다음 회로의 테브난 등가회로와 노턴 등가회로를 구하라.

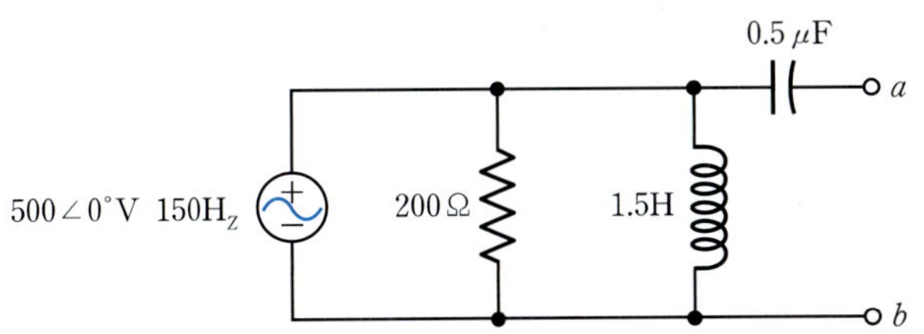

[그림 10-40]

컴퓨터 프로젝트 III

[그림 10-41]과 같은 회로가 있다.

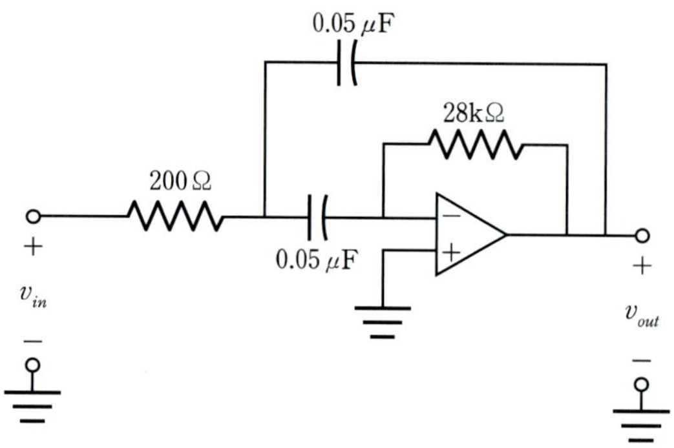

[그림 10-41]

01. 노드해석법으로 주파수 $f = 1.34\,[\text{kHz}]$에서의 $\dfrac{V_{out}}{V_{in}}$의 값을 구하라.
(단, 이상적 연산증폭기로 가정한다.)

02. 위 **01**의 분석을 활용하여 $f = 1\,[\text{Hz}]$와 $f = 100\,[\text{kHz}]$에서의 대략적인 $\dfrac{V_{out}}{V_{in}}$의 값을 구하라.

03. PSPICE를 이용하여, $V_{sat} = 15\,[\text{V}]$인 연산증폭기를 이용한 $0 \le f \le 10\,[\text{kHz}]$ 구간에서의 입력전압 $v_{in}(t) = 10\cos(2\pi f t)$에 대한 출력전압 v_{out}의 크기 함수 값 magnitude function을 도시하라.

04. 위 **03**의 결과를 보고, 이 회로의 역할은 무엇인지 추측하여 설명하라.

CHAPTER 10 기출문제

전기기능사 2021년 1회

10.1 $R-L$ 병렬회로에서 합성 임피던스의 크기는 어떻게 표현되는가?

① $\frac{R}{R^2+X_L^2}$ ② $\frac{X_L}{\sqrt{R^2+X_L^2}}$ ③ $\frac{R+X_L}{R^2+X_L^2}$ ④ $\frac{R\times X_L}{\sqrt{R^2+X_L^2}}$

전기기능사 2021년 1회

10.2 $10[\Omega]$의 저항회로에 $e(t)=100\sin\left(377t+\frac{\pi}{3}\right)$[V]의 전압을 가했을 때 $t=0$에서의 순시전류는 몇 [A]인가?

① $5\sqrt{3}$ ② 10 ③ 5 ④ $5\sqrt{2}$

전기기능사 2021년 4회

10.3 RL 직렬회로에 교류전압 $v=V_m\sin(\omega t+\theta)$[V]를 가했을 때 회로의 위상각 θ를 나타낸 것은?

① $\theta=\tan^{-1}\frac{R}{\omega L}$ ② $\theta=\tan^{-1}\frac{\omega L}{R}$

③ $\theta=\tan^{-1}\frac{1}{R\omega L}$ ④ $\theta=\tan^{-1}\frac{R}{\sqrt{R^2+(\omega L)^2}}$

전기기능사 2020년 2회

10.4 $R-L$ 직렬회로에서 전압과 전류의 위상차 $\tan\theta$는?

① $\frac{L}{R}$ ② ωRL ③ $\frac{\omega L}{R}$ ④ $\frac{L}{\omega L}$

전기기능사 2020년 3회

10.5 $e(t)=100\sin(100\pi t)$[V]의 교류전압에서 $t=0.01$[s]일 때, 순시전압 값은?

① 0 ② 100 ③ 50 ④ 86.6

전기기능사 2020년 4회

10.6 어떤 회로에 100[V]의 교류전압을 가하면 $I=4+j3$[A]의 전류가 흐른다. 이 회로의 임피던스[Ω]는 얼마인가?

① $4-j3$ ② $4+j3$ ③ $16-j12$ ④ $16+j12$

전기기능사 2020년 4회

10.7 $v = V_m \sin(\omega t - 20°)$[V], $i = I_m \cos(\omega t - 20°)$[A]의 위상차를 구하면?

① $\pi/2$[rad]　② $\pi/3$[rad]　③ $\pi/4$[rad]　④ $\pi/6$[rad]

전기기능사 2019년 3회

10.8 다음과 같은 회로에서 입력전압의 실횻값이 12[V]인 정현파일 때, 전전류 I[A]는?

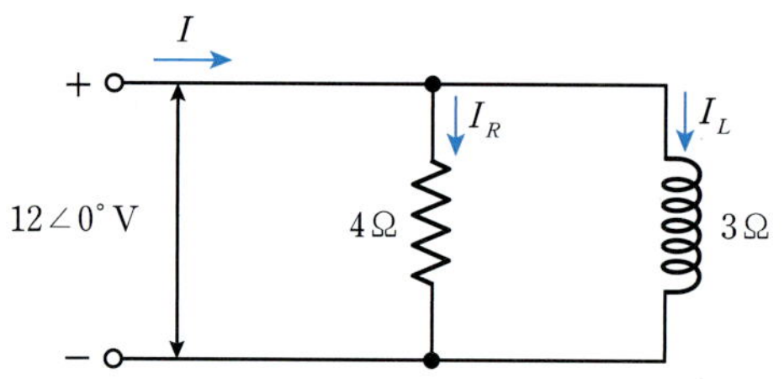

[그림 10-42]

① $3 - j4$[A]　② $3 + j4$　③ $4 - j3$　④ $6 + j10$

전기기능사 2019년 4회

10.9 $R = 40$[Ω], $L = 80$[mH]의 코일이 있다. 이 코일에 100[V], 60[Hz]의 전압을 가할 때에 소비되는 전력은 몇 [W]인가?

① 100　② 120　③ 160　④ 200

2023년도 국가공무원 9급

10.10 그림의 RLC 직렬회로에서 인가된 전원전압 $v(t)$와 전류 $i(t)$의 페이저도(phase diagram)가 다음과 같을 때, 인덕턴스 L[H]은? (단, 전원전압의 주파수는 f[Hz]이다.)

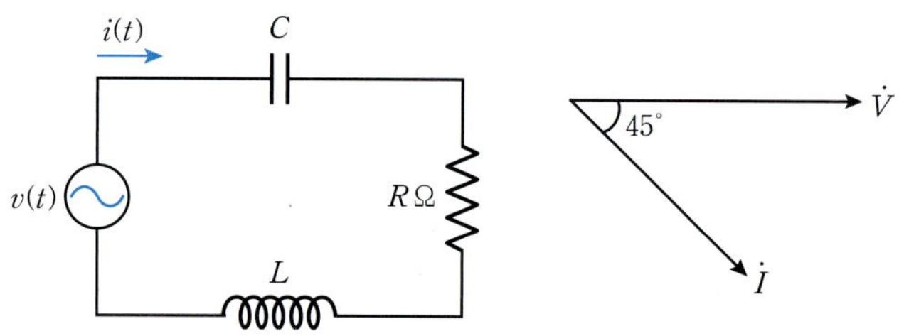

[그림 10-43]

① $\dfrac{R + \dfrac{1}{2\pi f C}}{2\pi f}$　② $\dfrac{R - \dfrac{1}{2\pi f C}}{2\pi f}$　③ $\dfrac{-R + \dfrac{1}{2\pi f C}}{2\pi f}$　④ $\dfrac{R + \dfrac{1}{2\pi f C}}{\pi f}$

2019년도 국가공무원 9급

10.11 $R-L-C$ 직렬회로에 100[V]의 교류전원을 인가할 경우, 이 회로에 가장 큰 전류가 흐를 때의 교류전원 주파수 f[Hz]와 전류 I[A]는? (단, $R = 50$[Ω], $L = 100$[mH], $C = 1{,}000$[μF]이다.)

① $\dfrac{50}{\pi}$, 2　② $\dfrac{50}{\pi}$, 4　③ $\dfrac{100}{\pi}$, 2　④ $\dfrac{100}{\pi}$, 4

2019년도 국가공무원 9급

10.12 다음 회로에서 전원 V_s[V]가 $R-L-C$로 구성된 부하에 인가되었을 때, 전체 부하의 합성 임피던스 Z[Ω] 및 전압 V_s와 전류 I의 위상차 θ[°]는?

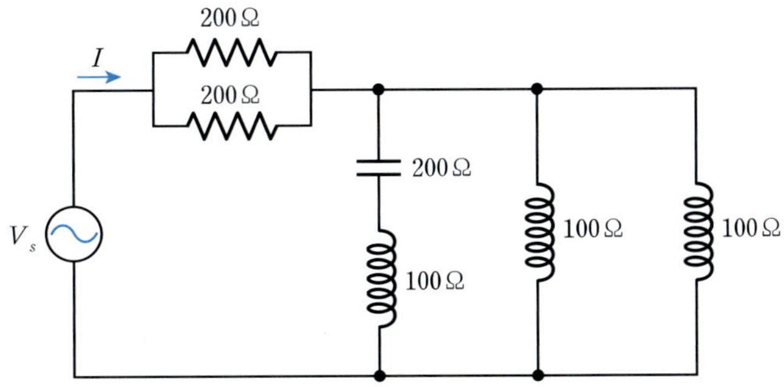

[그림 10-44]

① 100[Ω], 45[°]
② 100[Ω], 60[°]
③ $100\sqrt{2}$[Ω], 45[°]
④ $100\sqrt{2}$[Ω], 60[°]

2019년도 국가공무원 9급

10.13 다음 직병렬회로에서 전류 I[A]의 위상이 전압 V_s[V]의 위상과 같을 때, 저항 R[Ω]은?

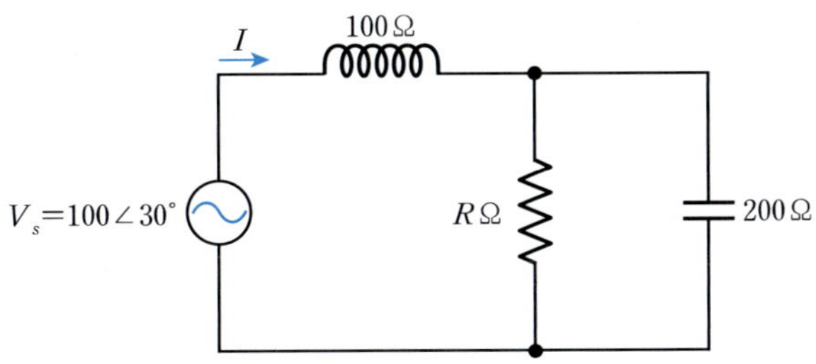

[그림 10-45]

① 100
② 200
③ 300
④ 400

2023년도 국가공무원 9급

10.14 그림의 회로에서 교류전압 $\dot{V}_s$와 전류 $\dot{I}$가 동상일 때, 리액턴스 X[Ω]는?

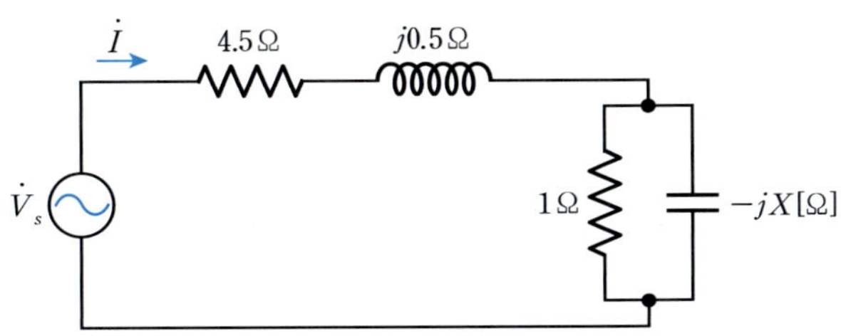

[그림 10-46]

① 0.5
② 1
③ 1.5
④ 2

2022년도 국가공무원 9급

10.15 그림의 회로에서 인덕터에 흐르는 평균 전류[A]는? (단, 교류의 평균값은 전주기에 대한 순시값의 평균이다.)

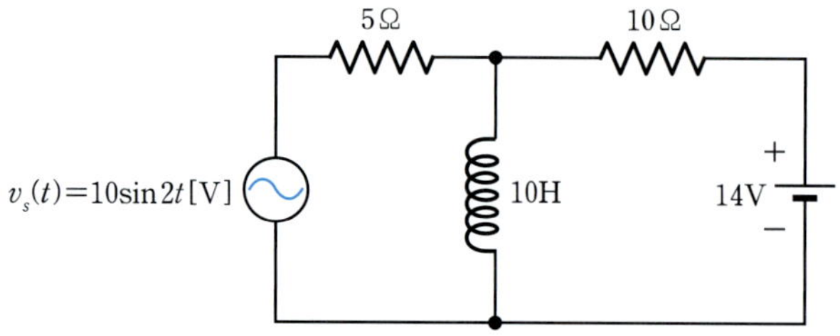

[그림 10-47]

① 0　　② 1.4　　③ $\frac{1}{\pi}+1.4$　　④ $\frac{2}{\pi}+1.4$

2022년도 국가공무원 9급

10.16 그림의 회로에서 정현파 전원에 흐르는 전류의 실횻값 I[A]는?

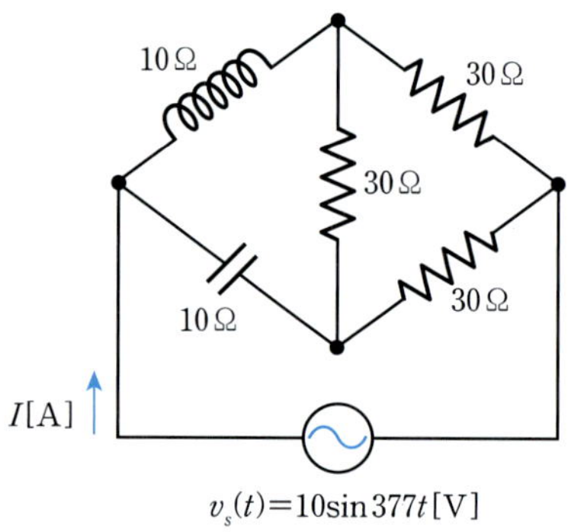

[그림 10-48]

① $\frac{5\sqrt{2}}{2}$　　② 5　　③ $5\sqrt{2}$　　④ $\frac{20}{3}\sqrt{2}$

2022년도 서울시 공무원 7급

10.17 그림의 회로에서 공진주파수 ω_0의 값[rad/s]은?

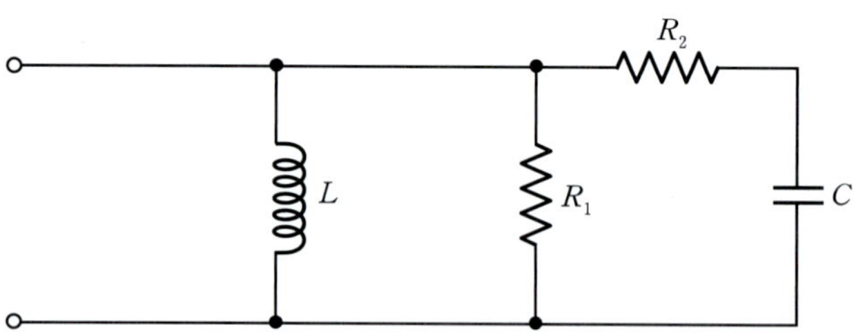

[그림 10-49]

① $\sqrt{\frac{1}{LC-R_2^2C^2}}$　　② $\sqrt{\frac{1}{LC-R_1^2C^2}}$　　③ $\sqrt{\frac{1}{LC+R_2^2C^2}}$　　④ $\sqrt{\frac{1}{LC+R_1^2C^2}}$

2022년도 국가공무원 7급

10.18 다음 회로에서 전류 $i(t)$[A]는?

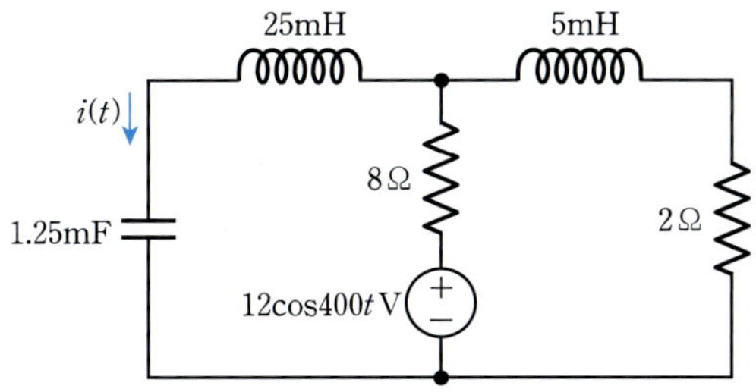

[그림 10-50]

① $\frac{\sqrt{2}}{8}\cos(400t+45°)$　② $\frac{\sqrt{2}}{8}\cos(400t-45°)$

③ $\frac{\sqrt{2}}{4}\cos(400t+45°)$　④ $\frac{\sqrt{2}}{4}\cos(400t-45°)$

2022년도 국가공무원 7급

10.19 다음 회로에서 $I_o = \frac{1}{\sqrt{2}}\angle -45°$[A]일 때, 임피던스 Z[Ω]는?

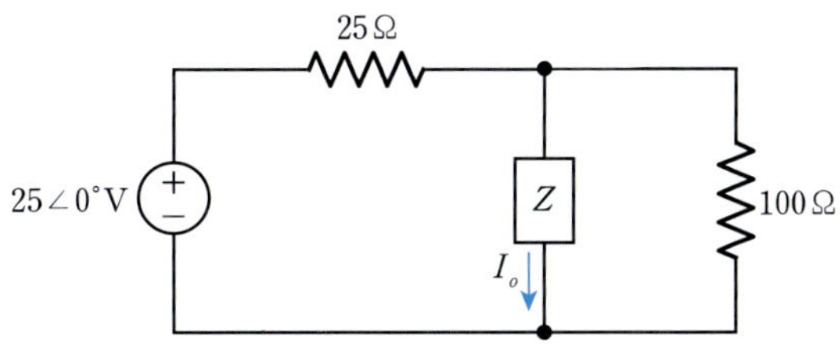

[그림 10-51]

① $j20$　② $j25$　③ $j50$　④ $j100$

2022년도 국가공무원 7급

10.20 다음 회로의 저항 20[Ω]에 흐르는 전류 I가 0일 때, 임피던스 Z의 리액턴스[Ω]는?

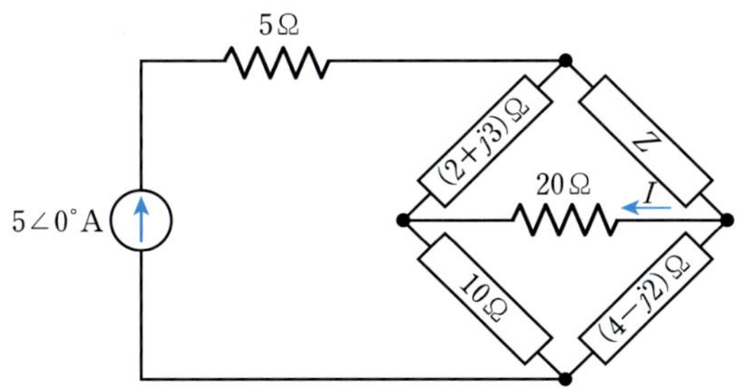

[그림 10-52]

① −0.8　② −1　③ 0.8　④ 1

2021년도 국가공무원 7급

10.21 그림에서 (a)의 회로를 (b)의 회로와 같도록 테브난 등가변환할 때, $Z_{th}[\Omega]$는?

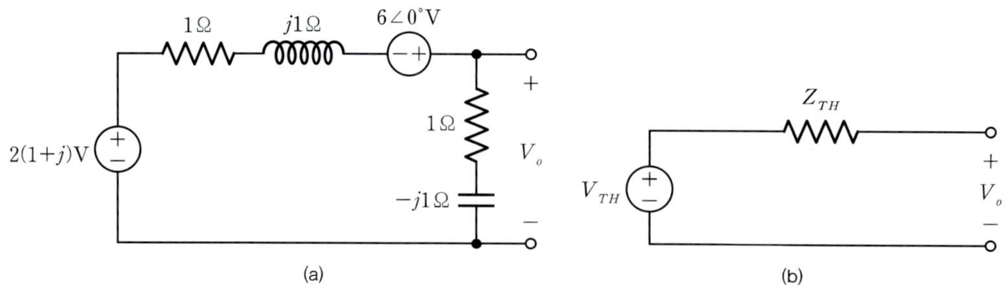

[그림 10-53]

① $1+j$　　② $1-j$　　③ 1　　④ j

2021년도 국가공무원 7급

10.22 다음 회로에서 전류 I[A]는?

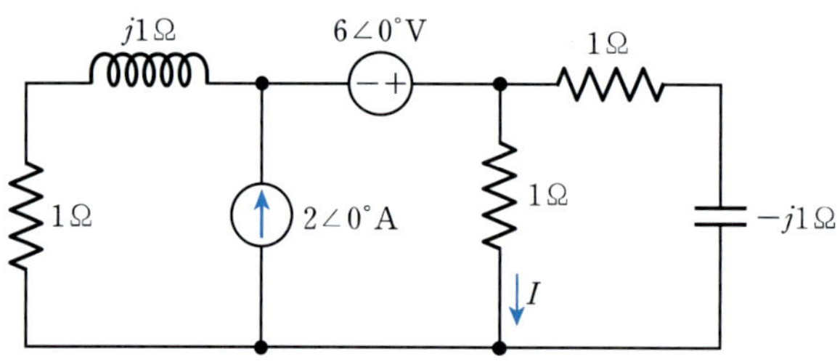

[그림 10-54]

① $-\frac{5}{2}+j\frac{3}{2}$　　② $\frac{5}{2}-j\frac{3}{2}$　　③ $-\frac{3}{2}+j\frac{5}{2}$　　④ $\frac{3}{2}-j\frac{5}{2}$

2019년도 국가공무원 7급

10.23 어떤 회로망의 등가 임피던스가 $Z=R+jX$일 때, 서셉턴스(susceptance)는?

① $\frac{-X}{R^2+X^2}$　　② $\frac{-R}{R^2+X^2}$　　③ $\frac{X}{R^2+X^2}$　　④ $\frac{R}{R^2+X^2}$

2019년도 국가공무원 7급

10.24 전달함수 $H(jw)=\dfrac{1}{1+\dfrac{jw}{w_o}}$를 가지는 회로의 주파수 ω_1에서 전압이득이 A_v일 때, $100w_1$에서의 전압이득은? (단, $w_1 \gg w_o$, 근사법을 이용한다.)

① $0.1A_v$　　② $0.01A_v$　　③ $10A_v\log(0.01)$　　④ $10\log(0.01A_v)$

2022년도 1회 전기산업기사

10.25 $R = 15[\Omega]$, $X_L = 12[\Omega]$, $X_C = 30[\Omega]$이 병렬로 접속된 회로에 120[V]의 교류전압을 가하면 전원에 흐르는 전류는 몇 [A]인가?

① 5[A] ② 7[A] ③ 10[A] ④ 22[A]

2022년도 1회 전기산업기사

10.26 $t = 3[\mathrm{ms}]$에서 최대치 5[V]에 도달하는 60[Hz]의 정현파 전압 $e(t)$를 시간함수로 표시하면 어떻게 되는가?

① $e = 5\sin(376.8t + 25.2°)[\mathrm{V}]$ ② $e = 5\sin(376.8t + 35.2°)[\mathrm{V}]$

③ $e = 5\sqrt{2}\sin(376.8t + 25.2°)[\mathrm{V}]$ ④ $e = 5\sqrt{2}\sin(376.8t + 35.2°)[\mathrm{V}]$

2022년도 1회 전기산업기사

10.27 구동점 임피던스에 있어서 영점(Zero)은?

① 전류가 흐르지 않는 경우이다. ② 회로를 개방한 것과 같다.

③ 전압이 가장 큰 상태이다. ④ 회로를 단락한 것과 같다.

2022년도 2회 전기산업기사

10.28 다음과 같은 회로에서 출력전압 v_2의 위상은 입력전압 v_1보다 어떠한가?

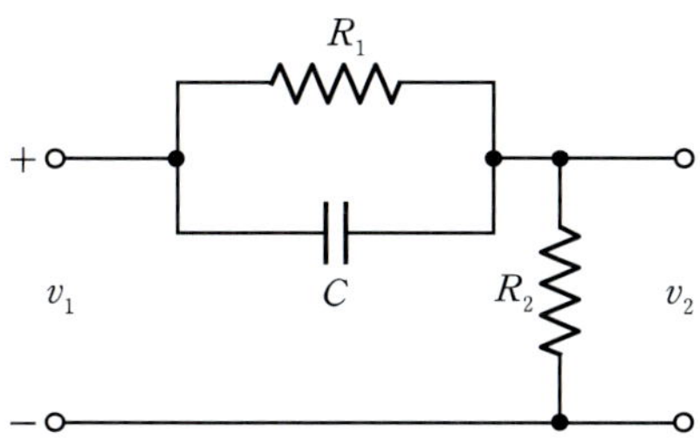

[그림 10-55]

① 같다 ② 앞선다 ③ 뒤진다 ④ 전압과 관계없다

2022년도 2회 전기산업기사

10.29 314[mH]의 자기인덕턴스에 120[V], 60[Hz]의 교류전압을 가했을 때 흐르는 전류[A]는?

① 10 ② 8 ③ 1 ④ 0.5

2022년도 2회 전기산업기사

10.30 그림과 같은 회로가 공진이 되기 위한 조건을 만족하는 어드미턴스는?

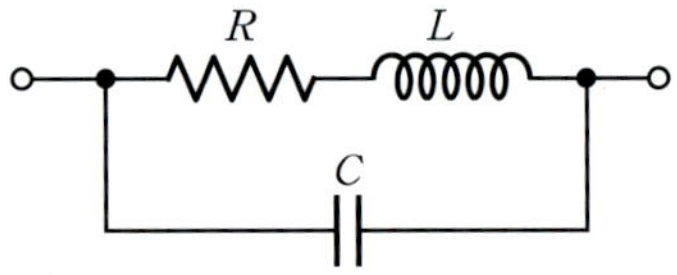

[그림 10-56]

① $\dfrac{CL}{R}$　　② $\dfrac{CR}{L}$　　③ $\dfrac{L}{CR}$　　④ $\dfrac{LR}{C}$

2022년도 2회 전기산업기사

10.31 $R=100[\Omega]$, $L=\dfrac{1}{\pi}[\mathrm{H}]$, $C=\dfrac{100}{4\pi}[\mathrm{pF}]$가 직렬로 연결되어 공진할 경우, 이 공진회로의 전압확대율 Q는?

① 2×10^3　　② 2×10^4　　③ 3×10^3　　④ 3×10^4

2022년도 3회 전기산업기사

10.32 다음과 같은 회로가 정저항 회로로 되기 위해서는 $C[\mu\mathrm{F}]$를 얼마로 하면 좋은가? (단, $R=10[\Omega]$, $L=100[\mathrm{mH}]$이다.)

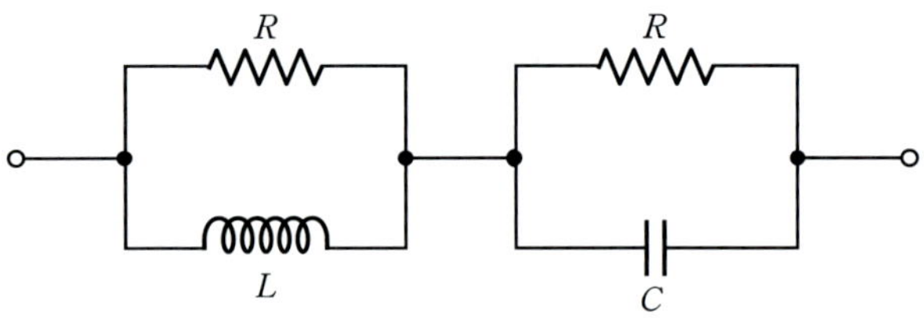

[그림 10-57]

① $1[\mu\mathrm{F}]$　　② $10[\mu\mathrm{F}]$　　③ $100[\mu\mathrm{F}]$　　④ $1000[\mu\mathrm{F}]$

CHAPTER
11

교류 정상상태 전력

AC Steady-State Power

학습목표

- 교류 입력전원에 대한 소자에서의 발생 전력이 복소수 영역에서 정의됨을 이해한다.
- 전력의 표현 중 평균전력, 유효전력, 무효전력, 피상전력의 정의를 알아보고 이들 간의 관계를 이해한다.
- 전력 효율을 나타내는 역률의 개념을 이해한다.
- 전력손실을 최소화하기 위한 역률개선의 의미와 방법을 이해한다.
- 복소수 영역에서의 전력보존 법칙을 이해한다.
- 복소전력의 최대전달을 위한 조건과 역률 간의 관계를 이해한다.
- 최대전력전달을 위한 결합 인덕터와 변압기의 원리를 이해하고 해석 방법을 이해한다.

SECTION 11.1 교류 정상상태 전력

[그림 11-1]과 같이 임의의 회로에 교류 정현파 전원이 인가될 때, 이 회로에서 소비되는 전력 $p(t)$는 전압 $v(t)$와 전류 $i(t)$의 곱으로 구할 수 있다.

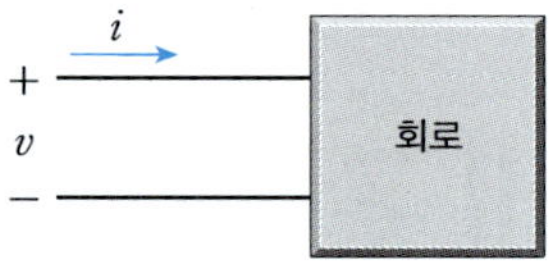

[그림 11-1] 임의의 회로

이때 전압과 전류가 각각 식 (11.1)과 같은 파형의 정현파라고 가정하자.

$$v(t) = V_m \cos(\omega t + \theta_v),\ i(t) = I_m \cos(\omega t + \theta_i) \tag{11.1}$$

그러면 소비전력은 다음과 같다.

$$\begin{aligned} p(t) &= v(t)\,i(t) \\ &= V_m \cos(\omega t + \theta_v) I_m \cos(\omega t + \theta_i) \\ &= \frac{V_m I_m}{2}\cos(\theta_v - \theta_i) + \frac{V_m I_m}{2}\cos(2\omega t + \theta_v + \theta_i) \end{aligned} \tag{11.2}$$

즉 전력 $p(t)$는 우변 첫째 항과 같은 평균 상숫값과 또 다른 정현파 함수의 합으로 표현할 수 있다. [그림 11-2]는 이러한 전력의 개괄적인 그래프를 나타낸 것이다.

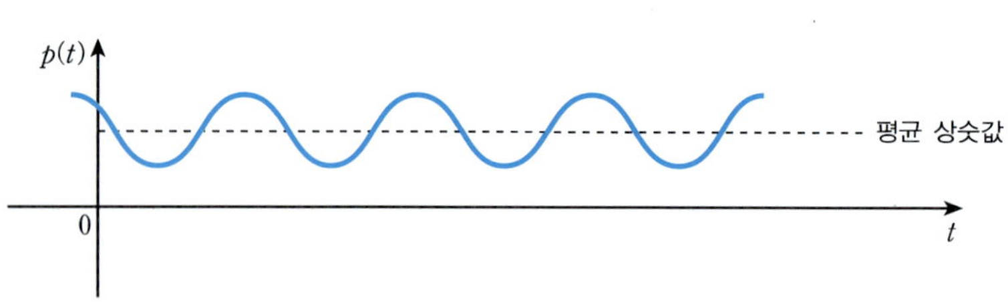

[그림 11-2] 개괄적인 정현파 전력의 파형

식 (11.1)의 정현파 전압 및 전류 함수는 다음과 같은 주기함수가 된다.

$$T = \frac{1}{f} = \frac{2\pi}{\omega}\,[\text{초}]$$

$$v(t) = v(t+T),\ i(t) = i(t+T)$$

따라서 다음 식에서 알 수 있듯이 전력 $p(t)$도 또 다른 주기함수가 된다.

$$\begin{aligned} p(t+T) &= v(t+T) \times i(t+T) \\ &= v(t) \times i(t) \\ &= p(t) \end{aligned}$$

11.1.1 평균전력

평균전력의 단위는 [Watt] 혹은 [W]로, '와트'라고 읽으며 다음과 같이 정의된다. 단, $\phi = \theta_v - \theta_i$이다.

$$\begin{aligned} P_{AV} &= \frac{1}{T}\int_0^T v(t)i(t)dt \\ &= \frac{1}{T}\int_0^T V_m \cos(\omega t + \theta_v) I_m \cos(\omega t + \theta_i)dt \\ &= \frac{V_m I_m}{2}\cos\phi \end{aligned} \tag{11.3}$$

즉 평균전력은 한 주기 동안의 전력 평균값을 말한다. 평균전력 값은 전압, 전류의 크기에 비례하고, 전압, 전류 값 사이의 위상각 차이에 따라 값이 달라진다.

그러면 이러한 평균전력 값을 소자별로 살펴보자.

저항

저항에서는 전압의 위상각과 전류의 위상각의 차이가 없으므로 $\phi = \theta_v - \theta_i = 0$이 된다. $\cos 0$ 값은 1이므로 식 (11.4)와 같이 된다.

$$P_{AV} = \frac{V_m I_m}{2} = \frac{I_m^2 R}{2} \tag{11.4}$$

이는 식 (11.2)의 우변 첫째 항 상숫값과 같다.

인덕터

인덕터에서 $\phi = \theta_v - \theta_i = 90°$이다. 즉 인덕터의 임피던스 $Z(j\omega) = \frac{V}{I} = j\omega L$이기 때문에 $\cos\phi = 0$이 되어 다음과 같다.

$$P_{AV} = 0 \tag{11.5}$$

커패시터

커패시터에서 $\phi = \theta_v - \theta_i = -90°$이다([참고 10-5]에서 설명한 'eLi is iCe man'을 떠올려보자). 즉 커패시터의 임피던스 $Z(j\omega) = \frac{V}{I} = \frac{1}{j\omega C}$이므로 $\cos\phi = 0$이 되어 다음과 같다.

$$P_{AV} = 0 \tag{11.6}$$

결론적으로 **평균전력은 저항소자에 의해서만 발생되고, 리액턴스 소자인 인덕터나 커패시터에 의해서는 발생되지 않는다.**

임피던스 소자

일반적인 임피던스 소자가 $Z = R + jX = |z| \angle \phi$의 임피던스를 가지고 있을 때 소자에 걸리는 전압을 $V = V_m \angle \theta_v$, 흐르는 전류를 $I = I_m \angle \theta_i$라고 하자. 그러면 임피던스 소자의 크기 값, 전압의 크기 값, 전류의 크기 값 관계는 $|Z| = \frac{V_m}{I_m}$이다.

또한 임피던스 소자의 위상각은 $\phi = \theta_v - \theta_i$가 되고, $|Z|\cos\phi = R$, $|Z|\sin\phi = X$에서 다음과 같은 관계를 얻을 수 있다.

$$\begin{aligned} P_{AV} &= \frac{V_m I_m}{2}\cos\phi = \frac{V_m I_m R}{2|Z|} \\ &= \frac{V_m^2 R}{2|Z|^2} = \frac{I_m^2}{2}R \end{aligned} \tag{11.7}$$

즉 **일반적인 임피던스 소자의 평균전력 값은 전체 임피던스의 크기 값과 위상각을 이용해 구할 수 있다. 그리고 그 값은 임피던스 소자의 구성 요소 중 실숫값인 저항 값에 의해서만 영향**을 받는다.

11.1.2 실횻값

교류전원의 값은 실횻값 effective value 또는 RMS Root Mean Square로 정의할 수 있다. 이 **정의에 따른 전압과 전류의 실횻값**은 각각 다음과 같다.

$$V_{eff} = \sqrt{\frac{1}{T}\int_0^T v^2(\tau)d\tau} = V_{\mathrm{RMS}}$$

$$I_{eff} = \sqrt{\frac{1}{T}\int_0^T i^2(\tau)d\tau} = I_{\mathrm{RMS}}$$

일반적으로 임의의 정현파 주기함수 $f(t)$를 $F_m\cos(\omega t + \theta)$로 가정하면 다음과 같다.

$$f^2(t) = F_m^2 \cos^2(\omega t + \theta)$$
$$= \frac{F_m^2}{2} + \frac{F_m^2}{2}\cos(2\omega t + 2\theta) \tag{11.8}$$

식 (11.8)을 위 실횻값의 정의에 대입하여 $f(t)$의 실횻값 F_{eff}를 다음과 같이 구할 수 있다.

$$F_{eff} = \sqrt{\frac{1}{T}\int_0^T \left(\frac{F_m^2}{2} + \frac{F_m^2}{2}\cos(2\omega t + 2\theta)\right)dt}$$
$$= \sqrt{\frac{F_m^2}{2}} = \frac{F_m}{\sqrt{2}} \tag{11.9}$$

그러므로 정현파 주기함수 $v(t)$와 $i(t)$의 실횻값은 각각 다음과 같다.

$$V_{eff} = \frac{V_m}{\sqrt{2}}, \quad I_{eff} = \frac{I_m}{\sqrt{2}} \tag{11.10}$$

그러면 이제 이러한 실횻값에 의한 평균전력을 소자별로 살펴보자.

저항

저항에서 실횻값에 의한 평균전력은 다음과 같다.

$$P_{AV} = \frac{1}{T}\int_0^T i^2(t)R\,dt$$
$$= R\left(\frac{1}{T}\int_0^T i^2(t)dt\right)$$
$$= \left(\frac{I_m}{\sqrt{2}}\right)^2 \cdot R$$
$$= I_{eff}^2 \cdot R \tag{11.11}$$

실횻값을 사용하면 저항회로에서 옴의 법칙에 따른 전력의 정의와 같은 모양이 된다.

임피던스 소자

일반적인 임피던스 소자에서의 평균전력은 식 (11.7)과 같다. $V_{eff} = \frac{V_m}{\sqrt{2}}$, $I_{eff} = \frac{I_m}{\sqrt{2}}$의 값을 대입하면 다음과 같이 저항의 평균전력 값과 동일한 식이 된다.

$$P_{AV} = V_{eff}^2 \frac{R}{|Z|^2} = I_{eff}^2 \cdot R \tag{11.12}$$

즉 **평균전력은 임피던스의 구성 요소 중 실숫값에 해당하는 R(저항)에 의해서만 발생되는 전력**이다.

참고 11-1 임피던스, 평균전력 및 실횻값 간의 상호 관계

실제로 식 (11.7)의 평균전력은 실횻값의 정의에 따라 다시 쓰면 식 (11.13)과 같이 된다. 이 식에서 ϕ는 전압과 전류의 위상차이고, 이는 곧 임피던스의 위상각을 뜻한다.

$$\begin{aligned} P_{AV} &= \frac{V_m I_m}{2}\cos\phi = \frac{V_m}{\sqrt{2}} \cdot \frac{I_m}{\sqrt{2}}\cos\phi \\ &= V_{eff} I_{eff} \cos\phi \\ &= V_{eff} I_{eff} \cos\theta_Z \end{aligned} \tag{11.13}$$

$$\left(\text{단, } \theta_Z = \angle\frac{V}{I} = \theta_v - \theta_i = \phi\right)$$

이 값의 관계를 그래프로 나타내면 [그림 11-3]과 같다.

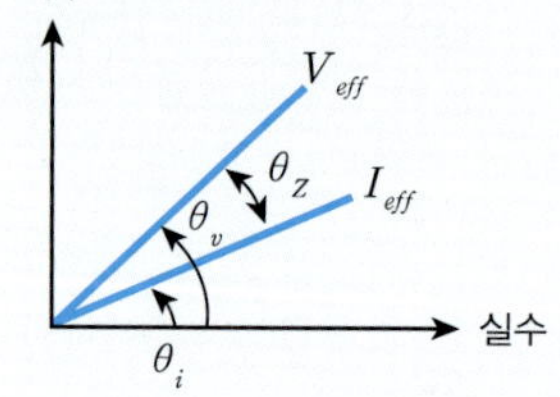

[그림 11-3] 실횻값 전압과 전류, 임피던스 간의 관계

예제 11-1 **전력소모량 계산**

[그림 11-4]의 회로에서 백열등 6개를 동시에 사용하면 20[A] 용량의 퓨즈가 끊어질까? 퓨즈가 끊어지지 않는 한 최대 몇 개까지의 백열등을 사용할 수 있을지 계산하라. (단, 백열등은 순수 저항으로 가정한다. 또한 주어진 전류 값은 크기 값, 소모 전력량은 평균전력 값[Watt]을 뜻한다.)

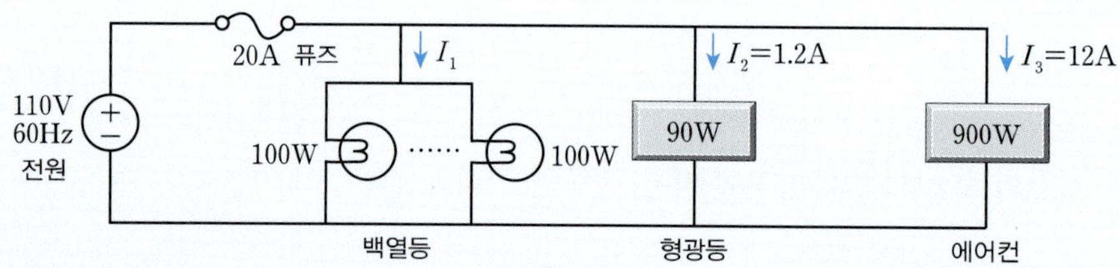

[그림 11-4] 전력소모 구성도

풀이

먼저 백열등 6개가 동시에 켜졌다고 가정하면 $V=110\angle 0°$이므로 다음과 같다.

$$I_1 = 6\times\frac{100}{110} = 5.45\angle 0°\,[\text{A}]$$

실수 전류 값 $I_2 = \dfrac{90}{110} = 0.82$, 허수 전류 값 $I_2 = \sqrt{1.2^2 - 0.82^2} = 0.88$이므로 복소전류 I_2는 다음과 같다.

$$\text{복소전류 } I_2 = 0.82 + j0.88$$

같은 방법으로 복소전류 I_3를 구하면 다음과 같다.

$$\text{복소전류 } I_3 = 8.18 + j8.78$$

따라서 전체 복소전류 I_T는 다음과 같다.

$$\text{전체 복소전류 } I_T = I_1 + I_2 + I_3 = 14.45 + j9.66$$

그러므로 $|I_T| = \sqrt{14.45^2 + 9.66^2} = 17.38$[A]이다. 즉 백열등 6개를 동시에 사용해도 20[A] 용량의 퓨즈는 끊어지지 않는다.

퓨즈가 끊어지지 않는 한 최대 몇 개의 백열등을 사용할 수 있을지를 계산하려면, 위에서 I_1을 다음과 같이 다시 계산해야 한다.

$$I_1 = m \times \frac{100}{110} = m \times 0.91 \angle 0^\circ$$

지금까지 구한 I_2, I_3를 더하여 I_T를 계산하면 다음과 같다.

$$I_T = I_1 + I_2 + I_3 = (0.91m + 9) + j9.66$$

그러므로 $|I_T| = (0.91m + 9)^2 + 9.66 = 20$이 된다. 이로부터 $\boldsymbol{m = 9.15}$를 얻을 수 있다. 결국 20[A] 용량의 퓨즈가 끊어지지 않으려면 백열등을 최대 9개만 연결해야 한다.

SECTION 11.2 복소전력

일반적으로 정현파 전압, 전류에 의해 발생된 전력은 **복소전력**(S)complex power이다. 이 복소전력은 실숫값인 **유효전력**effective power과 허숫값인 **무효전력**reactive power으로 나눌 수 있는데, 각각 다음과 같은 단위로 표현된다.

$$\underset{[\mathrm{VA}]}{\text{복소전력}(S)} = \underset{[\mathrm{W}]}{\text{유효전력}(P)} + j\underset{[\mathrm{VAR}]}{\text{무효전력}(Q)}$$

이때 **유효전력**은 11.1.1절에서 언급한 **평균전력**과 같은 것으로, 실제로 저항을 통해 발생되는 유효한 전력이라는 뜻에서 유효전력이라고도 한다. 반대로 커패시터나 인덕터에 의해 발생되는 전력은 실제 빛이나 열로 표현되는 유효한 전력이 아니라는 뜻에서 **무효전력**이라고 하며, 허숫값으로 나타낸다.

복소전력의 크기 값은 **피상전력**apparent power이라고 하며, 이는 복소전력의 크기 값 $|S|$를 뜻한다. 따라서 이를 사용하여 유효전력과 무효전력을 정의하면 다음과 같다.

$$\begin{aligned} P &= |S|\cos\phi = P_{AV} \\ Q &= |S|\sin\phi \end{aligned} \tag{11.14}$$

이러한 피상전력의 크기는 정의에 따라 식 (11.13)의 $V_{eff} \cdot I_{eff}$가 되고, 그 단위는 복소전력과 마찬가지로 [VA]가 된다. [그림 11-5]는 이 전력 간의 관계를 나타낸 것이다.

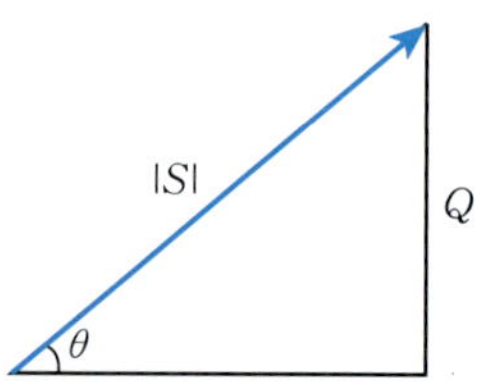

[그림 11-5] 전력 간의 관계

그러므로 피상전력의 값은 앞에서 공부한 평균전력 P의 값과 다르다.

SECTION 11.3 역률개선

앞에서 설명한 것과 같이 실숫값인 유효전력 P는 실제로 유효하게 쓰이는 전력 값이고, 이것은 저항 R 값에 의하여 발생되는 평균전력 P_{AV}이기도 하다. 따라서 발생되는 복소전류의 크기, 즉 피상전력의 값이 정해져 있다면, 전력을 효율적으로 관리하기 위해 가급적 유효전력만을 발생시키고 무효전력의 발생을 억제하는 것이 좋다. 즉 평균전력의 수식 $P_{AV}=$ 피상전력 $\times \cos\phi$(단, $\phi=\theta_v-\theta_i$)에서 $\cos\phi$의 값을 1에 가깝게 만드는 일이다.

여기서 곱해지는 $\cos\phi$의 값을 **역률**power factor이라 하고, 이렇게 유효전력을 많이 발생시키기 위해 $\cos\phi$의 값을 1에 가깝게 개선하는 것을 **역률개선**power factor improvement이라 한다. 또한 이러한 역률은 가끔 **뒤진**lagging 혹은 **앞선**leading이라는 말과 결합하여 사용하기도 하는데, 그 뜻은 다음과 같다.

$\theta_Z=\theta_v-\theta_i>0$ 이면 **뒤진 역률**(전류가 전압에 뒤진 역률)

$\theta_Z=\theta_v-\theta_i<0$ 이면 **앞선 역률**(전류가 전압을 앞선 역률)

예제 11-2 전송선로의 역률개선

[그림 11-6]에서 발전소와 소비자 간의 전송선로의 순수저항 값이 5[Ω]이라고 하자. 전송선로의 역률이 1과 0.5일 때의 선로에 의한 전력손실량[W]은 얼마인지 구하라.
(단, 발전소에서 공급되는 전압은 $V_{eff}=200$[V]이고, 전송선로와 부하에 의해 소비되는 전력은 1[kW], 위상각은 60°로 가정한다.)

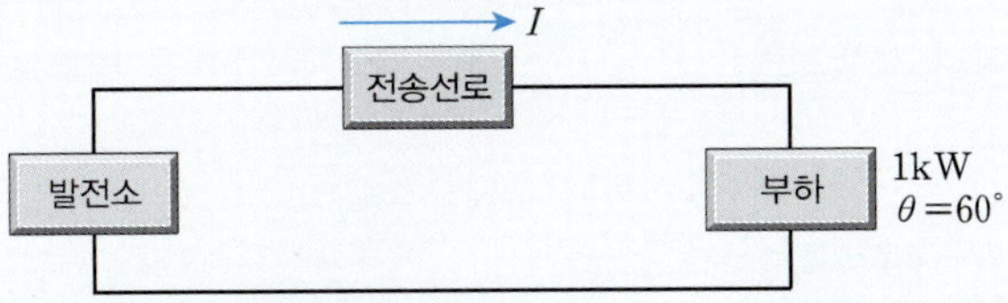

[그림 11-6] 전송선로 회로

풀이

전송선로와 부하에서 얻은 전력은 $P=V_{eff}I_{eff}\cos\theta$다. 따라서 각각의 역률에 대해 전류 실횻값 I_{eff}는 다음과 같다.

$$\text{역률이 0.5일 때 } I_{eff}=\frac{P}{V_{eff}\cos\theta}=\frac{1\times10^3}{200(0.5)}=10\,[\mathrm{A}]$$

$$\text{역률이 1일 때 } I_{eff}=\frac{P}{V_{eff}\cos\theta}=\frac{1\mathrm{K}}{200(1)}=5\,[\mathrm{A}]$$

이때 총 전송선로의 부하가 $R=5[\Omega]$이면 각각의 역률에 대해 전력 P는 다음과 같다.

$$\text{역률 0.5일 때 } P=I_{eff}^2R=10^2\times 5=500[\text{W}]$$

$$\text{역률 1일 때 } P=I_{eff}^2R=5^2\times 5=125[\text{W}]$$

결론적으로 역률이 1일 때가 0.5일 때보다 전력손실이 더 적다.

앞에서도 설명했듯이, 이와 같이 손실을 줄이기 위해 역률을 1에 가깝도록 개선하는 것을 **역률개선**이라고 한다.

예제 11-3 역률개선의 예

[그림 11-7]의 회로에서 부하 Z_L에 병렬로 임의의 리액턴스 소자 Z_1을 연결하여 역률을 보상하려고 한다. 만약 부하 임피던스 값이 $Z_L=100+j100$, 주파수가 $\omega=377[\text{rad/s}]$로 주어졌을 때, 다음 물음에 답하라.

(a) 뒤진 역률이 0.95로 개선되기 위한 리액턴스 소자 값을 구하라.
(b) 뒤진 역률이 1로 개선되기 위한 리액턴스 소자 값을 구하라.

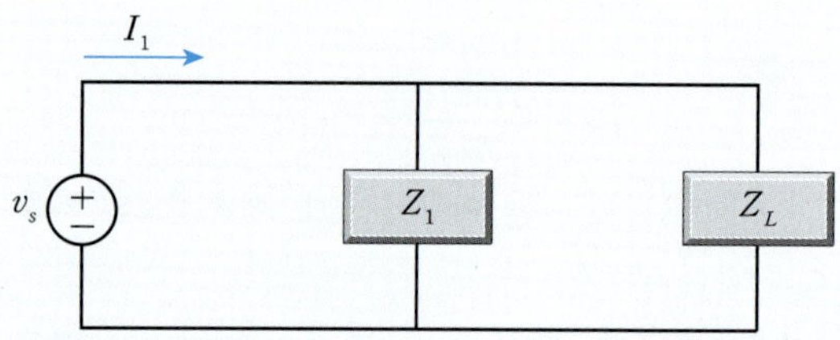

[그림 11-7] 역률개선 회로

풀이

먼저 $Z_L=R+jX$로 두자. Z_1은 리액턴스 소자라고 했으므로 $Z_1=jX_1$으로 두면, 두 소자를 병렬로 연결한 전체 임피던스는 다음과 같다.

$$Z_p=\frac{Z_LZ_1}{Z_L+Z_1}=\frac{(R+jX)jX_1}{R+jX+jX_1}$$

$$=\frac{RX_1^2+j\left[R^2X_1+(X_1+X)XX_1\right]}{R^2+(X+X_1)^2} \tag{11.15}$$

이때 $Z_p=R_p+jX_p=|Z_p|\angle\theta_p$로 두면 개선된 역률($pf$)은 다음과 같다.

$$pf = \cos(\theta_p) = \cos\left(\tan^{-1}\frac{X_p}{R_p}\right) \tag{11.16}$$

$$\frac{X_p}{R_p} = \frac{R^2 + (X_1 + X)X}{RX_1}$$

따라서 식 (11.15)와 식 (11.16)에서 주어진 역률과 $\frac{X_p}{R_p}$의 값을 대입하여 리액턴스 값 X_1을 구하면 다음과 같다.

$$X_1 = \frac{R^2 + X^2}{R\tan(\cos^{-1}pf) - X} \tag{11.17}$$

병렬연결하는 리액턴스 소자가 커패시터라면 $Z_1 = jX_1 = -\frac{j}{\omega C}$가 되어 커패시터 값은 $C = -\frac{1}{\omega X_1}$이 된다. 이제 이 수식에 수치를 대입하면 원래 부하회로의 임피던스는 $Z_L = 100 + j100 = 100\sqrt{2}\angle 45°$이므로 원래의 역률($pf$)은 $\cos 45° = 0.707$이다.

(a) 이 역률을 0.955로 개선하기 위한 리액턴스 X_1은 식 (11.17)에 의해 다음과 같다.

$$X_1 = \frac{100^2 + 100^2}{100\tan(\cos^{-1}0.95) - 100} = -297.9$$

그러므로 필요한 커패시터 값은 $C = -\frac{1}{\omega X_1} = -\frac{1}{377 \times 297.9} = 8.9\,[\mu\text{F}]$이 된다.

(b) 또한 역률을 1.0으로 개선하기 위한 리액턴스 X_1은 다음과 같다.

$$X_1 = \frac{100^2 + 100^2}{100\tan(\cos^{-1}1.0) - 100} = -200$$

그러므로 필요한 커패시터 값은 $C = -\frac{1}{\omega X_1} = -\frac{1}{377 \times (-200)} = 13.3\,[\mu\text{F}]$이 된다.

SECTION 11.4

전력보존 법칙

정현파 입력회로에서 전력은 복소전력, 유효전력(평균전력), 무효전력 각각에 전력보존 법칙이 적용된다. 즉 복소전력의 보존법칙은 실숫값 전력(P)과 허숫값 전력(Q)의 보존 법칙으로 설명할 수 있다.

전력보존 법칙

복소전력 $S=P+jQ$일 때,

- **복소전력** : $S=S_1+S_2+S_3+\cdots+S_n$
- **유효전력** : $P=P_1+P_2+P_3+\cdots+P_n$
- **무효전력** : $Q=Q_1+Q_2+Q_3+\cdots+Q_n$

예제 11-4 **복소전력보존 법칙**

[그림 11-8]의 회로에서 임피던스 값이 다음과 같이 주어졌을 때, 전력보존 법칙이 지켜지는지 검증하라.

$$Z_1=5+j0=5\angle 0°,\ Z_2=0+j4=4\angle 90°,\ Z_3=0-j5=5\angle -90°,$$
$$Z_4=3+j4=5\angle 53.13°,\ Z_5=8-j6=10\angle -36.87° \tag{11.18}$$

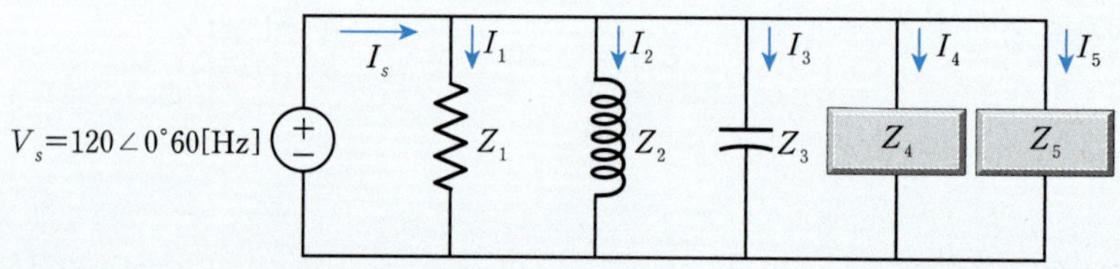

[그림 11-8] 정현파 입력회로

풀이

[그림 11-8]의 회로에서 복소전류(페이저 전류) $I_i(i=1,\ 2,\ 3,\ 4,\ 5)$의 값을 확장된 옴의 법칙으로 구하면 다음과 같다.

$$I_1 = \frac{V_s}{Z_1} = 24\angle 0°,\quad I_2 = \frac{V_s}{Z_2} = 30\angle -90°,\quad I_3 = \frac{V_s}{Z_3} = 24\angle 90°,$$

$$I_4 = \frac{V_s}{Z_4} = 24\angle -53.13°,\quad I_5 = \frac{V_s}{Z_5} = 12\angle 36.87° \tag{11.19}$$

전체 전류는 $I_s = I_1 + I_2 + I_3 + I_4 + I_5$이므로 I_s의 값은 다음과 같다.

$$I_s = 48 - j18\,[\mathrm{A}]$$

유효전력과 무효전력은 다음과 같다.

$$\text{유효전력 } P = |V_s| \times 48 = 5760\,[\mathrm{W}]$$
$$\text{무효전력 } Q = |V_s| \times (-18) = -2160\,[\mathrm{VAR}]$$

각각의 임피던스에서 발생하는 전력을 고려하여 전체 전력을 구하면 다음과 같다.

$$\begin{aligned} P &= P_1 + P_2 + P_3 + P_4 + P_5 \\ &= 120\cos 0° + 0 + 0 + 120 \times 24\cos(-53.13°) + 120 \times 12\cos(36.87°) \\ &= 5760\,[\mathrm{W}] \end{aligned}$$

$$\begin{aligned} Q &= Q_1 + Q_2 + Q_3 + Q_4 + Q_5 \\ &= 0 + 120 \times 30\sin(-90°) + 120 \times 24\sin(90°) \\ &\quad + 120 \times 24\sin(-53.13°) + 120 \times 12\sin(36.87°) \\ &= -2160\,[\mathrm{VAR}] \end{aligned}$$

복소전력은 유효전력 P와 무효전력 Q에 각각의 전력보존 법칙이 성립함을 알 수 있다.

SECTION 11.5 복소전력의 최대전력전달 법칙과 역률

복소전력의 최대전력전달 법칙은 5.4절에서 설명한 저항회로에서의 최대전력전달 정리를 임피던스 개념으로 확장한 것이다. 그러므로 복소전력의 최대전력전달 법칙은 저항 값 R을 임피던스 $Z=R+jX$의 값으로 대체하여 설명할 수 있다.

[그림 11-9]와 같은 회로에서 단자 $a-b$ 왼쪽 회로의 최대전력이 오른쪽 부하회로에 전달되는 조건을 구하면 다음과 같다.

$$I=\frac{V_s}{(R_s+R_L)+j(X_s+X_L)}$$

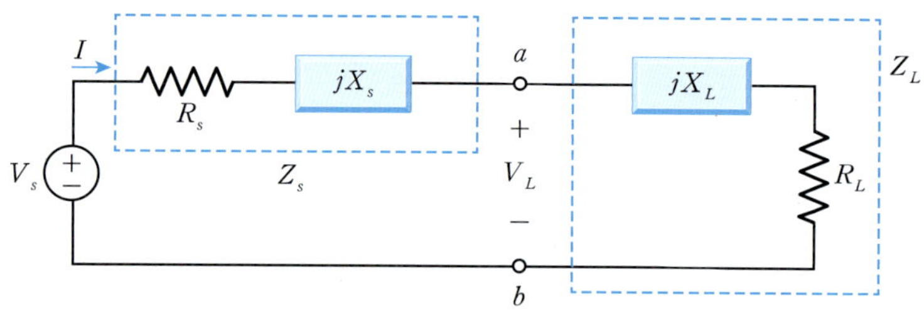

[그림 11-9] 복소전력의 최대전력전달 회로

또한 부하에서의 유효전력 값은 다음과 같다.

$$P=P_{AV}=|I|^2R_L=\frac{V_s^2R_L}{(R_s+R_L)^2+(X_s+X_L)^2}$$

유효전력 P를 최대화하기 위해 위의 식을 각각 R_L과 X_L에 대하여 편미분하고, 이를 0으로 두면 다음과 같은 식이 된다.

$$\frac{\partial P}{\partial X_L}=\frac{V_s^2\left[-2R_L(X_s+X_L)\right]}{\left[(R_s+R_L)^2+(X_s+X_L)^2\right]^2}=0$$

여기서 $X_L=-X_s$를 구할 수 있고, 만약 $V_s\neq 0$이라면 다음 식과 $X_L=-X_s$로부터 $R_s=R_L$이 된다.

$$\frac{\partial P}{\partial R_L} = \frac{V_s^2\left[(R_s+R_L)^2+(X_s+X_L)^2-2R_L(R_s+R_L)\right]}{\left[(R_s+R_L)^2+(X_s+X_L)^2\right]^2} = 0$$

즉 복소전력 회로에서 **최대전력전달 조건**은 다음과 같다.

$$\begin{aligned} R_L &= R_s \\ X_s &= -X_L \end{aligned} \tag{11.20}$$

이렇게 앞단 회로와 뒷단 회로의 임피던스를 서로 맞추어 최대전력이 전달되도록 하는 것을 **임피던스 정합** impedance matching이라고 한다.

또한 [그림 11-9]와 같이 최대전력이 전달되는 회로에서는 최대전력전달 조건에 따라, 모든 리액턴스 값이 식 (11.20)과 같이 서로 상쇄되어 0이 된다. 이는 회로에서 **유효전력만을 발생시키는 저항소자만 남아 있는 경우**이므로 결국 **역률이** 1이 되는 경우에 해당된다.

최대전력전달 회로 = 역률이 1인 회로

이때 **부하에 전달되는 최대전력**은 모든 리액턴스 값이 상쇄되어 저항만 있는 경우 5.4절에서 설명한 최대전력전달 정리와 마찬가지이므로 다음과 같다.

$$P_{\max} = \frac{V_{s_{eff}}^2}{4R_s}$$

SECTION 11.6 결합 인덕터와 변압기

인덕터 회로는 주로 인덕터가 단독으로 작용하는 회로를 말하지만, 전압이나 전류의 변환을 위해서 서로 결합하여 이루어진 결합 인덕터 회로도 있다. 이러한 결합 인덕터 회로에서는 자체의 인덕턴스 값에 의하여 생성되는 전압, 전류 외에도 상호작용으로 발생되는 전압, 전류도 존재하게 된다. 따라서 이러한 결합 인덕터 회로의 해석에서는 상호작용을 정의하는 상호인덕턴스 값을 고려해야 한다. 그리고 이로부터 유도된 별도의 전압, 전류도 고려해야 한다.

먼저 [그림 11-10]을 살펴보자.

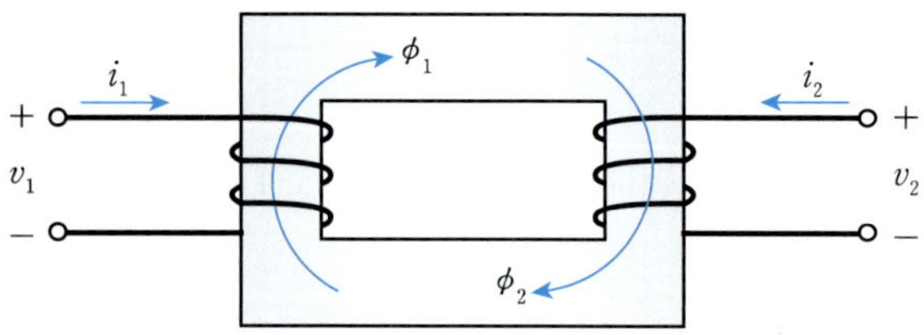

[그림 11-10] 결합 인덕터

[그림 11-10]에서 $\phi_1 \propto N_1 i_1$, 즉 왼쪽 철심과 코일에서 유도되는 자장 ϕ_1은 철심에 감긴 코일의 권선수 N_1과 전류 i_1에 비례한다.

$$\lambda_1 \propto N_1 \phi_1 = N_1^2 i_1$$

이때 자속 λ_1과 전압 v_1, 자장 ϕ_1은 상호 관계에 의해 식 (11.21)과 같다.

$$v_1 = \frac{d\lambda_1}{dt} \propto N_1^2 \frac{di_1}{dt}\bigg|_{i_2 = 0} \tag{11.21}$$

그러므로 **자기인덕턴스**self-inductance L_1의 정의에 따라 다음과 같다.

$$v_1 = L_1 \frac{di_1}{dt}\bigg|_{i_2 = 0} \tag{11.22}$$

식 (11.21)과 유사하게 $\phi_2 \propto \phi_1$이므로 다음과 같은 식을 구할 수 있다.

$$v_2 = N_2 \frac{d\phi_2}{dt} \propto N_2 N_1 \frac{di_1}{dt}$$

따라서 **상호인덕턴스**mutual inductance M의 정의에 따라 다음 식을 구한다.

$$v_2 = M\frac{di_1}{dt}|_{i_2=0}$$

마찬가지로 식 (11.23)과 같이 i_2에 의해 유도되는 기전력 v_2는 자기인덕턴스 L_2에 의해 유도되고, 또한 상호인덕턴스 M에 의해 유도되는 기전력 v_1이 존재하게 된다.

$$v_2 = L_2\frac{di_2}{dt}|_{i_1=0}, \quad v_1 = M\frac{di_2}{dt}|_{i_1=0} \tag{11.23}$$

그러므로 중첩의 원리에 의하여 v_1, v_2는 각각 다음과 같다.

$$\begin{aligned} v_1 &= L_1\frac{di_1}{dt} + M\frac{di_2}{dt} \\ v_2 &= M\frac{di_1}{dt} + L_2\frac{di_2}{dt} \end{aligned} \tag{11.24}$$

이러한 결합 인덕터의 기호는 [그림 11-11]과 같다.

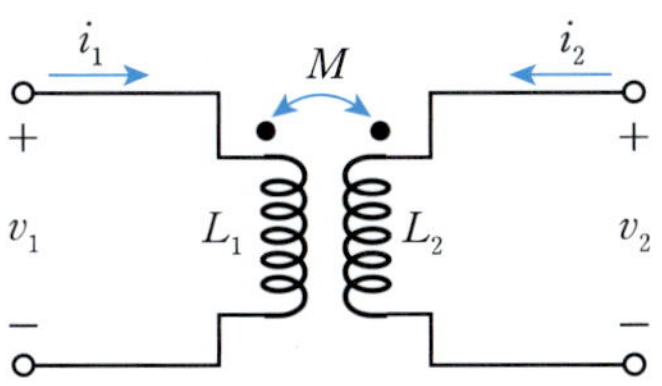

[그림 11-11] 결합 인덕터 회로의 기호

11.6.1 결합 인덕터의 전압, 전류의 극성

[그림 11-11]의 코일 위에 찍힌 점은 코일에 입력되는 전압 및 전류의 극성을 나타낸다. 즉 코일의 경우 3차원적으로 코일의 권선 방향에 따라 유도자속 방향이 달라지지만, 이러한 3차원적인 정보를 2차원 평면에 표시할 수 없기 때문에 점으로 표기한다. 따라서 이 점의 위치에 따라 유도되는 전류와 전압의 방향이 달라지고, 결과적으로는 상호인덕턴스의 부호도 달라진다. 이 절에서는 이러한 점의 위치가 달라질 때 어떻게 유도전압 및 전류의 방향을 정해야 하는지에 대한 방법론을 제시한다.

예제 11-5 점의 위치와 전압 및 전류의 극성

[그림 11-12]의 결합 인덕터 회로에서 v_1, v_2, i_1, i_2에 대한 연립 미분방정식을 유도하라.

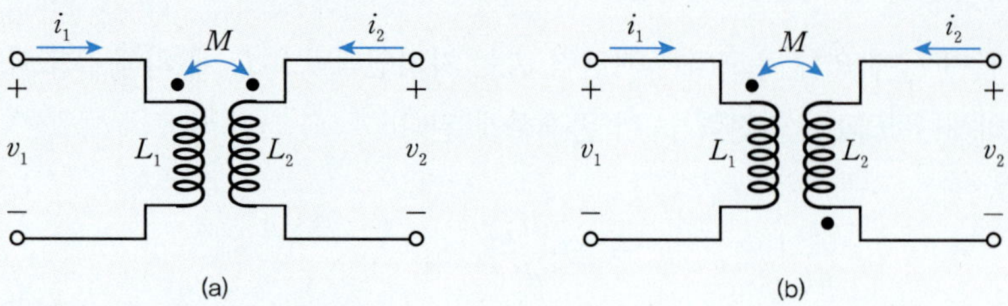

[그림 11-12] 결합 인덕터 회로

풀이

먼저 [그림 11-12(a)]는 [그림 11-11]의 회로와 같다. 따라서 이 회로에서 연립 미분방정식을 유도하면 식 (11.25)와 같이 나타낼 수 있다.

$$v_1 = L_1\frac{di_1}{dt} + M\frac{di_2}{dt}$$
$$v_2 = M\frac{di_1}{dt} + L_2\frac{di_2}{dt} \tag{11.25}$$

이 경우 모든 항의 부호가 양수가 되는 표준형 수식이 된다. 다시 말해서 이 회로와 같이 모든 전류와 전압의 방향이 점으로 들어가는 형태가 되면, 이러한 회로는 표준형 회로로 간주하고 모든 항의 부호는 양수가 된다.

둘째로 [그림 11-12(b)]는 표준형 회로와 비교하면 i_2의 방향과 v_2의 방향이 반대이다. 따라서 식 (11.25)에서 i_2 대신 $-i_2$를, v_2 대신 $-v_2$를 삽입하여 해당하는 연립 미분방정식을 구한다.

$$\begin{aligned} v_1 &= L_1\frac{di_1}{dt} + M\frac{d(-i_2)}{dt} \\ -v_2 &= M\frac{di_1}{dt} + L_2\frac{d(-i_2)}{dt} \end{aligned} \quad\Rightarrow\quad \begin{aligned} v_1 &= L_1\frac{di_1}{dt} - M\frac{di_2}{dt} \\ v_2 &= -M\frac{di_1}{dt} + L_2\frac{di_2}{dt} \end{aligned} \tag{11.26}$$

즉 점의 위치와 전압, 전류의 방향은 다음과 같은 순서에 의해 결정된다.

❶ 주어진 문제와 같은 형태의 표준형 회로를 만든다. 즉 모든 전류와 전압의 방향이 점으로 들어가는 방향인 표준형 회로를 만든다.

❷ 표준형 회로에서 모든 항의 부호가 양수가 되는 연립 미분방정식을 유도한다.

❸ 문제에 주어진 전류와 전압 방향 중 표준형 회로의 방향과 서로 다른 변수를 찾아 음수 값으로 대체한다(예 i_2 대신 $-i_2$로, v_1 대신 $-v_1$으로 대체한다).

❹ 양변에 (−) 값을 적절히 곱하여 수식을 정리한다.

예제 11-6 3상 결합 인덕터 회로의 전류, 전압 방향 결정

[그림 11-13]의 회로의 연립 미분방정식을 유도하라.

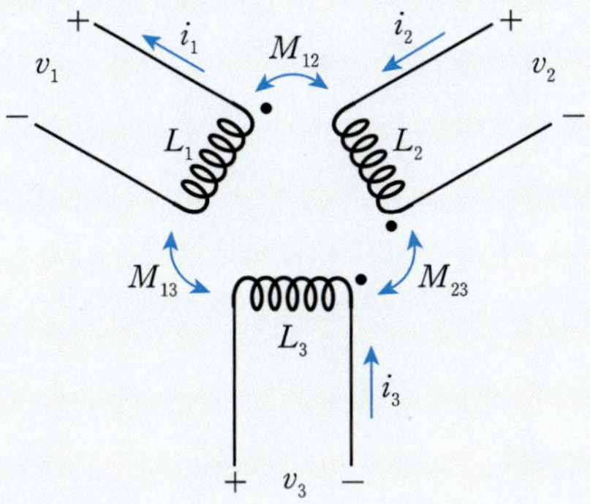

[그림 11-13] 3상 결합 인덕터 회로

풀이

먼저 [그림 11-14]와 같은 표준형 회로의 연립 미분방정식을 세우면 다음과 같다.

$$v_1 = L_1\frac{di_1}{dt} + M_{12}\frac{di_2}{dt} + M_{13}\frac{di_3}{dt}$$

$$v_2 = M_{12}\frac{di_1}{dt} + L_2\frac{di_2}{dt} + M_{23}\frac{di_3}{dt}$$

$$v_3 = M_{13}\frac{di_1}{dt} + M_{23}\frac{di_2}{dt} + L_3\frac{di_3}{dt}$$

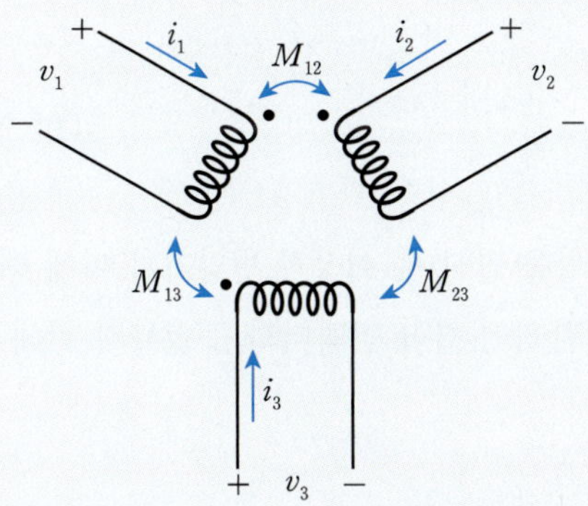

[그림 11-14] 표준형 3상 결합 인덕터 회로

[그림 11-13]과 이것의 표준형인 [그림 11-14]를 비교하면 다음과 같은 결과가 나온다.

$$i_1 \Rightarrow -i_1 \qquad i_2 \Rightarrow -i_2$$
$$v_2 \Rightarrow -v_2 \qquad v_3 \Rightarrow -v_3$$

이제 이들 관계를 원래의 표준형 수식에 대입하여 새로운 연립 미분방정식을 구한다.

$$v_1 = L_1\frac{d(-i_1)}{dt} + M_{12}\frac{d(-i_2)}{dt} + M_{13}\frac{di_3}{dt}$$

$$-v_2 = M_{12}\frac{d(-i_1)}{dt} + L_2\frac{d(-i_2)}{dt} + M_{23}\frac{di_3}{dt}$$

$$-v_3 = M_{13}\frac{d(-i_1)}{dt} + M_{23}\frac{d(-i_2)}{dt} + L_3\frac{di_3}{dt}$$

이 식을 정리하여 표준형으로 만들면 다음과 같다.

$$v_1 = -L_1\frac{di_1}{dt} - M_{12}\frac{di_2}{dt} + M_{13}\frac{di_3}{dt}$$

$$v_2 = M_{12}\frac{di_1}{dt} + L_2\frac{di_2}{dt} - M_{23}\frac{di_3}{dt}$$

$$v_3 = M_{13}\frac{di_1}{dt} + M_{23}\frac{di_2}{dt} - L_3\frac{di_3}{dt}$$

11.6.2 이상적 변압기

결합 인덕터의 상호인덕턴스 M과 자기인덕턴스 L_1, L_2 간의 비율은, 2개의 인덕터가 얼마나 잘 결합되어 있는가를 나타내는 **결합상수** k로 표시한다. 이때 결합상수 k는 다음과 같이 정의되는데, 이는 두 코일이 얼마나 잘 결합되어 있는가의 척도로 사용된다.

$$k = \frac{M}{\sqrt{L_1 L_2}} \leq 1 \qquad (11.27)$$

$k=1$, 즉 $M=\sqrt{L_1L_2}$인 경우는 완벽하게 결합된 인덕터 쌍을 말하며, **이상적 변압기**가 이에 해당한다. 이러한 이상적 변압기는 [그림 11-15]의 기호처럼 일반적인 결합 인덕터와 구별하기 위해 코일 사이에 두 줄을 삽입한다.

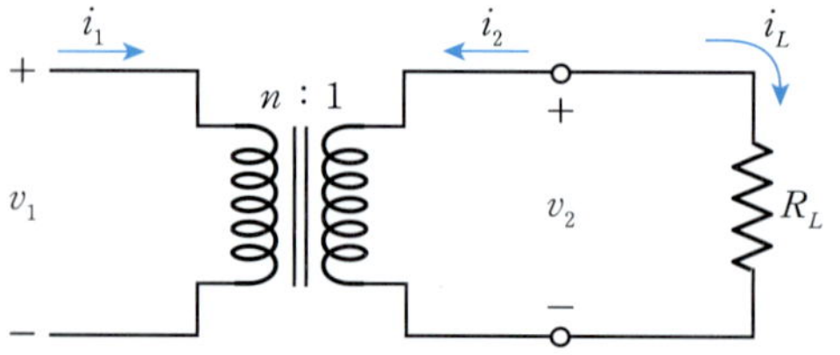

[그림 11-15] 이상적 변압기 회로의 기호

일단 결합 인덕터가 완벽한 결합으로 이상적 변압기가 되면, 더 이상 회로에서의 자기인덕턴스와 상호인덕턴스에 의한 전압, 전류 계산은 의미가 없다. 대신 권선수 비율만으로 전류, 전압의 변화량을 구한다. 즉 다음과 같은 관계식이 된다.

$$i_L = -i_2, \quad \frac{i_1}{i_L} = \frac{1}{n}, \quad \frac{v_1}{v_2} = n \tag{11.28}$$

단, 여기서 n은 1차 코일과 2차 코일의 권선수의 비율을 나타낸다.

또한 $v_1 = nv_2 = nR_Li_L = n^2R_Li_1$의 관계로부터 다음과 같은 식을 구할 수 있다.

$$\frac{v_1}{i_1} = Z_1 = n^2R_L \tag{11.29}$$

따라서 [그림 11-16]과 같은 변압기에서 1차 코일에서의 임피던스 값 Z_1은 실효부하저항 effective load resistance 값 n^2R_L이 된다.

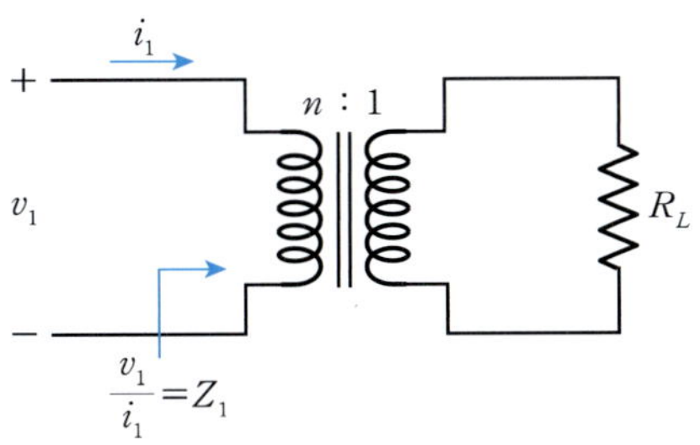

[그림 11-16] 변압기 회로

예제 11-7 이상적 변압기의 최대전력전달 조건

[그림 11-17]과 같이 이상적 변압기 회로에서 주어진 100[Ω]과 900[Ω]이 최대전력전달의 조건을 만족하도록 변압기 권선수의 비율 n을 정하라.

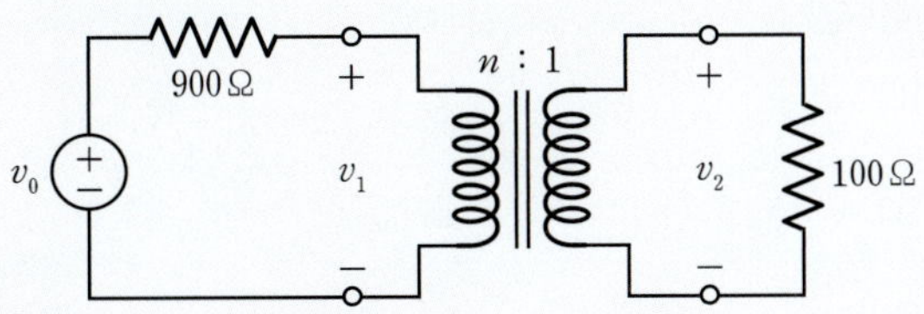

[그림 11-17] 변압기 회로

풀이

이 회로에서 1차 코일 쪽의 v_0와 900[Ω] 회로에서 발생한 전력이, 부하에 최대로 전달되기 위한 부하의 조건은 $R_L = 900$[Ω]이다. 즉 실효부하저항이 900[Ω]이 되도록 n의 값을 조정해야 한다. 따라서 식 (11.29)에 의해 $900 = n^2 \times 100$이 되므로 결국 $n = 3$(3 : 1 이상적 변압기)이 된다.

CHAPTER

11 핵심요약

이 장에서는 교류 정현파 전원에 의한 교류 정상상태 전력에 관해 살펴보았다. 교류 정상상태 전력은 복소전력(S)이므로 유효전력(실숫값)과 무효전력(허숫값)으로 이뤄지며, 그 크기전력은 피상전력으로 나타낸다.

■ 평균전력(P_{AV} : 유효전력) : 저항에 의해서만 발생되는 전력

$v(t) = V_m \cos(\omega t + \theta_v)$, $i(t) = I_m \cos(\omega t + \theta_i)$일 때,

$$P_{AV} = \frac{V_m I_m}{2} \cos\phi$$

$$= \frac{V_m I_m R}{2|Z|} = \frac{V_m^2 R}{2|Z|^2} = \frac{I_m^2}{2} R$$

■ 실횻값(RMS 값)

$$I_{eff} = \sqrt{\frac{1}{T}\int_0^T i^2(\tau)d\tau} = I_{\text{RMS}},\quad V_{eff} = \sqrt{\frac{1}{T}\int_0^T v^2(\tau)d\tau} = V_{\text{RMS}}$$

정현파 주기함수에 대해서는 다음과 같다.

$$V_{eff} = \frac{V_m}{\sqrt{2}},\quad I_{eff} = \frac{I_m}{\sqrt{2}}$$

■ 복소전력(S)

복소전력(S) = 유효전력(P) + j무효전력(Q)
[VA] [W] [VAR]

$P = |S|\cos\phi = P_{AV}$

$Q = |S|\sin\phi,\ \phi = \theta_v - \theta_i = \theta_Z$

■ 역률과 역률개선

- $\cos\theta_Z$의 값을 역률이라 한다.
  $\theta_Z = \theta_v - \theta_i > 0$이면, 뒤진 역률(전류가 전압에 뒤진 역률)
  $\theta_Z = \theta_v - \theta_i < 0$이면, 앞선 역률(전류가 전압을 앞선 역률)
- $\cos\theta_Z$(역률)의 값을 1에 가깝게 개선하는 것을 역률개선이라 한다.

■ 전력보존 법칙

복소전력 $S = P + jQ$일 때,

- 복소전력 : $S = S_1 + S_2 + S_3 + \cdots + S_n$
- 유효전력 : $P = P_1 + P_2 + P_3 + \cdots + P_n$
- 무효전력 : $Q = Q_1 + Q_2 + Q_3 + \cdots + Q_n$

■ 최대전력전달 법칙

최대로 전력이 전달되기 위해서는 $R_L = R_s$, $X_s = -X_L$이 되어야 한다.

■ 결합 인덕터의 회로해석(표준형)

표준형이란 모든 전류와 전압이 점 방향으로 들어가는 회로를 말한다. 이때 모든 자기인덕턴스와 결합인덕턴스의 값은 양수 값을 가진다. 실제 회로의 점의 방향에 따른 전류, 전압의 극성은 이 표준형과의 전류, 전압 방향과 비교하여, 방향이 같으면 (+), 다르면 (−)를 취한다.

$$v_1 = L_1\frac{di_1}{dt} + M\frac{di_2}{dt}$$

$$v_2 = M\frac{di_1}{dt} + L_2\frac{di_2}{dt}$$

■ 이상적 변압기의 회로해석

$$i_2 = -i_L,\ \frac{i_1}{i_L} = \frac{1}{n},\ \frac{v_2}{v_1} = \frac{1}{n},\ \frac{v_1}{i_1} = Z_1 = n^2R_L$$

CHAPTER 11 연습문제

평균전력

11.1 [그림 11-18]의 2[Ω]의 저항에서 소모될 전력 값은 얼마인가?

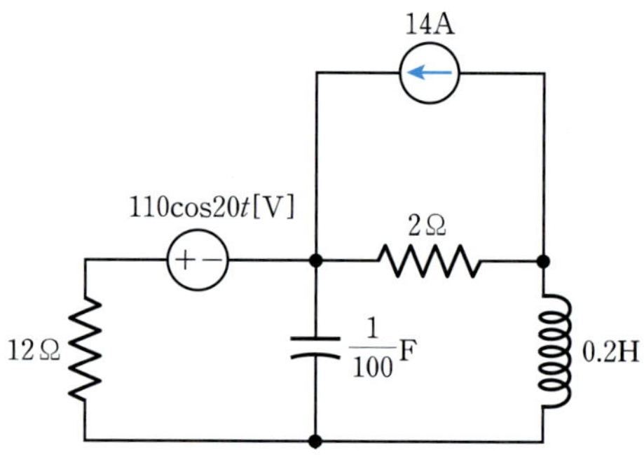

[그림 11-18]

11.2 다음의 회로에서 2[Ω]의 저항에 의해 소모되는 평균전력 값을 구하라.

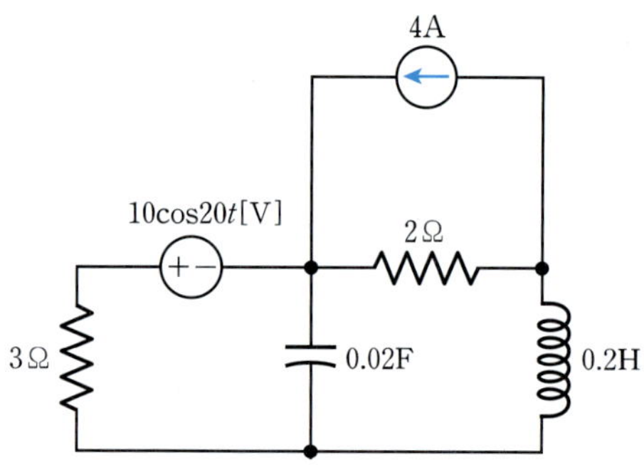

[그림 11-19]

11.3 다음의 회로로부터 발생되는 평균전력 값을 구하라.

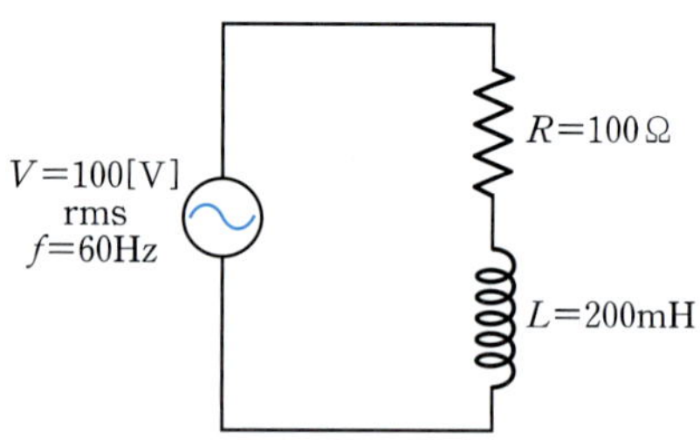

[그림 11-20]

11.4 다음의 회로에서, 각 가지branch에 흐르는 전류 I_L, I_C의 값과, 각 가지에서 발생되는 평균전력 P_{RL}과 P_{RC}의 값을 구하라.

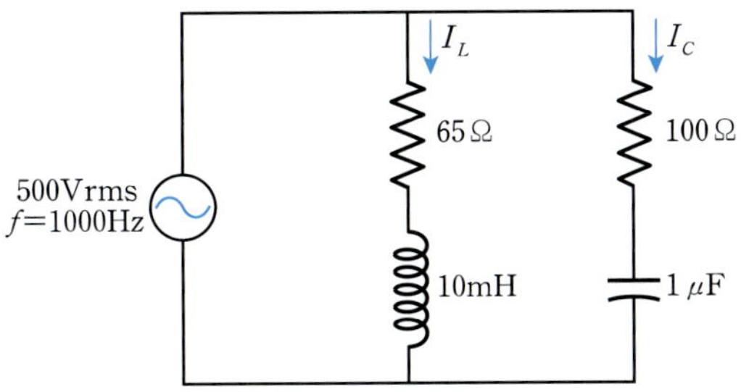

[그림 11-21]

11.5 다음의 회로에서 노드해석법으로 20[Ω]의 저항에서 소모되는 전력 값을 구하라.

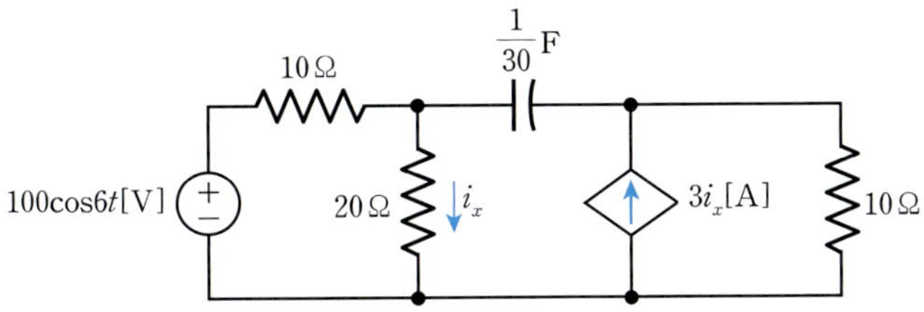

[그림 11-22]

11.6 다음의 회로에서 2[Ω]의 저항에 의해 소모된 평균전력을 구하고, 전류전원에 의하여 공급되는 평균전력을 구하라.

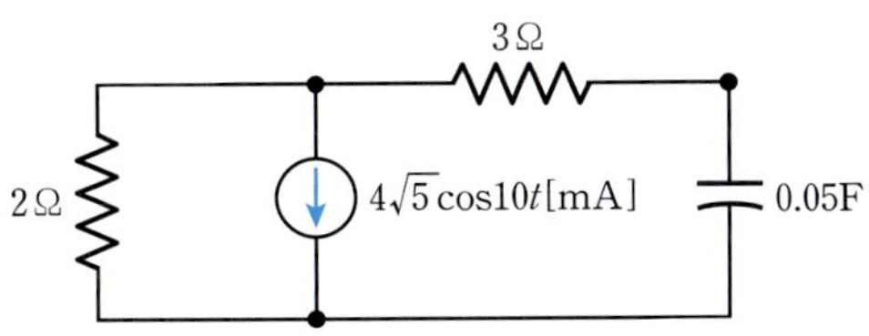

[그림 11-23]

실횻값 전력

11.7 다음의 회로로부터 측정된 리액터 전압은 75[V]이고(즉, [그림 11-24(b)]와 같음), 회로에 공급되는 전체 전력량은 190[W]이다. 이때 저항 R과 리액턴스 X, 실효 전류값 I의 값을 구하라.

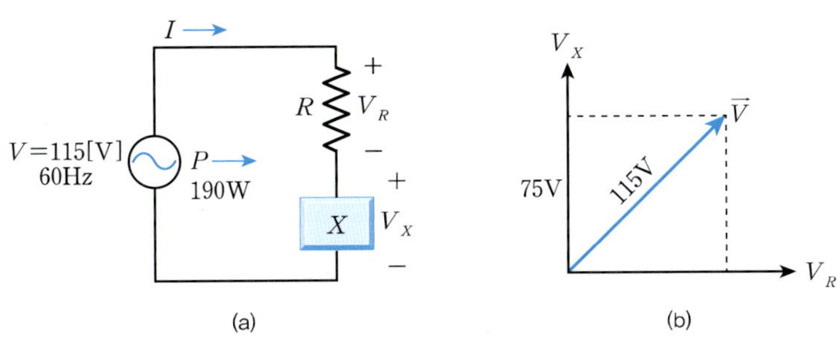

[그림 11-24]

복소전력

11.8 [그림 11-25]의 부하에 의해 소모되는 복소전력이 $S=6.61+j1.98$[VA]일 때 R과 C의 값을 구하라.

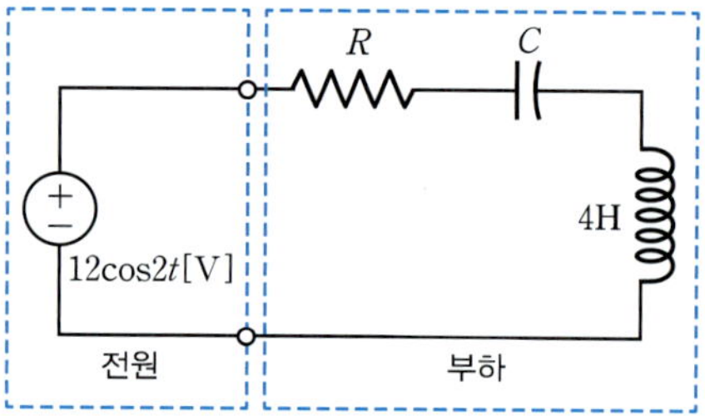

[그림 11-25]

최대전력전달 법칙

11.9 [그림 11-26]과 같이 복소 내부임피던스를 가지는 전압전원이 회로부하에 연결되어 있다. 이 부하가 100[V](실횻값)에 연결되어 평균전력 1[kW]를 뒤진(lagging) 역률 0.80으로 소모할 때 다음 물음에 답하라. (단, 전원 주파수는 400[rad/s]이다.)

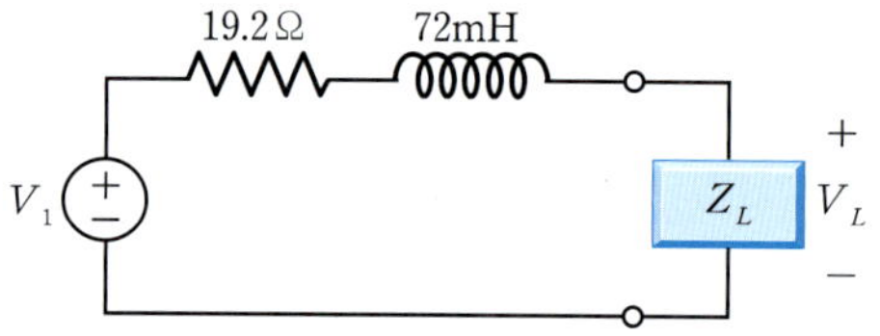

[그림 11-26]

(a) 페이저 V_1의 값을 구하라($V_L = 100\angle 0°$).

(b) 부하에 병렬로 연결하여 최대전력전달을 이루게 할 소자의 형태와 값을 구하라.

11.10 다음의 회로에서 부하 4000[Ω]의 저항에 최대전력을 소모하게 하려면, 병렬로 연결한 커패시터의 값을 어떻게 결정해야 하는가?

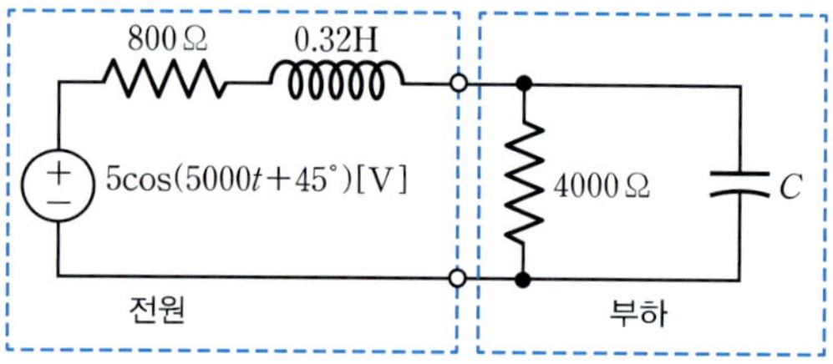

[그림 11-27]

역률과 역률개선

11.11 [그림 11-28]과 같이 변전소의 전력이 1.1[Ω](리액턴스는 무시함)의 선로를 통해, 부하 3개를 병렬로 연결하여 사용하는 사용자에게 660[VA]의 전력으로 공급된다. 부하 3개에서 소비되는 평균전력과 역률이 다음과 같을 때, 물음에 답하라.

- 부하 1 : 15[kW], 뒤진 역률 0.6
- 부하 2 : 20[kW], 앞선 역률 0.707
- 부하 3 : 10[kW], 뒤진 역률 0.4

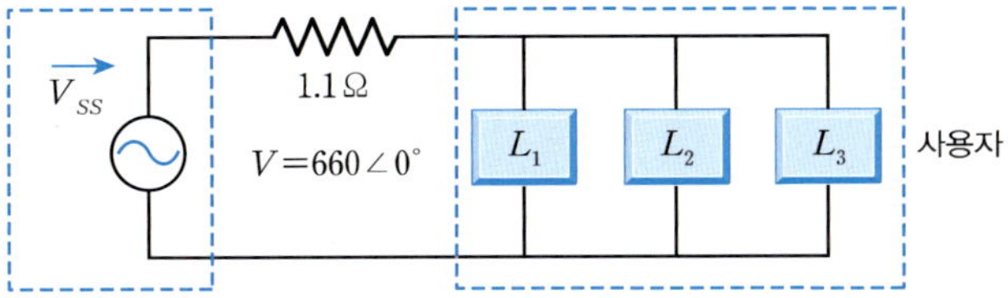

[그림 11-28]

(a) 변전소의 전압 V_{SS}를 구하라.

(b) 전체 변전소 전력의 몇 퍼센트가 사용자에게 전달되었는가?

11.12 코일에 단상 100[V]의 전압을 가하면 30[A]의 전류가 흐르고 1.8[kW]의 전력을 소비한다고 한다. 이 코일과 병렬로 콘덴서를 접속하여 회로의 역률을 100%로 하기 위한 용량 리액턴스는 약 몇 [Ω]인가?

11.13 도전 [그림 11-29]와 같이 3개의 부하가 병렬연결되어 있다. 다음의 각 물음에 답하라. 단, 부하 L_1은 16[kW]의 평균전력과 28[kVAR]의 지상무효전력을 흡수(요구)한다. 부하 L_2는 피상전력 10[kVA], 진상역률 0.8인 부하이다. 부하 L_3는 $1+j2$[Ω]의 임피던스를 갖고 있다. 한편 부하단자 c, d의 순시 전압 $v_{cd}(t)$는 항상 $v_{cd}(t)=220\sqrt{2}\cos(120\pi t)$[V]로 제어되고 있다.

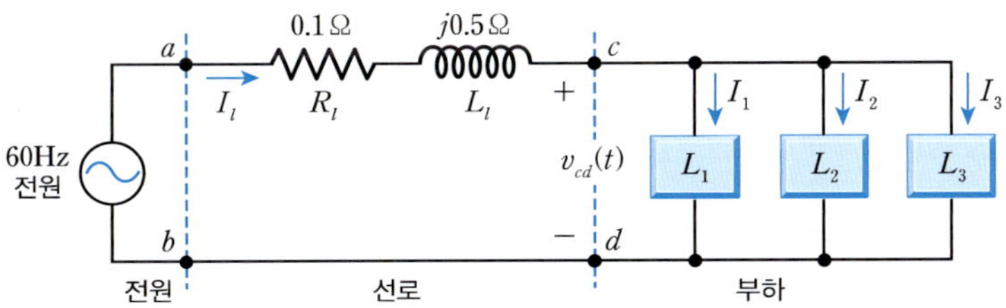

[그림 11-29]

(a) 부하단자 c, d에서 본 병렬 부하의 전체 평균전력과 전체 무효전력을 구하라.

(b) 부하단자 c, d에서 본 부하 쪽 역률이 진상역률 0.9가 되도록 부하 쪽 단자 c, d에 연결해야 할 무효전력 보상커패시터의 커패시턴스 C_{comp}를 구하라.

(c) 무효전력을 보상하기 전과 보상한 후의 선로의 전력손실을 구하고, 비교하라.

최대전력전달 법칙 및 역률

11.14 도전 다음의 회로를 보고, 물음에 답하라. (단, $\omega = 2,000$[rad/s]이다.)

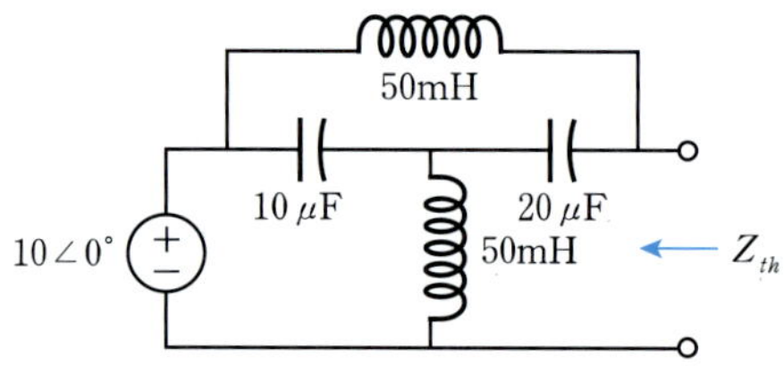

[그림 11-30]

(a) 임피던스에 의한 테브난 등가회로를 구하라.

(b) 이 회로에 부하를 가하여 부하에 최대전력이 전달되도록 하려면, 부하의 임피던스 값은 얼마가 되어야 하는가?

(c) 부하를 가하기 전의 임피던스 역률은 얼마인가?

결합 인덕터 회로

11.15 다음의 회로에서 임피던스 Z_T의 값을 구하라. (단, $L_s = 0$, $f = 100$[kHz]이다.)

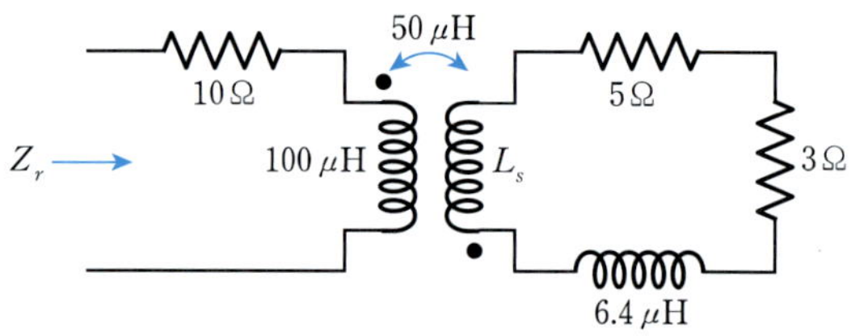

[그림 11-31]

11.16 다음의 회로에서 i_1, i_2를 구하려는 1차 루프회로와 2차 루프회로의 연립 미분방정식을 세워라.

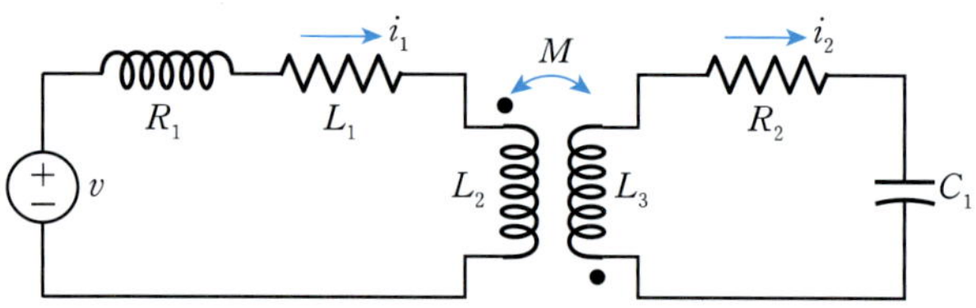

[그림 11-32]

11.17 다음의 회로에서 Z_{ab}의 값을 구하라.

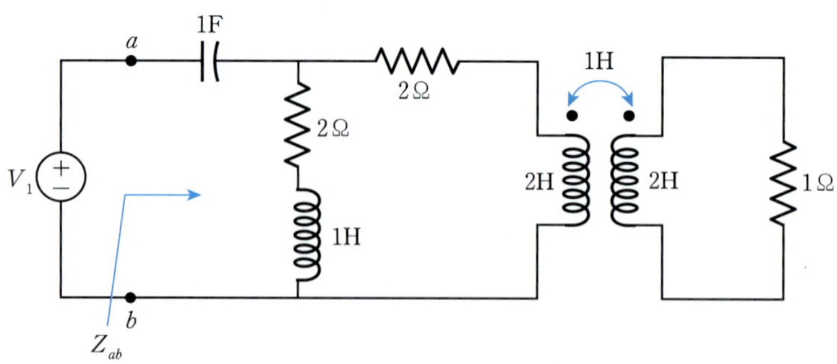

[그림 11-33]

11.18 다음의 회로에서 i_R의 정상상태응답을 구하라. (단, L_1, L_2의 초기전류는 0[A]이다.)

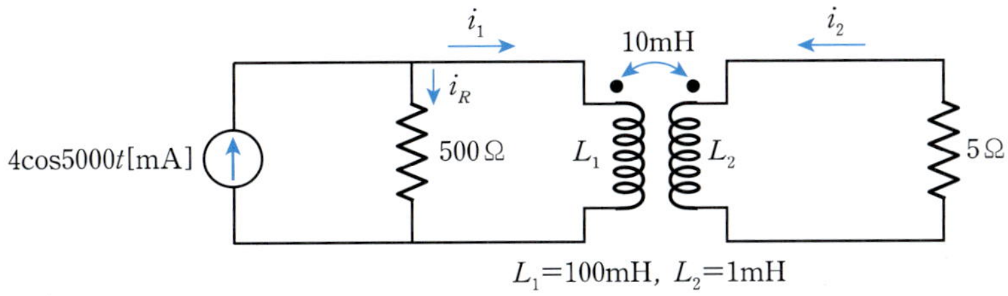

[그림 11-34]

11.19 도전 음의 변압기 회로에서 i_2의 값을 구하라.
(단, L_1, L_2의 초기전류 $i_1(0^-)$, $i_2(0^-)$의 값은 모두 1[A]로 가정한다.)

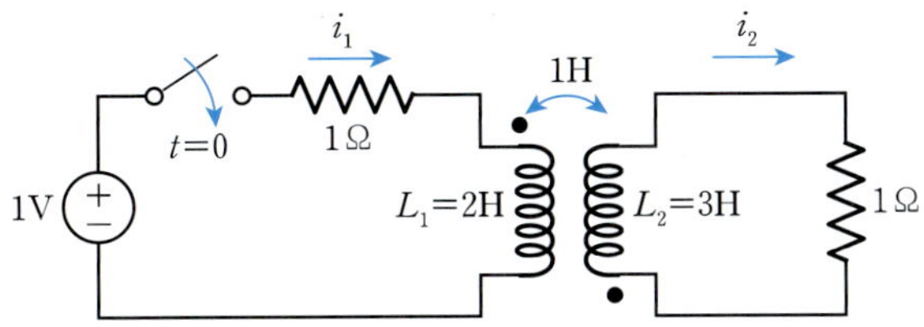

[그림 11-35]

11.20 도전 [그림 11-36]의 변압기 회로에서, $L_1 = 1$[H], $L_2 = 0.04$[H], $M = 0.2$[H], $R_1, R_2 = 100$[Q], $V_1(t)$는 사인 파형의 순수 AC 전압원으로 rms 전압이 200[Vrms]이고 각 주파수는 400[rad/s]이다. 즉, $V_1(t) = V_{1m}\sin(400t)$[V]이다. 이때 다음 물음에 답하라. (단, $M = \sqrt{L_1 L_2}$[H], 완전결합(perfect magnetic coupling)이라고 가정한다.)

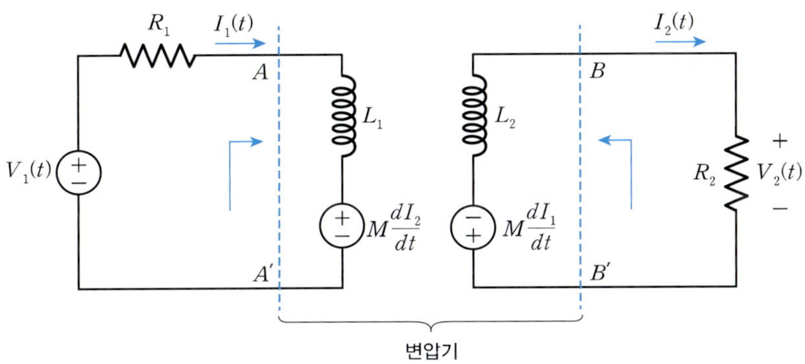

[그림 11-36]

(a) A − A′ 경계면에서 L_1 쪽으로 들여다본 등가회로를 그려라.

(b) $R_1 = 0$[Ω]일 때 R_2로부터 B − B′ 경계면에서 L_2 쪽으로 들여다본 등가회로를 그려라.

(c) $R_1 = 0$[Ω]일 때 R_2가 소모하는 평균전력과 $V_1(t)$가 공급하는 평균전력을 각각 와트 단위로 구하라. (단, $V_1(t)$가 공급하는 평균전력을 구하기 위해서는, 문제 (a)에서 구한 등가회로에서 $I_1(t)$의 식을 먼저 구하라.)

(d) $R_1 \neq 0$[Ω]일 때, $\left|\frac{I_2}{I_1}\right|$를 구하라.

이상적 변압기의 회로

11.21 다음의 회로에서 $n=5$로 주어졌을 때, 페이저 전압 V_1, V_2와 전류 I_1, I_2의 값을 구하라.

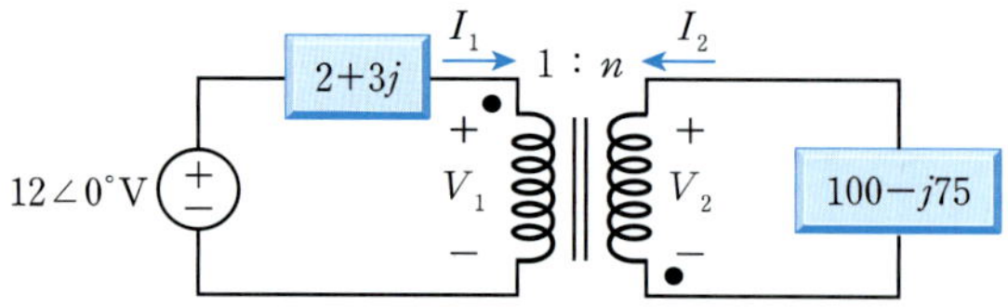

[그림 11-37]

11.22 다음의 이상적 변압기의 권선비가 1 : 10일 때, 물음에 답하라.

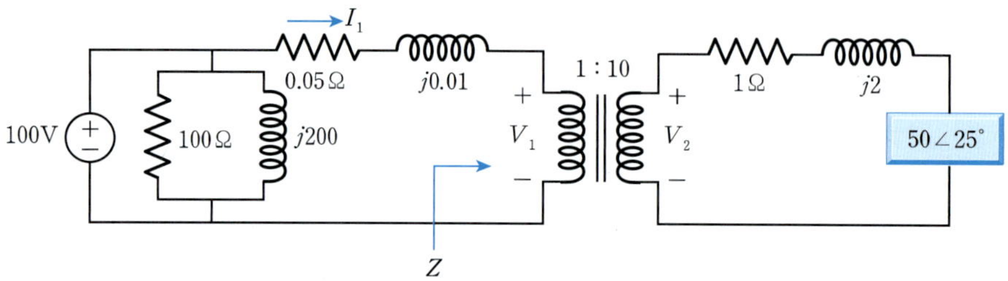

[그림 11-38]

(a) 변압기 1차 권선 쪽으로 들어가는 I_1의 값을 구하라.

(b) 1차 권선 쪽에서 들여다본 임피던스 값, 즉 $Z=\dfrac{V_1}{I_1}$의 값은 얼마인가?

CHAPTER

11 기출문제

전기기능사 2022년 1차

11.1 저항 8[Ω]과 리액턴스 6[Ω]이 직렬연결된 회로에 전압 100 $\sqrt{2}\sin\omega t$[V]를 인가했을 경우, 전류의 실횻값은 얼마인가?

① $10\sqrt{2}$ ② 10 ③ $100\sqrt{2}$ ④ 100

전기기능사 2022년 1차

11.2 1차전압 6,300[V], 2차전압 210[V], 주파수 60[Hz]의 변압기가 있다. 이 변압기의 권선비는?

① 30 ② 40 ③ 50 ④ 60

전기기능사 2022년 1차

11.3 변압기의 1차 측 저항이 360[Ω], 2차 측 저항이 0.1[Ω]일 때, 권선비는 얼마인가?

① 60 ② 360 ③ 3,600 ④ 6

전기기능사 2021년 1차

11.4 권선비 2, 2차전압 100[V], 2차전류 5[A], 2차 임피던스 20[Ω]인 변압기의 1차 환산 전압 및 1차 환산 임피던스는?

① 200[V], 80[Ω] ② 200[V], 40[Ω] ③ 50[V], 10[Ω] ④ 50[V], 5[Ω]

전기기능사 2021년 2차

11.5 $i = 200\sqrt{2}\sin\left(\omega t + \frac{\pi}{2}\right)$[A]를 복소수로 표시하면?

① 200 ② $j200$ ③ $200 \times j200$ ④ $200\sqrt{2} \times j200\sqrt{2}$

전기기능사 2021년 4차

11.6 무효전력이 10[Var]일 때 역률이 0.8이면 유효전력[W]은 약 얼마인가?

① 6.0 ② 8.0 ③ 7.5 ④ 13.34

전기기능사 2020년 1차

11.7 저항 12[Ω]과 유도성 리액턴스 9[Ω]의 직렬로 접속된 회로에 150[V]의 교류전압을 인가하는 경우에 흐르는 전류[A]와 역률은 각각 얼마인가?

① 7.14[A], 0.8 ② 7.14[A], 0.75 ③ 10[A], 0.8 ④ 10[A], 0.75

전기기능사 2020년 1차

11.8 $v=5+j2$[V], $i=4+j2$[A]일 때 무효전력[Var]은?

① 12 ② 16 ③ 18 ④ 24

전기기능사 2020년 1차

11.9 자기인덕턴스가 각각 L_1과 L_2인 두 개의 코일이 직렬로 가동접속되었을 때, 합성 인덕턴스를 나타낸 식은? (단, 자기력선에 의한 영향을 서로 받는 경우이다.)

① $L=L_1+L_2-M$ ② $L=L_1+L_2-2M$ ③ $L=L_1+L_2+M$ ④ $L=L_1+L_2+2M$

전기기능사 2020년 3회

11.10 $R-L$ 직렬회로에서 임피던스 $Z=3+j4$[Ω]이다. 이 회로에 교류 100[V]를 가할 때 유효전력[W]은?

① 1,200 ② 1,600 ③ 1,800 ④ 2,400

전기기능사 2019년 1회

11.11 유효전력 15[kW], 무효전력 12.5[kVar]를 소비하는 3상 평형부하에 3.5[kVar]의 전력용 콘덴서를 접속하면 접속 후의 피상전력은?

① 약 0.7[kVA] ② 약 12.6[kVA] ③ 약 17.5[kVA] ④ 약 27.1[kVA]

전기기능사 2019년 1회

11.12 인덕턴스 $L=20$[mH]인 코일에 실횻값 $V=50$[V], 주파수 $f=60$[Hz]인 정현파 전압을 인가했을 때 코일에 축적되는 평균 자기에너지 W_L[J]은 약 얼마인가?

① 6.3 ② 4.4 ③ 0.63 ④ 0.44

전기기능사 2019년 3회

11.13 전류순시값 $i=30\sin\omega t+40\sin(3\omega t+60°)$[A]의 실횻값은?

① 약 35.4[A] ② 약 42.4[A] ③ 약 56.6[A] ④ 약 70.7[A]

전기기능사 2018년 1회

11.14 그림과 같은 회로를 고주파 브리지로 인덕턴스를 측정했더니 [그림 11-39(a)]는 60[mH], [그림 11-39(b)]는 40[mH]였다. 이 회로의 상호인덕턴스 M은?

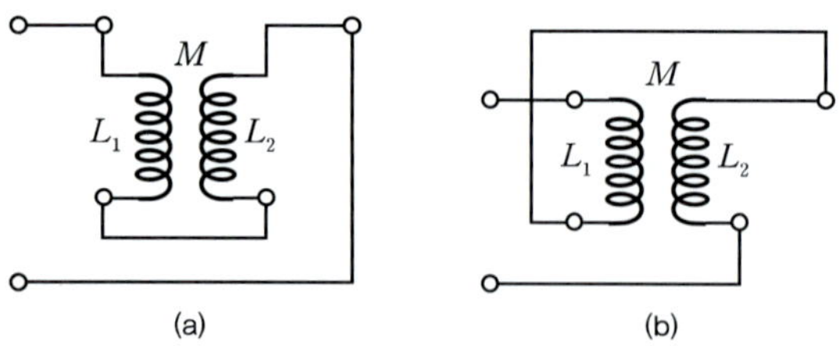

[그림 11-39]

① 2[mH] ② 3[mH] ③ 4[mH] ④ 5[mH]

2019년도 국가공무원 9급

11.15 코일에 직류전압 200[V]를 인가했더니 평균전력 1,000[W]가 소비되었고, 교류전압 300[V]를 인가했더니 평균 전력 1,440[W]가 소비되었다. 코일의 저항[Ω]과 리액턴스[Ω]는?

① 저항 30, 리액턴스 30　　② 저항 30, 리액턴스 40
③ 저항 40, 리액턴스 30　　④ 저항 40, 리액턴스 40

2019년도 국가공무원 9급

11.16 다음 회로의 역률이 0.8일 때, 전압 V_s[V]와 임피던스 X[Ω]는? (단, 전체 부하는 유도성 부하이다.)

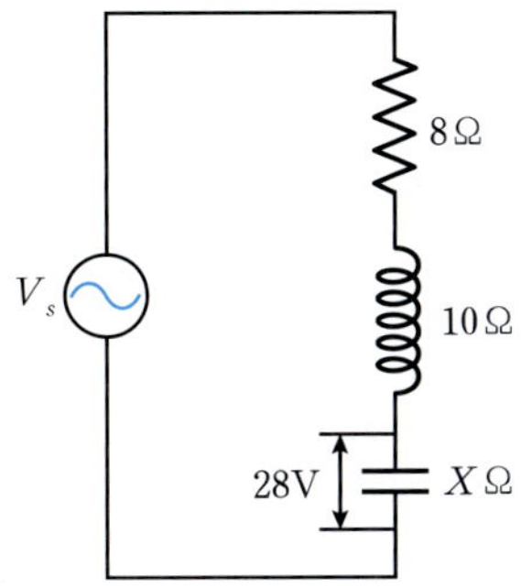

[그림 11-40]

① V_s[V] 70, X[Ω] 2　　② V_s[V] 70, X[Ω] 4
③ V_s[V] 80, X[Ω] 2　　④ V_s[V] 80, X[Ω] 4

2019년도 국가공무원 9급

11.17 그림과 같이 저항 $R_1 = R_2 = 10$[Ω], 자기인덕턴스 $L_1 = 10$[H], $L_2 = 100$[H], 상호인덕턴스 $M =$ 10[H]로 구성된 회로의 임피던스 Z_{ab}[Ω]는? (단, 전원 V_s의 각속도는 $\omega = 1$[rad/s]이고, $Z_L = 10 - j100$[Ω]이다.)

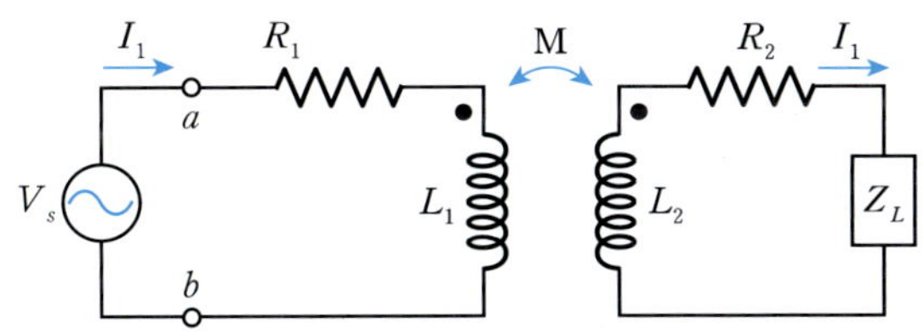

[그림 11-41]

① $10 - j15$　　② $10 + j15$　　③ $15 - j10$　　④ $15 + j10$

2023년도 국가공무원 9급

11.18 단상 교류회로에서 전압 $v(t) = 100\sin\left(1000t + \frac{\pi}{3}\right)$[V]를 부하에 인가하면, 전류 $i(t) = 5\sin(1000t + \theta)$[A]가 흐른다. 부하의 평균전력이 $125\sqrt{3}$[W]일 때 θ[rad]로 가능한 것은?

① 0　　② $\frac{\pi}{6}$　　③ $\frac{\pi}{4}$　　④ $\frac{\pi}{3}$

2023년도 국가공무원 9급

11.19 코일에 직류전압 100[V]를 인가하면 720[W]가 소비된다. 코일의 리액턴스[Ω]는? (단, 전압은 실횻값이다.)

① 10 ② 15 ③ 20 ④ 25

2023년도 국가공무원 9급

11.20 다음 회로에서 전원이 공급하는 평균전력은 100[W]이고 지상역률이 $\frac{1}{\sqrt{2}}$일 때, 저항 R[Ω]과 인덕턴스 L[mH]은? (단, $v(t) = 40\cos(1000t)$[V]이다.)

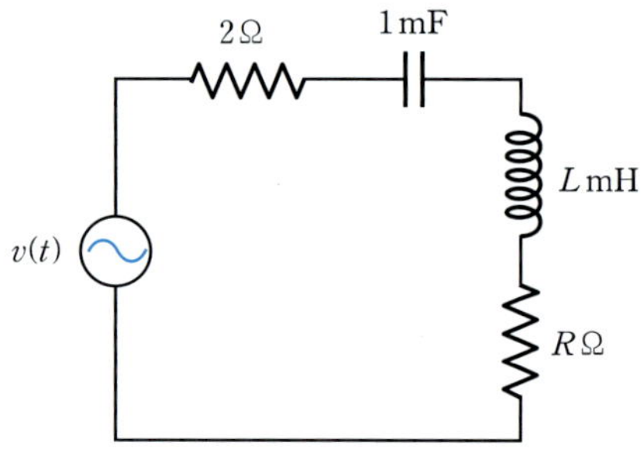

[그림 11-42]

① 1, 4 ② 2, 5 ③ 3, 4 ④ 4, 5

2022년도 국가공무원 9급

11.21 그림의 회로에서 병렬로 연결된 부하의 수전단 전압 V_r이 2000[V]일 때, 부하의 합성역률과 송전단 전압 V_s[V]는?

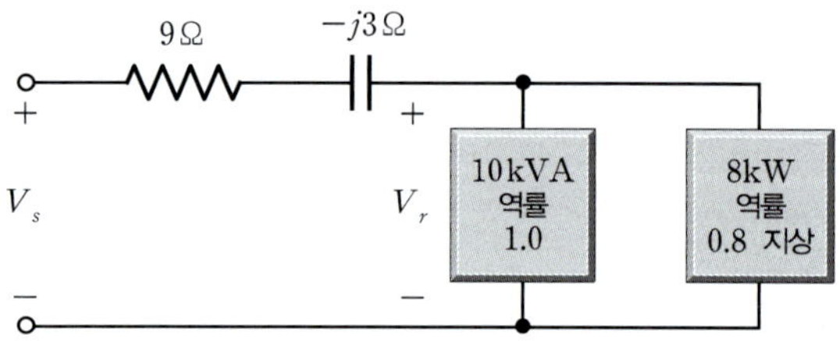

[그림 11-43]

① 0.9, 2,072[V] ② 0.9, 2,090[V] ③ $\frac{3\sqrt{10}}{10}$, 2,072[V] ④ $\frac{3\sqrt{10}}{10}$, 2,090[V]

2022년도 국가공무원 9급

11.22 이상적인 변압기를 포함한 그림의 회로에서 정현파 전압원이 공급하는 평균전력[W]은?

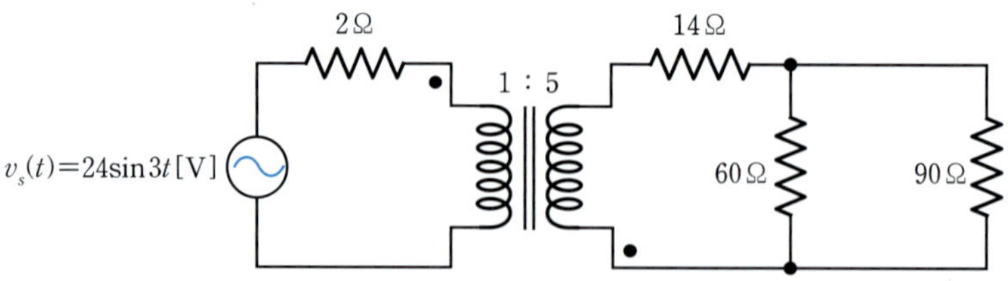

[그림 11-44]

① 24 ② 48 ③ 72 ④ 96

2022년도 서울시 공무원 7급

11.23 그림의 이상적인 변압기 회로에서 전류 I_1의 값[A]은?

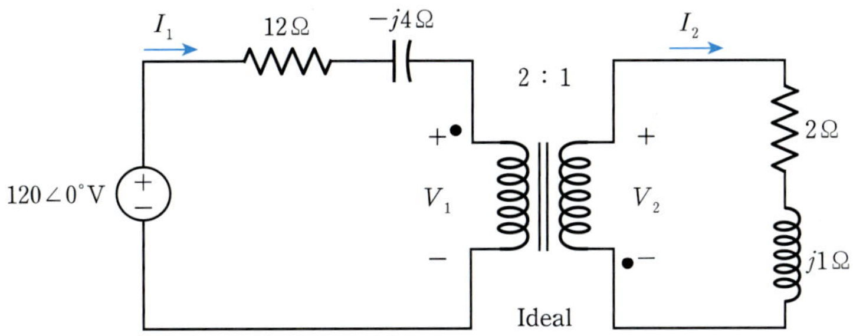

[그림 11-45]

① 6∠−180°　② 6∠−90°　③ 6∠0°　④ 6∠90°

2022년도 서울시 공무원 7급

11.24 그림과 같이 주기가 있는 파형의 전류가 인가된 10[Ω]의 저항에서 소비되는 평균전력의 값[W]은?

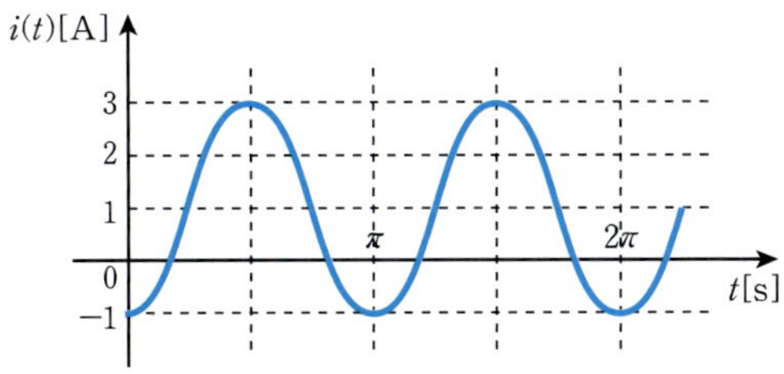

[그림 11-46]

① 10　② 20　③ 30　④ 40

2022년도 국가공무원 7급

11.25 다음 회로의 단자 A와 B에서 등가 인덕턴스 L_{eq}[H]는?

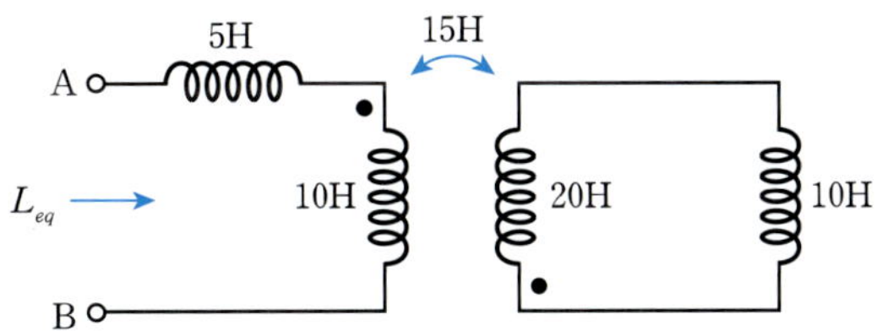

[그림 11-47]

① 7.5　② 10　③ 12.5　④ 15

2022년도 국가공무원 7급

11.26 전류 $i(t) = 10\sin\omega t + 5\sin3\omega t + 2\sin5\omega t$[A]가 저항 10[Ω]에 흐를 때, 소비되는 평균전력은?

① 170　② 645　③ 1290　④ 2580

2022년도 국가공무원 7급

11.27 다음 회로에서 $\frac{I_2}{I_1}$는? (단, I_1과 I_2는 i_1과 i_2의 페이저이다.)

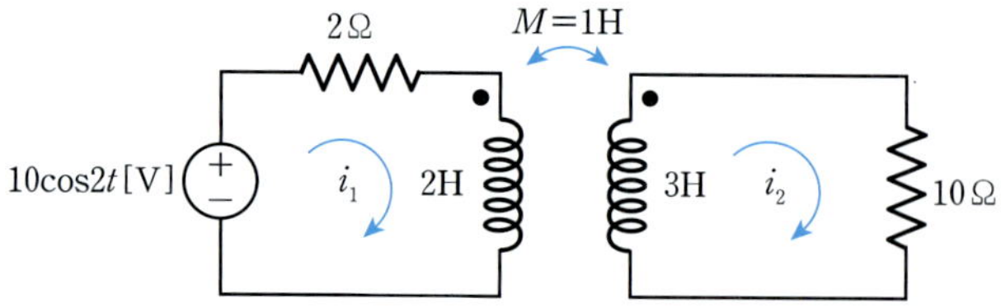

[그림 11-48]

① $\frac{2}{3}$ ② $\frac{3}{2}$ ③ $\frac{1}{3-j5}$ ④ $3-j5$

2022년도 국가공무원 7급

11.28 다음 회로는 부하를 구동하는 전원으로 구성된다. 전류원의 전류가 $i(t)=\sqrt{2}\cos(5t-10°)$[A]일 때, 부하에 전달되는 복소전력[VA]은?

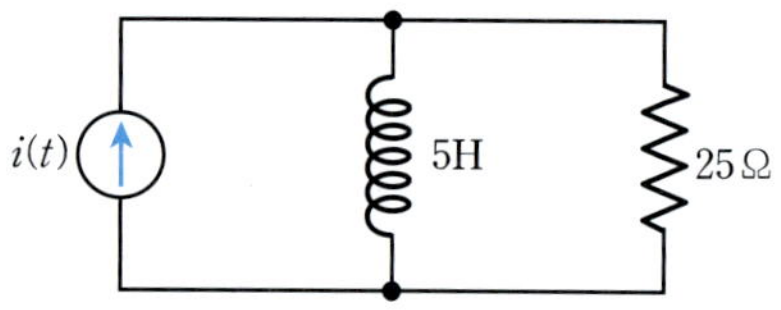

[그림 11-49]

① $\frac{25}{\sqrt{2}}\angle-45°$ ② $\frac{25}{\sqrt{2}}\angle 45°$ ③ $25\sqrt{2}\angle-45°$ ④ $25\sqrt{2}\angle 45°$

2022년도 국가공무원 5급(기술)

11.29 그림과 같은 회로에서 다음 물음에 답하시오. (단, $R=1[\Omega]$, $R_L=2[\Omega]$, $C_L=1[\text{mF}]$이다.)

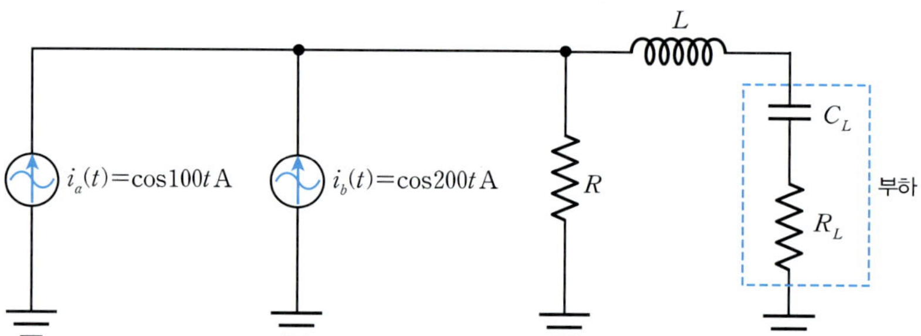

[그림 11-50]

(a) 전류원 $i_a(t)$에 의해 부하로 전달되는 평균전력과 전류원 $i_b(t)$에 의해 부하로 전달되는 평균전력의 비가 1:3이 되는 L을 구하시오.

(b) (a)의 결과를 이용하여 부하로 전달되는 총 평균전력을 구하시오.

2020년도 국가공무원 5급(기술)

11.30 2개의 이상적인 변압기를 포함하는 다음 회로에 대하여 물음에 답하시오. (단, 교류전원의 최대전압은 24[V]이고, 72[W]의 평균전력을 공급한다. 그리고 변압기의 권선비는 1차 측 권선수에 대한 2차 측 권선수로 정의한다.)

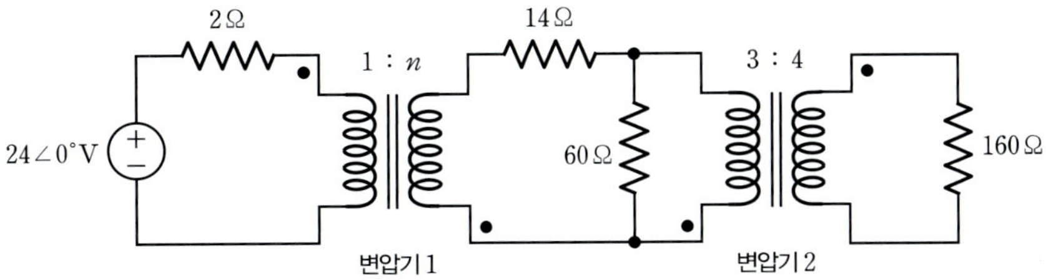

[그림 11-51]

(a) 변압기 1의 권선비를 구하시오.

(b) 변압기 1의 복소전력을 구하시오.

(c) 160[Ω]의 저항에서 소비되는 평균전력을 구하시오.

CHAPTER

12

3상 회로

Three-Phase Circuits

학습목표

- 전력 전송 시 전력손실을 줄이기 위한 교류 3상 회로의 정의와 연결 방식을 이해한다.
- 균형 3상 회로의 정의와 균형 3상 회로로부터 전송전력의 손실을 줄일 수 있는 이유와 전력 계산 방법을 이해한다.
- 3상 연결 방식 간의 변환 방법을 이해한다.
- 3상 전력을 측정하는 방법을 이해한다.

SECTION 12.1 3상 회로의 연결 방식

3상 회로는 일반적으로 발전소나 변전소에서 만들어진 전력을 전송할 때 전송선로에 의해 손실되는 전력을 줄이기 위해 고안되었다. 이를 통해 단상single phase으로 같은 개수의 전송선로로 전력을 전송하는 것보다 결과적으로 선로에 의해 손실되는 전력을 줄일 수 있다. 특히 고전압 전송의 경우, 같은 저항 값을 가진 선로에 의해 손실되는 평균전력은 전압의 제곱에 비례하므로$\left(\text{즉, } P(t) = \dfrac{v(t)^2}{R}\right)$ 저전압 전송에 비해 손실은 매우 커진다.

이 장에서는 기본적인 3상 회로의 결선 방법과 그로부터 전력을 계산하는 방법을 알아볼 것이다. 전력손실을 최소화하려면 모든 전원과 부하가 위상각만 120°씩 다르고, 그 크기 값이 같은 균형 3상 회로로 구현되어야 한다. 우리는 이렇게 구현된 회로가 불균형 3상 회로에 비해 전력손실을 줄일 수 있는 이유를 이론적으로 검증해본다. 먼저 균형 3상 전원의 정의를 살펴보자. 3상이란 3개의 다른 상phase을 가진 전원이 연결되어 있는 것을 말한다. 즉 균형 3상이란 3개의 다른 상이 각각 120°씩의 차이를 가지는 [그림 12-1]과 같은 균형적인 구조를 뜻한다.

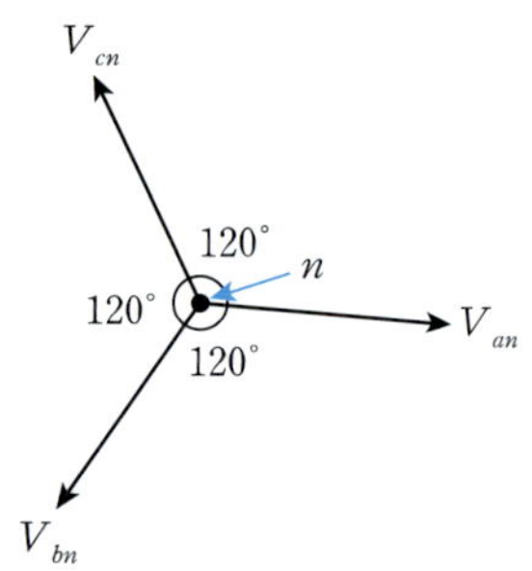

[그림 12-1] 균형 3상 전원의 구조

이러한 균형 3상 교류전원을 시간 영역에서 그려보면 [그림 12-2]와 같다.

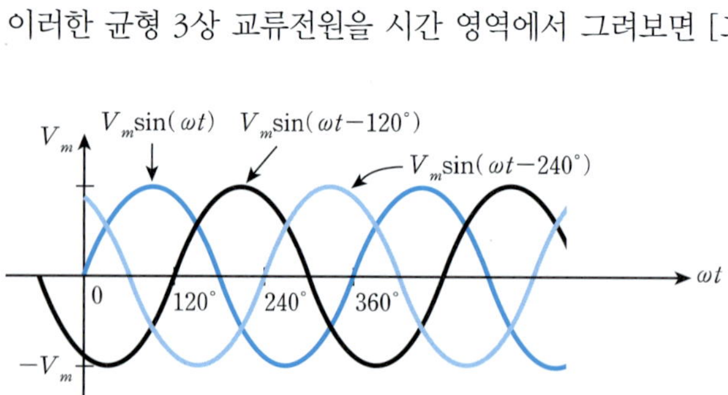

[그림 12-2] 시간 영역에서의 균형 3상 교류전원

이때 각 전원의 페이저는 다음과 같다.

$$V_{an} = V_m \angle 0°,\quad V_{bn} = V_m \angle -120°,\quad V_{cn} = V_m \angle -240°$$

또한 이러한 3상 전원에 연결되는 3상 부하는, 그 연결된 모양에 따라 Y 결선, 혹은 Δ 결선으로 나눌 수 있다. 그 모양은 각각 [그림 12-3], [그림 12-4]와 같다.

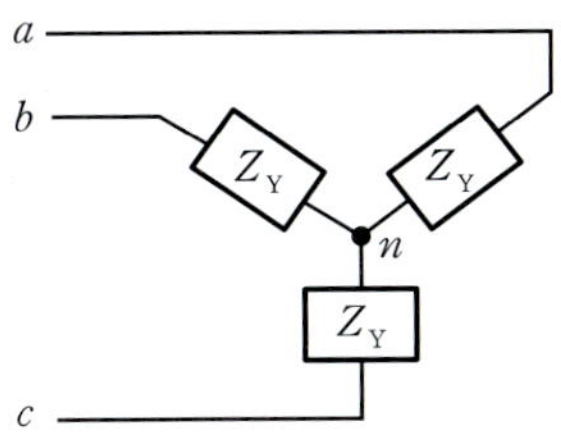

[그림 12-3] Y 결선

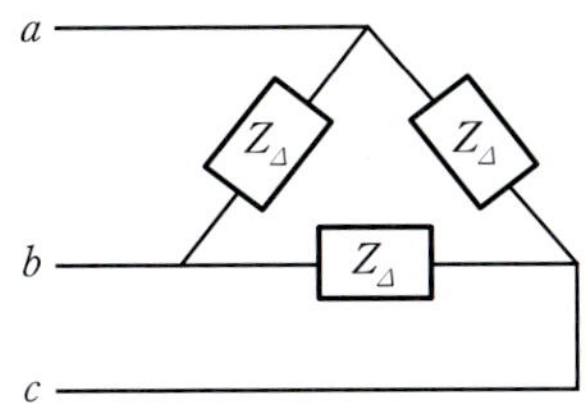

[그림 12-4] Δ 결선

Y 결선에서는 중성점 n이 존재할 수 있지만, Δ 결선에서는 중성점을 가질 수 없다. 이러한 3상 전원과 3상 부하를 합쳐서 3상 회로를 만들 수 있는데, 전원–부하의 연결 방법에 따라 균형 Y–Y 결선, 균형 Y–Δ 결선과 같은 연결이 가능하다.

쉬어가기 단상 3선식(single–phase 3 wired system)

현재 모든 가정에서 쓰고 있는 전원은 220[V]로 통일되어 있지만, 1960년대 이전에는 110[V] 전원을 사용했다. 전력의 손실을 줄이기 위해 정부가 모든 전원공급을 220[V]로 승압하기로 결정했을 때, 사용하고 있던 110[V]용 가전제품과 새로 출시되는 220[V]용 가전제품을 모두 사용할 수 있도록 단상 3선식이라는 연결 방식을 임시로 사용한 적이 있었다. 이 방식은 쉽게 말하자면 가정에 들어오는 3개의 선 중에서 어느 2개를 사용하면 110[V]가 출력되고, 다른 2개를 사용하면 220[V]가 나오도록 한 것이다. [그림 12-5]는 단상 3선식의 연결 방식을 나타낸 것이다.

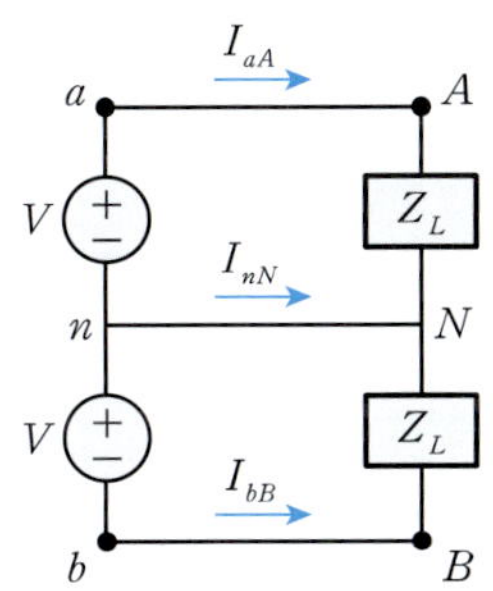

[그림 12-5] 단상 3선식의 연결 방식

따라서 2개의 전원 V는 같은 상의 110[V] 전원이고, 이 2개의 전원이 직렬로 연결된 a와 b 사이의 전압은 220[V]이다. 이때 균형 부하를 가진다면 $I_{aA} = \dfrac{V}{Z_L}$, $I_{bB} = \dfrac{-V}{Z_L}$이므로 중성점 N에서 $I_{nN} = -(I_{aA} + I_{bB}) = -\left(\dfrac{V}{Z_L} - \dfrac{V}{Z_L}\right) = 0$이 된다.

즉 균형회로에서는 중성점 사이의 선로에 전류가 흐르지 않지만, 불균형회로에서는 $I_{nN} \neq 0$이 되어 전력손실이 발생한다. 사실 이러한 단상 3선식은 승압 없이 2개의 110[V] 전원을 직렬로 연결하여 사용하는 것이다. 그래서 승압으로 아무런 이득을 얻을 수는 없었지만 110[V]용, 220[V]용 가전제품이 혼재되었던 초창기 승압 시기에는 아주 효과적인 연결 방법이었다.

12.1.1 균형 Y-Y 결선

[그림 12-6]은 전형적인 균형 Y-Y 결선을 나타낸 것으로, 3상 전원과 3상 부하가 결합된 회로다. 이때 균형이란 말은, 3상이 각각 120°씩 위상차가 나고, 각 상에 연결되어 있는 모든 부하가 같은 값을 가지고 있는 것을 말한다. 단, $V_{an} = V_Y \angle 0°$, $V_{bn} = V_Y \angle -120°$, $V_{cn} = V_Y \angle -240°$이다.

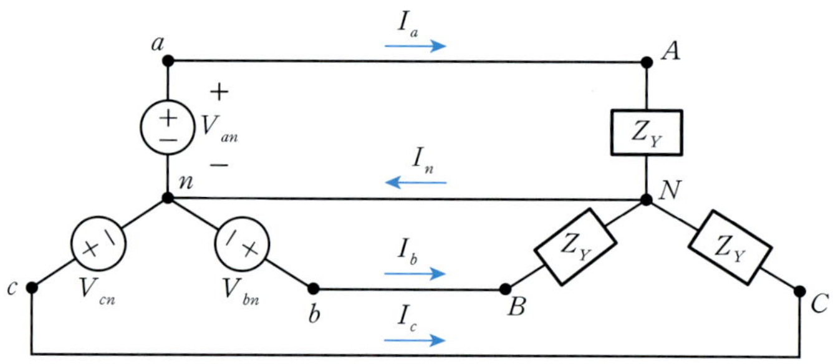

[그림 12-6] 균형 Y-Y 결선

참고 12-1 3상 3선식과 3상 4선식

Y-Y 결선의 경우 3상이 서로 만나는 중성점끼리 서로 연결하면, 또 다른 선로가 생길 수 있다. 이때 [그림 12-7(a)]와 같이 3상의 회로를 4개의 선으로 연결하는 방식을 3상 4선식이라고 하고, [그림 12-7(b)]와 같이 중성점을 연결하지 않고 만든 회로를 3상 3선식이라고 한다. 실제로는 이 중성점들을 접지하여 적용하므로, 실질적으로는 3선이지만 또 하나의 선이 접지가 연결된 땅이라고 생각하면 3상 4선식이라고 할 수도 있다.

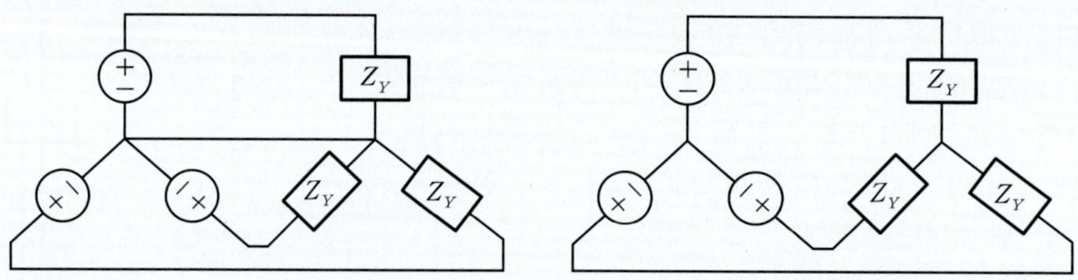

(a) 3상 4선식　　(b) 3상 3선식

[그림 12-7] 3상 4선식과 3상 3선식

이제 이러한 균형 Y-Y 결선회로를 해석하기 위해 전압과 전류의 관계를 살펴보자. 3상 회로에서 전압의 경우에는 **선간전압**line voltage과 **상전압**phase voltage의 계산이, 전류의 경우에는 **선전류**line current와 **상전류**phase current의 계산이 필요하다.

Y-Y 결선에서 선간전압은 선과 선 사이에 걸리는 전압이고, [그림 12-6]에서는 V_{ab}, V_{bc}, V_{ca}가 이에 해당한다.

먼저 V_{ab}를 구해보면 다음과 같다.

$$\begin{aligned} V_{ab} &= V_{an} - V_{bn} \\ &= V_Y \angle 0° - V_Y \angle -120° \\ &= V_Y - V_Y \left[-\frac{1}{2} - j\frac{\sqrt{3}}{2} \right] \\ &= V_Y \left[\frac{3}{2} + j\frac{\sqrt{3}}{2} \right] \\ &= \sqrt{3}\, V_Y \angle 30° \end{aligned} \tag{12.1a}$$

마찬가지로 V_{bc}, V_{ca}를 구해보면 다음과 같다.

$$V_{bc} = \sqrt{3}\, V_Y \angle -90° \tag{12.1b}$$

$$V_{ca} = \sqrt{3}\, V_Y \angle -210° \tag{12.1c}$$

즉 다른 선간전압은 균형 3상의 특성상 서로 120°의 위상차를 가지는 것으로 쉽게 구할 수 있다.

상전압은 3상의 서로 다른 전압을 뜻하는데, Y 결선 전원에서는 다음을 뜻한다.

$$V_{an} = V_Y \angle 0°,\ V_{bn} = V_Y \angle -120°,\ V_{cn} = V_Y \angle -240°$$

그러므로 이 선간전압 V_L과 상전압 V_P는 다음과 같은 관계에 있다.

$$|V_L| = \sqrt{3}\,|V_P| \tag{12.2}$$

즉 선간전압의 크기는 상전압의 크기보다 $\sqrt{3}$ 배 더 크다.

선전류 I_L은 각 선에 흐르는 전류를 뜻하는데, [그림 12-6]에서는 I_a, I_b, I_c가 선전류이고 이 전류 값은 다음과 같이 구한다.

$$I_a = \frac{V_{an}}{Z_Y} = \frac{V_Y \angle 0°}{Z_Y} \tag{12.3a}$$

$$I_b = \frac{V_{bn}}{Z_Y} = \frac{V_Y \angle -120°}{Z_Y} \tag{12.3b}$$

$$I_c = \frac{V_{cn}}{Z_Y} = \frac{V_Y \angle -240°}{Z_Y} \tag{12.3c}$$

Y-Y 결선에서는 선전류 I_L과 상전류 I_P가 같으므로 다음과 같다.

$$|I_L| = |I_P| \tag{12.4}$$

예제 12-1 **균형 Y-Y 결선회로의 해석**

[그림 12-8]의 균형 3상 회로의 부하에서 상전압과 선전류 값을 구하라.

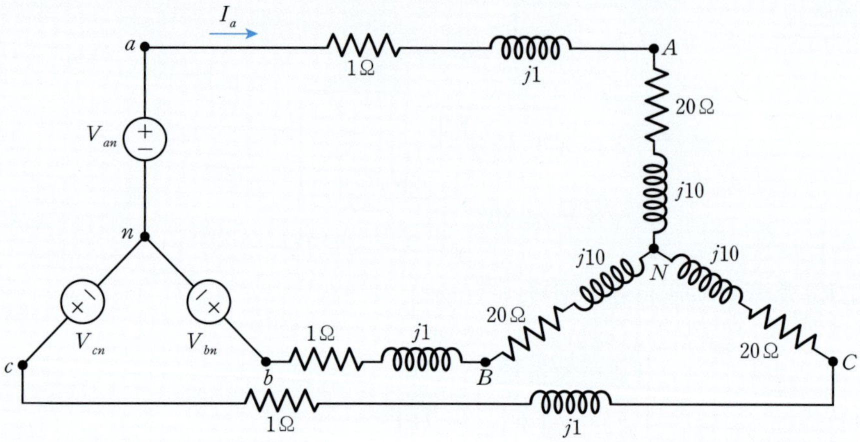

[그림 12-8] 균형 Y-Y 결선회로

풀이

균형 Y-Y 결선회로이므로 다음과 같은 단상회로를 해석하여 상전압과 선전류를 구할 수 있다. 나머지 다른 상에 관해서는 120° 위상차를 고려하여 결과만을 도출한다.

[그림 12-9]와 같은 단상회로를 해석하면 다음과 같다.

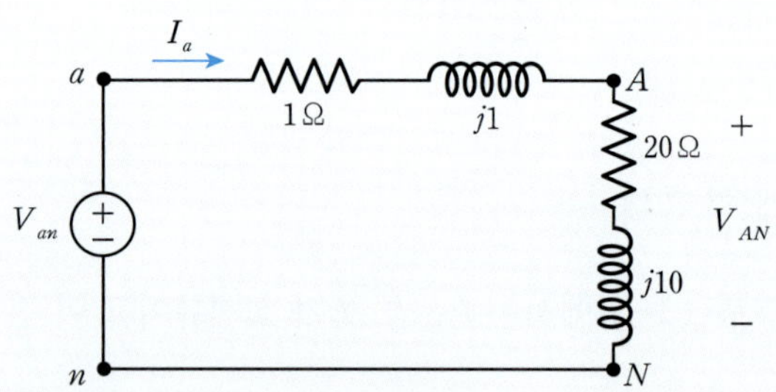

[그림 12-9] 해석을 위한 단상회로

$v_{an} = 120\angle 0°$, $Z_{total} = (20+1) + j(1+10) = 21 + j11$로부터,

$$I_a = \frac{120\angle 0°}{21 + j11} = 5.06\angle -27.65°$$

이다. 그러므로 V_{AN}은 다음과 같이 구할 수 있다.

$$V_{AN} = (5.06\angle -27.65°)(20+j10)$$
$$= 113.15\angle -1.08°$$

따라서 다른 상에서 선전류와 상전압은 120°의 위상차를 가진 다음 값을 가진다.

$$I_b = 5.06\angle -147.65°,\ V_{BN} = 113.15\angle -121.08°$$
$$I_c = 5.06\angle -267.65°,\ V_{CN} = 113.15\angle -241.08°$$

12.1.2 균형 Y-Δ 결선

[그림 12-10]은 Y 결선과 부하의 Δ 결선이 연결된 회로다. 여기에서 선간전압 V_{ab}, V_{bc}, V_{ca}의 값은 식 (12.1a), (12.1b), (12.1c)에 의해 다음과 같다.

$$V_{ab} = \sqrt{3}\, V_Y\angle 30° \quad (12.5a)$$
$$V_{bc} = \sqrt{3}\, V_Y\angle -90° \quad (12.5b)$$
$$V_{ca} = \sqrt{3}\, V_Y\angle -210° \quad (12.5c)$$

여기서 Δ 결선 부하에 걸리는 전압을 식 (12.2)에 의해 $V_\Delta = \sqrt{3}\, Y_Y$로 바꾸면 $V_{ab} = V_\Delta\angle 30°$, $V_{bc} = V_\Delta\angle -90°$, $V_{ca} = V_\Delta\angle -210°$가 된다.

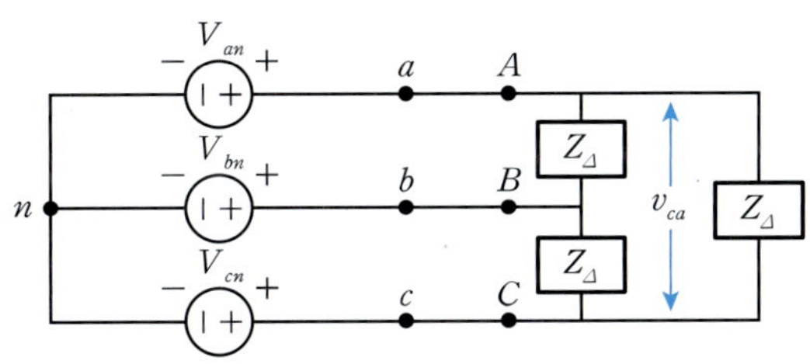

[그림 12-10] 균형 Y-Δ 결선

단, $V_{an} = V_Y\angle 0°$, $V_{bn} = V_Y\angle -120°$, $V_{cn} = V_Y\angle -240°$이다.

Δ 결선의 경우 각 상의 부하에 걸리는 상전압 V_{AB}, V_{BC}, V_{CA}는 각각 선간전압 V_{ab}, V_{bc}, V_{ca}와 같으므로 상전압 V_{AB}, V_{BC}, V_{CA}는 식 (12.6)과 같다.

$$V_{AB} = \sqrt{3}\, V_Y\angle 30° \quad (12.6a)$$
$$V_{BC} = \sqrt{3}\, V_Y\angle -90° \quad (12.6b)$$
$$V_{CA} = \sqrt{3}\, V_Y\angle -210° \quad (12.6c)$$

그러므로 Δ 결선에서 선간전압 V_L과 상전압 V_P의 관계는 다음과 같다.

$$|V_L| = |V_P| \tag{12.7}$$

또한 $Z_\Delta = |Z_\Delta| \angle\, \theta$로 주어졌을 때, 상전류 I_{AB}, I_{BC}, I_{CA}는 다음과 같다.

$$I_{AB} = \frac{V_{AB}}{Z_\Delta} = I_\Delta \angle\, (30° - \theta) \tag{12.8a}$$

$$I_{BC} = \frac{V_{BC}}{Z_\Delta} = I_\Delta \angle\, (-90° - \theta) \tag{12.8b}$$

$$I_{CA} = \frac{V_{CA}}{Z_\Delta} = I_\Delta \angle\, (-210° - \theta) \tag{12.8c}$$

또한 선전류 I_a, I_b, I_c는 다음과 같다.

$$I_a = I_{AB} + I_{AC} = I_{AB} - I_{CA} = \sqrt{3}\, I_\Delta \angle\, (-\theta) \tag{12.9a}$$

$$I_b = I_{BC} + I_{BA} = I_{BC} - I_{AB} = \sqrt{3}\, I_\Delta \angle\, (-120° - \theta) \tag{12.9b}$$

$$I_c = I_{CA} + I_{CB} = I_{CA} - I_{BC} = \sqrt{3}\, I_\Delta \angle\, (-240° - \theta) \tag{12.9c}$$

그러므로 Δ 결선에서 선전류 I_L과 상전류 I_P의 관계는 다음과 같다.

$$|I_L| = \sqrt{3}\,|I_P| \tag{12.10}$$

따라서 위의 Y 결선과 Δ 결선을 비교하는 표를 만들어 정리하면 다음과 같다.

[표 12-1] Y 결선과 Δ 결선에서의 전압, 전류 비교

	Y 결선	Δ 결선
전압	$\lvert V_L\rvert = \sqrt{3}\lvert V_P\rvert = \sqrt{3}\lvert V_Y\rvert$	$\lvert V_L\rvert = \lvert V_P\rvert$
전류	$\lvert I_L\rvert = \lvert I_P\rvert$	$\lvert I_L\rvert = \sqrt{3}\lvert I_P\rvert = \sqrt{3}\lvert I_\Delta\rvert$

예제 12-2 균형 Y−Δ 결선회로의 해석

[그림 12-11]의 회로에서 선전류 I_{aA}, I_{bB}, I_{cC}를 구하라.

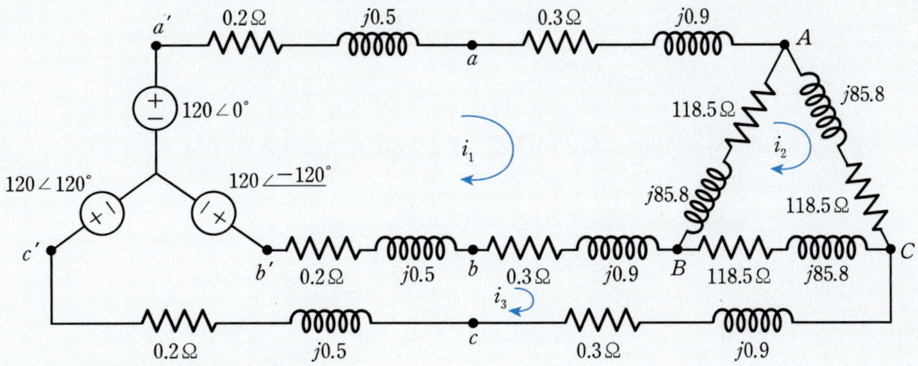

[그림 12-11] 균형 Y−Δ 결선회로

풀이

[그림 12-11]과 같은 Y−Δ 결선회로의 해석은 중성점이 없기 때문에, 단상의 회로만을 분석하여 다른 상에도 적용할 수 없다.

즉 문제를 주어진 그대로 풀기 위해서는 위 회로에서 찾을 수 있는 3개의 메시로부터 각각 메시전류 i_1, i_2, i_3를 위와 같이 정의한다. 이들을 KVL에 의한 연립방정식을 세워 구할 수 있다. 그러나 문제를 쉽게 풀기 위해서는 부하의 Δ 결선을 Y 결선으로 변환하여 3상 4선식 회로를 만들고, 이로부터 단상 회로의 분석을 통하여 회로를 해석한다. 이러한 Y−Δ 간의 부하 변환 공식은 [참고 12-2]에서 언급한 식과 같다.

Δ 결선의 부하 임피던스는 $118.5+j85.8$이므로 식 (12.14)에 의해, $Z_Y=\frac{1}{3}Z_\Delta=39.5+j28.6$으로 변환된 Y 결선회로로 바꿀 수 있다. 따라서 변환된 Y−Y 결선회로의 단상회로를 [그림 12-12]와 같이 만들 수 있다.

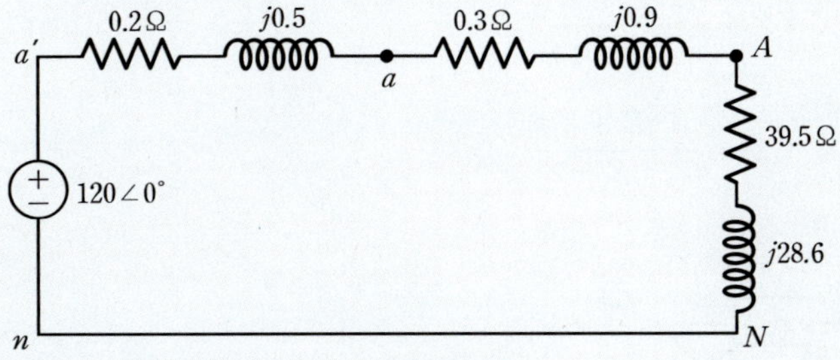

[그림 12-12] Y−Y 결선회로의 단상회로

선전류 I_{aA}는 다음과 같다.

$$I_{aA} = \frac{120\angle 0°}{(0.2+0.3+39.5)+j(0.5+0.9+28.6)}$$

$$= \frac{120\angle 0°}{40+j30} = 2.4\angle -36.87°$$

다른 상의 선전류 I_{bB}, I_{cC}는 각각 120°씩의 위상차를 가지고 있으므로 다음과 같다.

$$I_{bB} = 2.4\angle -156.87°$$
$$I_{cC} = 2.4\angle 83.13°$$

또한 Δ 결선 부하의 선간전압 V_{AB}, V_{BC}, V_{CA}를 얻기 위해 V_{AN}을 먼저 구하면 다음과 같다.

$$V_{AN} = (39.5+j28.6)(2.4\angle -36.87°) = 117.04\angle -0.96°$$

V_{AB}는 다음과 같다.

$$V_{AB} = \sqrt{3}\angle 30° \times V_{AN} = 202.72\angle 29.04°$$

그러므로 다른 상의 결과는 다음과 같다.

$$V_{BC} = 202.72\angle -90.96°,\quad V_{CA} = 202.72\angle 149.04°$$

참고 12-2 Y－Δ 변환

[그림 12-13]의 두 Y, Δ 부하의 임피던스 값이 같으려면 다음 수식이 성립해야 한다.

$$Z_{ab} = Z_a + Z_b = \frac{Z_1(Z_2+Z_3)}{Z_1+Z_2+Z_3}$$

$$Z_{bc} = Z_b + Z_c = \frac{Z_3(Z_1+Z_2)}{Z_1+Z_2+Z_3} \qquad (12.11)$$

$$Z_{ca} = Z_c + Z_a = \frac{Z_2(Z_1+Z_3)}{Z_1+Z_2+Z_3}$$

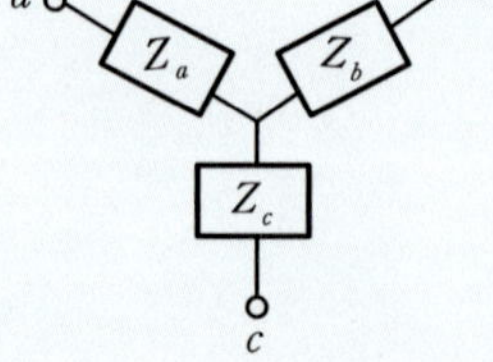

(a) Y 부하

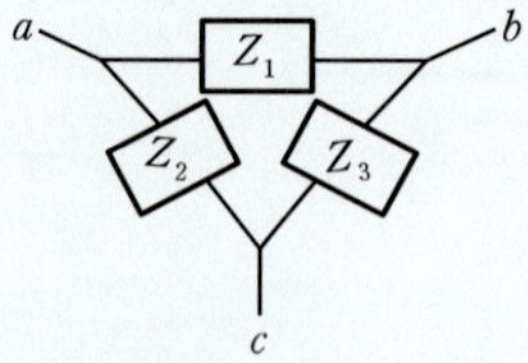

(b) Δ 부하

[그림 12-13] Y 부하와 Δ 부하

따라서 식 (12.11)의 연립방정식에서 다음과 같은 변환식을 구할 수 있다.

$$Z_a = \frac{Z_1 Z_2}{Z_1 + Z_2 + Z_3},\ Z_b = \frac{Z_1 Z_3}{Z_1 + Z_2 + Z_3},\ Z_c = \frac{Z_2 Z_3}{Z_1 + Z_2 + Z_3} \tag{12.12}$$

$$Z_1 = \frac{Z_a Z_b + Z_b Z_c + Z_c Z_a}{Z_c},\ Z_2 = \frac{Z_a Z_b + Z_b Z_c + Z_c Z_a}{Z_b},\ Z_3 = \frac{Z_a Z_b + Z_b Z_c + Z_c Z_a}{Z_a} \tag{12.13}$$

이때 만약 이 부하가 균형 3상 부하라면, $Z_Y = Z_a = Z_b = Z_c$, $Z_\Delta = Z_1 = Z_2 = Z_3$이므로 식 (12.12)와 (12.13)은 다음과 같이 표현할 수 있다.

$$\begin{aligned} Z_Y &= \frac{1}{3} Z_\Delta \\ Z_\Delta &= 3 Z_Y \end{aligned} \tag{12.14}$$

SECTION 12.2 균형 3상 회로의 전력 계산

균형 3상 회로의 전력은 단상 교류전원의 전력과 마찬가지로 유효전력(평균전력)과 무효전력의 합으로 나타낸다. 먼저 [그림 12-14]와 같이 Y 결선 부하에서 평균전력 P를 계산하면 식 (11.3)에 의해 다음과 같다.

$$P_A = |V_{AN}||I_{aA}|\cos(\theta_{Z_A}) \tag{12.15a}$$

$$P_B = |V_{BN}||I_{bB}|\cos(\theta_{Z_B}) \tag{12.15b}$$

$$P_C = |V_{CN}||I_{cC}|\cos(\theta_{Z_C}) \tag{12.15c}$$

단, V_{AN}, V_{BN}, V_{CN} 및 I_{aA}, I_{bB}, I_{cC} 값은 실횻값이다. 이 식에 $|V_{AN}| = \dfrac{|V_L|}{\sqrt{3}}$, $|I_{aA}| = |I_L|$ 등의 관계를 대입하면 다음과 같다.

$$P_A = \frac{|V_L||I_L|}{\sqrt{3}}\cos\theta_{Z_A},\quad P_B = \frac{|V_L||I_L|}{\sqrt{3}}\cos\theta_{Z_B},\quad P_C = \frac{|V_L||I_L|}{\sqrt{3}}\cos\theta_{Z_C}$$

그러므로 3상의 전체 전력 값은 균형 부하일 경우($Z = Z_A = Z_B = Z_C$) 식 (12.16)과 같다.

$$P_{total} = 3 \times \frac{|V_L||I_L|}{\sqrt{3}}\cos\theta_Z = \sqrt{3}|V_L||I_L|\cos\theta_Z \tag{12.16}$$

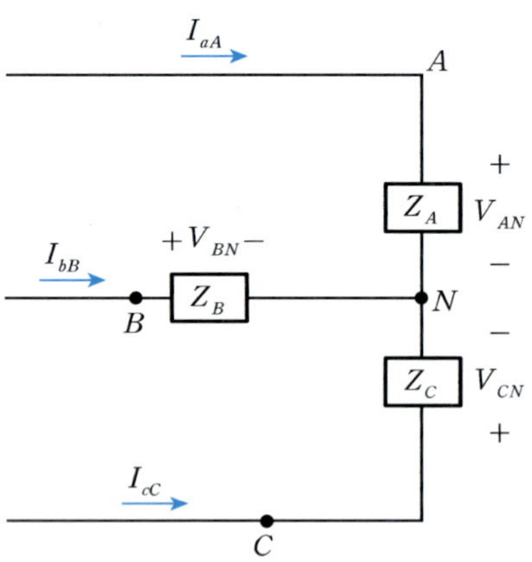

[그림 12-14] Y 결선 부하

한편 무효전력 Q는 식 (12.15) 중에서 코사인함수를 사인함수로 대체한 것이므로, 평균전력 P를 구한 방식과 비슷하게 식 (12.17)과 같이 구할 수 있다.

$$Q_{total} = 3\times\frac{|V_L||I_L|}{\sqrt{3}}\sin\theta_Z = \sqrt{3}|V_L||I_L|\sin\theta_Z \tag{12.17}$$

이제 Y 결선이 아닌 Δ 결선 부하의 경우 발생되는 전력은 어떻게 될까? 앞에서 학습한 대로 Δ 결선이 Y 결선과 다른 점은, $|V_P| = |V_L|$, $|I_P| = \dfrac{|I_L|}{\sqrt{3}}$의 관계가 있다는 것이다. 그러나 전력 값 계산에 필요한 $|V_P||I_P|$의 계산 값은, Y 결선이나 Δ 결선의 경우 모두 같은 값이 된다. 따라서 Δ 결선의 유효전력(평균전력)과 무효전력은 Y 결선의 전력 값과 같은 값을 가진다.

$$P_{total} = 3\times\frac{|V_L||I_L|}{\sqrt{3}}\cos\theta_Z = \sqrt{3}|V_L||I_L|\cos\theta_Z$$

$$Q_{total} = 3\times\frac{|V_L||I_L|}{\sqrt{3}}\sin\theta_Z = \sqrt{3}|V_L||I_L|\sin\theta_Z$$

그러므로 균형 3상 회로에서 발생하는 전체 복소전력(S)은 **결선 모양에 상관없이** 식 (12.18)과 같다.

$$S_{total} = P_{total} + jQ_{total} = \sqrt{3}|V_L||I_L|\angle\theta_Z \tag{12.18}$$

이것이 바로 **균형 3상 회로를 통해 송전할 때 3배의 전력손실을 $\sqrt{3}$ 배로 줄일 수 있는 이유**가 된다.

예제 12-3 **균형 3상 회로의 전력 계산**

[예제 12-2]의 [그림 12-11]에서 전체 3상 회로 중 부하에서 소비하는 전력을 구하라.

풀이

[그림 12-12]에서 **Y 결선 부하의 유효전력**을 구하려면, 앞서 [예제 12-2]에서 구한 $V_{AN} = V_P = 117.04[\text{V}]$, $I_p = 2.4[\text{A}]$, $\angle\theta_Z = -0.96-(36.78) = 35.83°$ 값을 통해 다음과 같은 식을 구할 수 있다.

$$P = (117.04)(2.4)\cos 35.82° = 227.5[\text{W}]$$

$$\text{혹은 } P = (2.4)^2(39.5) = 227.5[\text{W}]$$

따라서 **전체 유효전력** P_{total}은 다음과 같다.

$$P_{total} = 3P = 682.5[\text{W}]$$

한편 **부하의 무효전력** Q는 다음과 같다.

$$Q = (117.04)(2.4)\sin 35.82° = 164.7[\text{VAR}]$$

$$\text{혹은 } Q = (2.4)^2(28.6) = 164.7[\text{VAR}]$$

따라서 전체 무효전력은 다음과 같다.

$$Q_{total} = 3Q = 494.1\,[\mathrm{VAR}]$$

그러므로 부하에서 소비되는 **전체 복소전력** S_{total}은 다음과 같다.

$$S_{total} = P_{total} + jQ_{total} = 682.5 + j494.1$$

참고로 **전송선로** $Z_{\mathrm{line}} = 0.3 + j0.9$에 의해 손실되는 **전체 손실 유효전력**은 다음과 같다.

$$P_{\mathrm{line}} = 3(2.4)^2(0.3) = 5.184\,[\mathrm{W}]$$

그리고 **발전소**에서의 임피던스 $Z_{\mathrm{gen}} = 0.2 + j0.5$에 의하여 손실되는 **전체 손실 유효전력**은 다음과 같다.

$$P_{\mathrm{gen}} = 3(2.4)^2(0.2) = 3.456\,[\mathrm{W}]$$

SECTION 12.3 3상 전력의 측정

3상 회로의 전력은 측정하고자 하는 각 상의 부하 전류와 전압을 함께 측정할 수 있는 3개의 전력계 watt meter로 측정한다. 단상을 예로 들면, [그림 12-15]와 같은 전력계를 부하에 연결하여 전압과 전류를 한꺼번에 측정한 뒤 전력을 측정할 수 있다.

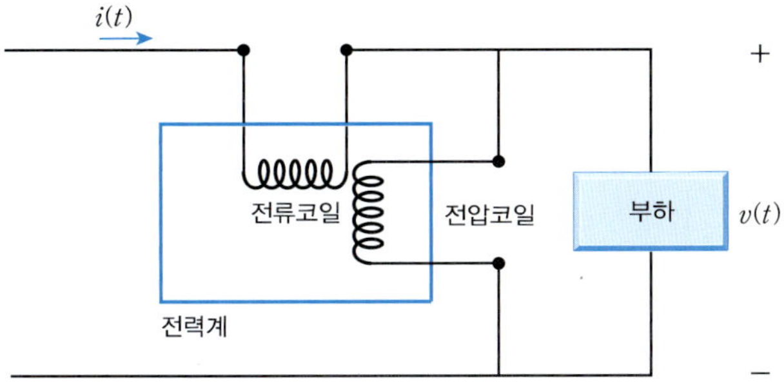

[그림 12-15] 전력계의 연결

그러므로 단상회로의 전력 P는 식 (12.19)와 같이 전압과 전류의 합으로 측정할 수 있다.

$$P=\frac{1}{T}\int_0^T v(t)i(t)dt \tag{12.19}$$

12.3.1 3-전력계 측정 방법

3-전력계 측정 방법은 [그림 12-16]과 같이 전력계 3개를 각각 다른 상의 부하에 연결시켜 각 상의 전력을 측정한 다음, 그것을 합쳐서 전체 소모전력을 측정한다. 단, 여기에서 전력계를 실제 중성점 N과 상관없이 서로 연결한 것임에 유의하라.

$$v_{AN^*}=v_{AN}-v_x \tag{12.20a}$$

$$v_{BN^*}=v_{BN}-v_x \tag{12.20b}$$

$$v_{CN^*}=v_{CN}-v_x \tag{12.20c}$$

측정하고자 하는 전력은 식 (12.20a), (12.20b), (12.20c)에 의해 다음과 같다.

$$P = \frac{1}{T}\int_0^T (v_{AN^*}i_A + v_{BN^*}i_B + v_{CN^*}i_C)dt$$

$$= \frac{1}{T}\int_0^T (v_{AN}i_A + v_{BN}i_B + v_{CN}i_C)dt - \frac{1}{T}\int_0^T v_x(i_A + i_B + i_C)dt \qquad (12.21)$$

이때 $i_A + i_B + i_C = 0$이므로, N 포인트 대신 N^*를 연결해서 측정할 수 있다.

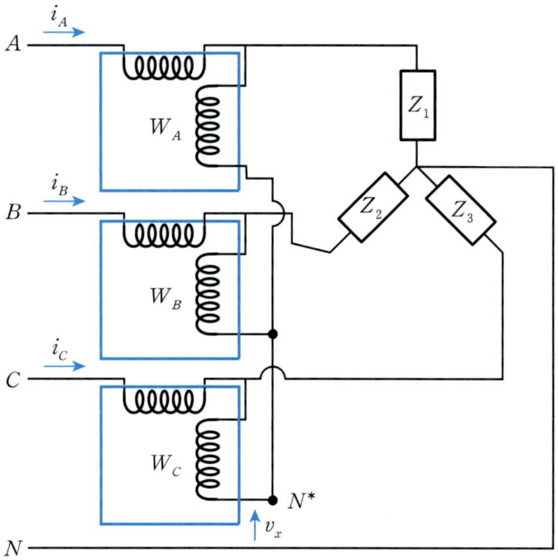

[그림 12-16] 3-전력계 측정 방법

12.3.2 2-전력계 측정 방법

2-전력계는 [그림 12-17]과 같이 전력계 2개를 서로 연결해서 3상의 전체 전력을 측정한다. 그림과 같이 전력계 간의 공통점 N^*를 3선 중 한 선(예를 들어 C선)에 연결하면, C선과 공통점 N^* 간의 전압(V_{CN^*})은 0이 되므로 전체 전력은 다음과 같다.

$$P_{total} = P_A + P_B + P_C$$

$$= |V_{AC}||I_A|\cos(\angle V_{AC} - \angle I_A) + |V_{BC}||I_B|\cos(\angle V_{BC} - \angle I_B)$$

$$+ |V_{CC}||I_C|\cos(\angle V_{CC} - \angle I_C)$$

이때 $V_{CC} = 0$이므로 $P_C = 0$이다. 그러므로 다음과 같다.

$$P_{total} = P_A + P_B \qquad (12.22)$$

즉 2선에서 전력을 측정하면 전체 전력을 측정할 수 있다.

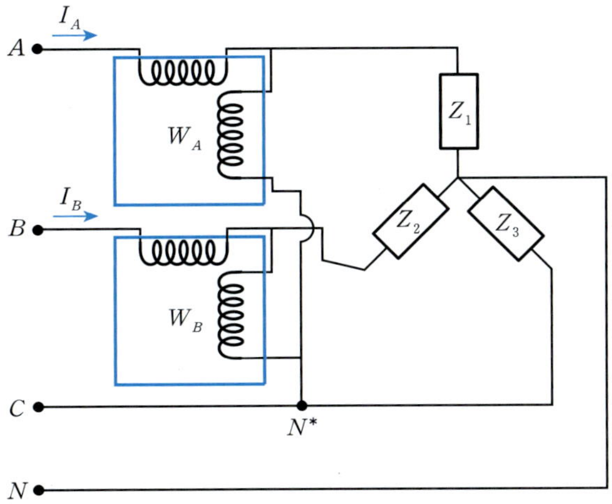

[그림 12-17] 2-전력계 측정 방법

CHAPTER

12 핵심요약

이 장에서는 발전, 송전, 배전에 사용되는 3상 회로에 관해 살펴보았다. 균형 3상 회로는 전력손실을 최소화하려는 회로이며, 전원-부하 연결 방법에 따라 Y-Y 결선과 Y-Δ 결선으로 나뉜다.

균형 Y 결선과 Δ 결선

	Y 결선	Δ 결선
전압	$\lvert V_L\rvert = \sqrt{3}\lvert V_P\rvert = \sqrt{3}\lvert V_Y\rvert$	$\lvert V_L\rvert = \lvert V_P\rvert$
전류	$\lvert I_L\rvert = \lvert I_P\rvert$	$\lvert I_L\rvert = \sqrt{3}\lvert I_P\rvert = \sqrt{3}\lvert I_\Delta\rvert$

Y-Δ 간 변환 공식

$$Z_a = \frac{Z_1Z_2}{Z_1+Z_2+Z_3},\ Z_b = \frac{Z_1Z_3}{Z_1+Z_2+Z_3},\ Z_c = \frac{Z_2Z_3}{Z_1+Z_2+Z_3}$$

$$Z_1 = \frac{Z_aZ_b+Z_bZ_c+Z_cZ_a}{Z_c},\ Z_2 = \frac{Z_aZ_b+Z_bZ_c+Z_cZ_a}{Z_b},\ Z_3 = \frac{Z_aZ_b+Z_bZ_c+Z_cZ_a}{Z_a}$$

$$Z_Y = \frac{1}{3}Z_\Delta,\quad Z_\Delta = 3Z_Y$$

균형 3상 회로의 전력

$$P_{total} = 3\times\frac{\lvert V_L\rvert\lvert I_L\rvert}{\sqrt{3}}\cos\theta_Z = \sqrt{3}\lvert V_L\rvert\lvert I_L\rvert\cos\theta_Z$$

$$Q_{total} = 3\times\frac{\lvert V_L\rvert\lvert I_L\rvert}{\sqrt{3}}\sin\theta_Z = \sqrt{3}\lvert V_L\rvert\lvert I_L\rvert\sin\theta_Z$$

3상 전력의 측정

- 3-전력계 방법 : 전력계 3개로 3상 전체의 전력을 측정하는 방법
- 2-전력계 방법 : 전력계 2개로 3상 전체의 전력을 측정하는 방법

CHAPTER

12 연습문제

균형 Y 결선

12.1 상전압 220[V]를 가진 3상 Y 결선 시스템에 3개의 부하, 10[Ω], $20\angle 20°$[Ω], $12\angle -35°$[Ω]이 각 1, 2, 3상에 연결되어 있다. 이때 각 선에 흐르는 선전류와 중성선에 흐르는 전류를 구하라.

12.2 균형 3상 Y 결선 전원의 V_{an} 값이 $V_{an}=390\angle 30°$를 가질 때, 다음 값을 구하라.

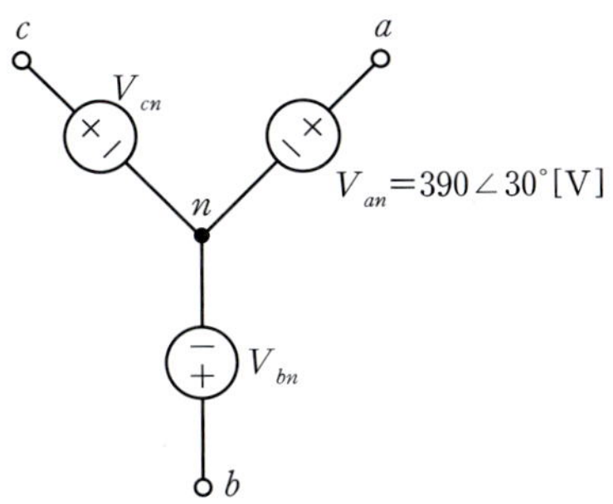

[그림 12-18]

(a) V_{cn} (b) V_{bc} (c) V_{ac}

12.3 균형 3상 3선식 시스템에 2개의 균형 Y 결선 부하가 연결되어 있다. 첫 번째 부하에서 뒤진 역률 0.8의 6[kW] 전력이 소모되고, 다른 부하에서는 앞선 역률 0.833의 12[kW] 전력이 소모된다. 이때 각 선에 흐르는 전류의 실횻값이 8[A]일 때 다음을 구하라.

(a) 첫 번째 부하에 흐르는 전류의 실횻값 (b) 두 번째 부하에 흐르는 전류의 실횻값
(c) 상전원에 흐르는 전류의 실횻값

균형 Δ 결선

12.4 도전 균형 Δ 결선의 발전기 [그림 12-19]에서 전압 값이 $|V_a|=|V_b|=|V_c|=173$[V], $V_a+V_b+V_c=0$일 때, 6[Ω]의 저항에 흐르는 전류 I의 크기 값을 구하라.

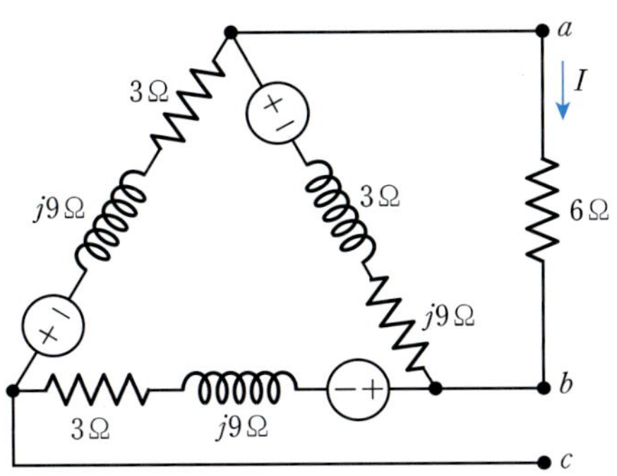

[그림 12-19]

Y-Δ 간 변환

12.5 $3r[\Omega]$인 6개의 저항을 [그림 12-20]과 같이 접속하고 평형 3상 전압 V를 가했을 때 전류 I는 몇 [A]인가? (단, $r=2[\Omega]$, $V=200\sqrt{3}[\text{V}]$이다.)

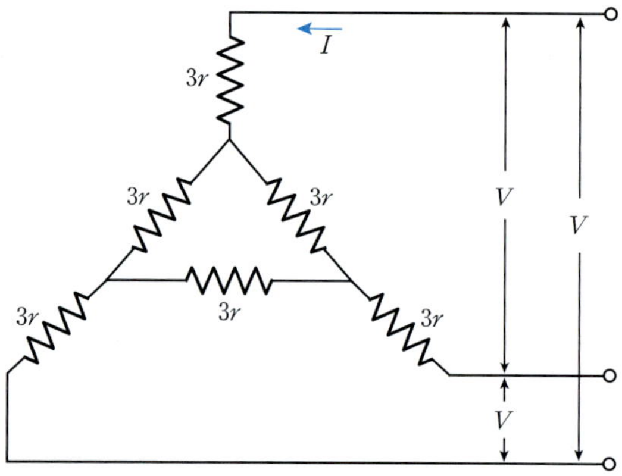

[그림 12-20]

균형 Y-Y 결선

12.6 [그림 12-21]의 평형 Y-Y 결선에서 I_{aA}, I_{bB}, I_{cC}의 값을 구하라.

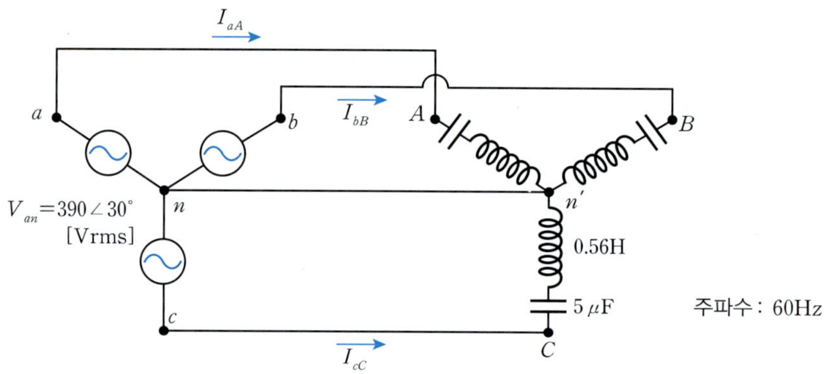

[그림 12-21]

12.7 [그림 12-22]와 같이 220[V] 3상 전원이 평형부하, $10\angle 45°[\Omega]$에 Y-Y 결선으로 연결되어 있다. 이때 각 상의 전류 값과 해당 전류의 상 값, 중성선에 흐르는 전류 값을 구하라.

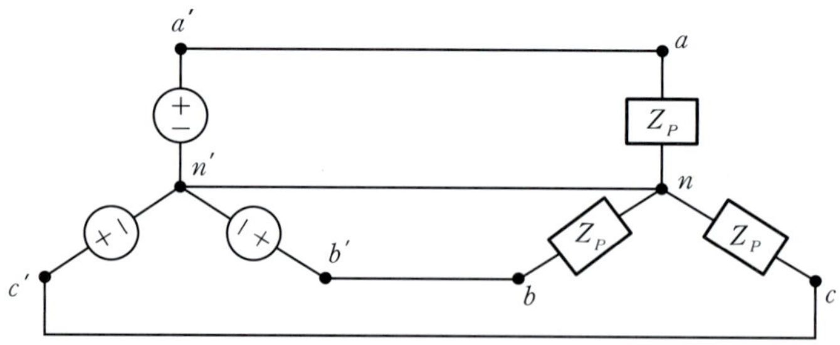

[그림 12-22]

12.8 [그림 12-23]과 같이 3상 4선식의 Y-Y 결선 시스템이 220[V]의 평형전원과 10[Ω]의 평형부하에 의해 연결되어 있다. 이때 각 상의 상전류와 중성선에 흐르는 전류 값을 구하라.

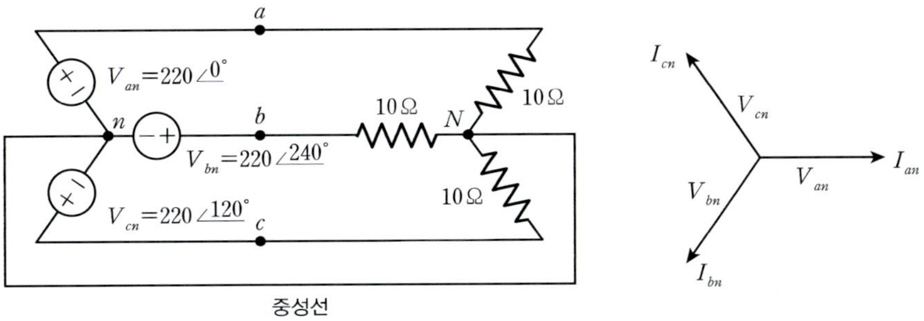

[그림 12-23]

12.9 [그림 12-24]에서 선전류의 크기 값을 구하라.

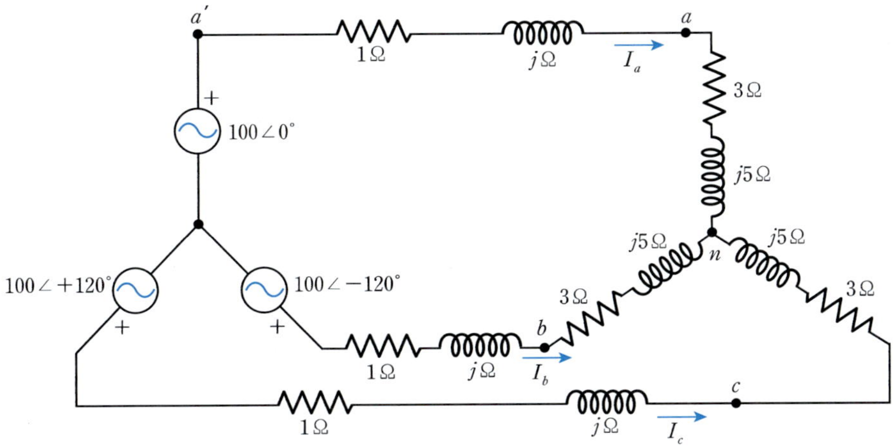

[그림 12-24]

균형 Y-Δ 결선

12.10 [그림 12-25]의 균형 3상 3선식 시스템에 500[Ω] 저항, 5[μF] 커패시터, 0.56[H] 인덕터의 직렬부하가 균형 부하로 연결되어 있을 때, $V_{an}=390\angle 30^\circ$, $\omega=500$[rad/s]라면, 모든 선전류들의 크기 값과 위상각을 구하라.

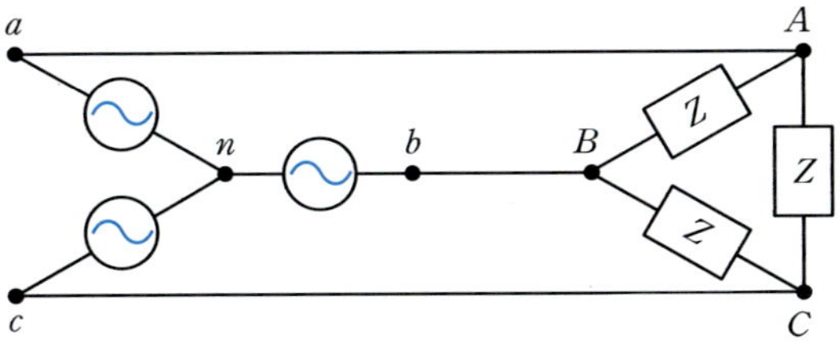

[그림 12-25]

비균형 Y 결선 부하

12.11 다음 값을 가지는 균형 3상 전원이 비균형 Y 결선의 부하와 [그림 12-26]과 같이 연결되었을 때, 선전류 $I_{a'a}$, $I_{b'b}$, $I_{c'c}$를 구하라.

$$V_{ab} = 212\angle 90°[\text{V}],\ Z_{an} = 10 + j0[\Omega]$$
$$V_{bc} = 212\angle -150°[\text{V}],\ Z_{bn} = 10 + j10[\Omega]$$
$$V_{ca} = 212\angle -30°[\text{V}],\ Z_{cn} = 0 - j20[\Omega]$$

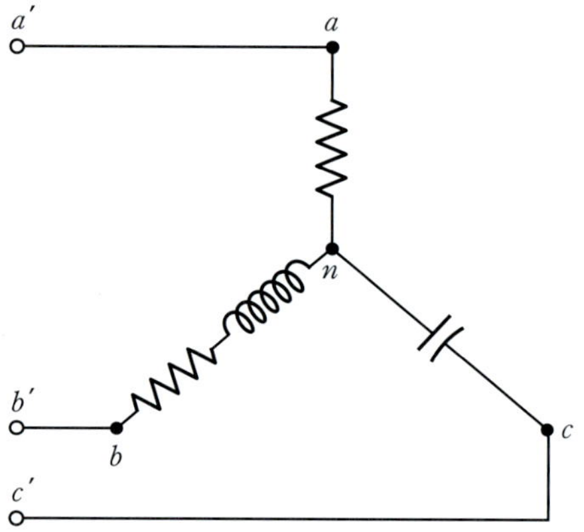

[그림 12-26]

12.12 [그림 12-27]에서 $Z_{na} = Z_{nb} = Z_{nc} = 2 + j8[\Omega]$일 때, $V_{a'b'}$, $V_{b'c'}$, $V_{c'a'}$의 값을 구하라.

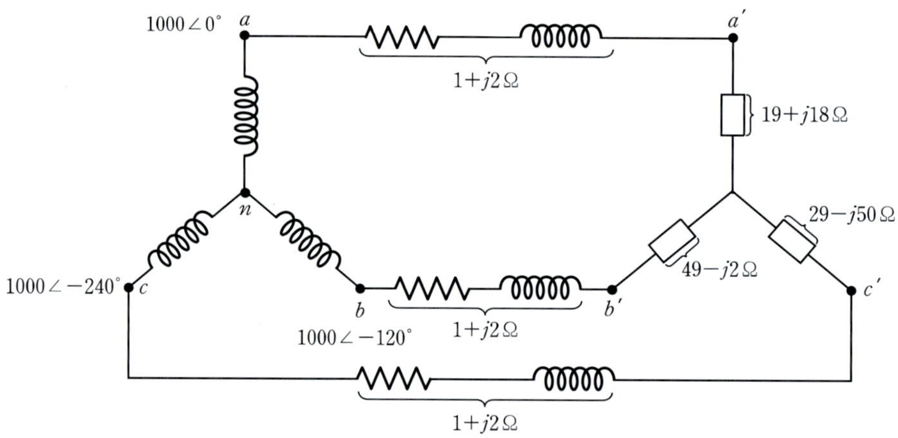

[그림 12-27]

비균형 Y-Δ 결선

12.13 도전 각 상의 전압이 120[V]인 Y 결선 전원이 다음의 부하 값들을 가진 Δ 결선으로 연결되었을 때, 다음 각 값을 구하라.

$$Z_1 = 40\angle 0°[\Omega], \quad Z_2 = 20\angle -60°[\Omega], \quad Z_3 = 15\angle 45°[\Omega]$$

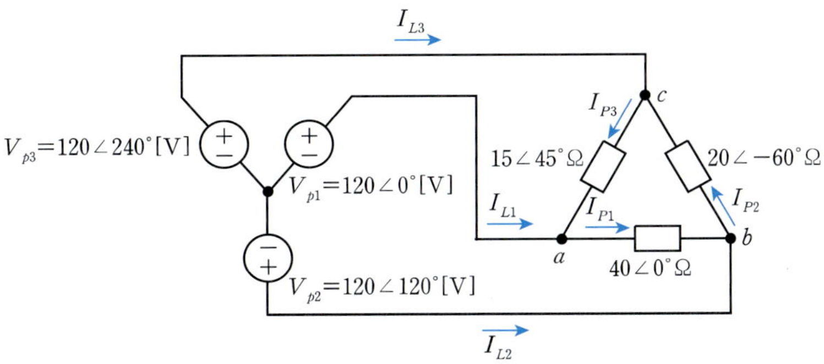

[그림 12-28]

(a) 상전류　　　　(b) 선전류　　　　(c) 선간전압

균형 3상 회로의 전력

12.14 부하 값 $8+j4[\Omega]$의 Δ 결합 평형부하와 부하 값 $2-j1[\Omega]$의 Y 결합 평형부하가 있다. 이들 두 3상 부하를 서로 병렬로 결합하여, 선전압 $V_L = 120[V_{rms}]$을 가지는 3상 3선의 평형전원에 연결했다. 이때 전원으로부터 부하까지의 송전선로의 저항 값은 모두 0.2[Ω]이라고 가정하고, 다음 물음에 답하라.

(a) Δ 결합 평형부하에 의해 발생하는 전전력[kW]을 구하라.
(b) Y 결합 평형부하에 의해 발생하는 전전력[kW]을 구하라.
(c) 송전선로에 의해 손실되는 전전력[kW]을 구하라.

12.15 다음의 회로와 같은 균형 Y-Y 결선회로의 부하에서 소모되는 균형 전력을 구하라.

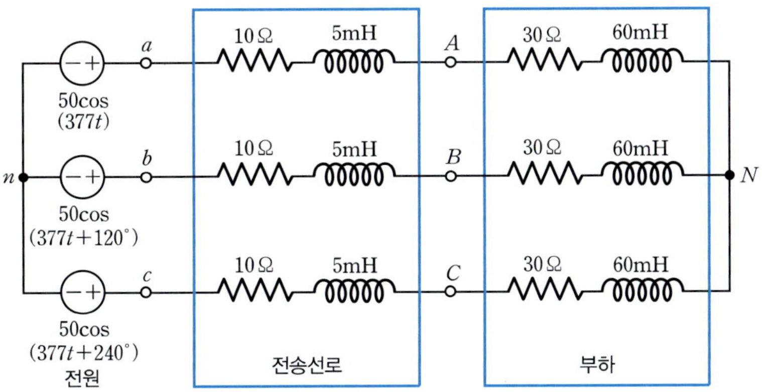

[그림 12-29]

12.16 실횻값 440[V]의 균형 3상 3선식 시스템에 연결된 균형 Y 결선 부하가 [그림 12-30]과 같이 연결되어 있다. 15[Ω]의 부하는 각 상에 연결된 조명이고, $10+j5$[Ω]의 부하는 각 상에 연결된 인덕션 모터의 임피던스 값이라고 한다면, 이때 각 상에 대한 다음 값을 구하라.

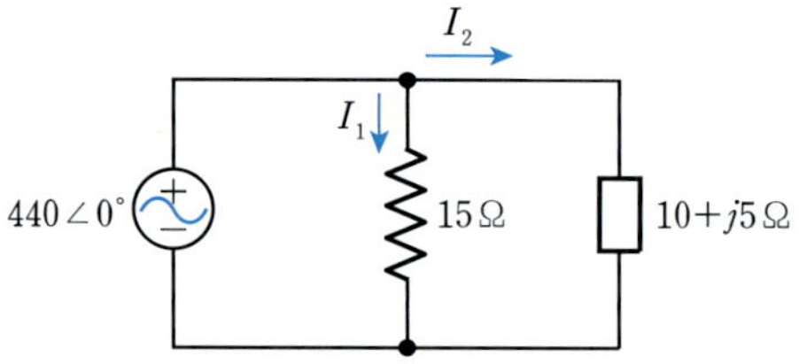

[그림 12-30]

(a) 조명 부하에 의해 소모되는 평균전력

(b) 인덕션 모터에 의해 소모되는 평균전력

12.17 균형 3상 전압에 연결된 [그림 12-31]의 Δ 결선 부하에 의한 총 전력 값을 구하라.

$$V_{ba}=220\angle 0°[\mathrm{V}],\quad V_{cb}=220\angle -120°[\mathrm{V}],\quad V_{ac}=220\angle 120°[\mathrm{V}]$$

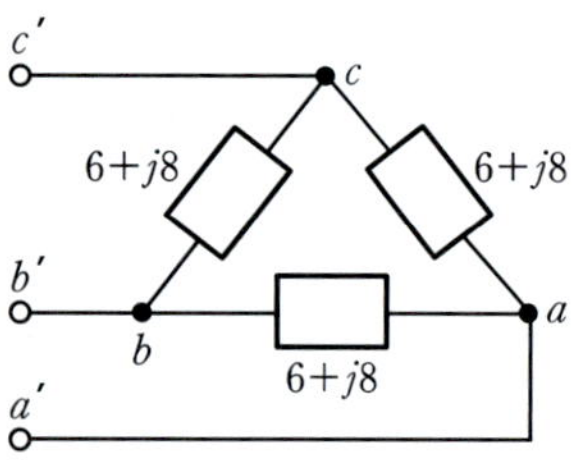

[그림 12-31]

12.18 다음 회로에서 전원전압과 각 파라미터가 다음과 같을 때 물음에 답하라. (단, 계산 값은 소수점 이하 넷째 자리에서 반올림한다.)

$V_a=220\sqrt{2}\sin\omega t$[V], $V_b=220\sqrt{2}\sin(\omega t-2\pi/3)$[V], $V_c=220\sqrt{2}\sin(\omega t+2\pi/3)$[V]이고, 교류전원의 주파수는 60[Hz], 각 상의 선로 임피던스는 $R_1=0.1$[Ω], 부하저항은 $R_2=10$[Ω], $L=20$[mH]이다.

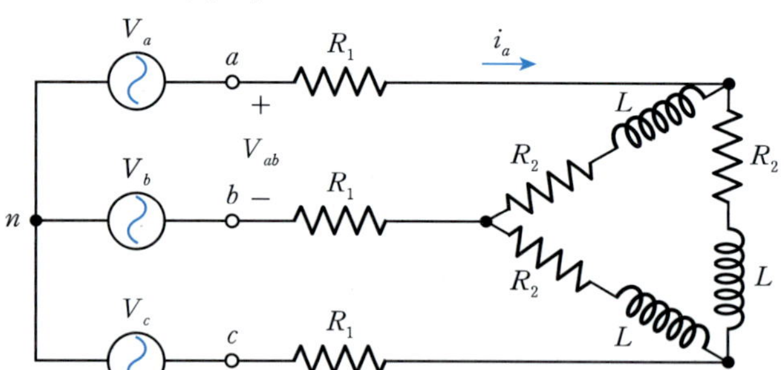

[그림 12-32]

(a) 선전압 V_{ab}, 선전류 i_a의 파형을 그려라. (단, 가로축에는 전압과 전류의 위상을 표시하고, 세로축에는 전압과 전류의 최댓값을 표시하라.)

(b) 3상 선로손실을 구하라.

(c) 3상 부하에 공급되는 유효전력을 구하라.

균형 3상 회로의 전력 및 역률

12.19 임의의 3상 모터가 220[V] 전원에서 전력소비 10[kVA], 뒤진 역률 0.6으로 동작하고 있다. 여기에 $16-j12$[Ω]의 임피던스가 평형 델타 부하로 병렬연결되어 있다고 할 때, 다음 물음에 답하라.

(a) 전체 복소전력[VA] 값은 얼마인가?
(b) 전체 평균전력[W] 값은 얼마인가?
(c) 이러한 결선의 선전류 값은 얼마인가?
(d) 이 결선의 역률은 얼마인가?

12.20 [그림 12-33]에서 균형 3상 부하가 뒤진 역률 0.4로 20[kW]를 소비하고 있다. 주파수는 60[Hz]이고, 별도의 Y 결합 3상 커패시터로 이루어진 부하를 기존부하에 병렬로 연결할 때, 뒤진 역률이 0.9로 개선되기 위한 커패시터의 값을 찾아라.

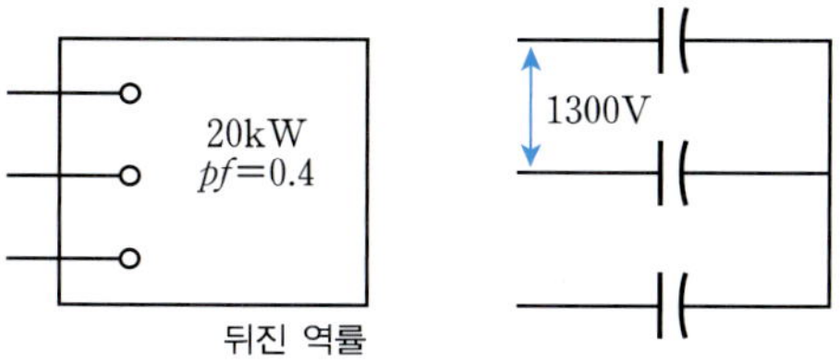

[그림 12-33]

12.21 [연습문제 12.20]에서 기존의 부하가 [그림 12-34]의 Δ-결선으로 바뀌었을 때, 마찬가지로 역률을 0.9로 개선하기 위한 병렬연결의 별도 Y 결합 3상 커패시터의 값을 찾아라.

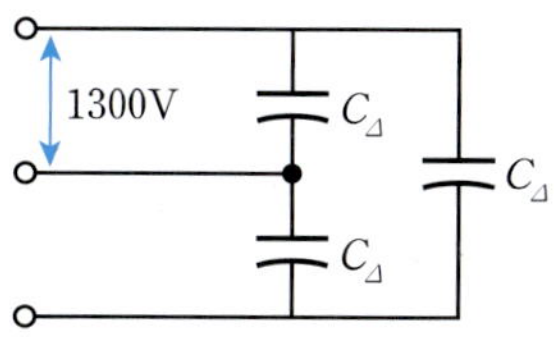

[그림 12-34]

12.22 2개의 균형 3상 부하가 다음 회로와 같이 병렬로 연결되었다. 부하 1은 3상 전체로 20[kW](뒤진 역률 0.85)를 소비하고, 부하 2는 15[kW](뒤진 역률 0.5)를 소비한다. 부하단자 a, b, c에서 선간전압이 440[V](크기 값)이고, 전원단자와 부하단자 간의($A-a$, $B-b$, $C-c$) 임피던스가 $1+j3$일 때, 다음 물음에 답하라.

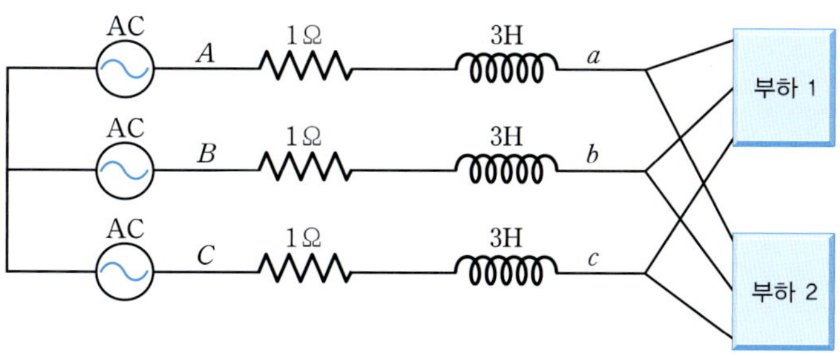

[그림 12-35]

(a) 두 부하의 병렬에 의한 선전류 I_{Aa}의 값을 구하라.
(b) 전원 측의 선간전압 V_{AB}의 값을 구하라.
(c) 전원단자(A, B, C)의 역률을 구하라.

3상 전력의 측정

12.23 다음 그림의 교류 정현파 3상 회로가 처음에는 정상적으로 동작하던 중, Δ 결선 1상의 부하 Z_{F2}가 과열로 소손되어 사라지게 되었다. 따라서 Z_{F2}를 제외한 Z_{F1}, Z_{F3}와 나머지 모든 부하와 3상 전원만 계속적으로 정상 동작하게 되었다. 전원에서 공급하는 유효전력 측정을 위해, Y 결선의 전원단자와 Δ 결선의 부하단자 사이에 단상 유효전력계 2개를 연결했다. 단상 유효전력계 W_1은 선로전압 V_{ab}와 선로전류 I_a를 연결하여 유효전력을 측정하도록 결선했고, 단상 유효전력계 W_2는 선로전압 V_{cb}와 적정한 선로전류를 연결하여 유효전력을 측정하도록 결선했다. (단, 유효전력계는 양의 값이 측정되도록 올바른 방향으로 결선했으며, [그림 12-45]에 표시한 모든 전압, 전류는 실횻값이다.)

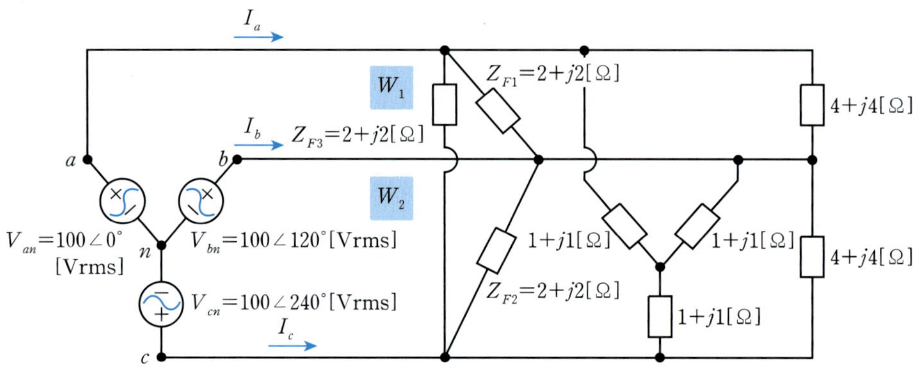

W_1, W_2 : 단상 유효전력계

[그림 12-36]

(a) 단상 유효전력계 W_1에서 측정된 유효전력 P_1[W]를 구하라.

(b) 단상 유효전력계 W_1과 W_2만을 이용하여 3상 전원에서 공급하는 총 유효전력을 측정하려면, 위의 그림에서 유효전력계 W_2에 연결되어야 할 선로전류는 무엇인지 결정하고, 결정한 이유를 수식을 이용하여 상세히 설명하라.

(c) (b)의 결과를 이용하여, W_2에서 측정된 유효전력 P_2[W]와 3상 전원에서 공급하는 총 유효전력 $P_{3-\Phi}$[W]를 구하라.

컴퓨터 프로젝트 IV

다음 3상 회로를 PSPICE나 MATLAB으로 계산하고 검증하라.

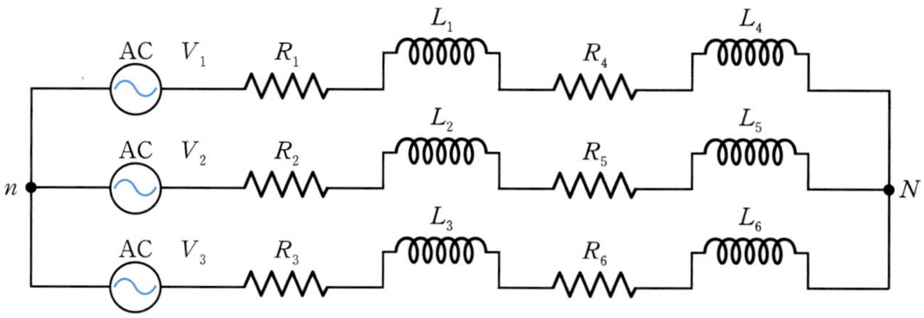

[그림 12-37]

01. V_1, V_2, V_3가 각각 $110\cos(377t)$, $110\cos(377t+120)$, $110\cos(377t+240)$[V]이고, $R_1=R_2=R_3=5[\Omega]$, $L_1=L_2=L_3=5$[mH], $R_4=R_5=R_6=20[\Omega]$, $L_4=L_5=L_6=60$[mH]인 균형 Y-Y 결선을 컴퓨터 프로그램으로 구현하고, 2-전력기 전력 측정 방법으로 모든 부하($Z_L=20+j\omega 60\cdot 10^{-3}$)에서 전체 평균전력을 측정하라.

02. 문제 **01**의 주어진 값에서 $V_2=110\cos(377t+140)$, $V_3=110\cos(377t+280)$으로 위상이 변화했을 때, 마찬가지로 부하에서 전체 평균전력을 측정하라. (문제 **01**의 결과와 비교, 분석하라.)

03. 문제 **01**의 주어진 값에서 $R_5=30[\Omega]$, $R_6=10[\Omega]$으로, $L_5=50$[mH], $L_6=70$[mH]로 바꾸었다고 하자. 즉 전체 부하의 값은 같으나 비균형 부하를 가질 때, 마찬가지로 부하에서 전체 평균전력을 측정하라. (위 문제 **01**의 결과와 비교, 분석하라.)

CHAPTER

12 기출문제

전기기능사 2022년 2회

12.1 1대의 출력이 20[kVA]인 단상 변압기 2대로 V 결선하여 3상 전력을 공급할 수 있는 최대전력은 약 몇 [kVA]인가?

① 20 ② 28.3 ③ 34.6 ④ 40

전기기능사 2021년 1회

12.2 출력 P[kVA]의 단상 변압기 전원 2대를 V 결선할 때의 3상 출력[kVA]은?

① P ② $\sqrt{3}P$ ③ $2P$ ④ $3P$

전기기능사 2021년 3회

12.3 Y-Y 결선회로에서 각 상전압이 100[V]일 때 선간전압은 약 몇 [V]인가?

① 100 ② 150 ③ 173 ④ 195

전기기능사 2020년 4회

12.4 2전력계법에 의해 3상 전력을 측정하여 전력계가 P_1, P_2를 나타냈다면 무효전력의 식은?

① P_1+P_2 ② P_1-P_2 ③ $\sqrt{3}(P_1+P_2)$ ④ $\sqrt{3}(P_1-P_2)$

전기기능사 2019년 1회

12.5 전원과 부하가 다같이 Δ 결선된 3상 평형회로가 있다. 상전압이 200[V], 부하 임피던스가 $Z=6+j8[\Omega]$인 경우 선전류는 몇 [A]인가?

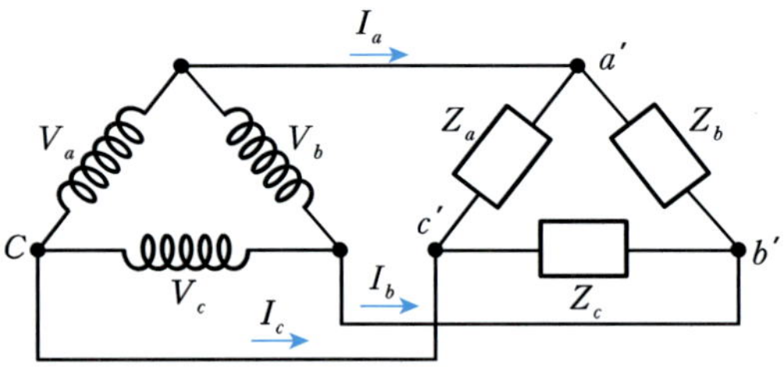

[그림 12-38]

① 20 ② $\frac{20}{\sqrt{3}}$ ③ $20\sqrt{3}$ ④ $10\sqrt{3}$

전기기능사 2019년 2회

12.6 다음과 같이 변환 시 $R_1 + R_2 + R_3$의 값[Ω]은? (단, $R_{ab} = 2$[Ω], $R_{bc} = 4$[Ω], $R_{ca} = 6$[Ω]이다.)

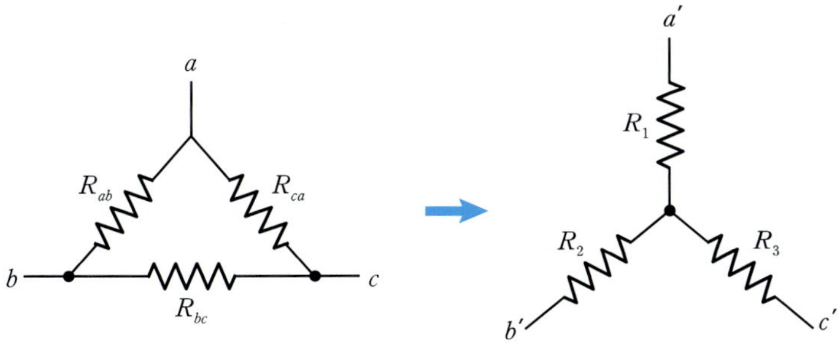

[그림 12-39]

① 1.57[Ω] ② 2.67[Ω] ③ 3.67[Ω] ④ 4.87[Ω]

전기기능사 2019년 3회

12.7 각 상의 임피던스가 $6 + j8$[Ω]인 평형 Y 부하에 선간전압 220[V]인 대칭 3상 전압을 가했을 때 선전류는?

① 10.7[A] ② 11.7[A] ③ 12.7[A] ④ 13.7[A]

2019년도 국가공무원 9급

12.8 다음 Y−Y 결선 평형 3상 회로에서 부하 한 상에 공급되는 평균전력[W]은? (단, 극좌표의 크기는 실횻값이다.)

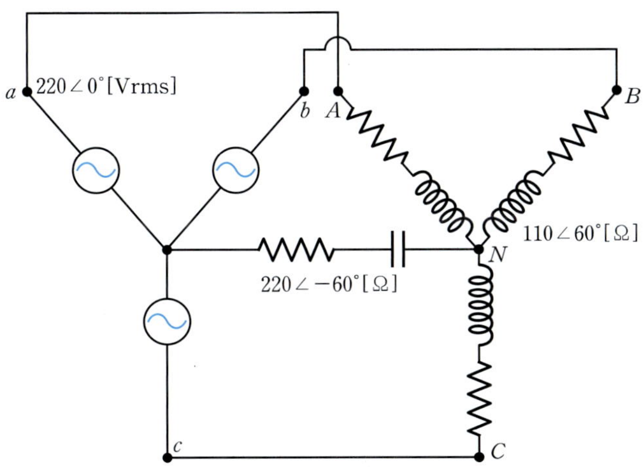

[그림 12-40]

① 110 ② 220 ③ 330 ④ 440

2023년도 국가공무원 9급

12.9 부하 임피던스 $\dot{Z}$가 $6+j8[\Omega]$인 평형 3상 교류회로에서 상전압 200[V]를 전원으로 인가할 때, 부하에 흐르는 상전류 $\dot{I}$의 크기[A]는? (단, 전압과 전류는 실횻값이다.)

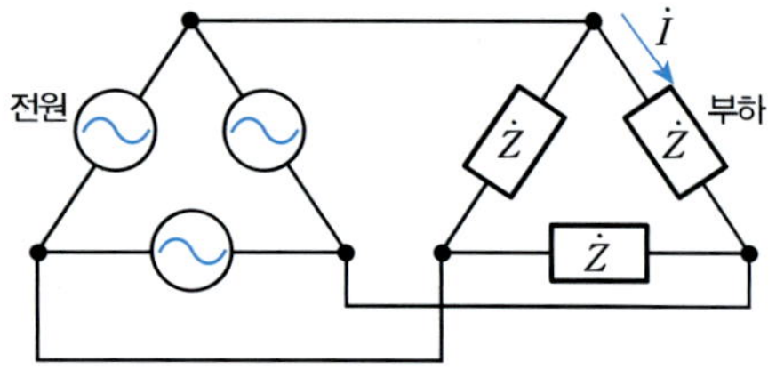

[그림 12-41]

① 10　　② $10\sqrt{3}$　　③ 20　　④ $20\sqrt{3}$

2023년도 국가공무원 9급

12.10 평형 3상 Y 결선회로에 대한 설명으로 옳지 않은 것은?

① 선간전압의 크기는 상전압 크기의 $\sqrt{3}$ 배이다.
② 선간전압과 상전압은 동상이다.
③ 선전류와 상전류의 크기가 같다.
④ 선간전압 간의 위상차는 120°이다.

2023년도 국가공무원 9급

12.11 그림의 3상 교류시스템에서 부하에 소비되는 전력을 2-전력계법으로 측정한 값이 P_1은 50[W]이고, P_2는 100[W]일 때, 전체 피상전력[VA]은?

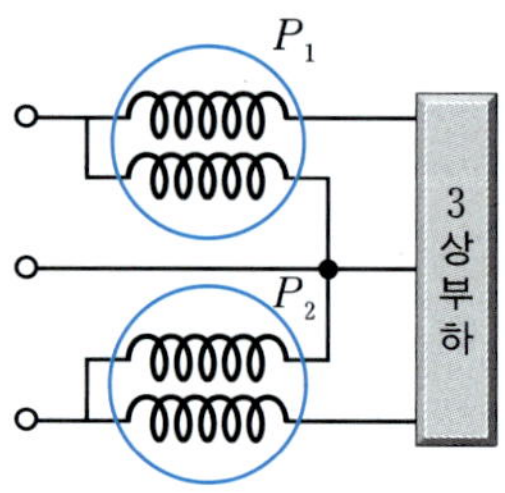

[그림 12-42]

① 50　　② $50\sqrt{3}$　　③ $100\sqrt{3}$　　④ $150\sqrt{3}$

2022년도 국가공무원 9급

12.12 3상 모터가 선전압이 220[V]이고 선전류가 10[A]일 때, 3.3[kW]를 소모하기 위한 모터의 역률은? (단, 3상 모터는 평형 Y-결선 부하이다.)

① $\frac{\sqrt{2}}{3}$　　② $\frac{\sqrt{2}}{2}$　　③ $\frac{\sqrt{3}}{3}$　　④ $\frac{\sqrt{3}}{2}$

2021년도 국가공무원 9급

12.13 그림의 회로에서 평형 3상 Δ 결선의 X 표시된 지점이 단선되었다. 단자 a와 단자 b 사이에 인가하는 전압이 120[V]일 때, 저항 r_a에 흐르는 전류 I[A]는? (단, $R_a = R_b = R_c = 3[\Omega]$, $r_a = r_b = r_c = 1[\Omega]$이다.)

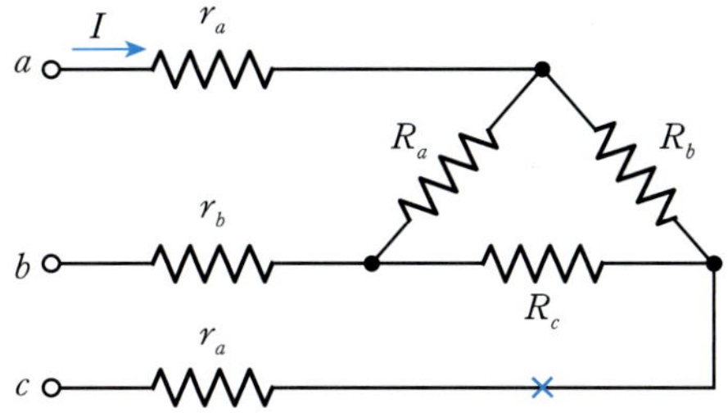

[그림 12-43]

① 10 ② 20 ③ 30 ④ 40

2021년도 국가공무원 9급

12.14 그림의 Y-Y 결선 평형 3상 회로에서 전원으로부터 공급되는 3상 평균전력[W]은? (단, 극좌표의 크기는 실횻값이다.)

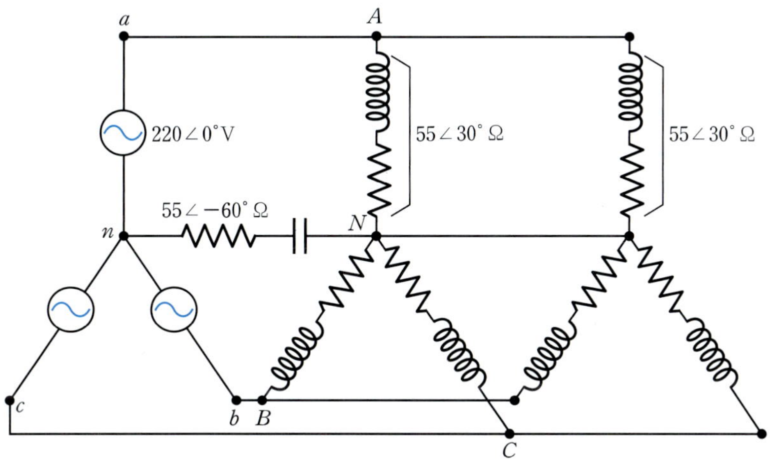

[그림 12-44]

① $440\sqrt{3}$ ② $660\sqrt{3}$ ③ $1320\sqrt{3}$ ④ $2640\sqrt{3}$

2021년도 국가공무원 9급

12.15 그림의 평형 3상 Y-Y 결선에 대한 설명으로 옳지 않은 것은?

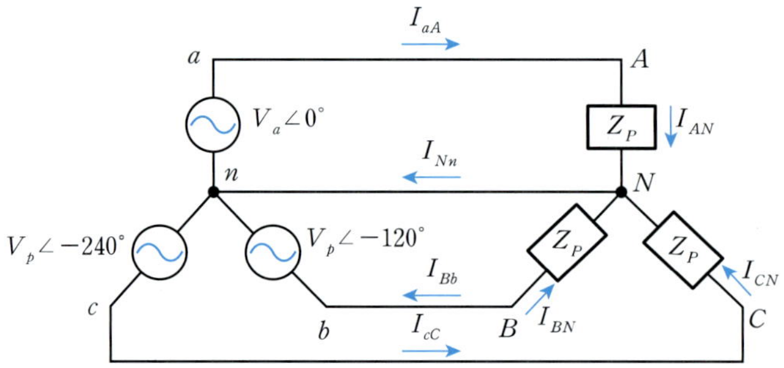

[그림 12-45]

① 선간전압 $V_{ca} = \sqrt{3}\, V_p \angle -210°$로 상전압 V_{cn}보다 크기는 $\sqrt{3}$배 크고 위상은 30° 앞선다.

② 선전류 I_{aA}는 부하 상전류 I_{AN}과 크기는 동일하고, Z_p가 유도성인 경우, 부하 상전류 I_{AN}의 위상이 선전류 I_{aA}보다 뒤진다.

③ 중성선 전류 $I_{Na} = I_{aA} - I_{Bb} + I_{cC} = 0$을 만족한다.

④ 부하가 Δ 결선으로 변경되는 경우 동일한 부하 전력을 위한 부하 임피던스는 기존 임피던스의 3배이다.

2022년도 국가공무원 7급

12.16 다음 회로에서 단자 a, b, c 간에 대칭 3상 선간전압 120[V]가 인가될 때, 선전류 I_L[A]의 크기는?

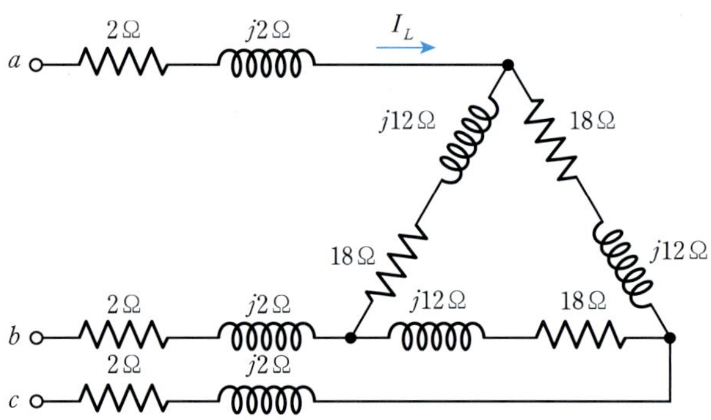

[그림 12-46]

① $2\sqrt{3}$ ② 4 ③ $4\sqrt{3}$ ④ 12

2019년도 국가공무원 7급

12.17 다음 회로에서 Δ 결선된 평형 3상 부하와 Y결선된 평형 3상 부하에 평형 3상 전압이 인가될 때, 전체 부하가 소비하는 총 3상 유효전력[W]은? (단, 선간전압 V_L은 $100\sqrt{3}$[V]이다.)

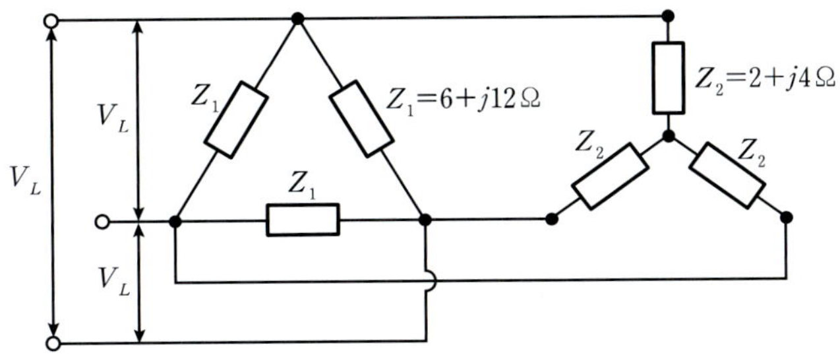

[그림 12-47]

① $1200\sqrt{3}$　② $1200\sqrt{5}$　③ 3600　④ 6000

2022년도 2회 전기산업기사

12.18 그림과 같이 접속된 회로에 평형 3상 전압 E[V]를 가할 때의 전류 I_1[A]은?

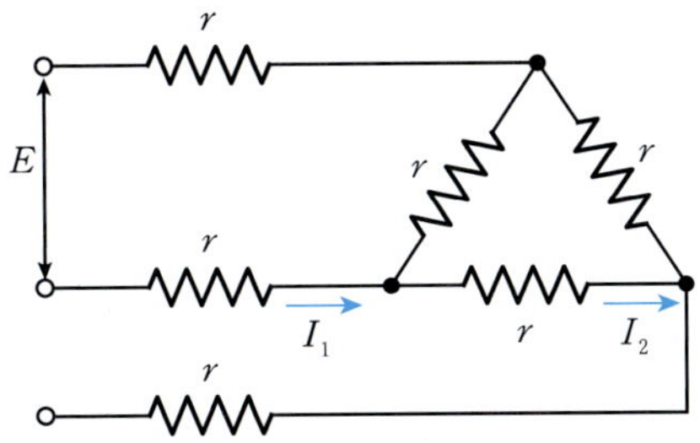

[그림 12-48]

① $\dfrac{\sqrt{3}}{4E}$　② $\dfrac{4E}{\sqrt{3}}$　③ $\dfrac{4r}{\sqrt{3}E}$　④ $\dfrac{\sqrt{3}E}{4r}$

2022년도 2회 전기산업기사

12.19 불평형 3상전류 $I_a=10+j2$[A], $I_b=-20-j24$[A], $I_c=-5+j10$[A]일 때의 영상전류 I_o 값은 얼마인가?

① $15+j2$[A]　② $-5-j4$[A]　③ $-15-j12$[A]　④ $-45-j36$[A]

2022년도 3회 전기산업기사

12.20 비접지 3상 Y부하의 각 선에 흐르는 비대칭 각 선전류를 I_a, I_b, I_c라 할 때, 선전류의 영상분 I_o는?

① I_a+I_b　② $I_a+I_b+I_c$　③ $\dfrac{1}{3}(I_a-I_b-I_c)$　④ 0

2022년도 3회 전기산업기사

12.21 대칭 3상 전압이 있다. 1상의 Y결선 전압의 순시값이 다음과 같을 때 선간전압에 대한 상전압의 비율은?

$$e = 1000\sqrt{2}\sin\omega t + 500\sqrt{2}\sin(3\omega t + 20°) + 100\sqrt{2}\sin(5\omega t + 30°)[\text{V}]$$

① 약 55[%] ② 약 65[%] ③ 약 70[%] ④ 약 75[%]

2022년도 3회 전기산업기사

12.22 그림과 같은 순 저항회로에서 대칭 3상 전압을 가할 때 각 선에 흐르는 전류가 같으려면 R의 값은 몇 [Ω] 인가?

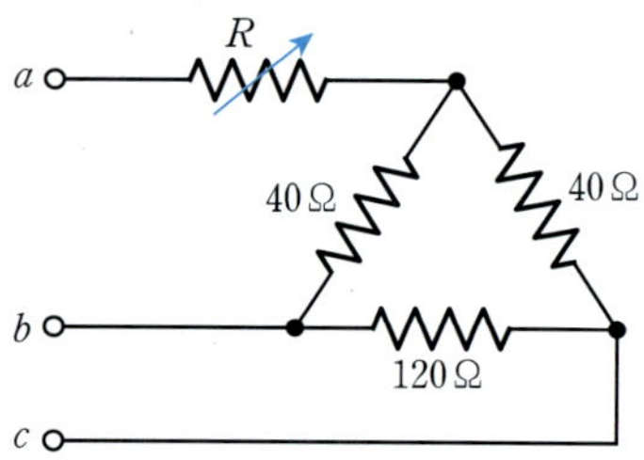

[그림 12-49]

① 8 ② 12 ③ 16 ④ 20

2022년도 4회 전기산업기사

12.23 그림에서 저항 R이 접속되고 여기에 3상 평형전압 V가 가해져 있다. 지금 X표의 곳에서 1선이 단선되었다고 한다면 소비전력은 처음의 몇 배로 되는가?

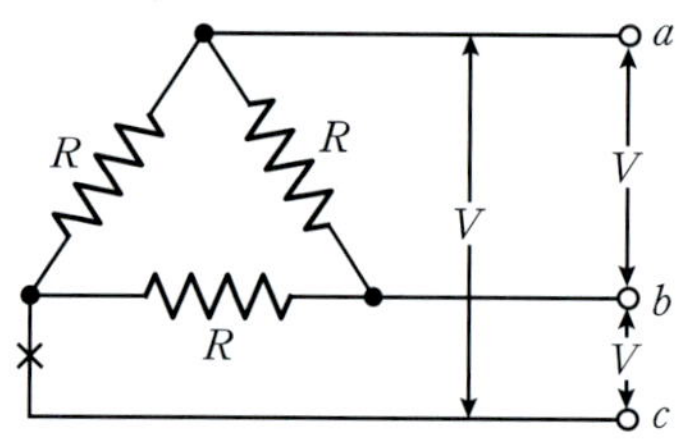

[그림 12-50]

① 1.0 ② 0.7 ③ 0.5 ④ 0.25

2021년도 1회 전기산업기사

12.24 3상 Δ 부하에서 각 선전류를 I_a, I_b, I_c라 하면 전류의 영상분은?

① ∞ ② −1 ③ 1 ④ 0

PART

05

라플라스 변환 회로 및 2-포트 회로망 해석

CONTENTS

PART 05 미리보기

PART 05
라플라스 변환 회로 및 2-포트 회로망 해석

13장 라플라스 변환 회로해석

- 13.1 푸리에 변환과 라플라스 변환
- 13.2 라플라스 변환의 정의
  - 13.2.1 기본함수의 라플라스 변환
  - 13.2.2 함수적 변환을 위한 라플라스 변환 특성
  - 13.2.3 연산변환
  - 13.2.4 임의의 주기함수에 대한 라플라스 변환
- 13.3 라플라스 역변환
  - 13.3.1 라플라스 역변환의 정의
  - 13.3.2 부분분수확장 기법
- 13.4 라플라스 변환을 이용한 회로해석
  - 13.4.1 라플라스 변환 회로
  - 13.4.2 라플라스 변환 회로해석법

14장 2-포트 회로망

- 14.1 2-포트 회로망의 정의
- 14.2 2-포트 회로망 방정식
- 14.3 2-포트 회로망 방정식의 해
- 14.4 2-포트 회로망의 상호연결

CHAPTER 13

라플라스 변환 회로해석

Laplace Transformed Circuit Analysis

학습목표

- 푸리에 변환과 라플라스 변환의 정의를 살펴보고, 상호 관계를 이해한다.
- 라플라스 변환의 성질을 이해한다.
- 라플라스 변환의 역변환 방법 중 부분분수확장 기법을 알아본다.
- 라플라스 변환을 이용하여 회로의 완전응답을 한꺼번에 구하는 방법을 살펴본다.

SECTION 13.1 푸리에 변환과 라플라스 변환

시스템 해석을 위해 간혹 시간 영역에서 정의된 시간함수 $f(t)$를 주파수 영역으로 변환하여 $F(j\omega)$ 상태에서 해석하고 분석하는 경우가 있다. 이렇게 주파수 영역에서 함수 $F(j\omega)$의 특성을 살피기 위해서는, 함수를 두 가지 특성함수인 **크기 함수**magnitude function $|F(j\omega)|$와 **위상각 함수**phase function $\angle F(j\omega)$로 나눈다. 그리고 크기 함수와 위상각 함수를 합쳐서 **주파수 응답**frequency response이라고 한다.

예를 들어 정현파 함수 $f(t) = F_m \cos(\omega t + \theta) =$ 실수항 $[F_m e^{j(\omega t + \theta)}]$의 주파수 응답은 다음과 같이 표현할 수 있다.

$$\text{크기 함수 } F_m \text{과 위상각 함수 } \angle F(j\omega) = \omega t + \theta$$

정현파 함수 $f(t)$의 파형은 [그림 13-1]과 같다.

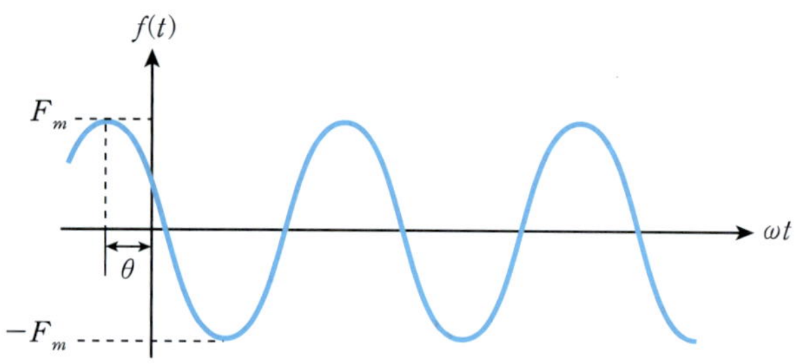

[그림 13-1] 정현파 함수 $f(t)$의 파형

이렇게 주어진 시간함수 $f(t)$를 주파수 영역 함수 $F(j\omega)$로 변환하여 주파수 응답 계산을 할 수 있게 만드는 변환을 **푸리에 변환**Fourier transform이라고 한다. 즉 푸리에 변환은 임의의 함수를 시간 영역(t)에서 주파수 영역($\omega = 2\pi f$)으로 매핑하는 변환이다.

이때 f는 주파수라고 하고, 단위는 [Hz]를 사용한다. 이 주파수 f는 임의의 주기함수의 한 주기[초]의 값과 역수 관계이다. 예를 들어 우리가 사용하는 교류전원의 주파수가 60[Hz]라면, 정현파 교류전원 신호의 주기는 $\frac{1}{60}$[초]이다. 이는 1초에 60번을 반복하는 주기함수 신호라는 뜻이다.

어떠한 신호의 주파수 응답(다른 말로, 스펙트럼spectrum)은 신호의 왜곡을 소거하는 필터 설계 등의 신호처리에 매우 중요한 개념이다. 푸리에 변환은 신호 및 시스템 해석에서는 필수적으로 이해해야 할 변환이다. 그러나 회로해석에서는 이러한 푸리에 변환으로 표현할 수 있는 함수가 정현파, 즉 순수 교류신호를 가지는 교류전원뿐이므로 다양한 형태의 입력전원(예를 들어 DC 전원, 지수함수 전원 등)을 표현하는 데에는 한계가 있다. 따라서 회로해석에서는 복소수 평면상에서 함수를 표현할 수 있는 라플라스 변환을 사용한다.

라플라스 변환에 대해 알아보기 위해 한 예를 생각해보자. 주어진 함수 $g(t)$가 다음과 같이 지수함수와 정현파가 합쳐진 복잡한 형태라고 하자. 즉 시간함수 $g(t)$가 $F_m e^{\sigma t}\cos(\omega t+\theta)$라고 할 때, 다음과 같이 정의할 수 있다.

$$
\begin{aligned}
g(t) &= F_m e^{\sigma t}\cos(\omega t+\theta) \\
&= F_m e^{\sigma t}\left[\frac{e^{j(\omega t+\theta)}+e^{-j(\omega t+\theta)}}{2}\right] \\
&= \frac{1}{2}\left[(F_m e^{j\theta})e^{(\sigma+j\omega)t}+(F_m e^{-j\theta})e^{(\sigma-j\omega)t}\right] \\
&= \frac{1}{2}[Ge^{st}+(Ge^{st})^*] \\
&= \text{실수항}[Ge^{st}] = \text{실수항}[G^* e^{s^* t}]
\end{aligned}
$$

단, $s=\sigma+j\omega$, $G=F_m e^{j\theta}$이고 σ는 양의 실숫값이다.

시간함수 $g(t)$의 파형은 [그림 13-2]와 같다.

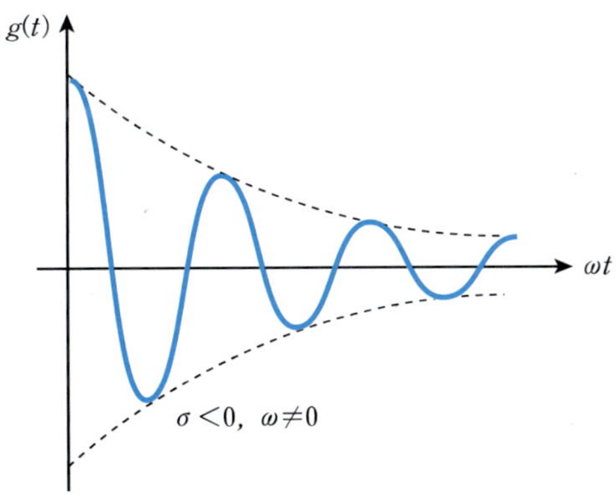

[그림 13-2] 함수 $g(t)$의 파형

이 함수를 함수 $f(t)$와 비교하면, $g(t)$ 함수는 단순한 주파수 영역으로 변환되지 않고, 새로운 영역인 $s=\sigma+j\omega$ 영역으로 변환되어 단순한 G 함수로 변환이 가능하다. 이처럼 시간 영역에서 s 영역으로 변환되는 것을 **라플라스 변환** Laplace transform이라고 한다. 라플라스 변환을 사용하면 단순 정현파 함수뿐만 아니라 더욱 복잡한 형태의 함수도 s 영역에서 단순 함수 $G(s)$로 변환이 가능해진다.

[그림 13-3]은 [그림 13-2]의 함수 이외에 라플라스 변환이 가능한 다양한 함수들을 나타낸 것이다.

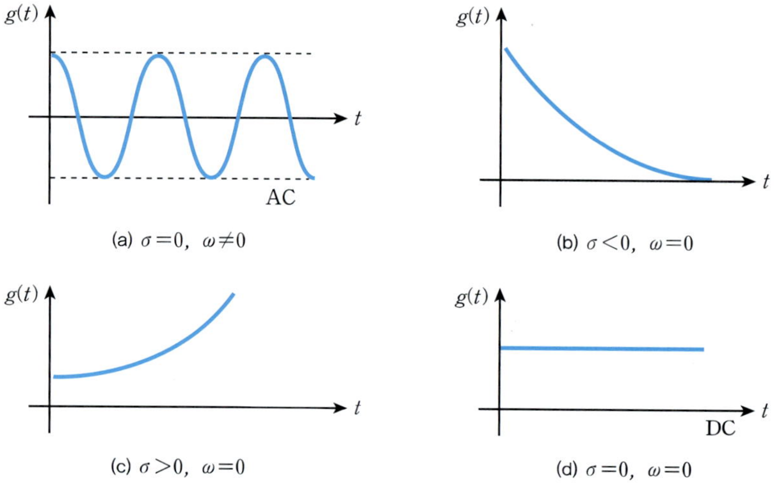

[그림 13-3] 라플라스 변환이 가능한 다양한 함수 $g(t)$

결국 라플라스 변환을 이용한 회로해석은 DC 입력이나 AC 입력, 임의의 지수함수 입력 모두를 일반화하여 회로를 해석할 수 있는 기법이다.

참고 13-1 푸리에 변환과 라플라스 변환의 관계

푸리에 변환은 시간함수 $f(t)$를 주파수 영역 함수 $F(j\omega)$로 변환하는 것이고, 라플라스 변환은 시간함수 $f(t)$를 s 영역 함수 $F(s)$로 변환하는 것이다. 이때 라플라스 변환의 s는 $s=\sigma+j\omega$이므로 σ가 0이면 $s=j\omega$가 되어 $F(s)$는 $F(j\omega)$와 같다. 그러므로 **푸리에 변환은 $\sigma=0$일 때 라플라스 변환의 특별한 경우**로 생각할 수 있다.

참고 13-2 라플라스 변환 함수로부터 주파수 응답 계산

[참고 13-1]에서 설명했듯이 푸리에 변환 함수 $F(j\omega)$는 라플라스 변환 함수 $F(s)$의 변수 s를 $j\omega$로 치환하여 구할 수 있다. 따라서 주파수 응답 함수는 치환된 함수로부터 크기 함수 $|F(j\omega)|$와 위상각 함수 $\angle F(j\omega)$를 구함으로써 계산할 수 있다.

SECTION

13.2 라플라스 변환의 정의

라플라스 변환은 다음과 같이 두 가지로 정의된다.

정의 13-1 라플라스 변환

- **2방향 라플라스 변환**

$$\mathcal{L}[f(t)] = F(s) = \int_{-\infty}^{\infty} f(t)e^{-st}dt \tag{13.1}$$

- **1방향 라플라스 변환**

$$\mathcal{L}[f(t)] = F(s) = \int_{0^+}^{\infty} f(t)e^{-st}dt \tag{13.2}$$

회로해석에서는 초기시간 $t=0$ 이전의 함수는 의미가 없으므로 1방향 라플라스 변환을 사용한다. 따라서 $t=0$의 **초깃값**이 중요하다.

13.2.1 기본함수의 라플라스 변환

주요 기본함수의 라플라스 변환을 기억해두면 복잡한 함수의 라플라스 변환을 구하는 데 매우 유용하다. 기본적으로 라플라스 변환은 선형변환 linear transformation 이다. 따라서 선형변환의 기본원리인 중첩의 원리가 적용되기 때문에 복잡한 함수를 기본함수의 단순합으로 정의할 수만 있다면, 복잡한 함수의 라플라스 변환도 이미 구해놓은 기본함수의 라플라스 변환의 단순합으로 쉽게 구할 수 있다.

다음은 기본함수의 라플라스 변환 예이다.

계단함수

계단함수 $Ku(t)$의 파형은 [그림 13-4]와 같고, 다음과 같이 정의할 수 있다.

$$f(t) = Ku(t) = \begin{cases} 0, & t < 0 \\ K, & t \geq 0 \end{cases} \tag{13.3}$$

이 정의에 의해 라플라스 변환을 구하면 다음과 같다.

$$\begin{aligned}\mathcal{L}[f(t)] = F(s) &= \int_{0^+}^{\infty} f(t)e^{-st}dt \\ &= \int_{0^+}^{\infty} Ke^{-st}dt = K\int_{0^+}^{\infty} e^{-st}dt \\ &= -\frac{K}{s}e^{-st}\Big|_0^{\infty} = -\frac{K}{s}(0-1) = \frac{K}{s}\end{aligned} \tag{13.4}$$

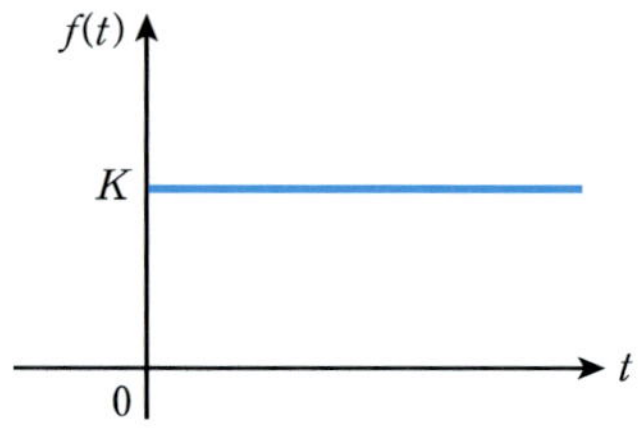

[그림 13-4] 계단함수 파형

임펄스 함수

임펄스 함수 $K\delta(t)$의 파형은 [그림 13-5]와 같고, 다음과 같이 정의할 수 있다.

$$\int_{-\infty}^{\infty} f(t)dt = \int_{-\infty}^{\infty} K\delta(t)dt = K$$

이 정의에 의해 라플라스 변환을 구하면 다음과 같다.

$$\begin{aligned}\mathcal{L}[f(t)] &= F(s) \\ &= \int_{0^+}^{\infty} K\delta(t)e^{-st}dt \\ &= K\int_{0^+}^{\infty} \delta(t)dt = K\end{aligned} \tag{13.5}$$

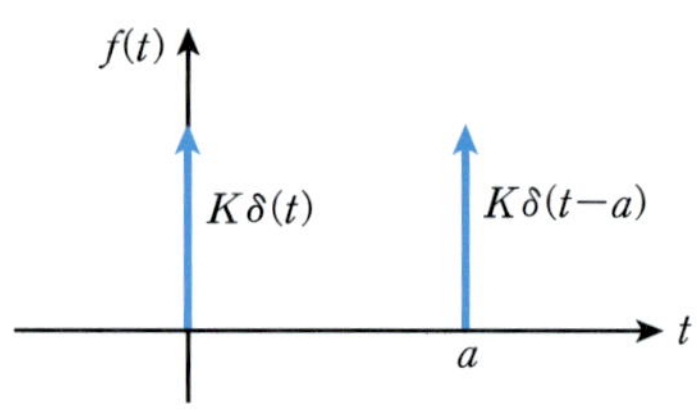

[그림 13-5] 임펄스 함수 파형

13.2.2 함수적 변환을 위한 라플라스 변환 특성

기본함수와 연계해서 함수적인 변환에 유용한 라플라스 변환을 살펴보면 다음과 같다.

$f(t)=e^{-at}u(t)$인 경우

1방향 라플라스 변환식 (13.2)에 의하여 변환식을 구하면,

$$\mathcal{L}[f(t)]=F(s)=\int_{0^+}^{\infty}e^{-st}e^{-st}dt$$

$$=\int_{0^+}^{\infty}e^{-(a+s)t}dt=\frac{1}{s+a} \tag{13.6}$$

이다. 즉 $f(t)$ 함수를 함수 $u(t)$에 지수함수 e^{-at}를 곱한 것으로 생각하면, $F(s)$는 계단함수의 라플라스 변환 함수 $\frac{1}{s}$에서 s 대신 $s+a$를 대입한 것으로 볼 수 있다.

$f(t)=\sin\omega t$인 경우

마찬가지로, 식 (13.2)에 의하여 $f(t)=\sin wt$를 대입하여 변환식을 구하면 다음과 같다.

$$\mathcal{L}[f(t)]=F(s)=\int_{0^+}^{\infty}(\sin\omega t)e^{-st}dt$$

$$=\int_{0^+}^{\infty}\left(\frac{e^{j\omega t}-e^{-j\omega t}}{2j}\right)e^{-st}dt$$

$$=\int_{0^+}^{\infty}\frac{e^{-(s-j\omega)t}-e^{-(s+j\omega)t}}{2j}dt$$

$$=\frac{1}{2j}\left(\frac{1}{s-j\omega}-\frac{1}{s+j\omega}\right)=\frac{\omega}{s^2+\omega^2} \tag{13.7}$$

$f(t)=\cos\omega t$인 경우

마찬가지로, 식 (13.2)에 의하여 $f(t)=\cos wt$를 대입하여 변환식을 구하면 다음과 같다.

$$\mathcal{L}[f(t)]=F(s)=\frac{s}{s^2+\omega^2} \tag{13.8}$$

이와 같이 함수적 변환에 따른 라플라스 변환 특성을 이용하면 주어진 기본함수의 라플라스 변환식을 결합하여 여러 가지 형태로 변환하기가 쉽다. 따라서 라플라스 변환 함수를 얻을 수 있다.

[표 13-1] 함수적 변환 함수의 라플라스 변환

$f(t)$	$F(s)$	$f(t)$	$F(s)$
$\delta(t)$	1	$u(t)$	$\frac{1}{s}$
t	$\frac{1}{s^2}$	e^{-at}	$\frac{1}{s+a}$
$\sin\omega t$	$\frac{\omega}{s^2+\omega^2}$	$\cos\omega t$	$\frac{s}{s^2+\omega^2}$
te^{-at}	$\frac{1}{(s+a)^2}$	$e^{-at}\cos\omega t$	$\frac{s+a}{(s+a)^2+\omega^2}$
$e^{-at}\sin\omega t$	$\frac{\omega}{(s+a)^2+\omega^2}$		

13.2.3 연산변환

이 절에서는 연산에 관련된 함수의 라플라스 변환에 대해 살펴본다. 중요한 연산에는 선형연산, 미분, 적분, 시간 영역에서의 변이, s 영역에서의 변이, 크기변환 등이 있다.

선형연산

라플라스 변환은 선형변환이므로 선형성을 보장받는다. 즉 $\mathcal{L}[f_1(t)] = F_1(s)$, $\mathcal{L}[f_2(t)] = F_2(s)$일 때 $\mathcal{L}[K_1f_1(t) + K_2f_2(t)] = K_1F_1(s) + K_2F_2(s)$가 된다. 그러므로 시간함수의 합으로 이루어진 함수의 라플라스 변환은 각각의 시간함수를 라플라스 변환한 함수의 단순합으로 계산할 수 있다. 즉 중첩의 원리가 적용될 수 있다.

예제 13-1 라플라스 변환의 중첩의 원리

[그림 13-6]과 같은 시간함수 $f(t)$가 주어졌을 때, 이 함수의 라플라스 변환 함수 $F(s)$를 중첩의 원리에 의하여 구하라.

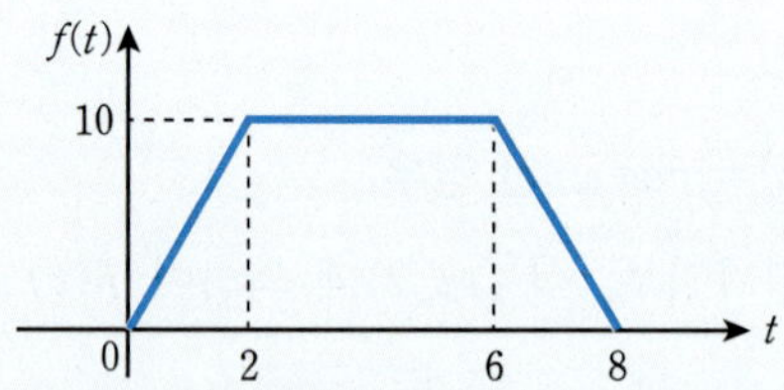

[그림 13-6] 시간함수 $f(t)$

풀이

[그림 13-6]의 함수 $f(t)$는 다음과 같이 표기할 수 있다.

$$\begin{aligned} f(t) &= 5[tu(t)-(t-2)u(t-2)-(t-6)u(t-6)+(t-8)u(t-8)] \\ &= 5[f_1(t)-f_2(t)-f_3(t)+f_4(t)] \end{aligned}$$

그리고 이 함수의 라플라스 변환 $F(s)$는 중첩의 원리에 따라, 각각의 함수 $f_i(t)\,(i=1,\ 2,\ 3,\ 4)$의 라플라스 변환 $f_i(s)\,(i=1,\ 2,\ 3,\ 4)$의 단순합으로 계산할 수 있다.

$$F(s)=5[F_1(s)-F_2(s)-F_3(s)+F_4(s)]$$

미분

임의의 함수 $f(t)$의 미분함수에 라플라스 변환을 취하면 다음과 같다.

$$\begin{aligned}\mathcal{L}\left[\frac{df(t)}{dt}\right] &= \int_{0^-}^{\infty}\left[\frac{df(t)}{dt}\right]e^{-st}dt \\ &= e^{-st}f(t)|_0^{\infty} - \int_0^{\infty} f(t)(-se^{-st}dt) \\ &= -f(0^-)+s\int_0^{\infty} f(t)e^{-st}dt \\ &= sF(s)-f(0^-)\end{aligned} \tag{13.9}$$

또한 2차 미분함수의 라플라스 변환을 구하기 위해, 새로운 함수 $g(t)$를 식 (13.10)으로 정의하면, 식 (13.9)에 의해 식 (13.11)이 나온다.

$$g(t)=\frac{df(t)}{dt} \tag{13.10}$$

$$G(s)=sF(s)-f(0^-) \tag{13.11}$$

식 (13.10)의 양변을 미분하면 다음과 같다.

$$\frac{dg(t)}{dt}=\frac{d^2f(t)}{dt^2}$$

위의 식에 라플라스 변환을 취하면 식 (13.12)와 같다.

$$\begin{aligned}\mathcal{L}\left[\frac{dg(t)}{dt}\right]=\mathcal{L}\left[\frac{d^2f(t)}{dt^2}\right] &= sG(s)-g(0^-) \\ &= s^2F(s)-sf(0^-)-\frac{df(0^-)}{dt}\end{aligned} \tag{13.12}$$

따라서 일반적으로 고차 미분함수의 라플라스 변환은 다음과 같다.

$$\begin{aligned}\mathcal{L}\left[\frac{d^nf(t)}{dt^n}\right] &= s^nF(s)-s^{n-1}f(0^-) \\ &-s^{n-2}\frac{df(0^-)}{dt}-s^{n-3}\frac{d^2f(0^-)}{dt^2}-\cdots-\frac{d^{n-1}f(0^-)}{dt^{n-1}}\end{aligned} \tag{13.13}$$

적분

임의의 함수 $f(t)$의 적분함수에 라플라스 변환을 취하면 다음과 같다.

$$\mathcal{L}\left[\int_0^t f(x)dx\right] = \int_0^\infty \left[\int_0^t f(x)dx\right]e^{-st}dt$$

$$= uv|_0^\infty - \int_0^\infty vdu$$

$$= -\frac{e^{-st}}{s}\int_0^t f(x)dx|_0^\infty + \int_0^\infty \frac{e^{-st}}{s}f(t)dt$$

$$= 0 + \frac{F(s)}{s} = \frac{F(s)}{s} \qquad (13.14)$$

단, 부분적분은 $u = \int_0^t f(x)dx$, $dv = e^{-st}dt$이다.

시간 영역에서의 변이

시간함수 $f(t)u(t)$를 시간축 오른쪽으로 a만큼 움직인 함수 $f(t-a)u(t-a)$의 라플라스 변환을 구하면 다음과 같다.

$$\mathcal{L}[f(t-a)u(t-a)] = \int_a^\infty f(t-a)e^{-st}dt$$

$$= \int_0^\infty f(t')e^{-s(t'+a)}dt' \qquad (t' = t-a)$$

$$= e^{-as}\int_0^\infty f(t')e^{-st'}dt'$$

$$= e^{-as}F(s), \quad a > 0 \qquad (13.15)$$

즉 시간 영역에서 a만큼 오른쪽으로 움직인 함수는 s 영역에서 지수함수 e^{-as}을 곱한 것과 같다.

예제 13-2 시간 영역 변이 함수의 라플라스 변환

$\mathcal{L}[tu(t)] = F(s) = \frac{1}{s^2}$이 주어졌을 때, $\mathcal{L}[(t-a)u(t-a)]$의 값을 구하라.

풀이

$f(t) = tu(t)$, $F(s) = \frac{1}{s^2}$이므로, 식 (13.15)에 의해 $F(s)$에 지수함수 e^{-as}을 곱하여 구한다.

$$\mathcal{L}[(t-a)u(t-a)] = e^{-as} \times \frac{1}{s^2} = \frac{e^{-as}}{s}$$

s 영역에서의 변이

시간함수 $f(t)$에 지수함수 e^{-at}을 곱한 것은 s 영역에서 $F(s)$가 왼쪽으로 a만큼 이동한 것과 같다.

$$\mathcal{L}[e^{-at}f(t)] = \int_0^\infty e^{-at}f(t)e^{-st}dt$$

$$= \int_0^\infty f(t)e^{-(s+a)t}dt$$

$$= F(s+a) \tag{13.16}$$

참고 13-3 연산변환

[표 13-2] 시간 영역 혹은 s 영역에서의 변이

$f(t)$	$F(s)$
$f(t-a)$	$e^{-as}F(s)$
$e^{-at}f(t)$	$F(s+a)$

예제 13-3 시간 영역 변이 함수들의 합

[그림 13-6]에서 구한 함수 $f(t)=5[tu(t)-(t-2)u(t-2)-(t-6)u(t-6)+(t-8)u(t-8)]$의 라플라스 변환을 구하라.

풀이

식 (13.15)에 의해 각각의 라플라스 변환 $F_i(s)\,(i=1,\ 2,\ 3,\ 4)$를 구하여 합하면 다음과 같다.

$$F(s) = 5[F_1(s) - F_2(s) - F_3(s) + F_4(s)]$$

$$= 5\left[\frac{1}{s^2} - \frac{e^{-2s}}{s^2} - \frac{e^{-6s}}{s^2} + \frac{e^{-8s}}{s^2}\right]$$

크기변환

$$\mathcal{L}[f(at)] = \int_0^\infty f(at)e^{-st}dt$$

$$= \int_0^\infty f(t')e^{-s\frac{t'}{a}}\frac{dt'}{a} \qquad (t' = at)$$

$$= \frac{1}{a}\int_0^\infty f(t')e^{-\left(\frac{s}{a}\right)t'}dt' = \frac{1}{a}F\left[\frac{s}{a}\right],\ a > 0 \tag{13.17}$$

예제 13-4 **크기변환 함수의 라플라스 변환**

$\mathcal{L}[\cos t] = \dfrac{s}{s^2+1}$ 로 주어졌을 때, $\mathcal{L}[\cos \omega t]$의 값을 구하라.

풀이

식 (13.17)에 $a=\omega$를 대입하여 풀면 다음과 같다.

$$\mathcal{L}[\cos\omega t] = \frac{1}{\omega}\frac{\dfrac{s}{\omega}}{\left(\dfrac{s}{\omega}\right)^2+1} = \frac{s}{s^2+\omega^2}$$

13.2.4 임의의 주기함수에 대한 라플라스 변환

임의의 주기함수라 함은 정현파 이외의 일정한 주기를 가지고 있는 함수를 말하고, 이렇게 일정한 주기를 가지고 있는 함수는 푸리에 급수를 이용해 표현할 수 있다.

푸리에 급수

일반적으로 푸리에 급수Fourier series는 주기를 가지고 있는 함수를 표현하는 방법으로서 기본적으로는 시간 영역의 주기함수(주기 T)를 주파수 영역의 이산함수로 변환시키는 푸리에 변환의 일종이다. 푸리에 급수의 정의는 형식에 따라 다음과 같이 **복소수**complex, **크기 값-위상각**amplitude-phase, **사인-코사인**sine-cosine **형식으로 표현된다.**

❶ **복소수 형식**

$$f(t) = \sum_{k=-\infty}^{\infty} F_k e^{j2\pi fkt} \tag{13.18}$$

$$\text{단, } f = \frac{1}{T},\ F_k = \frac{1}{T}\int_{t_0}^{t_0+T} f(t)e^{-j2\pi fkt}dt$$

❷ **크기 값-위상각 형식**

$$f(t) = A_0 + \sum_{k=1}^{\infty} A_k\cos(2\pi fkt+\phi_k) \tag{13.19}$$

$$\text{단, } A_0 = F_0,\ A_k = 2|F_k|,\ k=1,\ 2,\ 3,\cdots$$

$$\phi_k = \angle F_k,\ k=1,\ 2,\ 3,\cdots$$

❸ **사인-코사인 형식**

$$f(t) = a_0 + \sum_{k=1}^{\infty} a_k\cos(2\pi fkt) + \sum_{k=1}^{\infty} b_k\sin(2\pi fkt) \tag{13.20}$$

$$단, \ a_0 = F_0 일 \ 때, \ a_k = 2실수[X_k] = \frac{2}{T}\int_{t_0}^{t_0+T} f(t)\cos(2\pi fkt)dt$$

$$b_k = 2허수[X_k] = \frac{2}{T}\int_{t_0}^{t_0+T} f(t)\sin(2\pi fkt)dt$$

참고 13-4 우함수, 기함수에 대한 사인-코사인 형식 변수 값

$f(t)$가 우함수even function이면, 즉 $f(-t)=f(t)$이면 식 (13.20)에서 $b_k=0$, $k=1, 2, 3, \cdots$ 이 되고, $f(t)$가 기함수odd function이면, 즉 $f(-t)=-f(t)$이면 식 (13.20)에서 $a_k=0$, $k=0, 1, 2, 3, \cdots$ 이 된다.

결국 임의의 주기함수는 위의 형식들에 따라 표현될 수 있다. 그리고 이들 함수가 복소수 지수함수이거나 사인 혹은 코사인함수인 정현파 함수이므로, 13.2.2절에서 정의한 지수함수 및 정현파 함수의 라플라스 변환 공식과 13.2.3절에서 정의한 크기변환 함수의 라플라스 변환 공식을 이용해 라플라스 변환이 가능하다.

이제 주기 임펄스 함수와 펄스 주기함수에 대한 예제를 생각해보자.

예제 13-5 주기 임펄스 함수의 푸리에 급수 표현

[그림 13-7]의 주기 임펄스 함수를 푸리에 급수로 표현하고, 라플라스 변환 값을 구하라.

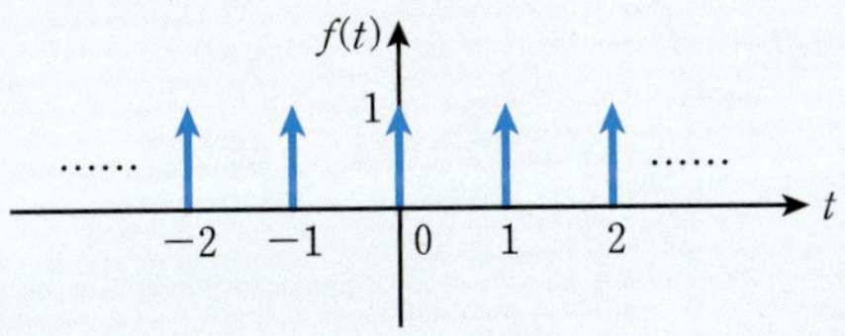

[그림 13-7] 주기 임펄스 함수

풀이

이 주기 임펄스 함수는 다음 식으로 표현할 수 있다.

$$f(t) = \sum_{k=-\infty}^{\infty} \delta(t-k)$$

또한 이 식의 푸리에 급수를 식 (13.18)의 복소수 표현으로 구하면 다음과 같다.

$$F_k = \int_{-\frac{1}{2}}^{+\frac{1}{2}} \delta(t)e^{-j2\pi kt}dt = 1,$$

$$즉 \ f(t) = \sum_{k=-\infty}^{\infty} e^{j2\pi kt} = 1 + 2\sum_{k=1}^{\infty}\cos(2\pi kt)$$

따라서 이 함수의 라플라스 변환식 $F(s)$를 구한다면, [예제 13-1]과 마찬가지로 [표 13-1]의 $\cos \omega t$ 함수의 $F(s)$ 공식과 식 (13.17)의 크기변환 함수 $f(at)$의 $F(s)$ 공식을 사용하여 다음과 같이 구할 수 있다.

$$F(s) = \frac{1}{s} + 2\sum_{k=1}^{\infty}\left(\frac{s}{s^2 + (2\pi k)^2}\right)$$

예제 13-6 **펄스 주기함수의 푸리에 급수 표현**

[그림 13-8]의 펄스 주기함수의 푸리에 급수를 구하고, 라플라스 변환 값을 구하라.

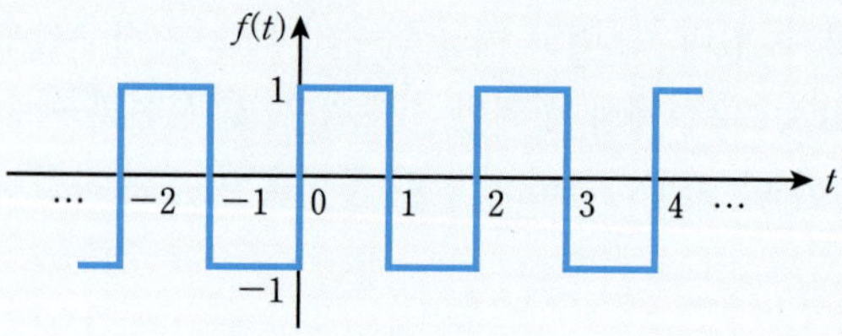

[그림 13-8] 펄스 주기함수

풀이

이 함수는 기함수이므로 사인-코사인 형식의 푸리에 급수로 표현하고, [참고 13-4]의 공식을 참조하면 다음과 같다.

$$a_0 = F_0 = \frac{1}{2}\int_0^2 f(t)e^{j2\pi f0t}dt = \frac{1}{2}\left(\int_0^1 1dt + \int_1^2 -1dt\right) = 0,$$

$$a_k = 0, \quad k = 1,\ 2,\ 3, \cdots$$

또한,

$$\begin{aligned} b_k &= \frac{2}{T}\int_0^T f(t)\sin(2\pi fkt)\,dt = \frac{2}{2}\left(\int_0^1 \sin\left(2\pi\frac{1}{2}kt\right)dt - \int_1^2 \sin\left(2\pi\frac{1}{2}kt\right)dt\right) \\ &= \frac{2}{\pi k}(1-\cos\pi k),\ k = 1,\ 2,\ 3,\ \cdots \\ &= \begin{cases} 0, & k: 짝수 \\ \dfrac{4}{\pi k}, & k: 홀수 \end{cases} \end{aligned}$$

이다. 그러므로 최종 펄스 주기함수 $f(t)$의 푸리에 급수는 다음과 같다.

$$f(t) = \frac{4}{\pi}\left(\sin\pi t + \frac{1}{3}\sin 3\pi t + \frac{1}{5}\sin 5\pi t + \cdots\right)$$

따라서 이 함수의 라플라스 변환식 $F(s)$를 구한다면, [표 13-1]의 $\sin\omega t$ 함수의 $F(s)$ 공식과 식 (13.17)의 크기변환 함수 $f(at)$의 $F(s)$ 공식을 사용하여 다음과 같이 구할 수 있다.

$$F(s)=4\left(\frac{1}{s^2+\pi^2}+\frac{1}{s^2+(3\pi)^2}+\frac{1}{s^2+(5\pi)^2}+\cdots\right)$$

즉 [예제 13-6]과 같이 회로의 입력이 일정한 주기의 임의 함수로 주어졌다면, 이는 식 (13.20)과 같이 a_0의 DC 입력과 $\sum_{k=1}^{\infty}a_k\cos(2\pi fkt)+\sum_{k=1}^{\infty}b_k\sin(2\pi fkt)$의 주파수를 달리하는 무한개의 정현파(AC) 입력이 회로에 작용하는 것으로 볼 수 있고, 이는 중첩의 원리를 이용해 해석이 가능하다.

SECTION
13.3 라플라스 역변환

이전 절에서는 다양한 라플라스 변환에 관해 살펴보았다. 회로해석을 위해, 모든 입력함수와 수식을 라플라스 변환하여 시간 영역에서 정의된 회로를 s 영역에서 라플라스 변환 회로로 만들 수 있다고 하자. 그러나 라플라스 변환 회로에서 해석이 끝난 후 최종응답을 구하려면 s 영역 함수를 다시 역변환하여 시간함수로 만들어야 완전응답을 구하는 최종 단계가 완성된다.

[그림 13-9]와 같이 DC 입력전원에 의한 최종응답 $v(t)$를 구하는 문제를 생각해보자.

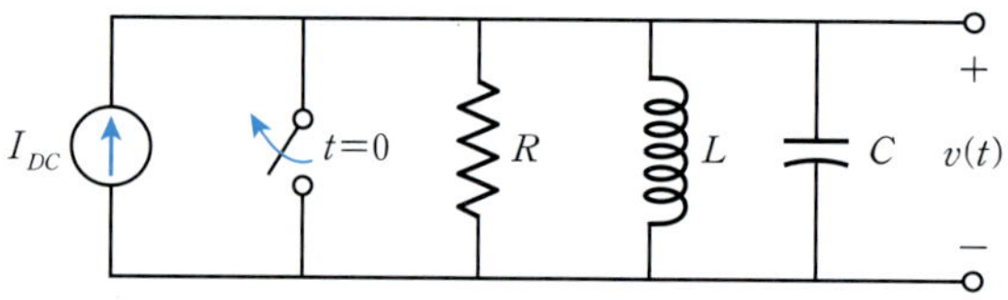

[그림 13-9] DC 입력전원에 의한 RLC 병렬회로

여기서 인덕터의 초기전류는 $i_L(0^+)=0$이고, 커패시터의 초기전압은 $v_C(0^+)=0$이라고 가정하자. KCL을 적용하여 $v(t)$에 대한 미분방정식을 세우면 다음과 같다.

$$\frac{v(t)}{R}+\frac{1}{L}\int_0^t v(x)dx+C\frac{dv(t)}{dt}=I_{DC}u(t)$$

여기에 라플라스 변환을 취하면 다음과 같은 식을 얻는다.

$$V(s)\left(\frac{1}{R}+\frac{1}{sL}+sC\right)=\frac{I_{DC}}{s}$$

이러한 라플라스 변환에 의한 결과는, 위와 같은 수식 계산으로 얻을 수도 있다. 하지만 회로해석에서는 [그림 13-9]의 회로를 [그림 13-10]의 회로와 같이 직접 라플라스 변환 회로로 변환한 후에, 저항회로해석과 같은 단순 회로해석으로 구한다. 즉 DC 전원은 라플라스 변환 값인 $\frac{I_{DC}}{s}$로 대체하고, 다른 소자 값 R은 그대로 R로, L은 sL로, C는 $\frac{1}{sC}$로 대체하여 구할 수 있다.

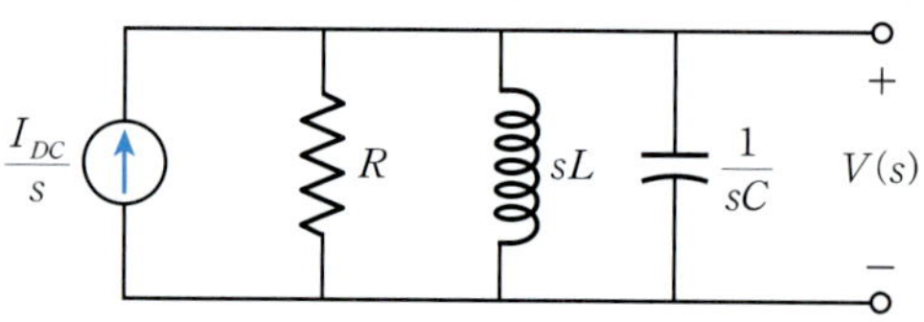

[그림 13-10] 라플라스 변환된 회로

결국 이러한 해석으로 얻은 $V(s)$의 값은 다음과 같다.

$$V(s) = \frac{\frac{I_{DC}}{C}}{s^2 + \left(\frac{1}{RC}\right)s + \frac{1}{LC}}$$

최종응답 $v(t)$를 얻으려면 $V(s)$ 함수를 라플라스 역변환해야 한다.

13.3.1 라플라스 역변환의 정의

라플라스 역변환은 다음과 같이 정의된다.

$$f(t) = \mathcal{L}^{-1}[F(s)] = \int_0^{\infty} F(s)e^{st}ds \tag{13.21}$$

사실 복소수 평면에서 주어진 함수의 적분 값을 구하는 것은 수학적으로 매우 어려운 일이다. 따라서 $F(s)$를 작은 단위의 부분분수 꼴로 나누어 기본함수의 라플라스 변환 공식에 따라 역변환을 취하는 것이 가장 좋은 방법이다. 이러한 방법을 **부분분수확장**partial fraction expansion 기법이라고 한다.

13.3.2 부분분수확장 기법

라플라스 영역의 함수 $F(s)$를 적절한 분수 꼴로 만들면 다음과 같다(단, $m > n$).

$$\begin{aligned} F(s) = \frac{N(s)}{D(s)} &= \frac{a_n s^n + a_{n-1}s^{n-1} + \cdots + a_1 s + a_0}{b_m s^m + b_{m-1}s^{m-1} + \cdots + b_1 s + b_0} \\ &= K\frac{(s+z_1)(s+z_2)\cdots(s+z_n)}{(s+p_1)(s+p_2)\cdots(s+p_m)} \\ &= \frac{K_1}{s+p_1} + \frac{K_2}{s+p_2} + \cdots + \frac{K_m}{s+p_m} \end{aligned} \tag{13.22}$$

부분분수확장 기법은 식 (13.22)처럼 원래의 $F(s)$를 수식 마지막에 있는 부분분수 꼴로 변환하고, 이 작은 단위의 함수를 역변환하여 전체 함수의 역변환을 꾀하는 기법이다. 이러한 부분분수확장 기법은 $F(s)$의 분모함수를 0으로 만드는 근pole이 어떠한 형태를 가지느냐에 따라 계산을 달리한다.

실수 및 단독근

식 (13.22)의 분모를 0으로 하는 특성방정식의 근이 모두 실근이고, 모두 다른 값을 가지는 단독근일 경우를 살펴보자. 복소수의 잉여정리residue theorem에 의해 다음과 같은 K_i 상숫값을 구할 수 있다.

$$K_i = (s+p_i)F(s)|_{s=-p_i} \tag{13.23}$$

예제 13-7 **실수 및 단독근의 경우**

$F(s) = \dfrac{96(s+5)(s+12)}{s(s+8)(s+6)}$의 라플라스 역변환을 부분분수확장 기법을 이용하여 구하라.

풀이

부분분수확장 기법에 의해 $F(s)$를 확장하면 다음과 같다.

$$F(s) = \frac{96(s+5)(s+12)}{s(s+8)(s+6)} = \frac{K_1}{s} + \frac{K_2}{s+8} + \frac{K_3}{s+6}$$

식 (13.22)를 이용하여 K_1, K_2, K_3를 구하면 다음과 같다.

$$K_1 = sF(s)|_{s=0} = \left.\frac{96(s+5)(s+12)}{(s+8)(s+6)}\right|_{s=0} = 120$$

$$K_2 = (s+8)F(s)|_{s=-8} = \left.\frac{96(s+5)(s+12)}{s(s+6)}\right|_{s=-8} = -72$$

$$K_3 = (s+6)F(s)|_{s=-6} = \left.\frac{96(s+5)(s+12)}{s(s+8)}\right|_{s=-6} = 48$$

그러므로 $F(s) = \dfrac{120}{s} - \dfrac{72}{s+8} + \dfrac{48}{s+6}$이므로 $f(t)$ 함수는 $F(s)$ 함수의 각 항을 역변환하여 구한다.

$$\mathcal{L}^{-1}[F(s)] = f(t) = [120 - 72e^{-8t} + 48e^{-6t}]u(t)$$

복소근 및 단독근

식 (13.22)의 분모를 0으로 하는 특성방정식의 근이 모두 복소근이고 전부 다른 값을 가지는 단독근일 경우, 잉여정리에 의해 K_i 상숫값을 구할 수 있다. 단, 복소근의 경우에는 반드시 그 근이 서로 복소켤레complex conjugate인 또 다른 근이 존재하고 이때의 K_{i+1} 상숫값도 서로 복소켤레의 관계가 있다.

$$\begin{aligned} K_i &= (s+a-jb)F(s)|_{s=-a+jb} \\ K_{i+1} &= (s+a+jb)F(s)|_{s=-a-jb} = K_i^* \end{aligned} \tag{13.24}$$

예제 13-8 **복소근 및 단독근의 경우**

$F(s)=\dfrac{100(s+3)}{(s+6)(s^2+6s+25)}$ 의 라플라스 역변환을 부분분수확장 기법을 이용하여 구하라.

풀이

부분분수확장 기법에 의해 $F(s)$를 확장하면 다음과 같다.

$$\begin{aligned} F(s) &= \frac{100(s+3)}{(s+6)(s^2+6s+25)} \\ &= \frac{K_1}{s+6}+\frac{K_2}{s+3-j4}+\frac{K_2^*}{s+3+j4} \end{aligned}$$

K_1, K_2, K_2*는 식 (13.24)에 의해 다음과 같다.

$$\begin{aligned} K_1 &= (s+6)F(s)|_{s=-6} = -12 \\ K_2 &= (s+3-j4)F(s)|_{s=-3+j4} = \frac{100(j4)}{(3+j4)(j8)} = 10\angle -53.13° \\ K_2^* &= 10\angle 53.13° \end{aligned}$$

따라서 $F(s)$는 다음과 같다.

$$F(s)=\frac{-12}{s+6}+\frac{10\angle -53.13°}{s+3-j4}+\frac{10\angle 53.13°}{s+3+j4}$$

$f(t)$ 함수는 $F(s)$ 함수의 각 항을 역변환하여 구할 수 있다.

$$\begin{aligned} \mathcal{L}^{-1}[F(s)] = f(t) &= \left[-12e^{-6t}+10e^{-j53.13}e^{-(3-j4)t}+10e^{j53.13}e^{-(3+j4)t}\right]u(t) \\ &= \left[-12e^{-6t}+20e^{-3t}\cos(4t-53.13°)\right]u(t) \end{aligned}$$

실수 및 중근

식 (13.19)의 분모를 0으로 하는 특성방정식의 근이 모두 실근이면서 같은 값을 가지는 중근일 경우, 복소수의 잉여정리에 의해 K_i 상숫값은 다음과 같이 구한다.

$(s-p_i)^r$ 의 중근이 있을 때, $F_i(s)=F(s)(s-p_i)^r$ 으로 정의하면 다음과 같다.

$$
\begin{aligned}
K_{i,r} &= F_i(s)|_{s=p_i} \\
K_{i,r-1} &= \frac{1}{1!}\frac{dF_i(s)}{ds}|_{s=p_i} \\
&\vdots \\
K_{i,r-k} &= \frac{1}{k!}\frac{d^kF_i(s)}{ds^k}|_{s=p_i} \\
&\vdots
\end{aligned}
\tag{13.25}
$$

예제 13-9 **실수 및 중근의 경우**

$F(s)=\dfrac{180(s+30)}{s(s+5)(s+3)^2}$ 의 라플라스 역변환을 구하라.

풀이

부분분수확장 기법에 의해 $F(s)$를 확장하면 다음과 같다.

$$
\begin{aligned}
F(s) &= \frac{180(s+30)}{s(s+5)(s+3)^2} \\
&= \frac{K_1}{s}+\frac{K_2}{s+5}+\frac{K_{3,2}}{(s+3)^2}+\frac{K_{3,1}}{s+3}
\end{aligned}
$$

K_1, K_2, $K_{3,2}$, $K_{3,1}$은 식 (13.25)에 의해 다음과 같다.

$$
\begin{aligned}
K_1 &= sF(s)|_{s=0}=120 \\
K_2 &= (s+5)F(s)|_{s=-5}=-225 \\
K_{3,2} &= (s+3)^2F(s)|_{s=-3}=-810 \\
K_{3,1} &= \frac{d}{ds}[(s+3)^2F(s)]|_{s=-3}=105
\end{aligned}
$$

그러므로 부분분수확장된 $F(s)$는 다음과 같다.

$$
F(s)=\frac{120}{s}+\frac{-225}{s+5}+\frac{-810}{(s+3)^2}+\frac{105}{s+3}
$$

$f(t)$ 함수는 $F(s)$ 함수의 각 항을 역변환하여 구할 수 있다.

$$
f(t)=(120-225e^{-5t}-810te^{-3t}+105e^{-3t})u(t)
$$

복소근 및 중근

식 (13.22)의 분모를 0으로 하는 특성방정식의 근이 모두 복소근이면서 같은 값을 가지는 중근일 경우 K_i 상숫값은 다음과 같이 구한다. 또한 복소근의 경우는 반드시 그 근이 서로 복소켤레인 또 다른 근이 존재하고, 이때의 K_{i+1} 상숫값도 서로 복소켤레의 관계를 가진다.

$(s+a-jb)^r$, $(s+a+jb)^r$의 중근이 있을 때, $F_i(s)=F(s)(s+a-jb)^r$이고, $F_{i+1}(s)=F(s)(s+a+jb)^r$으로 정의하면 다음과 같다.

$$
\begin{aligned}
K_{i,r} &= F_i(s)|_{s=-a+jb} \\
K_{i+1,r} &= F_{i+1}(s)|_{s=-a-jb} = K_{i,r}^* \\
K_{i,r-k} &= \frac{1}{k!}\frac{d^k F_i(s)}{ds^k}|_{s=-a+jb} \\
K_{i+1,r-k} &= \frac{1}{k!}\frac{d^k F_{i+1}(s)}{ds}|_{s=-a-jb} = K_{i,r-k}^*
\end{aligned} \qquad (13.26)
$$

예제 13-10 **복소근 및 중근의 경우**

$F(s)=\dfrac{768}{(s^2+6s+25)^2}$의 라플라스 역변환을 구하라.

풀이

부분분수확장 기법에 의해 $F(s)$를 확장하면 다음과 같다.

$$
\begin{aligned}
F(s) &= \frac{768}{(s^2+6s+25)^2} \\
&= \frac{768}{(s+3-j4)^2(s+3+j4)^2} \\
&= \frac{K_{1,2}}{(s+3-j4)^2}+\frac{K_{1,1}}{s+3-j4}+\frac{K_{1,2}^*}{(s+3+j4)^2}+\frac{K_{1,1}^*}{s+3+j4}
\end{aligned}
$$

각 계수를 식 (13.26)을 이용하여 구하면 다음과 같다.

$$
\begin{aligned}
K_{1,2} &= (s+3-j4)^2F(s)|_{s=-3+j4} = -12 \\
K_{2,2} &= K_{1,2}^* = -12 \\
K_{1,1} &= \frac{d}{ds}[(s+3-j4)^2F(s)]|_{s=-3+j4} = -j3 = 3\angle -90° \\
K_{2,1} &= K_{1,1}^* = j3 = 3\angle 90°
\end{aligned}
$$

$$F(s)=\left[\frac{-12}{(s+3-j4)^2}+\frac{-12}{(s+3+j4)^2}\right]+\left[\frac{3\angle-90°}{s+3-j4}+\frac{3\angle 90°}{s+3+j4}\right]$$ 에서 라플라스 역변환을 취하여 $f(t)$를 얻으면 다음과 같다.

$$f(t)=[-24te^{-3t}\cos 4t+6e^{-3t}\cos(4t-90°)]\,u(t)$$

참고 13-5 복소켤레 중근의 라플라스 역변환

$F(s)=\dfrac{K}{(s+a-jb)^r}+\dfrac{K^*}{(s+a+jb)^r}$ 일 때 라플라스 역변환은 다음과 같다.

$$\mathcal{L}^{-1}[F(s)]=f(t)=\left[\frac{2|K|t^{r-1}}{(r-1)!}e^{-at}\cos(bt+\theta)\right]u(t)$$

단, $K=|K|\angle\theta$이다.

13.3.2절에서 설명한 내용을 정리하여 라플라스 역변환 표를 만들면 다음과 같다.

[표 13-3] 복소근 및 중근의 라플라스 역변환(단, $K=|K|\angle\theta$)

$F(s)$	$f(t)$
$\dfrac{K}{s+a}$	$Ke^{-at}u(t)$
$\dfrac{K}{(s+a)^2}$	$Kte^{-at}u(t)$
$\dfrac{K}{s+a-jb}+\dfrac{K^*}{s+a+jb}$	$2\|K\|e^{-at}\cos(bt+\theta)u(t)$
$\dfrac{K}{(s+a-jb)^2}+\dfrac{K^*}{(s+a+jb)^2}$	$2t\|K\|e^{-at}\cos(bt+\theta)u(t)$

SECTION 13.4 라플라스 변환을 이용한 회로해석

지금까지는 라플라스 변환 그 자체를 배웠다. 이 절에서는 실제로 회로에 어떻게 라플라스 변환을 적용하고, 그 변환 회로에서 어떻게 완전응답을 구할 수 있는지 알아본다.

13.4.1 라플라스 변환 회로

라플라스 변환으로 회로해석을 하려면 먼저 주어진 시간 영역의 회로를 라플라스 영역으로 변환하여, 라플라스 변환 회로를 만들어야 한다. 따라서 회로 내의 R, L, C 소자는 모두 라플라스 변환된 임피던스 값으로 바꾸고, 전원 역시 시간함수를 라플라스 변환 함수 값으로 변환해야 한다.

저항

저항 R은 전압, 전류와 다음과 같은 관계를 가진다.

$$v = Ri$$

여기서 양변에 라플라스 변환을 취하면 식 (13.27)과 같다.

$$V(s) = RI(s) \tag{13.27}$$

라플라스 변환 회로에서 **임피던스 값** $Z_r(s) = R$은 변하지 않는다.

인덕터

인덕터는 전압, 전류의 관계식 $v = L\dfrac{di}{dt}$를 가진다. 따라서 양변에 라플라스 변환을 취하면 다음과 같다.

$$\begin{aligned} V(s) &= L(sI_L(s) - i(0^-)) \\ &= LsI_L(s) - Li(0^-) \end{aligned} \tag{13.28}$$

또한 전압, 전류의 관계식으로 $i_L(t) = i_L(0^+) + \dfrac{1}{L}\displaystyle\int_0^t v_L(\tau)d\tau$를 생각했을 때, 마찬가지로 양변에 라플라스 변환을 취하면 식 (13.26)이 된다(이때 인덕터에서는 언제나 $i_L(0^-) = i_L(0^+)$가 됨에 유의하자).

$$I_L(s) = \frac{i_L(0^-)}{s} + \frac{1}{sL}V_L(s) \tag{13.29}$$

따라서 이 관계식을 라플라스 변환 회로에서 그림으로 표현하면 [그림 13-11]과 같다.

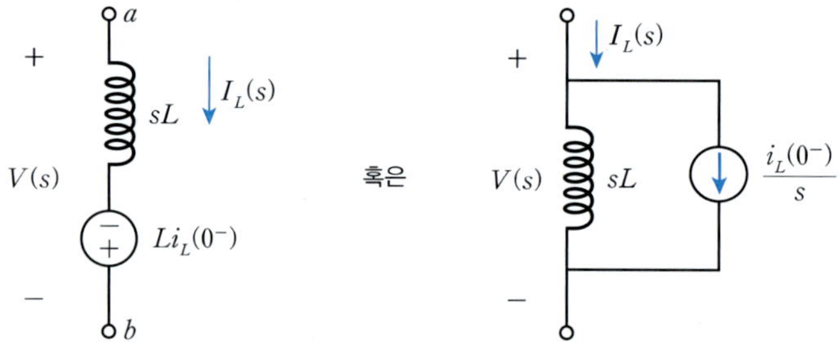

[그림 13-11] 라플라스 변환 회로에서 인덕터의 표현

다시 말해서 인덕터는 라플라스 변환 회로에서 임피던스 값 $Z_L(s) = sL$을 가지고, 별도로 직렬연결된 $Li_L(0^-)$의 전압전원이나 병렬연결된 $\frac{i_L(0^-)}{s}$ 값의 전류전원을 첨가하는 것으로 표시할 수 있다.

커패시터

커패시터는 전압, 전류의 관계를 다음의 두 식으로 나타낼 수 있다(이때 커패시터에서는 언제나 $v_C(o^-) = v_C(0^+)$가 됨에 유의하자).

$$v_C(t) = \frac{1}{C}\int_0^t i_C(\tau)d\tau + v_C(0^-)$$

$$i_C(t) = C\frac{dv_C(t)}{dt}$$

이 두 식에 각각 라플라스 변환을 취하면 다음과 같다.

$$V_C(s) = \frac{1}{sC}I_C(s) + \frac{v_C(0^-)}{s}$$

$$I_C(s) = sCV_C(s) - Cv_C(0^+) \tag{13.30}$$

이 관계식을 라플라스 변환 회로에서 표현하면 [그림 13-12]와 같다.

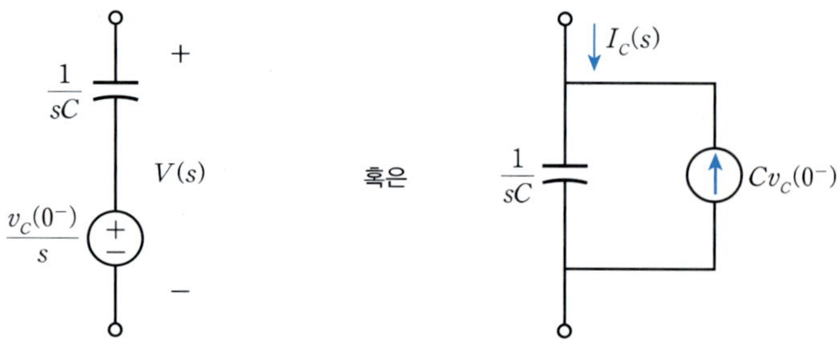

[그림 13-12] 라플라스 변환 회로에서 커패시터의 표현

결국 커패시터는 라플라스 변환 회로에서 임피던스 값 $Z_C(s) = \dfrac{1}{sC}$과 별도로 직렬연결된 $\dfrac{v_C(0^-)}{s}$ 값의 전압전원이나 병렬연결된 $Cv_C(0^-)$ 값의 전류전원을 첨가하는 것으로 표시할 수 있다.

참고 13-6 $V(s)$와 $I(s)$의 범위

[그림 13-13]과 같이 라플라스 변환 회로를 만들 때 구하려고 하는 변수가, 커패시터나 인덕터의 전압 $v(t)$나 전류 $i(t)$라면, 라플라스 변환된 변수, 즉 $V(s)$나 $I(s)$는 변환 회로상에서 단순히 소자에만 적용되는 것이 아니라 부가된 전압전원 혹은 전류전원을 함께 포함한 것이라는 점에 유의하자.

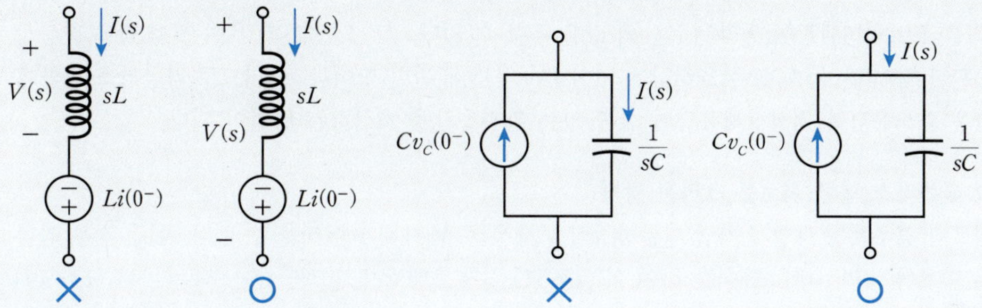

[그림 13-13] $V(s)$와 $I(s)$의 범위

예제 13-11 라플라스 변환 회로

[그림 13-14]의 표준 RLC 직렬회로에서 전류 $i(t)$를 구할 수 있는 라플라스 변환식 $I(s)$를 구하라.

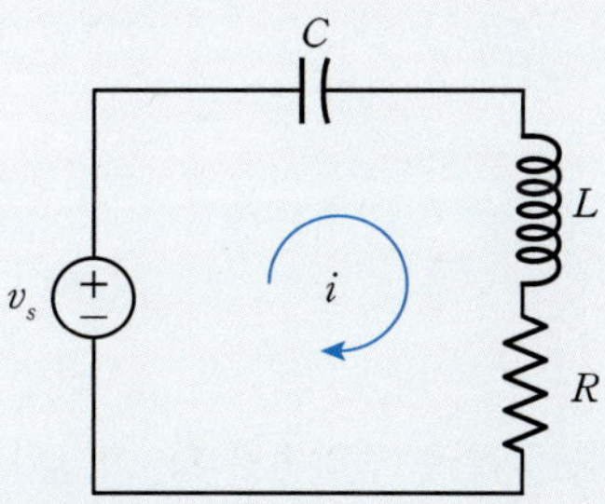

[그림 13-14] 표준 RLC 회로

풀이

- **방법 ① : 미분방정식을 이용한 방법**

기존의 회로해석법으로 회로에서 KVL에 의한 미분방정식을 세우면 다음과 같다.

$$v_s(t) = \frac{1}{C}\int_0^t i(\tau)d\tau + v_C(0^+) + L\frac{di}{dt} + Ri$$

이때 양변에 라플라스 변환을 취하면 식 (13.31)이 된다.

$$V_s(s)=\frac{1}{C}\frac{I(s)}{s}+\frac{v_c(0^+)}{s}+LsI(s)-Li_L(0^+)+RI(s) \qquad (13.31)$$

이것을 $I(s)$에 대하여 정리하면 식 (13.32)가 된다.

$$I(s)=\frac{\frac{V_s(s)}{s}}{\frac{1}{Cs}+Ls+R}-\frac{v_C(0^+)-Li_L(0^+)}{\frac{1}{Cs}+Ls+R} \qquad (13.32)$$

이 식을 라플라스 역변환하여 원하는 $i(t)$의 값을 구할 수 있다. 식 (13.32)의 우변 첫째 항은 정상상태응답에 관한 항이고, 둘째 항은 초깃값에 의한 과도응답에 관한 항이다. 그러므로 **라플라스 변환에 의한 계산은 과도응답과 정상상태응답이 함께 있는 완전응답을 계산하는 방법**이 된다.

- **방법 ② : 라플라스 변환 회로를 그리는 방법**

복잡한 회로의 경우에는 방법 ①처럼 미분방정식을 세우는 것 자체가 어려울 수 있다. 이런 경우 라플라스 변환 회로를 그려서 회로해석을 하여 식 (13.31)을 유도해보자. [그림 13-15]는 [그림 13-14]의 회로를 라플라스 영역으로 변환하여 그린 회로다.

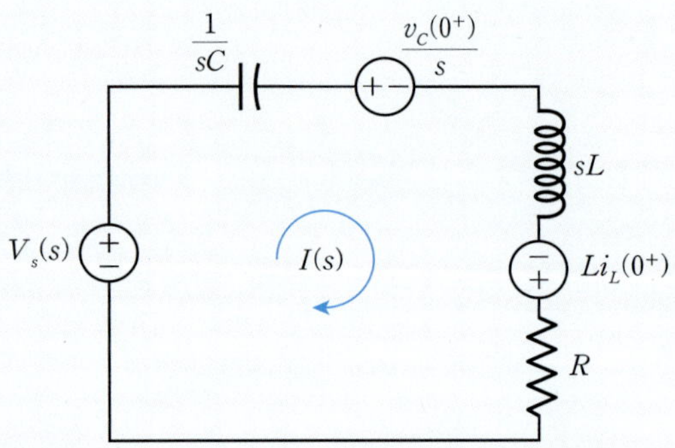

[그림 13-15] 표준 *RLC* 회로의 라플라스 변환 회로

여기서 [그림 13-11]과 [그림 13-12]와 같이, 인덕터와 커패시터에는 직렬로 전압전원 $Li_L(0^+)$와 $\frac{v_c(0^+)}{s}$를 부가하고 R, L, C 소자 값은 대응하는 임피던스 값인 R, sL, $\frac{1}{sC}$로 대체했다. 결과적으로 이 회로를 일반 저항회로와 같이 해석하여 $I(s)$를 구하는 식을 확장된 KVL에 의해 구하면 식 (13.31)과 같다.

$$V_s(s)=\frac{1}{C}\frac{I(s)}{s}+\frac{v_c(0^+)}{s}+LsI(s)-Li_L(0^+)+RI(s) \qquad (13.31)$$

따라서 라플라스 변환 회로를 그려서 회로해석을 하는 방법은 페이저에 의한 정상상태응답을 구하는 방식과 유사하다. 즉 임피던스와 부가적인 전원을 첨가하여 저항회로 연립방정식으로 원하는 출력응답을 구할 수 있다.

13.4.2 라플라스 변환 회로해석법

라플라스 변환 회로를 만든 후 분석하여 완전응답을 얻는 방법을 라플라스 변환 회로해석법이라고 한다. **라플라스 변환 회로해석법의 순서**는 다음과 같다.

❶ $t<0$ 일 때의 회로에서 $t=0$ 일 때의 $v_C(0^-)$, $i_L(0^-)$를 계산한다.

❷ $t>0$ 일 때의 회로에서 라플라스 변환된 회로를 만든다.

❸ 저항회로의 해석과 같은 방식으로 회로를 분석하여 출력응답 $Y(s)$를 구한다.

❹ $\mathcal{L}^{-1}$을 구하여 $y(t)$를 구한다.

예제 13-12 **표준 RLC 회로의 해석**

[그림 13-16]의 표준 RLC 병렬회로에서 인덕터에 흐르는 $i_L(t)$의 완전응답을 찾아라. 모든 초깃값은 0으로 가정하며, 소자들의 값은 $R=625[\Omega]$, $L=25[\text{mH}]$, $C=25[\text{mF}]$, $i_s=I_m\cos\omega t$이다. (단, $I_m=24[\text{mA}]$, $\omega=4000$이다.)

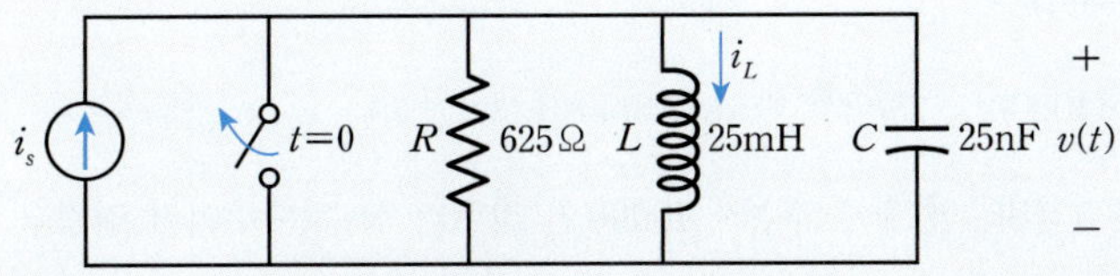

[그림 13-16] 표준 RLC 병렬회로

풀이

[그림 13-16]의 회로를 라플라스 변환 회로로 바꾸면 [그림 13-17]과 같다. 이때 모든 초깃값을 0으로 가정했으므로 부가적인 전원은 없다는 것에 유의하자.

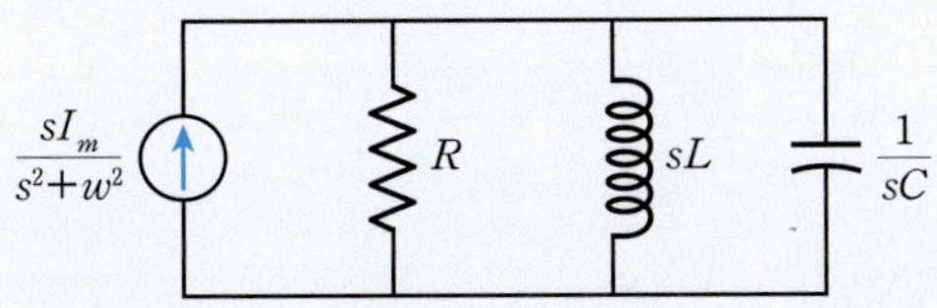

[그림 13-17] 표준 RLC 병렬회로의 라플라스 변환 회로

$I_L(s)=\dfrac{V(s)}{sL}$로 구할 수 있으므로 KCL을 노드에 적용하여 $V(s)$에 관한 수식을 만들고 $I_L(s)$에 대한 식으로 나타내면 다음과 같다.

$$V(s)=\frac{sI_m}{s^2+\omega^2}\times\left(R\parallel sL\parallel\frac{1}{sC}\right)$$

$$I_L(s) = \frac{V(s)}{sL} = \frac{\dfrac{I_m}{LC}s}{(s^2+\omega^2)\left(s^2+\dfrac{1}{RC}s+\dfrac{1}{LC}\right)}$$

$$= \frac{384\times10^5 s}{(s^2+16\times10^8)(s^2+64000s+16\times10^8)}$$

$$= \frac{384\times10^5 s}{(s-j40000)(s+j40000)(s+32000-j24000)(s+32000+j24000)}$$

$$= \frac{K_1}{s-j40000}+\frac{K_1^*}{s+j40000}+\frac{K_2}{s+32000-j24000}+\frac{K_2^*}{s+32000+j24000}$$

따라서 K_1과 K_2는 다음과 같다.

$$K_1 = 7.5\times10^{-3}\angle -90°$$

$$K_2 = 12.5\times10^{-3}\angle 90°$$

라플라스 역변환에 의하여 $i_L(t)$는 다음과 같다.

$$i_L(t) = [15\sin 40000t - 25e^{-32000t}\sin 24000t]u(t)$$

여기서 $i_L(t)$가 완전응답이라는 점에 유념하자. 앞에 주파수가 40000인 정현파 함수는 주어진 입력과 같은 주파수를 가지는 함수이므로 정현파 입력에 대한 정상상태응답이고, 뒤에 주파수가 24000인 지수 결합 정현파 함수는 과도응답이다. 이와 같이 라플라스 변환 회로에 의한 회로해석은 별도의 해석 없이 한번에 완전응답을 얻을 수 있는 회로해석법이다.

예제 13-13 복잡한 형태의 RL 회로해석

[그림 13-18]의 회로에서 라플라스 변환 회로해석으로 $i_2(t)$의 완전응답을 구하라.

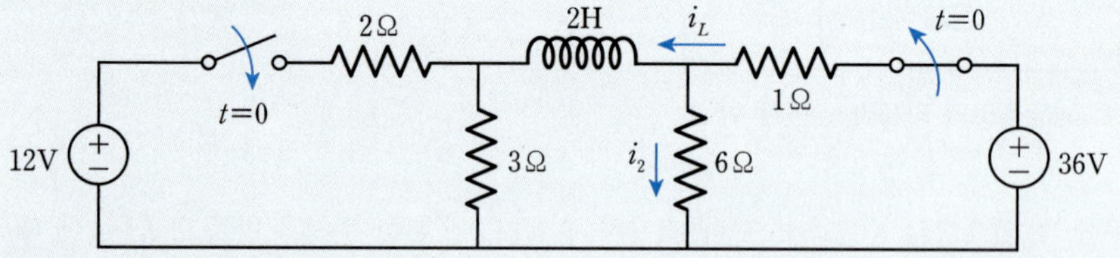

[그림 13-18] 복잡한 RL 회로

풀이

먼저 $t<0$일 때의 회로인 [그림 13-19]에서 인덕터 전류 $i_L(0^-)$를 구하면 DC 입력이 된다. 정상상태 응답을 구하기 위해 인덕터를 단락시키고 흐르는 전류를 구하면 다음과 같다.

$$V = 36\times\frac{3\parallel6}{1+3\parallel6} = 24\,[\text{V}],\quad i_L(0^-) = \frac{V}{3} = 8\,[\text{A}],\quad i_2(0^-) = \frac{V}{6} = 4\,[\text{A}]$$

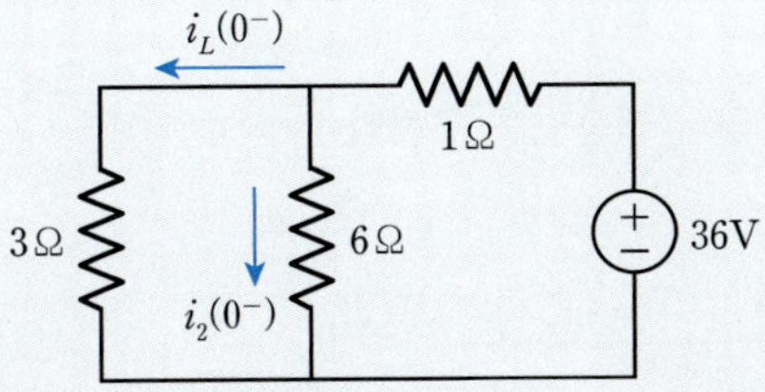

[그림 13-19] $t<0$의 회로

이제 $t>0$일 때의 라플라스 변환 회로를 주어진 초깃값을 이용하여 그리면 [그림 13-20]과 같다.

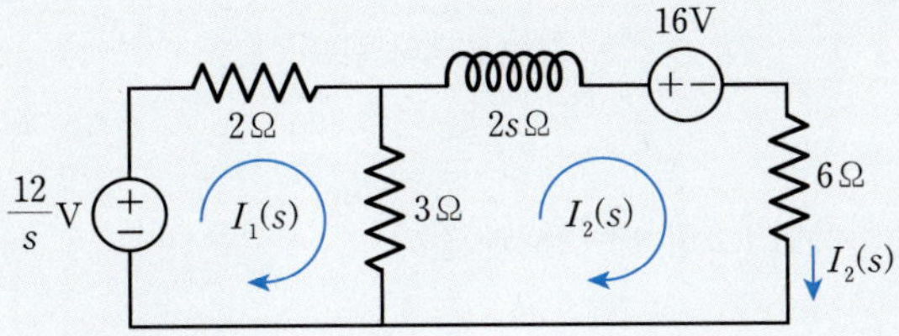

[그림 13-20] 라플라스 변환 회로

메시해석법을 이용하여 $I_1(s)$, $I_2(s)$를 연립방정식으로 만들면 $I_2(s)$를 구할 수 있다. 즉 각 메시에서 KVL을 이용하여 수식을 만들면 다음과 같다.

$$\frac{12}{s}=2I_1(s)+3(I_1(s)-I_2(s))$$

$$-16=3(I_2(s)-I_1(s))+2sI_2(s)+6I_2(s)$$

이 수식을 연립하여 $I_2(s)$에 관한 수식을 풀면 다음과 같다.

$$I_2(s)=\frac{-8s+3.6}{s(s+3.6)}=\frac{1}{s}-\frac{9}{s+3.6}$$

그리고 이 식에 라플라스 역변환을 취하면 완전응답 $i_2(t)=\mathcal{L}^{-1}[I_2(s)]=(1-9e^{-3.6t})u(t)$가 된다. 여기서 1은 정상상태응답이고, $-9e^{-3.6t}$은 과도응답이다. 따라서 $i_2(t)$의 그래프를 그리면 [그림 13-21]과 같다.

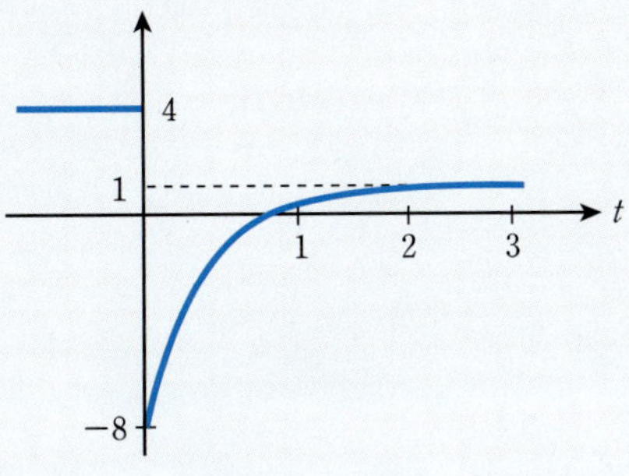

[그림 13-21] 완전응답 그래프

여기서 유의할 점은 $i_2(t)$ 함수는 $t=0$에서 불연속함수라는 것이다. 즉 $i_2(0^-)\neq i_2(0^+)$이므로 $i_2(0^-)$를 계산하여 $t>0$일 때 회로의 초깃값 $i_2(0^+)$로 사용할 수 없다.

예제 13-14 결합 인덕터 회로의 라플라스 변환 해석

[그림 13-22]의 회로에서 라플라스 변환 해석으로 출력 $i_2(t)$의 완전응답을 구하라.
(단, 인덕터의 초깃값은 0이다.)

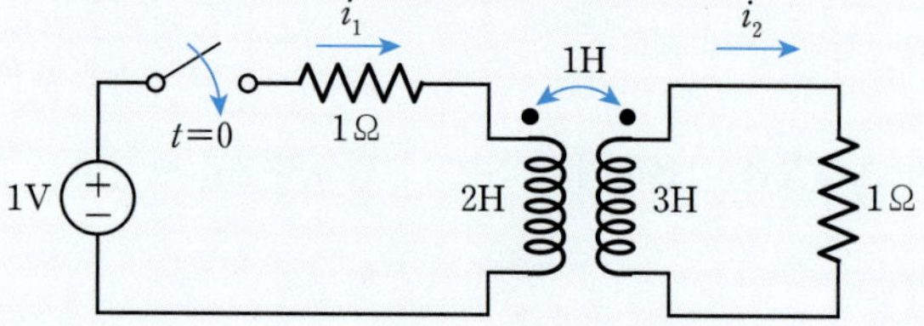

[그림 13-22] 결합 인덕터 회로

풀이

[그림 13-22]의 회로를 라플라스 변환 회로로 변환하면 [그림 13-23]과 같다.

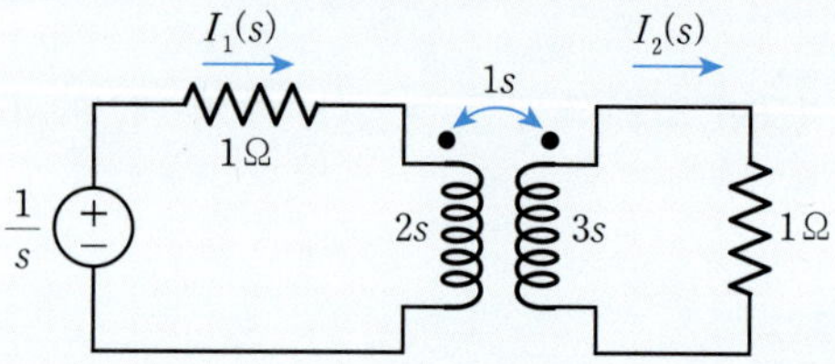

[그림 13-23] 결합 인덕터의 라플라스 변환 회로

[그림 13-23]에서 메시해석법으로 $I_1(s)$, $I_2(s)$에 관한 연립방정식을 구하면 다음과 같다.

$$I_1(s)+2sI_1(s)-sI_2(s)=\frac{1}{s}$$

$$3sI_2(s)+1I_2(s)-sI_1(s)=0$$

이것을 행렬식으로 다음과 같이 정리한다.

$$\begin{bmatrix}(1+2s) & -s \\ -s & (1+3s)\end{bmatrix}\begin{bmatrix}I_1(s) \\ I_2(s)\end{bmatrix}=\begin{bmatrix}\frac{1}{s} \\ 0\end{bmatrix}$$

이제 크래머 법칙에 의하여 $I_2(s)$를 구한다.

$$I_2(s)=\frac{\begin{vmatrix}(1+2s) & \frac{1}{s} \\ -s & 0\end{vmatrix}}{\begin{vmatrix}(1+2s) & -s \\ -s & (1+3s)\end{vmatrix}}$$

$$=\frac{0.2}{s^2+s+0.2}=\frac{0.2}{(s+0.73)(s+0.27)}$$

$$=\frac{K_1}{s+0.73}+\frac{K_2}{s+0.27}$$

K_1과 K_2는 각각 다음과 같다.

$$K_1 = (s+0.73)I_2(s)|_{s=-0.73} = -0.435$$
$$K_2 = (s+0.27)I_2(s)|_{s=-0.27} = 0.435$$

따라서 라플라스 역변환을 취하여 $i_2(t)$를 구하면 다음과 같다.

$$i_2(t) = [-0.435e^{-0.73t} + 0.435e^{-0.27t}]u(t)$$

참고 13-7 초깃값이 있는 결합 인덕터 회로의 라플라스 변환 회로해석

초깃값이 있는 결합 인덕터의 경우는 다음과 같이 각각의 값을 대입하여 계산하면 된다.

sM 대신 $sM - Mi_2(0^+)$ 혹은 $Mi_1(0^+)$를 대입

sL_1 대신 $sL_1 - L_1i_1(0^+)$를 대입

sL_2 대신 $sL_2 - L_2i_2(0^+)$를 대입

즉 [예제 13-14]에서 초깃값을 대입한 라플라스 변환 회로는 [그림 13-24]와 같다.

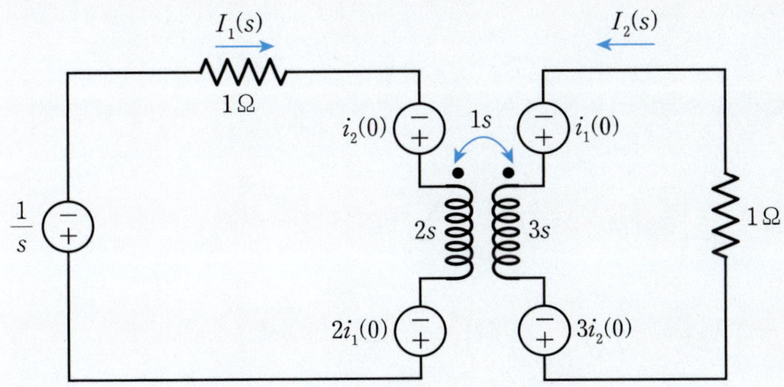

[그림 13-24] 초깃값을 포함한 결합 인덕터의 라플라스 변환 회로

CHAPTER 13 핵심요약

이 장에서는 라플라스 변환을 이용하여 회로의 완전응답을 구하는 방법에 대해 살펴보았다. 이러한 해석을 위해서는 시간 영역의 회로를 라플라스 변환 회로로 변환하고, 변환된 회로에서 회로해석법을 이용하여 원하는 응답의 라플라스 변환 함수를 구해야 한다. 그리고 궁극적으로는 부분분수확장 기법을 이용하여 역변환을 취하여 최종 완전응답(과도응답+ 정상상태응답)을 구한다.

■ 라플라스 변환의 정의

$$\mathcal{L}[f(t)] = F(s) = \int_{0^+}^{\infty} f(t)e^{-st}dt$$

■ 라플라스 역변환의 정의

$$f(t) = \mathcal{L}^{-1}[f(t)] = \int_{0}^{\infty} F(s)e^{st}ds$$

■ 푸리에 급수의 정의

임의의 주기함수를 표현하는 푸리에 변환 기법이다.

- 사인-코사인 형식 : $f(t) = a_0 + \sum_{k=1}^{\infty} a_k \cos(2\pi fkt) + \sum_{k=1}^{\infty} b_k \sin(2\pi fkt)$

단, $a_0 = F_0$일 때, $a_k = 2\text{실수}[X_k] = \dfrac{2}{T}\displaystyle\int_{t_0}^{t_0+T} f(t)\cos(2\pi fkt)dt$

$$b_k = 2\text{허수}[X_k] = \frac{2}{T}\int_{t_0}^{t_0+T} f(t)\sin(2\pi fkt)dt$$

■ 부분분수확장 기법

라플라스 역변환을 작은 단위의 부분분수의 합으로 확장하여 정리하는 기법이다.

$$\begin{aligned} F(s) = \frac{N(s)}{D(s)} &= \frac{a_n s^n + a_{n-1}s^{n-1} + \cdots + a_1 s + a_0}{b_m s^m + b_{m-1}s^{m-1} + \cdots + b_1 s + b_0} \\ &= K\frac{(s+z_1)(s+z_2)\cdots(s+z_n)}{(s+p_1)(s+p_2)\cdots(s+p_m)} \\ &= \frac{K_1}{s+p_1} + \frac{K_2}{s+p_2} + \cdots + \frac{K_m}{s+p_m} \end{aligned}$$

- 실수 및 단독근의 경우

$K_i = (s + p_i)F(s)|_{s = -p_i}$

- 실수 및 중근의 경우

$F_i(s) = F(s)(s - p_i)^r$ 으로 정의하면,

$K_{i,r} = F_i(s)|_{s = p_i} \quad K_{i,r-1} = \frac{1}{1!}\frac{dF_i(s)}{ds}|_{s = p_i} \quad K_{i,r-k} = \frac{1}{k!}\frac{d^kF_i(s)}{ds^k}|_{s = p_i}$

- 복소근 및 단독근의 경우

$K_i = (s + a - jb)F(s)|_{s = -a + jb}$

$K_{i+1} = (s + a + jb)F(s)|_{s = -a - jb} = K_i^*$

- 복소근 및 중근의 경우

$F_i(s) = F(s)(s + a - jb)^r$, $F_{i+1}(s) = F(s)(s + a + jb)^r$ 으로 정의하면,

$K_{i,r} = F_i(s)|_{s = -a + jb}$

$K_{i+1,r} = F_{i+1}(s)|_{s = -a - jb} = K_{i,r}^*$

$K_{i,r-k} = \frac{1}{k!}\frac{d^kF_i(s)}{ds^k}|_{s = -a + jb}$

$K_{i+1,r-k} = \frac{1}{k!}\frac{d^kF_{i+1}(s)}{ds^k}|_{s = -a - jb} = K_{i,r-k}^*$

라플라스 변환 회로

- 저항 : $Z_R(s) = R$
- 인덕터 : $Z_L(s) = sL$과 별도로 직렬연결된 $Li_L(0^+)$ 전압전원 혹은 병렬연결된 $\frac{i_L(0^+)}{s}$ 값의 전류전원을 첨가
- 커패시터 : $Z_C(s) = \frac{1}{sC}$과 별도로 직렬연결된 $\frac{v_C(0^+)}{s}$ 값의 전압전원 혹은 병렬연결된 $Cv_C(0^+)$ 값의 전류전원을 첨가

CHAPTER

13 연습문제

라플라스 변환

13.1 선형성을 이용하여 함수 $f(t)=A(1-e^{-bt})u(t)$의 라플라스 변환을 구하라.

13.2 [그림 13-25]의 신호 $f(t)$의 라플라스 변환 값을 구하라.

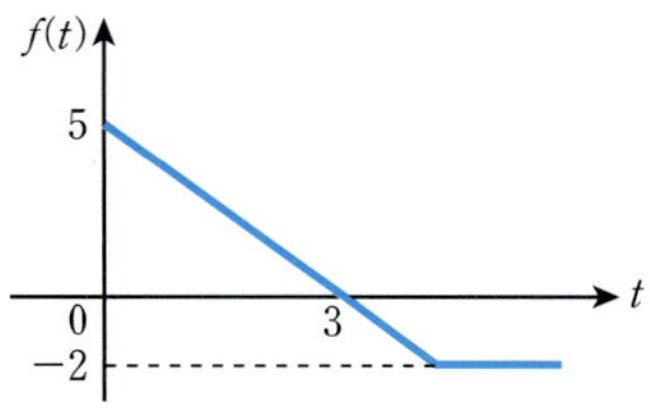

[그림 13-25]

13.3 [그림 13-26]의 신호 $f(t)$의 라플라스 변환 값을 구하라.

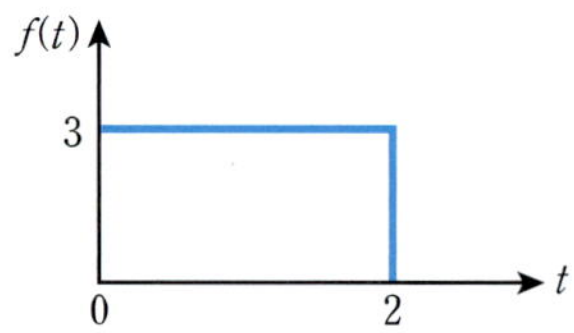

[그림 13-26]

라플라스 역변환

13.4 함수 $F(s)=\dfrac{2s+6}{s(s^2+3s+2)}$의 라플라스 역변환 값을 구하라.

13.5 다음 함수의 라플라스 역변환 값을 구하라.

(a) $F(s)=\dfrac{2s+6}{(s+1)(s^2+2s+5)}$

(b) $F(s)=\dfrac{5s-1}{s^3-3s-2}$

푸리에 급수

13.6 [그림 13-27]의 주기함수 $f(t)$를 사인-코사인 형식의 푸리에 급수로 표현하라.

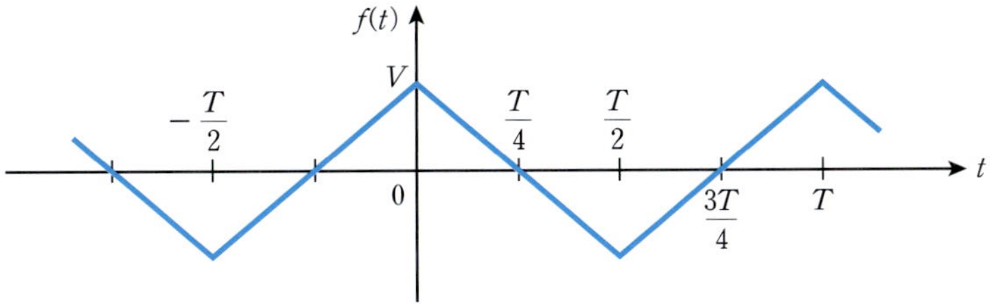

[그림 13-27]

13.7 2π 주기의 주기함수 $f(t)=t^2(-\pi \le t \le \pi)$을 푸리에 급수로 표현하고, 해당하는 푸리에 계수들을 구하라.

13.8 [그림 13-28]의 주기함수 $f(t)$를 표현하는 사인-코사인 형식의 푸리에 급수를 구하고, $t=2$에서의 급수의 처음 4항목의 합의 값을 구하라.

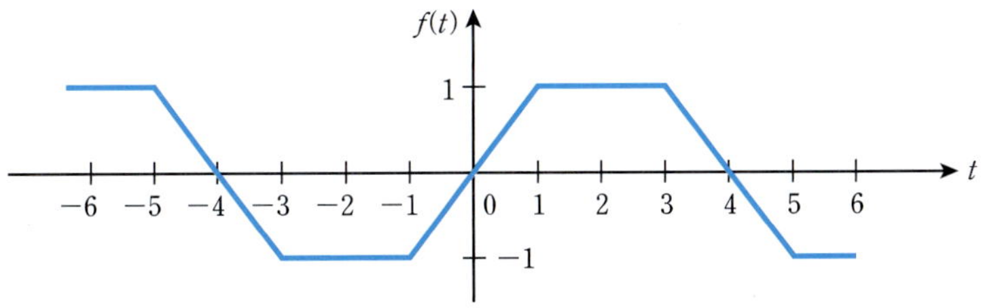

[그림 13-28]

라플라스 변환 회로해석

13.9 다음 RL 회로에 단위 계단함수 $u(t)$가 적용될 때, 전류 $i(t)$를 구하라.
(단, 라플라스 변환 방식으로 계산하라.)

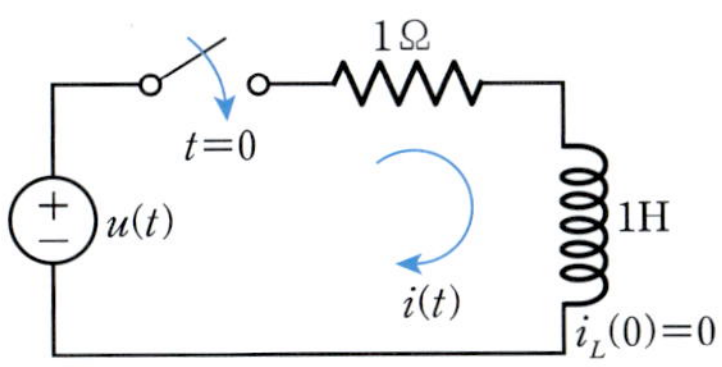

[그림 13-29]

13.10 다음 회로의 단자 $a-b$에서 테브난 등가회로를 찾아라. 또한 $a-b$ 사이에 1[Ω]짜리 저항과 1[H]짜리 인덕터를 직렬연결하여 부하로 연결했을 때, 단자 $a-b$ 사이의 전압 $v_C(t)\,(t>0)$를 구하라. (단, 이 모든 것을 라플라스 변환 기법으로 풀고, 인덕터와 커패시턴스의 초깃값은 모두 0으로 가정한다.)

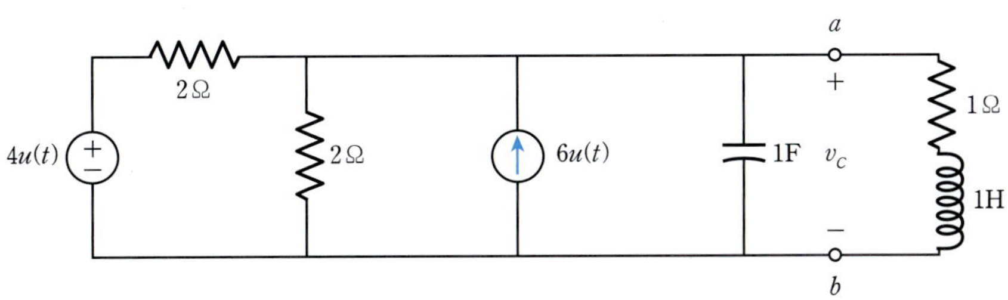

[그림 13-30]

13.11 다음 회로에서 $v(t)$를 찾아라. (단, $t=0$일 때 스위치 a는 닫히고 스위치 b는 열린다.)

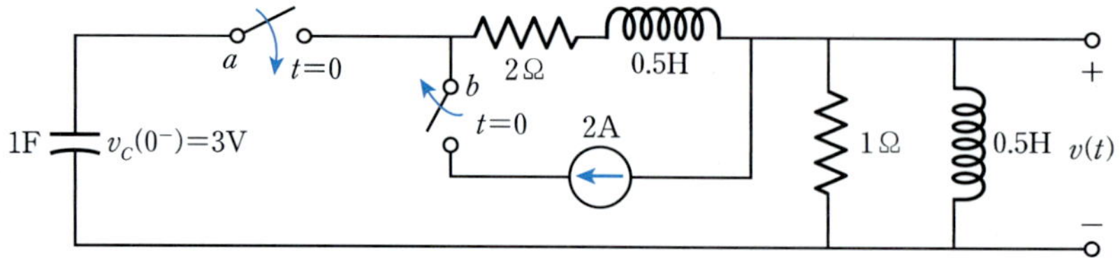

[그림 13-31]

13.12 다음 회로에서 스위치가 $t=0$일 때 전류전원 $i_1(t)=5[A]$에서 $i_2(t)=\delta(t)$로 전환된다. $t>0$일 때의 커패시터에 걸리는 전압 $v_C(t)$의 완전응답을 라플라스 변환에 의한 회로해석 방법으로 구하라.

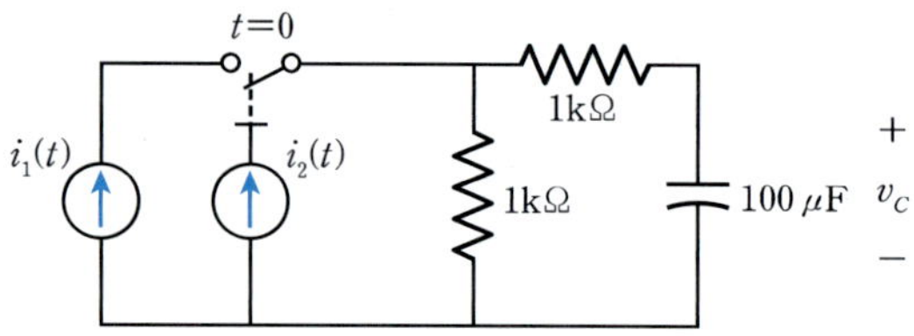

[그림 13-32]

13.13 [그림 13-33(a)]의 회로에서 $v_C(0^+)=4[V]$이고, 전원전압 $v(t)$의 파형은 [그림 13-33(b)]와 같다. $t>0$일 때의 $i_x(t)$를 라플라스 변환 회로해석법으로 구하라.

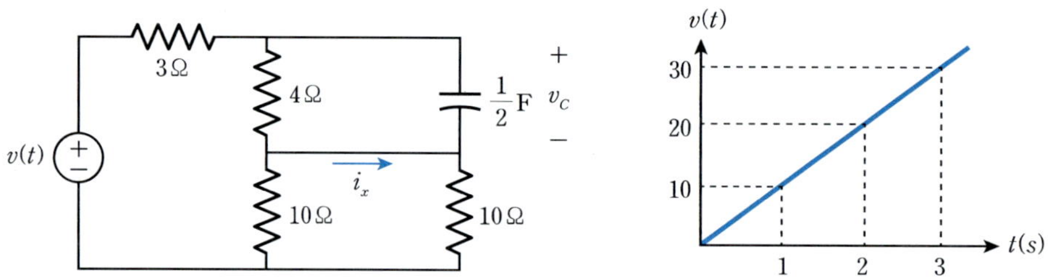

(a) (b)

[그림 13-33]

13.14 다음 회로에서 라플라스 변환 방법으로 $i_1(t)$를 구하고, 이를 도시하라.
(단, 초깃값은 $v_C(0)=1$, $i_1(0)=0$, $i_2(0)=0$으로 간주한다.)

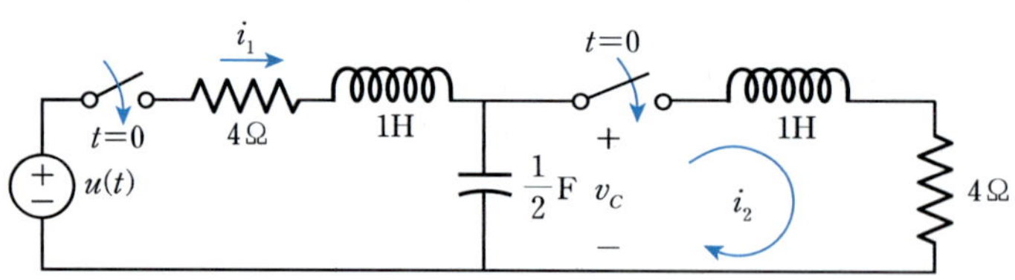

[그림 13-34]

13.15 다음 회로의 스위치 1의 위치에서 충분한 시간이 지난 후 $t=0$에서 스위치를 2의 위치로 옮겼다. 라플라스 변환 해석으로 임의의 전원 $v_x(s)$에 대한 $v_C(s)$ 함수를 구하라. (단, 수식 안에 $v_x(s)$를 그대로 사용하라.)

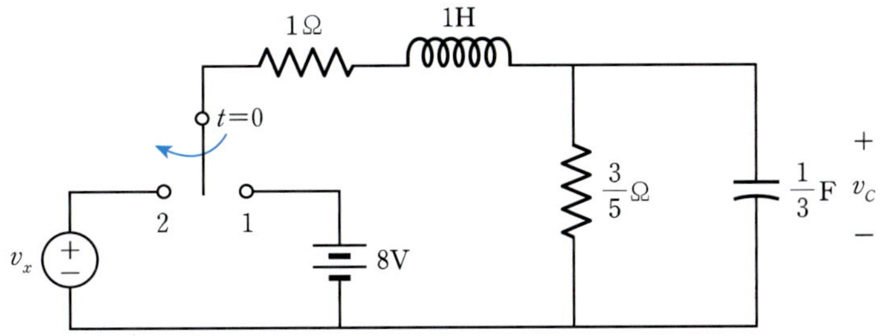

[그림 13-35]

13.16 도전 다음 회로에서 v_{in}을 입력으로 하고 i_L을 출력으로 한다. 물음에 답하라.

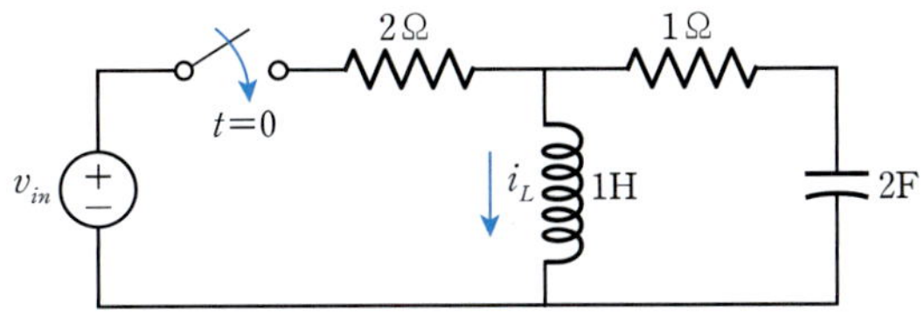

[그림 13-36]

(a) 임펄스 응답을 시간 영역에서의 계산으로 구하라.

(b) 상기 임펄스 응답을 라플라스 변환하여 $H(s)$를 구하라.

라플라스 변환 회로해석 및 푸리에 급수

13.17 도전 다음 RC 회로의 입력으로 [그림 13-37(a)]와 같은 함수가 입력될 때, 전류 $i(t)$의 값을 라플라스 변환 해석으로 찾고, 개략적인 함수를 도시하라.

HINT 한 주기에서 $v(t)$ 함수는 $u(t)-u\left(t-\frac{T}{2}\right)$로 표현할 수 있다.

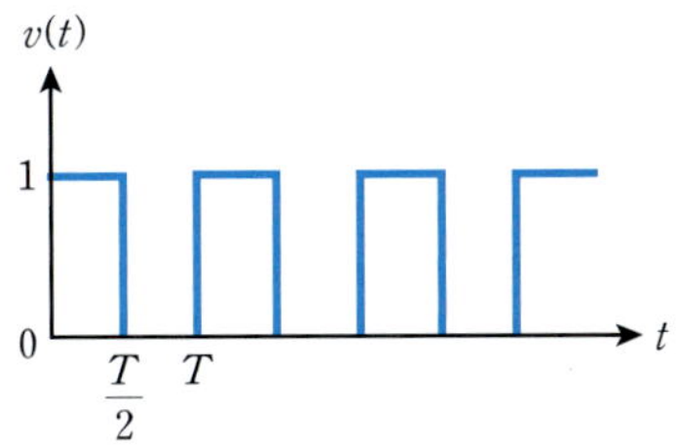

(a)

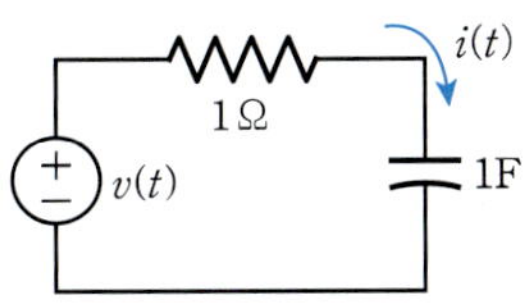

(b)

[그림 13-37]

CHAPTER

13 기출문제

2019년도 국가공무원 9급

13.1 그림과 같은 주기적인 전압파형에 포함되지 않은 고조파의 주파수[Hz]는?

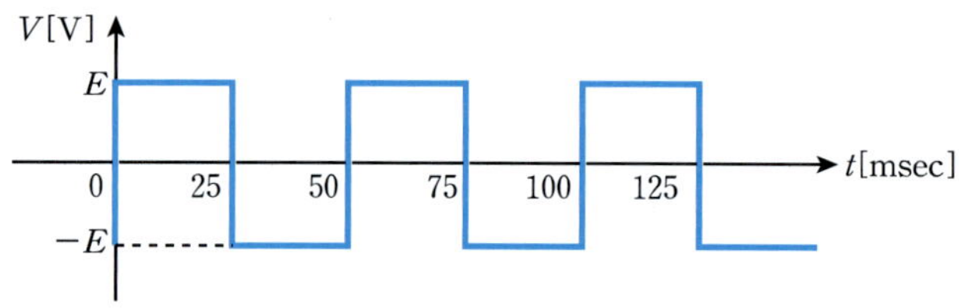

[그림 13-38]

① 60 ② 100 ③ 120 ④ 140

2023년도 국가공무원 9급

13.2 선형 시불변 시스템의 입력이 $e^{-t}u(t)$일 때 출력은 $10e^{-t}\cos(2t)u(t)$이다. 시스템의 전달함수는? (단, $u(t)$는 단위 계단함수이고 시스템의 초기조건은 0이다.)

① $\dfrac{5(s+1)}{s^2+2s+5}$ ② $\dfrac{5(s+1)^2}{s^2+2s+5}$ ③ $\dfrac{10(s+1)}{s^2+2s+5}$ ④ $\dfrac{10(s+1)^2}{s^2+2s+5}$

2022년도 국가공무원 9급

13.3 [그림 13-39(a)]의 회로에서 $50[\mu F]$인 커패시터의 양단 전압 $v(t)$가 [그림 13-39(b)]와 같을 때, 전류 $i(t)$의 파형으로 옳은 것은?

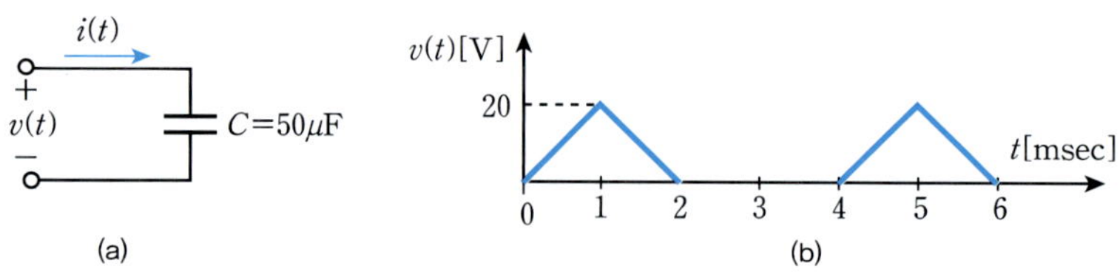

[그림 13-39]

①
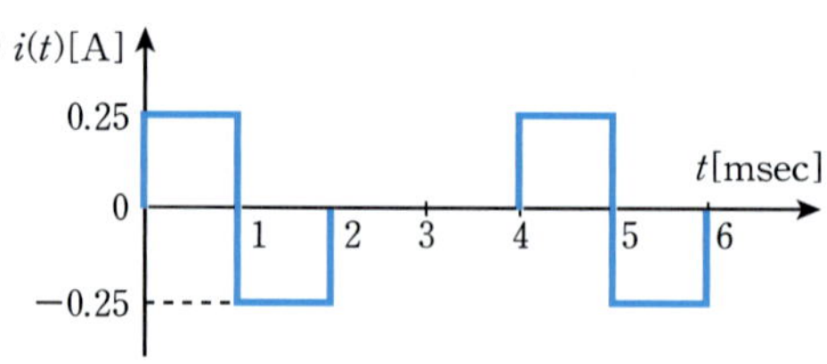

②
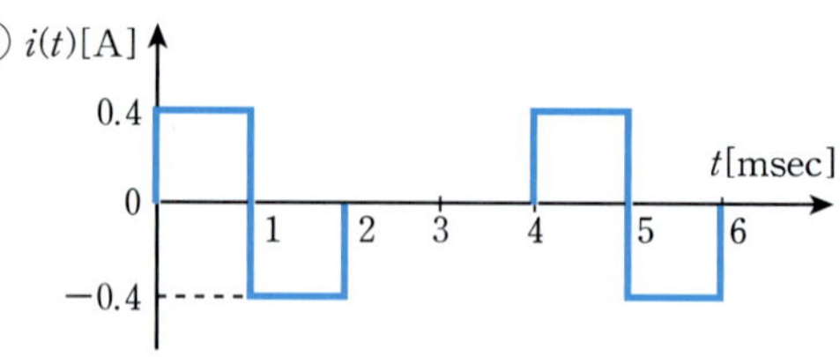

③
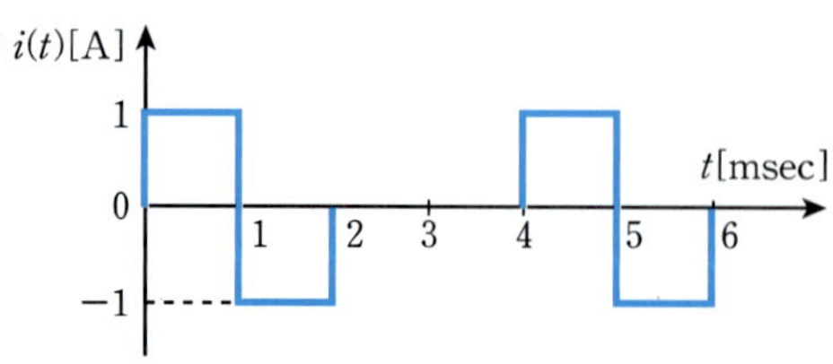

④
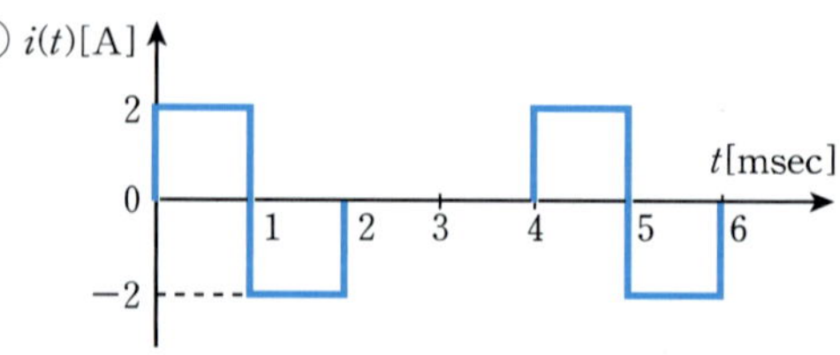

2022년도 서울시 공무원 7급

13.4 그림의 함수 $f(t)$에 대한 라플라스 변환 $F(s)$는?

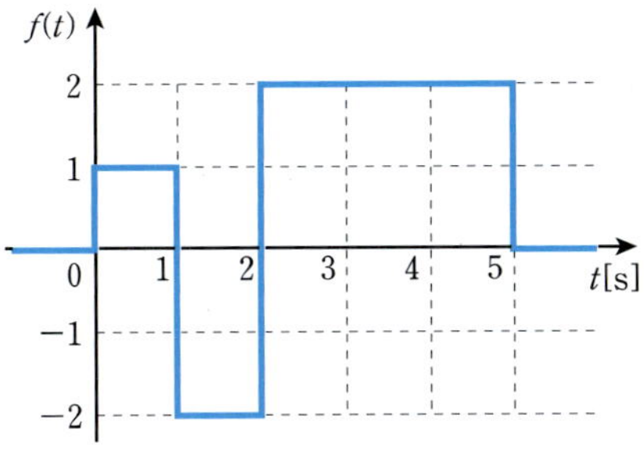

[그림 13-40]

① $\frac{1}{s}-\frac{3}{s}e^{-s}+\frac{4}{s}e^{-2s}-\frac{1}{s}e^{-5s}$　② $\frac{1}{s}-\frac{3}{s^2}e^{-s}+\frac{4}{s}e^{-2s}-\frac{2}{s}e^{-5s}$

③ $\frac{1}{s}-\frac{3}{s}e^{-s}+\frac{4}{s}e^{-2s}-\frac{2}{s}e^{-5s}$　④ $\frac{1}{s}-\frac{3}{s^2}e^{-s}+\frac{4}{s}e^{-2s}-\frac{1}{s}e^{-5s}$

2022년도 서울시 공무원 7급

13.5 그림의 이상적인 연산증폭기 회로에서 $t>0$일 때, 전압 $v(t)$[V]는? (단, $u(t)$는 단위 계단함수이다.)

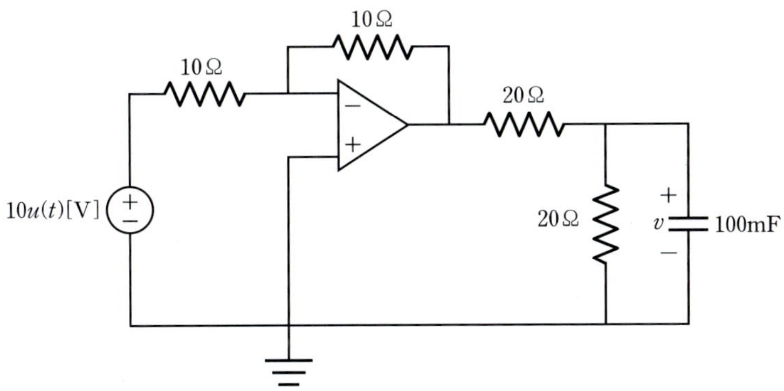

[그림 13-41]

① $-5(e^{-t}-1)$　② $5(e^{-t}-1)$　③ $-5(e^{-t}+1)$　④ $5(e^{-t}+1)$

2022년도 서울시 공무원 7급

13.6 그림의 회로에서 $t=0$[s]일 때, $I_x=-1$[A]이고, $V_x=5$[V]이다. $V_1(t)$[V]는?
(단, $u(t)$는 단위 계단함수이다.)

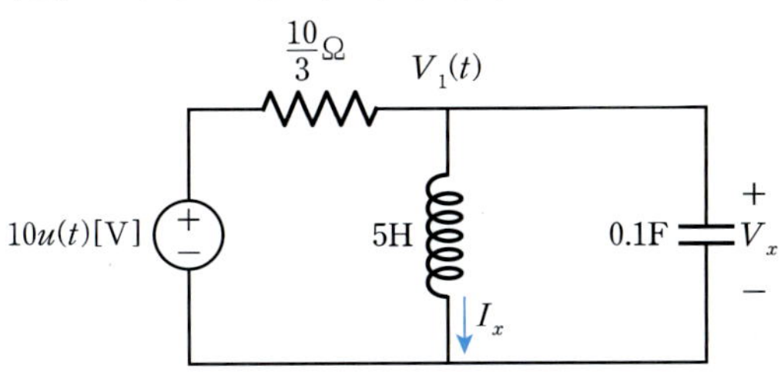

[그림 13-42]

① $(45e^{-t}-35e^{-2t})u(t)$　② $(35e^{-t}-30e^{-2t})u(t)$

③ $(25e^{-t}-20e^{-2t})u(t)$　④ $(15e^{-t}-10e^{-2t})u(t)$

2022년도 서울시 공무원 7급

13.7 다음의 함수 $F(s)$에 대한 라플라스 역변환 $f(t)=\mathcal{L}^{-1}\{F(s)\}$는? (단, $u(t)$는 단위 계단함수이다.)

$$F(s)=\frac{5}{s}+\frac{7}{s+2}+\frac{6}{s^2+4}$$

① $[5t+7e^{-2t}+6\sin 2t]u(t)$
② $[5+7e^{-2t}+3\sin 2t]u(t)$
③ $[5+7e^{-2t}+3\cos 2t]u(t)$
④ $[5+7e^{-2t}+6\sin 2t]u(t)$

2022년도 서울시 공무원 7급

13.8 그림의 회로에서 $v_s(t)$를 입력, v_o를 출력이라 할 때, 전달함수 $H(s)$는?

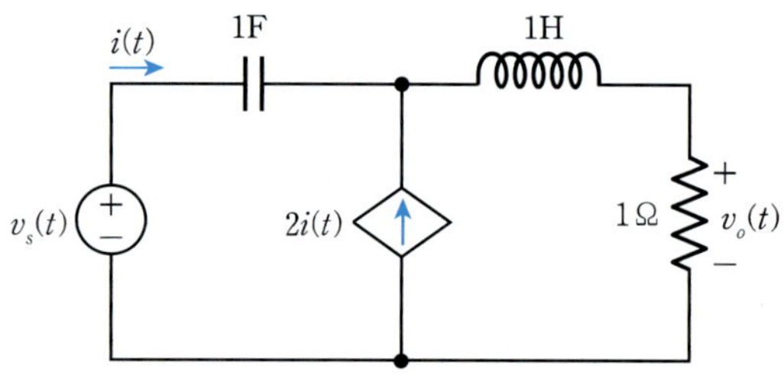

[그림 13-43]

① $\dfrac{3s}{3s^2+3s+1}$ ② $\dfrac{3s+1}{3s^2+3s+1}$ ③ $\dfrac{3s+2}{3s^2+3s+1}$ ④ $\dfrac{3(s+1)}{3s^2+3s+1}$

2022년도 서울시 공무원 7급

13.9 그림의 무전원 RLC 병렬회로에서 $v(0)=10[\text{V}]$, $i(0)=0[\text{A}]$일 때, $t>0$에서 $v(t)[\text{V}]$는?

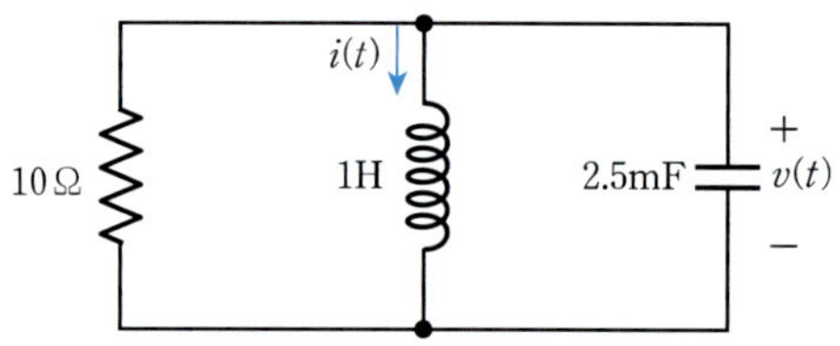

[그림 13-44]

① $(10+200t)e^{-20t}$
② $(10-200t)e^{-20t}$
③ $(10+400t)e^{-20t}$
④ $(10-400t)e^{-20t}$

2022년도 국가공무원 7급

13.10 전달함수 $F(s)=\dfrac{2(s^2+2s+6)}{(s+1)(s+2)(s+3)}$에서 라플라스 역변환 $f(t)$의 초깃값 $f(0^+)$와 최종값 $f(\infty)$는?

① $f(0^+)$ 0, $f(\infty)$ 0
② $f(0^+)$ 0, $f(\infty)$ 1
③ $f(0^+)$ 2, $f(\infty)$ 0
④ $f(0^+)$ 2, $f(\infty)$ 1

2022년도 국가공무원 7급

13.11 다음 회로에 주어진 입력전압 $v_i(t)$가 인가될 때, $t=3$[sec]에서 회로에 흐르는 전류 $i(3)$[A]은? (단, $t=0$에서 커패시터의 전압은 0이다.)

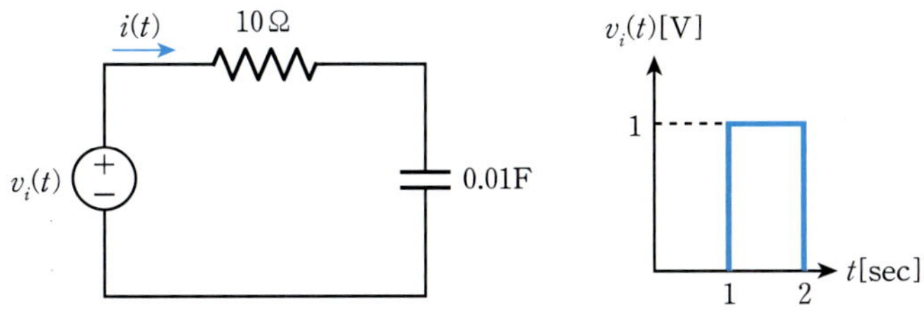

[그림 13-45]

① $\frac{1}{10}e^{-10}(e^{-10}-1)$

② $\frac{1}{10}e^{-10}(1-e^{-10})$

③ $\frac{1}{10}(e^{-10}-1)$

④ $\frac{1}{10}(1-e^{-10})$

2022년도 국가공무원 7급

13.12 다음 회로의 전달함수 $H(s)=\frac{V_2(s)}{V_1(s)}$는? (단, 연산증폭기는 이상적이다.)

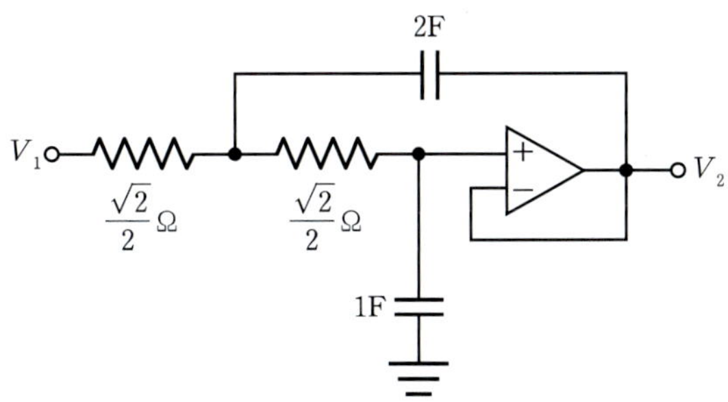

[그림 13-46]

① $\frac{1}{2s^2+2\sqrt{2}s+1}$

② $\frac{1}{2s^2+\frac{\sqrt{2}}{2}s+1}$

③ $\frac{1}{2s^2+\sqrt{2}s+2}$

④ $\frac{1}{2s^2+\sqrt{2}s+1}$

2021년도 국가공무원 7급

13.13 다음 회로의 전달함수 $H(s) = \dfrac{V_o(s)}{V_s(s)}$는?

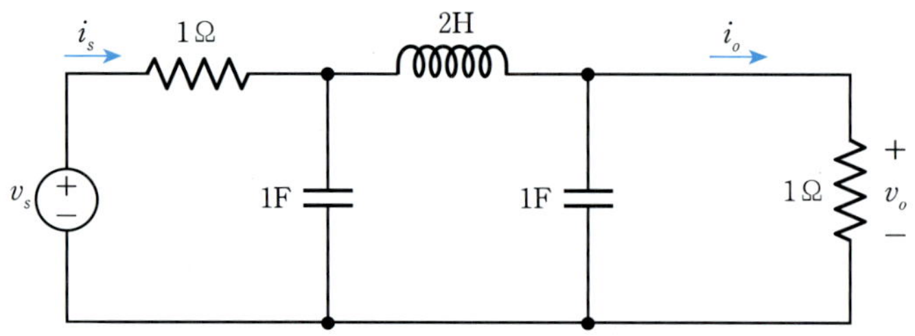

[그림 13-47]

① $\dfrac{1}{2s^3+4s^2+4s+2}$　② $\dfrac{1}{2s^3+4s^2+4s+1}$

③ $\dfrac{1}{2s^3+4s+2}$　④ $\dfrac{1}{4s^3+4s^2+4s+2}$

2021년도 국가공무원 7급

13.14 함수 $V(s) = \dfrac{7s+43}{s^2+11s+28}$의 라플라스 역변환 값 $v(t)$는? (단, $t>0$이다.)

① $7e^{-3t}+3e^{-8t}$　② $5e^{-3t}+2e^{-8t}$　③ $7e^{-4t}+3e^{-7t}$　④ $5e^{-4t}+2e^{-7t}$

2020년도 국가공무원 7급

13.15 회로의 전달함수가 $H(s) = \dfrac{s+4}{(s+1)(s+2)^2}$이고, 이 회로에 입력 $v_i(t) = (1+3e^{-2t})u(t)$를 인가할 때, 정상상태($t \to \infty$)에서 출력전압[V]은? (단, $u(t)$는 단위 계단함수이다.)

① 0　② 1　③ 2　④ ∞

2019년도 국가공무원 7급

13.16 $f(t) = (1-e^{-t})u(t)$의 라플라스 변환으로 옳은 것은? (단, $u(t)$는 단위 계단함수이다.)

① $\dfrac{1}{s}$　② $\dfrac{1}{s+1}$　③ $\dfrac{1}{s(s-1)}$　④ $\dfrac{1}{s(s+1)}$

2022년도 2회 전기산업기사

13.17 출력이 $F(s) = \dfrac{3s+2}{s(s^2+2s+6)}$로 표시되는 제어계가 있다. 이 계의 시간함수 $f(t)$의 정상값은?

① 3　② 2　③ $\dfrac{1}{3}$　④ $\dfrac{1}{6}$

2022년도 4회 전기산업기사

13.18 반파 및 정현대칭의 왜형파의 푸리에 급수에서 옳게 표현된 것은?

(단, $f(t)=a_0+\sum_{n=1}^{\infty}a_n\cos n\omega t+\sum_{n=1}^{\infty}b_n\sin n\omega t$ 임)

① a_n의 우수항만 존재한다.　　② a_n의 기수항만 존재한다.

③ b_n의 우수항만 존재한다.　　④ b_n의 기수항만 존재한다.

2021년도 2회 전기산업기사

13.19 그림과 같은 회로의 전달함수는? (단, $\frac{L}{R}=T$: 시정수이다.)

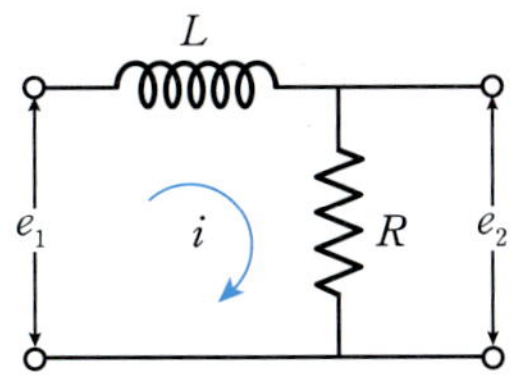

[그림 13-48]

① $\frac{1}{Ts^2+1}$　　② $\frac{1}{Ts+1}$　　③ Ts^2+1　　④ $Ts+1$

2023년도 국가공무원 5급(기술)

13.20 그림과 같은 회로에서 V_2 절점에서 본 임피던스를 구하려고 한다. 다음 물음에 답하시오. (단, $\beta>0$이다.)

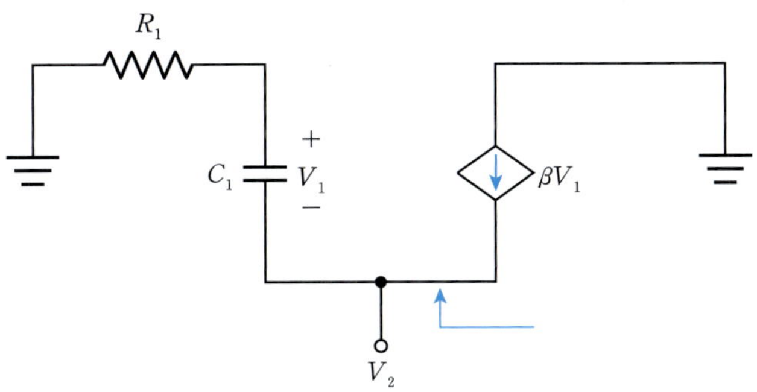

[그림 13-49]

(a) V_2 절점에서 본 임피던스 전달함수를 구하시오.

(b) 매우 낮은 주파수($\omega=0$[rad/s])와 매우 높은 주파수($\omega=\infty$[rad/s])에서 각각 임피던스의 크기를 구하시오.

(c) 이 임피던스가 유도성 리액턴스 특성을 갖기 위한 β와 R_1 사이의 관계식을 구하시오.

2023년도 국가공무원 5급(기술)

13.21 그림과 같은 이상적인 연산증폭기를 사용한 회로에 대해 다음 물음에 답하시오.

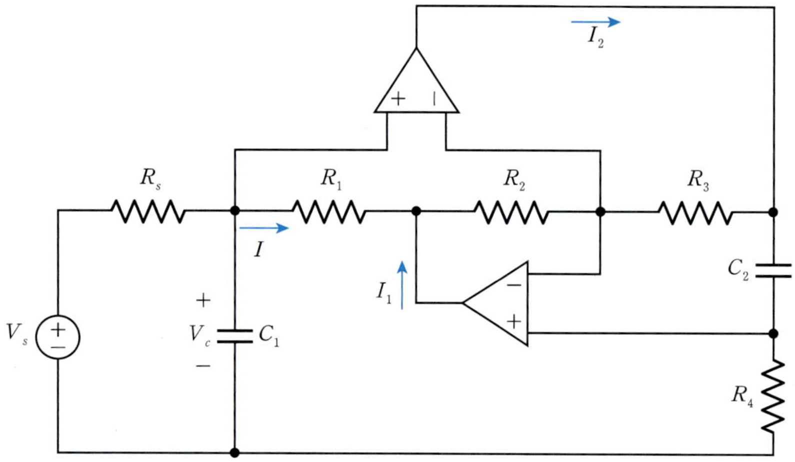

[그림 13-50]

(a) $I_1(s)$와 $I_2(s)$를 $I(s)$로 표현하시오.

(b) $\dfrac{V_c(s)}{I(s)}$를 구하시오.

(c) $\dfrac{V_c(s)}{V_s(s)}$를 구하시오.

(d) $R_s = 30[\text{k}\Omega]$, $C_1 = C_2 = 10[\text{nF}]$, $R_1 = R_2 = 1[\text{k}\Omega]$, $R_3 = R_4 = 2[\text{k}\Omega]$일 때, 공진주파수 ω_o와 Q-factor를 구하시오.

2022년도 국가공무원 5급(기술)

13.22 그림과 같은 회로에서 다음 물음에 답하시오. (단, 연산증폭기는 이상적이고, π는 3.14로 한다.)

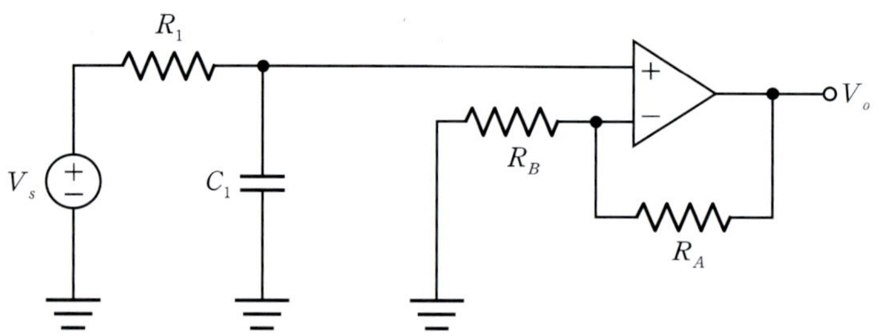

[그림 13-51]

(a) 전달함수 $\dfrac{v_o(s)}{v_s(s)}$를 구하시오.

(b) $R_B = 1[\Omega]$이고, $C_1 = 1[\mu\text{F}]$일 때 전압이득은 40[dB], 차단 주파수를 11[kHz]로 설계하려면, R_A와 R_1 값은?

(c) [그림 13-52]와 같이 커패시터와 저항을 추가하여 필터를 구성했고, 이 회로의 전압이득이 40[dB]이다. $R_1 = R_2 = 1[\Omega]$이고, $C_1 = C_2 = 1[\text{F}]$일 때, 이 회로의 전달함수 $\dfrac{v_o(s)}{v_s(s)}$를 구하시오.

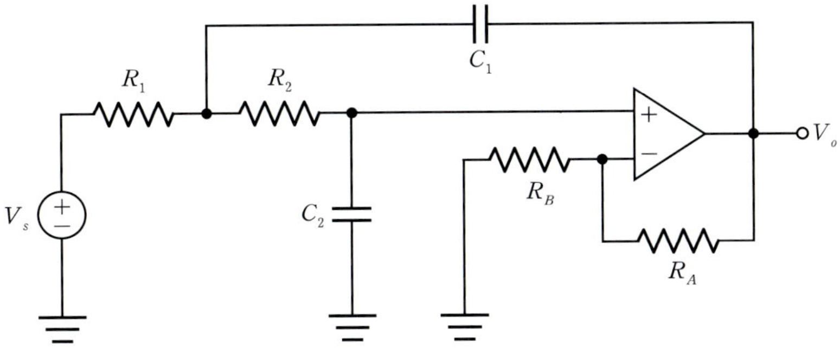

[그림 13-52]

2021년도 국가공무원 5급(기술)

13.23 그림과 같은 회로에서 다음 물음에 답하시오. (단, 연산증폭기는 이상적이다.)

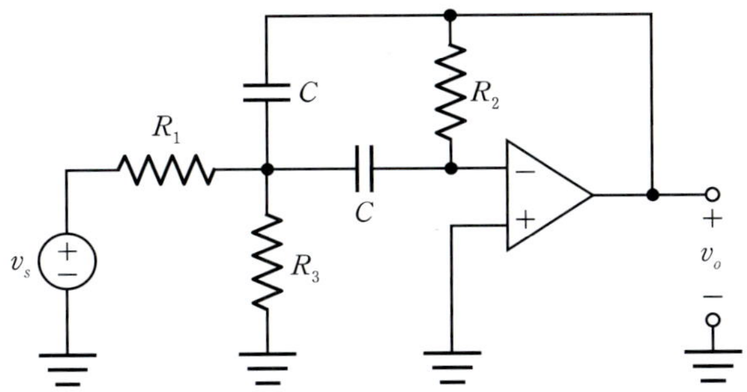

[그림 13-53]

(a) 위 회로의 전달함수 $v_o(s)/v_s(s)$를 구하시오.

(b) 위 회로의 중심주파수 $\omega_o = 6400$[rad/s]에서 전압이득의 크기가 10이고 양호도(Q-factor) $Q=4$인 대역통과필터가 되도록 저항 R_1, R_2, R_3를 구하시오. (단, $C=0.1[\mu\text{F}]$이다.)

2021년도 국가공무원 5급(기술)

13.24 그림과 같은 회로에서 다음 물음에 답하시오.

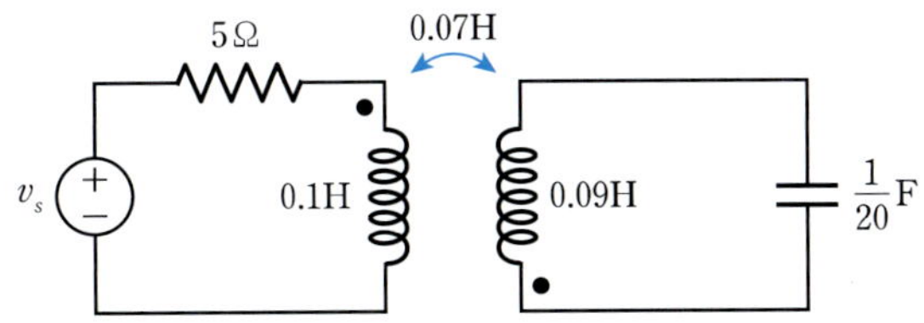

[그림 13-54]

(a) 두 인덕터의 결합계수(coefficient of coupling) k를 구하시오.

(b) 전압이 $v_s(t) = 60\cos(100t + 30°)$[V]일 때, $t=1$[초]에서 상호결합된 인덕터(coupled inductors)에 저장된 총 에너지를 구하시오.

2021년도 국가공무원 5급(기술)

13.25 그림과 같은 회로에서 다음 물음에 답하시오. (단, 연산증폭기는 이상적이며, $V_{DD}=5[V]$이다.)

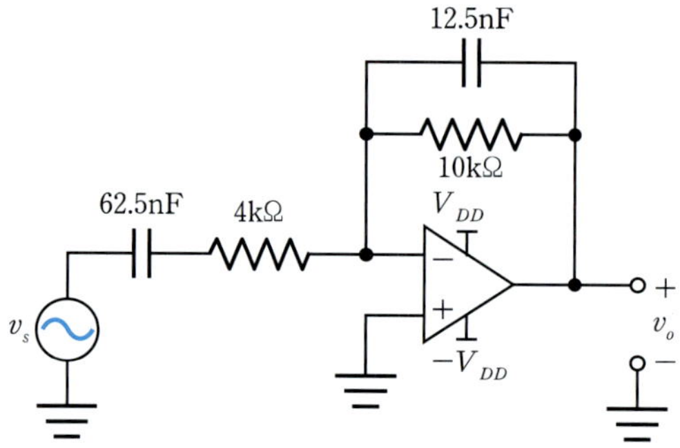

[그림 13-55]

(a) $v_s(t)=16000tu(t)[V]$라고 할 때, $V_o(s)$와 $v_o(t)$를 구하시오. (단, $u(t)$는 단위 계단함수이다.)

(b) $t=0$에서 커패시터에 저장된 에너지가 0일 때, 연산증폭기 출력전압 $v_o(t)$가 포화될 때까지의 시간을 구하시오.

(c) 입력신호 $v_s(t)=m\,u(t)[V]$가 인가된다. $t=0$에서 커패시터에 저장된 에너지가 0일 때, $v_o(t)$의 절댓값이 최대가 되는 시간과 이때의 절댓값이 3[V]가 되도록 m의 값을 구하시오. (단, $m>0$이다.)

2020년도 국가공무원 5급[기술]

13.26 다음과 같은 2차 미분방정식의 해를 표현하기 위해 그림과 같이 이상적인 연산증폭기를 이용한 회로를 구성했다. 이때 물음에 답하시오. 여기서 $R_o=200[\Omega]$, $R_1=100[\Omega]$, $C_1=2.5\times10^{-3}[F]$, $C_2=1\times10^{-2}[F]$이다.

$$\frac{d^2v_o(t)}{dt^2}+a_1\frac{dv_o(t)}{dt}+a_ov_o(t)=bv_i(t);\quad v_o(0)=v_a{}'(0)=0$$

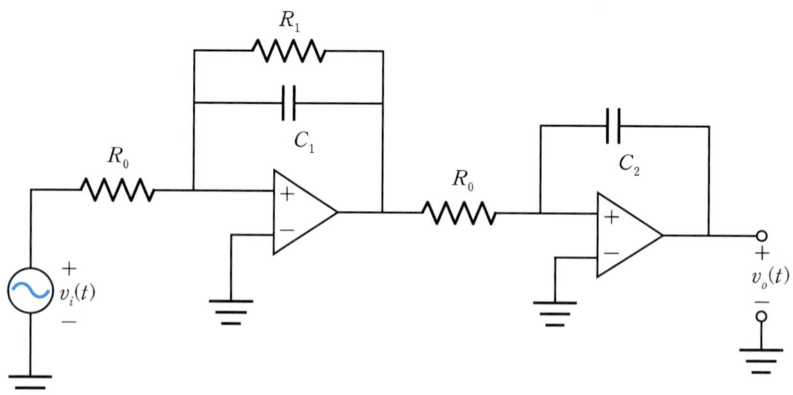

[그림 13-56]

(a) 2차 미분방정식의 계수 a_0, a_1과 b를 구하시오.

(b) 입력전압 $v_i(t)=8e^{-2t}u(t)[V]$일 때, 출력전압 $v_o(t)$를 구하시오.

2020년도 국가공무원 5급[기술]

13.27 그림과 같은 저주파 통과필터에 대하여 다음 물음에 답하시오.

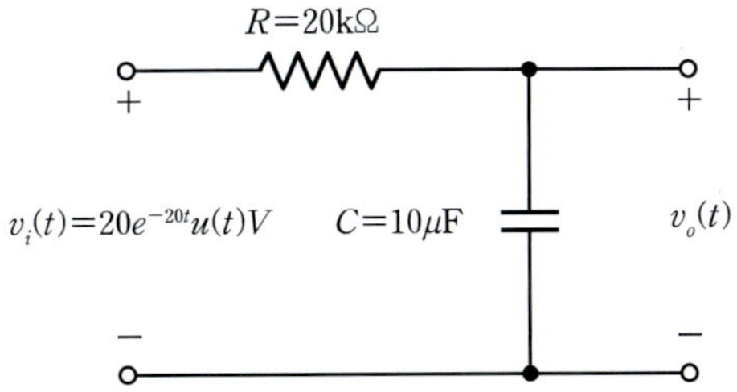

[그림 13-57]

(a) 전달함수를 구하시오.

(b) 출력신호의 푸리에 변환을 구하시오.

(c) 필터회로의 입력 및 출력에서의 정규화된 에너지를 구하시오.
(단, 출력의 경우 Parseval 정리를 이용한다.)

참고 Parseval 정리란, 시간 영역에서의 함수의 에너지 값(혹은 Power 값)은 푸리에 변환 영역 혹은 라플라스 변환 영역에서의 에너지 값과 같다는 정리이다.

CHAPTER

14

2-포트 회로망

2-Port Networks

학습목표

- 전자회로의 등가회로 해석에 많이 사용되는 2-포트 회로망의 정의와 해당 방정식을 이해한다.
- 2-포트 회로망 방정식의 해는 역행렬을 계산함으로써 구할 수 있다는 개념을 이해한다.
- 2-포트 회로망 방정식의 변수의 정의에 따라 각각 다른 변수행렬 A가 만들어진다는 개념을 이해한다.
- 각 변수행렬의 변수 값을 계산하는 방법을 알아보고 실질적인 변수의 의미를 이해한다.
- 2-포트 회로망끼리의 직병렬연결 방법과 변수행렬 값의 계산 방법을 살펴본다.

SECTION

14.1 2-포트 회로망의 정의

회로를 해석할 때, 경우에 따라서 입력단자쌍과 출력단자쌍 사이에 임의의 회로를 가진 회로망을 접할 때가 있다. 이때 이러한 단자쌍을 포트라고 하고, 입력포트와 출력포트로 구성된 2개의 포트를 가진 회로망을 2-포트 회로망이라고 부른다.

[그림 14-1]은 전형적인 2-포트 회로망을 나타낸 것이다.

[그림 14-1] 전형적인 2-포트 회로망

[그림 14-2]와 [그림 14-3]도 2-포트 회로망에 해당된다. [그림 14-2]는 11장에서 언급한 결합 인덕터 회로와 변압기 회로로, 입력포트와 출력포트로 전류, 전압의 관계를 찾을 수 있다.

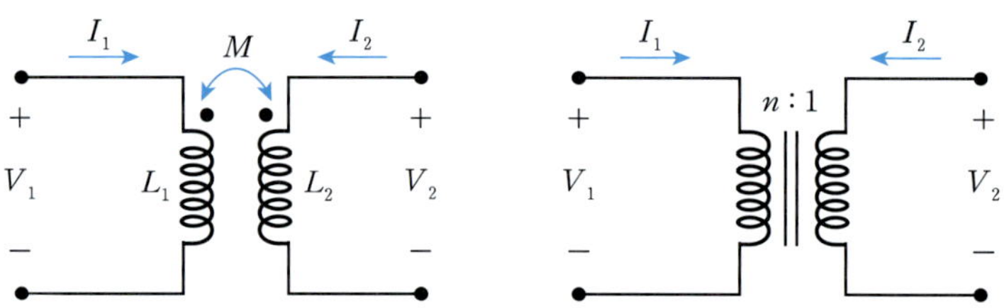

(a) 결합 인덕터 2-포트 회로망 (b) 변압기 2-포트 회로망

[그림 14-2] 결합 인덕터 회로와 변압기 회로

[그림 14-3]은 [참고 12-2]에서 배운 Y-Δ 변환에 사용된 3단자 회로를 변형한 형태다.

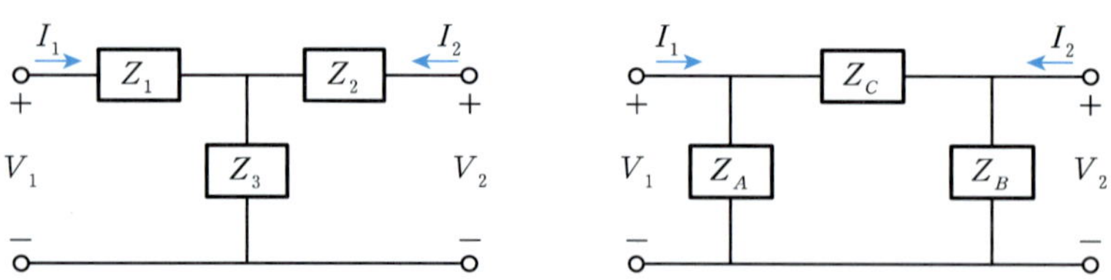

(a) Y 회로망 (b) Δ 회로망

[그림 14-3] 3단자 회로를 변형한 형태

SECTION 14.2

2-포트 회로망 방정식

지금부터 2-포트 회로망을 일반화하여, 입력변수와 출력변수의 관계를 행렬식으로 정의하고 이를 연산함으로써 입력포트와 출력포트 사이의 회로망을 해석하는 방법에 대해 알아볼 것이다.

[그림 14-1]의 2-포트 회로망을 보면, 입력포트에서 회로망으로 들어갈 수 있는 변수는 전류 I_1과 전압 V_1이고, 회로망을 통하여 출력포트로 나갈 수 있는 변수는 전류 I_2와 전압 V_2라 생각할 수 있다. 따라서 변수 I_1, V_1, I_2, V_2 중 2개를 독립적인 변수로 잡으면, 회로망에 의해 나머지 변수 2개는 이들 변수의 종속적인 변수가 된다. 한편 변수의 관계를 선형소자에 의한 선형벡터방정식으로 표현할 수 있다. 독립변수 2개를 벡터로 표현하여 x로 두고, 선형방정식에 따른 종속변수를 벡터로 표현하여 y로 두면, 다음과 같은 선형방정식을 세울 수 있다.

$$y = Ax$$

단, $y = \begin{bmatrix} y_1 \\ y_2 \end{bmatrix}$, $A = \begin{bmatrix} a_{11} & a_{12} \\ a_{21} & a_{22} \end{bmatrix}$, $x = \begin{bmatrix} x_1 \\ x_2 \end{bmatrix}$이다.

위의 방정식을 다시 풀어서 쓰면, 독립방정식 2개를 만들 수 있다.

$$\begin{aligned} y_1 &= a_{11}x_1 + a_{12}x_2 \\ y_2 &= a_{21}x_1 + a_{22}x_2 \end{aligned} \tag{14.1}$$

결국 2-포트 회로망의 해석은 입력변수 x와 출력변수 y의 관계를 나타내는 행렬 A의 값을 찾는 것이다. 앞서 설명했듯이 이러한 입력변수 x와 출력변수 y로 선택할 수 있는 변수는 회로해석에서는 전류 값 I_1, I_2와 전압 값 V_1, V_2가 된다. 행렬 A의 변수행렬은 변수의 조합에 따라 각기 다른 이름으로 불리는데, [표 14-1]과 같이 모두 여섯 가지 모델이 사용된다.

이때 전송변수 T와 역전송변수 T'의 경우는, 변수의 특성상 출력전류 I_2의 방향이 다른 변수와 반대 방향임에 유의하기 바란다.

[표 14-1] 2-포트 회로망의 변수행렬 모델

입력변수 x	출력변수 y	변수행렬 A
$\begin{bmatrix} I_1 \\ I_2 \end{bmatrix}$	$\begin{bmatrix} V_1 \\ V_2 \end{bmatrix}$	임피던스 $Z=\begin{bmatrix} z_{11} & z_{12} \\ z_{21} & z_{22} \end{bmatrix}$
$\begin{bmatrix} V_1 \\ V_2 \end{bmatrix}$	$\begin{bmatrix} I_1 \\ I_2 \end{bmatrix}$	어드미턴스 $Y=\begin{bmatrix} y_{11} & y_{12} \\ y_{21} & y_{22} \end{bmatrix}$
$\begin{bmatrix} V_1 \\ I_2 \end{bmatrix}$	$\begin{bmatrix} I_1 \\ V_2 \end{bmatrix}$	역혼합 $g=\begin{bmatrix} g_{11} & g_{12} \\ g_{21} & g_{22} \end{bmatrix}$
$\begin{bmatrix} I_1 \\ V_2 \end{bmatrix}$	$\begin{bmatrix} V_1 \\ I_2 \end{bmatrix}$	혼합 $h=\begin{bmatrix} h_{11} & h_{12} \\ h_{21} & h_{22} \end{bmatrix}$
$\begin{bmatrix} V_2 \\ -I_2 \end{bmatrix}$	$\begin{bmatrix} V_1 \\ I_1 \end{bmatrix}$	전송 $T=\begin{bmatrix} A & B \\ C & D \end{bmatrix}$
$\begin{bmatrix} V_1 \\ I_1 \end{bmatrix}$	$\begin{bmatrix} V_2 \\ -I_2 \end{bmatrix}$	역전송 $T'=\begin{bmatrix} A' & B' \\ C' & D' \end{bmatrix}$

한편 변수 간에는 정의에 따라 서로 역변환 관계인 변수쌍이 있는데, 임피던스 변수 Z와 어드미턴스 변수 Y, 혼합변수 h와 역혼합변수 g, 전송변수 T와 역전송변수 T'이 그것이다. 따라서 이 변수들은 다음과 같이 서로의 변수행렬 A의 역행렬 A^{-1}을 구하여 얻을 수 있다.

$$y = Ax \quad \leftrightarrow \quad x = A^{-1}y$$

$$\begin{bmatrix} V_1 \\ V_2 \end{bmatrix} = \begin{bmatrix} z_{11} & z_{12} \\ z_{21} & z_{22} \end{bmatrix} \begin{bmatrix} I_1 \\ I_2 \end{bmatrix} \leftrightarrow \begin{bmatrix} I_1 \\ I_2 \end{bmatrix} = \begin{bmatrix} z_{11} & z_{12} \\ z_{21} & z_{22} \end{bmatrix}^{-1} \begin{bmatrix} V_1 \\ V_2 \end{bmatrix} = \begin{bmatrix} y_{11} & y_{12} \\ y_{21} & y_{22} \end{bmatrix} \begin{bmatrix} V_1 \\ V_2 \end{bmatrix}$$
$$\begin{bmatrix} V_1 \\ I_2 \end{bmatrix} = \begin{bmatrix} h_{11} & h_{12} \\ h_{21} & h_{22} \end{bmatrix} \begin{bmatrix} I_1 \\ V_2 \end{bmatrix} \leftrightarrow \begin{bmatrix} I_1 \\ V_2 \end{bmatrix} = \begin{bmatrix} h_{11} & h_{12} \\ h_{21} & h_{22} \end{bmatrix}^{-1} \begin{bmatrix} V_1 \\ I_2 \end{bmatrix} = \begin{bmatrix} g_{11} & g_{12} \\ g_{21} & g_{22} \end{bmatrix} \begin{bmatrix} V_1 \\ I_2 \end{bmatrix} \tag{14.2}$$
$$\begin{bmatrix} V_1 \\ I_1 \end{bmatrix} = \begin{bmatrix} A & B \\ C & D \end{bmatrix} \begin{bmatrix} V_2 \\ -I_2 \end{bmatrix} \leftrightarrow \begin{bmatrix} V_2 \\ -I_2 \end{bmatrix} = \begin{bmatrix} A & B \\ C & D \end{bmatrix}^{-1} \begin{bmatrix} V_1 \\ I_1 \end{bmatrix} = \begin{bmatrix} A' & B' \\ C' & D' \end{bmatrix} \begin{bmatrix} V_1 \\ I_1 \end{bmatrix}$$

SECTION 14.3 2-포트 회로망 방정식의 해

일반적인 2-포트 회로망 방정식인 식 (14.1)의 변수행렬 값은 다른 입력변수의 값을 0으로 둔 뒤 해당 입력변수와 출력변수 간의 관계로 구한다. 즉 식 (14.3)과 같이 구할 수 있다.

$$a_{11} = \frac{y_1}{x_1}\Big|_{x_2=0},\quad a_{12} = \frac{y_1}{x_2}\Big|_{x_1=0}$$
$$a_{21} = \frac{y_2}{x_1}\Big|_{x_2=0},\quad a_{22} = \frac{y_2}{x_2}\Big|_{x_1=0} \tag{14.3}$$

어드미턴스 변수의 계산

Y 변수를 구하기 위한 선형방정식은 다음과 같다.

$$I_1 = y_{11}V_1 + y_{12}V_2$$
$$I_2 = y_{21}V_1 + y_{22}V_2$$

이들로부터 y_{11}, y_{12}, y_{21}, y_{22}를 구하는 식은 식 (14.3)에 의해 다음과 같다.

$$y_{11} = \frac{I_1}{V_1}\Big|_{V_2=0},\quad y_{12} = \frac{I_1}{V_2}\Big|_{V_1=0}$$
$$y_{21} = \frac{I_2}{V_1}\Big|_{V_2=0},\quad y_{22} = \frac{I_2}{V_2}\Big|_{V_1=0}$$

이를 이용하여 2-포트 회로망의 어드미턴스 변수 Y를 구하는 문제를 살펴보자.

예제 14-1 **어드미턴스 Y의 계산**

[그림 14-2]의 2-포트 회로망에서 어드미턴스 Y의 변수를 찾아라.

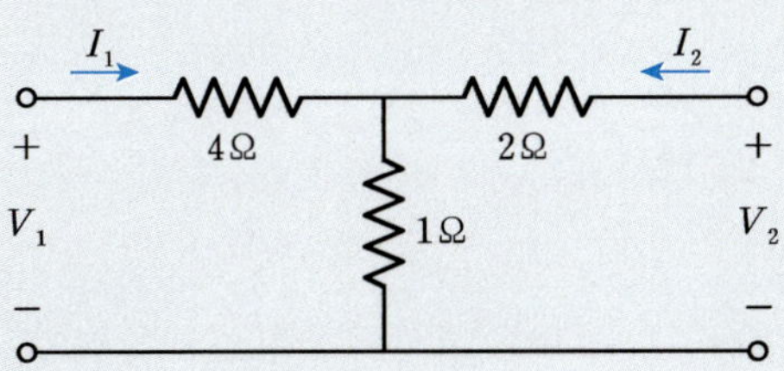

[그림 14-4] 2-포트 회로의 예

풀이

$V_2=0$의 회로, 즉 출력포트를 단락시킨 회로([그림 14-5])로부터 y_{11}, y_{21}을 구하면, y_{11}은 다음과 같이 2[Ω]과 1[Ω]의 병렬저항 결과와 직렬로 연결된 4[Ω]으로부터 계산할 수 있다.

$$y_{11}=1\Big/\left(4+\frac{2}{2+1}\right)=\frac{3}{14}\,[\mho]$$

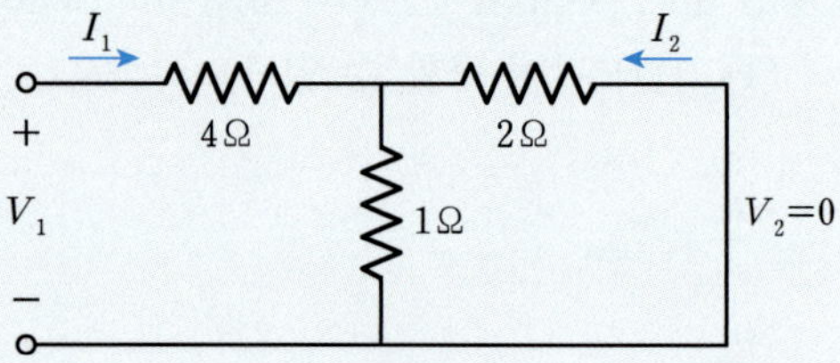

[그림 14-5] 출력포트를 단락시킨 2-포트 회로망

y_{21}은 $V_1=4I_1+1(I_1+I_2)$로부터, 양변을 V_1으로 나누고 계산된 y_{11}의 값을 대입하여 구할 수 있다.

$$1=5y_{11}+y_{21}=\frac{15}{14}+y_{21}$$

즉 $y_{21}=-\frac{1}{14}[\mho]$가 된다.

마찬가지로 $V_1=0$의 회로, 즉 입력포트를 단락시킨 회로([그림 14-6])로부터 y_{12}, y_{22}를 구한다. 먼저 y_{22}는 4[Ω]과 1[Ω]의 병렬저항 결과와 직렬로 연결된 2[Ω]으로부터 계산할 수 있다.

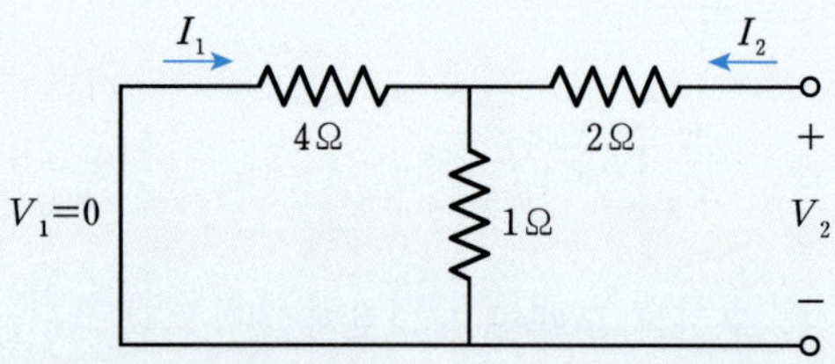

[그림 14-6] 입력포트를 단락시킨 2-포트 회로망

즉 $y_{22}=1\Big/\left(2+\frac{4}{4+1}\right)=\frac{5}{14}\,[\mho]$가 된다.

y_{12}의 값은 $V_2=2I_2+1(I_1+I_2)$로부터, 양변을 V_2로 나누어 계산한다.

$$1=1y_{12}+3y_{22}=y_{12}+\frac{15}{14}$$

즉 $y_{12}=-\frac{1}{14}\,[\mho]$가 된다.

그러므로 어드미턴스 Y는 $Y=\begin{bmatrix} \frac{3}{14} & -\frac{1}{14} \\ -\frac{1}{14} & \frac{5}{14} \end{bmatrix}$가 된다.

참고로 변환 공식인 식 (14.2)에 따라 2-포트 회로망의 임피던스 변수 Z를 구해보면, $Z=Y^{-1}$이므로 다음과 같다.

$$Z=\frac{196}{14}\begin{bmatrix} \frac{5}{14} & \frac{1}{14} \\ \frac{1}{14} & \frac{3}{14} \end{bmatrix}=\begin{bmatrix} 5 & 1 \\ 1 & 3 \end{bmatrix}$$

이러한 변수 값은 [예제 14-1]과 같이 단순한 저항 값의 계산으로 구할 수도 있지만, 라플라스 변환 회로에서 얻을 수 있는 라플라스 함수 값 $A(s)$로도 계산할 수 있다.

[예제 14-2]는 RLC 회로로 구성된 2-포트 회로망의 임피던스 $Z(s)$를 구하는 문제다.

예제 14-2 RLC 회로의 임피던스 변수 값 $Z(s)$의 계산

[그림 14-7]의 RLC 2-포트 회로망에서 임피던스 변수 값 $Z(s)$를 구하라.

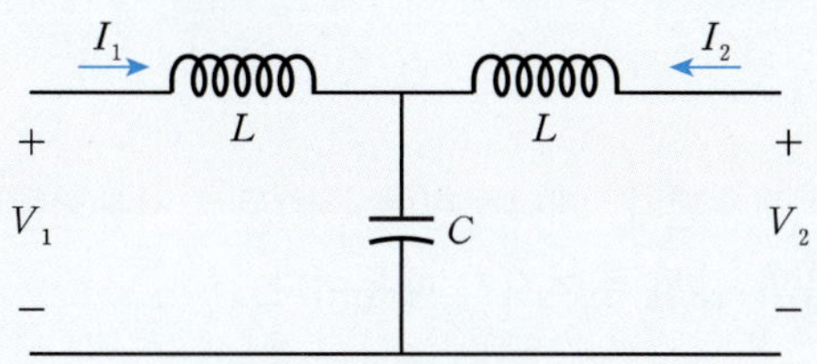

[그림 14-7] RLC 2-포트 회로망

풀이

[그림 14-7]의 회로를 라플라스 변환하여 [그림 14-8]과 같이 임피던스 회로로 바꿀 수 있다.

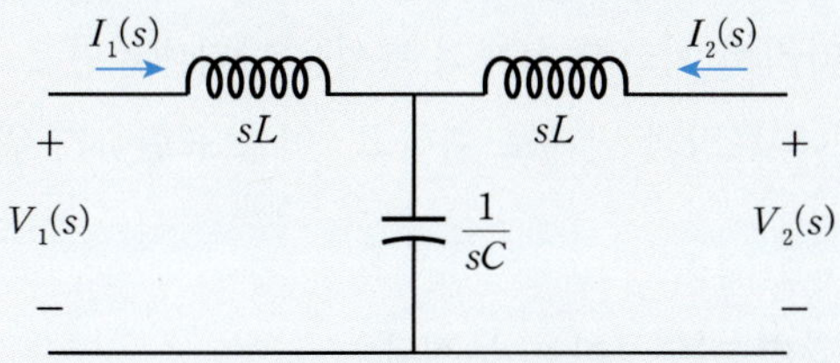

[그림 14-8] 라플라스 변환된 임피던스 회로

이로부터 임피던스 변수 $Z(s)$의 변수 값은 각각 다음과 같다.

$$Z_{11}(s)=\frac{V_1(s)}{I_1(s)}\Big|_{I_2=0},\ Z_{12}(s)=\frac{V_1(s)}{I_2(s)}\Big|_{I_1=0}$$
$$Z_{21}(s)=\frac{V_2(s)}{I_1(s)}\Big|_{I_2=0},\ Z_{22}(s)=\frac{V_2(s)}{I_2(s)}\Big|_{I_1=0}$$

즉 $Z_{11}(s)$는 출력포트를 개방시키고($I_2=0$) 계산한 입력포트의 임피던스 값으로 구하므로, 임피던스 sL과 $\frac{1}{sC}$의 직렬연결 값인 $sL+\frac{1}{sC}$이 된다. $Z_{21}(s)$가 $I_2=0$일 때 $V_2(s)$는 온전히 커패시터에 걸리는 전압이 되고 $I_1(s)$는 모두 커패시터로 흐르므로, 결국 $Z_{21}(s)=\frac{1}{sC}$이 된다.

마찬가지로 $I_1=0$일 때 $Z_{12}(s)$와 $Z_{22}(s)$를 구하면 다음과 같다.

$$Z_{12}(s)=\frac{1}{sC},\ Z_{22}(s)=sL+\frac{1}{sC}$$

따라서 Z는 다음과 같이 구한다.

$$Z=\begin{bmatrix} sL+\frac{1}{sC} & \frac{1}{sC} \\ \frac{1}{sC} & sL+\frac{1}{sC} \end{bmatrix}$$

혼합변수 및 전송변수의 계산

혼합변수 h는 대개 트랜지스터 회로의 등가회로 모델에 적용된다. 왜냐하면 증폭회로로 사용되는 트랜지스터 회로의 전압이득 h_{12}와 전류이득 h_{21}이 다음과 같이 주어지기 때문이다.

$$h_{12}=\frac{V_1}{V_2}\Big|_{I_1=0},\ h_{21}=\frac{I_2}{I_1}\Big|_{V_2=0}$$

또한 전송변수 T는 광케이블이나 구리선 등의 전송에 사용되는 전송 매체의 특성을 표현하는 데 많이 사용되며, 입력전류 및 입력전압과 출력전류 및 출력전압과의 관계를 나타낸다. 실제로 흐르는 출력전류 I_2의 방향은 회로망으로부터 나가는 방향이다. 따라서 이러한 실제적 특성을 나타내려면 2-포트 회로망의 출력전류 I_2의 방향을 다른 일반 2-포트 회로망과 반대로 취하고, 이를 표현하기 위해 그 값을 음수로 해야 한다.

[예제 14-3]은 전형적인 트랜지스터 등가회로의 혼합변수를 구하는 문제다.

예제 14-3 트랜지스터 등가회로의 혼합변수 h

[그림 14-9]의 트랜지스터 등가회로에서 값이 $r_e = 20[\Omega]$, $r_b = 800[\Omega]$, $r_c = 500[\text{k}\Omega]$, $\alpha = 0.98$로 주어졌을 때, 혼합변수 값 h_{11}, h_{12}, h_{21}, h_{22}를 구하라.

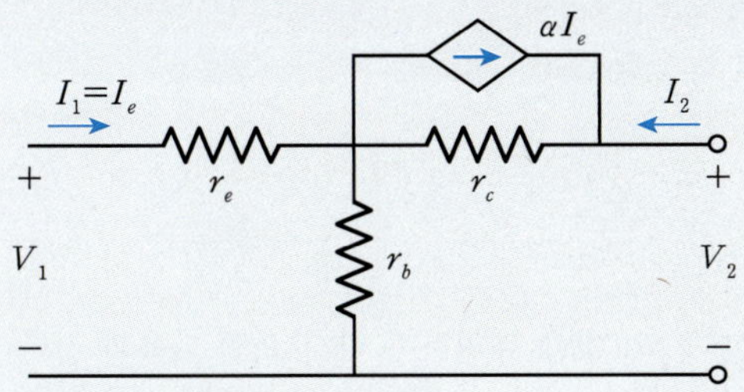

[그림 14-9] 트랜지스터 등가회로

풀이

혼합변수 h의 정의에 따라, 주어진 회로에서 먼저 입력포트를 개방하고($I_1 = 0$) 변수 값을 찾으면 종속전원 αI_e는 $I_e = I_1 = 0$으로부터 0 값을 갖게 된다. 따라서 전압이득은 전압분배기 회로에 의해 다음과 같이 된다.

$$h_{12} = \frac{V_1}{V_2}\Big|_{I_1=0} = \frac{r_b}{r_b + r_c} \approx 1.6 \times 10^{-3}$$

출력포트에서의 어드미턴스 값은 다음과 같다.

$$h_{22} = \frac{I_2}{V_2}\Big|_{I_1=0} = \frac{1}{r_b + r_c} \approx 2 \times 10^{-6}[\mho]$$

주어진 회로의 출력포트를 단락시켜 $V_2 = 0$으로 만든 회로는 [그림 14-10]과 같다.

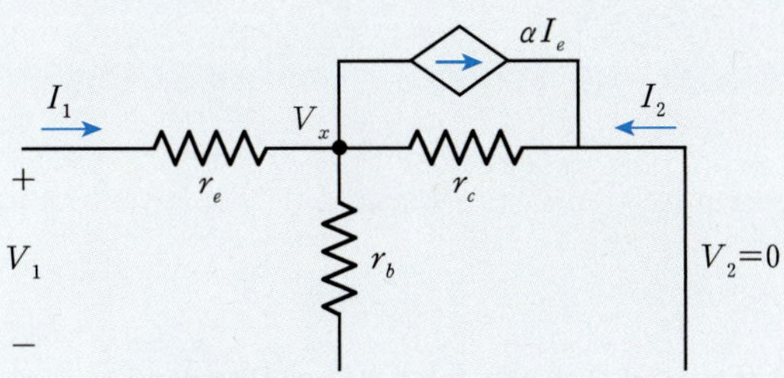

[그림 14-10] 출력포트를 단락시킨 회로

노드 x에서 키르히호프의 전류법칙을 적용하여 수식을 만들면 다음과 같다.

$$-I_1 + \frac{V_x}{r_b} + \frac{V_x}{r_c} + \alpha I_1 = 0$$

이를 정리하면 다음과 같은 식이 나온다.

$$V_x = \frac{(1-\alpha)r_b r_c}{r_b + r_c} I_1$$

이때 단락전류 I_2는 $I_2 = -\alpha I_1 - \frac{V_x}{r_c}$가 되므로, 위의 식을 대입하여 정리하면 다음과 같다.

$$I_2 = -\frac{\alpha r_c + r_b}{r_b + r_c} I_1$$

따라서 $h_{21} = \frac{I_2}{I_1}|_{V_2=0} \approx -0.981$이 된다.

또한 회로로부터 $V_1 - V_x = I_1 r_e$가 되므로, 위에서 구한 V_x의 값을 대입하여 다시 쓰면 다음과 같다.

$$V_1 - \frac{(1-\alpha)r_b r_c}{r_b + r_c} I_1 = I_1 r_e$$

정리하면 $V_1 = \left[\frac{(1-\alpha)r_b r_c}{r_b + r_c} + r_e\right] I_1$이 된다. 그러므로 결과는 다음과 같다.

$$h_{11} = \frac{V_1}{I_1}|_{V_2=0} \simeq \frac{(1-\alpha)r_b r_c}{r_b + r_c} + r_e = 36\,[\Omega]$$

예제 14-4 **전송변수 T의 계산**

[그림 14-11]의 회로에서 전송변수 $T = \begin{bmatrix} A & B \\ C & D \end{bmatrix}$ 값을 구하라.

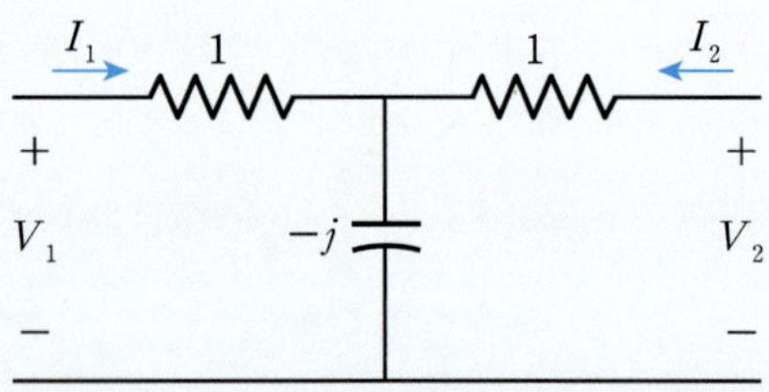

[그림 14-11] 2-포트 회로망

풀이

[그림 14-11]의 회로에서 $I_2 = 0$을 얻으려면 2차 포트를 개방시킨 회로 자체에서 해석하면 된다. 먼저 회로로부터 전송변수 정의에 의해 A, C 변수 값을 구한다.

회로로부터 $V_2 = \frac{V_1}{1-j}(-j)$가 되고, 정리하면 A의 변수 값을 구할 수 있다.

$$A = \frac{V_1}{V_2}|_{I_2=0} = 1 + j$$

또한 C의 변수 값은 정의로부터 단순히 커패시터의 어드미턴스 값이므로 다음과 같다.

$$C=\frac{I_1}{V_2}|_{I_2=0}=\frac{1}{-j}=j$$

다른 변수 값 B, D는 [그림 14-12]와 같이 $V_2=0$으로 두고, 2차 포트를 단락시킨 회로로부터 구할 수 있다.

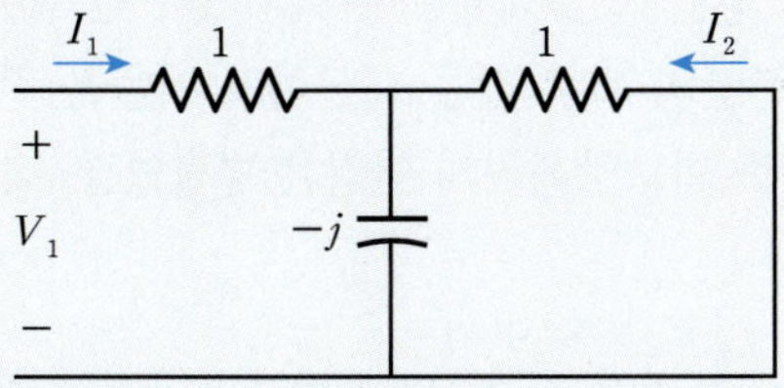

[그림 14-12] 2-포트 라플라스 변환 회로망

즉 전류분배법칙에 의해 $-I_2=I_1\frac{-j}{1-j}$가 되므로 D를 구하면 다음과 같다.

$$D=\frac{I_1}{-I_2}|_{V_2=0}=1+j$$

$\frac{V_1}{I_1}=1+\frac{-j}{1-j}$의 관계와 변수 값 D의 정의와 값을 치환하여 B의 값을 구할 수 있다.

$$B=\frac{V_1}{-I_2}|_{V_2=0}=\frac{V_1}{\frac{I_1}{D}}=2+j$$

SECTION 14.4 2-포트 회로망의 상호연결

복잡한 회로를 해석할 때는 먼저 여러 개의 2-포트 회로망이 병렬 또는 직렬로 연결되거나 연속하여 연결되어 있는 것으로 해석한다. 그리고 각각의 2-포트 회로망의 변수 값을 계산하고 이들을 결합 연산하여 전체 회로망을 해석하는 경우가 대부분이다. 2-포트 회로망끼리의 연결은 **병렬연결, 직렬연결, 연속연결**로 나눌 수 있다.

각 연결에 의해 구현된 전체 2-포트 회로망의 변수행렬 A_{total}의 값은 각 2-포트 회로망의 변수행렬 A_a, A_b의 연산으로 구할 수 있다.

2-포트 회로망의 병렬연결

먼저 병렬연결을 살펴보자. [그림 14-13]에서 전체 입력전류 I_1은 각 2-포트 회로망의 입력전류 I_{1a}, I_{1b}의 합이 된다. 마찬가지로 전체 출력전류 I_2 역시 각 2-포트 회로망의 출력전류 I_{2a}, I_{2b}의 합이 된다.

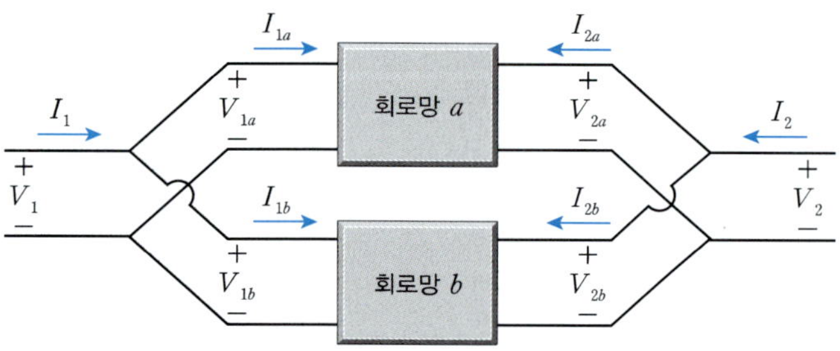

[그림 14-13] 2-포트 회로망의 병렬연결

그러나 전체 입력전압 V_1과 출력전압 V_2는, 각각 결합된 원래의 입력전압 V_{1a}, V_{1b}와 출력전압 V_{2a}, V_{2b}와 값이 같다. 그러므로 다음 식으로부터 I_a와 I_b를 나타내면 다음과 같다.

$$I_a = Y_a V_a, \ I_b = Y_b V_b$$

$I = I_a + I_b = (Y_a + Y_b)V$가 되어, 전체 어드미턴스 변수 Y_{total}은 다음과 같다.

$$Y_{total} = Y_a + Y_b$$

2-포트 회로망의 직렬연결

반대로 [그림 14-14]와 같은 직렬연결에서 전체 입력전류 I_1과 출력전류 I_2는 각각의 2-포트 회로망의 전류 값과 같다. 그리고 전체 입력전압 V_1과 출력전압 V_2는 각각 2-포트 회로망의 입력전압 V_{1a}, V_{1b}의 합과 출력전압 V_{2a}, V_{2b}의 합과 같다.

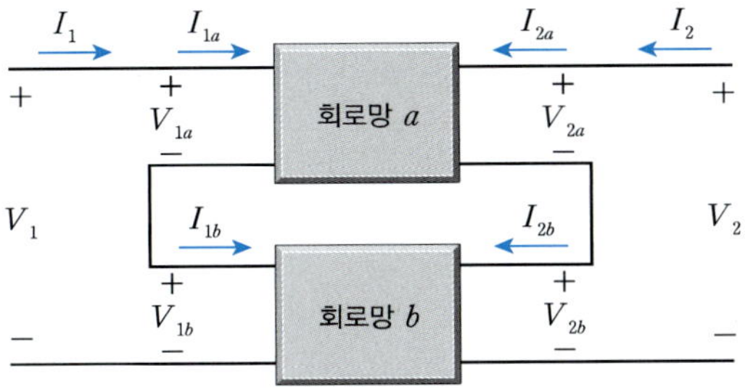

[그림 14-14] 2-포트 회로망의 직렬연결

따라서 다음 식으로부터 V_a, V_b를 구하면 다음과 같다.

$$V_a = Z_a I_a, \quad V_b = Z_b I_b$$

$V = V_a + V_b = (Z_a + Z_b)I$가 되어, 전체 임피던스 변수 Z_{total}은 다음과 같다.

$$Z_{total} = Z_a + Z_b$$

예제 14-5 2-포트 회로망의 직렬연결

[그림 14-15]의 회로에서 전체 임피던스 변수 Z_{total}의 변수 값들을 찾아라.

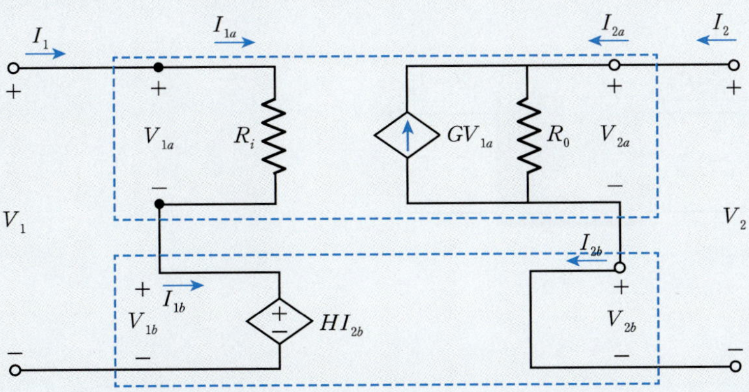

[그림 14-15] 2-포트 회로망의 직렬연결 회로

풀이

[그림 14-15]의 회로로부터 다음의 관계를 찾을 수 있고,

$$I_1 = I_{1a} = I_{1b}, \; I_2 = I_{2a} = I_{2b}, \; V_1 = V_{1a} = V_{1b}, \; V_2 = V_{2a} = V_{2b}$$

각각의 임피던스 변수행렬 Z_a와 Z_b를 찾으면 회로로부터 다음과 같이 나타낼 수 있다.

$$z_{11a} = \frac{V_{1a}}{I_{1a}} |_{I_{2a}=0} = R_i$$

$$z_{21a} = \frac{V_{2a}}{I_{1a}} |_{I_{2a}=0} = \frac{GV_{1a}R_o}{I_{1a}} |_{I_{2a}=0} = \frac{GI_{1a}R_iR_o}{I_{1a}} |_{I_{2a}=0} = GR_iR_o$$

$$z_{12a} = \frac{V_{1a}}{I_{2a}} |_{I_{1a}=0} = \frac{0}{I_{2a}} |_{I_{1a}=0} = 0$$

$$z_{22a} = \frac{V_{2a}}{I_{2a}} |_{I_{1a}=0} = \frac{R_oI_{2a}}{I_{2a}} |_{I_{1a}=0} = R_o$$

그러므로 Z_a는 $Z_a = \begin{bmatrix} R_i & 0 \\ GR_iR_o & R_o \end{bmatrix}$이다. Z_b를 회로로부터 간단히 구하면 $Z_b = \begin{bmatrix} 0 & H \\ 0 & 0 \end{bmatrix}$이다.

따라서 전체 임피던스는 다음과 같다.

$$Z_{total} = Z_a + Z_b = \begin{bmatrix} R_i & H \\ GR_iR_o & R_o \end{bmatrix}$$

2-포트 회로망의 연속연결

[그림 14-16]의 연속연결에서 전체 입력전류 I_1과 입력전압 V_1은 각각 첫 번째 2-포트 회로망의 입력전류 I_{1a}와 입력전압 V_{1a}와 같다. 그리고 전체 출력전류 I_2와 출력전압 V_2는 각각 두 번째 2-포트 회로망의 출력전류 I_{2b}와 출력전압 V_{2b}와 같다. 또한 첫 번째 회로망의 출력전류 I_{2a}는 두 번째 회로망의 입력전류 I_{1b}와 방향만 다르다. 즉 $I_{2a} = -I_{1b}$가 되어 전압의 경우는 $V_{2a} = V_{1b}$가 된다.

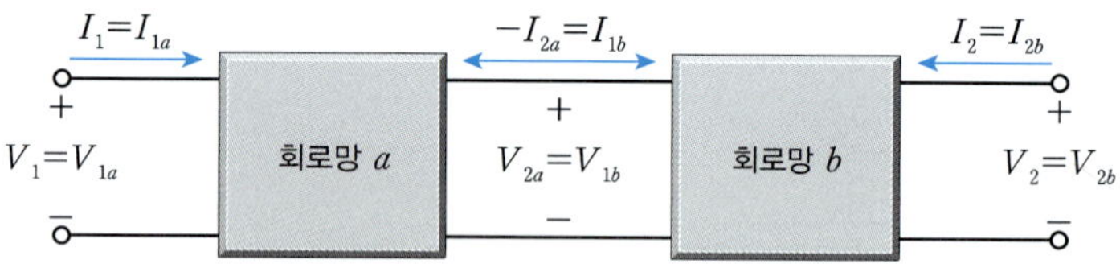

[그림 14-16] 2-포트 회로망의 연속연결

따라서 다음 식으로부터,

$$\begin{bmatrix} V_{1a} \\ I_{1a} \end{bmatrix} = T_a \begin{bmatrix} V_{2a} \\ -I_{2a} \end{bmatrix}, \quad \begin{bmatrix} V_{1b} \\ I_{1b} \end{bmatrix} = T_b \begin{bmatrix} V_{2b} \\ -I_{2b} \end{bmatrix}$$

$\begin{bmatrix} V_1 \\ I_1 \end{bmatrix} = T_aT_b \begin{bmatrix} V_2 \\ -I_2 \end{bmatrix}$가 되어, 전체 전송변수 T_{total}은 다음과 같다.

$$T_{total} = T_a \times T_b$$

예제 14-6 2-포트 회로망의 연속연결 회로

[그림 14-17]의 2-포트 회로망을 여러 개의 2-포트 회로망의 연속연결로 보고, 전체 전송변수 T_{total}의 값을 구하라.

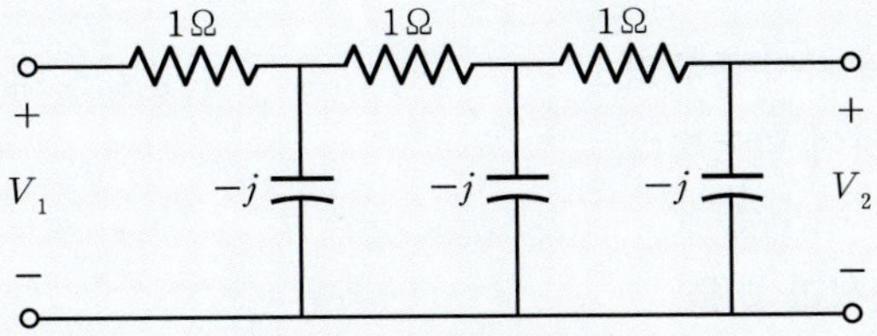

[그림 14-17] 연속연결된 2-포트 회로망

풀이

[그림 14-17]의 회로를 단순 2-포트 회로망([그림 14-18])이 세 번 연속연결된 것으로 생각하자.

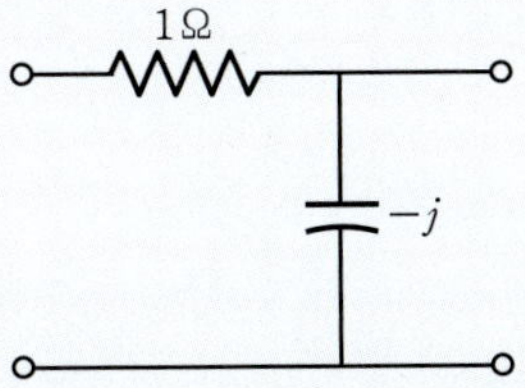

[그림 14-18] 단순 2-포트 회로망

단순 2-포트 회로망의 전송변수 방정식 $V_1 = AV_2 + BI_2$, $I_1 = CV_2 + DI_2$로부터 다음 식을 구할 수 있다.

$$A = \frac{V_1}{V_2}\bigg|_{I_2=0} = \frac{1-j}{-j} = j(1-j) = 1+j$$

$$B = \frac{V_1}{-I_2}\bigg|_{V_2=0} = \frac{1I_1}{I_1} = 1$$

$$C = \frac{I_1}{V_2}\bigg|_{I_2=0} = \frac{I_1}{-jI_1} = j$$

$$D = \frac{I_1}{-I_2}\bigg|_{V_2=0} = 1$$

그러므로 전체 전송변수 T_{total}은 다음과 같다.

$$\begin{aligned} T_{total} &= T \times T \times T \\ &= \begin{bmatrix} 1+j & 1 \\ j & 1 \end{bmatrix}\begin{bmatrix} 1+j & 1 \\ j & 1 \end{bmatrix}\begin{bmatrix} 1+j & 1 \\ j & 1 \end{bmatrix} \\ &= \begin{bmatrix} 4-j5 & 2+4j \\ -4+j2 & j3 \end{bmatrix} \end{aligned}$$

CHAPTER
14 핵심요약

이 장에서는 입력포트와 출력포트를 가지는, 여섯 가지 종류의 2-포트 회로망의 해석 방법에 대해 공부했다. 그리고 이들 간의 관계와 결합회로에 관하여 알아봤다.

■ 여섯 가지 2-포트 회로망의 변수행렬 방정식과 이름

$y = Ax$

입력변수 x	출력변수 y	변수행렬 A
$\begin{bmatrix} I_1 \\ I_2 \end{bmatrix}$	$\begin{bmatrix} V_1 \\ V_2 \end{bmatrix}$	임피던스 $Z=\begin{bmatrix} z_{11} & z_{12} \\ z_{21} & z_{22} \end{bmatrix}$
$\begin{bmatrix} V_1 \\ V_2 \end{bmatrix}$	$\begin{bmatrix} I_1 \\ I_2 \end{bmatrix}$	어드미턴스 $Y=\begin{bmatrix} y_{11} & y_{12} \\ y_{21} & y_{22} \end{bmatrix}$
$\begin{bmatrix} V_1 \\ I_2 \end{bmatrix}$	$\begin{bmatrix} I_1 \\ V_2 \end{bmatrix}$	역혼합 $g=\begin{bmatrix} g_{11} & g_{12} \\ g_{21} & g_{22} \end{bmatrix}$
$\begin{bmatrix} I_1 \\ V_2 \end{bmatrix}$	$\begin{bmatrix} V_1 \\ I_2 \end{bmatrix}$	혼합 $h=\begin{bmatrix} h_{11} & h_{12} \\ h_{21} & h_{22} \end{bmatrix}$
$\begin{bmatrix} V_2 \\ -I_2 \end{bmatrix}$	$\begin{bmatrix} V_1 \\ I_1 \end{bmatrix}$	전송 $T=\begin{bmatrix} A & B \\ C & D \end{bmatrix}$
$\begin{bmatrix} V_1 \\ I_1 \end{bmatrix}$	$\begin{bmatrix} V_2 \\ -I_2 \end{bmatrix}$	역전송 $T'=\begin{bmatrix} A' & B' \\ C' & D' \end{bmatrix}$

■ 2-포트 회로망의 변수행렬 간의 관계

$y = Ax \leftrightarrow x = A^{-1}y$

$$\begin{bmatrix} V_1 \\ V_2 \end{bmatrix} = \begin{bmatrix} z_{11} & z_{12} \\ z_{21} & z_{22} \end{bmatrix} \begin{bmatrix} I_1 \\ I_2 \end{bmatrix} \leftrightarrow \begin{bmatrix} I_1 \\ I_2 \end{bmatrix} = \begin{bmatrix} z_{11} & z_{12} \\ z_{21} & z_{22} \end{bmatrix}^{-1} \begin{bmatrix} V_1 \\ V_2 \end{bmatrix} = \begin{bmatrix} y_{11} & y_{12} \\ y_{21} & y_{22} \end{bmatrix} \begin{bmatrix} V_1 \\ V_2 \end{bmatrix}$$

$$\begin{bmatrix} V_1 \\ I_2 \end{bmatrix} = \begin{bmatrix} h_{11} & h_{12} \\ h_{21} & h_{22} \end{bmatrix} \begin{bmatrix} I_1 \\ V_2 \end{bmatrix} \leftrightarrow \begin{bmatrix} I_1 \\ V_2 \end{bmatrix} = \begin{bmatrix} h_{11} & h_{12} \\ h_{21} & h_{22} \end{bmatrix}^{-1} \begin{bmatrix} V_1 \\ I_2 \end{bmatrix} = \begin{bmatrix} g_{11} & g_{12} \\ g_{21} & g_{22} \end{bmatrix} \begin{bmatrix} V_1 \\ I_2 \end{bmatrix}$$

$$\begin{bmatrix} V_1 \\ I_1 \end{bmatrix} = \begin{bmatrix} A & B \\ C & D \end{bmatrix} \begin{bmatrix} V_2 \\ -I_2 \end{bmatrix} \leftrightarrow \begin{bmatrix} V_2 \\ -I_2 \end{bmatrix} = \begin{bmatrix} A & B \\ C & D \end{bmatrix}^{-1} \begin{bmatrix} V_1 \\ I_1 \end{bmatrix} = \begin{bmatrix} A' & B' \\ C' & D' \end{bmatrix} \begin{bmatrix} V_1 \\ I_1 \end{bmatrix}$$

2-포트 회로망의 행렬방정식의 해

일반적인 2-포트 회로망 방정식 $y_1 = a_{11}x_1 + a_{12}x_2$, $y_2 = a_{21}x_1 + a_{22}x_2$의 해는 다음과 같다.

$$a_{11} = \frac{y_1}{x_1}\Big|_{x_2=0},\quad a_{12} = \frac{y_1}{x_2}\Big|_{x_1=0}$$

$$a_{21} = \frac{y_2}{x_1}\Big|_{x_2=0},\quad a_{22} = \frac{y_2}{x_2}\Big|_{x_1=0}$$

2-포트 회로망의 상호연결

- 병렬연결 : $Y_{total} = Y_a + Y_b$
- 직렬연결 : $Z_{total} = Z_a + Z_b$
- 연속연결 : $T_{total} = T_a \times T_b$

CHAPTER

14 연습문제

임피던스 변수행렬

14.1 다음의 2단자 회로망으로부터 임피던스 변수 z의 값을 구하라.

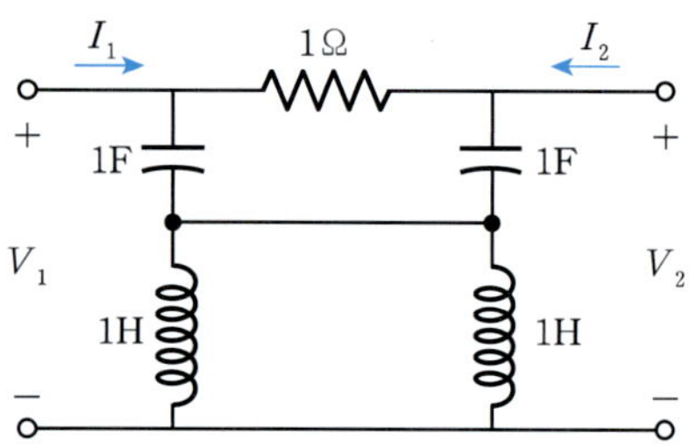

[그림 14-19]

14.2 다음의 2단자 회로망으로부터 임피던스 변수 z의 값을 구하라.

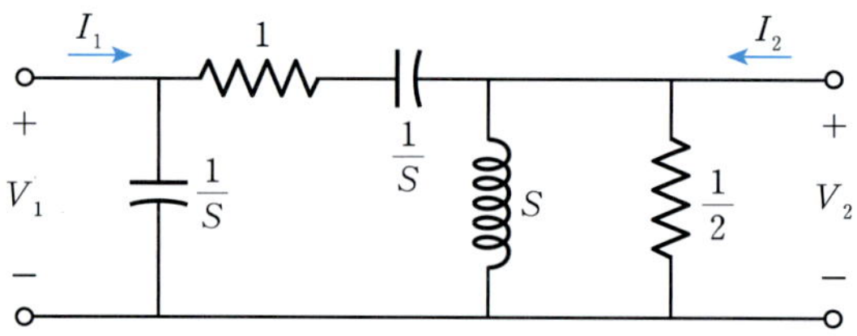

[그림 14-20]

14.3 다음의 결합 인덕터 회로의 임피던스 변수 Z의 값을 구하라.

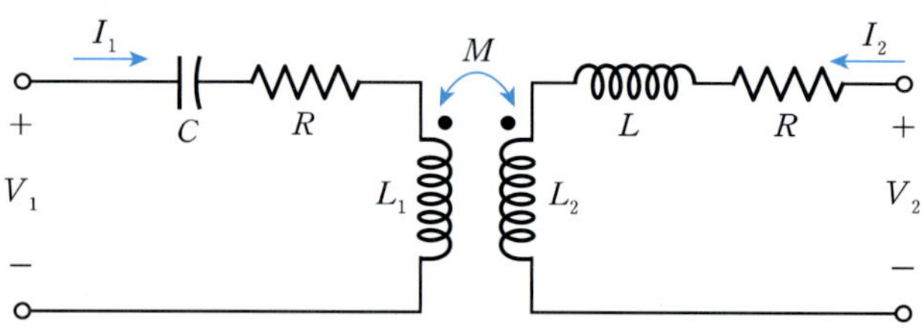

[그림 14-21]

14.4 다음의 결합 인덕터 회로의 임피던스 변수 Z의 값을 구하라.

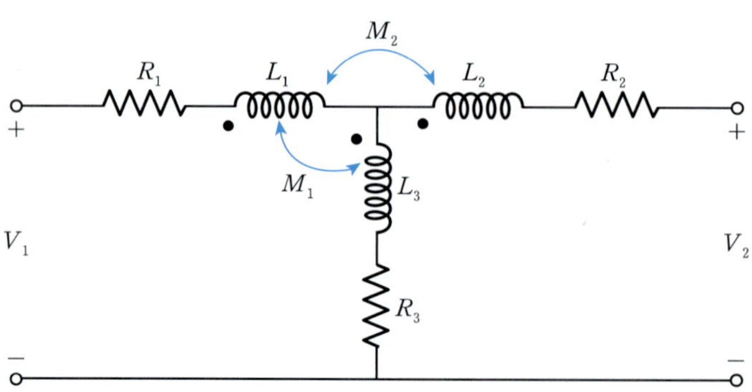

[그림 14-22]

14.5 도전 다음의 2-포트 회로망의 임피던스 변수 Z의 값을 구하라.

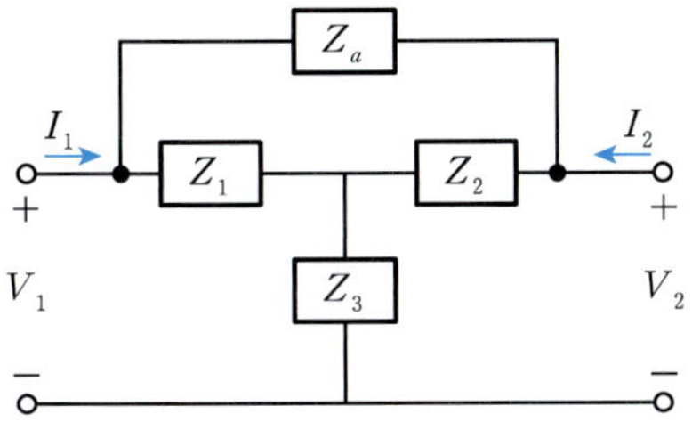

[그림 14-23]

어드미턴스 변수행렬

14.6 다음의 2단자 회로망으로부터, 어드미턴스 변수 y_{11}, y_{12}, y_{22}의 값을 구하라.

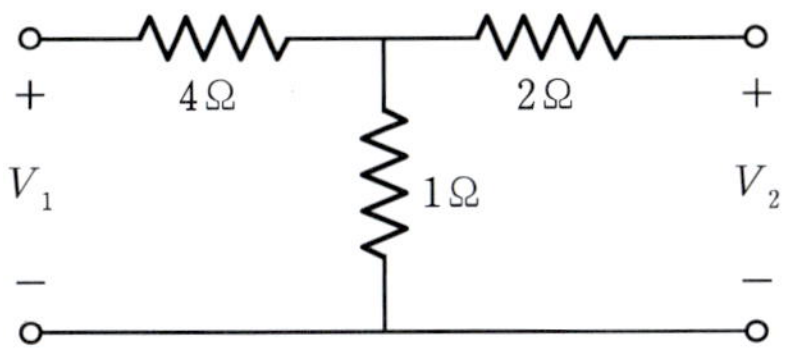

[그림 14-24]

14.7 다음의 2단자 회로망으로부터, 어드미턴스 변수의 값들을 구하라.

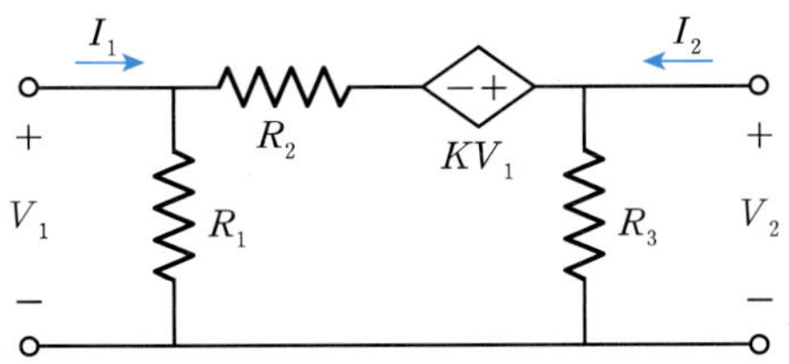

[그림 14-25]

임피던스, 어드미턴스 변수행렬

14.8 다음의 2-포트 회로망 (a)와 (b)의 변수 z_{11}, z_{22}, y_{11}, y_{22}, z_{12}, y_{12}의 값을 구하라.

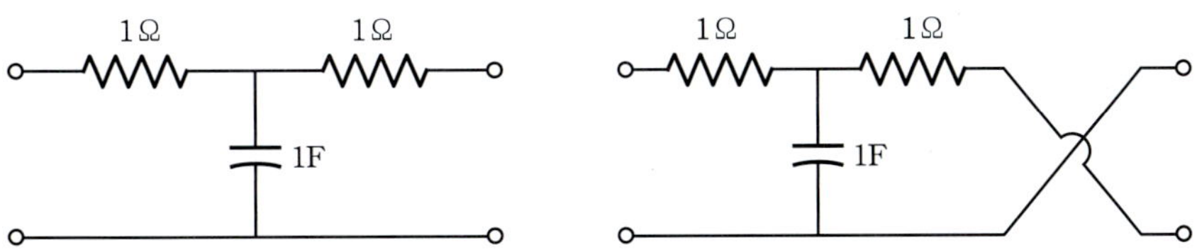

(a) (b)

[그림 14-26]

혼합변수행렬

14.9 다음의 2단자 회로망으로부터, 혼합변수 h의 값을 구하라.

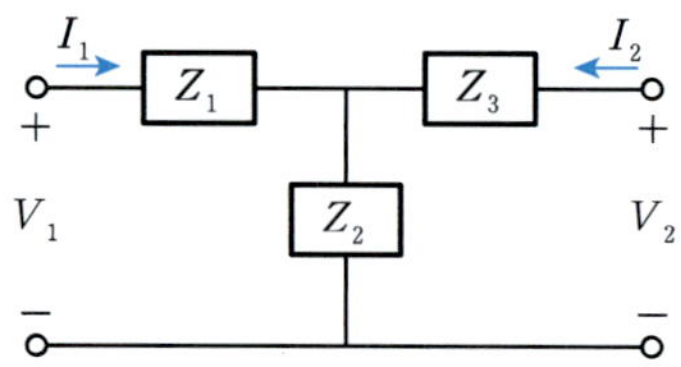

[그림 14-27]

14.10 다음의 T형 2단자 회로망에서, $r_e = 20\,[\Omega]$, $r_b = 800\,[\Omega]$, $r_c = 500\,[\mathrm{k}\Omega]$, $\alpha = 0.98$로 주어졌을 때, 혼합변수 h_{12}, h_{21}, h_{22}의 값을 구하라.

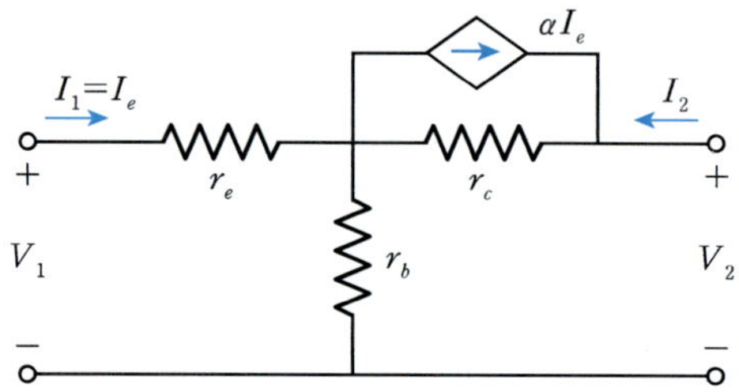

[그림 14-28]

14.11 다음 회로망의 혼합변수 h의 값을 구하라.

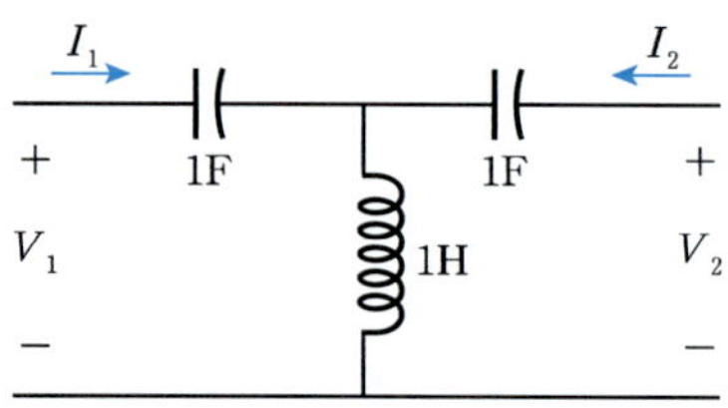

[그림 14-29]

전송변수행렬

4.12 다음 2-포트 회로망의 전송변수 T를 구하라.

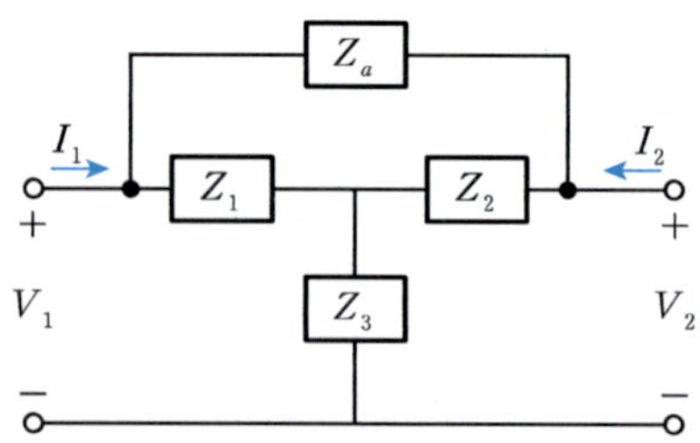

[그림 14-30]

14.13 [그림 14−31(a)]는 4단자(2−포트)회로망을 이용하여 전원과 부하를 연결한 회로이다. 여기서, [그림 14−31(b)]는 [그림 14−31(a)]의 [T] 부분의 회로이고, [그림 14−31(c)]는 [그림 14−31(a)]의 등가회로이다. 다음의 물음에 답하라.

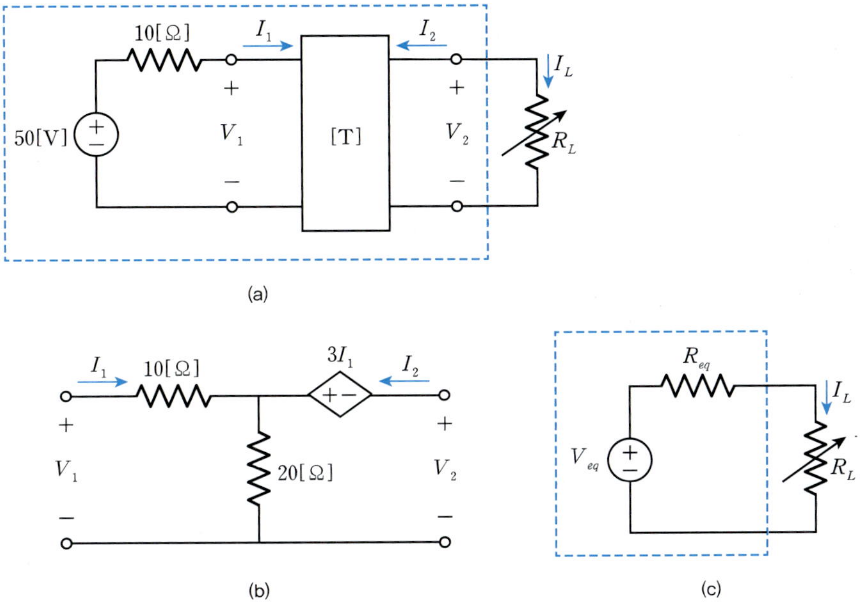

[그림 14−31]

(a) 전송 파라미터(T−파라미터 또는 ABCD 파라미터)의 의미를 수식으로 제시하고, [그림 14−39(b)]의 회로에서 전송 파라미터의 값을 모두 구하라.

(b) [그림 14−39(c)]의 회로에서 등가 전압 V_{eq}와 등가 저항 R_{eq}의 값을 구하라.

(c) 부하저항 R_L에 최대의 전력을 전달하기 위한 조건은 "$R_L = R_{eq}$"이다. 이를 수학적으로 증명하고, 부하저항 R_L에 전달되는 최대전력을 구하라.

변수행렬 간의 관계

14.14 2단자 회로망의 어드미턴스 변수 값이 $y_{11} = 0.25$[℧], $y_{12} = -0.05$[℧], $y_{22} = 0.1$[℧]일 때, 임피던스 변수 z의 값을 구하라.

14.15 다음 임피던스 회로망의 혼합변수 h의 값을 구하라.

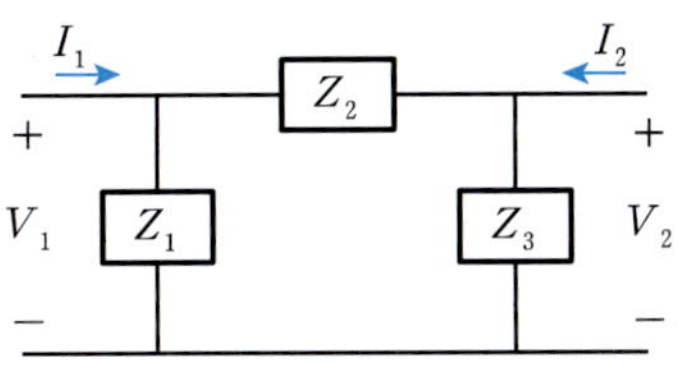

[그림 14−32]

14.16 다음 임피던스 회로망의 임피던스 변수 Z를 구하고, 이를 이용하여 어드미턴스 변수 Y의 값을 구하라.

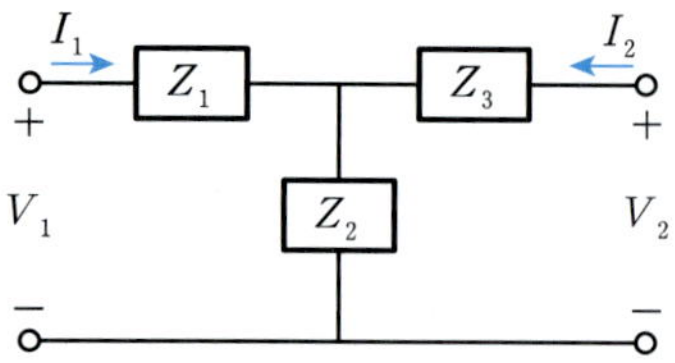

[그림 14-33]

14.17 다음 2-포트 회로망에서, $y_{11}=0.5$[℧], $y_{12}=-0.4$[℧], $y_{22}=0.6$[℧]가 주어졌을 때, 혼합변수 값 h_{11}, h_{21}, h_{22}를 구하라.

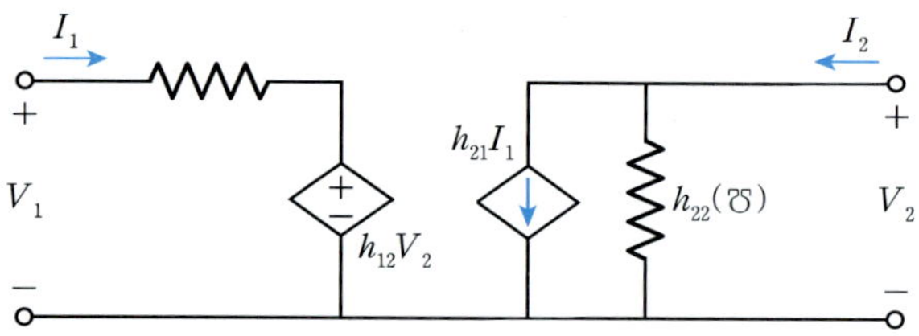

[그림 14-34]

14.18 도전 다음의 2단자 변압기 회로를 등가 T형과 Π형 회로로 변환하여 도시하라.

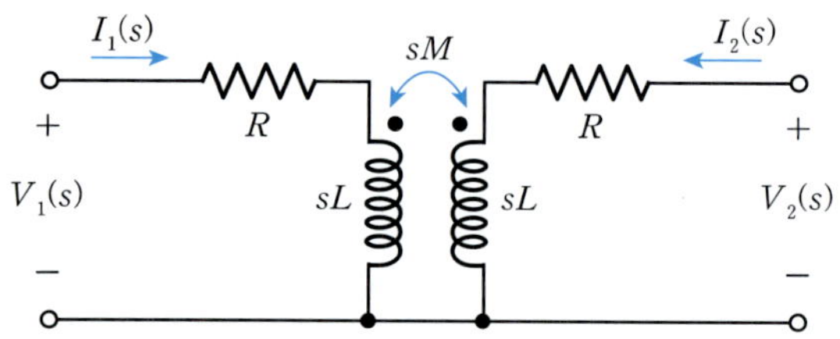

[그림 14-35]

2-포트 회로망의 상호연결

14.19 다음 2개의 2-포트 회로망을 병렬로 연결했을 때, 전체 회로망의 어드미턴스 변수 Y의 값을 구하라.

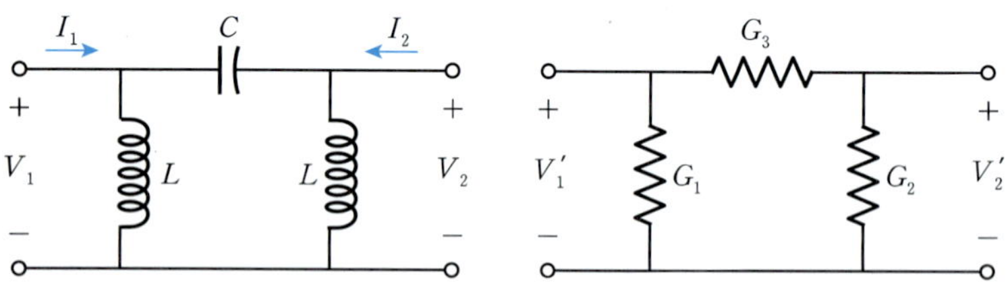

[그림 14-36]

14.20 다음 2개의 2-포트 회로망을 직렬로 연결했을 때, 전체 회로망의 임피던스 변수 Z의 값을 구하라.

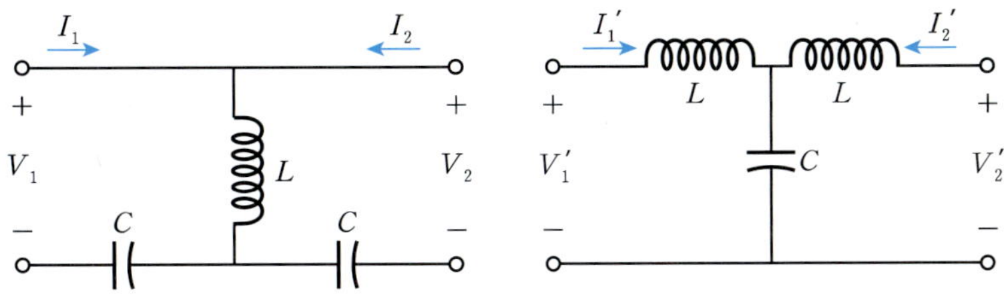

[그림 14-37]

14.21 다음 그림처럼 같은 트랜지스터 회로의 등가회로가 연속으로 연결되었을 때, $\frac{V_L}{V_1}$을 구하라. (단, $R_L = 10[\text{k}\Omega]$, $h_{11} = 10^3[\Omega]$, $h_{21} = 10^2[℧]$, $h_{22} = 10^{-5}[℧]$이다.)

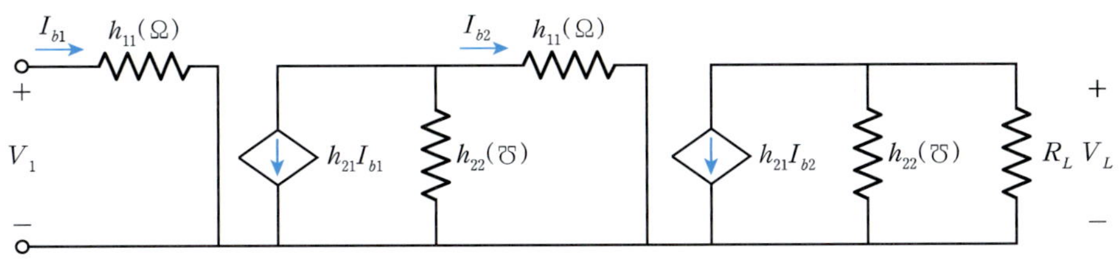

[그림 14-38]

CHAPTER

14 기출문제

2022년도 서울시 공무원 7급

14.1 그림의 회로에서 z 파라미터를 옳게 표현한 것은?

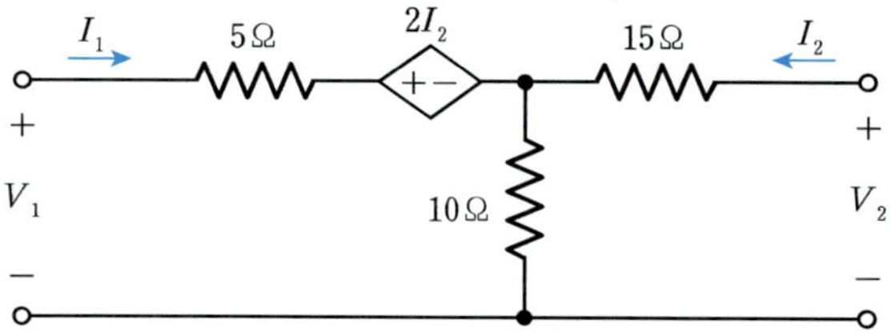

[그림 14-39]

① $\begin{pmatrix}15 & 25\\10 & 12\end{pmatrix}$[Ω] ② $\begin{pmatrix}15 & 12\\10 & 25\end{pmatrix}$[Ω] ③ $\begin{pmatrix}25 & 10\\12 & 15\end{pmatrix}$[Ω] ④ $\begin{pmatrix}25 & 15\\12 & 10\end{pmatrix}$[Ω]

2022년도 국가공무원 7급

14.2 임피던스 파라미터가 포함된 다음 회로에서 최대전력을 전달하기 위한 부하 임피던스 Z_L[Ω]은?
(단, $z_{11}=20$[Ω], $z_{12}=50$[Ω], $z_{21}=40$[Ω], $z_{22}=100$[Ω]이다.)

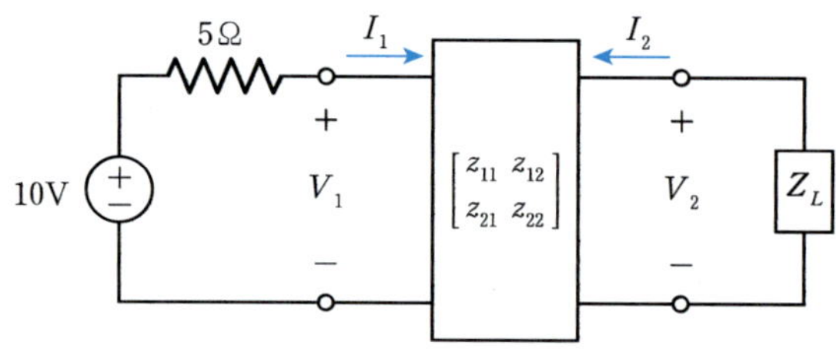

[그림 14-40]

① 10 ② 20 ③ 30 ④ 40

2022년도 국가공무원 7급

14.3 다음 회로의 어드미턴스 파라미터 $\begin{pmatrix}y_{11} & y_{12}\\y_{21} & y_{22}\end{pmatrix}$ 중 y_{22}[S]는?

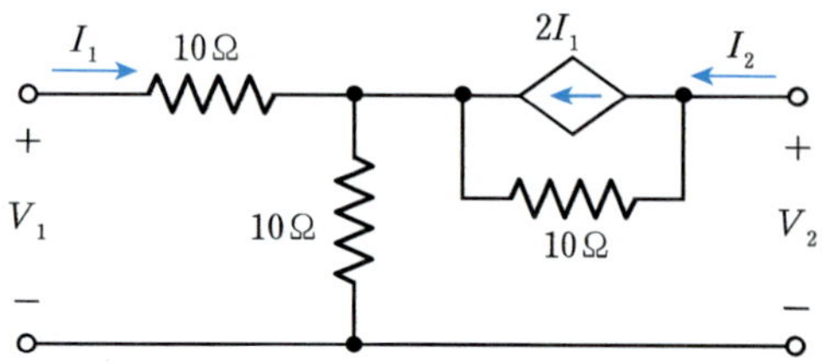

[그림 14-41]

① $\frac{1}{25}$ ② $\frac{1}{15}$ ③ 15 ④ 25

2021년도 국가공무원 7급

14.4 2-포트 네트워크 N의 z 파라미터가 $z_{11}=6[\Omega]$, $z_{12}=z_{21}=4[\Omega]$, $z_{22}=6[\Omega]$이라고 하자. 그림과 같이 2-포트 네트워크 N의 주위에 저항과 전원을 연결한 회로의 전류 I_1[A]과 I_2[A]는?

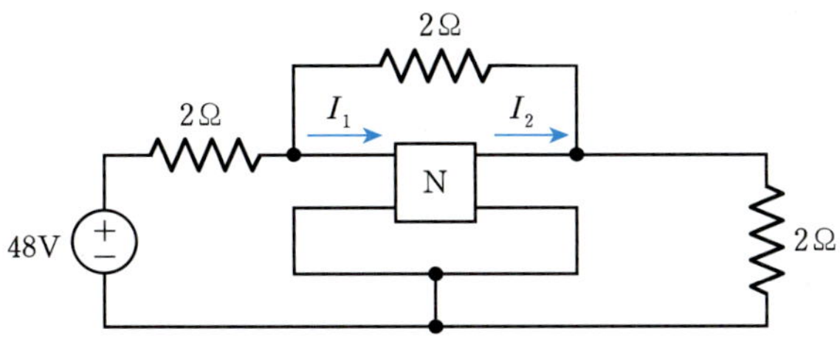

[그림 14-42]

① I_1[A]: 6, I_2[A]: 3 ② I_1[A]: 4, I_2[A]: 2
③ I_1[A]: 3, I_2[A]: 5 ④ I_1[A]: 5, I_2[A]: 1

2021년도 국가공무원 7급

14.5 그림과 같은 2-포트 네트워크 회로를 전송(ABCD)파라미터로 나타낼 때 단락회로 전달 임피던스(B파라미터)는 $10[\Omega]$이고, 개방회로 전달 어드미턴스(C파라미터)는 2[s]일 때, 단락회로 전류이득(D파라미터)이 6이 되도록 하는 저항 $R_3[\Omega]$는?

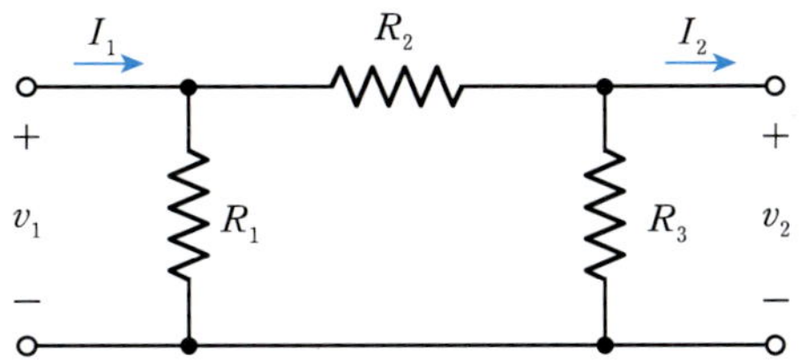

[그림 14-43]

① 2 ② 3 ③ 4 ④ 5

2020년도 국가공무원 7급

14.6 4단자망 회로에 대한 설명으로 옳지 않은 것은?

① 임피던스 파라미터는 입출력 단자전압(V_1, V_2)을 입출력 단자전류(I_1, I_2)로 표시하기 위한 매개변수이다.

② 전원과 증폭기가 없고 저항소자만으로 구성된 4단자망 회로에서 임피던스 파라미터 중 z_{12}는 z_{21}과 같다.

③ 어드미턴스 파라미터 중 y_{11}은 입력단자에 전류원을 연결하고 출력단자는 단락하여 구한다.

④ 어드미턴스 파라미터 중 y_{11}은 임피던스 파라미터 중 z_{11}의 역수이다.

2020년도 국가공무원 7급

14.7 다음 4단자망의 임피던스 파라미터 중 z_{11}과 z_{22}의 합[Ω]은?

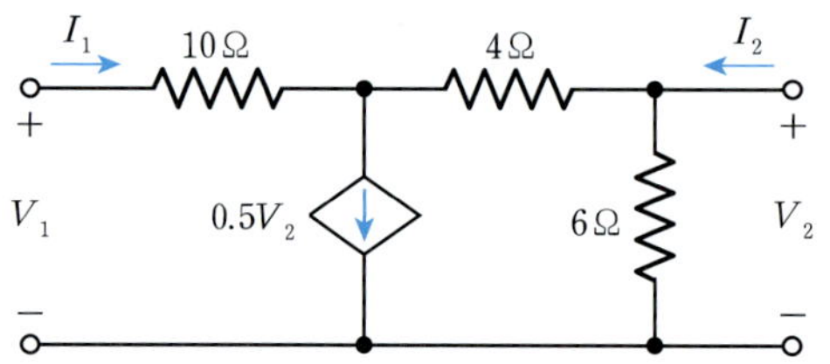

[그림 14-44]

① 10　　② 12　　③ 14　　④ 16

2019년도 국가공무원 7급

14.8 다음 회로의 전송 파라미터(ABCD parameter) 중 B[Ω]는?

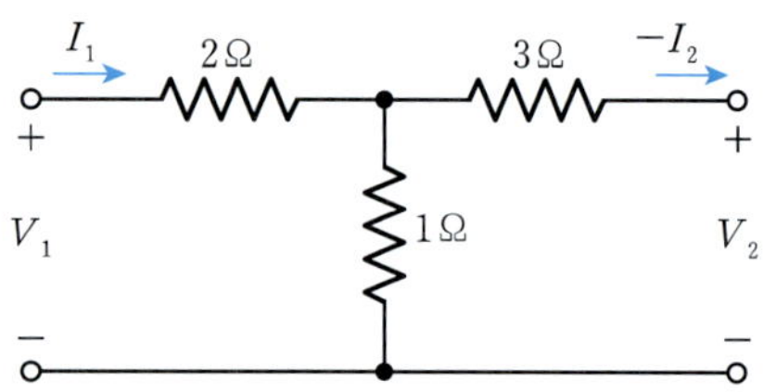

[그림 14-45]

① 1　　② 3　　③ 4　　④ 11

2019년도 국가공무원 7급

14.9 다음 회로의 임피던스 파라미터 $\begin{pmatrix} z_{11} & z_{12} \\ z_{21} & z_{22} \end{pmatrix}$ 중, z_{21} 값이 0일 때, 사용 가능한 소자 A의 종류와 크기는?

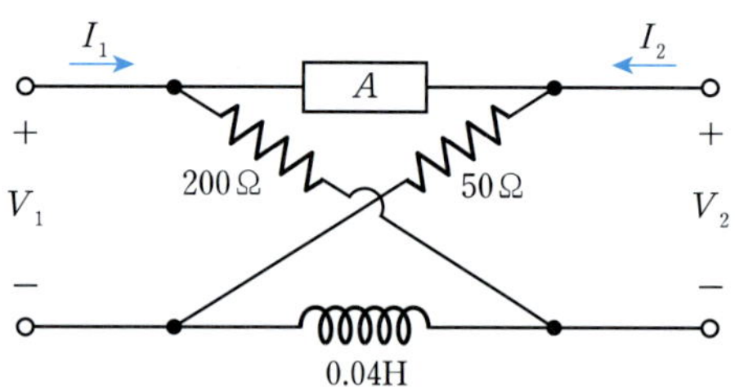

[그림 14-46]

① L, 0.01[H]　　② L, 0.04[H]　　③ C, 2.5[μF]　　④ C, 4[μF]

2022년도 1회 전기산업기사

14.10 T형 4단자 회로망에서 영상 임피던스가 $Z_{01} = 50[\Omega]$, $Z_{02} = 2[\Omega]$이고, 전달정수가 0일 때 이 회로의 4단자 정수 D의 값은?

① 10　　② 5　　③ 0.2　　④ 0.1

2022년도 1회 전기산업기사

14.11 그림과 같은 4단자망의 영상 전달정수 θ는?

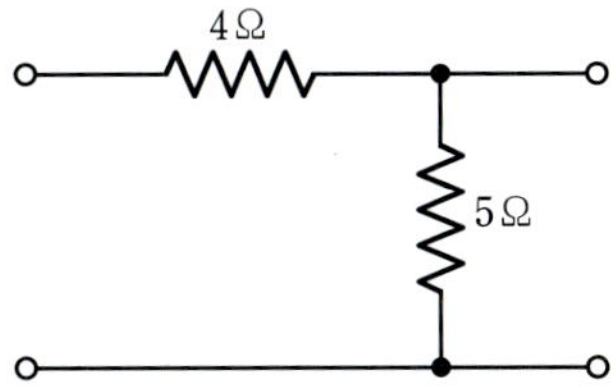

[그림 14-47]

① $\sqrt{5}$　　② $\log_e \sqrt{5}$　　③ $\log_e \frac{1}{\sqrt{5}}$　　④ $5\log_e \sqrt{5}$

2022년도 1회 전기산업기사

14.12 T형 4단자 회로의 임피던스 파라미터 중 Z_{22}는?

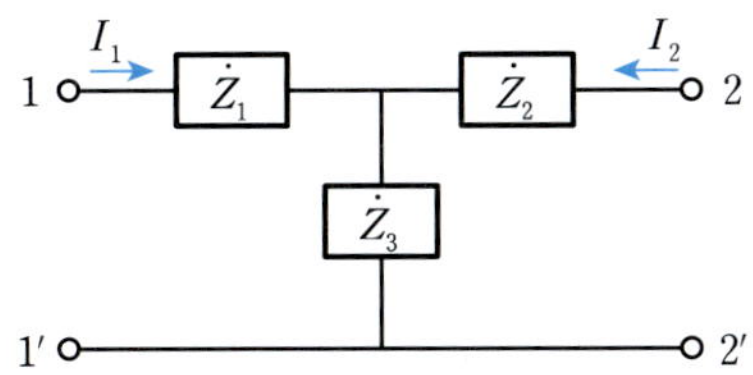

[그림 14-48]

① $Z_1 + Z_2$　　② $Z_2 + Z_3$　　③ $Z_1 + Z_3$　　④ $-Z_2$

2022년도 3회 전기산업기사

14.13 다음 회로에서 4단자 정수 A, B, C, D 중 C의 값은?

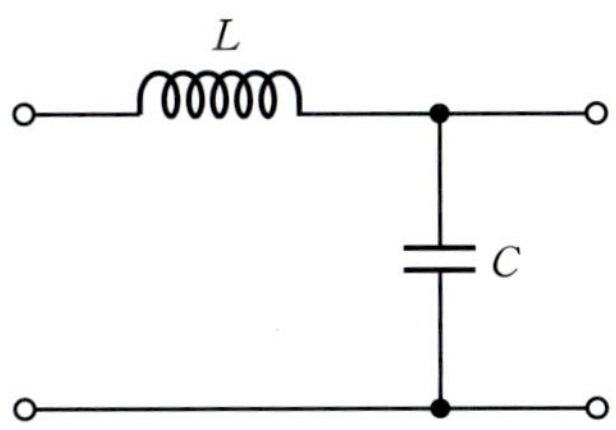

[그림 14-49]

① 1　　② $j\omega L$　　③ $j\omega C$　　④ $1 + j(\omega L + \omega C)$

2022년도 3회 전기산업기사

14.14 다음의 4단자 회로에서 단자 $a-b$에서 본 구동점 임피던스 $Z_{11}[\Omega]$은?

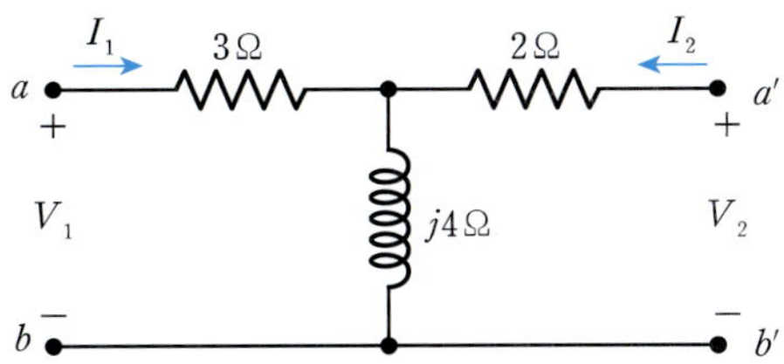

[그림 14-50]

① $2 + j4$　　② $2 - j4$　　③ $3 + j4$　　④ $3 - j4$

2022년도 4회 전기산업기사

14.15 그림과 같은 4단자 회로망에서 어드미턴스 파라미터 Y_{12}[℧]는?

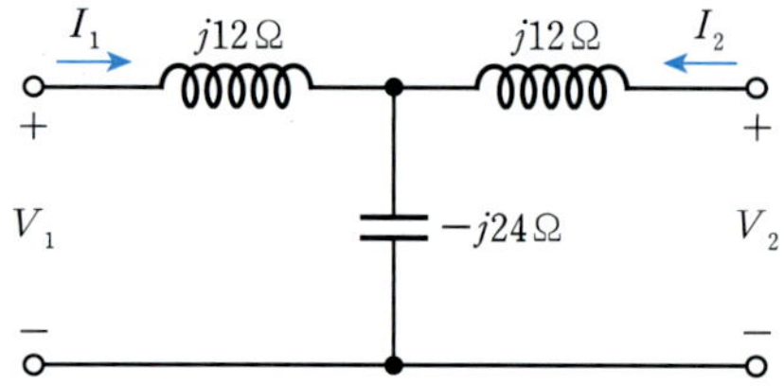

[그림 14-51]

① $-j\dfrac{1}{12}$　② $j\dfrac{1}{18}$　③ $-j\dfrac{1}{24}$　④ $j\dfrac{1}{24}$

2021년도 2회 전기산업기사

14.16 그림과 같은 회로망에서 Z_1을 4단자 정수에 의해 표시하면 어떻게 되는가?

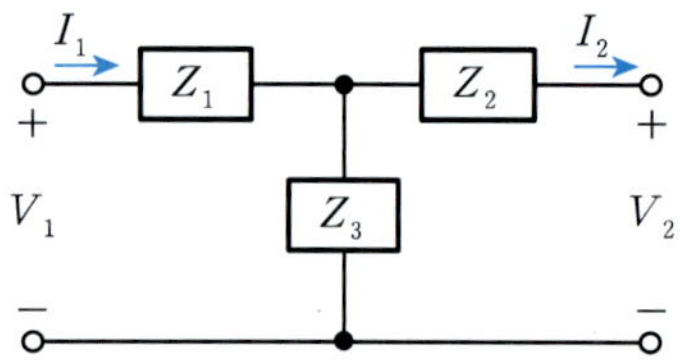

[그림 14-52]

① $\dfrac{1}{C}$　② $\dfrac{D-1}{C}$　③ $\dfrac{B-1}{C}$　④ $\dfrac{A-1}{C}$

2021년도 3회 전기산업기사

14.17 4단자 회로망이 가역적이기 위한 조건으로 틀린 것은?

① $Z_{12}=Z_{21}$　② $Y_{12}=Y_{21}$　③ $H_{12}=-H_{21}$　④ $AB-CD=1$

2021년도 3회 전기산업기사

14.18 회로의 영상 임피던스 Z_{01}과 Z_{02}는 각각 몇 [Ω]인가?

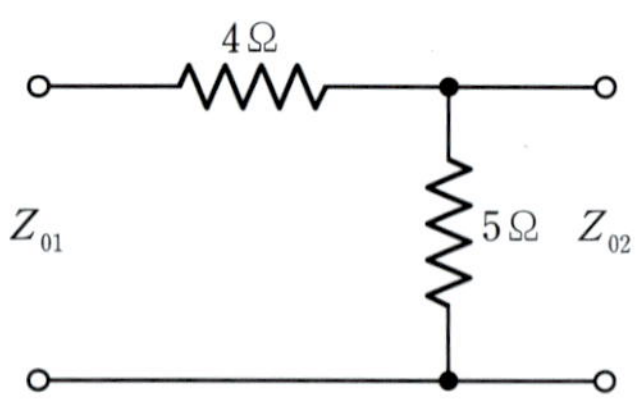

[그림 14-53]

① 6, 5　② 4, 5　③ 6, 3.33　④ 4, 3.33

2021년도 3회 전기산업기사

14.19 그림에서 4단자망의 개방 순방향 전달 임피던스 $Z_{21}[\Omega]$과 단락 순방향 전달 어드미턴스 $Y_{21}[\mho]$은?

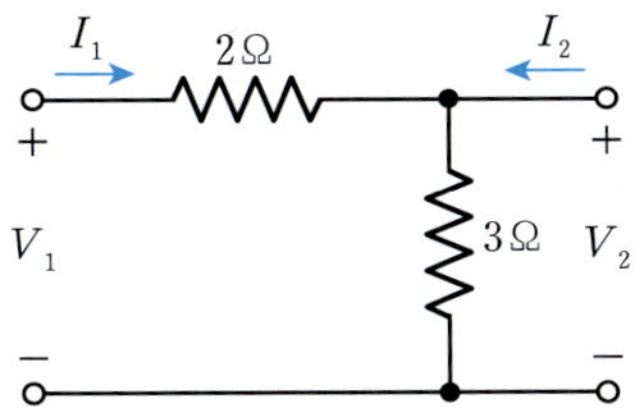

[그림 14-54]

① $Z_{21}=5,\ Y_{21}=-\frac{1}{2}$　　② $Z_{21}=3,\ Y_{21}=-\frac{1}{3}$

③ $Z_{21}=3,\ Y_{21}=-\frac{1}{2}$　　④ $Z_{21}=3,\ Y_{21}=-\frac{5}{6}$

2021년도 3회 전기산업기사

14.20 그림과 같은 4단자망의 영상 임피던스는 얼마인가?

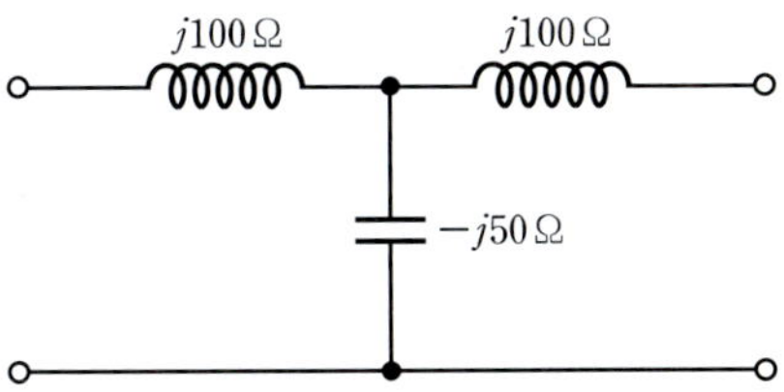

[그림 14-55]

① $j\frac{1}{50}$　　② −1　　③ 1　　④ 0

2023년도 국가공무원 5급(기술)

14.21 그림과 같은 회로에 대해 다음 물음에 답하시오.

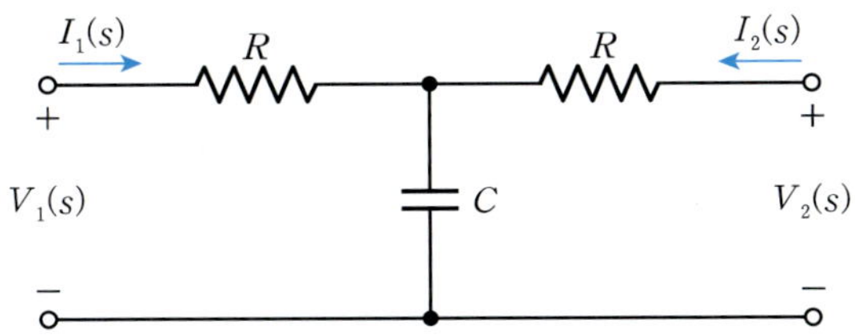

[그림 14-56]

(a) 위 회로의 Y 파라미터(어드미턴스)를 구하시오.

(b) 아래 회로가 위 회로와 등가회로가 되도록 인덕턴스 L과 저항 R_x의 값을 구하시오.

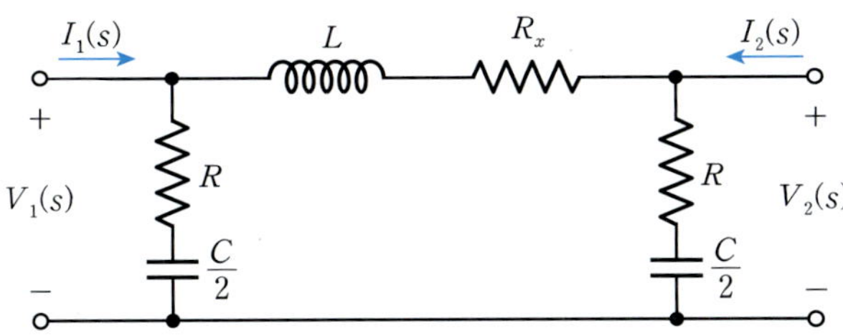

[그림 14-57]

2022년도 국가공무원 5급(기술)

14.22 그림과 같은 2-포트 어드미턴스 회로에서 $y_{11}=2[\mathrm{mS}]$, $y_{12}=-2[\mu\mathrm{S}]$, $y_{21}=100[\mathrm{mS}]$, $y_{22}=-50[\mu\mathrm{S}]$, $R_s=2.5[\mathrm{k\Omega}]$, $R_L=70[\mathrm{k\Omega}]$이고, $v_g(t)=80\sqrt{2}\cos 4000t[\mathrm{mV}]$이다. 다음 물음에 답하시오.

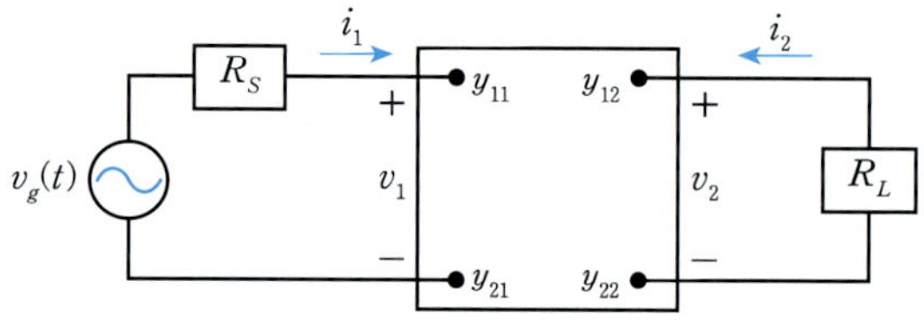

[그림 14-58]

(a) v_2의 실횻값을 구하시오.

(b) R_L에 전달되는 평균전력을 구하시오.

(c) R_L 좌측의 테브난 등가 임피던스를 구하시오.

(d) $v_g(t)$에 의하여 공급되는 평균전력을 구하시오.

Index